水和废水除微污染技术

Treatment of Micropollutants in Water and Wastewater

[芬] Jurate Virkutyte　[美] Rajender S. Varma
[澳] Veeriah Jegatheesan　编著

郭　瑾　杨忆新　商克峰　衣春敏　译

中国建筑工业出版社

著作权合同登记图字：01-2011-5879号

图书在版编目（CIP）数据

水和废水除微污染技术/Jurate Virkutyte等编著；郭瑾，杨忆新，商克峰，衣春敏译．—北京：中国建筑工业出版社，2013.2

ISBN 978-7-112-14971-1

Ⅰ.①水…　Ⅱ.①J…②郭…③杨…④商…⑤衣…　Ⅲ.①水污染防治　Ⅳ.①X52

中国版本图书馆CIP数据核字（2012）第293642号

责任编辑：石枫华　姚丹宁/责任设计：董建平/责任校对：陈晶晶　关　健

水和废水除微污染技术

Treatment of Micropollutants in Water and Wastewater

［芬］Jurate Virkutyte　［美］Rajender S. Varma
　　　［澳］Veeriah Jegatheesan　编著

郭　瑾　杨忆新　商克峰　衣春敏　译

*

中国建筑工业出版社出版、发行（北京西郊百万庄）

各地新华书店、建筑书店经销

北京红光制版公司制版

北京世知印务有限公司印刷

*

开本：787×1092毫米　1/16　印张：22¾　字数：570千字

2013年6月第一版　2013年6月第一次印刷

定价：**72.00**元

ISBN 978-7-112-14971-1

(23056)

译 者 序

水和废水中的微污染物是指环境中以微克级及更低浓度水平存在的有害物质。这类污染物主要包括杀虫剂、药品、个人护理物质品、工业化学试剂和汽油添加剂等，均属于非常规污染物。研究发现，虽然微污染物的浓度水平低，但环境生态和人体健康却具有潜在威胁，有些甚至具有很强的致畸、致癌和致突变性。在《生活饮用水卫生标准》（GB 5749—2006）中，增加了多种属于微污染有机物的指标。随水环境中新型微污染物的不断检出，对水和废水中微污染物的监测、控制和处理任重而道远。

近年来，国内有关微污染物的监测、迁移转化以及各种处理技术方面的研究层出不穷。尽管如此，对于微污染物的监测与控制去除，我国仍处于追踪研究的阶段，缺乏对该领域的整体认知和把握。针对这一现状，中国建筑工业出版社引进了由国际水协（IWA）于 2010 年首次出版的专著《Treatment of Micropollutants in Water and Wastewater》。本书较为全面地总结了近年来微量污染物领域的最新研究成果；详细阐述了水和废水中微克级、纳克级的微量污染物的产生和迁移转化规律，最新的检测分析技术；深入讲解了纳滤、吸附和离子交换、混凝和膜工艺、生物处理、高级催化氧化等各专项技术对水和废水中微量污染物的处理效能。对于市政工程、环境工程、环境化学等专业的学生和研究人员，本书不失为一本宝贵的学习和参考资料。本书原著参考了大量文献资料，这些文献资料几乎涵盖了除微污染技术的所有领域，反映了最新科研和工程成果，读者如需深入了解对某项技术、工艺等，可查阅参考文献中的原始资料。

负责本书翻译工作的有：北京工业大学环境工程研究所郭瑾（第 1 章～第 7 章）、王保贵（第 11 章）；东北大学秦皇岛分校资源与材料学院杨忆新、李娜和大连理工大学电气工程学院商克峰（第 9 章、第 10 章）；中国给水排水杂志社衣春敏（第 8 章）。全书由郭瑾统稿和审校。最后，感谢中国建筑工业出版社对本书翻译出版工作的大力支持！

译者

2013 年 2 月于北京

原 著 序

微量污染物是指在水和废水及土壤中以 μg/L 或 ng/L 浓度存在的化合物，它们对环境生态具有潜在的威胁。近年来，河流、湖泊和土壤以及地下水中，来源于制药业、化工和个人护理用品的微量污染物的浓度逐年增加，引起科研界越来越广泛的关注。

微量污染物一旦进入环境，就会发生不同的反应过程，如在不同相之间分配、生物降解和非生物降解，这些过程可能去除污染物或者改变其可生物降解性。上述过程在污染物迁移转化中的作用取决于该化合物的物化特性（极性、水溶性、蒸汽压）以及该化合物存在的环境种类（地下水、地表水、沉积、污水处理系统、给水处理系统）。因此，不同的转化反应可能会产生不同的反应产物，这些反应产物与原化合物在环境行为和生物毒性方面常常有所不同。

对受纳水体中微量污染物的关注促使污水处理厂宜采用新的处理工艺和技术。传统污水处理厂的设计目的主要是针对大量常规来水中的有机物和氮磷营养物质等。然而，微量污染物由于其独特的性质和行为，在污水处理厂中与常规来水的特点截然不同。因此，必须采取新的处理措施，才能减少甚至彻底去除水和废水中的微量污染物质。

本书前 10 章基本涵盖了微污染物科学领域的核心内容：水体中的产生和迁移转化规律；应用了最新传感器和生物传感器领域技术趋势的检测分析；生物、物理、化学处理方法以及几种技术的联用。最后，本书还提供了一个杀虫剂对水体影响的实际案例。这个案例位于自然界珍奇之地—澳大利亚的大堡礁海域。本书绝大多数章节内容都包括：理论背景介绍；目前所掌握的知识；相关领域研究成果。综上，本书既适合于水和废水处理专业技术人员，也适合市政工程、环境化学、环境工程和工艺工程的学生和研究人员。特别是，对于那些致力于本领域研究和工程实践的专业技术人员，本书是一本宝贵的学习和参考资料。

我们感谢所有提供了高水平书稿的作者。我们非常感激 IWA 的编辑，Maggie Smith 女士接受了我们编写本书的提议。此外，还要感谢综合环境技术丛书的编辑 Piet Lens 教授，他对于本书的构思和具体编写工作给予了很多宝贵的意见和建议。

Drs Jurate Virkutyte
Rajender S. Varma
Veeriah Jegatheesan
2010. 3

目 录

第 1 章 微污染物和水环境 …… 1

1.1 引言 …… 1

1.2 杀虫剂 …… 1

1.3 医药化合物 …… 10

1.4 类固醇激素 …… 16

1.5 表面活性剂与个人护理产品 …… 19

1.6 全氟化合物 …… 23

第 2 章 鉴别微污染物及其转化产物的分析方法 …… 28

2.1 引言 …… 28

2.2 微污染物分析的理论方法 …… 34

2.3 仪器方法 …… 38

2.4 微污染物转化产物的识别水平 …… 50

2.5 结论 …… 52

第 3 章 内分泌干扰化学物质的传感器和生物传感器：最新研究进展和发展趋势 …… 53

3.1 引言 …… 53

3.2 传感器和生物传感器 …… 53

3.3 传感器和生物传感器的发展趋势 …… 62

3.4 展望 …… 69

第 4 章 纳滤膜和纳滤 …… 71

4.1 引言 …… 71

4.2 纳滤膜的材料 …… 73

4.3 纳滤膜的分离与污染 …… 76

4.4 纳滤（NF）膜对水中微污染物的去除 …… 81

第 5 章 微污染物的物化去除：吸附与离子交换 …… 90

5.1 引言 …… 90

5.2 吸附科学与离子交换科学的主要发展阶段 …… 91

5.3 水处理和医学行业中的碳 …… 93

5.4 沸石（黏土） …… 95

5.5 离子交换树脂与离子交换聚合物 …… 96
5.6 无机离子交换剂 …… 98
5.7 生物吸附剂（生物质）：农业与工业副产物、微生物 …… 107
5.8 混杂与复合吸附剂及离子交换剂 …… 110
5.9 对于吸附和离子交换科学的评价和展望 …… 111
5.10 致谢 …… 112
第6章 微污染物的物理化学处理：混凝和膜工艺 …… 113
6.1 混凝 …… 113
6.2 膜工艺 …… 120
第7章 微污染物的生物处理 …… 135
7.1 引言 …… 135
7.2 微污染物的来源——城市污水 …… 135
7.3 微污染物的生物处理 …… 142
第8章 UV/H_2O_2 去除水体中的微污染物质 …… 167
8.1 引言 …… 167
8.2 UV/H_2O_2 基本原理 …… 168
8.3 UV/H_2O_2 的小试研究 …… 171
8.4 其他紫外技术 …… 177
8.5 替代辐射光源 …… 178
8.6 UV/H_2O_2 处理的实际应用 …… 179
8.7 成本估算和绩效 …… 182
第9章 基于空化效应的联用高级氧化技术降解微污染物 …… 185
9.1 引言 …… 185
9.2 超声理论 …… 185
9.3 基于空化的联用技术 …… 191
9.4 微量污染物的降解 …… 196
9.5 大规模应用的条件 …… 205
9.6 基于空化处理操作的经济性 …… 206
9.7 结论 …… 208
第10章 高级催化氧化技术处理微量有机污染物 …… 209
10.1 引言 …… 209
10.2 异相催化 …… 209
10.3 环境催化 …… 211
10.4 高级催化氧化过程去除水相中的污染物 …… 212

10.5 高级纳米催化氧化降解微污染物 …… 237
10.6 结论 …… 245
第 11 章 澳大利亚大堡礁流域除草剂的存在状态、影响、迁移和处理 …… 246
11.1 引言 …… 246
11.2 持久性有机污染物（POPs） …… 246
11.3 除草剂和杀虫剂 …… 251
11.4 大堡礁（GBR） …… 253
11.5 GBR 流域中除草剂和杀虫剂的持久性 …… 257
11.6 持久性除草剂和杀虫剂对 GBR 生态系统的影响 …… 259
11.7 不同的水处理工艺对除草剂的去除 …… 260
11.8 流域排放前去除包括除草剂和杀虫剂的 POPs 的可行处理工艺 …… 262
11.9 结论 …… 268
参考文献 …… 269

第1章　微污染物和水环境

1.1　引言

微污染物是在水环境中存在的浓度非常低而且对生态环境有潜在威胁的一类化合物。它们的浓度一般为微克每升甚至纳克每升。目前归类于微污染物的化合物包括：杀虫剂、PCBs、PAHs、阻燃剂、全氟化合物、医药化合物、表面活性剂以及个人护理制品等。近期研究表明，这些物质在水环境中被频繁检出（Kolpin *et al.*，2002；Loos *et al.*，2009）。微污染物进入水环境的途径取决于它们的用途和应用方式，主要包括农业和城市排放、市政和工业废水排放、污泥处置和意外溢出等（Ashton *et al.*，2004；Becker *et al.*，2008；Mompelat *et al.*，2009）。

微污染物一旦进入环境就开始经历不同的转化过程，例如在各相介质间进行分配、经历生物或非生物降解（Halling-Sϕrensen *et al.*，1998；Hebberer，2002a；Birkett and Lester，2003；Farre *et al.*，2008），从而使它们在水环境中减少或者消失，生物利用度发生变化。另外，微污染物的物理化学性质（极性、水溶性、蒸汽压）以及水环境的类型（地下水、地表水、沉积层、污水处理系统、饮用水设施）均对微污染物在环境中的命运产生重要影响。因此微污染物的各种转化反应都有可能发生，且其产物在环境行为和生态毒理方面均与母体化合物有所不同。微污染物会对水生生物造成急慢性中毒、内分泌干扰、生物积累和生物放大等诸多影响（Oaks *et al.*，2004；Fent *et al.*，2006；Darbre and Harvey，2008）。

下文将列举一些数据来说明部分微污染物在环境中出现、迁移、转化的历程，以及它们对环境产生的影响。杀虫剂使用广泛，而且它具有明确的毒性效应，因此文中将对它进行重点描述。除此之外，另外五类已进入环境并引起较大关注的微污染物也有所涉及，分别为医药化合物、类固醇激素、全氟化合物、表面活性剂和个人护理制品。

1.2　杀虫剂

“杀虫剂”是指一类用于杀灭有害生物的药剂（Rana，2006）。美国环境保护局将“杀虫剂”称之为一种对有害生物（昆虫、啮齿动物、菌类、杂草等）不利的有机化合物或混合物，它们通过预防、破坏、排斥或减缓等方式发挥作用。这类在生物学中颇为活跃的化学物质也被称为“生物杀灭剂”，根据它们所控制的有害生物种类可将其划分为以下几类：除草剂、杀虫剂、杀真菌剂。

在 1940 年之前，无机化合物和若干由植物中提取出来的自然药剂被用作杀虫剂（Rana，2006）。1938 年 DDT 的杀虫效果被人们发现，二战期间及二战之后，人们开始大量使用合成有机化合物控制有害生物（Matthews，2006）。随后的几十年间，全世界范围内生产和使用合成杀虫剂的规模呈指数级增长（Rana，2006）。今天，许多不同种类的杀虫剂被应用，其中包括氯代碳氢化合物、有机磷化合物、取代脲，以及莠去津等。合成杀虫剂在公共卫生和全球经济方面确实起到了积极的作用，但是这类化合物的大规模使用导致其在全世界范围内产生严重的环境污染问题，并对人类和生态环境造成毒性效应。杀虫剂的应用风险最早由 Rachel Carson 在她的著作《寂静的春天》中提到。

1.2.1　有机氯杀虫剂

杀虫剂是生物杀灭剂中最重要的一种药剂，因为它们可被短时间内应用于谷物收割前和收割后（Manahan，2004）。最初，杀虫剂被划分为两种主要类型：有机氯类和有机磷类（Matthews，2006）。这两种成分均可对“乙酰胆碱酯酶”发挥抑制作用，从而影响生物体的神经系统（Walker *et al.*，2006）。

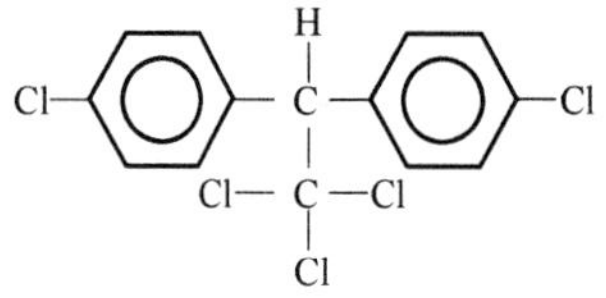

图 1.1　有机氯杀虫剂 DDT
（双对氯苯基三氯乙烷）

有机氯杀虫剂是卤代固态有机化合物，表现出高亲脂性、低水溶性和高稳定性。这样的性质使它们能够在环境中持久性地残留，从而在一些动物体内更深地积累（Matthews，2006；Walker *et al.*，2006）。在不同类型的有机氯杀虫剂中，二氯二苯基乙烷、氯代环戊二烯类杀虫剂（或氯丹）和六氯环己烷受到较多关注，这是因为它们对人类健康和环境命运存在潜在风险（Qiu *et al.*，2009）。最广为人知的二氯二苯基乙烷杀虫剂是 DDT，它的分子式如图 1.1 所示。DDT 在二战期间主要用来控制携菌体，随后被广泛用于农业（Walker *et al.*，2006）。

氯代环戊二烯类杀虫剂，如氯甲桥萘、氧桥氯甲桥萘、七氯等（图 1.2）于 20 世纪 50 年代问世，主要用于保护庄稼免受有害生物和带病体（舌蝇等）的危害（Walker *et al.*，2006）。

这种属于六氯环己烷类的有机氯杀虫剂以一种异构体混合物的形式进入市场（Walker *et al.*，2006）。在五种异构体混合物中，只有 γ 异构体具有杀虫的效果。

γ异构体常被记为γ-HCH，或被称为林丹（图1.3）。

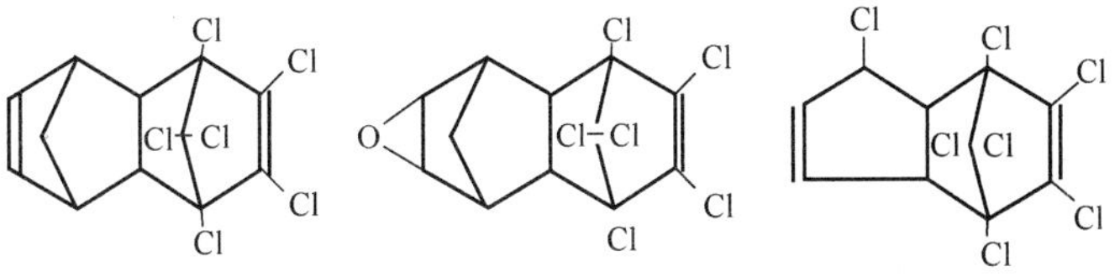

艾氏剂　狄氏剂　七氯

图1.2 有机氯杀虫剂，艾氏剂、狄氏剂和七氯

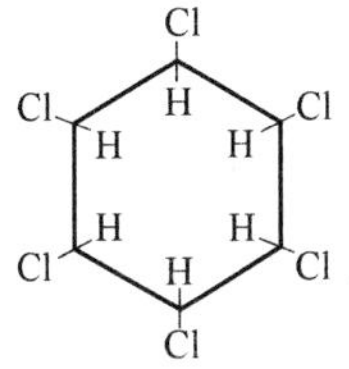

图1.3 有机氯杀虫剂林丹（1,2,3,4,5,6-六氯环己烷）

1.2.1.1 存在与迁移转化

有机氯杀虫剂在世界范围内被广泛使用，因此在不同环境介质中均可发现它的普遍存在。比如，氧桥氯甲桥萘在土壤中的半衰期大概为3～4年，而DDT的半衰期则长达15年（UNEP，2002）。这说明DDT类化合物在环境中很难被生物降解（IARC/WHO，1991）。

这类化合物可以通过数种方式进入水环境：非点源排放或者工业废水排放。尽管它们的水溶性较低，一些有机氯杀虫剂在全球水体中均已被检出（表1.1）。

众所周知有机氯杀虫剂对脂肪组织有很强的亲和性，因此它们可在生物体内积累和放大。某些有机氯化合物在鱼类体内的生物浓缩指数（BCFs）约为2.88～6.28，对虾和蛤而言大约是3.78～6.17和3.13～5.42（Zhou *et al.*，2008）。当人们饮用受污染水、食用水生生物和农作物时，有机氯化合物会随之进入体内，甚至可进入母体分泌的乳汁中。Dahmardeh-Behrooz等2009年报道，在伊朗妇女的乳液中含有DDT类化合物和HCHs类化合物的平均浓度分别为3563ng$\cdot g^{-1}$和5742ng$\cdot g^{-1}$（脂肪重量）。尽管已经被禁用，但是这类化合物仍可在发达国家妇女的乳液中被检出。Kalantzi等2004年报道，英格兰妇女的乳液中DDTs和HCHs的最高检出浓度分别达到220ng$\cdot g^{-1}$和40ng$\cdot g^{-1}$（脂肪重量）。另外，Polder等2003年检出俄罗斯妇女乳液中DDTs（1200ng$\cdot g^{-1}$脂肪重量）和HCHs（320ng$\cdot g^{-1}$脂肪重量）的浓度更高。

几种典型有机氯杀虫剂在水体中的浓度　　表1.1

化合物	浓度（ng$\cdot L^{-1}$）	国家	参考
总有机氯化合物[a]	0.01～9.83	中国	Luo *et al.*，2004
总有机氯化合物	＜LOD[b]～112	希腊	Golfinopoulos *et al.*，2003
总有机氯化合物	0.1～973	中国	Zhou *et al.*，2001
DDT	150～190	印度	Shukla *et al.*，2006
DDT	3.0～33.2	印度	Pandit *et al.*，2002

续表

化合物	浓度（ng・L^{-1}）	国家	参考
林丹	680～1380	印度	Shukla *et al.*，2006
HCH	0.16～15.9	印度	Pandit *et al.*，2002

a　包括的化合物：DDTs（DDT 和代谢物）、氯甲桥萘、氧桥氯甲桥萘、七氯和林丹。

b　LOD：检出限。

DDTs 或 HCH 在其他人类组织中也被检出，例如血清和脂肪组织。Koppen 等 2002 年在比利时妇女的血清中检出 *p*，*p*-DDT（2.6ng・g^{-1}脂肪），*p*，*p*-DDE（871.3ng・g^{-1}脂肪）和 γ-HCH（5.7ng・g^{-1}脂肪）。同样，Botella 等 2004 年在西班牙妇女的脂肪组织和血样中检出了几种有机氯杀虫剂的存在。脂肪组织和血样中检测出的总 DDTs 类有机物的平均浓度分别为 543.25ng・g^{-1}和 12.10ng・g^{-1}，表明被检人近期接触过该类有机物，或者是以往接触此类有机物并产生了积累效应。

1.2.1.2　影响

有机氯杀虫剂的毒性大小与几个参数有关：化合物的结构、附属于化合物分子的不同部分、取代基的性质等（Kaushik，2007）。在许多情况下，这类有机化合物被认为对哺乳动物表现出中度毒性，而对水生生物则为重度毒性。例如，DDT 对哺乳动物的半数致死量为 113～118mg・kg^{-1}（体重）；而 0.6 mg・kg^{-1}的浓度即可使黑鸭子的蛋壳变薄（UNEP，2002）。同样，七氯对哺乳动物为中等毒性，而对水生生物的毒性很强。它对甜虾的半数致死浓度为 0.11μg・L^{-1}（UNEP，2002）。氯甲桥萘和氧桥氯甲桥萘也被认为对水生生物有高毒性（Vorkamp *et al.*，2004）。氯甲桥萘对不同水生生物的毒性也各异，它对水生昆虫的 96h 半数致死浓度为 1～200μg・L^{-1}，而对鱼的则为 2.2～53μg・L^{-1}。相反地，林丹对这些生物的毒性为中等程度。据 UNEP 统计（2002 年），林丹对无脊椎动物和鱼类的半数致死浓度为 20～90μg・L^{-1}。

除了产生急性中毒效应，有机氯杀虫剂还可导致生物体的内分泌系统受干扰（Luo *et al.*，2004）。据报道，*p*,*p*-DDE 和 *p*,*p*-DDT 可以和人体内的雌激素受体 α 蛋白发生化学反应（Soto *et al.*，1995；Chen *et al.*，1997）。而且，*p*,*p*-DDE 还对人体雄激素受体不利（Kelce and Wilson，1997）。

1.2.2　有机磷杀虫剂

有机磷杀虫剂是分子中含磷元素的合成有机化合物，正磷酸、磷酸、硫代磷酸等酸的有机酯类（Manahan，2004；Rana，2006）。此类化合物最初的用途是作为杀虫剂和二战期间的战争化学毒气（Walker *et al.*，2006）。当前大部分有机磷化合物均被用作杀虫剂，它们有一个通用的分子式（图 1.4）。

有机磷化合物属于亲脂性化合物，与有机氯杀虫剂不同的是，此类化合物表现出较好的水溶性和低稳定性。因此有机磷杀虫剂更容易被物理化学降解，进入环境后停留时间相对较短（Walker *et al.*，2006）。最常用的有机磷杀虫剂是硫逐磷酸酯类化合物，包括甲基对硫磷和毒死蜱（图 1.5）。它们的分子结构中包含一个取代氧的硫原子与磷原子以双键相连（Manahan，2004）。

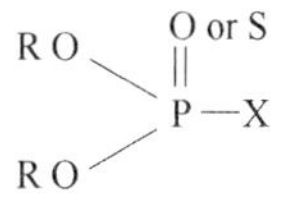

图 1.4 有机磷杀虫剂的通式

R：烷基；X：离去基团

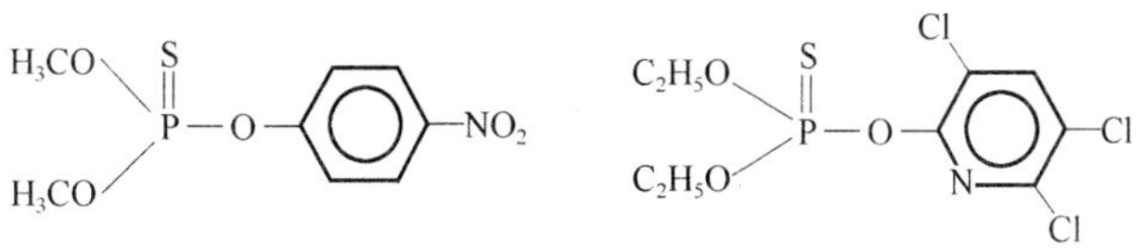

甲基对硫磷　　氯蜱硫磷

图 1.5 有机磷杀虫剂对硫磷和氯蜱硫磷

1.2.2.1 存在与迁移转化

尽管有机磷类化合物在环境中存留时间较短，水溶性较低，但它们在水体中仍被频频检出。甲基对硫磷和毒死蜱在水体中的代表性浓度见表 1.2。

甲基对硫磷和毒死蜱在水体中的代表性浓度　　表 1.2

化合物	浓度（$ng \cdot L^{-1}$）	国家	参考
甲基对硫磷	< LOD～480	中国	Gao *et al.*，2009
甲基对硫磷	< LOD～41	西班牙	Claver *et al.*，2006
甲基对硫磷	13～332	德国	Götz *et al.*，1998
甲基对硫磷	20～270	西班牙	Planas *et al.*，1997
毒死蜱	< LOD～19.41	意大利	Carafa *et al.*，2007
毒死蜱	< LOD～312	西班牙	Claver *et al.*，2006

LOD：检出限。

有机磷杀虫剂进入水环境后可被氧化降解、直接或间接光解、水解及吸附（Pehkonen and Zhang，2002）。上述化学过程的共同作用使有机磷化合物在环境中存在时间较短。Araújo 等在 2007 年研究了甲基对硫磷在日光下的光解反应，半衰期为 5d。Castillo 等在 1997 年的研究中发现甲基对硫磷在地下水体中的半衰期为 3d，在江河水体中的半衰期为 4d。近期的研究中，Wu 发现毒死蜱在太阳光下发生光解反应，半衰期大概为 20d（2006 年）。有机磷化合物在环境中还可以被生物降解。Liu 等在河床底泥中提取了希瓦氏菌属和副溶血性弧菌属两种微生物用来降解甲基对硫磷（2006 年）。研究结果表明，初始浓度为 50mg・L^{-1}的甲基对硫磷在一周内几乎被完全降解。

1.2.2.2 影响

有机磷化合物对不同种类的生物表现出不同程度的毒性。例如，甲基对硫磷对水生生物表现出剧毒性，世界卫生组织将它划分为对环境“非常有害物”，而毒死蜱则属于“中度有害物”（WHO，2004）。而且，有机磷化合物在环境中的转化反应可以生成毒性更大、稳定性更强的产物。Dzyadevych 等报道甲基对硫磷的光解反应可以生成甲基对氧磷，一种毒性比母体至少高 10 倍的产物，可以抑制生物体内乙酰胆碱酯酶的正常活动（2002 年）。

对人类而言，有机磷化合物可以毒害神经系统，另外还表现出基因毒性。甲基对硫磷可使人类淋巴细胞中的染色体发生改变，并可与双链 DNA 分子发生反应（Rupa *et al.*，1990；Blasiak *et al.*，1995）。除此之外，有机磷化合物对生殖系统的毒副作用也在文献中有所报道。Salazar-Arredondo 等研究了有机磷酸酯和它的磷氧代谢产物对人类正常精子产生的 DNA 破坏作用，结果表明有机磷酸酯类对精子 DNA 有毒，而它们的代谢产物表现出更强的毒性（2008 年）。

1.2.3 三嗪类除草剂

除草剂是另一大类生物杀灭剂，它们通过与植物接触或者在植物体内迁移而起到控制杂草生长的作用。根据施用时间的不同，除草剂可分为种子出土前施用和苗期施用两类。而且除草剂既可以是广谱化合物，也可以是有选择性的化合物（Matthews，2006）。目前应用的除草剂根据化学结构可以分为许多不同的种类。其中，三嗪类和取代脲应用广泛、稳定性强、并且具有毒副作用，因此最受研究者们的关注。

三嗪类化合物分子中包含三个杂环氮原子（Manahan，2004）。氮原子和碳原子在环状结构中相互交换形成对称（*s*）三嗪，相反的情况则称为非对称（*as*）三嗪，如图 1.6 所示。莠去津是应用最多最广泛的三嗪类除草剂，而这一种类中的西玛津也是常用除草剂（Strandberg and Scott-Fordsmand，2002）。

三嗪化合物是Ⅱ-光合体系（PSⅡ）的抑制剂，可以影响光合电子向叶绿体迁移（Corbet，1974）。三嗪类除草剂的选择性表现在它们可使目标杂草无法进行新陈代谢，并且无法解除除草化合物的毒性（Manahan，2004）。三嗪类化合物常温下为固态，蒸汽压较低，水溶性差异较大，溶解度的变化范围为 5～750mg・L^{-1}（Sabik *et al.*，2000）。

1.2.3.1 存在与迁移化

三嗪类化合物经由点源（工业废水排放）和面源（农业溢流）污染进入环境

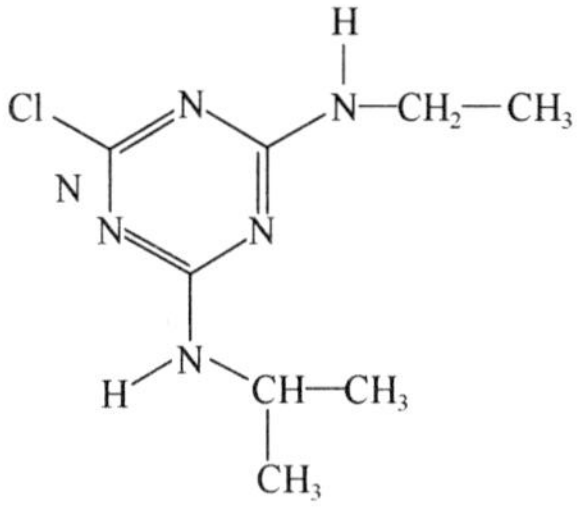

莠去津 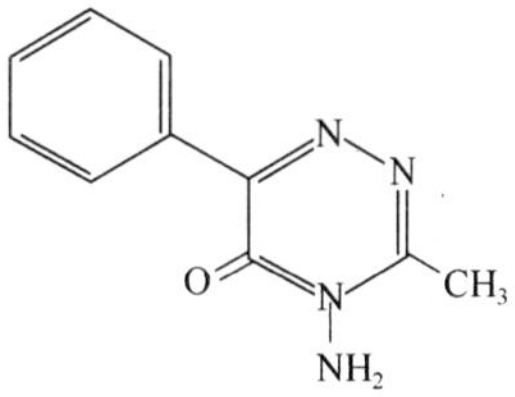　　　　　　苯嗪草酮

图 1.6　对称三嗪（如莠去津）和非对称三嗪（如，苯嗪草酮）的化学结构

中。目前已有一些数据证明了它们在水环境中的存在。两种广泛应用的三嗪类除草剂——莠去津和西玛津——在一些代表性水体中的浓度见表 1.3。

三嗪类化合物在酸性或碱性 pH 条件下可快速发生水解反应，而在中性环境中则比较稳定（Humburg *et al.*，1989）。可被光解和生物降解，其中，对称三嗪化合物较难被生物降解。例如，莠去津被认定为一种持久性有机污染物，在环境中的半衰期为 30～100d（Worthing and Walker，1987）。前文提到的生物和非生物转化反应可使三嗪类化合物通过脱卤、脱羟基、脱氨基反应机理生成代谢产物（Peñuela and Barcelô，1998）。

莠去津和西玛津在水体中的代表性浓度　　　　表 1.3

化合物	浓度（$ng \cdot L^{-1}$）	国家	参　考
莠去津	1.27～8.18	意大利	Carafa *et al.*，2007
莠去津	52～451	西班牙	Claver *et al.*，2006
莠去津	< LOD～110	俄罗斯	McMahon *et al.*，2005
莠去津	< LOD～3870	希腊	Albanis *et al.*，2004
莠去津	20～230	希腊	Lambropoulou *et al.*，2002
西玛津	1.45～25.96	意大利	Carafa *et al.*，2007
西玛津	49～183	西班牙	Claver *et al.*，2006
西玛津	< LOD～50	俄罗斯	McMahon *et al.*，2005
西玛津	< LOD～490	希腊	Albanis *et al.*，2004

LOD：检出限。

1.2.3.2　影响

三嗪类化合物可抑制光合反应，而动物体内没有光合成机理，因此，此类化合物对植物毒性更大。它对哺乳动物和鸟类的急性毒性比较低。例如，莠去津被世界卫生组织（WHO）归类为非剧毒性化合物。它对鼠类的口服半数致死量为 3090 $mg \cdot kg^{-1}$体重。对鱼类和其他水生生物表现出弱毒性，对鸟类无毒（UN-

EP，2002)。

尽管目前认为三嗪类化合物对哺乳动物毒性较低，但是某些三嗪类化合物表现出潜在的内分泌干扰作用。莠去津可抑制生物体内荷尔蒙中间物的生成，而产生类似雌激素的效应。另外，水源中存在的莠去津被认为影响男性的精子质量和产量，并增加女性患乳腺癌的几率（Fan *et al.*，2007）。

1.2.4 取代脲

取代脲类型的除草剂（如敌草隆、异丙隆）是尿素分子中的氢原子被几种化学基团取代得到的衍生物（图1.7）。它们抑制光合作用的生物化学方式与三嗪类化合物类似（Corbet，1974）。

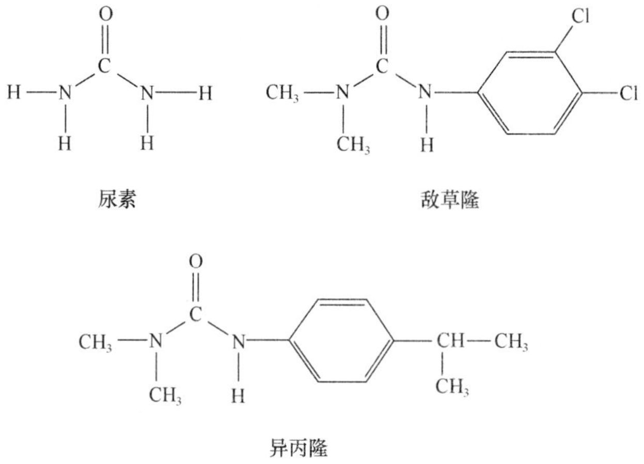

尿素

敌草隆

异丙隆

图1.7 替代性脲类除草剂，敌草隆，异丙隆

1.2.4.1 存在与迁移转化

取代脲被用于农田去除作物杂草，可随径流进入水体。全世界地表水中均可检测出低浓度的取代脲（$\mu g \cdot L^{-1}$），如表1.4所示。

取代脲在水环境中经由生物和非生物反应过程发生转化。异丙隆属于憎水性有机物，可在较低和较高pH条件下水解（Gangwar and Rafiquee，2007）。Salvestrini等2002年报道，尽管敌草隆在天然水体中的水解速率较低，但它的水解反应是不可逆反应，而且唯一的水解产物是3，4-二氯苯胺（DCA）。尿素除草剂的光转化反应也有发生（Shankar *et al.*，2008）。另外，取代脲可受生物降解反应的影响，并生成毒性更强的产物。Goody等2002年报道敌草隆的降解反应生成毒性产物DCA。Stasinakis等的近期研究表明（2009年），在有氧和缺氧条件下，敌草隆可被生物转化为DCA、DCPMU(1-(3，4-二氯苯基)-3-甲脲)和DCPU(1-3，4-二氯苯基脲)。除了这些产物，还有大部分敌草隆分子似乎被矿化，或者被生物降解为其他未知化合物。

1.2.4.2 影响

与三嗪类化合物相似，取代脲的生物化学作用模式对光合有机体产生较大毒性。Gatidou和Thomaidis在2007年研究了敌草隆对光合微生物杜氏盐藻的毒性效应，估测半数效应浓度约为6μg·L^{-1}（接触96h）。Fernandez-Alba等2002年估测它对海草的半数效应浓度为3.2μg·L^{-1}。另一方面，也有研究发现它对甲壳类生物（接触48h的半数效应浓度为8.6mg·L^{-1}）和鱼类（接触7d的半数致死浓度为74 mg·L^{-1}）的毒性很低（Fernandez-Alba *et al.*，2002）。

取代脲类除草剂敌草隆和异丙隆在水体中的代表性浓度　　表1.4

化合物	浓度（ng·L^{-1}）	国家	参考
敌草隆	＜LOD～366	英格兰	Gatidou *et al.*，2007
敌草隆	7.64～40.78	意大利	Carafa *et al.*，2007
敌草隆	＜LOD～105	西班牙	Claver *et al.*，2006
敌草隆	30～560	希腊	Gatidou *et al.*，2005
敌草隆	＜LOD～80	俄罗斯	McMahon *et al.*，2005
敌草隆	＜LOD～3054	日本	Okamura *et al.*，2003
异丙隆	＜LOD～92	中国	Müller *et al.*，2008
异丙隆	0.22～32.08	意大利	Carafa *et al.*，2007
异丙隆	LOD＜30	西班牙	Claver *et al.*，2006

LOD：检出限

对哺乳动物而言，取代脲的毒性较小。敌草隆对鼠类的口服半数致死量为3.4g·kg^{-1}，皮肤接触半数致死量超过2g·kg^{-1}，显示出其对哺乳动物的低毒性（Giacomazzi and Cochet *et al.*，2004）。世界卫生组织2004年将类似异丙隆的某些化合物归类于低毒性物质，利谷隆和敌草隆归类为正常使用时无剧毒性物质。而尿素的代谢产物——DCA——被发现毒性很强，因而归类于次生有毒物质。

1.2.5 法规

合成生物杀灭剂的滥用导致环境受污染、人类和生态系统受毒害，因而许多国家开始立法规范它们在水环境中的存在。欧盟98/93/EC指示（EU，1998）规定了生物杀灭剂在饮用水中的单独最大允许浓度（0.1μg·L^{-1}）和总体最大允许浓度（0.5μg·L^{-1}）。欧共体的第2455/2001/EC决议确定了水政策领域的重点物质名单，后修正为2000/60/EC决议。莠去津、西玛津、敌草隆、异丙隆、七氯、氯甲桥萘、氧桥氯甲桥萘、林丹、毒死蜱等被列为重点物质（EU，2001）。除此之外，一些欧洲国家规定了重点物质的环境质量标准。意大利环境质量标准中规定一些生物杀灭剂在水中浓度上限为 $1ng \cdot L^{-1}$（毒死蜱）至 $50ng \cdot L^{-1}$（莠去津）(Carafa *et al.*，2007)。

联合国环境规划署理事会于 1997 年通过了减少或消除 12 种持久性有机污染物（POPs）排放的紧急国际法，该 12 种有机污染物均具有持久性、毒性和生物富集性等特点。此决议被 2001 年斯德哥尔摩大会采纳。这 12 种污染物主要为有机氯杀虫剂，氯甲桥萘、DDT、氧桥氯甲桥萘、七氯等（UNEP，2003）。根据 UNEP 的主名单执行报告（UNEP，2003），上述有机氯杀虫剂已被世界上多数国家禁用。另外，英国食品农业组织在 1985 年提出了一项国际行动守则，为政府、杀虫剂工厂、杀虫剂用户设定了相关标准。

1.3　医药化合物

药物活性化合物（医药）是分子量为 200～500/1000 道尔顿的合成分子，由于具有特效生物活性而被生产和使用（Kummerer，2009）。许多医药化合物（在欧洲超过 4000 种化合物）在医用和兽用后被排放进入环境（Mompelat *et al.*，2009）。为了保障人类健康，医药的生产使用量将会不断增加，这一方面与其他类型微污染物有所不同；然而鉴于已有的法律法规，它们在环境中的浓度将会降低。

最早研究环境中出现的人类医药样品的文献出现于 20 世纪 70 年代后期（Hignite and Azarnoff，1977）。关于医药化合物在环境中效应的研究开始于 20 世纪 90 年代，当时发现部分医药化合物浓度为数毫克每升时可对环境造成干扰（Halling-Sφrensen *et al.*，1998）。同期，测定环境样品中低浓度医药化合物的第一个优化分析方法发展起来（Hirsch *et al.*，1996；Ternes *et al.*，1998）。

非甾体抗炎药（NSAIDs）、抗惊厥药、调血脂药、抗生素等药物常在水环境中被检出，因此被认为是一类潜在环境污染物。NSAIDs 有止痛、退热、抗惊厥的药效。异丁苯丙酸（IBF，$C_{13}H_{18}O_2$）、双氯高灭酸（DCF，$C_{14}H_{11}C_{12}NO_2$）是典型的非甾体抗炎药物（图 1.8）。抗惊厥药物用于治疗癫痫性发作，其中的氨甲酰氮草（CBZ，$C_{15}H_{12}N_2O$）常被相关文献报道。据估计全世界使用 CBZ 量已达 1000t（Zhang *et al.*，2008）。调血脂药物如二甲苯氧庚酸（GEM，$C_{15}H_{22}O_3$）等可用来降低血脂。抗生素药物种类很多，例如盘尼西林、四环素、磺胺药物、氟喹诺酮等。文献中可以查到所有这些药物的相关数据。关于红霉素和甲氧苄氨嘧啶的数据在本书中将会列出。红霉素（$C_{37}H_{67}NO_{13}$）是大环内酯物类抗生素药物，可用于治疗人和动物疾病，也可用于水产业防疫。甲氧苄氨嘧啶（TMP，$C_{14}H_{18}N_4O_3$）主要用于治疗泌尿系统感染（图 1.8）。

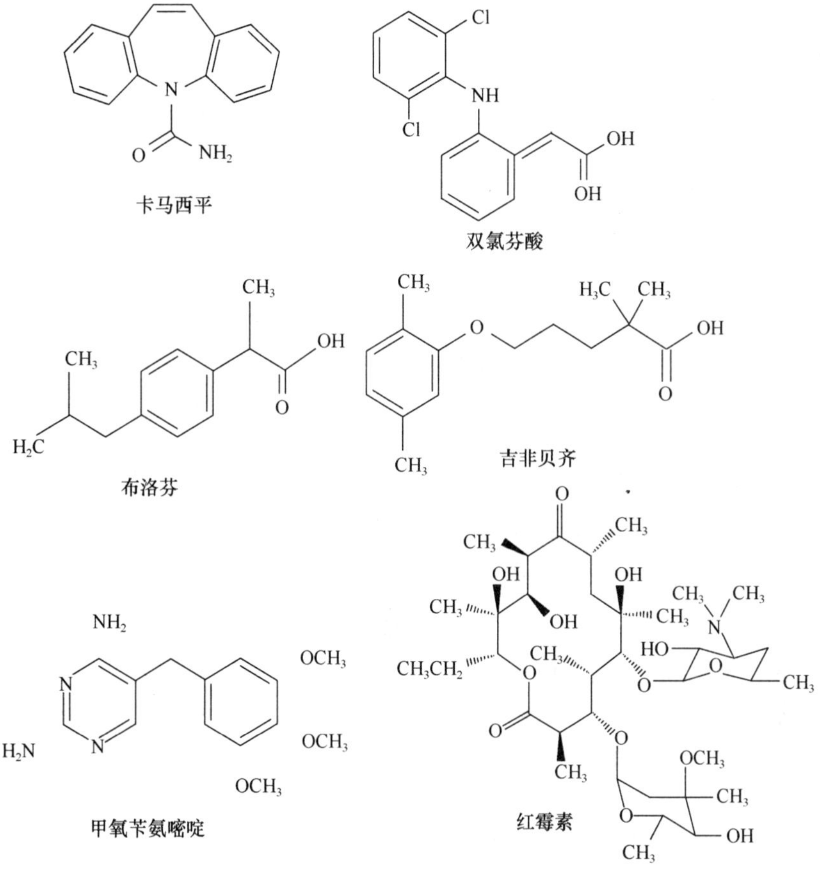

卡马西平　双氯芬酸　布洛芬　吉非贝齐　甲氧苄氨嘧啶　红霉素

图 1.8　部分药品的化学结构

药物在人或动物体内并不能被完全代谢。部分药物、代谢产物或轭合物通过泌尿和粪便排出体外（Heberer，2002a），排泄速度与药物种类以及使用方式（口服、外敷）有很大关系。例如氨甲酰氮草，经过口服之后大概 28％的药物原样通过粪便排入环境中，其余的被肝脏吸收或代谢分解（Zhang *et al.*，2008）。CBZ 的代谢物可以通过泌尿排出，最重要的代谢物为 10，11-二氢-10，11-环氧氨甲酰氮草（CBZ-环氧化物）、反式-10，11-二氢-10，11-二羟氨甲酰氮草（CBZ-二醇）（Reith *et al.*，2000）。对于 DCF，大概 65％的口服剂量通过泌尿排出体外（Zhang *et al.*，2008）。尿样中检测到 DCF 的主要代谢产物为 4′-羟基-双氯高灭酸（4′-OH-DCF）、4′-5-二羟基-双氯高灭酸（4′-5-diOH-DCF）（Schneider and Degan，1981）。IBF 主要被肝脏代谢生成 2-[4-(2-羟基-2-甲基丙基)苯基]-丙酸(羟基-IBF)、2-[4-(丙羧基)苯基]-丙酸(羧基-IBF)(Winker *et al.*, 2008)。TMP药物量的80%被排出，体内的主要代谢产物为1，3-氧化物和3′，4-羟基衍生物(Kasprzyk-Hordern *et al.*, 2007)。红霉素仅有5%药量被原样排出体外，其余主要代谢产物为红霉素-H_2O(Kasprzyk-Hordern *et al.*, 2007)。GEM经由肝脏代谢生成四种主要产物，药物量的70%以葡萄糖苷酸轭合物形式由尿液排出(Zimetbaun *et al.*, 1991)。

1.3.1 存在与迁移转化

药物和它们的代谢产物主要随着市政污水进入环境。除此之外，医院废水、制药厂废水和制药垃圾的渗滤液中均含有高浓度的医药化合物(Bound *et al.*, 2006；Gomez *et al.*, 2007)。兽用药物也可以直接(如用于水产业防疫)或间接(如动物粪便)释放进入环境(Sarmah *et al.*, 2006)。

文献中可以找到一些关于医药化合物在WWTSs去除率的数据。不同WWTSs中不同化合物的去除率有所不同(Fent *et al.*, 2006)，说明医药分子的化学性质以及所采用的处理工艺对去除率均产生较大影响。医药化合物在WWTSs中的主要去除机理是吸附和生物降解。NSAIDs和GEM在中性pH条件下以离子态存在，不易被WWTSs中的悬浮固体吸附，因此存在于溶解相中并随着被处理废水进入环境(Fent *et al.*, 2006)。另一方面，碱性药物(如氟喹诺酮抗生素)可被悬浮固体吸附而富集于污泥中。WWTSs中的生物降解对一些化合物(如DCF)作用很大，而对另一些化合物(如CBZ)影响较小(Metcalfe *et al.*, 2003；Kreuzinger *et al.*, 2004)。

鉴于只有部分药物可以在WWTSs中被去除，污水排出管中常可以检测到高浓度的医药化合物，而地表水和地下水中的检出浓度相对较低(Segura *et al.*, 2009；表1.5)。某近期调查显示，在欧洲河体中所采集的水样里，检测出CBZ、DCF、IBF、GEM的水样分别占总水样数量的95%、83%、62%、25%(Loos *et al.*, 2009)。由于大部分药物分子是以代谢物的形式被排出人类/动物体外，迄今为止很多文献中报道的是母体化合物的浓度，相对于代谢产物在水环境中的浓度而言，这些数据是有局限性的。在前期研究中，Weiger测定了污水、海水中的IBF及其主要代谢产物(羟基-IBF、羧基-IBF)(Weiger *et al.*, 2004)。结果表明，IBF在被处理污水中的主要成分是羟基-IBF(浓度范围210～1130ng·L^{-1})，而在海水水样中占优势的成分是羧基-IBF(浓度超过7ng·L^{-1})。羟基-IBF在被处理污水中的浓度较高，一方面因为它是IBF由人体排出的主要代谢产物，另一方面在活性污泥工艺中也有羟基-IBF生成(Zwiener *et al.*, 2002)。此外，CBZ和它的5种主要代谢产物在污水样品中也被检测到(Miao and Metcalfe，2003）。其中，10，11-二氢-10，11-二羟基-CBZ 被检出的浓度远远高于母体 CBZ。而在近期的研究中，Leclercq 等（2009 年）报道了在污水水样中检出 CBZ 的 6 种代谢产物。其中，10，11-二氢-10，11-反式二羟基-CBZ 被检出的浓度高于母体 CBZ。

水样中医药分子的浓度 **表 1.5**

物质	浓度（$ng \cdot L^{-1}$）	国家或地区	参考
地表水			
甲氧苄氨嘧啶	< LOD～183	英国	Kasprzyk-Hordern *et al.*，2008
红霉素-H_2O	< LOD～351	英国	Kasprzyk-Hordern *et al.*，2008
IBF	< LOD～100	英国	Kasprzyk-Hordern *et al.*，2008
DCF	< LOD～261	英国	Kasprzyk-Hordern *et al.*，2008
CBZ	< LOD～684	英国	Kasprzyk-Hordern *et al.*，2008
IBF	< LOD～5044	英国	Ashton *et al.*，2004
DCF	< LOD～568	英国	Ashton *et al.*，2004
红霉素	< LOD～1022	英国	Ashton *et al.*，2004
甲氧苄氨嘧啶	< LOD～42	英国	Ashton *et al.*，2004
地下水			
DCF	< LOD～380	德国	Heberer，2002b
IBF	< LOD～200	德国	Heberer，2002b
GEM	< LOD～340	德国	Heberer，2002b
CBZ	< LOD～2.4	美国	Standley *et al.*，2008
IBF	< LOD～19	美国	Standley *et al.*，2008
甲氧苄氨嘧啶	1.4～11	美国	Standley *et al.*，2008
处理后污水			
IBF	20～1820	欧洲	Andreozzi *et al.*，2003
DCF	< LOD～5450	欧洲	Andreozzi *et al.*，2003
CBZ	300～1200	欧洲	Andreozzi *et al.*，2003
甲氧苄氨嘧啶	20～130	欧洲	Andreozzi *et al.*，2003
IBF	780～48240	西班牙	Santos *et al.*，2007
CBZ	< LOD～1290	西班牙	Santos *et al.*，2007
DCF	< LOD	西班牙	Santos *et al.*，2007
红霉素	< LOD～1842	英国	Ashton *et al.*，2004
甲氧苄氨嘧啶	< LOD～1288	英国	Ashton *et al.*，2004
IBF	240～28000	西班牙	Gomez *et al.*，2007
DCF	140～2200	西班牙	Gomez *et al.*，2007
CBZ	110～230	西班牙	Gomez *et al.*，2007

LOD：检出限

医药化合物在水环境中的迁移转化过程包括：被悬浮固体或胶态、溶解态有机物质吸附，或者经历生物、化学、物理化学转化反应（Yamamoto *et al.*，2009）。文献中曾报道医药分子在沉积物和土壤中吸附的数据（Tolls，2001；Figueroa *et al.*，2004；Drillia *et al.*，2005；Kim and Carlson，2007）。大部分研究中发现药物的实际吸附系数高于由 $\log K_{ow}$（辛醇—水分配系数）推测出的数值，表明憎水分离在药物分子的吸附过程中发挥非常重要的作用（Tolls，2001）。经过处理的污水和污泥往往在农业生产中被再利用，高流动性的医药化合物可以污染地下水，而被牢固吸附的医药分子可富集于表层土壤中（Thiele-Bruhn，2003）。药物分子在土壤中的吸附过程受溶液化学、矿物和有机吸附剂的类型、再生污水中溶解态有机物质浓度等因素的影响（Nelson *et al.*，2007；Blackwell *et al.*，2007）。NSAIDs 的实验表明，CBZ 与 DCF 属于在富含有机质的土壤层中流动性较低的化合物，然而它们在缺乏有机质的土壤层中流动性却大大提高（Chefetz *et al.*，2007）。

医药化合物的光解过程与光照强度、硝酸盐浓度、溶解态有机物浓度、重碳酸盐浓度等因素有关（Lam and Mabury，2004）。光解反应对不同医药分子在环境中迁移转化过程的作用不同（Lam *et al.*，2004；Benotti and Brownawell，2009）。例如，光转化反应是 DCF 在地表水中消除的主要机理（Buser *et al.*，1998；Andreozzi *et al.*，2003）。在正常的自然光条件下，DCF 的半衰期不到 1h，光解反应的初始产物为 8-氯代咔唑-1-乙酸，它比 DCF 更容易被光降解（Poiser *et al.*，2001）。在其他实验中，Lin 和 Reinhard 于 2005 年计算出 GEM 在河水中的半衰期为 15h。另一方面，CBZ 和 IBF 在日光辐照下的光解反应程度远远低于 DCF（Yamamoto *et al.*，2009）。关于 CBZ 的光解过程，计算得到的半衰期为 115h，它的主要光转化产物为 10，11-环氧 CBZ（Lam and Mabury，2005）。

迄今为止，许多关于医药化合物生物降解过程的研究都集中于它们在污水处理厂的去除情况（Joss *et al.*，2005；Radjenovic *et al.*，2009）。而医药分子在水环境中生物降解过程的数据非常有限。Lam 等 2004 年进行了几种医药分子的微观实验，发现对 CBZ 和三甲氧苄二氨嘧啶来说，光解过程比生物降解过程更重要。河水的生物实验表明，IBF 和 CBZ 具有生物稳定性（Yamamoto *et al.*，2009）。IBF 和 CBZ 的半衰期分别为 $450 \sim 480h^{-1}$ 和 $3000 \sim 5600h^{-1}$（Yamamoto *et al.*，2009）。在另外的研究中，采用河流生物膜反应器降解 IBF，主要产物为羟基-IBF 和羧基-IBF（Winkler *et al.*，2001）。河流底泥的实验表明，在好氧条件下 DCF 可以被生物降解，且它的主要产物是 5-羟基双氯高灭酸的 *p*-苯醌亚胺（Groning *et al.*，2007）。通过实验和计算得到 CBZ 与甲氧苄氨嘧啶在海水中进行生物降解反应的半衰期超过 40d（Benotti and Brownawell，2009）。

1.3.2 影响

单独化合物的试验研究表明，许多医药化合物在环境有关浓度水平并不足以对水生生物产生剧毒性（Choi *et al.*，2008；Zhang *et al.*，2008）。一般产生急性毒效应的浓度远高于它们在水环境中被检测到的浓度（100～1000倍）（Farre *et al.*，2008）。然而需要注意的是，医药化合物在环境中往往以混合物的形式出现。根据上述资料，一些研究中发现医药化合物在环境相关浓度水平下即对非目标生物产生了毒性效应，其原因在于药物分子之间的联合增效作用（Pomati *et al.*，2008；Quinn *et al.*，2009）。NSAIDs混合物的毒性试验表明，单独化合物对生物无影响或有轻微影响的浓度，对于混合药物来说就可表现出生物毒性（Cleuvers，2004）。而且抗生素的生态毒性测试表明，两种抗生素的联合毒性可以导致协同、拮抗或加合效应的产生（Christensen *et al.*，2006）。

另一方面，医药化合物的慢性毒效应也颇受关注，因为一些水生物种在它们的整个生命周期中均暴露于医药化合物中。迄今为止，很少有数据涉及医药化合物对水生生物的长期效应。Schwaiger等2004年研究了DCF对虹鳟鱼可能产生的长期接触影响，发现如果鱼类接触浓度为5 $\mu g \cdot L^{-1}$的DCF长达28d，它们的肾脏和肝脏会出现组织病理学变化。Triebskorn等2004年报道DCF使虹鳟鱼的肝脏、肾脏、鳃等部位出现细胞学病变的最低观测效应浓度(LOEC)为1$\mu g \cdot L^{-1}$。

一些药物分子似乎可以被生物浓缩并沿着食物链转移到其他生物体内。Mimeault等2005年调查了金鱼对GEM的摄取情况，发现接触环境浓度水平的GEM会导致此种化合物在金鱼血浆中的生物浓缩。Schwaiger等2004年报道了DCF主要浓缩于虹鳟鱼的肝脏和肾脏。Brown等2007年报道DCF、IBF、GEM在虹鳟鱼的血液中生物富集。还有一些研究认为印度、巴基斯坦地区秃鹰数量的减少与当地环境中DCF的残留有关系（Oaks *et al.*，2004；Schultz *et al.*，2004）。其他文献中涉及的毒性效应包括雌激素行为（Isidori *et al.*，2009），以及GEM的诱导有机体突变和基因毒性风险（Isidori *et al.*，2007）。另外，抗生素及其代谢产物排放进入环境会增加水生生态系统中细菌对抗生素产生耐药性的风险（Costanzo *et al.*，2005；Thomas *et al.*，2005）。

1.3.3 法规

尽管已有大量医药化合物进入环境，但关于它们生态风险评估的规则却很少。美国食品和药物管理局（FDA）从1980年开始要求对兽用药品进行环境评估（Boxall *et al.*，2003）。对于人类所用药物，如果药物分子中的活性成分在水环境中的预测浓度等于或高于1$\mu g \cdot L^{-1}$，则应该提供它的环境评估报告

(FDA—CDER，1998)。欧盟 1995 年开始要求各成员国依照欧盟 92/18/EEC 指示和相应指南（EMEA，1998）对兽药进行生态毒性测试。在过去的 10 年中，欧委会公布了 2001/83/EC 指示（针对人类药物）和 2001/82/EC 指示（针对兽类药物），随后它们分别被修正为 2004/27/EC 指示和 2004/28/EC 指示；明确指出药物必须经过环境风险评估之后才能得到认可。

1.4　类固醇激素

类固醇激素是一类可控制内分泌系统和免疫系统的化合物。天然激素主要包括雌激素（雌二醇、雌激素酮、雌激素三醇）、雄激素（雄甾烯二酮）、促孕激素（黄体酮）和肾上腺皮质类脂醇（皮质甾醇）。一些人工合成激素物质——乙炔雌二醇、炔雌醇甲醚、地塞米松——也是由上述的内源性激素分离而成。

在类固醇激素化合物中，雌激素酮(E1)、17-β-雌二醇(E2)、雌激素三醇(E3)和乙炔雌二醇(EE2)(图 1.9)受到更多的科学关注，因为它们被认为是被处理污水和地表水中最重要的雌激素(Rodgers-Grey *et al.*，2000)。它们通过污水排放渠、未处理的排放废水、肥料和下水道污泥的溢出液进入环境。水产养殖场是雌激素进入环境的另一个重要源头(Fent *et al.*，2006)。鱼类食物添加剂中所包含的激素物质直接被投入水体中。如果对鱼类喂养过量，或者出现鱼类食欲减退现象(鱼类染病后的常见症状)，均使大量激素化合物分散于水体中。

类固醇激素可由人体排泄而出（Länge *et al.*，2002)。一些研究表明交配、

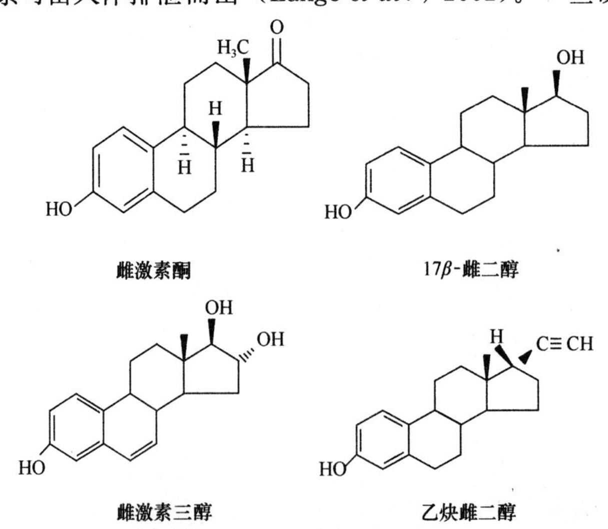

图 1.9　雌激素的分子式：雌激素酮(E1)、17-β-雌二醇(E2)、雌激素三醇(E3)乙炔雌二醇(EE2)

怀孕、绝经使类固醇激素的排泄速率变得不同。比如，E1 在绝经前妇女、绝经后妇女、怀孕妇女体内的排泄速率分别为 $11\mu g \cdot d^{-1}$、$5\mu g \cdot d^{-1}$、$1194\mu g \cdot d^{-1}$。由此可知，人类排泄出的天然雌激素很大程度上来自于怀孕妇女。E1 在男性体内的排泄速率约为 $3.9\mu g \cdot d^{-1}$（Liu *et al.*，2009）。尿液中的天然雌激素主要以硫酸盐或葡萄糖苷酸共轭物形式存在。然而粪便中检测到的雌激素多为游离态。据报道，葡萄糖苷酸很容易转变为它们的游离态，而硫酸盐则不易被生物转化（D'Ascenzo *et al.*，2003）。

1.4.1 存在与迁移转化

雌激素化合物在 WWTSs 和地表水中已被检出。美国地质服务局的一份调查表明，此类化合物频繁出现在水体中。具体来说，分析样品总数中的 6%～21% 可检测出此类化合物，中值浓度介于 $0.03\mu g \cdot L^{-1}$ 和 $0.16g \cdot L^{-1}$ 之间（Kolpin *et al.*，2002）。其他研究者也报道了类固醇物质出现在地表水和饮用水中的浓度（表 1.6）。饮用水中测得类固醇激素的浓度级与地表水接近，由此可知此类化合物不能被水处理工艺完全去除（Ning *et al.*，2007）。

污水似乎是类固醇激素在环境中传送的主要通道。Servos 等 2005 年检测到污水中存在大量的雌激素，其中包括雌激素活性中间体，推测它们可能是雌激素在污水处理工艺中的降解产物，或者是雌激素共轭物的分裂反应产物（Ning *et al.*，2007）。E1、E2、EE2 在被处理污水中的一些代表性浓度见表 1.7 所示。

类固醇激素在水体中的检出情况　　表 1.6

物质	浓度（$ng \cdot L^{-1}$）	国家	参考
雌激素酮（E1）	DW：0.70	德国	Kuch and Ballschmiter，2001
	SW：1.5～12	意大利	Lagana *et al.*，2004
	SW：1.4～1.8	法国	Cargouet *et al.*，2004
17β-雌二醇（E2）	SW：0.60	德国	Kuch and Ballschmiter，2001
	DW：0.70		
	SW：2～5	意大利	Lagana *et al.*，2004
	SW：1.7～2.1	法国	Cargouet *et al.*，2004
	SW：< LOD	美国	Vanderford *et al.*，2003
17a-乙炔雌二醇（EE2）	SW：0.80	德国	Kuch and Ballschmiter，2001
	DW：0.35		
	SW：n.d.～1	意大利	Lagana *et al.*，2004
	SW：1.3～1.4	法国	Cargouet *et al.*，2004

续表

物质	浓度（ng・L^{-1}）	国　家	参　考
雌激素三醇（E3）	SW：3.6～14	美国（内华达州）	Vanderford *et al.*，2003
	SW：2－6	意大利	Lagana *et al.*，2004
	SW：1.8～2.2	法国	Cargouet *et al.*，2004

SW：地表水；DW：饮用水；LOD：检出限。

类固醇激素在污水中的检出情况　　**表 1.7**

物　质	浓度（ng・L^{-1}）	国　家	参　考
雌激素酮（E1）	1～100	加拿大	Servos *et al.*，2005
	4～7	法国	Cargouet *et al.*，2004
17β-雌二醇（E2）	1～15	加拿大	Servos *et al.*，2005
	5～9	法国	Cargouet *et al.*，2004
17a-乙炔雌二醇（EE2）	3～5	法国	Cargouet *et al.*，2004

类固醇激素物质的性质表现为高憎水性、低挥发性，而且极性较弱，它们的辛醇—水分配系数一般为 $10^3 \sim 10^5$。因此它们在环境迁移转化过程中非常容易被悬浮固体和沉积物吸附。Lai 等 2000 年研究了几种雌激素化合物在水体和沉积物之间的分配关系，发现它们可以迅速地由水相转移到沉积相。Jürgen 等 1999 年指出雌激素在进入水环境的最初 24h 内，其中以 92%的比例迁入河床底泥。

雌激素在自然环境中可被生物降解。Jürgen 等 2002 年研究了 E2 和 EE2 在地表水中的行为，发现河水中的微生物可以使 E2 转化为 E1。经计算得到，20℃时 E2 的半衰期为 0.2～9d。E1 在相似的速率下被进一步降解。另外，EE2 不易被生物降解，而对光解反应比较敏感。E1 和 E2 之间可以互相转变，但更倾向于得到 E1（Birkett and Lester，2003）。这个结论可以解释为什么水环境中往往 E1 的浓度最高。

此外，一些生物对激素化合物的生物富集作用也被报道。Larsson 等人 1999 年确定 E1、E2、EE2 对幼年虹鳟鱼的生物浓缩指数值（BCFs）为 104～106。Lai 等人 2002 年调查了普通小球藻对类固醇化合物的摄取和富集情况。计算结果为，在自然条件下的 48h 内，E1 的 BCF 为 27。Gomes 等人 2004 年研究了大型溞对 E1 的生物富集作用，发现在最初接触的 16h 内大型溞经由水相摄取 E1，BCF 值约为 228。另外他们还发现大型溞摄食被 E1 污染的藻类，分配系数为 24。由此说明 E1 可能通过食物链产生生物放大效应。

1.4.2　影响

众所周知，类固醇激素具有雌激素作用。此类化合物与其他化学物质相比表现出更强的内分泌干扰行为（Christiansen *et al.*，1998）。它们可以使雄鱼雌性化，并可促成卵黄生成。即使浓度接近检出限，类固醇物质仍可造成有害作用。举个例子，17β-乙炔雌二醇（EE2）浓度为0.1ng·L^{-1}时，即可诱发鱼类产生卵黄蛋白原（Purdum *et al.*，1994）。另外，它们对性别差异和生物生育力的影响也有报道（Van Aerle *et al.*，2002）。EE2浓度为4 ng·L^{-1}时即可阻止雄性黑头鱼第二自然性征的发育（Länge *et al.*，2001）。ng·L^{-1}级别的雌二醇可导致幼年虹鳟鱼体内生成卵黄蛋白原（Thorpe *et al.*，2001）。

类固醇不仅对鱼类产生不利作用，也对其他诸如两栖类、爬行类、无脊椎类生物产生影响。EE2口服剂量达0.005～0.09mg·kg^{-1}·d^{-1}可对雌鼠有致癌作用（Seibert，1996）。Palmer等1995年指出，E2浓度为1μg·L^{-1}时可诱发青蛙和海龟一周内产生卵黄。另有E2阻碍甲壳动物定居的报道（Billinghurst *et al.*，1998）。文献中也曾报道它们对植物的影响。Shore等1992年指出，用含有雌激素（如E1、E2）的水浇灌紫花苜蓿会影响它们的生长。

类固醇对人类也有危害作用，环境中的EE2与前列腺癌增长有关系（Hess-Wilson and Knudsen，2006）。E2被认为与乳腺癌和子宫内膜异位症的患病率相关（Dizerega *et al.*，1980；Thomas，1984）。

1.4.3 法规

由于天然雌激素不能被禁止或被其他化合物替代，因此控制类固醇激素是一个难题。尽管难度较大，一些国家仍在朝这个方向努力。欧盟88/146/EEC指示明确禁止使用激素促进产肉动物的生长。美国食品与药物管理委员会和联合国粮食及农业组织/世界卫生组织提出了在饲养产肉动物过程中使用黄体酮、睾丸激素、雌二醇、赤霉烯酮和醋酸去甲雄三烯醇酮等激素化合物的规范。

1.5 表面活性剂与个人护理产品

表面活性剂是人工合成有机物，分子中包含一个极性基团和一个非极性碳氢基团。它们被广泛用于清洁、纺织、高分子、造纸工业，可分为阴离子型表面活性剂（如链状烷基苯磺酸盐）、阳离子型表面活性剂（如季铵化合物）和非离子型表面活性剂（如烷基酚聚氧乙烯醚）（Ying *et al.*，2005）。其中，烷基酚聚氧乙烯醚（APEs）在表面活性剂市场上占很大比重（1997年生产量达到500000t）（Renner *et al.*，2007）。过去10年里，壬基酚聚氧乙烯醚（NPE）受到了科学界的高度关注，由于它们代表了APEs在世界范围内80%的生产量（Brook *et al.*，2005）。NPEs被微生物分解可生成壬基苯酚（NP，$C_{15}H_{24}O$，图1.10），其毒性比母体化合物更强，可导致一些水生生物的雌激素效应（Birkett and Lester，2003；Soares *et al.*，2008）。

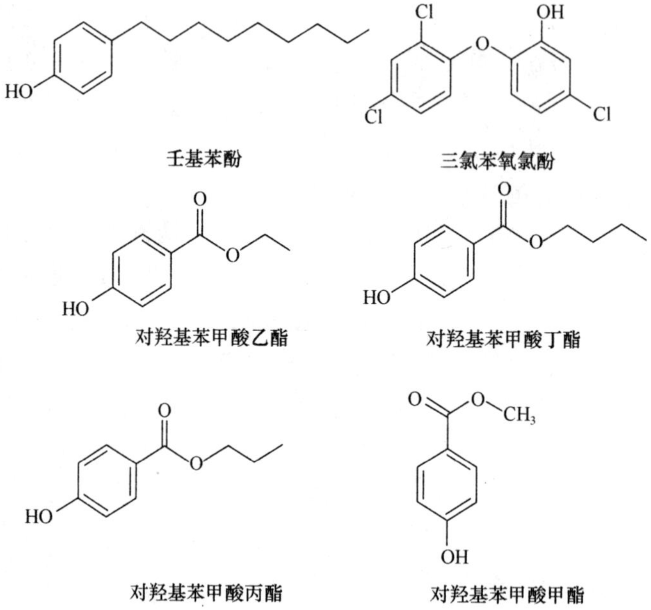

壬基苯酚　　三氯苯氧氯酚

对羟基苯甲酸乙酯　　对羟基苯甲酸丁酯

对羟基苯甲酸丙酯　　对羟基苯甲酸甲酯

图 1.10　部分表面活性剂和个人护理品的化学结构

个人护理产品包括美容产品以及个人卫生产品（护肤品、肥皂、洗发精、牙科护理品）。这类产品中含有大量的合成有机物，例如杀菌消毒剂（三氯生、三氯卡班）、防腐剂（对羟基苯甲酸甲酯，$C_8H_8O_3$；对羟基苯甲酸乙酯，$C_9H_{10}O_3$；对羟基苯甲酸丁酯，$C_{11}H_{14}O_3$；对羟基苯甲酸丙酯，$C_{10}H_{12}O_3$）、防晒剂（苯甲酮-3，甲氧基肉桂酸辛酯）。它们在日常使用中被引入环境（Ternes *et al.*，2003；Kunz and Fent，2006）。其中，三氯生（TCS，$C_{12}H_7Cl_3O_2$）、对羟苯甲酸酯由于被广泛使用以及具有毒理学性质，引起很大的研究和应用兴趣（Kolpin *et al.*，2002）。超过 22000 种的化妆品中均存在对羟苯甲酸酯（Andersen，2008）；而在欧洲每年将近生产 350t TCS 用于商业中（Singer *et al.*，2002）。

1.5.1　存在与迁移转化

污水排放是所有表面活性化合物进入环境的主要源头。迄今为止有一些研究调查了它们在 WWTSs 中的消失情况。关于 NP 的研究出现比较矛盾的结论，去除率由负 9%（Stasinakis *et al.*，2008）变化至 98%（Planas *et al.*，2002；Gonzalez *et al.*，2007；Jonkers *et al.*，2009）。出现这种差异的原因在于活性污泥工艺中 NPEs 可以生物转化为 NP（Ahel *et al.*，1994）。另一方面，关于 TCS

去除率的结论则比较一致，在许多出版文献中 TCS 去除率均超过 90%（Heidler and Halden，2006；Stasinakis *et al*.，2008）。近期研究报道，对羟苯甲酸酯几乎可被污水处理工艺完全去除（Jonkers *et al*.，2009）。此类化合物从污水溶解相中除去的主要机理包括两方面，被悬浮固体吸附或者被生物转化生成未知的代谢产物（Ahel *et al*.，1994；Heidler and Halden，2007；Stasinakis *et al*.，2007；Stasinakis *et al*.，2008；Stasinakis *et al*.，2009b）。上述物质（如壬基苯酚）在污水处理中被部分降解或者随着未被处理污水进入环境，因而在地表水体中常可检测到它们（Kolpin *et al*.，2002）。饮用水中也曾检出痕量 NP（Petrovic *et al*.，2003）。表 1.8 列举了此类化合物近期在被处理污水和地表水中检测到的浓度。

NP 属于憎水性化合物（$\log K_{ow}=4.48$），水溶性较差，因而它主要被划分为有机物质（John *et al*.，2000）。在自然水体中 NP 可以被光降解，半衰期为 10～15h（Ahel *et al*.，1994）。NP 的生物降解过程受若干因素的影响：好氧和厌氧条件、培养的微生物种类以及它们对 NP 的适应性。NP 主要分散于沉积物中，而且它在河水和沉积相中不易被生物降解。另有研究指出 NP 可被生物以非常缓慢的速率降解，好氧的河流底泥中 NP 半衰期为 14～99d（Yuan *et al*.，2004），在厌氧红树林沉积物中半衰期为 53～87d（Chang *et al*.，2009）。然而也有研究报道 NP 在河水/底泥、地下水/蓄水层中非常容易被生物降解，厌氧和好氧条件下均可发生生物和非生物反应，半衰期为 0.4～1.1d（Sarmah and Northcott，2008）。近期的研究发现，NP 的不同异构体具有不同的生物降解效率（Gabriel *et al*.，2008）。

水样中表面活性剂和个人护理品浓度 **表 1.8**

物质	浓度（$ng\cdot L^{-1}$）	国家	参考文献
地表水			
NP	< 29～195	瑞士	Jonkers *et al*.（2009）
Methylparaben	3.1～17	瑞士	Jonkers *et al*.（2009）
Ethylparaben	< LOD～1.6	瑞士	Jonkers *et al*.（2009）
Propylparaben	< LOD～5.8	瑞士	Jonkers *et al*.（2009）
Butylparaben	< LOD～2.8	瑞士	Jonkers *et al*.（2009）
NP	36～33231	中国	Peng *et al*.（2008）
Methylparaben	< LOD～1062	中国	Peng *et al*.（2008）
Propylparaben	< LOD～2142	中国	Peng *et al*.（2008）
TCS	35～1023	中国	Peng *et al*.（2008）
NP	0.1～7300	中国	Shao *et al*.（2009）

续表

物　质	浓度（ng·L^{-1}）	国　家	参考文献
处理后污水			
NP	< LOD～281	瑞士	
Methylparaben	4.6～423	瑞士	Jonkers *et al*.（2009）
Ethylparaben	< LOD～17	瑞士	Jonkers *et al*.（2009）
Propylparaben	< LOD～28	瑞士	Jonkers *et al*.（2009）
Butylparaben	< LOD～12	瑞士	Jonkers *et al*.（2009）
TCS	< LOD～6880	希腊	Stasinakis *et al*.（2008）
TCS	80～40	西班牙	Gomez *et al*.（2007）

LOD：检出限

TCS 微溶于水，水解稳定和相对不易挥发（Mc Avoy *et al*.，2002）。由于它的质子化形式是疏水的（$\log K_w = 5.4$），它可以吸附在固体上（Singer *et al*.）。TCS 在地表水中可以光解转化（Tixier *et al*.）以自然光为光源的光解试验表明，TCS 光解后转化生成毒性更强的中间产物 2，7/2，8-二苯基二氯-p-二氧芑。在另外一个研究中，Latch 等人报道 TCS 在光解过程中生成 2，7/2，8-二苯基二氯-p-二氧芑和 2，4-二氯酚。虽然有个别关于 TCS 在活性污泥和土壤中降解的报道，但是对于其是否能够在地表水中生物降解则鲜有报道。关于对羟基苯甲酸酯，目前为止还没有在水环境中迁移转化的资料。在最近一份关于对-羟基苯甲酸丁酯的研究，报道该化合物在光照下非常稳定，然而却可以在河流中发生生物降解。

1.5.2　影响

NP 被认为是一种内分泌干扰物（Birkett and Lester，2003）。现有大量有关其对水生生物影响的资料，其中有几篇论文已经公开发表（Staples *et al*.，2004；Vazquez-Duhalt *et al*.，2005；Soars *et al*.，2008）。这些论文显示，NP 的影响效果随着受试生物体（生物种类、生长阶段）和环境特点的不同而不同。在最近的一项研究中，Hirano 等人（2009）报道，与环境浓度水平相当的 NP 浓度可以影响布兰卡美洲糖虾的生长。另外，对大西洋小鲑鱼 21d 经受 NP 浓度为 10μg·L^{-1} 的剂量，导致大量小鲑鱼死亡或延期死亡。在另外一个研究中，Schubert 等人（2008）报道了 NP、E1 和 E2 混合浓度为几纳克每升时，不会对斑鳟的繁殖产生不利影响。鉴于 NP 由几种同分异构体组成，近期研究集中在相关同分异构的分子结构和内分泌干扰能力上（Gabriel *et al*.，2008；Preuss *et al*.，2009）。在藻类、鱼类和水生鸟类中，都观察到了 NP 生物富集。

TCS对藻类、无脊椎生物和鱼类的毒性已经进行了考察（Orvos *et al.*，2002；Dussault *et al.*，2008）。近期的研究表明，这种化合物可能是一种内分泌干扰物（Vedhoen *et al.*，2006；Kumar *et al.*，2009）。根据Vedhoen等人的研究，与环境浓度水平相当的TCS浓度可以改变美洲牛蛙甲状腺激素受体mRNA的表现形式。TCS在藻类和淡水蛇的体内可以快速富集（Coogan and La Point，2008）。而且，还有报道指出TCS在鱼体内的生物富集和生物转化产物是甲基-TCS（Balmer *et al.*，2004）。近来，在海豚的血浆内检出了TCS，浓度范围在0.025～0.27 $ng \cdot g^{-1}$（净重），这表明该化合物在海生哺乳动物体内可以生物富集。

几位研究者（Ye *et al.*，2006；E1 Hussein *et al.*，2007；Darbre and Harey，2008）已证明了人体尿液中存在对羟基苯甲酸酯，且这类化合物可以通过皮肤渗透。这类化合物似乎毒性不强（Andersen，2008）而且在水生生物体内富集的趋势很小（Alelev *et al.*，2005）。但最近，有关于这类化合物对虹鳟鱼（对羟基苯甲酸丙酯、对羟基苯甲酸丁酯）（Bjerregaard *et al.*，2003；Aslev *et al.*，2005）和青鳉（对羟基苯甲酸丙酯）（Inui *et al.*，2003）内分泌的潜在干扰作用质疑越来越多。

1.5.3 法规

由于表面活性剂和个人护理产品是新兴污染物，因此也有规章限制它们在环境中的存在浓度。在所研究的化合物中，针对壬基苯酚的限制规范已确立。NP和它的乙氧基化合物被欧盟水框架指示列为重点控制物质（欧盟，2001），目前它们中多数物质的使用已被控制（欧盟，2003）。美国环境保护局制定相关方针对淡水、海水中的NP设定质量标准（Brooke and Thursby，2005）。加拿大对NP和NPEs建立了严格的水质量方针（Environment Canada，2001；2002）。欧盟尝试对污泥中的痕量有机污染物设定限制值，其中一份工作文件提议设定NPEs（NP、NP1EO、NP2EO的总和）的限制含量为50$\mu g \cdot g^{-1}$污泥干重（欧盟，2000）。然而目前只有少数国家（瑞士和丹麦）立法限制NPEs在下水道污泥中的浓度（JRC，2001）。

1.6 全氟化合物

全氟化合物（PFCs）从1950年开始制造，随后被大规模应用于工业及消费中。它们具有优良的物理化学性质，包括热稳定性、化学稳定性、高表面活性以及低表面自由能（Lehmler，2005）。全氟化合物中的C-F分子键非常强，因此对它们来说，包括氧化、还原、酸碱反应等各种形式的降解过程均不容易发生

(Kissa，2001)。最受瞩目的全氟化合物是全氟磺酸（PFAS）和全氟羧酸（PFCA)。这些分子中包含一条全氟碳链和一个磺酸基（PFAS）或羧酸基（PFCA)。其中一些化合物在环境中已被检出，包括全氟壬酸（PFNA，$C_9HF_{17}O_2$)、全氟癸酸（PFDA，$C_{10}HF_{19}O_2$)、全氟十一酸（PFUnA，$C_{11}HF_{21}O_2$)、全氟十二酸（PFDoA，$C_{12}HF_{23}O_2$）和全氟辛烷磺酸（PFOSA，$C_8H_2F_{17}NO_2S$)。

全氟辛烷磺酸盐（PFOS，$C_8HF_{17}O_3S$）和全氟辛酸（PFOA，$C_8HF_{15}O_2$）似乎是其中最受关注的化合物（图1.11)，原因在于它们被广泛使用、在环境中的检出浓度较高、并且具有毒性。2000年PFOS的生产量达到3500公吨（Lau *et al.*，2007)。PFOS的主要制造企业3M公司从2002年开始逐渐停止它的生产，2003年PFOS的产量下降至175公吨（3M公司，2003年)。而PFOA在2000年的产量约为500公吨，2004年其产量却增加至1200公吨（Lau *et al.*，2007)。PFOS和它的前驱物被应用于多方面：食品包装材料、各种清洗剂中的表面活性剂、化妆品、灭火泡沫、电子和照相设备（经济合作与发展组织OECD，2002年；PFOS及其盐类的毒性评估，ENV/JM/RD（2002）17/FINAL，Paris. Kissa 2001)。PFOA主要用于某些含氟聚合物（聚四氟乙烯）的合成过程中，而较少涉及其他工业应用（OECD，2005)。

```
    F   F   F   O                F   F   F   O
    |   |   |   ||               |   |   |   ||
F — C — C — C — C — O        F — C — C — C — C — O
    |   |×n |                    |   |×n |   ||
    F   F   F                    F   F   F   O
```

$CF_3(CF_2)_nCOO^-$
全氟羧酸盐 (PFCA)

$CF_3(CF_2)_nSO_3^-$
全氟烷基磺酸盐 (PFAS)

图1.11 PFCA与PFAS的化学结构

1.6.1 存在与迁移转化

PFCs的商业合成通过电化学氟化反应和调节聚合反应进行（Fromme *et al.*，2009)。PFCs也可由其商业合成的前驱物在环境中经过生物或非生物转化反应生成。举例而言，全氟辛烷磺胺发生生物转化反应可生成PFOS（Tomy *et al.*，2004)，而氟调聚物醇（FTOH）可转化为PFOA（Wang *et al.*，2005)。

PFCs在全世界领域内的饮用水、地表水、地下水和污水中均已被检出（表1.9)。而且在偏远地区也能检测到PFCs，反映了此类化合物的污染已遍及全球(Giesy and Kannan，2001；Houde *et al.*，2006)。目前有一些研究报道了PFOA和PFOS在环境中的迁移转化历程以及影响它们分配和迁移的机理。PFOA和PFOS不易发生生物、非生物降解反应，因此它们在环境中非常稳定（Giesy and

Kannan，2002）。Yamashita 等 2005 年报道此类化合物可随着洋流进行长距离迁移。但是也有其他学者认为挥发性前驱物质在大气中的迁移转化生成了 PFOS 和 PFOA，这个理论可以解释这两类人工合成物质为什么出现在偏远地区的原因（Young *et al.*，2007）。

近期一项研究调查了欧洲水体中出现的微量有机污染物，PFOA 和 PFOS 分别在 97%和 94%的样品中被检出（Loos *et al.*，2009）。市政污水排放看起来是此类化合物进入水环境的主要途径（Sinclair and Kannan，2006；Becker *et al.*，2008）。一些文献中报道，PFOA 和 PFOS 在出水污水中的浓度高于进水污水，这说明在生物处理过程中它们的前驱物被生物降解生成此类化合物。

1.6.2 影响

PFOS 和 PFOA 的毒性已被广泛研究。主要影响表现为肝中毒、免疫毒性、发育毒性、激素影响、致癌能力（Lau *et al.*，2004；Lau *et al.*，2007）。动物研究表明，此类化合物主要分散于血清、肝脏和肾脏（Seacat *et al.*，2002；Hundley *et al.*，2006）。PFOA 和 PFOS 在不同物种或同一物种不同性别的生物体内的半衰期差异很大，变化范围由几小时至 30d（Kemper，2003；Butenhoff *et al.*，2004）。

全世界范围内由于职业原因或非职业原因接触 PFCs 的人群的血液和组织样本中也检出此类化合物（Kannan *et al.*，2004；Calafat *et al.*，2006；Olsen *et al.*，2007）。食物摄取和饮用水消费是背景人群接触它们的主要途径（Vestergren and Cousins，2009）。近期的一项研究发现工业国家中接触此类化合物的人群的血液中 PFOA 浓度为 $2 \sim 8\mu g \cdot L^{-1}$（Vestergren and Cousins，2009）。与 PFC 有关的流行病学资料比较有限，所进行的研究主要针对 PFC 制造厂的工人。通常来说，血清中氟化合物浓度还没有与其对健康的负面效应联系起来（Lau *et al.*，2007）。针对 PFC 制造厂退休人员的研究显示，PFOA 和 PFOS 在体内消减的平均半衰期分别是 3.8 年和 5.4 年（Olsen *et al.*，2007）。在 2009 年的一篇综述中，Fromme 等描述了人类接触 PFCs 的不同途径（通过吸入户外和户内的空气，以及饮食接触）。关于 PFOS 和 PFOA 对水生生物的毒性，当其浓度线接近环境中的检出浓度时似乎没有观察到剧毒效应（Sanderson *et al.*，2004；Li，2009）。

PFCs 在环境中的持久性以及在食物链中的富集和放大效应使它们受到重大毒理学方面的关注。PFCs 在野生动物的血清和血浆体内已被检出（Keller *et al.*，2005；Tao *et al.*，2006）。PFOS 在水中和不同营养级的生物体内的浓度测定（Kannan *et al.*，2005）表明深海无脊椎动物体内的 PFOS 浓度是地表水体中动物的1000倍。PFOS在秃头鹰体内的生物放大系数（BMF）为20（Kannan *et al.*，2005）。Martin等2003年进行了不同PFCs的生物浓缩试验，发现生物浓缩系数（BCFs）随着全氟烃链长度的增加而增加；而且当全氟烃链长度相同时，全氟羧酸比全氟磺酸的BCFs值低。PFOA、PFOS、PFDoA在虹鳟鱼血液中的生物浓缩系数分别为27±9.7，4300±570，40000±4500（Martin *et al.*，2003）。

1.6.3 法规

类固醇激素在水体中出现情况 **表1.9**

物质	浓度（$ng \cdot L^{-1}$）	国家	参考
地表水			
PFOA	0.6～15.9	意大利	Loos *et al.*，2007
PFOS	＜LOD～38.5	意大利	Loos *et al.*，2007
PFNA	0.2～16.2	意大利	Loos *et al.*，2007
PFDA	＜LOD～10.8	意大利	Loos *et al.*，2007
PFUnA	0.1～38.0	意大利	Loos *et al.*，2007
PFDoA	＜LOD～14.1	意大利	Loos *et al.*，2007
PFOS	9.3～56	美国	Plumlee *et al.*，2008
PFOA	＜LOD～36	美国	Plumlee *et al.*，2008
PFDA	＜LOD～19	美国	Plumlee *et al.*，2008
PFOA	0.8～14	德国	Becker *et al.*，2008
PFOS	＜LOD～15	德国	Becker *et al.*，2008
地下水			
PFOS	19～192	美国	Plumlee *et al.*，2008
PFOA	＜LOD～28	美国	Plumlee *et al.*，2008
PFDA	＜LOD～19	美国	Plumlee *et al.*，2008
饮用水			
PFOA	1.0～2.9	意大利	Loos *et al.*，2007
PFOS	6.2～9.7	意大利	Loos *et al.*，2007
PFNA	0.3～0.7	意大利	Loos *et al.*，2007
PFDA	0.1～0.3	意大利	Loos *et al.*，2007
PFUnA	0.1～0.4	意大利	Loos *et al.*，2007
PFDoA	0.1～2.8	意大利	Loos *et al.*，2007
PFOS	＜LOD～22	日本	Takagi *et al.*，2008
PFOA	2.3～84	日本	Takagi *et al.*，2008
处理后市政污水			
PFOS	3～68	美国	Sinclair and Kannan，2006
PFOA	58～1050	美国	Sinclair and Kannan，2006

续表

物　质	浓度（$ng \cdot L^{-1}$）	国　家	参　考
PFNA	< LOD～376	美国	Sinclair and Kannan，2006
PFDA	< LOD～47	美国	Sinclair and Kannan，2006
PFOS	20～190	美国	Plumlee *et al.*，2008
PFOA	12～190	美国	Plumlee *et al.*，2008
PFDA	< LOD～11	美国	Plumlee *et al.*，2008
PFNA	< LOD～32	美国	Plumlee *et al.*，2008
PFOA	8.7～250	德国	Becker *et al.*，2008
PFOS	2.4～195	德国	Becker *et al.*，2008

LOD：检出限

从管理控制的角度看，PFOS已被归类为高持久性、强生物富集性和毒性化合物，对它们执行斯德哥尔摩公约中的持久性有机污染物的标准（EU，2006）。2009年5月，PFOS被添加入斯德哥尔摩公约关于持久性有机污染物的附录B。鉴于一些长链全氟羧酸对人类和环境的影响，加拿大已禁止对它们的进口和使用（加拿大环境部，2008年）。美国环境保护局2002年颁布一条重大新用途规则，控制某些含有全氟辛烷基团化学物质的进口和生产（美国环境保护局，2002年）。2006年美国环境保护局了推出了2010/15 PFOA的管理计划。这项计划的目标定为2010年减少全球设施排放量以及相关产品和化学物质中PFOA含量的95%，2015年完全消除PFOA的排放以及产品中此类化合物的含量。

第 2 章　鉴别微污染物及其转化产物的分析方法

2.1　引言

微污染物是指环境中以微克（μg）水平存在的有害物质，属于非常规污染物。然而在将来，依据其对人类健康的影响程度和相关的监测数据，微污染物很可能成为常规检测物质。主要的微污染物列于表 2.1，这些新兴微污染物主要包括杀虫剂、药品、个人护理品、工业化学试剂和汽油添加剂等。

新兴污染物的分类　　表 2.1

新兴化合物类别 种类/子类	实　例	特定类别化合物分析方法概述
消泡剂	碳酸丙烯-104	（Richardson，2009）
抗氧化剂	2，6-二叔丁基苯酚 4-叔丁基苯酚 丁基羟基茴香醚（BHA） 丁基对苯二酚（BHQ） 二丁基羟基甲苯（BHT）	（Henry 和 Yonker，2006） （Bakker 和 Qin，2006）
人造甜味剂	蔗糖	（Giger，2009）
络合剂	二乙烯三胺五乙酸（DTPA） 乙二胺四乙酸盐（EDTA） 次氮基三乙酸（NTA） 恶霜灵 四乙酰基乙二胺（TAED）	（Richardson *et al.*，2007）
灭菌剂	三氯羟基二苯醚 甲基三氯羟基二苯醚 氯苄酚	（Richardson *et al.*，2000）
洗涤剂 芳香磺酸盐 直链烷基苯磺酸盐 （LAS） 辛基/壬基酚乙氧 基化物/羧化物	 C10-C14-LAS C12-LAS 4-壬基酚二乙氧基化物 4-辛基酚二乙氧基化物	（Richardson *et al.*，2009）

续表

新兴化合物类别 种类/子类	实　例	特定类别化合物分析方法概述
消毒副产物	溴酸盐 甲酰腈 十溴二苯乙烷 六溴环十二烷（HBCD） 二甲基二硝胺（NDMA）	（Richardson，2003） （Richardson *et al*，2007）
阻燃剂		
溴化阻燃剂	四溴双酚 A（TBBPA） 十溴二苯乙烷	（Hyotylainen 和 Hartonen，2002）
多溴化联苯乙醚	十溴二苯乙醚原药 八溴联苯醚原药 五溴联苯醚原药	
有机磷酸酯	磷酸三（2-氯丙基）酯 磷酸三乙酯 磷酸三丁酯	（Reemtsma *et al.*，2008）
氯化石蜡	长链吡咯烷酮 （IPCAs，C>17） 吡咯烷酮（PCA）原药	
香料	乙酰基柏木烯 乙酸苄酯 g-甲基紫罗兰酮	（Raynie，2004）
汽油添加剂	烷基醚 甲基叔丁基醚（MTBE）	（Richardson，2009）
工业化学品	磷酸三氯乙酯（TCEP） 三苯基膦氧化物	
个人护理品		（Hao *et al.*，2007） （Kot—Wasik *et al.*，2007）
防晒霜	苯甲酮 4-甲基苯苄基樟脑 奥克立宁 氧苯酮	
驱虫剂	N，N-二乙基间甲苯酸胺（DEET） 驱蚊剂	
防腐剂	三氯生、苄氯酚	

续表

新兴化合物类别 种类/子类	实　例	特定类别化合物分析方法概述
载体	八甲基戊三硅氧烷（D4） 十甲基戊三硅氧烷（D5） 八甲基三硅氧烷（MDM） 十甲基三硅氧烷（MD2M） 十二甲基三氧硅烷（MD3M）	
羟基苯甲酸酯类	甲基苯甲酸 乙基苯甲酸 丙基苯甲酸 异丁基苯甲酸	
杀虫剂		（Gascon *et al.*，1997） （Kralj *et al.*，2007） （Hernandez *et al.*，2008） （Liu *et al.*，2008） （Raman Suri *et al.*，2009）
极性杀虫剂及其降解产物	杀草强 灭草松 毒死蜱 2，4-D 地亚农 扑灭通 密草通 氯氰菊酯	
其他杀虫剂	溴氰菊酯 苄氯菊酯 去草净	
新型杀虫剂	磺酰脲	
杀虫剂的降解产物	脱异丙基阿特拉津 脱乙基阿特拉津	
增塑剂		（Chang *et al.*，2009）
邻苯二甲酸酯	邻苯二甲酸丁苄酯（BBP） 邻苯二甲酸二乙酯（DEP） 邻苯二甲酸二甲酯（DMP）	
其他增塑剂	双酚 A 磷酸三苯酯	
苯甲酮衍生物	2，4-二羟基二苯甲酮	

续表

新兴化合物类别 种类/子类	实　例	特定类别化合物分析方法概述
药物		(DeWitte *et al.*, 2009a)
		(Fatta *et al.*, 2007)
		(Gros *et al.*, 2008)
		(Pavlovic *et al.*, 2007)
		(Radjenovic *et al.*, 2007;
		Radjenovic *et al.*, 2009)
		(Kosjek 和 Health, 2008)
抗菌剂	磺胺类药	(Hernandez *et al.*, 2007)
	氨苄青霉素	(Garcia-Galan *et al.*, 2008)
	环丙沙星	
	磺胺甲基嘧啶	
镇痛药，消炎药	可待因、布洛芬	
	醋氨酚	(Macia *et al.*, 2007)
	乙酰水杨酸	
	双氯酚、非诺洛芬	
抗抑郁剂	四环素	
	西酞普兰	
	草酸依地普仑	
	舍曲林	
抗糖尿病药物	格列本脲	
	甲福明	
β-阻断剂	阿替洛尔	
	倍他洛尔	
	卡拉洛尔	(Hernando *et al.*, 2007)
	美托洛尔	
	普萘洛尔	
	索他洛尔	
血液增黏剂	己酮可可碱	
支气管扩张剂	沙丁胺醇	
	硫酸沙丁胺醇	
	克伦特罗	
利尿药	咖啡因	
	呋喃苯胺酸	
	氢氯噻嗪	

续表

新兴化合物类别 种类/子类	实 例	特定类别化合物分析方法概述
调血脂药	苯扎贝特 氯贝酸 依托贝特 非诺贝特 非诺贝酸 吉非罗齐	
镇静剂、安眠药	对乙酰基二溴乙酰脲 二烯丙巴比妥 异戊巴比妥 布他比妥 环己烯巴比妥	
精神病药物	阿米替林 多虑平 安定 丙咪嗪 去甲西泮	
X射线对比剂	二乙酰氨基三碘苯甲酸盐 碘海醇 碘美普尔 碘帕醇 碘普胺	
类固醇与激素	炔雌醇 胆固醇 己烯雌酚 雌三醇 雌激素酮 炔雌醇甲醚	(Lopez de Alda *et al.*,2003;Gabet *et al.*,2007) (Miege *et al.*, 2009) (Streck, 2009)
表面活性剂和其代谢物	烷基酚 乙氧基化物 4-壬基酚 4-辛基酚 烷基酚羧酸盐	(Lopez de Alda *et al.*, 2003)
防腐蚀剂		(Richardson, 2009)

续表

新兴化合物类别种类/子类	实 例	特定类别化合物分析方法概述
纺织染料		
酸性染料		(Poiger *et al.*, 2000)
活性染料		(Pinheiro *et al.*, 2004)
直接染料		(Oliveira *et al.*, 2007)
		(Kucharska 和 Grabka, 2010)
		(Petroviciu *et al.*, 2010)

Richardson（2009）和 Giger（2009）提出了几种新的微污染物，如蔗糖素（人工甜味剂，也称为三氯蔗糖）、锑（存在于聚对苯二甲酸乙二醇酯塑料瓶的沥出物）、硅氧烷和麝香（香水、化妆水、防晒霜、除臭剂和洗涤剂的香料添加剂）。这些类型的污染物具有较高的转化率或去除率，不能在环境中长期存在，本不会给环境带来负面的影响，但由于生活污水和工业废水的排放，这些污染物被连续不断地引入环境水体，从而造成污染。

此外，多数新兴污染物产生、风险评估和生态毒理性数据难以获得，因此很难预测它们对人类和水生生物健康的影响。排入环境后，新兴污染物主要是通过生物降解、化学或光化学降解去除。合成化学物质存在的环境空间（如地下水、地表水或沉积污泥）或人工圈空间（如污水处理厂或饮用水设施）不同，发生的转化过程也不同，有时会产生与母体物质具有不同环境行为和生态毒理性能的产物（Farre *et al.*，2008），其降解产物的毒性甚至高于母体（如，壬基酚的主要降解产物乙氧基壬基酚比壬基酚更难被降解，而且可以模仿雌激素的性能）。

尽管所有化合物都有独自的分析方法，但仍然缺乏能够同时对多种新兴污染物进行分析的方法。其关键是开发一种通过一次简单分析就能够确定多种化合物的多残留分析法。因此，新方法的开发和现存方法的改善主要集中在微污染物及其产物的分析领域。先进的仪器设计和对分析过程细节的透彻理解可以实现分析灵敏度、精确度和准确度的稳步提升，其最终目标是开发一种既节约时间又不改变样品性能的非破坏性方法（Fifield 和 Kealey，2000）。

废水中有机污染物的分析是一项复杂的过程。这主要是因为同类污染物（如药品）的物化性能和生态毒理性存在较大差别。考虑到公众对环境问题的关注，有毒试剂与溶剂的分析研究及使用已提高到一个新的层次，即如果没有一个环境友好型的前景，则不得进行。开发清洁环保的材料和技术是一项绿色分析化学（GAC，Green Analytical Chemistry）框架内的可持续分析过程（SAPs，Sustainable Analytical Procedures）。绿色分析化学起初是为了寻求可替代废物和残渣离线处理的实用方式，从而用清洁处理法替代会产生污染的方法（Armenta 等，2008）。一般地，绿色分析化学法可避免有毒试剂的使用，实现分析方法的小型化和自动化，能够大大地降低试剂消耗量和废物产生量，减小甚至避免现行和未来分析方法的副作用。

本章主要关注研究污水处理厂和受纳水体中新兴污染物行为和命运的监测和分析设备的总体趋势和最常用的技术。表 2.1 列出了对特定类型微污染物分析具有详细见解的几篇最新概述。此外，Susan D. Richaidson 发表一篇涵盖两年的综述，该综述收录了 2007 年～2008 年间在水中各类新兴环境污染物分析方面的最新进展，综述共参考了 250 篇主要相关文献。

2.2　微污染物分析的理论方法

微污染物分析涉及的样品通常较为复杂，含有众多需要同时分析的成分，或者含有少数几个目标分析物，但却有许多化学干扰物质存在。在这种情况下，分析就要借助于计算化学法和数学工具等理论分析方法以及精密仪器。

2.2.1　评价微污染物降解性能的计算方法

计算化学是化学科学的一个分支，它是借助计算机科学的原理来解决化学问题。理论化学的结果与高效计算机程序的结合可以用来推断分子与固体的结构与性能（如组分原子的位置、绝对及相对反应热以及电荷分布等）。计算化学家经常试图求解非相对性薛定谔方程，方程的相对性修正式如式（2.1）所示：

$$\hat{H}\Psi = E\Psi \tag{2.1}$$

式中，$\hat{H}$ 为哈密顿算子，Ψ 为波函数，E 为能量。薛定谔方程的解能够描述原子与亚原子系统、原子以及电子。

利用理论研究可获得关于反应位置和化学键情况的信息，计算化学法可以快速估计反应的途径和产物。最新的分子模型可以在不同氧化剂存在的条件下，对大量微污染物的命运做出预测。分子水平模型预测方法的有效改善，能够加深对水环境中新化合物转变过程的理解。

计算化学法既包括高度精确的方法，也有非常近似的方法。*Ab initio*（拉丁语是“从头开始”的意思）法直接采用理论原理，而没有使用实验数据；其他的方法都是经验或半经验法，因为它们采用从合理的原子或相应分子模型中获得实验结果，同时近似或忽略了基础理论中采用的多种因素。但是，为了避免因忽略一个或多个因素而带来的误差，需要对这种方法进行参数化。

最近几年，作为量子化学中的一种 *ab-initio* 方法，密度泛函数理论（DFT）的计算量较小，但能够获得与其他计算密集型方法同样的准确度，因此其影响力得到了大幅度增加。密度泛函数理论是以霍恩贝格科恩定理为基础的，这一定理采用电子密度而非相对复杂的波函数来测定所有原子和分子的性能。

表 2.2 列出了多个利用计算机推算法研究微污染物的例子。

研究微污染物高级（催化）氧化的计算方法　　表 2.2

化合物	高级氧化方法（AOP）	推算方法（基准函数/基准线）	分析软件	产物的鉴别方法	参考文献
茜素红	TiO_2 光催化氧化	优化的 AM1，即单因素 Hartree Fock 法	MOPAC6.0	GC/MS	(Liu *et al.*, 2000)
乙醇中的多环芳烃	芬顿氧化	参数化方法 3（PM3）	MOPAC6.0	GC/MS 和 HPLC-UV	(Lee *et al.*, 2001)
17β-雌二醇	TiO_2 光催化氧化	STO-3G/非限制性 Hartree Fock 法	GAUSSIAN 98	HPLC+NIST	(Ohko *et al.*, 2002)
螨酮	TiO_2 光催化氧化	参数化方法 3（PM3）	Hyperchem 5.0	GC/MS	(Zhu *et al.*, 2004)
多氯代二苯并对二噁英（PCDDs）	二价铁、过氧化氢和紫外线联合氧化	奥斯汀模型 1(AM1)	MOPAC6.0	GC/MS	(Katsu-mata *et al.*, 2006)
灭草烟酸	TiO_2 光催化氧化	NR	MOPAC6.0	HPLC-UV，LC/ESI-MS	(Carrier *et al.*, 2006)
丙氨酸	氯气氧化	奥斯汀模型 2(AM2)	MOPAC6.0	HPLG-ESI-MS-SCAN	(Chu *et al.*, 2009)
左氧氟沙星	臭氧和过氧化氢	B3LYP/6-31+G(d,p)，BMK/B3LYP	GAUSSIAN 03	GC/MS	(De Witte *et al.*, 2009b)
二硝基萘	TiO_2 光催化氧化	B3LYP/6-31G*	GAUSSIAN 03	GC/MS	(Bekbo-let *et al.*, 2009)

确定两种化学物质反应的特定位点，是确立反应机理和设计目标产物所必不可少的过程。许多基于密度泛函数理论（DFT）的反应描述语，例如电子化学势、硬度、柔和度和福井函数都是用来确定污染物和氧化剂（如羟基自由基）反应的特定位点。这些参数与系统电子密度、电子数（N）及外电势［$v(r)$］的变化紧密相关。

福井函数 $f(r)$ 是描述 DFT 最重要的细节工具。与前沿轨道的最高占据轨道

（HOMO）和最低占据轨道（LUMO）相比，福井函数包含着更加详细的信息，它将轨道松弛效应考虑在内（De Witte *et al.*，2009a）。福井函数是以前沿分子轨道理论（Frontier Molecular Orbital，FMO）为基础的，可定义为分子能量对电子数 N 和外电势 $[\nu(r)]$ 的混合二阶导数。在物理学上，福井函数可反映了系统对于特定点上外部扰动的敏感程度，能显示前沿价电区电子数量变化给电子密度带来的变化。福井函数能够指示轨道控制反应的反应活性，福井函数值越大，说明反应的活性越高。分子中单个 i 原子的福井函数定义如下：

$$f_i^- = [q_i(N) - q_i(N-1)] \tag{2.2}$$

$$f_i^0 = \frac{[f_i^+ - f_i^-]}{2} \tag{2.3}$$

式中，q_i 值分子中原子 i 的电子数，f_i^- 适用于系统处于亲电子状态时，f_i^0 仅在系统经历自由基攻击时有效。

关于计算方法和反应活性描述方法的详细信息可参见最新出版的相关书籍（Parr 和 Weitao，1994；Young，2001）。

2.2.2 化学计量分析

定量分析的一个关键问题就是存在基体效应（信号强度的抑制、信号频率的降低，或者是信号强度的增强），它能够导致分析物在样品中与在纯净的标准溶液中的响应产生显著的差异。共存基体化合物在不同试样间的性质和含量是变化的，因此很难预测样品系列中的基体效应。尽管许多分析方法都取得了相当大的进步，但是采用精密仪器和数学工具，仍不能建立一个关于痕量目标分析物检测和定量的解析图。可以通过两种方法建立光谱数据的数学模型：第一为硬建模法，这需要先假设一个反应模型；第二是软建模法，它不需要知道所研究反应的动力学模型（Escandr 等，2007）。

数据二阶分析的标准方法有平行因素分析（PARAFAC）、多元曲线分辨-交替最小二乘法（MCR-ALS）、最新发明的非线性最小二乘法（BLLS）、展开偏最小二乘法与残余双线性分析结合法（U-PLS/RBL）以及人工神经网络与残余双线性分析的结合法（ANN 与 RBL）（Galera *et al.*，2007）。这些方法不仅通过减少维数简化了数据，而且提供了数据的直观表示。

2.2.2.1 平行因子分析法（Parafac）

多维数据以含有多组分类变量为特征，分类变量是通过横向测定得来的（例如，多个样品的任何一种光谱谱图）。这些变量的确定将产生三维数据，这些数据可以在三维空间内实现排列而不必排列在矩阵内。而三维空间恰恰是当前可利用的标准多元数据集。通过引入来自校准和试样的二阶数据，可以利用三线性法将平行因子分解成一个三维的数组 X：

$$\underline{X} = \sum_{n+1}^{N} a_n \otimes b_n \otimes c_n + E \tag{2.4}$$

式中，$\otimes$表示克罗内克（Kronecker）积（即矩阵直积），N 代表响应成分的总数，E 表示适当的标注残差。列向量 a_n、b_n 和 c_n 通常归到得分矩阵 A 和负荷矩阵 B 和 C 中。

2.2.2.2 多元曲线分析法（MCR）

多元曲线分析是利用数学的方法，将混合物的仪器响应分解成每种成分的独自响应，可以用来分析三线性数据集。化学过程的光谱检测数据可以排列为矩阵 $D(r \times c)$，其中行数 r 是指整个反应过程中记录的光谱数量，列数 c 是指在每一波长处仪器的响应值（Garrido 等人，2008）。矩阵 D 的 MCR 分解式如下：

$$D = CS^T + E \tag{2.5}$$

式中，$C(r \times n)$ 是描述反应过程中，光谱活性物质 n 在各行上的响应值变化的矩阵。这个方程可以通过窗口因子分析（WFA）、子窗口因子分析（SFA）、直观推导式演进特征投影分析（HELP）、正交投影分析（OPR）和平行矩阵分析（PVA）等非迭代法求解，也可以通过迭代目标转换因子分析（ITTFA）、解决因子分析（RFA）和多元曲线分辨-最小二乘法分析（MCR-ALS）等迭代法求解。但因为迭代法更加灵活，无需进行模型的假设，且能够处理不同类型的数据结构和化学问题，所以更加常用。另外，迭代法可将外部的信息集成到求解过程中。

2.2.2.3 非线性最小二乘法（BLLS）

经典的最小二乘法是用来估计超定溶液系统的，例如方程个数比未知数多的方程组，通常用在统计环境尤其是回归分析中。最小二乘法是一种拟合数据的方法。

在非线性最小二乘法（BLLS）中，首先要用较准仪校准，校准过程中可以采用直接的最小二乘法估计单位浓度的纯净分析物矩阵 Sn。为了预测纯净分析物矩阵 Sn，首先要将校准数据矩阵 $X_{c,i}$向量化，并整合到 JK×I 矩阵 V_X 中；之后就可以采用类似于经典最小二乘法的程序进行分析，即：

$$V_s = V_X \times Y^{T+} \tag{2.6}$$

式中，Y 是一个由名义校准浓度组成的 I · N_c 矩阵，N_c 是校准分析物的数量，V_s（JK · N_c 矩阵）包含向量化 S_n 的矩阵。

2.2.2.4 展开偏最小二乘法（U-PLS）

展开偏最小二乘法（U-PLS）的校准步骤首先要用的是目标污染物的浓度，其中不包含来自未知样品的数据。之后将校准数据矩阵 $X_{c,i}$ 向量化，并用这些数据和校准浓度向量校准一个通常的 U-PLS 模型。这提供了一组负荷 P、重量负荷 W（P 和 W 都是 JK×A 矩阵，A 为潜在因素的个数）和回归系数 v（A×1 矩阵）。A 可以通过留一法交叉验证等方法选择（Galera 等人，2007）。在没有其他外在因素干扰的条件下，可以用 v 估计分析物的浓度 y_u，即：

$$y_u = t_u^t \times v \tag{2.7}$$

式中，t_u 是样品测定评分，是通过将样品 X_u 测试的展开数据向 A 个潜在因素空间投影获得的。

2.2.2.5　人工神经网络（ANN）

人工神经网络（ANN）是一种模仿生物神经网络结构和功能的计算模型。它包含相互联系的人工神经元，并且采用联结主义计算方式处理信息。大多数情况下，ANN 都是一个自适应系统，能够依据学习阶段流经网络的外部或内部信息来改变自身的结构。总之，神经网络都是非线性统计数据模型化工具，可用来模拟系统输入和输出之间的复杂关系或数据类型。一般情况下，ANN 有三部分组成，即输入、隐藏和输出。输入神经元的数量通常等于主要成分（PCs）的数量 A，而 A 远小于 JK（每一维中通道的个数）。通过计算由展开训练数据矩阵（大小为 I×JK，I 是训练样品的数量）的 PCs 引起的百分方差，确定使得累积百分方差超过某一特定值（如 99%）的第一个 APC，可以估计 A 的值（Galera 等人，2007）。

训练/预测方案非常适合于能够代表培训集组成的试样。然而，当试样中含有意料之外的成分时，评分就不再适用于采用现行训练的 ANN 对分析物进行预测。在这种情况下，就需要将这种新样品标记为离群值，并在 ANN 预测之前采取进一步的措施，之后从校准样本的评分中扣除意料之外的成分带来的影响。

2.3　仪器方法

微污染物的真实特征（如浓度在痕量水平、类别极其多样等）让其检测和分析过程变得异常艰难。习惯上，物质结构证明涉及多个步骤，包括纯化、官能团鉴别以及原子和基团连接的确立。现代仪器分析方法能够控制反应、纯化产物，并能在纳克级别确定物质的结构，从而加快了获得化合物结构信息的速度。这使得化学知识以指数形式增加，也直接导致发表在化学文献上的信息量急剧增加。

2.3.1　样品预处理

在过去的几十年里，人们发明了许多用于目标物质分离和浓缩的技术。这些技术旨在探索混合物中各种成分在物化性能方面的差异，分为萃取法和色谱分离法两类。

2.3.1.1 样品萃取

在实践中预处理和萃取通常在确立分析效果的总体水平方面具有重要作用。相对于电化学法和色谱法等直接样品分析方法而言，样品预处理新方法的发明，极大地降低了试剂和有机溶剂的需要量，提升了间接样品分析方法的性能。(Armenta *et al.*，2008)。当前样品处理主要集中在开发更加快速、安全和环境友好型的萃取技术（Rubio 和 Perez-Bendito，2009；Tobiszewski *et al.*，2009)。为了选择最适宜高效的萃取方法，需要考虑：(1) 化合物的溶解度；(2) 母体化合物与其降解产物之间的浓度差异。此外，降解产物的分离方法，如气相色谱分离法，通常是用有机溶剂溶解降解产物，而非用水，故分析时只允许注入少量的试样。因此，通过改变溶剂对样品进行浓缩是十分必要的（De Witte *et al.*，2009a)。

固相萃取（SPE）是一项从水系统中提取污染物的先进技术（Kostopoulou 和 Nikolaou，2008)。在 SPE 应用时，最重要的参数是选择适用于目标分析物的固体吸附剂以及用于固体吸附剂冲洗和目标污染物洗脱的溶剂。吸附剂可以填充在细管或柱里，如小的液相色谱柱，也可以制成类似过滤装置的盘状（Chang *et al.*，2009)。样品富集过程应该没有中间产物损失，洗脱过程要求具有 100%的回收率（De Witte *et al.*，2009a)。由于微污染物的极性范围较大，因此最常采用二氧化硅（C18）或聚合树脂等非选择性吸附剂。这一领域的最新发展均涉及新型吸附剂材料（如分子印迹聚合物（MIPs））的使用。对于不同类型的固相萃取柱，同一种分析物的回收率可从 10%提高到 90%。Gatidou 和他的同事 (2007) 比较了几种类型的柱子对水溶液中的壬基酚（NP)、壬基酚单乙氧酸盐（NP1EO)、三氯生（TCS)、双酚 A（BPA）和壬基酚二乙氧酸盐（NP2EO）的萃取效果，并对 C18、EnviChrom-P、Isolute NV＋和 Oasis HLB 四种类型的 SPE 柱的目标化合物分析结果进行了比较，发现只有 C18 能实现对大多数化合物的高效回收，其余的吸附柱对于化合物的回收都具有选择性（Gatidou *et al.*，2007)。

如今，在提取环境固体基体中的污染物方面，强化溶剂萃取技术已得到普遍接受，但是清洗过程存在的缺陷仍没有解决。提取物纯化的最新趋势是使用快速简便的程序对液体样品进行处理，如固相微萃取（solid phase microextraction，SPME）和液相微萃取（liquid phase microextraction LPME)。最近几年，在顶空微萃取（headspace microextraction HS-SPME）和对各类固体环境样品中有机污染物进行萃取过程中，基体固相分散法（matrix solid-phase dispersion，MSPD）的使用变得非常普遍，并且逐渐发展成为挥发和半挥发化合物萃取的首选方法（Rubio和Perez-Bendito，2009）。样品预处理的替代方法是基于微波能量和胶团产物利用的萃取技术，即微波辅助萃取（MAE）和胶团介导萃取（MME）技术，其中浊点萃取（cloud-point extraction，CPE）尤为重要。在文献中，MAE通常用在液—液萃取和固—液萃取中，在微波能量的辅助下完成（Madej，2009）。

SPME法主要涉及涂渍吸附剂的硅纤维表面对分析物的吸附过程，其优点是可以直接将吸附后的分析物注入色谱仪。SPME所用的聚合物固定相对有机分子具有很高的亲和势，因此可以确保该方法的灵敏度（Chang *et al.*，2009）。SPME的实际应用包含许多方面。依据萃取用涂层纤维所在的位置，可以区分直接SPME和顶空SPME。有时为了提高分析方法的效果，可以添加仔细选定的衍化试剂，如三甲基硅乙酰胺（BSA）、双三甲基硅三氟乙酰胺（BSTFA）、单三甲基硅三氟乙酰胺（MSTFA）、三甲基氯硅烷（TMCS）和六甲基二硅烷（HMDS）。当然，也应该调整运行因素，如样品搅拌速度、样品在液相与SPME纤维固定相间达到平衡所用的萃取时间和温度。在运行参数全部固定的条件下，样品分析可以实现自动化，从而减少溶剂的用量。另外，硅纤维可以重复使用多次，而且采用适当的措施可以实现再生（Chang *et al.*，2009）。

2.3.1.2 色谱分离

色谱分离方法的选择是以目标化合物的极性和热稳定性为基础的。使用最多且必不可少的色谱分离类型是气相色谱（GC）和液相色谱（LC）。近来，薄层色谱（TLC）、超高效液相色谱（UPLC）、亲水作用色谱（HILIC）、快速气相色谱（FGC）、全二维气相色谱（GC×GC）和毛细管电泳芯片（μCE）的使用促进了微污染物及其降解产物分析技术的发展（Rubio和Perez-Bendito，2009）。在样品预处理阶段，LC可能是最全能的分离方法，因为与GC-MS相比它能够较轻易地分离具有较宽极性范围的化合物。逆相色谱柱可以分离半极性化合物，而亲水色谱柱则有利于极性目标化合物的定量（Chang *et al.*，2009）。色谱领域发展最快的仍然是超高效液相色谱（UPLC）的使用。UPLC是一项最新发明的LC技术，它采用固定相为细径颗粒（一般为1.7μm）的短色谱柱，这使它能够承受更高的压力，并最终使得LC峰变得更窄（5～10s）（Richardson，2009）。因此，UPLC具有色谱峰窄、色谱分离效果更好和分析时间极短（一般为10min或更短）等优点。

2.3.1.3 毛细管电泳（CE）

毛细管电泳（CE）的物理机理与LC类似，也是一种基于水的分离技术，非常适合于固有亲水化合物分析。CE与LC最大的区别在于：LC是以溶质在流动相和固定相间的分配为基础的，而CE则是基于分子荷质比的不同。于是它们具有完全不同的选择性，这样 CE 就成为一种与 LC 互补的分离方法（Pico *et al.*，2003）。

表 2.3 总结了 GC、LC 和 CE 三种分离技术及它们的优缺点。

分离技术的对比分析［引自 Pico 等人（2003）］ **表 2.3**

分离技术	优　点	缺　点	解决途径
GC	具有较高的分辨能力，能够分辨单个分析物；具有较高的灵敏度和选择性；可以制备用于未知样品鉴别的质谱（MS）库	难以分离极性、热不稳定和低挥发性化合物；需要消耗较多的高价的高纯气体	衍生化
LC	几乎可用于任何有机溶质，而不必考虑它们的挥发性和热稳定性；流动相和固定相都可变；可以实现自动化和小型化（微芯片技术）	分离效率和选择性不高；需要用到大量的昂贵有毒的有机溶剂作为流动相	开发效率更高、选择性更强的色谱柱填充材料（如免疫吸附材料、分子印迹材料和限制存取材料）
CE	分离效率很高；昂贵试剂和有毒溶剂的消耗量低；可实现自动化和微型化（微芯片技术）	检出限较高；缺少选择性检测器	对样品进行富集（SPE、堆积法）；延长检测路径；开发 CE 与高选择性检测器的连接方法

2.3.2 微污染物转化产物的检测

微污染物转化产物的鉴别非常艰难，因为现行的分析技术难以获得适用于检测的高质量数据。图 2.1 总结了包括液相色谱（LC）、质谱（MS）、裂解模式分析（MS2）、紫外/可见光光谱（UV/Vis）、核磁共振等在内的现行分析技术，及其标准化合物的试验验证结果。此外，文献和数据库（NIST、Wiley *et al.*）中的信息也是目标微污染物转化产物的重要识别工具。

然而，由于存在与未知结构的识别有关的诸多问题，转化产物的识别仍然十分艰难。通常，试样中转化产物的浓度很低，且很难获得用于结构验证的标准物质（De Witte 等人，2009a）。微污染物转化产物的全结构验证需要包括多种检测方法（如 HPLC/NMR、UV/MS 等）（Kormod *et al.*，2009）。

2.3.2.1 质谱分析法

当前，新兴微污染物分析的主导方法包含了一个基于质量的分析过程。一般说来，与其他基于质量的分析方法相比，MS 的检出限相对较低。MS 是一种可以检测质荷比的光谱分析法，而质荷比可以表明检测化合物的分子质量（MM）。

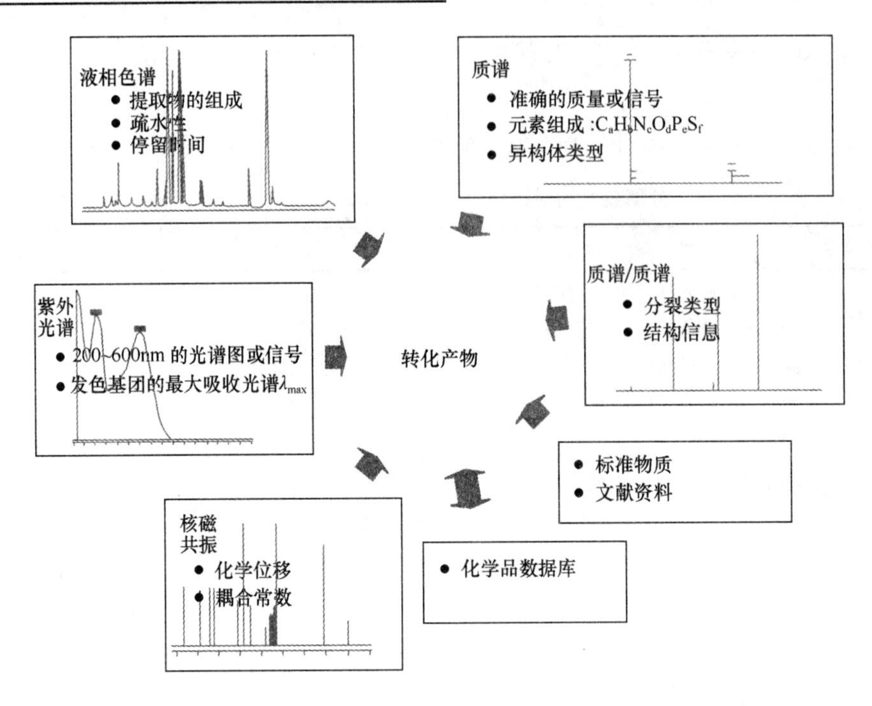

图 2.1　确定转化产物的最常用方法（引自：Moco *et al.*，2007）

质谱在特定频率能量下具有吸收。在 MS 分析过程中，分子被分离成碎片，而通过质量测定可以实现这些碎片的鉴别，从而可以推出分子的最初结构。质谱仪可分为三个基本部分：（1）离子源；（2）分析仪；（3）检测器（图 2.2）。不同的质量分析仪具有不同的性质，包括质荷比的测定范围、质量测定精确度、可达到的分辨率以及分析仪与不同离子化方法的兼容性。GC-MS 仪器采用硬电离法，即电子轰击离子化（electronic-impact，EI）。而 LC-MS 则主要采用软离子化方法（如大气压电离（atmospheric pressure ionization，API）（如电子喷雾电离（electrospray ionization，ESI））和大气压化学电离（atmospheric pressure chemical ionization，APCI））（Moco *et al.*，2007）。在应用 LC-MS 的过程中，MS 对分子质量的检测，是以混合基体中分析物的电离能力为条件的。因此，MS 不能检测非电离性微污染物。

1. 基于质谱的分析方法的最新进展

当前，质谱仪的各种构件都可以获得，包括粒子加速和质量检测装置以及与离子产生界面和离子破碎性能有关的装置。液相色谱和气相色谱与质谱和串联质谱的联用（LC-MS，GS-MS，LC-MS^2，GC-MS^2），仍然是鉴别和定量环境中有机污染物及其转化产物的主导技术。最新报道的方法包括在线—SPE/LC/MS^2 和可进行精确质量检测的 UPLC/MS/MS 与 LC/TOF—MS。UPLC 的最新进展

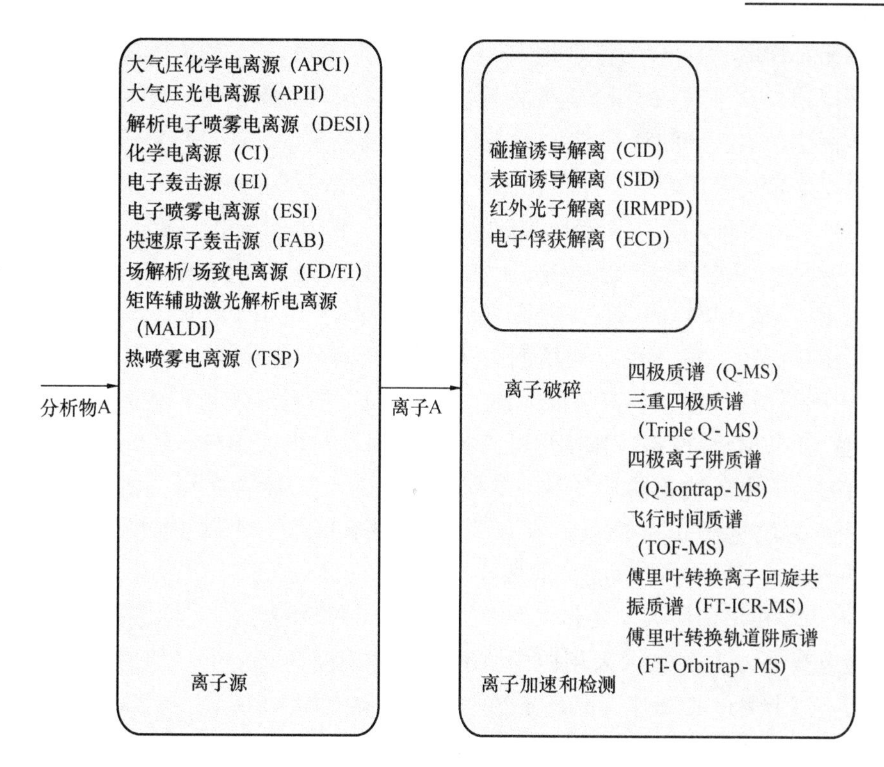

图 2.2 简化的 MS 构造（引自：Moco *et al.*，2007）

使得色谱分析的分辨率显著提高（与常规 LC 相比），分析时间明显缩短（通常少于 10min），并且最大限度地降低了基体效应。毛细管电泳—质谱（capillary electrophoresis-mass spectrometry，CE—MS）的最新进展则使此技术在环境样品分析中更具竞争力；然而，环境中污染物固有的低含量（痕量级），以及环境样品中基体的高复杂性给 CE 的检测性能提出了强烈要求（Rubio 和 Perez-Bendito，2009）。

在分子结构阐明和化合物鉴别方面，飞行时间质谱仪（time-of-flight mass spectrometry，TOF—MS）和四级杆（quadruple）飞行时间质谱（Q-TOF—MS）的使用同样获得巨大的增长。通常，Q-MS 设备的质量分辨率是 TOF—MS 设备的 1/4，而傅里叶转换-离子回旋-质谱仪（FT-ICR-MS）的分辨力却高于 1000000（是 Q-MS 的 400 倍）（Richardson，2009）。使用混合 QTOF 替代单 TOF，为目标微污染物的筛选和鉴别提供了更大的可能性，因此适用于均方误差（MSE）获取模式。该模式能够同时对低撞击能和高撞击能进行全扫描采集，这就为未知化合物的阐明和验证提供了非常有价值破碎信息（Ibanez *et al.*，2008）。TOF—MS 和 Q-TOF—MS 的分辨能力增强（分辨率一般在 10000～12000），能够准确地获得未知物质的经验分子式，同时为准确量提供了额外的证明（Richardson，2009）。特别地，TOF—MS和Q-TOF—MS是药物、内分泌干扰素（EDCs）和杀虫剂降解产物检测的有效方式。质量精确度越高，紧密相连的质荷比信号区分的就越精细。因此，采用高分辨率和超高分辨率的精密质谱仪，可以显著提高代谢产物质量信号的质量和数量（Moco *et al.*，2007）。

另外，在目前新兴污染物检测的新方法中，液相色谱-电喷雾质谱（LC-ESI-MS）和液相色谱-大气压化学电离质谱（LC-APCI-MS）仍占据主导地位，而且串联质谱（MS/MS）的多反应检测（multiple reaction monitoring，MRM）已成为环境定量分析普遍方法。液相色谱-常压光电离-质谱（LC-APPI-MS）也备用来提升非极性化合物（如多溴联苯醚（PBDEs））的电离效果。此外，傅里叶转换-质谱（FT-MS）设备，如傅里叶变换离子回旋共振质谱仪（FT-ICR-MS）和傅里叶变换静电场轨道阱质谱仪（FT-Orbitrap-MS）能够在更宽的动态范围内获得更高的质量测定准确度。在所有报道中FT-ICR-MS的质量分辨率最高（>1000000），且质量准确度一般要小于1ppm（Hogenboom *et al.*，2009）。与FT-ICR-MS相比，最近发展起来的FT-Orbitrap-MS的分辨效果则相对较差（最大质量分辨率为100000，采用内标法时质量准确度为2ppm）；但由于它的加速时间短，因此是一种高速、高离子透过率的仪器（Moco *et al.*，2007）。在对水中非目标有机微污染物进行快速筛选方面，UPLC与TOF—MS联用是一种高效先进的方法。UPLC可以提供具有高分辨率的色谱，最大限度地降低组分的同时洗脱；在准确测定最具代表性离子质量的同时，TOF—MS提供了有利于样品中非目标污染物鉴别的大量信息（Ibanez *et al.*，2008）。

总之，色谱参数（如温度、pH、色谱柱、流速、洗脱液、梯度）、注入参数、样品性能、MS和MS^2的参数（标定和设备参数，如毛细管电压和镜头定位）以及与系统构造有关的参数都会影响分析效果。因此，根据分析的目的以及仪器的现存缺陷，应采取适宜的系统配置。

2. 数据阐释

分辨率高的设备具有很高的质量测定精度，且获得的分子式变化范围有限，尤其在质荷比较低时，高分辨率设备比低分辨率设备更容易确定正确的分子式。但随着分子质量的增加，分子可能的化学结构数量增加。

在确定目标化合物的化学结构时，计算算法是考虑的关键。由数学法得到的符合某一特定分子质量的元素组合数量，要比从化学方面得到的化学式多。化学规则（如八隅体规则）确定了化学成键的限制条件，这是分子中原子的电子分布导致的（如氮法则）。而且，由分子中C、H原子的数量可以计算出环和双键的数量。

缩小化学结构选择性的实际方法是同位素标记法。用于同位素标记的标准物质（氘化物或^{13}C、^{15}N标记物），能够在大量样品基体存在的条件下更加准确定量目标化合物。这种方法与废水样品和生物样品紧密相关，因为这些样品存在大量的基体效应（Richardson，2008）。对于大多数小分子有机物，第二同位素信号的强度（相对于^{13}C信号）可以表明分子离子内的碳原子数（^{13}C的天然丰度为1.11%）（Moco *et al.*，2007）。Kind和Fiehn（2006）认为该方法可以消除95%的错误判断，在采用质量精度为0.1ppm的质谱仪时能够实现更加准确的质量分析。已有多篇文章报道了同位素标记在转化产物分析中的应用（Vogna *et al.*，2002；McDowell *et al.*，2005）。

准确确定目标化合物的另一方法是将离子分离，之后采用MS2获取碎片。这非常有利于跟踪官能团和用于验证降解产物结构的碎片连接性。

在将一种分离方法与质谱仪联用时，保留时间就成为了一个可以提供代谢物极性信息的参数。现阶段，在采用稳定的LC-MS或GC-MS装置时，停留时间的波动相当弱，因此可以直接将色谱图与数据库中色谱图进行比较。

通过将质谱分析的各种特征（精确质量、碎片类型、同位素模式）与附加试验参数（如停留时间）相结合，以及标准化合物的验证，MS可以确定反应的中间产物。通过比较试验光谱与自制的质量光谱库（经验和理论值均可），可以自动完成对不同化合物的高效筛选。自制数据库需要包含大量的污染物，并且为了获得待测化合物的准确质量，数据库中污染物的质量必须要精确。当物质匹配结构不尽如人意时，可用回旋MS图鉴定数据库中不存在的未知化合物。

2.3.3 紫外-可见光（UV-Vis）光谱法

最初色谱分离与紫外-可见光检测结合之时，紫外-可见光光谱法是最早与其他技术相结合的方法，当时色谱分离与紫外可见光光谱检测相结合。UV-Vis光谱法固定波长检测已得到普遍应用，而且利用快速数码扫描，可以实现对色谱流出物的连续光谱扫描。

分子对可见光和紫外光辐射的吸收会导致电子跃迁。能量变化值相当大，相当于105J/mol，对应的波长范围为200～800nm，即波数在12000～50000cm^{-1}（Fifield和Kealey，2000）。通常，UV-Vis是通过测定样品或经色谱分离所得的单独降解产物的吸收光谱，来确定降解产物。最大吸收值的存在与否，直接取决于特定官能团是否存在。不饱和基团是显色基团，主要吸收近紫外光和可见光，是化合物鉴别和定量分析的最重要参数。化合物吸收带的位置和强度对临近显色团的替代基、替代基与其他显色团的连接方式以及溶剂效应十分敏感。UV-Vis一般对分析物浓度的要求不高，只要吸光度小于2。然而，不同化合物中的同种显色基团却具有同样的UV-Vis吸收光谱。因此，尽管UV-Vis对于确定降解产物很有用，但为了鉴别可能的反应中间物，还需要更加先进的分析方法（DeWitte *et al.*，2009a）。

有关 UV-Vis 技术的最新进展包括商业版 UV-Vis 成像系统、衰减全反射色谱学（attenuated total reflection，ATR）、FT-UV 色谱优化以及各种光纤维和高分辨率技术的应用。

2.3.4　核磁共振（NMR）光谱

在大量的有机化合物的化学和物理性能的确定方面，核磁共振光谱已成为一种重要的技术。这一确定过程是利用磁场中的原子核对于特定频率能量的吸收实现的。磁力矩有限且自旋量子数 I=1/2 的原子核，如^{1}H、^{11}B、^{13}C、^{15}N、^{17}O、^{19}F和^{31}P，是 NMR 测量中最有用且最普遍的。由于氢和碳是有机化合物中最普遍的原子核，因此 NMR 对于它们的探测对于确定有机物的结构作用不大。不幸的是，当原子核跃迁的能量（一般处于 104 级别）远低于电子跃迁的能量时，与 UV-Vis 等其他技术的相比，NMR 灵敏度相对较低。另外，NMR 的信号-噪声比（S/N）取决于许多参数，如设备的磁场强度（B_0）、样品浓度、俘获时间（NS）和测定温度。

但 NMR 是所有现行的分析技术中选择性最好的一种，它可以提供目标分子的模糊信息。NMR 可以用于验证化学结构，可以为分子的鉴别提供高特异性的证据（Moco *et al.*，2007）。此外，NMR 可以用来定量，因为核自旋量子数与信号的强度直接相关。

NMR 可以直接用于结构验证。^{1}H 具有很高的天然丰度（99.9816～99.9974%）和良好的 NMR 性能，因此^{1}H 是 NMR 测量中最常用的原子核。事实上，NMR 技术有多种，可以满足各种不同的需求，如一维核磁共振氢谱图（1H NMR）、二维核磁共振谱图（2D－NMR）、同核二维核磁共振氢谱（^{1}H－2D）（如相关光谱（COSY）、全相关光谱（TOCSY）和核间奥氏效应相关谱（NOESY））和异核二维核磁共振谱图（可以通过异核多量子相关谱（HMQC）和异核多键相关谱（HMBC）直接检测^{1}H－^{13}C 键获得）。14.1Tesla 仪器（^{1}H－NMR时为 600MHz）的检出限在微克（^{1}H－^{13}C NMR）甚至亚微克（^{1}H NMR）范围内。近几年 NMR 的灵敏度不断提高，这增强了 NMR 在许多分析应用中的适应性（Cardoza *et al.*，2003）。

然而，NMR 直接测定面临多个难题：（1）富余的质子和反应介质（通常是水）能够阻碍质子的化学位移向自由质子转变；（2）在 NMR 分析之前，必须对目标化合物进行萃取。

色谱与 NMR 有多种不同的组合方式（Exarchou *et al.*，2003；Exarchou *et*

al.，2005)。最近，LC与SPE在线组合之后再与NMR相连已成为可能，这克服了先前分析模式的部分障碍。在这种组合中，色谱峰被固相萃取柱吸收，在经过同一色谱柱的多次吸收后，色谱峰对应物的浓度浓缩为原来的几倍（Moco *et al.*，2007)。

最近，Exarchou *et al.* (2003) 采用LC-UV- SPE-NMR-MS技术实现了2-苯基-1，4-苯并吡喃酮与酚酸的分离。这两种化合物首先被LC分离，之后被SPE吸收，洗提之后通过NMR和MS分析。这一结果表明，LC内同时被洗脱的两种相互关联的化合物（当然被同一SPE柱吸收)，可以很容易地被MS和NMR分离（Exarchou *et al.*，2003)。由于这一系统能够在一个系统内实现分析物的分离、浓缩和NMR俘获，因此适用于稀有或未知化合物的分析。此外，对每一个峰的UV、MS和NMR数据的并行解释，可以明确地确定分子的结构。

许多方法都有助于微污染物降解产物的识别，如MS或NMR，但只有通过整合不同仪器所得的化合物信息，才能够实现对分子的全面化学描述（Moco *et al.*，2007)。先进的检测方法会采用MS来确定MS中分子的裂解途径（如裂解基团)，而使用^{1}H NMR和^{13}C NMR来确定分子结构（Kormos *et al.*，2009)。因此，MS与NMR联用是识别未知分子最有力的方法。Exarchou *et al.* (2003) 使用了LC-NMR-MS联用技术，将MS色谱和NMR色谱的优点结合了起来。同时获得这两种技术的优点的最有效方式，是将它们平行使用，如果有可能，可以将它们在线运行。但是由于分析设备的复杂性，LC-MS和LC-（SPE）-NMR单独分析仍是最常用的方式（Moco *et al.*，2007)。总之，NMR试验含有很高的信息量，这使它在污染物转化过程分析时具有很高的吸引力，尤其是和某一种分离方法联用时。由于两种技术所得的结果具有互补性，所以NMR和MS/MS联用是确定新转化产物的极其有力的方法（Cardoza *et al.*，2003)。

2.3.5 降解产物的生物学评估

微污染物降解产物的评估提供了关于废水毒性、激素活性和抗菌活性的信息，弥补了化学分析的不足。在测定和评价污染物对微生物的潜在影响时，生物有机体的使用至关重要（Wadhia和Thompson，2007)。

2.3.5.1 环境风险的生态毒理学评估（毒性）

环境毒物可定义为：在特定的浓度和化学形式下，能够威胁生态系统中的有机体（生物指示物)，并引起不良或毒性反应的物质（Lidman，2005)。微污染物分子的结构决定了它的物化特点和性能，当然还有它的毒性。结构相似的分子具有类似的性能，也就具有类似的毒性（Hamblen *et al.*，2003)。因此，Veith等人（1988）以8个描述分子的拓扑参数为基础，采用最近邻模式识别技术建立了一个模型。为了描述化学结构间的相互关联，最近邻可以解释 8 个参数超过 90％的变化。

环境样品的生态毒理性测试可以采用任何水平的生物组织，从分子到整个有机体和种群，再到生物群落。但是，为了获得可靠的毒性评价，在采用标准化测试方案进行分析的过程中，还必须考虑几个特殊方面：（1）用于生物鉴定的环境样品必须具有代表性，且样品的采集、储存和预处理过程不能改变样品的毒性；（2）需要确定测试变量的测试方法；（3）需要确定混杂变量（如 pH、溶解性固体和 Eh）的影响。

为了表征单种化学物质的毒性，人们开发了各种各样的生态毒性测试方法。环境样品毒性评估导致了污染媒介测试和生物鉴定的诞生。生物鉴定是一种用于测定特定物质对生物体的影响的方法，因此可以对特定的系统进行定性和定量评价。定量评价通常是通过测定特定的生物响应来估计物质的浓度和潜在能力。毒理性测试可认为是一种用于危险性测定的生物鉴定法。

近来，快速、灵敏、可重现好且花费少的细菌鉴定方法（如生物发光细菌鉴定（BLB））得到人们的认可。一种最容易辨别的生物发光细菌是 *Vibrio fisheri* 菌（NRRL B-11177），这种菌发光是它们正常代谢的结果（大约 10％的代谢能量），因此代谢光的强度可以指示它们的代谢活性（Gu *et al*.，2002）。当把这类细菌放在有毒物质中时，发光强度降低，这就为样品急性毒性的检测方法。与其他鉴定方式相比，生物发光细菌鉴定具有操作简单、速度快和花费低的优点。而且这种细菌是一种被深入研究的标准化微生物，它的许多系统已实现商业化（Farre *et al*.，2007）。

短时间内对大量环境样品进行生物分析的需求，导致了快速、微型化毒性测试法的开发及其重要性的提升。这种方法被称为微型生物测试（也称之为替代测试法或第二代测试法）（Wolska *et al*.，2007）。微型生物测试具有许多不容置疑的优点：（1）单个分析的费用相对较低；（2）样品需要量少；（3）不许培养测试微生物（微生物都以隐生形式储备，如轮虫以孢子形式储备，甲壳类动物采用休眠卵储备，对于藻类，则是将其细胞固定在特定的介质上）；（4）一次可以测定多个样品；（5）响应时间短；（6）数据的可重复性和再现性强；（7）可在实验室条件下进行。此外，微型生物测试的人员不需要特殊的培训，也不需要有生物指示方法的工作经验。微型生物测试广泛用在许多现行的商业系统中，如 ToxAlert 10 与 ToxAlert 100（Merck），LUMIStox（Dr. Bruno Lange），ToxTracer（Skalar），Biotox、The BioToxTM Flash 与 Toxkit（Aboatox），Microtox、Microtox SOLO 与 DeltaToxAnalyzer（AZUR Environmental），ToxScreen（CheckLight）。

2.3.5.2 雌激素活性评估

Routledge 和 Sumper（1997）认为烷代酚类化合物取代基的位置和分支均会影响它们的雌激素性能。尤其地，当含有 6～8 个碳原子的三级分支烷基，在 4 号位置被羟基取代后，雌激素活性最强（Routledge 和 Sumper，1997）。因此从理论上讲，化合物的雌激素活性与它的化学结构有关，例如苯环上酚羟基的相对位置取决于它与雌激素受体间的高亲和力，这是它具有雌激素活性的原因（Streck，2009）。

近 10 年，生物分析方法得到了极大的提高，在雌激素活性生物鉴定方面的发展尤其迅速。生物鉴定（如 YES 和 MELN）能够检测试样中荷尔蒙和其他激素干扰物的激素效应，因此更适合于检测被城市和工业污染源污染的水环境的激素干扰作用。但要考虑污染物混合物的抑制效应，解决方法是将样品进行色谱分离，并单独对分离物进行生物测试（激素活性）。表 2.4 总结了评估激素活性的测试。

激素化合物转化产物的激素活性测定 **表 2.4**

生物鉴定方法	方法的基本原理	参考文献
酵母菌雌激素筛选测试（YES）	以重组酵母生物作为人体雌激素的受体	（Nelson *et al.*，2007） （Salste *et al.*，2007）
E-Screen 测试	在激素控制下进行人体乳腺癌细胞 MCF-7 的增殖	（Korner *et al.*，2000）
ER-CALUX	采用荧光素酶报告基因转染乳腺癌细胞 T47D	（Murk *et al.*，2002）
MELN	采用荧光素酶报告基因转染乳腺癌细胞 MCF-7	（Pillon *et al.*，2005）

2.3.5.3 抗微生物活性评估

抗微生物剂和防腐剂（三氯生）在环境中的广泛分布引起了人们的普遍关注，这些物质会引起微生物对抗生素的交叉耐药性，给生态健康带来不良影响，而且在不同的条件下会形成毒性更强的污染物。例如，三氯生被广泛用在个人护理品（如手消毒肥皂、医疗润肤乳、齿科产品、除臭剂和牙膏）、消费品（如纤维制品、塑料厨房用品和运动鞋）以及医院和家庭用清洁剂和消毒剂中，因此它的转化产物会给各种环境系统带来不良的影响（Lange *et al.*，2006；Roh *et al.*，2009）。

特定试剂对于给定病原体的最低抑制浓度（MIC）是微污染物抗微生物活性的经典指标。例如通过建立 MIC 与人体组织中特定病原菌浓度间的联系，就有可能建立药量、药性与病人反应间的经验联系（Drlica，2001）。测定微生物细胞在水溶液或琼脂培养皿中生长，可以预测微生物活性的降低。对恶臭假单胞菌（*Pseudomonas putida*）和埃希氏大肠杆菌（*Escherichia coli*）等细菌的测试，通常能够指示目标污染物的降解过程是否降低了它们的抗微生物活性。

2.3.5.4 生物传感器

生物传感器是指利用生物识别元件，提供选择性定量或半定量分析信息的受体转换装置。固定在生物传感器的转换器（电极）表面的生物单元（酶或抗体）能与分析物（含有目标物质）反应，从而在靠近转换器表面的环境内引起测定性能改变，这样就把一个生化过程转变成了可以测量的电信号。影响生物传感器响应的最主要因素，是分析物及其产物的传质动力学和加载的感应分子。生物传感器通常依据转换元件（电化学的、光学的、压电的或耐温的）或生物识别原理（如酶识别、免疫亲和性识别、全细胞传感器或DNA传感器）分类。生物传感器为大量的生物医药和工业应用提供了一种简便、灵敏、快速和不需试剂的实时测量方法。

最近，酶传感器(络氨酸酶)被用于双酚A(BPA)(Carralero *et al.*，2007)、17-β-雌二醇(Notsu *et al.*，2002)、多环芳香烃(PAH)(Fahnrich *et al.*，2003)和表面活性剂(Taranova *et al.*，2004)的检测，具有很高灵敏度(达到纳克级)的光传感器成功用于杀虫剂、内分泌干扰素(EDCs)和表面活性剂的检测(Skladal，1999；Tschmclak *et al.*，2006)。

生物传感器技术是一个正在迅速发展的研究领域，在过去的20年里，它已从与新材料、信号转换方式和强大电脑软件相联系的新发现转变为一种控制装置（Farre等人，2009）。有关生物传感器的详细信息见第3章。

2.4 微污染物转化产物的识别水平

分析方法的最新进展改变了微污染物转化产物鉴别的科学证据。因此，所谓的代谢组学方法就包括了目标分析和非目标分析，目标分析是针对残余物和目标污染物的；而非针对性分析的则是为了检测尽可能多的化合物，物质鉴别不是其数据分析中的首要步骤。曲线分析所获得的质量、停留时间和振幅等信息可以断定对应化合物的种类。

目前对于许多受到广泛研究的化合物，GC/MS光谱图已经获得；但是对于大多数微污染物，尤其考虑到潜在新兴污染物数量的不断增加，此类数据库并不存在。因此，De Witte *et al.*（2009a）提出采用化学分析工作组（CAWG）发明的方法作为药物降解产物鉴别的基础。根据CAWG的方法，之前表征、识别和报道的化合物可以分为4种鉴别水平。化合物识别水平1至少需要2个独立的数据与标准化合物进行比较，需要在完全相同的试验条件下进行分析。识别水平2有推定的注解化合物相联系，即没有化学参考标准，依靠化合物的物化性质以及与公用或商业光谱的类似性进行化合物识别（Sumner *et al.*，2007）。识别水平3是利用某类化合物具有代表性的物化性质，或是利用与某类已知化合物的光谱相似性来鉴别化合物的。最后在鉴别水平4中，转化产物被标记为未知化合物，但尽管不能对这类化合进行识别或归类，仍然可以依据获得的光谱数据对化合物进行区分和定量。

依据生物体代谢产物的CAWG识别水平以及Doll和Frimmel的注释，De Witte *et al.*（2009a）同样提出了4种方法，作为一种新颖的鉴别方案。基于后续识别的4种方法见图2.3，其中，4种分析配备了可行的分析工具。

De Witte等人提出的方案不仅适用于药物降解产物，而且适用于更宽范围的微污染物（如杀虫剂等）。每种方法都与相应的鉴别水平联系在一起。例如，将标准化合物分析法A、样品分析法B和母体分子分析（或类似产物）相结合能够强化化合物的鉴别。方法C涉及MS光谱基础，而方法D仅涉及样品分析。方法D又被分为两个水平，因为必须将依据MS分裂拓展的初步鉴别与基于分子重量或UV光谱的指示性确定区别开来。识别水平1和水平3通常不可能实现，而在当前日臻完善的工艺技术水平下，水平2、水平4和水平5则更能代表目前的水平（De Witte *et al.*，2009a）。

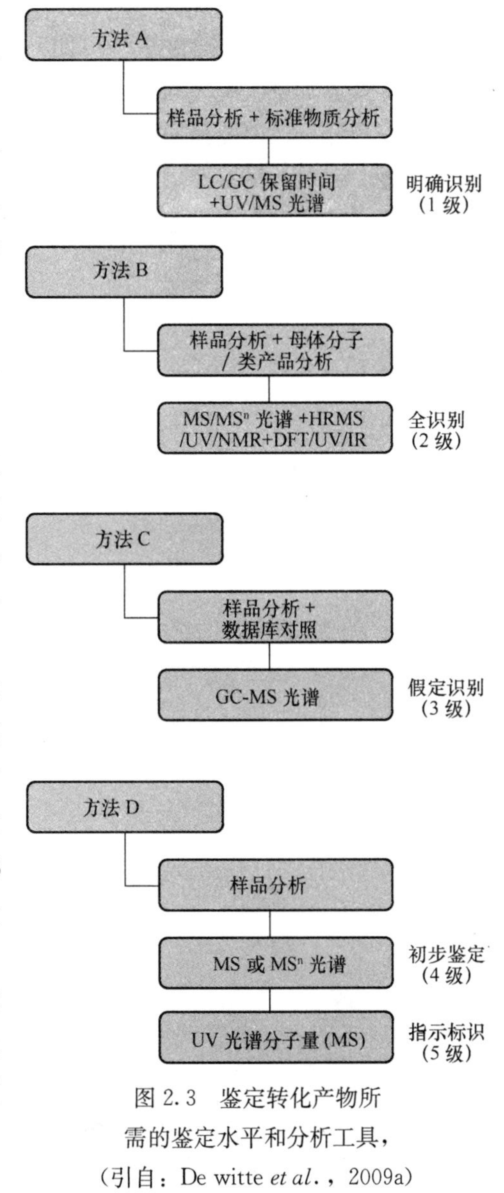

图2.3 鉴定转化产物所需的鉴定水平和分析工具，（引自：De witte *et al.*，2009a）

2.5 结论

微污染物转化过程中，能够形成难降解代谢产物，给环境带来不良影响，因此，阐明微污染物的环境行为十分必要。为了评估微污染物降解和中间产物的潜在影响，需要将化学分析和生物分析结合起来。分析仪器技术的发展，例如色谱仪器分辨率、灵敏度和选择性的提升，使得从极其复杂基体中提取和检测浓度在纳克（ng）范围的目标化合物成为可能。另外，开发能够鉴别和定量未知降解产物的合适工具也十分重要。当前，人们正在开发更加精密的反应结构联动装置，这种装置采用分子轨道能量模型来预测中性微污染物被氧化剂（如羟基自由基）氧化的趋势。通常，推荐使用标准化合物和数据库，然而，正是对大量微污染物转化产物研究的缺失，引发鉴别方法不断发展。

第3章 内分泌干扰化学物质的传感器和生物传感器：最新研究进展和发展趋势

3.1 引言

内分泌系统可控制包括哺乳动物、鸟类和鱼类在内的许多活有机体内的荷尔蒙与和运动有关的荷尔蒙。内分泌系统包括遍布全身的各种腺体、由这些腺体所产生的荷尔蒙以及器官和组织中对荷尔蒙有识别及反应的受体（USEPA，2010a）。许多化学物质能引起内分泌系统的紊乱，被称之为内分泌干扰化学物质（EDCs）。维基百科中称之为 EDCs 或"内分泌破坏者是在内分泌系统中具有类似荷尔蒙的作用并可破坏内在荷尔蒙的生理功能的外来物质。这些外来物质有时也被称为激素活性剂"。EDCs 可能是人工合成物质，也可能是天然存在物质。在植物、谷物、蔬菜、水果和菌类物质中都可发现这些物质。清洁剂中的烷基酚类物质、用于制造 PVC 产品的双酚 A、二氧杂芑、各种药品、口服避孕药中的人造雌激素、重金属（Pb、Hg、Cd）、杀虫剂、增塑剂以及酚类化合物，它们都是 EDCs，而且此物质列表将会迅速增长。目前 EDCs 被怀疑可能会对生物产生危害，因此在它可能对生态系统造成危害之前，人们应努力发现并处理这些物质。

本章将讨论一些过去几年中发展比较迅速的 EDC 传感器和生物传感器。在讨论传感器和生物传感器发展趋势的同时，文中也提到了其他传感器，而且其他传感器中所采用的技术能够很好地适用于制造 EDC 传感器，目的是为读者提供一个机会来感受传感器和生物传感器在环境中检测和量化微污染物方面的巨大可能性。文中引用了大量原始文献和综述，并以此为主要依据。

3.2 传感器和生物传感器

3.2.1 替代方法的需求

在 EDCs 监测方面应用最广泛的方法有高效液相色谱（HPLC）、液相色谱连接电化学检测（LC-ED）、液相色谱连接质谱（LC-MS）、毛细管电泳（CE）、气相色谱（GC）和气相色谱连接质谱（GC-MS）（Nakata *et al.*，2005；Petrovic *et al.*，2005；Liu *et al.*，2006a；Vieno *et al.*，2006；Wen *et al.*，2006；Gatidou *et al.*，2007；Comerton *et al.*，2009；Mottaleb *et al.*，2009）。这些方法提供了良好的选择性和检出限，但却不适于多样品的快速测定和实时监测。并且对操作者的技能要求较高，检测过程比较耗时，前处理步骤比较复杂，同时需要精密和昂贵的设备。另外，这些方法不能满足现场研究和试样的在线监测（Rahman *et al.*，2007；Rodrigues *et al.*，2007；Huertas-Perea and Garcia-Campana，2008；Saraji and Esteki，2008；Blazkova *et al.*，2009；Le Blanc *et al.*，2009；Suri *et al.*，2009；Yin *et al.*，2009）。除了上述方法，EDCs也能通过免疫化学技术进行监测，比如酶联免疫吸附分析法（ELISA）（Marchesini *et al.*，2005，2007；Rodriguez-Monaz *et al.*，2005；Kim *et al.*，2007），但由于化验中使用的生物材料的稳定性较差、涉及复杂的多级步骤、需要昂贵的试验设备等，这些免疫技术并不比色谱技术优越。化验中需要的特殊抗体或蛋白质可以采用细胞重组技术获得（Le Blanc *et al.*，2009；Yin *et al.*，2009）。以ELISA为基础的方法很难在非特殊实验室或现场中应用。原因在于这些技术需要精密的实验室操作（比如反复的培养和清洗），并且需要利用酶反应来生成最终信号（Blazkova *et al.*，2009）。另外，以ELISA为基础的方法只能针对单一化合物，最多也只针对与此化合物结构相似的化合物。这些方法不能用于多种混合物质的监测和量化。然而比较糟糕的是，EDCs的结构多种多样，而且由于市场对化学药品的需求导致新的EDCs正不断地进入环境中（Marchesini *et al.*，2007）。

因此，关于EDCs的监测需要一种新颖、简单、可靠、快速的分析技术。费用高昂是新工具、新设备引入现有实验室的主要障碍。成本低廉、易于操作和维护的设备则充满吸引力。理想的仪器设备应该具有操作简单、耗时少、高度灵敏以及实时监测等优点。各种各样的传感器为我们提供了一个替代昂贵分析方法的选择（Yin *et al.*，2009）。EDCs的数量巨大、结构复杂，目前急需开发传感器用于监测EDCs的活动或测定EDCs的影响，而不仅仅是为了测定单种或一组化合物的浓度（Le Blanc *et al.*，2009）。

3.2.2　电化学传感器

电化学传感器成本低廉、制作简单、可重复利用，同时具有高的稳定性和灵敏度。经过适当修改之后，电化学传感器有可能用于其他物质的测定（Kamyabi and Aghajanloo，2008；Yin *et al.*，2009）。许多酚类化合物能够成功地被电化学传感器监测，原因在于大部分传感器可以在极易获得的电压下被氧化（Lin *et al.*，2005a）。电化学反应所需要的氧化还原电位能够降低，因此电化学传感器对其他EDCs有更好的适应性和灵敏度。由Yin *et al.*（2009）制备的化学修饰碳糊电极已经用于双酚A（BPA）的监测。酞菁钴修饰已被用于电极制备中，以降低其氧化还原电位。对液相介质中BPA监测的灵敏度和选择性有明显提高，检测限为1.0×10^{-8}M（Yin *et al.*，2009）。

3.2.3 生物传感器

虽然采用化学和电化学方法测定污染物比较全面，但是它们不能让我们对相关的生态风险和影响有一个全面的了解。而这些信息只有经过专家作适当解释之后才能昭告天下。然而，结合生物反应和化学分析可以使我们对这种情况有更好的了解。我们应该能够在相应空间尺度内得到污染物的有毒部位、有毒化学特性的鉴定结果，以及污染物的生态风险评价结果。这样的评价要求能够进行快速、便宜的筛选来描述污染的程度（Brack *et al.*，2007；Farre *et al.*，2007；Blasco and Pico，2009；Fernandez *et al.*，2009；USEPA，2010b）。此外，生物工具的使用将帮助我们量化EDC或其他任何污染物的生态效应（Marchesini *et al.*，2007）。近几年，包括生物传感器在内的各种生物工具被广泛使用。生物监测正成为环境监测的一种有生力量（Grote *et al.*，2005；Rodriguez-Mozaz *et al.*，2005；Barcelo and Petrovic，2006；Gonzalez-Doncel *et al.*，2006；Gonzalez-Martinez *et al.*，2007；Tudorache and Bala，2007；Blasco and Pico，2009）。

理论化学和应用化学国际协会（IUPAC）将生物传感器定义为“一种以独立的酶、免疫系统、组织、器官或整个细胞为媒介，采用特殊的生化反应，通过电、热、光信号来检测化学物质的装置”。细胞器官包括线粒体和叶绿体（光合作用在此发生）。与传统分析技术相比，生物传感器在端口化、小型化和在线监测方面都具有较大的优势。它们也能够在复杂环境中以及样品较少的条件下测定污染物。尽管生物传感器对污染物的测定仍然不能和传统分析方法一样精确，但它们在常规测试和筛选方面是非常好的工具（Rodriguez-Mozaz *et al.*，2006a）。Rodriguez-Mozaz *et al.*（2006a）对生物传感器在环境分析和监测方面的应用做了一个全面的综述。其中包括生物传感器对杀虫剂、激素、PCBs、二噁英、双酚A、抗生素、酚类物质和EDC效应的测定。采用传统方法进行检测需要采集水样，并送入实验室进行仪器分析，而这样的分析只能令我们了解采样时间内该地点的水体状况，却不能掌握各种时空条件下水体的真实信息（Allan *et al.*，2006；Rodriguez-Mozaz *et al.*，2006a）。当需要连续的空间数据时，生物传感器就派上用场。它具有高特异性和灵敏性，不仅能测定关注化合物，还能记录它们的生物效应（毒性、细胞毒性、遗传毒性或内分泌干扰效应）。通常生物效应信息比化学组成具有更多的相关性。生物传感器既能评估污染物的总量，也能评估生物可利用/生物可接受的污染物量。目前大部分生物传感器系统的发展仍停留在实验室阶段或原型阶段，在进行大规模生产和使用之前还需要对它们进行验证（Rodriguez-Mozaz *et al.*，2006a；Farre *et al.*，2009a）。

Rodriguez-Mozaz *et al.*（2006a）进一步研究了针对某种污染物的特效生物传感器。有机磷水解酶（OPH）与光、电传感器联合能够测定杀虫剂（如对氧磷、对硫磷）和战争化学试剂（如沙林和索曼）在水解过程中产生的吸附量或氧化还原电流。OPH（或磷酸三酯酶 PTE）可将有机磷杀虫剂水解，释放出有电化学活性并含有发色基团的有机物——对硝基苯酚，因而可用 OPH 生物传感器进行检测（Rodriguez-Mozaz *et al.*，2006a）。

EDCs 可结合在激素受体部位或转运蛋白上，从而表达出生物效应：（1）模仿或消减内源激素的效应；（2）破坏内源激素、激素受体的合成及新陈代谢。那么被 EDCs 攻击的同种受体或转运蛋白可作为它们的生物识别因子。因此根据 EDCs 对受体的生物效应，可以帮助我们监测单种或多种化学物质的内分泌干扰效力。（Marchesini *et al.*，2007）。例如，人类雌激素受体 α 基团（ERα）可以和许多种能引起活体内雌激素效应的化合物（植物性雌激素、外源性雌激素、杀虫剂）发生相互作用。受体家族在针对 EDCs 的特别应用方面有很多机会。包括配体结合区域（LBD）与配体、共活化剂衍生的缩氨酸、辅阻抑蛋白之间的相互作用，（Fechner *er al.*，2009），以及 DNA 结合区域和某种 DNA 序列（雌激素反应成分）之间的相互作用（Asano *et al.*，2004；Le Blanc *et al.*，2009）。EDCs 能够干扰 ERα 和这些区域之间相互作用。Le Blanc 等（2009）利用 EDCs 在 ERα 受体上所产生的效应，通过标记 ERα 以确定 EDCs 的影响。与传统方法相比，新方法能够确定 EDCs 对受体的总效应，而非测定单一化合物的浓度。有机体与 EDCs 接触所产生的反应是新方法的测试信号。据报道该方法的检测限是等效雌二醇浓度的 0.139nM。标准分析方法仅设计已知化合物的测试步骤，而这种方法的结果中包含所有已知和未知的 EDCs（甚至其他化合物）。因此这些数据很难进行比较和验证。然而在不远的将来，数据验证将成为一个必须步骤，目前这种方法可以用来监测环境样本的雌激素特性随时间的变化。Sanchez-Acevedo 等（2009）近期报道了采用碳纳米管的场效应晶体管（CNTFET）检测水中皮摩尔浓度的双酚 A（BPA）。CNTFET 与 ERα 联合发挥功能，ERα 作为传感器的识别层。传感器遵守分子识别规则。单壁碳纳米管（SWCNTs）已被用作传感器，而 ERα 吸附在它表面上。为了防止 SWCNT 表面上发生非特殊吸附，还需要涂覆一层阻断剂。在 2min 内检测到溶液中的 BPA 浓度达到 2.19×10^{-12} mol/L。水中同时存在的荧蒽、五氯硝基苯和马拉硫磷杀虫剂没有对检测造成任何干扰。

利用合适中心受体的生物传感器在非标记平台中对其他物质的检测是比较有用的（Sanchez-Acevedo *et al*.，2009）。

Marchesini *et al*.（2006）报道了由美国制造生产的以等离子体共振（SPR）为基础的非标记生物传感器的应用。他们将这种传感器与现成芯片结合来筛选生物效应相关的分子，并预言 SPR 生物传感器有可能用于检测 EDC 的生物效应。尽管此类传感器可能用于 EDC 的检测，但它们在商业体系中的价格非常昂贵，并且缺乏在线分析所需的轻便性能。这是 SPR 生物传感器最主要的缺点，也是推广普及它们所必须要克服的最主要挑战（Marchesini *et al*.，2007）。SPR 生物传感器已被用于二噁英、多氯联苯和莠去津的检测（Farre *et al*.，2009b），对于单一样品的检测只需要 15min。文献报道了一种便携式 SPR 免疫传感器对有机磷酸酯杀虫剂毒死蜱的检测（检测限为 45～64ng/L），可单独检测或同时检测约束胆碱酯酶杀虫剂（Mauriz *et al*.，2006a；Farre *et al*.，2009b）。这些传感器由链烷硫醇自组装单层构成，可被重复使用。

细菌和其他细胞也被用于传感器中，称为全细胞传感器。测试日用化学品、产品和其他原料的雌激素特性是正在进行的研究。研究者已经开发出许多不同的活体动物、全细胞和体外粘合物的分析方法。ER 阳性胸部癌细胞的排列显示出雌激素活性可引起癌细胞的增殖。许多体外实验可用来检测雌激素。人体胸部癌细胞和鼠类纤维原细胞的激素响应指示分析就是这样的实验例子。然而这种分析需要复杂的设备和试剂，而且对干扰非常灵敏（Gawrys *et al*.，2009）。Gawrys 等（2009）已开发一种简单的检测系统，将雌激素受体 β（ERβ）的配体结合区域并入大肠杆菌细胞的变构酶指示蛋白中。指示蛋白的表达方式为使缺失胸苷酸合成酶的大肠杆菌菌株以激素依赖性的方式生长。如果采用简单的浊度测定方法表现大肠杆菌的生长情况，那么可以发现在各种被测化合物存在的条件下，大肠杆菌的生长会发生显著的变化。采用这种测试技术可以发现消费产品中化合物的雌激素行为。大肠杆菌变构生物传感器被用来评价日常消费品中各种化合物和复杂混合物的雌激素特性。测试样品包括香水、洗涤剂、除臭剂、香精油和草药补充剂等，采用 17β-雌二醇和两种甲状腺激素作为对照。这种系统还有一个额外的优点，就是可以同时测定各种化合物对传感器菌株的细胞毒性。在测试化合物存在的非选择性条件下，细胞失去的生存能力即可以衡量化合物的细胞毒性（Skretas and Wood 2005；Gawrys *et al*.，2009）。

Farre 等（2009）的综述概括了全细胞生物传感器的发展情况。以转基因的莫拉菌和带表面表达 OPH 的恶臭假单胞菌 JS444 为基础的安培生物传感器被用来测试有机磷杀虫剂（Lei *et al*.，2005，2007）。传感器对杀螟硫磷的测定浓度可达 277ng/L。Liu 等（2007）采用水平排列的 SWCNTs 制作生物传感器，并用它进行有机磷酸酯的实时测定。表面固定OPH的SWCNT引发了杀虫剂的酶水解反应（例如磷酸二乙基对硝基苯基酯）。水解反应使SWCNT的导电系数发生变化，通过测试导电系数的变化值来推算有机磷杀虫剂的浓度。转基因大肠杆菌和能降解有机磷杀虫剂的产黄菌属可用来对玻璃电极进行改性（Mulchandani *et al.*，1998a，b；Berlein *et al.*，2002）。

光合反应机理（光合体系Ⅱ或者PSⅡ）也被用于生物传感器中（Giardi and Pace，2005；Campas *et al.*，2008）。以PSⅡ为基础的生物传感器能够识别三嗪类、苯基脲、二嗪类和酚类化合物。在PSⅡ体系中，光子首先被叶绿素-蛋白复合体吸收。随后光化学活性反应中心叶绿素（P680）被激活，并将电子给予原发性脱镁叶绿素接受体。电子继续转移到苯醌Q_A上，进而再转移至Q_B，电荷分离过程就如此稳定进行下去。Q_A是PSⅡ体系中D2亚基上被牢固束缚的质体醌分子，而Q_B是D1亚基上可移动的质体醌分子。Q_A和Q_B类似于结合袋。许多除草剂能可逆地结合为“除草剂结合龛”，也就是在PSⅡ体系中D1亚基的Q_B结合袋中。一旦绑定到龛上，除草剂会取代质体醌Q_B并抑制电子的正常转移。电子流动终止，氧气的产生也会终止，同时PSⅡ的荧光性质发生改变（Giardi and Pace，2006；Chaplen *et al.*，2007；Campas *et al.*，2008）。虽然这是一种优异的检测除草剂的方法，但重金属可干扰PSⅡ系统对除草剂的识别，因此它并不是非常可靠的方法（Chaplen *et al.*，2007）。这样的干扰限制了PSⅡ生物传感器的应用（Giardi *et al.*，2009）。在一个除草剂结合位上大约有65种氨基酸。Giardi等（2009）提出假设，若修改Q_B结合袋中的一种氨基酸，将会显著改变光合活性和除草剂结合特性。同样，根据取代氨基酸的位置和类型，不同除草剂显示出不同的亲和性。他们选用单细胞绿藻莱茵衣藻，并对Q_B结合袋做了改性。这样的突变藻细胞被用来制造一种可重复使用的便携式光学生物传感器，对不同除草剂（例如莠去津、敌草隆、利谷隆）有较高的感光度。检测限范围0.9×10^{-11}～3.0×10^{-9}mol/L（Giardi *et al.*，2009）。

3.2.4　新一代免疫传感器

当传统ELISA被认为对许多污染物不适用的时候，新一代免疫传感器开始更加流行起来。电化学免疫传感器能够用来进行EDCs（如BPA）的在线实时监测。对于酶标记为特异性抗原的化合物，免疫传感器被广泛用于它们的检测。酶标记是一个非常耗时的复杂过程。然而，非标记电化学免疫传感器是一种非常有吸引力的检测EDCs的技术，在电极表面生成免疫复合物会引起电子特性的变化，因此通过监测电子特性的变化值来测试EDCs的浓度（Rahman *et al.*，2007）。Rahman等（2007）制作了一种非标记阻抗免疫传感器，并用来直接检测 BPA。他们将 BHPVA 与牛血清蛋白进行结合制备抗原，得到一种特殊的多细胞抗体。在传感器的制作过程中，采用共价固定化技术将多细胞抗体粘附于玻璃碳电极表面覆盖的纳米导电聚合体的羧酸官能团上（Rahman *et al.*，2005）。银-氯化银（Ag/AgCl）和铂（Pt）分别作为参比电极和反电极。检出限为 0.3μg BPA/L（Rahman *et al.*，2007）。

Suri 等（2009）详细探讨了用于监测杀虫剂的免疫分析技术。免疫化学技术在开发便宜、可靠的传感器方面有巨大的潜力，可用于许多有毒分子的有效现场监测。这样的传感器以抗体-抗原（A_b-A_g）反应的特异性为基础。特殊抗体的产生是为了对抗杀虫剂分子。与其他传感器相比，免疫传感器同样能够提供定量结果，甚至有更高的灵敏度、精确度和精密度。免疫传感器的测试数据和标准化学方法的结果也有很好的可比性。免疫传感器弥补了现有分析方法的不足之处，并对许多包括医药和杀虫剂在内的化合物进行了低耗费的验证试验，因此它正成为一种重要的分析工具。固定生物分子（A_b 或者 A_g）和分析物（A_g 或者 A_b）之间发生结合反应时能够给出一个可以检测到的信号。固定化反应一般发生在传感器表面。传感器具有分子识别特性，因此 A_b 有较高的选择性（Farre *et al.*，2007；Suri *et al.*，2009）。A_b 和一种特殊的 A_g 在溶液中进行可逆性结合，从而生成一种免疫复合体（A_b-A_g）（Suri *et al.*，2009）：

$$A_b = A_g \frac{K_a}{K_d} \rightleftharpoons A_b - A_g \tag{3.1}$$

式中，K_a 为结合速率常数，K_d 为分离速率常数。反应平衡常数（或亲和力常数）为：

$$K = \frac{K_a}{K_d} = \frac{[A_b - A_g]}{[A_b][A_g]} \tag{3.2}$$

免疫复合体一般具有较低的 K_d 值（范围 $10^{-12} \sim 10^{-6}$），同时显示较高的 K 值（～104）。当平衡方向取决于总亲和力时，溶液中的平衡动力学表现为快速的结合与分离（Suri *et al.*，2009）。免疫传感器最初用于临床诊断学，它在环境污染物（例如杀虫剂）方面的发展和应用则相对较新。由于寻找针对杀虫剂的抗体比较困难（杀虫剂的分子质量较小），因此这方面发展比较缓慢（Suri *et al.*，2009）。A_b 的亲和力和特异性决定了免疫传感器的分析能力，因此抗体的发展是传感器发展的一个关键步骤（Farre *et al.*，2007）。目前对于较低分子量的杀虫剂也已可生成抗体，所以免疫传感器完全可能成为一种低价、可在线检测杀虫剂的设备。然而目前仍然存在许多挑战，其中之一就是杀虫剂的特异性免疫传感器的发展。杀虫剂通常是非免疫性的，因此合成一种适当的半抗原分子并能与载体蛋白结合生成稳定的载体-半抗原复合体是至关重要的。载体-半抗原偶联物能够模拟小分子杀虫剂的结构，以便于获得对特殊目标分子进行精确免疫测定的合适的 A_b（Suri *et al*.，2009）。

在近期的研究中，免疫分析法被用来对单种或多种分析物进行测定。杀虫剂、多氯联苯（PCBs）、表面活性剂等有机污染物均能通过免疫化学进行快速、有效的测定（Farre *et al*.，2007）。Farre *et al*.（2009b）讨论了应用重组单链 A_b（scA_b）片段（Grennan *et al*.，2003）的电化学免疫传感器进行环境分析（莠去津的测定）。自动光学免疫传感器已经用来测定许多有机污染物，包括水样中的雌激素酮、黄体酮和睾丸激素。报道的检出限为亚 ng/L（Taranova *et al*.，2004）。标记免疫传感器已经被用来测定激素、酶、病毒、瘤抗原和细菌抗原，浓度范围在 10^{-12}～10^{-9} mol/L 之间（Campas *et al*.，2008；Wang *et al*.，2008；Wang and Lin，2008；Bojorge Ramirez *et al*.，2009；He *et al*.，2009）。

Farre 等（2007）列举了免疫感测法的许多局限性：

（1）免疫试剂的制备时间比较冗长；

（2）缺乏特异性和可交叉反应性；

（3）对某些种类污染物（如全氟化合物）缺乏反映或者反映较小；

（4）在不同的热条件和 pH 条件下稳定性较差；

（5）生物成分的寿命较短。

另外，Farre 等（2007）也指出了在免疫分析的发展过程中需要注意的关键方面：

（1）开发更稳定的生物成分；

（2）形成更健全的分析方法；

（3）当涉及到可替换的组分时，需要确保不同批次生产的产品有良好的统一性；

（4）生物传感器与新技术的整合（例如，聚合酶链反应）。

Gonzalez-Martinez 等（2007）预测免疫传感器在以下情况下应该得到应用：

（1）需要筛选大量样品时；

（2）需要在线控制时；

（3）需要野外进行分析时；

（4）采用不同的方法鉴定同一个样品中的不同待测组分时；

（5）需要即时或数分钟内给出测试数据时；

（6）需要不经过或几乎不经过任何预处理而直接分析的样品；

（7）传统方法不能正常工作的场合。

Gonzalez-Martinez 等（2007）认为理想的免疫传感器应具有以下特点：（1）即使测试极稀溶液中的目标污染物也具有很高的敏感度；（2）对目标化合物

具有高的选择性，不存在或存在较小的交叉反应；（3）适用于整族的与通用免疫试剂相关的化合物；（4）非常快速或具有不影响灵敏度的速度；（5）可重复使用，保证器件不需维护就能工作很长的时间（或可测试大量样品）；（6）能够多参数测定（可同时测试5～10种污染物）；（7）功能多，在有适合的试剂时传感器可用于测试新的待测物质；（8）耐用，传感器可在不同条件下使用。Bojorge Ramirez 等（2009）认同大批量生产用于各类目标化合物的免疫传感器仍存在大量挑战这一说法。体内应用的抗体要求蛋白质稳定以及抗原相似。没有生物化学技术的进一步发展，工业规模的大批量生产抗体仍然是不可能（Bojorge Ramirez *et al.*，，2009）。

目前免疫传感器中倾向于采用荧光团而不是酶，因为在溶液中，荧光团比酶更稳定，并且由于信号可立即显示，可以缩短分析鉴定时间（Gonzalez-Martinez *et al.*，2007）。维基百科把荧光团定义为一个分子功能基团，该基团可在适宜的环境条件中发出荧光。荧光团吸收一定波长的能量，并且发射出另一不同波长的波。发射能量的量级及波长既依赖于荧光团，又与荧光团暴露的化学环境有关（Joseph，2006）。铕（Ⅲ）螯合物染色的纳米颗粒已经在用于测试莠去津的氟代免疫传感器中被用做抗体标签。据报道，此免疫传感器的敏感度（IC50）大约为1μg /L（Cummins *et al.*，2006）。

纳米技术在免疫传感器领域也取得了重大进展。磁性纳米颗粒使特定抗体（Ab）功能化并用于免疫磁性电化学传感器中（Andreescu *et al.*，2009）。使用Ab涂覆的磁纳米颗粒消除或至少降低了再生感敏表面的需要。通过酶标签可以定量化形成的免疫复合物。将复合物与酶作用物接触，定量化也可以通过电化学检测反应产物完成，或者通过荧光标定完成（Andreescu *et al.*，2009）。不同的环境污染物都可以采用此种方式检测，包括PCBs（Centi *et al.*，2005），2，4-二氯苯氧乙酸类杀虫剂（也称为2，4-D）和莠去津（Helali *et al.*，2006；Zacco *et al.*，2006）。采用丝网印刷电极检测氯化三联苯1248（一种PCB）时检测限达到0.4ng/L，采用抗莠去津特定抗体检测莠去津，检测限为0.027nmol/L（Zacco *et al.*，2006）。Andreescu等（2009）在他们的综述中报道：采用玻璃碳电极上的基于A_b标签的金纳米颗粒电化学传感器，测试对氧磷时获得了12μg/L的检测低限，并且在24～1920μg/L的检测范围内，测试结果的线性良好。涂覆抗双酚A的聚合纳米颗粒（例如2-甲基丙烯酰羟乙基磷酰胆碱和聚苯乙烯）被用于压电免疫传感器中，用以检测双酚A，其检测敏感度提高了8倍（Park *et al.*，2006）。在一已报道的研究工作中，Blazkova等（2009）开发了一种简单而又快速的免疫色析法，该方法采用膜带表面的结合抑制模式可以灵敏而又廉价地检测地表水中的灭虫威。在此检测中，检测试剂由抗灭虫威Ab和胶状的碳标签二级

Ab构成。他们采用碳纳米颗粒把蛋白质以非价键的形式结合起来，并且不改变蛋白质的生物活性。报道的检测限为0.5ng/L。此分析结果（复原度90%～106%）和ELISA的结果（复原度91%～117%）能够很好吻合。这些薄片能够稳定使用至少2个月，其性能不发生任何变化。此研究中的免疫红外色谱图分析法在在线筛选环境污染物方面具有很大的潜力。

表3.1给出了EDC传感器和生物传感器的一些实例。

EDC传感器和生物传感器　　　　**表3.1**

被分析物	转换方法	检测限	参考文献
氨基甲酸盐	电位测定法	15～25μmol/L	Ivanov *et al.*，2000
二甲基和二乙基二硫代氨基甲酸盐（酯）	安培测定法	20μmol/L	Pita *et al.*，1997
双酚A	电位测定免疫传感器	0.6ng/mL	Mita *et al.*，2007
杀螟硫磷和乙基对-硝基酚	有机磷酸酯类	4μg/L	Rajasekar *et al.*，2000
黄体酮	安培测定法	0.43ng/mL	Carralero *et al.*，2007
对硫磷	安培测定法	10ng/mL	Sacks *et al.*，2000
2，4-二氯苯氧基乙酸	安培免疫传感器法	0.1μg/L	Willmer *et al.*，1997
莠去津	电化学安培法	0.03nmol/L	Zacco *et al.*，2006
绿黄隆	电化学和电流测定法	0.01ng/mL	Dzantiev *et al.*，2004
雌激素类	全内反射荧光法	0.05～0.15ng/mL	Rodriguez-Mozaz *et al.*，2006b
氟乐灵	光波谱法	0.03pg/mL	Székács *et al.*，2003
磺胺甲恶唑	压电法	0.15ng/mL	Melikhova *et al.*，2006
异丙隆	全内反射荧光法	0.01～0.14μg/L	Blǎzkova *et al.*，2006
二噁英	石英晶体微天平法	15ng/L	Kurosawa *et al.*，2005
对氧磷和虫螨威	电化学法（安培法）	0.2μg/L	Bachmann和Schmid，1999
酚类	电化学法	0.8μg/L	Nistor *et al.*，2002
氯酚类	光化学荧光法	1.4～1975μg/L	Degiuli和Blum，2000
壬基苯酚	电化学法	10μg/L	Evtugyn *et al.*，2006

（Rodriguez-Mozaz *et al.*，2006；Farre *et al.*，2009a，2007）

3.3　传感器和生物传感器的发展趋势

3.3.1　丝网印刷传感器和生物传感器

研究者正致力于开发和应用环境友好的污染物检测分析方法。传统分析方法中产生的化学废物的影响受到越来越多地关注，这推动了替代方法的研究。在那些不能处理有毒、有害废物的场所和实验室中，"绿色"分析化学尤其与仪器的采用密切相关。现在已经有了众多用于水质检测的环境友好的电化学传感器，其中许多已经发展到高级的原型样机阶段。传统的电化学电池正在被连接于小型化的恒电位仪上的丝网印刷电极（SPEs）替代。SPEs 正应用于重要的实验室分析设备以及手持式现场仪器上。由于丝网印刷技术成本越来越便宜，应用也更容易实现，许多 SPEs 商业化了且在实验室中即可制造用于应用研究（Rico *et al.*，2009）。Farrre 等（2009b）评论了近来出版的多篇论文，覆盖了众多主题，也包括 SPEs。电化学 DNA 和基于肼催化活力的蛋白质传感器已经被研发为 SPEs（Shiddiky *et al.*，2008）。用于测试 2，4-D、莠去津、福美锌的基于酶的高敏感度生物传感器已经被报道了（Kim *et al.*，2008）。金纳米颗粒已经被用在酪氨酸酶电极上，用于测试水中的杀虫剂（Kim *et al.*，2008）。Dutta 等（2008）采用含固定化乙酰化胆碱酯酶（AChE）的 SPEs 对有机磷和氨基甲酸酯杀虫剂进行电化学测试（例如，久效磷、马拉硫磷、甲基内吸磷和灭多虫）。测试的浓度范围在0～10μg/L之间（Farre *et al.*，2009b）。

3.3.2 纳米技术应用

纳米材料是一类至少在一维尺度上处于纳米级别（≤100nm）的天然或工程材料。同母体材料相比，纳米材料具有全新和更强的性能。高级纳米材料包括金属、金属氧化物、聚合物、半导体、陶瓷类的纳米颗粒，还有纳米线、纳米管、量子点、纳米棒，以及此类材料构成的复合材料等。此类材料所具有的独一无二的性能归因于它们的巨大比表面积（体积/重量），以及特有的机械、电、光和催化性能。这些性能为探测环境污染物和毒素，以及对其修复提供了大量机会和条件（Zhang，2003；Li *et al.*，2006；Jimenze-Cadena *et al.*，2007；pillay 和 Ozoemena，2007；Vaseashta *et al.*，2007；Khan 和 Dhayal，2008；Thompson 和 Bezbaruah，2008；Bezbaruah *et al.*，2009a，b）。应用于传感器的纳米技术（Trojanowicz，2006；Ambrosi *et al.*，2008；Gomez *et al.*，2008；Guo 和 Dong，2008；Kerman *et al.*，2008；Wang 和 Lin，2008；Algar *et al.*，2009），电子器件的小型化以及无线通信技术的进步已经显示了环境传感器网络正在向连续和远程监控环境参数的趋势发展（Huang *et al.*，2001；Burda *et al.*，2005；Liu *et al.*，2005b；Jun *et al.*，2006；Blasco 和 Pico，2009；Zhang *et al.*，2009）。

大量研究正在致力于发展和应用传感纳米材料（He 和 Toh，2006；Gonzalez-martinez *et al.*，2007）。纳米材料正用于设计新颖的传感系统并增强此系统的性能（Farre *et al.*，2009a）。酶活性位和电极表面之间的良好电流通是制作安培酶电极所面临的一个主要挑战。据报道，均整的碳纳米管（CNTs）可以改善此类电极的电流通性能（Farre *et al.*，2009a）。Andreescu 等（2009）讨论了纳米材料用于环境监测的可能性，文中大量引证纳米技术应用于传感器的成功实例。纳米技术在传感器和传感器硬件中的应用导致小型化、快速、超敏、廉价监测方法的发展，这正是实时、现场环境监测所需要的。当这些方法并不完善，不能满足一般预期时，也就预示着新事物即将产生。纳米尺度的材料已经用于构筑气体传感器（Gouma *et al.*，2006；Jimenez-Cadena *et al.*，2007；Milson *et al.*，2007；Pillay 和 Ozoemena，2007；Pumera *et al.*，2007）、酶传感器、免疫传感器和基因传感器，这些传感器用于导通电极表面的酶并放大信号（Liu 和 Lin，2007；Pumera *et al.*，2007）。具有优异催化性能的金属氧化物纳米颗粒被用于制作无酶电化学传感器（Hrbac *et al.*，1997；Yao *et al.*，2006；Hermanek *et al.*，2007；Salimi *et al.*，2007）。磁性纳米氧化铁在控制电化学过程方面具有应用潜力（Wang *et al.*，2005，2006）。将生物识别元件附着于纳米材料表面使各种催化、亲和生物传感器得到发展（Andreescu *et al.*，2009）。

Costa-Fernandez 等（2006）发表了一篇关于将量子点（QDs）应用于传感和生物传感纳米探头的综述。Andreescu 等（2009）也讨论了传感中碳纳米管（CNTs）和 QDs 的应用。表面化学性能、大的表面积和电子性能使 CNTs 成为理想的化学和生物化学传感材料。CNTs 能够增强生物分子之间的结合，并能提高电催化能力。采用 CNTs 在较低电势下即可检测一些分析物（例如杀虫剂），不需要电子介体，并且可降低干扰。一些研究者将乙酰胆碱酯酶（AChE）、有机磷水解物（OPH）（Deo *et al.*，2005）等酶类固定于 CNTs/杂化复合物中，从而构造了电化学生物传感器（Arribas *et al.*，2005，2007；Sha *et al.*，2006；Rivas *et al.*，2007）。CNT 的功能化及其在传感和生物传感中的应用方法已经多有报道（Andreescu *et al.*，2005，2008）。同传统的基于微尺度材料的传感器相比，此类传感器具有优越的灵敏度。基于 CNT 的传感器已被用于检测有机磷杀虫剂（Deo *et al.*，2005；Joshi *et al.*，2005）、酚化合物（Sha *et al.*，2006），除草剂（Arribas *et al.*，2005，2007）。金、铂金、铜和其他纳米颗粒被植入 CNTs/聚合物的复合物上，用于进一步增强其特性（Andreescu *et al.*，2009）。此外，采用金纳米颗粒已经在各种色度和荧光检验中实现了信号放大（Andreescu *et al.*，2009）。QDs 作为传感探针已被用于测试小的金属离子（Costa-Fernandez *et al.*，2006；Somers *et al.*，2007），杀虫剂（Ji *et al.*，2005），酚类（Yuan *et al.*，2008）以及硝基芳香烃类爆炸物（Goldman *et al.*，2005）。QD-酶共轭物对酶底物、酶抑制剂（Ji *et al.*，2005）、酶抗体均有反应（Goldman *et al.*,2005)。生成共轭物的方法已被用于构造 QDs 来检测杀虫剂（Abad *et al.*，2005；Ji *et al.*，2005)。当分析物（例如对氧磷杀虫剂）存在时，QD 生物共轭物的光致发光强度会发生改变，通过对信号强度变化值进行定量来衡量分析物的浓度（Ji *et al.*，2005)。

3.3.3　分子印迹聚合物传感器

传统的生物传感器选择性地识别分析物并把它们结合到特定的结合层上。结合的结果是产生各种不同的现象，例如光、质量、热和电化学的变化，这些变化可产生相应的信号（Eggins，2002)。在生物识别方面已经取得了众多进展，但是仍然存在一些不能被生物传感器精确检测的复杂化合物。这些化合物包括抗体和酶（Sellergren，2001；Yan 和 Ramstrom，2005)。分子印迹聚合物（MIPs）近年来得到了极大的关注。在环境领域，此类聚合物被用于环境修复和传感。MIPs 通过采用模板分子交叉植入单体中合成。交叉结合分子对模板来说是特异性的。目标单体复合物进行聚合，然后脱除模板分子，使聚合物基体形成对定于目标分子的孔洞（Haupt 和 Mosbach，200；Widstrand 等，2006)。MIP 合成过程详解于图 3.1 中。即使被捕获物的量很小，模板上的空洞也可捕获样品中的目标物分子。MIP 材料对目标物分子具有高的识别亲和力。孔洞具有特异性，仅允许目标物分子进入，而对其他分子具有排斥力。MIPs 分子牢固耐用、效能高、且容易设计。MIP 材料具有众多优势：(1) 尺寸较小；(2) 此类材料已经提升了对目标物分子具有互补、可进入的孔洞的数量；(3) 此类材料增强了表面催化活力；(4) 由于扩散长度（距离）受到限

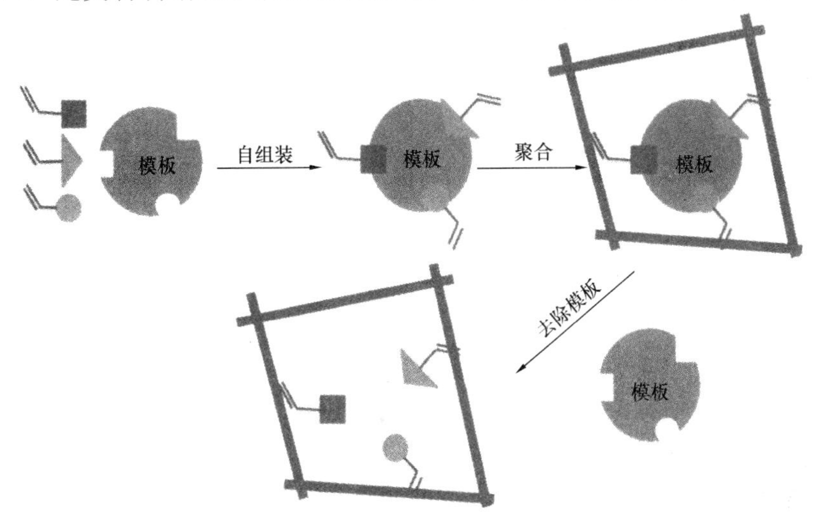

图 3.1　分子印迹聚合物的示意图（引自：Shelke *et al.*，2008)

制，此类材料和目标物分子的结合可以快速达到平衡（Nakao 和 Kaeriyama，1989；Lu *et al.*，1999）。MIPs 已经协同光、电化学技术用于检测氨基酸、酶、抗体、杀虫剂、蛋白质和维生素等。

MIPs 传感器的效率依赖于模板分子和互补的功能单体基团的相互作用（Whitcombe 和 Vulfson，2001）。在模板分子和功能单体基团之间观察到同时存在化学键和非化学键相互作用。把模板分子和功能单体基团聚合在一起的非化学键相互作用包括氢键、憎水作用、范德华力，偶极间的相互作用（Holthoff 和 Bright，2007）。然而，如果一个功能基团具有强的化学键相互作用，非化学键相互作用就会被抑制（Graham *et al.*，2002）。可逆的化学键相互作用也可以把模板分子和功能单体基团结合起来。Wulff 等（1997）第一次在功能基团和模板分子间引入了化学键相互作用，而且模板分子可以通过化学键的断裂被释放出来。如果功能单体是二醇、醛或者胺，此类相互作用是有利的。一个 MIP 传感器选择性地结合分析物分子，并生成一个转换方案来检测分析物（图 3.2）（Lange *et al.*，2008）。一些基于 MIP 的传感器实例列举见表 3.2。此清单包括模板分子、转换方法、各种分析物的检测限。有机和无机分子均可用于合成传感器用的 MIPs。Holthoff 和 Bright（2007）探讨了采用聚苯乙烯、聚丙烯酸酯和无机的聚硅醚用于合成 MIP 传感器。

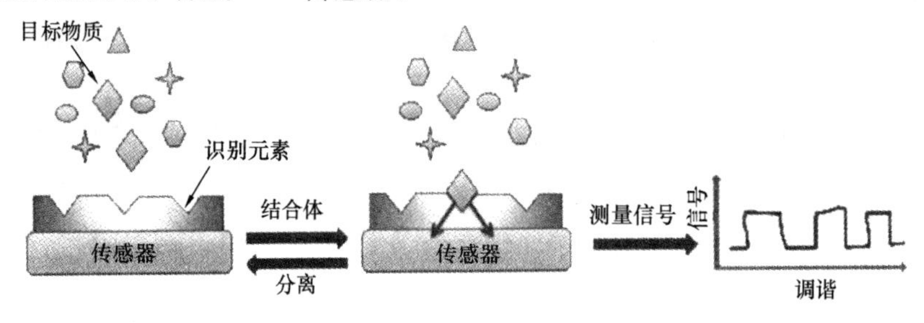

图 3.2　基于 MIP 生物传感器的示意图及其响应曲线
（引自 Holthoff 和 Bright，2007）

传统的基于 MIP 的传感器的设计一般只用于测试单个分析物。将纳米技术应用于分子印迹极有希望克服此限制。科学家和工程师对微、纳米传感器很感兴趣，因为这些传感器可以组成阵列同时分析不同的分子（Alexander *et al.*，2006）。MIP 材料能以合适的方式复制在芯片表面，并通过与其他转换器连接组装以用于多种分析物的传感测试。用于制作此类 MIP 的微、纳米传感器的复制技术包括光刻技术、软光刻技术、微黑子技术。UV 掩模光刻已经被用于制备微、纳米-MIP 传感器，此时 MIP 层被施加于金属电极上，然后通过 UV 辐照进行加工（Huang *et al.*，2004）。例如，Pt 电极被用于分子印迹丙烯酸感光树脂中（Du *et al.*，2008；Gomez-Caballero *et al.*，2008），Au 和 Pt 电极被用于沙丁醇胺（一种支气管扩张药）MIP 微传感器（Huang *et al.*，2007）。

MIP 传感器实例 **表 3.2**

目标分析物	模板	转换方法	检测限	参考文献
莠去津	莠去津	电化学的	0.5μM	Prasad *et al.*，2007
胞啶	胞啶	电化学的	没有报道	Whitcombe *et al.*，1995
谷胱甘肽	谷胱甘肽	电化学的	1.25μM	Yang *et al.*，2005
L-组氨酸	L 组氨酸	电化学的	25nM	Zhang *et al.*，2005
对硫磷	对硫磷	电化学的	1nM	Li *et al.*，2005
L-色氨酸	L-色氨酸	光学的	没有报道	Liao *et al.*，1999
肾上腺素	肾上腺素	光学的	5μM	Matsui *et al.*，2004
1，10 邻二氮杂菲	1，10 邻二氮杂菲	光学的	没有报道	Lin 和 Yamada，2001
9-乙基腺嘌呤	9-乙基腺嘌呤	光学的	没有报道	Matsui *et al.*，2000
9-蒽酚	9，10-蒽二醇	光学的	0.3μM	Shughart *et al.*，2006
2，4 二氯苯氧乙酸	2，4 二氯苯氧乙酸	光学的	没有报道	Leung *et al.*，2001
盘尼西林 G	盘尼西林 G	光学的	1ppm	Zhang *et al.*，2008
玉米烯酮	玉米烯酮	光学的	25μM	Navarro-Villoslada *et al.*，2007

（Holthoff 和 Bright 2007；Navarro-Villoslada 等，2007；Zhang 等，2008）

微触印刷法是一种用于生产图形微结构的新兴技术（Quist *et al.*，2005；Lin *et al.*，2006）。采用此微触印刷术可以制作 MIP 微图形。采用聚二甲基硅氧醚（PDMS）印章技术可制作 MIP 微结构（Yan 和 Kapua，2001）。然而，PDMS 印章和某些有机溶剂的不兼容性限制了该技术的应用（Vandevelde *et al.*，2007）。采用此技术已经合成了用于测试茶碱的 MIP 传感器，该传感器对模板分子具有极好的选择性。Voicu 等（2007）在测试结构类似的咖啡因时，发现了相似的结果。微-光固化技术也可用于合成 MIP 传感器，该技术以 9-乙基腺嘌呤作为模板（Conrad *et al.*，2003）。

3.3.4 导电聚合物

导电聚合物在工业中的应用越来越广泛。各种用途的导电聚合物可划分为几大类，包括聚乙炔、聚苯胺（PANI）、多吡咯（PPY）、聚噻吩（PTH）、聚（对苯）、聚（对苯乙炔）、聚芴、聚咔唑和聚吲哚（PI）。当聚合物的连接骨架被氧化或还原时，导电聚合物就显示出固有的导电性（Bredas，1995）。除了导电性，聚合物中电子能带的变化也会影响紫外-可见和近红外区的光特性。导电性和光特性的改变使聚合物适合于制作光传感器。化学和电化学方法被用于向导电聚合物中注入电荷（掺杂）（Wallace，2003）。由于通过控制电势调节掺杂程度更加容易，因此电化学法更适合于电荷注入。

导电聚合物已被有效地用于探测金属离子。聚吲哚和聚咔唑对二价铜离子具有选择性响应特性（Prakash *et al.*，2002），聚3-辛基噻吩（P3OTH）对一价银离子显示Nernstian响应（Vazquez *et al.*，2005）。采用导电聚合物的萃取法和剥膜伏安法已被用于检测二价铅离子和二价汞离子（Heitzmann *et al.*，2007）。此外，通过在聚合物骨架中引入特定的配体（Migdalski *et al.*，2003；Zanganeh和Amini，2007；Mousavi *et al.*，2008）、离子载体（Cortina-Puig *et al.*，2007）和单体（Seol *et al.*，2004；heitzmann *et al.*，2007），离子选择性传感器的性能可以得到提高。

有机分子对导电聚合物的骨架、侧链基团和固定化的受体基团具有亲和性。此亲和性可用来设计检测有机分子的导电聚合物传感器。生物和合成受体都能被用于选择性地结合有机分子。通过引入γ-环式糊精受体于聚（3-甲基噻吩）（P3MTH）（Bouchta *et al.*，2005），以及引入β-环式糊精于PPY（Izaoumen *et al.*，2005），使此类化合物对多巴胺、抗坏血酸维生素C和氯丙嗪具有传感性能。采用光学法，PANI膜和聚（3-氨基苯硼酸）被用于检测糖类（Pringsheim等，1999）。Volf等（2002）也报道了各种化学敏感PANI和PPY导电化合物的合成及其在二羧酸、氨基酸、抗坏血酸检测中的应用。

电聚合法也被用于合成制备导电化学敏感薄膜用的MIPs（Gomez-Caballero *et al.*，2005；Yu *et al.*，2005；Liu *et al.*，2006）。电聚合法可以控制聚合物薄膜的厚度，并且此技术与高组合、高通量途径相兼容（Potyrailo和Mirsky，2008）。PANI导电MIP薄膜已经被合成用于检测ATP、ADP、和AMP（Sreenivasan，2007）。

合成的生物受体可被用于控制导电聚合物对不同分析物的敏感度（Adhikari和Majunder，2004；Ahuja *et al.*，2007）。采用各种受体修饰的导电聚合物列举于表3.3中。为将受体固定化，可通过化学键或非化学键作用将受体与聚合物基质进行链接。物理吸附（Lopez *et al.*，2006）、Langmuir-Blodgett技术（Sharma *et al.*，2004）、逐层沉积技术（Portnov *et al.*，2006）和机械植入法（Kan *et al.*，2004）被用于链接受体和基质，此类方法采用的是非化学键结合作用。Gerard *et al.*（2002）讨论了这些技术的优势和局限性。

基于导电聚合物的传感器和生物传感器（Lange等，2008）　　**表3.3**

分析物	受体	聚合物	转换方法	参考文献
尿酸	尿酸酶	PANI	光学的 安培法	Arora *et al.*，2007 Kan *et al.*，2004
过氧化氢	辣根过氧化氢酶	PANI/聚对苯二甲酸乙二醇酯	光学的	Caramori和Fernandes，2004；Borole *et al.*，2005；Fernandes *et al.*，2005

续表

分析物	受体	聚合物	转换方法	参考文献
葡萄糖	葡萄糖氧化酶	3-甲基噻吩/噻吩-3-乙酸共聚物	安培法	Kuwahara *et al.*, 2005
苯酚	酪氨酸酶	聚乙烯二氧噻吩	安培法	Vedrine *et al.*, 2003
有机磷杀虫剂	乙酰胆碱酯酶	PANI	安培法	Law 和 Higson, 2005
胆固醇	胆固醇酯酶/胆固醇氧化酶	PPY、PANI	安培法	Singh *et al.*, 2004; Singh *et al.*, 2006
糖蛋白	硼酸	聚（苯胺硼酸）	光学的	Liu *et al.*, 2006

3.4 展望

传感器和生物传感器与标准化学监测方法相比有许多不足之处，但是它们能满足目前和将来环境污染监测方面的许多要求，而这些要求往往是化学方法无法达到的。目前正快速发展的材料科学、计算科学、微电子科学将有望帮助传感器开发者克服许多问题。在对参量数据进行识别、记录、存储、转移中所运用的工具和策略的改进将拓展传感器的应用领域（Blasco and Picó，2009）。

而且，下一步将要诞生的环境传感器可在实验室外的环境中接受遥控进行单机操作。基于微电子技术和相应的（生物）微机电系统（MEMS）、（生物）纳米机电系统（NEMS）开发的新设备将为此提供科技解决之道。微型传感器、微流体传送系统、集成于1个芯片上的复合传感器将会被需要。同时我们也要求它高效可靠、能够进行大规模生产、生产成本低廉、生产能耗较低；目前某些目标已经达到（Farré *et al.*，2007）。

通信技术的最新发展成果还没有被完全地应用于传感器领域。蓝牙、WiFi、无线电频率识别（RFID）等新技术可以为偏远地区的分布式电子设备提供网络信号。无线传感网络中所包含的空间分布传感器或生物传感器主要用于监控环境条件，它们将为实现连续性的环境监测做出巨大贡献，尤其是对目前较难施行监控的海岸区和远洋区有重要意义（Farré *et al.*，2009a）。Blasco 和 Picó（2009）认为这样的网络能够起到以下几方面的作用：（1）在对被污染的环境进行评价或修复时提供适当的反馈；（2）在突发污染事件中提出紧急预警；（3）将实验室分析中所耗费的巨大人工成本和分析成本降至最低，同时减少分析中的误差和延迟。芯片实验室（LOC）是将会影响未来传感科技的一个新概念。LOC 涉及到的微构造使分析设备小型化，或者使分析过程（样品预处理、硬件准备、反应时间和检测）简化（Farré *et al.*，2007）。在不远的将来，纳米尺度和超小型传感器有很大可能会占领生物工业的生产线（Farré *et al.*，2007）。

第4章 纳滤膜和纳滤

4.1 引言

膜分离是一种压力推动过程，随着选择性的递增，通常分为4个相互交叠的类型：微滤（MF）、超滤（UF）、纳滤（NF）、反渗透（RO）。微滤膜具有0.1～1μm的孔径，可以去除细菌和悬浮固体。超滤膜具有0.003～0.1μm的孔径，能够去除胶体、病毒和某些蛋白质。纳滤分离依赖基于分子尺寸和电荷的物理截留，膜孔径在0.001～0.003μm的范围内。反渗透具有0.0005μm左右的孔径，可以用于脱盐。上述各种膜的过滤范围见图4.1。

水透过膜即从浓溶液进入稀溶液需要高压。一般地，膜的选择性越强，需要的驱动压力越大。显然人们希望在最大的比流量（膜通量/驱动压力）下获得理想的分离度。MF膜和UF膜是通过机械筛分完成分离的，而NF膜和RO膜的分离机制则是毛细管渗流和溶液扩散。

在更加严格的给水及废水处理标准的推动下，采用膜处理工艺的实际应用迅速增多。尤其是纳滤，在利用苦咸水、受污染的地表水、含有微污染物的二级处理出水等非传统水源生产高质量水方面，纳滤被看作是一种经济、可靠并与生态环境相适应的技术（Dueom 和 Cabassud，1999；Nghiem *et al.*，2004；Van der Bruggen *et al.*，2008）。

纳滤的研究和实际应用之所以快速发展，是多个因素共同推动的结果，这些因素包括：（1）对水量和水质需求的增长；（2）更加完善的膜生产技术；（3）应用范围越来越广，膜的价格越来越低；（4）越来越严格的标准，如在饮用水行业。

纳滤的历史可以追溯到20世纪70年代。当时人们制备了一种驱动压力相对较低、膜通量较为理想的反渗透膜。传统的高压反渗透能量消耗相当大，当然其透过水水质非常好，甚至经常超乎人们的预料。因此，尽管对溶解性化合物的截留作用稍低，透水性较好的膜的出现仍是分离技术的重大进步。这种“低压反渗透膜”就是人们熟知的纳滤膜。

20世纪80年代后期，人们开始建立纳滤系统，并将其第一次应用到实际中

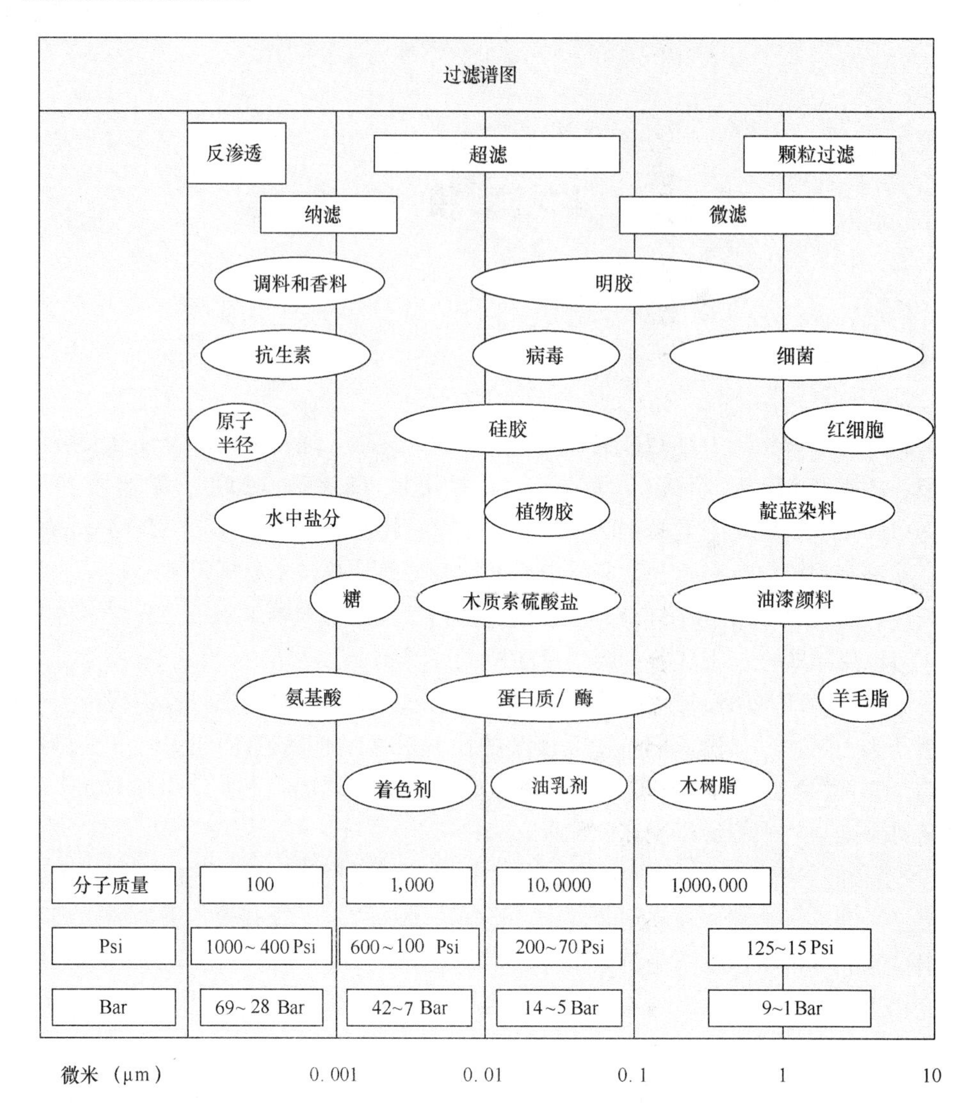

图 4.1　反渗透、纳滤、超滤和微滤之间相互关联，
主要区别在于膜的平均孔径和驱动压力

（Conlon 和 McClellan，1989；Eriksson，1988）。因为纳滤膜可以较好地截留水中的硬度离子，而允许钠离子和氯离子等较小离子通过，所以现在常被称为“软化”膜（Duran 和 Dunkelbergeer，1995；Fu *et al.*，1994）。此后，纳滤的应用范围迅速地扩大，为饮用水处理、废水处理和生产用水的制造提供了新的途径。纳滤也为诸如砷酸盐去除（Waypa，1997；Brandhuber 和 Amy，1998；Urase *et al.*，1998；Košutič *et al.*，2005；Xia *et al.*，2007）、杀虫剂去除、内分泌干扰物（Nghiem *et al.*，2004；Causserand *et al.*，2005；Jung *et al.*，2005；

Košutić *et al.*，2005；Xu *et al.*，2005；Zhang *et al.*，2006；Yoon *et al.*，2007）和化学药品去除、局部脱盐（Al-Sofi *et al.*，1988；Hassan *et al.*，1988；Hassan *et al.*，2000；Semiat，2000）等全新问题提供了解决方法。

4.2 纳滤膜的材料

依据膜材料的不同，纳滤膜总体上分为两大类，即有机膜和陶瓷膜。现在，由高分子材料制成的有机纳滤膜已实现商业化生产，它们被用在饮用水处理、生产用水处理和废水处理等各种领域。

高分子纳滤膜的制备方法有两种：制备非对称膜的相转化法（Jian *et al.*，1999；Kim *et al.*，2001）和制备复合薄膜（TFC）的界面缩聚法（Roa *et al.*，1997；Roh *et al.*，1998；Jegal *et al.*，2002；Kim *et al.*，2002；Lu 等人，2002；Song *et al.*，2005；Verissimo *et al.* 2005）与镀膜法（Dia *et al.*，2002；Moon *et al.*，2004）。由于复合薄膜的选择层和多孔支撑层可以分别优化，因此与非对称膜制备的相转化法相比，复合薄膜的制备方法具有一些突出优势（Petersen，1993）。由于聚砜具有优越的耐化学性和机械强度，很多商业复合膜选用聚砜作为基材。

总体来讲，疏水性聚合物具有很好的耐化学性、优越的耐热性和机械性能，因而被广泛用作膜材料，例如聚砜、聚丙烯和聚偏四氟乙烯。然而，进水中有机物与膜之间存在亲和力，因此疏水膜材料会很快被堵塞（Ying *et al.*，2003）。

为了最大限度地降低膜的污染，人们采取了多种方法。基本上，这些方法要么是改变膜处理工艺中的运行方式，要么是对膜材料进行基础改性。带有极薄选择性皮层的复合膜具有较高通量，可提高膜的生产能力。用于提高膜性能的方法还有：制备混合基质膜材料、对膜进行表面改性。有机-无机杂化材料就是一种混合基质膜材料。这些方法不仅提高了纳滤膜在较低压力下的通量，而且降低了膜污染的可能性，提高了纳滤膜的耐氯性和耐溶剂性（Nunes 和 Peinemann，2001）。

通过改变膜表面的化学性能，降低或消除膜表面附着污染的方法有多种，包括：(1) 利用物理方法，将水溶性的聚合物或带电表面活性剂涂覆在膜表面，以实现暂时的表面改性（Kim *et al.*，1988；Jönsson 和 Jönsson，1991）；(2) 应用郎缪尔-布罗杰法（Langmuir-Blodgett，LB）生产超薄膜（Kim *et al.*，1989）；(3) 应用热硫化法在膜表面覆盖亲水聚合物（Stengaard，1988；Hvid *et al.*，1990）；(4) 利用电子束辐射将单体物质移植到膜表面（Keszler *et al.*，1991；Kim *et al.*，1991）；(5) 利用紫外辐射将单体光移植到膜表面（Nystrom 和 Jarvinen，1991；Yamagishi *et al.*，1995；Ulbricht *et al.*，1996）。

此外，人们对膜电荷在离子分离方面所起的作用也进行相当多的研究，尤其是对纳滤膜。深入理解电荷形成及其如何提升截留作用的确切本质（Tay *et al.*，2002），必然会显著提升纳滤膜性能。

陶瓷膜的制备是一个多步合成的过程，常采用溶胶-凝胶技术（Burggraaf 和 Keizer，1991）。首先，为了调整大孔陶瓷膜载体的表面粗糙度，需要在其表面涂盖多层中孔膜；然后，用一微孔薄膜表层来实现最后一层中孔膜的改性。这一微孔薄膜是真正的纳滤层，它的截留分子量在1000以下。以硅、铝和钛的氧化物为材料制备的纳米多孔膜，具有较好的化学惰性和机械稳定性，以及高度均匀完整的孔隙结构（Desai *et al.*，1999；Martin *et al.*，2005；Paulose *et al.*，2008）。Al_2O_3、ZrO_2 和 TiO_2 是制备陶瓷膜所用的最主要材料（Luyten *et al.*，1997）。

Soria 和 Cominotti（1996）曾提到陶瓷纳滤膜的商业化问题，其中包括一种以大孔 α-Al_2O_3 层为支撑层，以 TiO_2 层为表层，截留分子量为1000的陶瓷纳滤膜。Larbot（1994）、Alami-Younssi（1995）和 Baticle（1997）等对微孔 γ-Al_2O_3 膜的制备和表征进行过研究。

Van Gestel 等（2002a）制备和表征过一种多孔多层的陶瓷纳滤膜。这种膜具有高品质的大孔 α-Al_2O_3 支撑层（见图4.2），并采用胶态溶胶-凝胶法制备 Al_2O_3、TiO_2 和 Al_2O_3-TiO_2 混合物三种中孔层。腐蚀性测试表明，含有微结晶 α-Al_2O_3 层的多层膜限于用在温和水介质（pH=3～11）或非水介质（有机溶剂）中。优化的 α-Al_2O_3/γ-Al_2O_3/anatase 和 α-Al_2O_3/anatase/anatase 两种多层膜对相对较小的有机分子（分子质量<200）具有较高的截留率。

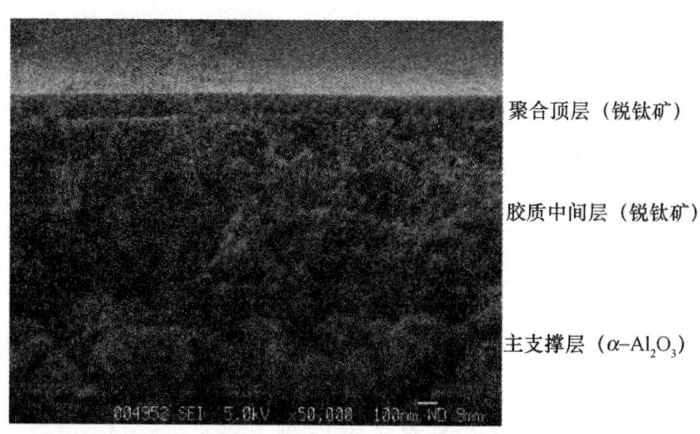

图4.2 一种多层膜的场致电子扫描显微镜（FESEM）横截面图

沸石膜为工业废水的处理提供了另一种选择。沸石是一种结晶铝硅酸盐材料，具有均匀的亚纳米或纳米孔。例如，MFI型沸石膜具有三维孔系统，在b方向为顺直通道（5.4A×5.6A），在 a 方向为正弦通道（5.1A×5.5A）。由于结晶铝硅酸盐具有化学惰性，因此沸石膜具有优越的热稳定性和机械稳定性，在生产废水净化和放射性废水处理等方面有较好的应用前景。研究结果表明，沸石膜可以分离水、甲醇和乙醇电解质溶液中的多种离子（Murad *et al.*，1998；Lin 和 Murad，2001a；Murad *et al.*，2004；Murad 和 Nitche，2004）。Kumakiri *et al.*（2000）曾用一种 A 型沸石反渗透膜（孔径为 0.42nm）对水和乙醇的混合液进行分离。在给进压力为 1.5MPa 的条件下，该亲水沸石膜对乙醇的截留率为 44%，水通量为 0.058kg/（m^2·h）。

自从被 Iijima（1991）发现以来，碳纳米管基于其独特的物理性能越来越受到科研工作者的青睐。在过去的十年里，碳纳米管已被应用于众多的领域，包括电子、复合材料、染料电池、传感器、光学元件和生物制药等。用碳纳米管制备纳滤膜还处于起步阶段，至今未有实际应用和研究。

之前的研究集中在 CNTs 的使用，或者无机纳米颗粒功能化的 CNTs 对水中无机污染物和有毒金属离子的吸附作用（Long 和 Yang，2001；Li *et al.*，2002；Li *et al.*，2003；Peng *et al.*，2003；Agnihotri *et al.*，2005；Lu *et al.*，2005；Di *et al.*，2006；Gauden *et al.*，2006；Yang *et al.*，2006）。

有关 CNTs 在过滤分离方面应用的研究十分有限。Srivastava 等人（2004）研制了一种由多层径向排列碳纳米管（MWNTs）组成的管式膜过滤器，该碳纳米管层的厚度有数百微米。这种 MWNT 膜过滤器能有效地去除石油废水中的烃类物质、细菌和病毒。Wang 等人（2005）制备了一种复合高分子超滤膜，在膜的表层内融入了氧化 MWNTs，发现这种膜对油-水乳化液具有较高的截留效果。

碳纳米管的制备方法可依据纳米管的层数来分类。早期，多层纳米管和单壁纳米管都是在惰性气体的氛围中以电弧放电法制备的，所用的电极为碳电极或含有催化剂的碳电极。如今，碳纳米管以及相关材料的制备方法众多，常用于制备碳纳米管膜的 3 种方法有：电弧放电法、激光刻蚀法和化学气相沉积法（CVD）。其中，化学气相沉积因其具有特定的性能而被广泛应用。

Choi 等人（2006）以 N-甲基-2-吡咯烷酮（NMP）作为溶剂，以水作为促凝剂，利用相转化法制备了一种多层碳纳米管/聚砜（MWNTs/PSf）混合膜。因为 MWNTs 是亲水性物质，所以与单纯的聚砜膜相比，MWNTs/PSf 混合膜表面的亲水性更强，当 MWNTs 的含量为 4.0%时，与单纯聚砜膜相比，混合膜的水通量更高，截留效果更好。依据不同的 MWNTs 含量，混合膜的水通量由大到小排序为 1.5%>1.0%>2.0%>0.5%>0.0%>4.0%，膜孔径由小到大排序为 4.0%<0.0%<0.5%<2.0%<1.0%<1.5%。

Zhang 等人（2006）曾对 SiO_2/TiO_2 纳米杆/纳米管复合膜光催化去除十二

烷基磺酸盐（SDBS）的效果进行研究。这种复合膜具有催化能力。X射线衍射（XRD）谱图证实，在纳米相 TiO_2 基体中加入一定量的非晶态的 SiO_2，有助于提高 TiO_2 的热稳定性，并有助于控制 TiO_2 颗粒的大小。SEM照片（图4.3）显示 SiO_2/TiO_2 的杆状颗粒均匀分布在氧化铝支撑层上，SiO_2/TiO_2 纳米杆的高度（即 SiO_2/TiO_2 层的厚度）约有5nm。但大多数（95%）的孔隙都是直径处于1.4nm～10nm之间的介孔。正是这些介孔结构存在，在紫外线照射下，各种产物才得以快速扩散，光催化反应速率才得以提高。结果发现光催化和膜过滤相结合的方法可以在100min内去除89%的十二烷基磺酸盐（dodecylbenzene sulfonate，SDBS）。

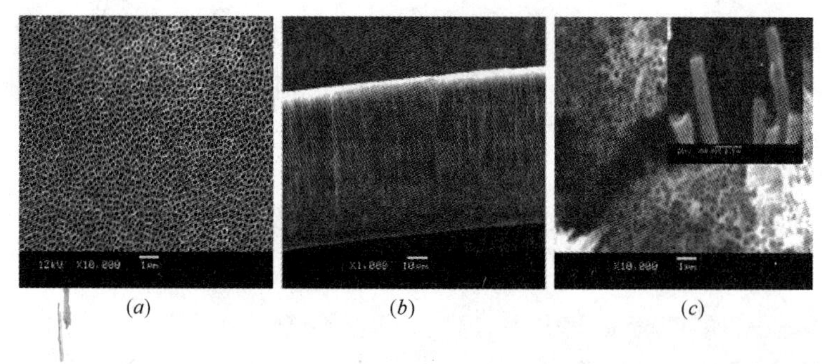

(a)　(b)　(c)

图4.3　20%—二氧化硅/二氧化钛复合膜的扫描电镜图

(a) 膜表面图；(b) 膜断面图；(c) 20%—二氧化硅/二氧化钛纳米管（×10000和×50000）

Zhang等人（2008）以 TiF_4 作溶剂，采用液相沉积技术，将锐钛矿型 TiO_2 纳米管移植到氧化铝微滤膜的通道中，从而制备出了 TiO_2 纳米管膜。UV辐射下的持续实验发现，TiO_2 纳米管膜可以截留并光解腐殖酸（HA），同时膜污染也大大地减缓。

Tang等人(2009)制备了一种壳聚糖/MWNTs多孔膜，发现当MWNTs的含量为10%(重量)时，复合膜的水通量可达到128.1L/(m^2·h)，是单纯壳聚糖膜通量[27.6 L/(m^2·h)]的4.6倍。此外，加入MWNTs还大大提高了壳聚糖多孔膜的抗拉强度。

4.3　纳滤膜的分离与污染

NF膜截留污染物的范围取决于NF的截留分子量（MWCO）、膜表面形态和膜材料的特性。对于特定的膜，MWCO通常是指截留率为90%的溶质的分子质量。然而，MWCO值普遍受到溶质特点、溶质浓度、溶剂特点以及流动状态（死端过滤或错流过滤）的影响。正常情况下，溶质分子越大，空间位阻引起的膜的分子筛效应越强，溶质越容易被膜截留。然而，MWCO 只能粗略地估计膜的分子筛效应（Mohammad 和 Ali，2002；Van der Bruggen 和 Vandecasteele，2002）。与小分子相比，大分子扩散的慢，因此膜的分子筛效应还与分子扩散有关。

人们也经常用脱盐率来描述膜的截留性能。Kiso 等人（1992；2000）发现脱盐率最大的膜同样具有最大的杀虫剂截留率。在此前有机化合物的分离性能研究中，膜的表面形态包括孔隙度和粗糙度也曾作为另一个有用的参数被考虑（Košutić *et al.*，2002；Košutić和 Kunst，2002；Lee *et al.*，2002）。Košutić *et al.*（2000）认为，膜的孔隙结构是决定膜性能的首要参数，膜对溶质的截留可以用膜的孔隙分布（PSD）和膜表层孔隙的有效数量（N）来解释。扫描电子显微镜（SEM）、原子力显微镜（AFM）和场发射扫描电子显微镜（FESEM）已广泛应用于表征膜的表面形态（Hirose *et al.*，1996；Chung *et al.*，2002）。

许多研究者研究了溶质特征对膜性能的影响（Kiso *et al.*，1992；Berg *et al.*，1997；Van der Bruggen *et al.*，1998；Kiso *et al.*，2001a，b；Košutić和 Kunst，2002；Ozaki 和 Li，2002；Schutte，2003）。这些研究发现，由于空间位阻是纳滤膜截留分子的重要推动因素（Kiso 等人，2001a；Košutić和 Kunst，2002；Ozaki 和 Li，2002；Schutte，2003），因此与 MWCO、MW 和脱盐率相比，对不带电非极性化合物的分子大小和膜孔隙尺寸的定量化分析可以更好地描述膜的截留性能。同时发现，不带电荷化合物所带甲基官能团越多，纳滤膜对它的截留率越高。(Berg *et al.*，1997)。

此外，多项研究证实：相对于分子量而言，化合物的分子尺寸参数能更好地预测空间位阻效应对纳滤膜截留溶质的作用效果（Kiso *et al.*，1992；Berg *et al.*，1997；Van der Bruggen *et al.*，1998；Van der Bruggen *et al.*，1999；Kiso *et al.*，2001b；Ozaki 和 Li，2002）。这些参数包括分子宽度（molecular width）、斯托克斯半径（Stokes radii）和分子平均尺寸（molecular mean size）等。

通常认为带电溶质与多孔膜之间的静电作用是一种重要的纳滤膜截留机制（Wang *et al.*，1997；Bowen 和 Mohammad，1998；Xu 和 Lebrun，1999；Childress 和 Elimelech，2000；Bowen *et al.*，2002；Mohammad 和 Ali，2002；Wang *et al.*，2002）。

为了最大限度地降低膜对进水中带负电污染物的吸附，同时提高膜对溶解性盐的截留效率，大多数的复合纳滤薄膜（TFC）的表面通常带有负电荷（Xu 和 Lebrun，1999；Deshmukh 和 Khildress，2001；Shim *et al.*，2002）。许多研究发现，随着 pH 增大和官能团脱质子化（例如，磺基和羧基管能团在中性 pH 值条件下就会发生脱质子化现象）过程中，大多数膜表面 Zeta 电位的电负性会越来越强（Braghetta *et al.*，1997；Hagmeyer 和 Gimbel，1998；Deshmukh 和 Childress，2001；Ariza *et al.*，2002；Lee *et al.*，2002；Tanninen *et al.*，2002；Yoon 等人，2002）。

复合纳滤薄膜（TFC NF）对带电有机物和溶解性离子的截留在很大程度上取决于膜表面电荷和进水的化学特点（Berg *et al.*，1997；Wang *et al.*，1997；Hagmeyer 和 Gimbel，1998；Yoon *et al.*，1998；Xu 和 Lebrun，1999；Childress 和 Elimelech，2000；Ozaki 和 Li，2002；Wang *et al.*，2002）。另有人证实，提高 pH 值能够增加膜表面的负电性（Braghetta *et al.*，1997；Deshmukh 和 Childress，2001；Lee *et al.*，2002；Tanninen *et al.*，2002；Yoon *et al.*，2002），导致带负电的溶质与膜之间的静电斥力增大，从而增加膜对溶质的截留量。相反，进水中带正电的离子必然会削弱膜对带负电溶质的截留效果（Braghetta *et al.*，1997；Ariza *et al.*，2002；Yoon *et al.*，2002）。

然而，pH 和膜表面电荷对膜孔隙结构、不带电有机物截留和膜渗透通量的影响有时候是相互矛盾的（Berg *et al.*，1997；Braghetta *et al.*，1997；Yoon *et al.*，1998；Childress 和 Elimelech，2000；Freger *et al.*，2000；Boussahel *et al.*，2002；Lee *et al.*，2002；Ozaki 和 Li，2002）。

大多数的高压滤膜都是疏水的，因此膜对疏水性物质的吸附是纳滤膜截留微污染物的关键。事实上，许多研究已证实：疏水溶质与疏水膜之间的相互作用是膜截留疏水物质的关键，空间位阻效应也可能是影响因素之一（Kiso *et al.*，2001a；Nghiem *et al.*，2004；Van der Bruggen *et al.*，2002a；Agenson *et al.*，2003；Kimura *et al.*，2003a；Wintgens *et al.*，2003）。这些研究还发现，辛醇-水分配系数（K_{ow}）、Taft 和 Hammett 编号（表明取代基对分子极性的影响）和 Dvs（用于描述 O—H 键的伸展）等参数均与此类化合物的截留率有关。

Verliefde 等人（2007）对法兰德斯（Flemish）和荷兰（Dutch）两地水源中重点微污染物的纳滤去除进行了定性预测。预测是以主要溶质的参数值和纳滤膜的参数值为依据的，预测结果与文献中的数据大体相符。在给水处理厂设计时，上述预测为纳滤能否作为微污染有机物的一项处理步骤提供了快速有效的评价方法。

进水的组成对纳滤膜的吸附和截留作用有显著影响。许多研究表明，纳滤膜的截留机制和进水组成对溶质截留影响都十分复杂（Tödtheide *et al.*，1997；Kiso *et al.*，2001a；Majewska-Nowak *et al.*，2002；Schäfer *et al.*，2002）。

滤膜污染是所有膜分离过程遇到的主要问题之一。目前与膜污染有关的问题仍然很棘手，不仅是膜的水产量，还包括透过水水质。污染物在膜内部孔壁上的附着、孔隙堵塞和膜表面滤饼和凝胶层的形成都会导致膜孔径减小，即膜污染。

污染层会显著地改变膜的表面性能，包括膜表面电荷和膜的疏水性能（Childress 和 Elimelech，2000；Xu *et al.*，2006）。因此，除了降低膜通量之外，污染层还会给纳滤膜的分离效率带来相当大的改变。滤膜污染可能提高透过水水质，也可能会降低透过水水质，但它的副作用是显而易见的：要增加预处理，增加膜清洗频率，降低回收率，造成进水流失，缩短膜的使用寿命。在生产废水中，能够导致膜污染的成分相当多，包括无机溶质、大分子溶解有机物、悬浮颗粒和生物固体。

膜沉积通常是指逆溶度盐沉积层的形成。纳滤过程中，最易引发膜沉积的化合物有 $CaCO_3$、$CaSO_4 \cdot 2H_2O$ 和 SiO_2，其他可引起膜沉积的物质有 $BaSO_4$、$SrSO_4$、Ca $(PO_4)_2$、Fe $(OH)_3$ 和 Al $(OH)_3$（Faller，1999；Al-Amoudi 和 Lovitt，2007）。无机物沉积会导致纳滤膜的机械损伤，而且由于沉积物难以去除，膜孔堵塞不可逆，因此纳滤膜的性能很难恢复（Jarusutthirak *et al.*，2002；Al-Amoudi 和 Lovitt，2007）。

有机物污染的影响因素有：(1) 膜的性质（Elimelech *et al.*，1997；Schäfer *et al.*，1998；Van der Bruggen *et al.*，1999；Mänttäri，2000；Van der Bruggen 等人，2002b)，包括膜的表面形态和化学性能；(2) 进水的化学性质，包括离子强度（Ghosh 和 Schnitzer，1980；Elimelech *et al.*，1997）和 pH 值（Childress 和 Elimelech，1996；Childress 和 Deshmukh，1998；Schäfer *et al.*，1998，2004；Mänttäri，2000）；(3) 单价离子和二价离子浓度（Elimelech *et al.*，1997；Schäfer *et al.*，1998，2004)；(4) 天然有机物（NOM）的性质，包括分子量和极性（Van der Bruggen *et al.*，1999，2002b；Bellona *et al.*，2004）；(5) 以及膜表面的水力条件和运行条件，包括渗透通量（Van der Bruggen *et al.*，2002b)、操作压力（Schäfer *et al.*，1998；Le Roux *et al.*，2005)、浓差极化（Schäfer *et al.*，1998）和流体边界层的传质性能。

有机物污染会造成可逆或不可逆的膜通量下降。其中，NOM 污染引起的可逆膜通量下降，通过化学清洗，膜性能可以部分或完全恢复（Al-Amoudi 和 Farooque，2005）。但是对于不可逆的膜通量下降，即使采用严格的化学清洗去除 NOM，膜的性能也难以恢复（Roudman 和 DiGiano，2000）。

不同类型的膜污染会同时存在并相互影响（Flemming，1993）。人们通常用高分子阻垢剂或酸来控制膜的无机污染，用 UF 等预处理来控制膜的颗粒物污染。因此，除了生物污染和有机物污染（类似的相关污染类型）外，其余的膜污染都是可以控制的。许多研究者都在探讨膜装置的生物污染问题（Flemming，1993；Tasaka *et al.*，1994；Ridgway 和 Flemming，1996；Baker 和 Dudley，1988；Schneider *et al.*，2005；Karime *et al.*，2008）。

由于缺少对生物污染和操作问题进行明确定量的方法，所以生物污染很难定量化。过膜压差通常被用作一个评估膜污染的参数；但过膜压差的增大未必和生物污染有关，其他因素也会影响过膜压差。另外，过膜压差对膜生物污染的早期检测不够灵敏。控制或阻止生物污染的方法有：（1）去除进水中的可降解成分；（2）确保所用化学药品的纯度；（3）采用高效的清洗过程（Ridgway和Flemming，1996；Baker和Dudley，1998；Jarusutthirak *et al.*，2002）。

对膜污染类型和污染程度以及纳滤膜污染控制方法进行快速判断是十分必要的。

目前人们用污泥密度指数（SDI）和沉积指数（FI）来表征进水引发胶体膜污染的潜势。但多个研究已证实了它们的不足之处（Schippers和Verdouw，1980；Boerlage *et al.*，2003）。Schippers和Verdouw（1980）采用$MFI_{0.45}$来表征进水的膜污染潜势，但是这一参数没有将胶态颗粒的影响考虑在内。Boerlage等人（1997）则以MFI-UF作为参数，他们采用MWCO为13kDa的聚丙烯腈（PAN）膜作为参照膜，以此来检验进水的膜污染潜势。在检测RO、NF和UF系统的胶体污染时，MFI-UF是一个有力工具。而Roorda和Van der Graaf（2001）定义了标准MFI-UF，并且给出了标准状态（膜面积为$1m^2$，过膜压力为1bar）下的测量结果。Robie等提出，可通过分析膜最初的性能来实现膜单元的长期运行优化。然而，从Brauns等人（2002）的试验结果看，FI是水的固有属性，不能作为设计依据的参数。

正如上面提到的。目前人们采用MF和UF进行MFI表征。但由于有一部分胶体和溶质不能被MF和UF所截留，因此MFI没有将它们考虑在内，例如NOM和EfOM中MW在1000Da左右的有机物（Abdessemed *et al.*，2002；Jarusutthirak *et al.*，2002）。

Khirani等人（2006）采用NF-MFI来表征进水引发膜污染的潜势。该纳滤膜是一种不带电的疏松膜，膜的MWCO在500～1500Da之间（具有薄层耐氧化层的亲水聚醚砜膜）。MFI-UF的的不足之处在于其测试周期一般要大于20h，而采用疏松或正常的NF膜，Khirani能在较短的时间（大约1h）内获得FI。Khirani假设NF膜可以截留所有能引起膜污染的物质，包括与膜污染有关的小分子（胶体或溶质）。这一研究表明，溶解有机物也会造成膜污染，在衡量进水引发膜污染的潜力时，应将其考虑在内。

为了诊断、预测、阻止和控制膜污染，人们还采用了MFI以外的多种参数，且这些参数在控制膜污染方面的作用已经得到证实。有关这些参数的总体介绍见表4.1（Vrouwenvelder *et al.*，2003）。

进水的膜污染潜势确定方法和 NF 与 RO 膜污染诊断方法概述 **表 4.1**

指　标	滤膜污染诊断	注　释
综合诊断（剖析）	生物污染、无机污染、化合物与颗粒污染	诊断膜元素中的污染物
生物膜检测器和可同化有机碳（AOC）	生物污染	通过确定进水的生长潜力，进行预测和防止生物污染
SOCR	生物污染	一种非破坏性方法，用于检测膜系统中的活性生物量
MFI-UF	颗粒污染	表征进水对膜的颗粒污染势
沉积检测	沉积污染	可优化回收率、酸的投加量和抗沉积剂的投加量

4.4 纳滤（NF）膜对水中微污染物的去除

起初，纳滤膜用于水质软化。现如今，尽管 NF 膜仍主要用于软化，但是 NF 在去除地表和地下水中的杀虫剂和有机污染物方面的应用已得到快速发展，并且前景广阔。这将有助于确保公共饮用水的安全。

软化是地下水处理的典型工序。传统的软化方法有石灰-纯碱软化和离子交换软化。NF 膜表面存在离子化基团，因此在遇水后 NF 膜通常会带正电荷或负电荷。因此，NF 膜也可用来去除小的离子化污染物和无机盐。许多研究者都开展过 NF 对地下水软化方面的研究。

Bergman（1995）曾对佛罗里达地下水的石灰软化和 NF 软化效果进行比较。研究中，他对多种运行模式下的运行费用作出评估。为了使石灰软化水质与 NF 膜透过水水质相当，他采取了两种方式：一种是在石灰软化后增加额外的处理工序；另一种让部分水绕过 NF 膜，再与膜的透过水混合，最后将混合后的水与石灰软化所得的水进行比较。即便如此，NF 软化的运行费用也比石灰软化的运行费用低。显然，NF 软化正在成为一种备受关注的软化方法，其优点包括：产水水质优越、不产生污泥、运行方便、节省水厂建设和运行管理的总费用。

Sombekke 等人（1997）利用生命周期评价（LCA）的方法对 NF 软化和颗粒软化进行了比较。其中颗粒软化与颗粒活性炭（GAC）相结合，以实现对有机物的吸附。所有产物在其整个生命周期中对环境产生的影响，以及所有取自和排放到环境中的物质都是 LCA 的研究对象。结果发现，这两种软化方式对环境的影响相当，但 NF 软化出水水质更好，更有利于身体健康。

采用NF可以实现原水的部分软化和水中有机微污染物去除双重目的。在对台湾某湖水进行处理的实例中（Yeh等人，2000），需要同时解决硬度、味和嗅的问题。Yet等采用了不同的处理工艺，包括常规工艺与O_3氧化的结合工艺、颗粒软化与GAC的结合工艺以及常规处理与膜处理的组合工艺。结果发现，所有工艺都能满足水体软化的需求，但在进行了浊度、溶解性有机物、生物稳定性和感官性状等参数的检验后发现，膜工艺产水水质最好。

1997年，De Witte制备出一种对有机物具有高截留率而对硬度物质的截留率较低的NF膜（De Witte，1997）。De Witte发现NF200膜（Filmtec）在反复多次的清洗后仍具有很好的性能，其过膜能耗仍然较低。NF200膜在英国Saffron Walden镇的Debden Road水厂的应用已获得成功。

Fu等人（1994，1995）采用日东电工（Nitto-Denko）生产的NTR7450滤膜来去除有机物，而保留多数的无机物。与用于软化的传统NF膜相比，NTR7450具有更加优越的渗透性能。运行中，NTR7450的回收率可达90%，水通量可达34L/m^{2}h，几乎实现了有机物的全部去除。

饮用水水质标准中最大允许砷含量下调，NF是满足这一调整的方法之一。Saitúa等人（2005）发现纳滤膜对砷的截留与过膜压力、错流流速和温度无关，水中同时存在的溶解有机物对砷的截留影响也不大。Waypa等（1997）研究了纳滤膜对合成水和地表水中砷的去除效果，发现在一系列运行条件下，纳滤膜可以同时实现对三价砷As（Ⅲ）和五价砷As（Ⅴ）的有效去除，截留率可达99%。结果还表明，NF对三价砷和五价砷的去除效果相当，因此推断是分子筛效应而非荷电反应决定了砷的膜分离行为。Seidel等人（2001）研究了疏松纳滤膜对三价砷和五价砷的截留效果，发现NF膜对As（Ⅴ）的去除率在60%～90%，而对As（Ⅲ）的去除率却低于30%。Sato等人（2002）也曾研究过NF膜对砷的去除，发现在无任何化学添加剂的条件下，NF膜对As（Ⅴ）的去除率可高达95%，对As（Ⅲ）的去除率大于75%，而且NF对As（Ⅲ）和As（Ⅴ）的去除不受进水化学组成的影响。Van der Bruggen和Vandecasteele（2003）曾就NF对地表水和地下水中As的去除效果进行过综述。

Gestel等人（2002b）使用了一种多层的TiO_2膜进行5种盐的截留研究。结果显示，在pH=6时，TiO_2膜的盐截留率最小；在碱性条件下，膜的盐截留率相当高，NaCl、KCl和LiCl的截留率分别到达85%、87%和90%。对于含有二价离子的无机盐，TiO_2膜同样具有较高的截留率，对Na_2SO_4的截留率高达95%，对$CaCl_2$的截留率为78%。

El-Sheikh等人（2007）曾采用不同类型的多层碳纳米管（MWCNT）对环境水中的Pb^{2+}、Cd^{2+}、Cu^{2+}、Zn^{2+}和MnO_4^- 5种金属离子进行富集，并进行了

分析。结果表明，外径为 10～30nm、长度为 5～15μm 的长 MWCNT 对 MnO_4^-、Cu^{2+}、Zn^{2+} 和 Pb^{2+} 的富集效果最好，而 Cd^{2+} 的回收率则不高。

Lin 和 Murad（2001b）的报道认为理想的单晶 ZK-4 反渗透膜可以获得 100％的 Na^+ 截留率。水合离子的动力学尺寸要远大于该膜的筛孔孔径，因此理想单晶 ZK-4 反渗透膜的分离机制是膜对水合离子的筛分作用。

Li 等人（2004a，b）在 RO 分离过程中采用了 MFI 型沸石膜，获得了 77％的 Na^+ 截留率。在分离由 0.1M NaCl、0.1MKCl、0.1MNH_4Cl、0.1$MCaCl_2$ 和 0.1$MMgCl_2$ 组成的混合溶液时，沸石膜对 Na^+、K^+、NH_4^+、Ca^{2+} 和 Mg^{2+} 的截留率分别为 58.1％、62.6％、79.9％、80.9％和 88.4％。

Choi 等人（2008）研究了共存离子对带负电纳滤膜去除多种阴离子的影响。结果表明，纳滤膜对地下水中硫酸盐的截留效果最好，对 Cl^- 的截留效果要比对 NO_3^- 和 F^- 的截留效果好。纳滤膜与 Cl^- 之间的静电斥力相当大，以至于增加了透过膜的二价 SO_4^{2-} 的量；与 NO_3^- 相比，膜表面电荷对 F^- 去除的影响较小；膜的表面势越低，NO_3^- 的水合效果就越好。试验还发现，与 Mg^{2+} 相比，Ca^{2+} 对膜电荷的屏蔽效果更强。尽管存在电荷屏蔽效应，膜对二价阴离子的截留率依然很高，并且膜表面负电性越强，膜截留的离子越多。

多人曾对纳滤膜去除 NOM 和 DBP 的效果进行研究（Agbekodo *et al.*，1996；Ericsson *et al.*，1996；Alborzfar *et al.*，1998；Visvanathan *et al.*，1998；Cho *et al.*，1999；Levine *et al.*，1999；Escobar *et al.*，2000；Everest 和 Malloy，2000；Khalik 和 Praptowidodo，2000），显然 MWCO 为 200 左右的膜具有最佳的去除效果。

Visvanathan 等人（1998）研究了多个指示参数对纳滤去除三卤甲烷前质（THMPs）的影响。指示参数包括操作压力、进水 THMPs 浓度、pH、Ca^{2+} 和 Mg^{2+} 的含量以及悬浮固体含量。预压膜的总体截留率大于 90％。试验结果表明，压力越高，进水 THMPs 含量越高，悬浮固体越多，膜的截留效果越好，但二价离子会降低膜的截留容量。

NOM 中有机物分子质量的变化范围较大，因此为了完全去除 NOM，需要使用 MWCO 较低的 NF 膜。Agbekodo 等人（1996a）认为，NF 透过水 DOC 的 60％是由氨基酸、一小部分的芳香族脂肪酸和醛类所致。

许多研究者曾对 NF 膜去除水中人为微污染物进行了研究（Agbekodo *et al.*，1996b；Montovay *et al.*，1996；Van der Bruggen *et al.*，1998；Ducom 和 Cabassud，1999；；Kiso *et al.*，2000；Kimura *et al.*，2003；Causserand *et al.*，2005；Plakas *et al.*，2006；Lee *et al.*，2008）。大多数杀虫剂化合物的分子质量都大于 200Da，因此 NF 似乎是能够将这些物质从受污染水体中去除的有效选

择。但是研究发现，NF对杀虫剂的去除效果在很大程度上依赖于NF膜和微污染物的种类。

Agbekodo等人（1996b）研究了NOM对NF去除阿特拉津（atrazine）和西玛津（simazine）的影响，其结果表明：随着进水DOC的变化，NF70膜对它们的截留率在50%～100%之间变化。Montovay等人（1996）获得了80%阿特拉津去除率和40%的吡草胺（metazachlor）去除率，去除不够充分。Van der Bruggen等人（1998）发现NF对阿特拉津、西玛津、敌草隆（diuron）和异丙隆（isoproturon）的去除率要高于90%，而NF45和UTC-20两种膜对敌草隆和异丙隆的去除率却相当低。Ducom和Cabassud（1999）研究了NF对三氯乙烯（trichloroethylene）、四氯乙烯（tetrachlorethylene）和三氯甲烷（chloroform）的去除情况，结果发现对于三氯乙烯和四氯乙烯，多种NF膜都可以获得较高的去除率，而对于三氯甲烷，去除率却相当得低。然而Waniek等人（2002）却发现了较好的三氯甲烷去除效果。Kiso等人（2000）研究4种NF膜对12种杀虫剂的去除情况，发现前三种NF膜的截留率均很低，而第四种膜的截留率却高于95%。但是考虑到第四种膜对NaCl具有较高的截留率，所以认为它实际是一种反渗透膜。Kimura等人（2003）研究过NF膜和RO膜对消毒副产物（DBPs）、内分泌干扰物（EDCs）和药物活性物质（PhACs）的截留作用，发现截留率是污染物物化性能和污染物初始浓度的函数。实验结果表明，带负电的化合物可以被有效截留（截留率>90%），与其他被测化合物的物化性能和过滤时间无关。相反，膜对不带电化合物的截留率总体较低，除了一种化合物外，截留率都小于90%，且主要受到化合物分子尺寸的影响。Causserand等人（2005）发现，聚酰胺膜去除2，4-二氯苯胺的效果要好于醋酸纤维素膜。Plakas等人（2006）研究了有机物和Ca^{2+}浓度对阿特拉津、异丙隆和扑草净去除率的影响。结果发现，腐殖类物质的存在可提高NF膜对除草剂的截留率，但当Ca^{2+}存在时，这一趋势就会减弱，可能是因为Ca^{2+}干扰了腐殖类物质与除草剂之间的反应。Lee等人（2008）就NF膜的性能和溶液化学性质对磷酸三氯乙酯（trichloroethyl phosphate，TCEP）和高氯酸盐去除效率的影响作了研究。

基本上，细菌（0.5～10μm）、原生动物胞囊（3～15μm）以及卵囊藻（3～15μm）的尺寸都要大于UF的孔径，超滤对于它们的去除率达到4log单位。病毒一般有20～80nm长，而UF的孔径约为10nm或稍大，所以用UF来实现病毒的完全去除是有可能的。由于孔径在1nm以下，因此NF能够去除更小的病毒。事实上，NF膜可以非常有效地去除地表水中的病毒和细菌[11，38～41]。

为了比较慢滤与纳滤对地表水中两种噬菌体（MS-2，28nm和PRD-1，

65nm）的截留效果，Yahya 等人（1993）作了一个水通量为 $76m^3/h$ 的中试研究。慢滤对两种噬菌体的去除率分别为 99%和 99.9%，纳滤（NF70-Filmtec；Desa l5 DK 和 DesalSG-Osmonics）对待测病毒的去除率为（4～6）log 单位。Otaki 等人（1998）在研究中发现，NTR-729HFS4（Nitto-Denko）纳滤膜对小儿麻痹活体疫苗病毒和东京某河流中大肠杆菌噬菌体 Qβ 的去除率分别为 7log 单位和 6log 单位。Reiss 等人（1999）用微滤和纳滤组合系统去除枯草芽孢杆菌的孢子，去除率达到 5.4～10.7log 单位。Urase 等人（1996）用微滤膜、超滤膜和纳滤膜去除引导型病毒 β 和 T4，去除率从 2log 单位到 6log 单位不等。由于病毒可以通过异常宽大的膜孔隙，因此压力膜不可能实现 100%的病毒截留率。

Brady-Estevedeng 等（2008）就单层碳纳米管（SWNT）在较低的操作压力下对水中细菌和病毒病原体的去除情况进行了研究。滤膜是在聚偏二氟乙烯微滤膜（具有 5mm 的孔径）上覆盖了一层碳纳米管后制得的。由于碳纳米管具有很高的耐热性能，并且利用制陶术即可简单地实现滤膜的热再生，因此这种复合滤膜具有优越的稳定性和再生能力。人们以埃希氏大肠杆菌 K12 作为参照细菌来指示膜对细菌的去除情况。研究表明深度过滤（见图 4.4）可以实现病毒的完全去除，这是碳纳米管层内部的纳米管束俘获病毒的结果。人们选择直径为 27nm 的 MS2 噬菌体作为研究病毒去除的参照病毒颗粒。结果显示，对于病毒初始浓度为每毫升 10^7 个的水体，滤过水的蚀斑形成单位检测（PFU）没有发现任何病毒颗粒，复合式过滤器实现了病毒的完全去除。

(*a*)

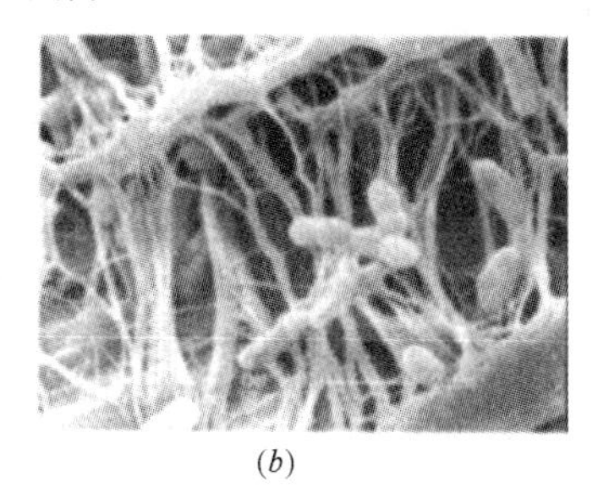

(*b*)

图 4.4 单壁碳纳米管（SWNT）过滤器对大肠杆菌的截留作用

（*a*）SWNT 过滤器截留的大肠杆菌（E. coli）菌细胞的扫描电镜图；

（*b*）基体膜（5mm 孔径的 PVDF 膜）表面大肠杆菌菌细胞的扫描电镜图

通常，纳滤不能作为单纯的消毒工艺，有必要对其透过水进行后续处理。此外，为了抑制分配管网中细菌的再生，需要对纳滤透过水进行加氯消毒，此时透过水中消毒副产物（DBPs）含量已较低（Laurent *et al.*，1999）。另一选择是将纳滤与反渗透（RO）相结合，进一步提高消毒效果。

Madireddi 用混凝/絮凝/沉淀、砂滤、臭氧氧化（两阶段）、颗粒活性炭

(GAC) 过滤、超滤 (UF) /纳滤 (NF) 和反渗透 (RO) 的组合系统处理加利福尼亚州 Arrowhe 湖湖水，该系统对噬菌体 (bacteriophage) 的去除率达到 (21～22) log 单位，对贾第鞭毛虫属 (Giardia) 和隐孢子虫属 (Cryptosporidium) 微生物的去除率达到 (8～10) log 单位。(Madireddi *et al.*，1997)。

在 MF、UF、NF 和 RO 中，NF 是一种可满足包括溶解性有机物和无机污染物去除等众多水质目标的综合处理途径。另外，与 RO 相比，NF 的优势主要有：运行压力低，可实现单价离子和多价离子的选择性去除。

进水预处理是决定脱盐处理成败的主要因素。采用 NF 对 RO 或加热过程的海水进行预处理，能够降低海水的总溶解盐 (total dissolved salts，TDS)，从而降低 RO 的操作压力和能耗 (Redondo，2001)。

常规的化学和机械预处理方法有混凝、絮凝、酸化处理、pH 调节、添加阻垢剂和介质过滤等，这些方法的主要缺点是工艺复杂，劳动强度大，占地面积大 (Sikora *et al.*，1989；Van Hoop *et al.*，2001)。而且由于通常采用加酸系统，腐蚀和腐蚀产物就成了常规处理的另一问题 (Sikora *et al.*，1989；AI-Ahmad 和 Adbul Aleem，1993)。

Hassan 等人 (1998) 首次以纳滤过程作为海水反渗透 (SWRO)、多级闪蒸 (multistage flash，MSF) 和热膜联产 ($SWRO_{rejected}$-MSF) 的预处理工艺。在中试研究中，纳滤的应用使得 SWRO 和 MSF 分别获得 70%和 80%的水回收率。

在提高 SWRO 的进水水质方面，纳滤预处理有助于：(1) 去除浊度物质和细菌，防止 RO 膜污染；(2) 去除可形成沉积层的硬度离子，防止积垢 (包括 RO 和 MSF)；(3) 去除原海水中 30%～60% (取决于纳滤膜类型和运行条件) 的总溶解盐，降低 SWRO 处理的操作压力 (Al-Sofi *et al.*，1998；Cfiscuoli 和 Drioli，1999；Hassan *et al.*，2000；Al-Sofi，2001；Drioli *et al.*，2002；Mohesn *et al.*，2003；Pontié *et al.*，2003)。

海水淡化公司 (SWCC) 研发中心 (RDC) 开发了一套可靠的纳滤预处理 MSF 和 SWRO 海水进水的方法。纳滤膜可以显著降低海水中膜沉积形成离子的含量，热法海水淡化因此可采用较高的温度，从而提高了淡化水产量 (Hamed，2005)。

Hafiarle 等人 (2000) 曾用 TFC-S 纳滤膜来去除水中的铬酸根离子。研究表明截留率取决于离子强度和 pH，在碱性 pH 下能够获得更好的截留效果 (pH 为 8 时截留率可高达 80%)；结果还表明，对于含有六价铬离子的废水，纳滤是非常可靠的处理方式。

Ku 等人 (2005) 研究了溶液组成对纳滤去除铜离子的影响。结果表明，随着水溶液中配位阴离子价态的增加，纳滤膜对铜离子的截留率增大。纳滤膜可吸附水溶液中的表面活性剂，会在膜表面形成第二个过滤层，因此影响了膜的电荷性能。

Choi 等人（2006）针对纳滤膜去除废水中有机酸的应用情况进行了研究。结果发现纳滤膜对于琥珀酸和柠檬酸的截留不受操作压力的影响，截留率超过90%。其中琥珀酸和柠檬酸的分子量大于所用纳滤膜的截留分子量，或者与之相近。相反，对于分子量远小于膜截留分子量（MWCOs）的有机酸，NF 的截留率却随着操作压力的升高而逐渐增大。随着过滤时间的延长，纳滤膜对于溶解有机物（DOC）的截留率增大，主要是由于纳滤膜与溶解有机酸之间的静电斥力增大以及膜污染造成的。对于废水中有机酸的去除，NF 是一种相当具有前景的高效处理方法。

Kim 等人（2007）曾以纳滤膜（NTR-729HF）来去除不锈钢工业废水中的硝酸根离子（NO_3^-）。结果显示，降低 pH 或增大 Ca^{2+} 的浓度，纳滤膜对 NO_3^- 的截留率降低。这表明静电排斥是纳滤膜的主要截留机制之一。

Ortega 等人（2008）曾用两种商业纳滤膜去除某酸性渗滤液中的金属离子，该渗滤液是 H_2SO_4 清洗污染土壤的清洗液。他们研究了 Desal5DK 和 NF-270 两种类型的商业纳滤膜的渗透性能和选择性能。Desal5DK 是一种高分子聚合膜，它的选择层和支撑层分别以聚酰胺和聚砜为材料。NF-270 的表层、中间层和支撑层分别以半芳香族哌嗪聚酰胺、聚砜和聚酯无纺布为材料。结果显示，在土壤清洗污水的净化方面，纳滤处理是有效可行的。

大多数的商业高分子纳滤膜只能在 45～50℃之下应用。与之相比，耐高温的纳滤膜具有诸多优点，因此在工业废水处理中日益受到重视。耐高温纳滤膜可以处理许多热流体流而不需要严格控制温度。更重要的是，由于流体流的温度高，因此可以获得较高的水通量，可在一定程度上降低运行压力，进而节省运行费用。

Tang 和 Chen（2002）曾采用纳滤膜对高色度、高无机盐负荷的纺织废水进行处理。结果显示在 500kPa 的操作压力下，纳滤膜对染料的截留率达到 98%，而对 NaCl 的截留率却低于 14%。结果还表明，在纺织废水回用方面，纳滤是很可靠的一种方法。

Wu 等人（2009）以哌嗪（piperazine，PIP）和均苯三甲酰氯（trimesoyl chloride，TMC）为反应单体，以具有热稳定性的聚醚酰胺（PPEA）超滤膜为底层，利用表面缩聚法制备了一种新颖的耐热复合纳滤膜。在压力为 1.0MPa、温度为 80℃的净化实验中，纳滤实现了对染料的有效去除，刚果红（Congo red，CGR）和铬酸蓝 K（ACBK）的去除率可达 99.3%。

在一个综合中试装置中，Voigt 等人（2001）用一种新型的 TiO_2-NF 陶瓷膜对纺织废水进行脱色。结果显示这种膜能够去除 70%～100%的染料，45%～80%的 COD，10%～80%的无机盐。

反渗透能够有效去除水体中的有机污染物，尤其是对浓度低、分子质量小的有机物污染物。但传统反渗透的局限在于：系统需要较高的压力和大量的预处理工作，因此传统反渗透系统的运行和维护费用很高。另外，现在的给水和污水处理厂均要求提高水的回收率，甚至于接近100%。于是，许多研究者采用了组合膜系统（IMS）以克服反渗透的上述不足。然而，许多证据都表明纳滤的使用可以替代组合系统（Nederlof *et al.*，2000；Huiting *et al.*，2001；Kimura *et al.*，2003b；Zhao *et al.*，2005；Bellona *et al.*，2007；Jacob *et al.*，2009；Simon *et al.*，2009）。纳滤膜的应用多与反渗透膜在相同的领域，且螺旋卷式纳滤膜无需额外的资金投入，因此纳滤可在许多实际应用中替代反渗透。

KINTECH科技有限公司设计和安装的用于自来水处理的组合膜系统（IMS）示意图见图4.5。这一水厂坐落在中国台湾省南部，是1972年由台湾给

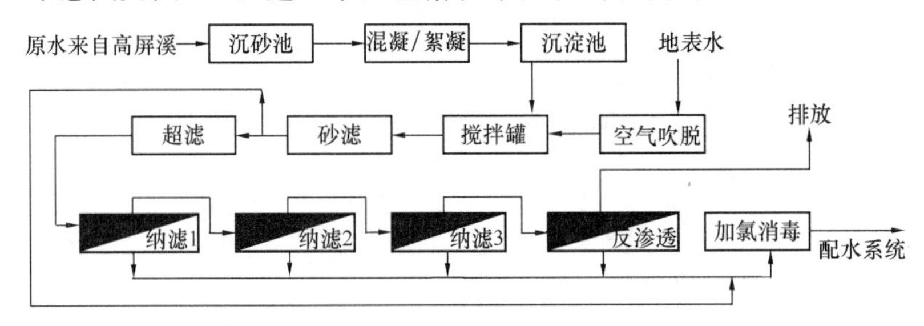

图4.5　Caotan净水厂超滤、纳滤和反渗透膜布置流程示意图

水公司建造的。水厂最初采用包括混凝、絮凝、沉淀、气提和砂滤工序的常规处理工艺。为了满足新的水质要求，水厂于2007年进行了升级改造，将组合的膜处理系统（UF-NF/RO，见图4.6）整合到常规处理工序中。为了节省运行成

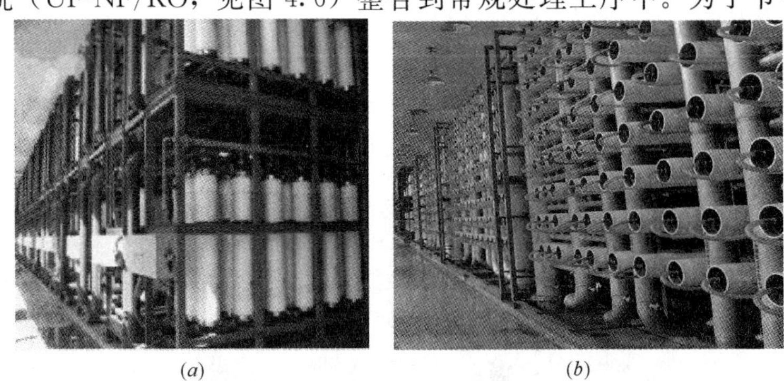

(*a*)　　　　(*b*)

图4.6　高雄市Caotan净水厂大规模集成膜系统

（*a*）超滤系统；（*b*）NF-LPRO系统。IMS系统的总用地面积为1380m^2

（照片由KINTECH技术有限公司提供）

本，同时在满足浊度（turb. ＜0.2mg/L）、总硬度（TH＜150 $mgCaCO_3$/L）、总溶解固体（TDS＜250 mg/L）、埃希氏大肠杆菌（*E. coli*＝0.0CFU/100ml）、总三卤甲烷（TTHMs＜30μm/L）等水质标准的前提下，水厂采用了将砂滤或超滤（UF）出水与反渗透出水相混合的灵活处理模式。水厂的最大处理能力为 303400m^3/d，其中包括 170000 m^3/d 组合膜系统处理出水。组合膜系统的总占地面积为 1380m^2，水的回收率为 90％。Caotan 污水处理厂的进出水水质见表 4.2。

Caotan 净水厂的水质 **表 4.2**

指标＼水样	河水	地下水	RO 渗透水	加氯消毒后混合出水
浊度（mg/L）	15～15000	2～5300	—	0.11
总硬度（TH，$mgCaCO_3$/L）	190～310	320～480	20	135
总溶解盐（mg/L）	260～550	470～680	—	240
大肠杆菌（CFU/100mL）	—	—	—	0
总三卤甲烷（TTHMs，μm）	—	—	—	10

第5章　微污染物的物化去除：吸附与离子交换

5.1　引言

吸附现象在自然界中普遍存在。岩石和土壤就是一个巨大的填满吸附剂的柱体，水和气体溶液都从这里流过。肺的行为和吸附剂很相似：它是血液中血红蛋白的载体，而恰恰是血红蛋白将氧气运送给整个有机体。活细胞生物膜的许多功能都是和细胞的表面性能相关联的，有机体内具有生物活性的生物膜的总面积可达到几千平方米。即便是人体的嗅觉和味觉也是取决于鼻子和舌头表面对相关分子的吸附。

吸附现象的复杂性以及在自然、社会、科学和技术等领域的广泛应用可以从对吸附不同的定义里看出，有的定义是针对吸附过程的，有的定义是针对吸附本质的，也有定义是针对其应用的。科学与技术百科全书里是这样写的："吸附是一个过程，在这个过程中原子和分子从本体相（即固体、液体和气体）中移动到固体或液体的表面。"牙科词典解释道："吸附是气体或液体分子粘附到固体表面的自然过程。"不列颠简明百科全书将吸附定义为固体物质（即吸附剂）吸引与之接触的气体或液体分子（即被吸附物）到它表面的能力。建筑词典将吸附解释为："材料从环境中提取物质，并将物质聚集到某一缩聚层的行为"。地理词典给吸附下了一个更加实用的定义，即"在土壤科学里，吸附就是黏土或腐殖土颗粒带电表面离子或分子的增加。"兽医学词典里，吸附的定义很简明，即"吸附就是某一物质吸引其他物质或颗粒并固定在其表面的行为。"吸附最实用的定义是由一商业网站（TeachMeFinance. com）给出的，即"吸附是将污染物聚集在固体材料表面，从而实现污染物从气体和水中去除的过程。例如，用颗粒活性炭去除废水中有机物的过程。"这一定义侧重吸附在技术方面的应用。

吸附的定义非常多，但从上面提到的几个定义中，我们足可以总结出：吸附是一个涉及多种反应（机理）的复杂过程，它广泛应用于环境、人类社会（医学）和技术工艺中。

从更深入一些的科学层面上，我们需要进一步说明的是：吸附是一个对固液界面上的气态或溶解态物质进行聚集的过程。它是在过量自由能存在的条件下发生在两相界面的界面现象。吸附是一个自发过程。在压力一定的情况下，这一过程伴随着吉布斯能量下降；在体积一定的条件下，这一过程伴随着亥姆霍兹能量下降。然而，总体积中物质的浓度并不均衡，相反，物质在气相、液相与在固相中的浓度差别会增大。与此同时，吸附质向吸附剂表面迁移的迁移率降低。这两方面的因素都会导致熵值的下降（$\Delta S<0$）。

目前，吸附是许多行业生产和科学研究的基础。吸附过程最重要的一个研究和应用领域为净化、浓缩、物质分离以及吸附气相色谱和液相色谱。吸附是多相催化和腐蚀的一个重要阶段。表面研究与半导体的制备技术、医学、结构以及军事有密切的联系。在环境保护方面，吸附过程是一项备选的重要战略技术。

5.2 吸附科学与离子交换科学的主要发展阶段

吸附科学起源于18世纪50年代以后，这一时期也是化学发展取得突破性进展的时期，同时也是自然哲学和点金术向现代化学和物理化学过渡的时期。其中炼金术是对万能催化剂（如哲学石）和万能溶剂（能将任何金属转变为银子或金子）的探索。吸附科学是从 F. Fontana、K. W. Sheele 和 J. T. Lovitz 三位伟大科学家的研究开始的。

1777年，在寻找除氧剂（Conant，1950）的过程中（那一时期的多数科学家都在寻找），意大利化学家、比萨大学的教授 Felice Fontana 和瑞典化学家 Karl Wilhelm Scheele 分别发现木炭具有吸附气体的能力。其中 Felice Fontana 被认为是18世纪意大利最伟大的化学家（Id. Science，1991）。随后，Johann Tobias Lovitz 院士（出生在德国，童年以后居住在俄罗斯圣彼得堡）在1785年发现了木炭在水溶解中的吸附现象（Zolotov，1998）。起初，J. T. Lovitz 注意到木炭具有脱除有机酸溶液中颜色的能力。不过，作为一位真正的科学家，J. T. Lovitz 没有将他的研究停留于此，他又做了大量的实验来研究木炭的吸附作用。首先，他对炭粉末净化受污染水溶液进行了研究，发现木炭可以净化许多带色（如棕色）溶液，能减弱不同果汁和蜂蜜的颜色，能够脱除染料的颜色。J. T. Lovitz 还研究了木炭对具有多种异味溶液的作用，发现木炭能够净化受到污染且具有异味的水，使之达到可以饮用的水平。他测试了炭粉末对蒜味甚至是臭虫臭味的作用，发现木炭可以减弱这些令人讨厌的气味。木炭吸附很快就实现了实际应用：1790年，J. T. Lovitz 发表了一篇题为“航海中净化受污染饮用水的新方法指南”的文章，该方法被俄罗斯海军所采用。

离子交换现象是在150年前被发现的。1845年，英国的土壤学家 H. M. Thompson 让含氨溶液透过普通的花园土壤，发现液体肥料中的氨含量大大降低（Thompson，1850；Lucy，2003）。人们后来发现土壤之所以具有离子交换的能力，是因为其中含有沸石细颗粒，而沸石恰是一种具有离子交换能力自然物质。从那以后，人们对于离子交换的兴趣不仅未减弱反而持续增强。人们开始逐渐地认识到吸附过程在农业化学和生物（包括人类）有机体化学中的重要性。离子交换的方法被大量地应用在农业、医学、科学研究和包括饮用水处理在内的许多行业中。离子交换工艺获得如此广泛的应用主要取决于两个因素，即系统的多相性（为简单的相分离提供了可能，例如只要让水溶液通过离子交换柱就可以实现相分离）和材料的离子交换能力（为选择性去除水中的离子提供了可能，同时也为电荷性质不同的离子、所带电荷值不同的离子或水合度不同的离子的分离提供了可能）。离子交换能够简单和有效地去除溶液中的离子（完全或部分去除），而且容易实现较大规模的应用。这是它在科学和技术领域得到广泛应用的一个原因。离子交换科学和吸附科学的发展取决于不同实际应用领域的需求，这些应用领域包括农业、原子能行业、湿法冶金业、食品与医学行业、环境保护和水处理业。离子交换工艺获得如此广泛的应用也是新型离子交换剂成功研制的结果。

这里我们可以得到结论：吸附和离子交换科学的发展首先是基于材料科学的成功，比如新型吸附或离子交换材料的成功研制；其次对于吸附和离子交换发生在系统界面（吸附剂/离子交换剂与被吸附物之间）这一机理的深入研究推动了整个过程的发展。图5.1展示了吸附材料的主要类型。由于在吸附科学里新型吸附材料是吸附过程的主要考虑因素，因此本章就建立在各种吸附材料（见图5.1）的性能之上，并根据笔者经验予以侧重。

图5.1　几种主要吸附材料

5.3 水处理和医学行业中的碳

J. T. Lovitz 发现炭可以净化含有不同混合物和异味的水溶液，该发现给科学界留下了非常深刻的印象。为了寻找材料具有净化性能的机理，许多科学工作人员都试着重复木炭实验。目前而言，这一发现依然十分重要。炭吸附剂（具有活性的、被氧化的或经过预处理的）已被广泛地应用在工业、医学和水处理方面。炭吸附是古（Voyutsky，1964）今（Birdi，2000）所有胶体化学书（Colloid Chemistry）的重要部分。

在 20 世纪以前，炭吸附剂（木炭）主要用于食品和酿酒业的水溶液净化。在第一次世界大战的刺激之下，炭吸附剂获得了进一步的发展，那时人们为了中和化学试剂制造了防毒面罩。现在，炭吸附剂主要用在水溶液的吸附净化、分离和气液浓缩。炭吸附剂在饮用水和废水处理中的作用越来越大，这可以从材料销售网站（如 sigma-aldrich. com/supelco）上看出。以炭为基体的吸附剂在医学和制药领域的应用也越来越广。

最初的时候，多孔吸附剂主要以木材为原料经热处理制得，不久后改用煤炭作原料。目前，炭吸附剂可以通过许多含炭原材料生产，如木材和纤维素（Malikov *et al.*，2007）、煤炭（Drozdnik，1997）、泥炭（Novoseliva *et al.*，2008）、石油和沥青（Pokonova，2001）、合成高分子材料（Mui *et al.*，2004）、液态或气态烃（Gunter 和 Werner，1997；Likholobov，2007）以及多种有机废物(Long 等，2007)，(*http*：//*home. att. net*/*africantech*/*GhIE*/*ActCarbon. PDF*)。德国的 DonauCarbon 公司已经生产了 300 多种活性炭，用于不同类型的水（饮用水、游泳池和养鱼池）和废水净化中；同样生产了用于医学和工业（食品行业、原子能行业和催化剂单体制备业）的炭吸附剂。

颗粒活性碳（GAC）作为一种节省成本的传统吸附剂，自从 20 世纪 90 年代初用于水和空气净化以来，得到了广泛的应用。这种多孔材料的结构里含有规则和不规则的碳环。而石墨炭则具有三维迷宫型自由孔空间（Voyutsky，1964；Drozdnik，1997；Bird，2000；Pokonova，2001；Mui *et al.*，2004；Malikov *et al.*，2007；Novoselova，2008)。现在的许多研究多侧重对炭吸附剂结构性能理解的加深(Barata-Rodrigues *et al.*，1998；Gun'ko *et al.*，2003；Gun'ko 和 Mikhalovky，2004)。炭吸附剂的孔径是不同的，一般可归为三类：微孔（≤2nm），中孔（2～50nm）和大孔（>50nm）。

由于存在高度发达的多孔结构和表面官能团，因此炭能够从液体溶液和气体中吸附不同的分子和离子。炭吸附剂的应用和它们对溶液中待去除污染物的选择首先取决于吸附剂表面官能团的合成和浓缩。炭的主要官能团是含氧基团，如酚基（羟基）、羰基、羧基、醚基以及内酯基。这些官能团都是在表面的氧化处理过程中形成的（Voyutsky，1964；Biniak *et al.*，1997；Rodrigues-Reinoso 和 Molina-Sabio，1998；Figuiero *et al.*，1999；Yin *et al.*，2007；Shen *et al.*，2008）。不同的处理环境（活化剂、温度、时间、前体物和载体）可以让炭表面形成含有氮（N）、硫（S）、卤素或磷（P）的官能团。

N. A. Shilov 在胶体化学教科书（Voyutsky，1964）中首次给出了关于炭吸附剂（起初是非极性的，不能吸附极性和离子态物质）具有离子交换能力的解释。如果用于合成炭的原材料中混有无机添加剂，炭的结构中就会存在可以进行离子交换的阳离子；如果在合成用于炭活化的原材料中没有无机添加剂，那么在低温和高温下，阳离子和阴离子交换基团均会形成，见图 5.2。在中温条件下，炭表面将形成两种类型的离子交换基团（阳离子交换基团和阴离子交换基团）。

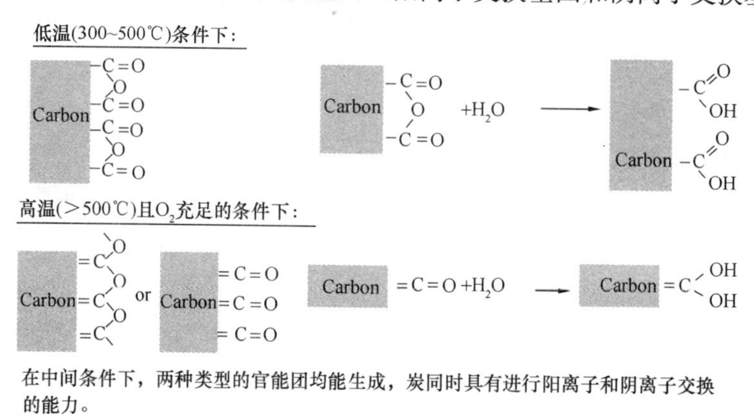

图 5.2 N. A. Shilov 所述的炭表面离子交换官能团的形成机制（Voyutsky，1964）

正如许多文章描述的那样，示意图 5.3 展示了炭表面的主要功能基团。这些基团通过络合反应或离子交换来约束分子和颗粒（Biniak *et al.*，1997；Rodrigues-Reinoso 和 Molina-Sabio，1998；Figuiero *et al.*，1999；Yin *et al.*，2007；Shen *et al.*，2008）。

光谱学和常规化学分析证实材料表面有多种功能基团，这些基团使得材料不仅可以选择吸附有机物（Bhatnagar 和 Jain，2006；Fletcher *et al.*，2008；Anbia 等，2009；Mansoor *et al.*，2009）而且可以吸附阳离子（Kononova *et al.*，2001；Park 等，2007；Lach *et al.*，2007；Namasivayam *et al.*，2007；Valinurova *et al.*，2008）和阴离子物质（Mandich *et al.*，1998；Lach *et al.*，2007；Namasivayam *et al.*，2007）。颗粒活性炭（GAC）被广泛用于去除空气和水中的天然污染物，同样也被用于溢漏污染物的清理、地下水净化、饮用水处理、空气净化和挥发性有机化合物（volatile organic compounds，VOCs）吸附等场所和工业过程中。

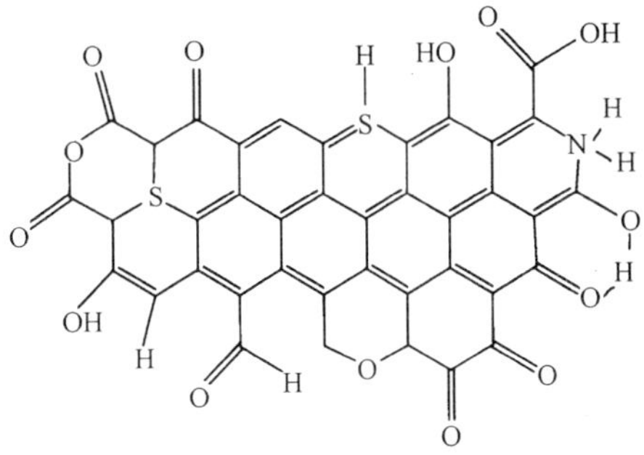

图 5.3　炭表面主要官能团示意图

5.4　沸石（黏土）

“沸石”一词最初是由瑞典的矿物学家 A. F. Cronstedt 在 18 世纪创造的。当时他发现一旦对沸石进行加热，其孔穴中的水就会被驱走，石头就开始“跳动”（Colella 和 Gualtieri，2007）。“zeolite”这个名字取自希腊的“zein”和“lithos”，其中“zein”的意思是“沸腾”，“lithos”的意思是“石头”。现在，我们仍用沸石来去除池塘水中的氨氮(这是英国土壤科学家 H. M. Thompson 发现的)，而且科学界和水行业已发现(制备)了各种各样的沸石材料，其中包括一些用于水质净化，具有独特的结构，且具有与液体和气体进行物质交换性能的天然沸石(一种很漂亮的晶体)。

沸石即结晶铝硅酸盐，它具有建立在硅氧四面体和铝氧四面体(通式为 $M_n[(AlO_2)\times(SiO_2)y]\cdot mH_2O$)之上的微孔框架，这让沸石具有一个很大的开放框架构造。这种晶体具有高度发达的孔穴并且布满亚微观通道，因此可以产生各种不同的框架。2009 年 3 月 10 日，国际沸石学会指定了沸石材料中 191 种框架类型的编码（http://www.iza-structure.org/）。关于沸石框架类型的最新图册（Baerlocher 等，2007）和 X 射线衍射光谱集（Treacy 和 Higgins，2007）已于 2007 年发表。由于孔穴空间均匀度好，因此沸石被称为分子筛。它的优点有：成本低、热稳定性（>800℃）和化学稳定性好、孔穴均匀、比表面积高达 $690m^2/g$（Erdem-Senatalar 和 Talier，2000）、无毒以及环境友好。由于这些材料种类繁多，因此其可吸附的分子和颗粒范围很广。沸石分子内的孔穴非常均匀，基于空间排阻效应，沸石能够对不同的分子进行选择性分类。于是仅有那些特定大小的分子才能被所给的沸石吸附或透过沸石孔穴，而较大的分子则不能。沸石内部对称空腔中存在净余的负电荷，它们束缚着阳离子，使沸石具有阳离子交换能力。具有离子交换能力的离子，如K^+、Ca^{2+}、Mg^{2+}和Na^+等主要的阳离子，被静电引力固定在占总体积38%的开放结构（孔穴空间）中。

A. A. G. Tomlinson（1998）从沸石的历史、类别、结构、命名和应用方面解释道："一百年前沸石仅仅是一种地质奇观，现在沸石已成为一种必不可少的吸附剂和催化剂（Henmi *et al.*，1999）。"

水处理以及某些其他行业利用天然沸石来合成人工沸石。第一个人工沸石在20世纪50年代被合成。关于沸石合成的新方法及其应用的专利相继发布（Henmi *et al.*，1999；Fiore *et al.*，2009）。除此之外，新型沸石材料的研制以及离子交换理论的研究也备受关注（Petrus 和 Warchol，2005；Melian-Cabrera *et al.*，2005；Gork *et al.*，2008）。各种各样的天然沸石和及其起源引起了诸多研究者的兴趣（Bartenev *et al.*，2008）。

5.5　离子交换树脂与离子交换聚合物

尽管国际理论和应用化学联合会（IUPAC）强烈反对将高分子离子交换材料（基于不同的有机聚合物）称为离子交换树脂（IUPAC，2004），但是人们仍然习惯这样称呼。这种材料表面具有高度发达的孔穴，而且具有丰富的阳离子和阴离子交换官能团。离子交换树脂的主要优点是它具有很高的热稳定性、机械稳定性和吸附容量。当离子交换材料为有机高分子时，因为离子可以自由地渗入到树脂的空穴结构中，所以离子交换会在整个树脂上发生。因此这种材料最普遍的应用就是软化和净化水。这些材料也可用于流体食物的净化（Miers，1995）。水软化是离子交换的第一个工业应用。这一过程是 Robert Gans（在德国总电公司工作）在1905年最先使用的。Gans 曾建议改善材料和设备，并提出了用人工沸石进行水体软化的可能性（Helfferich，1962）。Gans 的方法仍然是水体软化的最简单方法之一。水体软化过程就是让含有硬度离子（主要是Ca^{2+}和Mg^{2+}）的水透过填充有钠型强酸性阳离子交换树脂的交换柱，Ca^{2+}和Mg^{2+}会被等效量Na^+交换。

离子交换树脂可以通过缩合和聚合制得，也可以由已含有活性官能团的单体制备，当然也可以向预先合成的树脂中引入官能团。随着官能团数量的增加，树脂的离子交换容量增大；另一方面，官能团的增多也会给树脂性能带来负面影响：树脂在水中易于膨胀，且在水中的溶解度会增大。交联键的形成可以克服树脂在水中膨胀和溶解度增大的问题。图5.4是一种阳离子交换树脂的结构示意图，这种交换树脂含有磺基（$—SO_3H$）、羧基（—COOH）和羟基（—OH）等典型官能团，有些离子交换剂仅有一种官能团，有些则同时具有多种官能团。图5.4给出了一种以 H^+ 作为交换离子的氢型阳离子交换树脂。对于水体软化，则应该选择钠型阳离子交换剂。

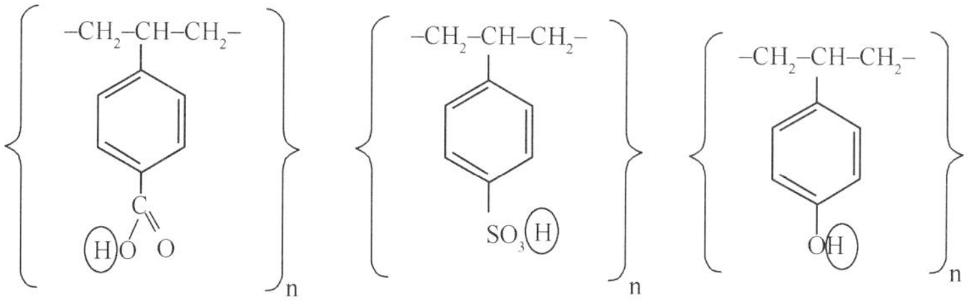

图 5.4 带有典型官能团（$-SO_3H$，$-COOH$，$-OH$）的聚苯乙烯基聚合阳离子交换剂的重复单元

阴离子交换剂的主要活性官能团是来自脂肪胺和芳香胺的含氮基团。图5.5是一种典型的阴离子交换剂的结构示意图。

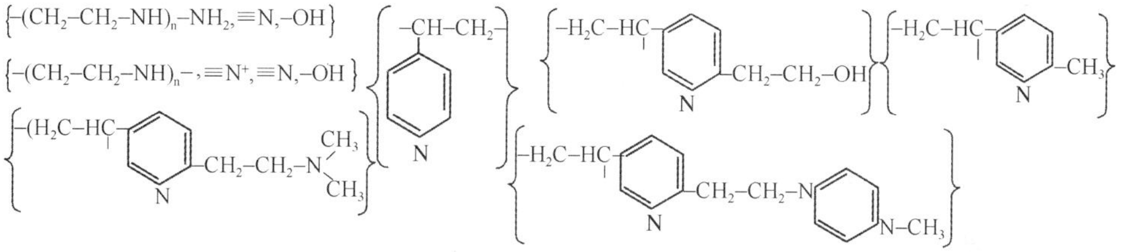

图 5.5 聚合阴离交换剂的典型单体

具有化学活性的聚合物拥有多种性能——能够进行离子交换、络合反应、氧化还原和沉淀。许多业内人士将离子交换树脂分为三类（Sengupta 和 Sengupta，1997）：第一类为非功能性强酸和强碱树脂，仅具备离子交换能力；第二类为具有三维结构的交联聚合物，存在能够和拥有空轨道的过渡金属形成络合物的电子授体官能团，其中的这些官能团含有拥有空轨道的过渡金属；第三类包括具有氧化还原转化能力、同时具有离子交换与氧化还原反应能力的高分子物质。

最初的离子交换树脂是在20世纪40年代引入，主要作为天然沸石和人工沸石的替代物（Irving *et al.*，1997；Whiechead，2007）。Irving M. Abrams 和 John R. Milk（1997）对大孔径树脂的历史和发展进行了简明扼要的概述：20世纪40年代初期，伴随着聚合高分子材料诞生而出现；50年代末，随着聚合物的发展而发展，并被作为新型吸附剂应用于各种实际当中。对于各种树脂制备方法的效果，大孔合成树脂的物理性能和内部结构，他们同样给予了一定的关注。离子交换容量取决于交换剂所带活性官能团的类型、交换离子的化学特性、树脂在溶液中的浓度和溶液的 pH。

近70年里，自从离子交换树脂被引入水处理（一般作为净化技术）行业后，人们对于这种材料的兴趣不仅没有减弱反而不断增强。这可以从以下的事实中反映出来：科学技术中的各种实际应用、《活性和功能聚合物》（Reactive and Functional Polymers）期刊的创建、商业离子交换树脂数量的不断增加（www. water. siemens. com ；Vollmer *et al.*，2005），以及由各种原材料制备（Wayne *et al.*，2004）的具有非传统形态（Kunin，1982）的新型离子交换剂的制备。

由苯乙烯和二乙烯苯合成的离子交换树脂占据着当今的世界市场，这是因为这种树脂质量高，价格相对较低，用于合成的原材料易于获得。通过在聚合过程中引入溶剂，人们制备了多孔共聚物。这就大大增加了离子交换动力性能好、渗透性和筛滤性能高的离子交换树脂的数量（Seniavin，1981；Kunin，1982），同时也提出了制定关于食品、水和饮料行业中材料使用规定的需求（Franzreb *et al.*，1995）。

在卡尔斯鲁厄（Karlsruhe）市的工业化学委员会工作的德国化学家H. Hoell. Wolfgang曾对离子交换材料的发展作出巨大的贡献，尤其是对水处理中离子交换理论的贡献（Franzreb *et al.*，1995；Hoell *et al.*，2002，2004）。离子交换聚合物一直是最重要的一类吸附材料，它被广泛用于饮用水中阴离子（Karcher *et al.*，2002；Marshal *et al.*，2004；Matulionytė *et al.*，2007）、阳离子（Elshazly和Konsowa，2003；Vollmer和Gross，2005；Kim *et al.*，2007）和极性分子（Fetting，1999；Cornelissen *et al.*，2008）的去除。Matulionytė等人（2007）曾对商业化氯型阴离子交换树脂（包括Amberlite IRA-93 RF、Purolite A-845、Purolite A-500和AB-17-8）提取反冲洗水中阴离子的可能性进行研究，并获得了有趣的结论，对反冲洗水造成污染的阴离子有：溴离子（Br^-）、硫代硫酸根离子（$S_2O_3^{2-}$）、硫酸根离子（SO_4^{2-}）、亚硫酸根离子（SO_3^{2-}）和硫代硫酸银络合阴离子（$[Ag(S_2O_3)_2]^{3-}$）。

5.6　无机离子交换剂

随着水质规范的日趋严格，污染物最大允许浓度的降低，迫切需要寻求对目标污染物具有更高选择性的吸附材料。另外，当离子交换聚合物不能满足高化学稳定性、高热稳定性和高辐射稳定性的要求时，我们就需要一种替代品，于是无机离子交换吸附剂成为研究者和市政工程师关注的焦点。因此当传统的离子交换树脂不能满足世界卫生组织的规定（以及最大允许排放浓度），或者不具备在特定环境中净化溶液的物化性能（高化学稳定性、高热稳定性和高辐射稳定性）

时，对于无机离子交换剂的需求就变得更加迫切。一些无机离子交换剂能耐 10^9 拉德（rad）甚至更高的放射性照射，而吸附结构没有任何损伤（Seniavin，1981）。

人们几乎可以无任何限制地选择和合成具有理想性能的无机吸附剂，这是因为：（1）具有较低溶解度的无机化合物种类繁多，它们可通过不同的吸附方式吸附各种离子；（2）合成方法不断发展；（3）合成过程中或合成后，可以对材料进行各种改性或预处理。对目前广为人知的无机吸附剂的性能，人们已作了大量的研究，并且不断发展出新的合成方法。这些无机吸附剂包括氧化物、水合氧化物、硫化物、磷酸盐、铝硅酸盐以及氰亚铁酸盐。人们利用上述材料制备了各种新型吸附剂，其离子交换容量和选择性一般都要优于离子交换树脂，而且具有很高的热稳定性、机械稳定性和放射稳定性。下文介绍了一些主要的无机离子交换吸附剂。

5.6.1 氰亚铁酸盐吸附剂

这类离子交换吸附剂取材于简单的氰亚铁酸盐（如 $Zn_2[Fe(CN)_6]$）或复杂的氰亚铁酸盐（$K_2Zn_3[Fe(CN)_6]_2$）。20 世纪 60 年代，这类化学物质被认为是对铯离子具有较高选择性的吸附剂（Kawamura 等，1969；Seniavin，1981）。氰亚铁酸盐既具有阳离子交换能力又具有阴离子交换能力，可作为有毒阳离子与阴离子以及有机分子的清除剂（Ali 等，2004）。氰亚铁酸盐的吸附性能不仅被用在净化技术中，而且可以用来解释地球化学中的一些现象。Wang 等人（2006）发现了两种天然的芳香 α-氨基酸（即色氨酸苯丙氨酸）和氰亚铁酸盐（氰亚铁酸锌、氰亚铁酸镍、氰亚铁酸钴和氰亚铁酸铜）之间的特殊反应，并提出这样的假设：在化学进化的过程中，原始海洋中的金属氰亚铁酸盐可将生物单体聚集在其表面。现在的研究侧重在沸石、黏土、炭以及水合氧化物表面固定非溶解性氰亚铁酸盐。研究人员将氰亚铁酸铜组合在二氧化硅、凝胶、膨润土、蛭石以及沸石等多孔介质上，对氰亚铁酸铜吸附剂去除去离子水、海水或石灰水中铯离子的效果进行了详细的研究（Huang 和 Wu，1999）。商标为 Termoxid-35 的氰亚铁酸镍是一种分布在氢氧化锆载体之上、对铯具有很强选择性的颗粒状无机阳离子交换剂（Sharygin 等，2007）。氰亚铁酸盐的结构见图 5.6。

氰亚铁酸盐的主要吸附中心如下：

（1）晶体结构孔穴中的金属离子（Na^+）或氢离子（H^+）。

（2）存在电荷和未饱和的配位数。存在电荷可能是因为基体金属的氧化状态发生了改变；配位数未饱和是因为基体机构中有空缺位，这些空缺位可被吸附的物质填充。另外，未饱和的配位数可由水补充，从而实现暂时的饱和。

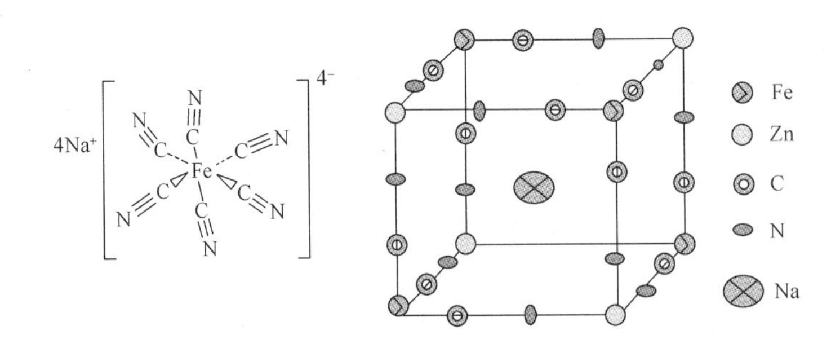

图 5.6 亚铁氰化物的结构示意图及其部分晶体结构

（3）可以交换溶液中的阳离子，也可以束缚其中阴离子（包括 OH^-）的基体金属。

（4）氰亚铁酸盐对离子的吸附与许多过程有关，如与晶体孔穴中的金属离子（Na^+）或氢离子交换的过程、与基体金属离子交换的过程、不发生离子交换而直接进入结构孔穴或微间隙（由晶体的剩余电荷来补偿引入的电荷）的过程，以及基体原子配位数的饱和过程（与水分基团交换）。

氰亚铁酸盐的特殊价值在于它们对铯离子（Cs^+）、铷离子（Rb^+）和铊离子（Tl^+）具有超高的选择性能，并且对 pH 的依赖性小（Kawamura *et al.*，1969；Tananaev *et al.*，1971；Volgin，1979；Jain *et al.*，1980；Clarke 和 Wai，1998；Huang *et al.*，1999；Ali *et al.*，2004；Sharygin *et al.*，2007）。氰亚铁酸盐可以选择性去除有色冶金业的强酸性废水和放射性废水的混合水溶液中的重碱金属和铊。人们还对氰亚铁酸盐吸附氨基吡啶（amonipyridines）的能力作了详细研究（Kim *et al.*，2000），发现氰亚铁酸镍比氰亚铁酸钴吸附性能更好。

以单独或混合的水合金属氧化物为材料的无机离子交换剂，是另一类重要的同时具有阳离子和阴离子交换能力的无机离子交换剂。这里所指的水合氧化物包括所有的金属氧化物（MO_x）、金属氢氧化物（[$M(OH)_x$]）和金属氧化氢氧化物（MO_xOH_y），其中 M 代表金属元素。也有人称水合氧化物（hydrous oxides）为 oxide hydrates、oxide-hydroxides 或 sesquioxides。Fe、Al、Mn 的水合氧化物以及既含有这些金属又含有其他金属的水合氧化物，是此类无机离子交换剂的主要部分。含有这些金属的主要水合氧化物有：针铁矿（$FeO(OH)$）、赤铁矿（Fe_2O_3），磁铁矿（Fe_3O_4），磁赤铁矿（Fe_2O_3，γ-Fe_2O_3），纤铁矿（γ-$Fe^{3+}O(OH)$），水合铁矿（由 X 射线衍射得主要成分为 α-Fe_2O_3 或 δ-$FeO(OH)$），水铝矿（γ-$Al(OH)_3$，有时为 α-$Al(OH)_3$），拜耳石（α-$Al(OH)_3$，有时为 β-$Al(OH)_3$），硬水铝石（α-$AlO(OH)$），锰矿（$Ba(Mn^{4+}Mn^{2+})_8O_{16}$），钙锰矿（一种很罕见的水合氧化锰矿物，其化学式为（Mn，Mg，Ca，Ba，K，Na）$_2Mn_3O_{12}\cdot 3H_2O$），刚玉（Al_2O_3），软锰矿、斜方锰矿和水钠锰矿（主要成分 MnO_2）、黑锰矿（锰混合氧化物 $Mn^{2+}Mn_2{}^{3+}O_4$）

这些材料的主要吸附活性位置如下：

（1）配位水基团。由于偶极-偶极作用的存在，吸附剂基体中金属原子周围的配位水基团可以被溶液中的其他极性分子（尤其是中性分子和阴离子）取代。

（2）材料表面的羟基（OH^-）。材料表面的羟基（OH^-）可被溶液中比其具有更高配位能力的阴离子取代。

（3）键桥上的羟基（OH^-）。化学键形成的电桥被破坏，但后续反应要视吸附机制而定。

（4）键桥上或末端的氧原子。此类氧原子的质子化会导致键桥断裂，未饱和配位则由金属离子或阴离子尤其是 OH^- 所占据。

（5）基体吸附剂的金属离子。这些金属离子可以束缚水基团，包括 OH^- 在内的阴离子，而且可以直接和接触溶液中的金属离子进行交换。

（6）基体结构孔穴中的阳离子或 H^+。当基体结构孔穴被阳离子或 H^+ 填充时，最外面的离子就可以与溶液中的离子发生交换。

（7）不平衡的电荷或未饱和的配位数。当基体金属元素氧化状态改变，或者基体离子被所带电荷不同的离子取代时，产生的不平衡电荷或未饱和配位数就会吸附溶液中的离子。

固体吸附剂表面能够束缚溶液中阳离子的原因有：（1）与质子化吸附位上的氢质子交换；（2）与晶体基体结构孔隙中的金属离子或 H^+ 发生交换；（3）直接进入晶体的结构间隙或微间隙而不进行离子交换，引入的电荷通过空隙的邻近环境在整个基体中重新分配；（4）直接与基体的金属离子进行交换；（5）因为氧原子存在未饱和配位数（由于吸附含氧阴离子如 HSO^{4-} 和 H_2PO^{4-} 所致），所以含氧的吸附位可以束缚离子或分子（接触吸附）；（6）直接吸附到吸附基体的金属原子上（接触吸附）。

阴离子被束缚在吸附剂表面可通过以下方式：（1）直接与末端的氢氧根离子（OH^-）交换；（2）与羟基交换：键桥断裂后，又被束缚到基体金属原子上；（3）吸附到含有未饱和配位数的金属离子上；（4）与基体间隙中的阴离子交换；（5）与吸附基体的阴离子基团交换；（6）与吸附剂表面正电荷发生静电反应，其中正电荷来自之前吸附的正电荷或基体化学元素氧化状态的改变。

对溶液中阳离子和阴离子的同时吸附有以下几个原因：（1）离子交换使得吸附剂表面重新带电，从而吸附相反电荷；（2）由于基体原子存在未饱和配位数或是为了置换吸附剂结构通道内的阳离子或阴离子，吸附剂产生了对分子如 MX_n

（X指OH^-和Cl^-等）的吸附；（3）金属水合氧化物吸附阳离子和阴离子盐，生成碱式盐，或其他原因。

如上所述，基于纯净或混合金属水合氧化物的无机离子交换剂具有多样的吸附机制，因此其应用领域非常广泛。它们既可以作为阳离子交换剂又可作为阴离子交换剂。

例如，（水合）氧化镁能够有效地吸附锂、镉、钾和镭等金属。人们已经发现氧化镁吸附剂能够有效地去除海水中的锂（Ooi *et al.*，1986）。这一原理的后续研究者们改善了水合氧化物类离子交换剂的合成方法，并且成功制备了一种新型的氧化镁吸附剂。他们首先利用水热法和回流法制得$LiMnO_2$，之后在400℃下加热$LiMnO_2$制备前体物$Li_{1.6}Mn_{1.6}O_4$，最终得到这种新的氧化镁吸附剂（$H_{1.6}Mn_{1.6}O_4$）（Chitrakar *et al.*，2001）。与其他已知的吸附剂相比，这种新型的氧化镁拥有更高的吸附容量，达到40mg/g（Chirakar *et al.*，2001），其阳离子交换能力曾被用于去除金属镉（Hideki等，2000）、钾（Tanaka和Tsuji，1994）和钴（Manceau等，1997）。美国环境保护局（USEPA）已将使用该新型水合氧化镁（HMnO）去除地下水中的镭确定为一种合格技术（Valentine *et al.*，1992；EPA，2000；Radionuclides，2004），该技术尤其适用于小型和中型水处理系统。该过程取决于镭和氧化镁表面的自然亲和力。人们对氧化镁置换阴离子的性能作了大量的研究，尤其是对砷的去除能力（Moore *et al.*，1990；Manning *et al.*，2002；Ouvrad *et al.*，2002a，b；Katsoyiannis *et al.*，2004），对于其他阴离子的去除能力在进一步研究中（Ouvrad，2002a）。

砷污染是广为人知的全球性问题（Wang和Wai，2004）。暴露在高砷浓度的环境中（>100μg/L）会让人慢性砷中毒（arsenic poisoning或Arsenicosis），即黑脚病（Arsenicosis or Black Foot disease）。对健康危害最严重的灾难发生在孟加拉国（Bangladesh）及印度的西孟加拉（West Bengals，India）（www.sos-arsenic.net；www.who.int./water_sanitation_health/dwq/arsenic/en/）。然而，长期暴露在低砷含量的环境中也是很危险的，例如旧有饮用水标准规定的50μg/L，那将导致心血管疾病、内分泌紊乱和癌症。因此，欧盟（EU）和美国制定了新的饮用水标准，其中规定水中砷含量不应超过10μg/L。1998年这一决定实施后，新的毒理学数据显示这一标准也不安全。于是一些国家对饮用水中的砷含量采用了比世界卫生组织（WHO）的规定值更为严格的限值。在丹麦，国家的砷限值就已经低于5μg/L（丹麦环境部，2007），美国的新泽西州也有同样的规定（新泽西环境保护局，2004）。另外，美国自然资源保护委员会第十五次会议建议将饮用水中砷限值设为3μg/L（美国自然资源保护委员会，2000），澳大利亚现行的饮用水砷限值为7μg/L（国家健康与医学研究中心，1996）。

活性氧化铝是工业规模化去除有毒阴离子最常用的吸附剂之一。通过对氢氧化铝进行加热脱水，就可获得这种具有高比表面积且大孔和微孔广泛分布的材料。人们作了大量的研究来研究活性 Al_2O_3 对砷的吸附性能（Gupta 和 Chen，1987；Singh 和 Pant，2004；Manjare *et al.*，2005），并且成功应用在内华达的海空基地，在 pH＝5.5 的条件下去除饮用水中的砷（Hathaway 和 Rubel，1987）。然而，常规活性氧化铝受 pH 影响剧烈，而且去除容量经常不足（Gupta 和 Chen，1978；Manjare *et al.*，2005；Hathaway 和 Rubel，1987；Singh 和 Pant，2004），这就需要对这种吸附剂进行改进。为了获得一种有效的孔穴均匀、具有三维孔系统、表面积大、吸附快速且物理和（或）化学稳定性较高的理想吸附剂，人们制备了一种表面积很大（370m^2/g）且孔径均匀（3.5nm）的中孔氧化铝，并测试了其对砷的去除效果（Kim *et al.*，2004）。发现该中孔氧化铝的最大 As（V）吸附量比常规活性氧化铝高 7 倍（121mg[As(V)]/g，47mg[As(Ⅲ)]/g）。

氢氧化铁、氧化铁、氧化氢氧化铁、非晶态水合氧化物铁（FeO-OH）、针铁矿（α-FeO-OH）、赤铁矿（α-Fe_2O_3）以及铁化合物的衍生物是另一类可吸附砷的重要物质（Ferguson 和 Gavis，1972；Wilkie 和 Hering，1996；Altundogan 等，2000；Roberts *et al.*，2004；Saha *et al.*，2005），其中非晶态 Fe（O）OH 的吸附容量最大。从表面看，人们会认为非晶态 Fe（O）OH 具有如此高的吸附容量是因为其表面积最大。其实，对于离子交换这种主要或基础的吸附机理而言，表面积和吸附容量并不成正比。大多数的氧化铁都是细小的粉末，难以从溶液中分离。因此，寻找能让这些材料适合柱子填充的技术方法是很有必要的。例如，EPA 提出将镀有氧化铁的砂型滤作为一种新技术，用于去除小型水设施中的砷（USEPA，1999；Thirunavukkarasu，2003）。另外，人们还研究了水合氧化铁对磷酸根、溴酸根等阴离子的吸附容量（Kang 等，2003；Bhatnagar，2009）。

金属氧化物无机离子交换剂种类相当多，二氧化钴（Kim，2000）、二氧化钛（Zhang *et al.*，2009）和二氧化铯（Watanabe *et al.*，2003；Bumajdad *et al.*，2009）就是其中的 3 种。

近 10 年来，多金属水合氧化物较单金属水合氧化物受到研究者更多的关注。由于具有适当且多变的化学成分，多金属水合氧化物的结构更容易被改变，具有更为理想的吸附和选择目标离子和分子的能力，因此，与铁水合氧化物或铝水合氧化物相比，铁与铝的混合水合氧化物受 pH 的影响更小（Chubar *et al.*，2005a，2005b，2006）。Venkatesan *et al.*（1996）曾尝试建立二氧化硅-二氧化钛水合氧化物表面性能与其吸附放射性锶（Sr）的性能之间的相关关系。通过改变Si、Fe（Ⅲ）和Mg之间的摩尔比，Tomoyuki等（2007）合成了10种Si-Fe-Mg混合水合氧化物试样，并测试了Mg含量对材料结构的影响，同时还对材料吸附亚砷酸、砷酸和磷酸的性能。

层状多金属水合氧化物和铝碳酸镁类物质制成的无机离子交换剂在污染物净化方面具有相当的竞争力。Bruna等人发现，在吸附除草剂MCPA（4-氯-2-苯氧乙酸）方面，类水滑石化合物（$[Mg_3Al(OH)_8]Cl_x4H_2O$、$[Mg_3Fe(OH)_8]Cl_x4H_2O$、$[Mg_3Al_{0.5}Fe_{0.5}(OH)_8]Cl_x4H_2O$（层状双金属水合氧化物））以及$[Mg_3Al(OH)_8]Cl_x4H_2O$的煅烧产物$Mg_3AlO_{4.5}$（水滑石）具有很大的潜力。Sparks等人（2008）以多层的双金属氢氧化物为原料制备了新型硫吸附剂，用来研究对硫化羰（COS）的吸附性能。结果发现：与一体式双金属水合氧化物相比，层状双金属水合氧化物对砷酸盐的选择度要高出很多（Chubar *et al.*，2006）。层状材料对四面体阴离子的高选择性是由吸附剂的结构（见图5.7）和引导吸附过程的结构对应因素决定的。

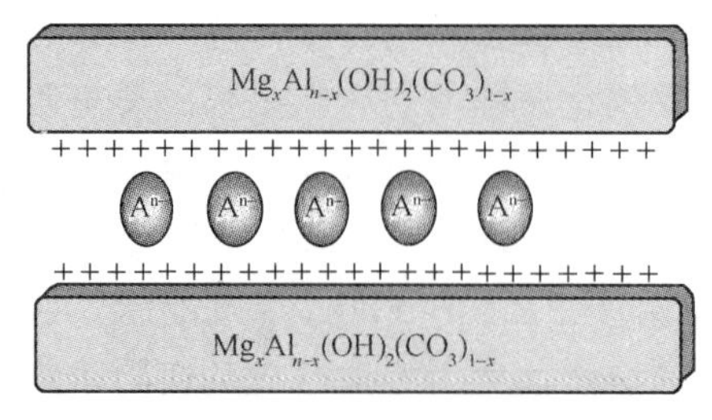

图5.7 层间吸附有阴离子的水滑石类物质（常用结构式：Mg（Zn）2+6Al3+2（OH）16（CO3））结构示意图

在制备新颖的类水滑石材料的过程中，为了获得合成过程中的各种参数（Palmer *et al.*，2009），选择最佳的合成方法（此例中为溶胶—凝胶法）（Lopes *et al.*，1996），人们对天然（Hall and Stamatakis，2000）及人工（Frost *et al.*，2005）水滑石进行了详细的研究。

基于多金属硫化物和单金属硫化物的无机吸附剂是一类具有$M_xE_yS_z$型化学式的吸附剂，其中M和E都是指代金属（如ZnS、CuS、$Zn_xCd_{1-x}S$、$Cd_xMn_{1-x}S$、$Mn_xZn_{1-x}S$等）。与氧化物不同，硫化物分子体积更大，S、Se和Te原子的极性也比O原子强，这使其更容易形成共价键（Breg and Klarinsgbull，1967）。S、Se和Te原子要比金属原子大，因此这些材料具有十分紧密、没有间隙的晶体结构，从而硫化物颗粒的吸附机制排除了结构间隙吸附的可能性。但硫化物和水合氧化物有一共同点，即吸附剂中的水基团和OH^-可被H_2S、HS^-和S原子取代。试验证实，金属硫化物的表面H_2S和HS^-的浓度较大（Seniavin，1981），这些基团同样参与到硫化物的表面反应中。金属氧化物与金属硫化物的吸附机理有很多相似之处，但是对于金属硫化物，吸附是一个单纯的表面吸附过程。近来对于金属硫化物合成新方法的研究，将推进这一材料的应用。Yamamoto等人（1990）制备了新的硫化镍、硫化钯、硫化镁有机溶胶以及多金属硫化物有机溶胶，并且研究了它们在聚合金属硫化半导体合成方面的应用效果。Manolis 等人（2008）对完全层状化的硫化物一族（$K_{2x}Mn_xSn_{3-x}S_6$，$x=0.5-0.95$）作了研究，发现在酸性环境（多数含氧配体的吸附剂都近乎失活）和含有超过量 Na^+ 的强碱性溶液中，它们对锶（Sr^{2+}）离子有突出的偏好。他们还建议将这种简单的多层硫化物用于对某些核废水的处理上。这种分层硫化物对 Sr^{2+} 具有高度选择性的原因是：CdI 类型的六面体（$[Mn_xSn_{3-x}S_6]^{2x-}$）平板的中间层中含有高度机动的 K^+，这些 K^+ 很容易与其他阳离子尤其是 Sr^{2+} 进行交换。由于一种低成本合成方法的发现，Bagreev 和 Bandosz（2004）开始通过热解污水污泥来制备硫化氢吸附剂，其中污水污泥源于经矿物油改性的肥料

5.6.2 无机离子交换剂的合成

无机离子交换剂的吸附和离子交换性能取决于其组成和晶体结构特征，而其技术特征则取决于它们的形状：球形、不规则的颗粒、惰性材料表面的薄层、膜状、纤维状、核状、管状、多孔结构等。我们可以通过不同的合成方法来获得无机离子吸附剂所需的吸附和离子交换性能。因此，研究者的研究重心都放在了新型合成方法的开发和旧有方法的改进上。无机吸附剂的合成过程包含两个相承阶段：(1) 化学组分的合成或旧有材料的改性；(2) 制备具有适用于技术应用形状的吸附剂。无机吸附剂的合成方法有：溶液均质沉淀和系统非均相反应（固—气反应、固—液反应及固—固反应）。具有特定形状材料的制备方法有：(1) 在具有特定形状的表面上干燥合成材料；(2) 混合；(3) 喷雾干燥；(4) 冰冻；(5) 压成平板；(6) 用一定方法制成颗粒；(7) 使用粘合剂；(8) 浸渍；(9) 在多孔材料内沉淀；(10) 利用滴状冷凝（包括溶胶—凝胶法）制造球形颗粒。

Amphlett（1964）和 Clearfield（1982）对无机离子交换剂合成的许多基本方法做了详细说明。过去的 50 年里，大量对阴离子和阳离子具有高选择性的无机离子交换剂被发现（Bengtsson *et al*.，1996；Bortun *et al*.，1997；Chubar *et al*.，2005a，b，2006；Zhang *et al*.，2007；Chen *et al*.，2009；Zhuravlev *et al*.，2006）。

科学家通常将溶胶—凝胶技术看作无机离子吸附剂合成的最高级方法。用这种方法制备的材料具有的优点有：(1) 颗粒纯净且均匀；(2) 具有纳米晶体结构，因此机械性能优越；(3) 混合发生在原子水平，因此材料各相均质；(4) 制备温度低（经常在环境温度下）。人们在 18 世纪晚期发现了溶胶—凝胶合成方法，到 20 世纪 30 年代初，人们已对其作了大量的研究。20 世纪 70 年代初，整体无机凝胶在低温下生成且转化为玻璃，而没有经过高温熔融，这让研究者重新对这一技术产生了兴趣（www. psrc. usm. edu/mauritz/solgel. html）。利用这一

方法，人们就可以在室温下生产具有理想性能（硬度、透明度、化学稳定性、孔隙率及耐热性能）的均质无机氧化物材料，而无机玻璃的传统制备方法需要经过超高温熔融。溶胶—凝胶合成的传统前体是金属醇盐，最常用的金属醇盐是烷氧基硅烷，如原硅酸四甲酯（TMOS）和原硅酸四乙酯（TEOS）。不过在溶胶—凝胶合成过程中也经常用到铝酸盐、钛酸盐和硼酸盐，经常将它们与 TEOS 混合使用。由于需要昂贵且有毒的前体维持反应运转，因此传统的合成方法不具有环境友好、节约成本和技术吸引力等优点。为了克服这些缺点，研究者尽力开发新型的溶胶—凝胶合成方法，避免以有毒且昂贵的金属醇盐作原料。这样，人们发明了新型的溶胶—凝胶合成方法，并用其制备了新的阳离子交换剂（Bartun 和 Strelko，1992；Zhuravlev *et al.*，2002，2004，2005）和阴离子（Chubar *et al.*，2005a，b，2008a）交换剂。该方法仅用到简单的无机金属材料和无机酸碱。因为每种元素都有其独特的性能，所以材料的合成没有通用的方法，每种新型吸附剂都需要开发一种相应的无机合成反应。这些无机合成的主要步骤包括：（1）前体的初步合成；（2）金属无机盐的局部中和；（3）为反应选择最佳的盐（Al、Fe（Ⅱ）、Fe（Ⅲ）、Zn、Mg、Mn、Zr 等金属的氯氯物、硫酸盐或硝酸盐）；（4）选择合成用的参数（金属盐浓度、温度、pH、混合区域）；（5）使用一些有机或无机添加剂；（6）选择最佳的碱性试剂。材料成品和其前体（水凝胶）的样品分别见图 5.8 中的（*a*）和（*b*）。Chubar 等人（2005b）和 Meleshevych 等人（2007）都对 ZrO_2 的吸附性能进行了测试［图 5.8（*a*）］。2009 年 9 月 14 日的暂时专利申请（由乌特勒支大学提交）对新研制的层状 Mg-Al 水合氧化物对砷的高亲和势进行了描述［图 5.8（*b*）］。

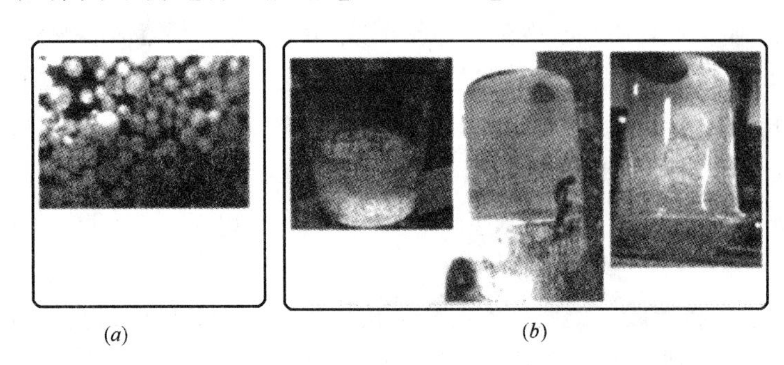

图 5.8　溶胶—凝胶生成的水合氧化物

（*a*）ZrO_2（Chubar 等人，2005b；Meleshevych 等人，2007）；（*b*）镁和铝的混合层状水合氧化物中间产物（水凝胶）（Chubar，未发表）

人们测试了图 5.8 中所示材料对砷酸的吸附性能。这些离子交换剂（ZrO_2 和一种用图 5.8*b* 中的水凝胶制备的离子交换剂）对 $H_2AsO_4^-$ 的吸附等温线见图

5.9（Chubar，未发表）。吸附等温线是在 pH＝7（处理后饮用水的典型 pH 值）的条件下获得的，使用的本底电解质溶液为 0.1M NaCl，吸附剂的含量为 2g/L（干重）。批量吸附实验的运行时间为 72h。由等温线可见：新溶胶—凝胶法制备的 Mg-Al 水合氧化物对 $H_2AsO_4^-$ 具有较高的去除容量（吸附等温线的稳定值），达到了 180mg［As］/g_{dw}；而且它与 $H_2AsO_4^-$ 之间的亲和力相当高（图中曲线非常接近 Y 轴）。后者意味着这种材料对浓度很低（ppm 级）的目标离子具有很高的分离度，能够满足现在 WHO 的极严格要求（5ppb）。

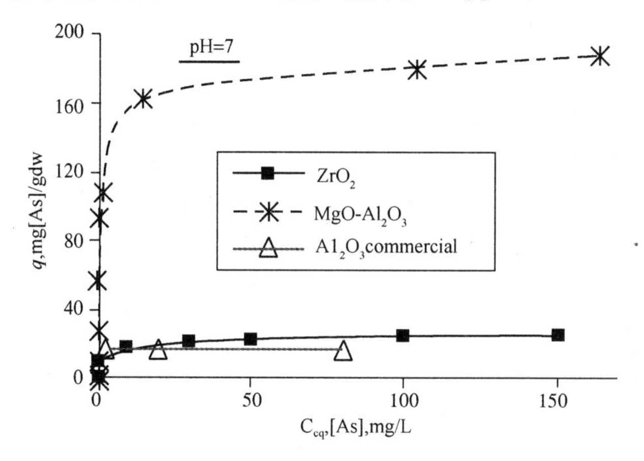

图 5.9 ZrO_2 和水合氧化物 $MgO\text{-}Al_2O_3$（如图 5.8 所示）对 $H_2AsO_4^-$ 的吸附等温线

试验条件：背景电解质：0.1N NaCl，吸附浓度：2g_{dw}/L，

接触时间：72h，温度：22±2℃（Chubar 未发表）

5.7 生物吸附剂（生物质）：农业与工业副产物、微生物

最近的 20 年里，生物吸附和用吸附剂浓缩天然物质已经得到了处理技术领域内专家的关注。在多数情况下，生物质都被认为是农业或工业的废物或副产品，但是它们带有大量的官能团，对水溶液中待去除物质具有很高的选择性。这种材料最大的优点是成本低，还有其他一些特性（如良好的去除效果，对外源物具有较高的选择性，可以通过生物质表面改性等预处理方式改善其吸附性能，理论上讲（如果需要）可以实现材料再生）让它非常适合于技术应用。因此，该生物吸附剂中试研究的主要任务是：（1）寻找适用于工业应用的材料；（2）对已有生物材料进行预处理和表面改性，以使其具有解决处理技术问题的能力。

生物吸附源于 1986 年在英国举办的一次会议，该会议由化学工业学会的溶剂工程提取与离子交换部组织。会议上生物吸附被看作是一种新兴的技术（Apel

和 Torma，1993)。从那以后，许多研究机构都开始寻找最佳的生物吸附剂。一个很有吸引力的想法是：用工业废物和农业副产物来处理废物。人们首先测定了许多种生物质对重金属的去除容量，这些生物质包括工业大规模发酵产物（产生于抗生素酶或有机酸生产过程中）(Volesky，1990a，b，c，1995；Wang *et al.*，2008)、农业副产物（泥炭、废棉、米糠、橄榄油渣、富含果胶的水果废物等）(Apel 和 Torma，1993；Ajmal *et al.*，2000)、藻类和微生物（海藻和细菌等）(Kogtev *et al.*，1996；Patzak *et al.*，2004；Cochrane *et al.*，2006；Chubar *et al.*，2008b)、软木树生物质（酒工艺的废瓶塞）（Annadurai *et al.*，2003；Chuardeng，2003a，b，c，2004)、富含果胶的水果废物（Schiewer *et al.*，2008）以及许多其他物质。许多专利是关于以廉价的生物质制备生物吸附剂的。在寻找对重金属离子具有最强亲和势的生物质的过程中，Loredana Brinza（www. soc. soton. ac. uk/BIOTRACS /biotracs ）依据它们对重金属离子的吸附能力，列了一张表：大藻类（包括褐藻：球型褐藻、黑角藻、马尾藻属、掌状海带、海带、海扇藻、幅叶藻、聚果藻，红藻：珊瑚草、江篱草、紫菜，绿藻：刚毛藻属、刺松藻、片石莼、莴苣属）和微藻类（红藻：蓝球藻，绿藻：莱茵衣藻、海水小球藻、小球藻、苏格兰石楠、栅藻、四尾栅藻、淡水藻、水棉属的绿藻类，硅藻：小环藻、三角褐指藻、小角毛藻，蓝细菌：鞘丝藻、螺旋藻属)。

生物吸附剂带有许多可以束缚金属阳离子的官能团，有羧基、咪唑基、巯基、氨基、磷酸根、硫酸根、硫醚、酚基、羰基 、酰胺和羟基（Volesky，1990a，b，c，1994，2001，2003，2007；Chubar *et al.*，2008b）。Wang（2009）对它们作过详细的描述，它们中的多数与图 5.3～图 5.5 所示的炭和离子交换聚合物的主要官能团相似。

考虑到生物材料的表面官能团具有相似性，因此完全可以将用于定性炭、天然沸石和离子交换树脂表面化学性能的方法用在生物质吸附剂的研究上。电位滴定法（在正确处理数据且进行批量研究的条件下，可以确定对应阳离子和阴离子的交换容量)、反滴定法（能够确定强酸性羧基、弱酸性加内酯基和酚基的含量)、傅里叶变换红外光谱法（FTIR）及电泳淌度测量法对于表征软木生物质的表面化学性能（Chubar *et al.*，2003c，2004；Psareva *et al.*，2005)，甚至对于检测活体与灭活（高压灭菌）腐败希瓦菌（*Shewanella putrefaciens*）表面化学性能的不同之处（Chubar *et al.*，2008b）均十分有用。活体腐败希瓦菌对 Mn（Ⅱ）离子的吸附能力维持了 1 个月，且此过程中伴随着含锰沉淀和多聚糖的形成（图 5.10)。互补的光谱技术（FTIR，EXAFS 和 XANES）和扫描电子显微镜（SEM)，可以用来表征活细胞合成的含 Mn 矿物沉淀随温度（5～30℃)、接触时间（达到 20～30d)、金属负荷和细菌密度（2～4g_{d_w}/L）的变化情况。这些参数将预先决定是只有一种还是比例不同几种含锰沉淀产生。细菌合成的主要沉淀有 $MnPO_4$、$MnCO_3$ 和 MnOOH（Chubar *et al.*，2009）。

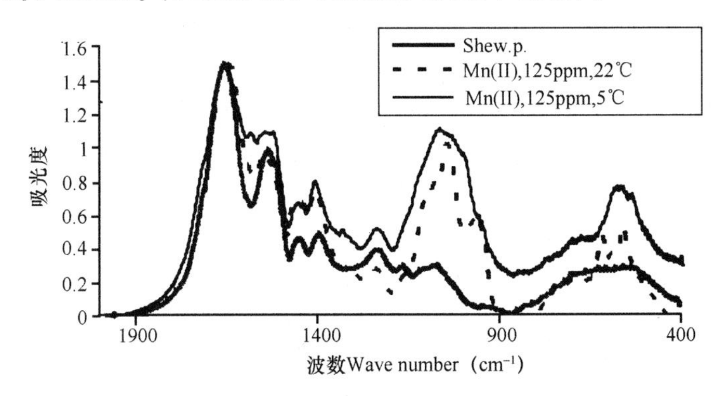

图 5.10 活性腐败希瓦氏菌吸附 Mn^{2+} 前后的红外光谱 Mn（Ⅱ）吸附的

试验条件：接触时间÷24 天，背景电解质：0.1N NaCl，温度：5℃和 22±2℃，

细菌浓度：$2g_{d_w}$/L（Chubar *et al.*，未发表）

为了改善或改变生物质对目标颗粒的吸附容量或吸附亲和力，需要对原始的生物质进行预处理（表面改性），这是当前生物吸附科学家研究的另一个重点。研究最常用的处理方式有化学处理、物理处理、生物处理、机械处理以及上述两种或多种方式的联合处理。应用最广泛的生物质预处理法有：（1）化学法，如用不同浓度的酸处理、改变温度、改变压力、用碱（强碱、氨水、石灰、碳酸盐等）处理、用氧化剂（O_2、锰酸盐、铬酸盐、氯酸盐）处理、不同的络合剂处理；（2）物理法，如热处理、水热法处理、加压、改变温度，甚至制成炭；（3）生物法，如酶处理和微生物处理。Walt 等人（2003）和 Kumar（2009）曾对不同的生物质预处理方法作过描述。关于生物质处理新方法的专利正在审理中（Holtzapple 和 Davison，1992；Hennessey *et al.*，2009）。

图 5.11 未经处理的软木树生物质和（*a*）经 NaClO 预处理的生物质对 Cu^{2+} 的吸附作用以及（*b*）不同温度下软木制成的炭对 Cu^{2+} 的吸附吸附作用（Chubar *et al.*，2004）

在完成了对原始和预处理生物质的表面化学性能和吸附性能的表征后，下面研究步骤就和其他类型的吸附剂的相同了，即，研究生物质的再生性能，对性能最佳的生物质进行颗粒化，最后和 Davis 等（2003）以及 Walsh 等人（2008）一样，建立一个生物吸附剂应用的技术方案。

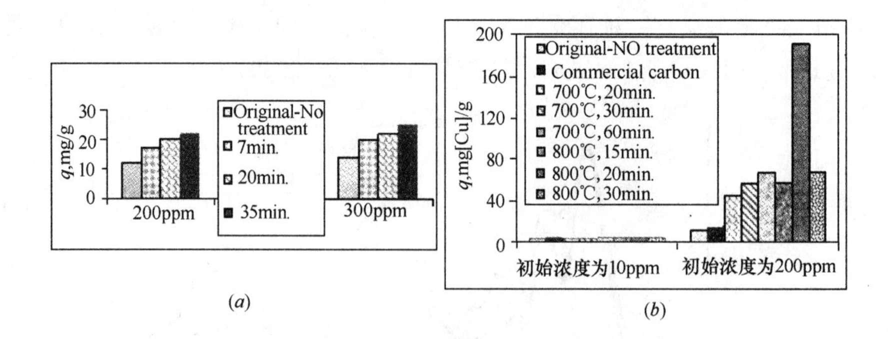

(*a*)　　　　(*b*)

图 5.11　炭对铜的吸附作用

(*a*) 原始（未经预处理）软木树生物质和经 NaClO 预处理的生物质对 Cu^{2+} 的吸附；

(*b*) 原始软木树生物质和其在不同温度下所得的碳对 Cu^{2+} 的吸附

5.8　混杂与复合吸附剂及离子交换剂

在吸附科学与技术领域内，混杂和复合吸附材料是最新颖最流行的研究领域。这种情况的出现有两个原因：一是为了满足 WHO 日益严格的最大允许水平，寻求新型吸附剂，使其同时具有多种类型吸附剂的表面化学性能；二是科学的好奇心。

尽管人们基于数学模型做了大量的理论工作，试着从科学的角度说明如何设计杂交材料，但材料的混杂仍没有一个准确的定义。杂交（hybrid）一词来源于生物学，准确地说是基因学。大不列颠百科全书写到：“‘杂交品种’通常是指由两物种或同一物种的多个个体杂交而成的动物或植物。自然界中有许多杂交物种（如鸭子、橡树和黑莓等）。尽管两物种的自然杂交现象很常见，但大多数近来的杂交物种是人工干预的结果。”（www.britannica.com/）书中还说：“从生物学上讲，杂交过程是很重要的，因为它增加了基因的多样性，这是生物进化所必需的。”剑桥在线词典给出了一个更加简洁的定义：“‘杂交’是指由两种类型的植物或动物生产的植物或动物，通常它们获得了更佳的性能；或指任何相差较大的两种物质的混合物（http：//dictionary.cambridge.org/）。”其他的资源也给出了类似的定义。于是我们可以作出结论，用来给杂交材料下定义的主要元素包括：(1) 具有新性能的新型材料；(2) 由完全不同的两种原材料制成；(3) 人工制造（“人的介入”）；(4) 可满足社会需求（“进化所必需的”）。

人们已经利用炭、离子交换聚合物、沸石与黏土、无机离子交换剂及天然生物质之间任何可能的两者组合合成了杂交吸附剂。研究者通常选用适合于所有主要吸附剂的最佳合成方法。Loureiro 等人（2006）编辑了一本收集有杂交和复合吸附剂领域当前发展的书。期刊和网络上相继出现了大量的论文和专利。Blaney 等人（2007）制备了一种新型的除磷阴离子交换剂，Mrowiec Białoń 等人（1997）采用溶胶—凝胶技术制备了一种能够有效吸附水蒸气的杂交吸附剂。Quirarte Escalante 等人（2009）利用溶胶—凝胶技术和分子印记技术制备了一种对铅具有高吸附容量的杂交吸附剂。大量的专利和专利应用存在于杂交吸附剂领域（Misra 和 Genito，1993；Chang *et al.*，2007）。

5.9 对于吸附和离子交换科学的评价和展望

1777 年 Fontana 和 Scheele 注意到，在与气体接触的固体表面，气体分子的浓度不断增加（Gregg *et al.*，1982）。为了描述这一现象，1881 年 Kayser 引入了吸附一词。Kayser 提出了第一个关于吸附等温线的经验方程（即 $V=a+bP$），并且引入了吸附这个词。而吸附等温线是 Ostwald 在 1885 年提出的。1909 年 Mc Bain 首次将吸附（adsorption）和吸收（absorption）现象区分开来（Kiefer 等，2008）。吸附现象后面的发展阶段已广为人知。19 世纪末 Gibbs 奠定了表面现象的热力学理论基础，该理论至今仍被视为多相系统的经典热力学理论。1916 年 Langmuir 建立了首个（著名的）吸附等温线理论方程，该方程至今仍被研究者广泛应用。Brunaer、Emmett 和 Teller 用 Langmuir 等温线的一个推论推导出了它们自己的吸附等温线（1938），即 Brunaer-Emmett-Teller（BET）吸附等温线。如今，这些对吸附科学的理论发展做出卓越贡献的著名科学家仍然常被提到。Dabrowski（2001）曾对这些科学家的名字和主要的方程做过总结。然而，现代吸附理论仍在发展。

我们不可能预测吸附科学的未来。这条路上最大的“危险”是意料之外的新发现和（微）革命，这会引起多维后果。微革命的实例之一是基于石墨纤维的炭—炭复合材料的合成（Buckley 和 Edie，1993）。第二个实例就是富勒烯（fullerene）的发现，富勒烯是一种经过特殊改性的碳，是碳的一种同素异形体，其形态包括中空球（巴克球）、椭圆球、管式（纳米管）、平面式（石墨烯）（Margadonna，2008）。即使今天也很难预知这些材料的未来。

吸附科学的近期发展将非常乐观，首先，这是因为吸附材料科学获得成功，新型吸附材料种类的不断增加，且吸附材料在传统和新领域内的应用大幅增加。新材料不仅包括用作催化剂、医药和多功能材料的昂贵材料，还包括用于净化生活和工业废水的廉价材料，由工业和农业废料制备的一次性生物吸附材料就是一种廉价材料。具有广阔前景的新材料包括以炭、矿物、金属、聚合物以及它们的组合为基底的多孔材料，径向上具有严格给定的孔隙分布、广泛应用在部件结构

（包括复合载体等）上的多孔材料等。

吸附科学的近期发展在基础科学方面的任务包括：（1）创建现代吸附理论；（2）创建用于控制多孔材料合成及其结构和构造的理论。广泛应用光谱分析（包括X射线的同步辐射技术）、量子化学模型、吸附过程的数学模型及电子显微镜（Roddick-Lanzilotta *et al.*，2002；Lefevre，2004；Chubar *et al.*，2009），是增进对发生在界面（吸附剂与吸附质）上的主要反应的理解，建立吸附材料吸附与控制合成的现代理论的可靠依据。

Wang和Chen（2009）认为吸附科技的将来面临很大挑战。许多研究者认为，导致吸附科技商业化失败的原因，将会是技术创新商业化过程中的非技术缺陷。生物吸附剂的发展有三种趋势：第一，将生物吸附剂用作杂交技术的吸附材料之一；第二，提升对发生在活体微生物-金属离子界面的过程的理解（将导致活体微生物细胞在工业规模处理厂的应用）（Chubar *et al.*，2009），探求活体或失活微生物去除水中目标阴离子（而不仅是阳离子）的条件（Chubar *et al.*，2008b）。活体希瓦氏菌细胞（*Shewanella putrefaciens*）去除Mn^{2+}的能力可维持一个月之久，而且能够形成生物沉淀（或新型生物吸附剂）；第三，开发一种类似离子交换树脂的优良商业化生物吸附剂，并且竭力开拓其市场（Volesky，2007）。

5.10　致谢

非常感谢阿卜杜拉国王科技大学（www.kaust.edu.sa）发展中心给乌特勒支大学的授权：www.sowacor.nl（授权号：KUK-C1-017-12）。

第6章　微污染物的物理化学处理：混凝和膜工艺

6.1　混凝

混凝是广泛用于水中悬浮固体去除的最古老工艺之一，而采用无机混凝剂和聚合混凝剂的强化混凝已被用于去除水和污水中的微污染物。强化混凝具有诸多优势，尤其是费用低、设计简单和运行方便，因此，在对以满足特定微污染物去除为目标的现有处理工艺升级换代的过程中，是一种较受欢迎的选择。然而，在去除饮用水和污水中微污染物的过程中，强化混凝也存在不足，主要表现为对某些微污染物的去除效果不佳。

文献报道，氧化—混凝/沉淀和混凝—膜分离方法能够提高混凝工艺对微污染物的去除效果。当Fe（Ⅵ）浓度为5mg/L时，Fe（Ⅵ）氧化混凝工艺对药物化合物如双氯芬酸的去除效率高于95%（Lee *et al.*，2009）。而单独使用$FeCl_3$或者$Al_2(SO_4)_3$时，即使其浓度为50mg/L，去除效率也仅高于65%（Carballa *et al.*，2005）。相对于单纯的NF系统，混凝-NF结合系统至少能够提高18.5%的雌激素去除效率（Bodzek和Dudziak，2006）。下面的章节将会介绍强化混凝和氧化-混凝在微污染物去除方面的应用及该过程的机理和控制因素。

6.1.1　强化混凝

在采用常规过滤的饮用水处理过程中，强化混凝可以提高消毒副产物（DBP）的去除率。饮用水处理中，强化混凝被定义为过量投加混凝剂，而且可能同时降低混凝的pH值（Edwards *et al.*，2003）。上述内容已被美国环境保护局（EPA）消毒副产物（DBP）条例作为一条要求进行了介绍（Freese *et al.*，2001）。

将臭氧氧化/颗粒活性炭（GAC）与强化混凝两种高级水处理工艺的费用进行比较，发现对于处理能力低于17.5万t/d且进水水质较好（即TOC浓度小于5mg/L时）的小型水处理，强化混凝更加节省费用（Freese *et al.*，2001）。采用强化混凝工艺、处理能力为17.5万t/d且进水水质良好（TOC<5mg/L）的水处理厂，相对处理量为其两倍的水厂至少可节省25%费用。表6.1总结了强化混

凝对某些微污染物的去除效果。

强化混凝对微污染物的去除 **表6.1**

微污染物	log K_{ow}	pKa	混凝剂	投加量	去除率(%)
人为污染物					
三卤甲烷生成势①	—	—	$FeCl_3$	最大30mg/L	最高40%
香料					
佳乐麝香②	5.9～6.3	—	聚合氯化铝	重量比17.5%	63
吐纳麝香②	4.6～6.4	—	聚合氯化铝	重量比17.5%	71
药物					
安定②	2.5～3.0	3.3～3.4	$FeCl_3$	50mg/L	～25
甲氧萘丙酸②	3.2	4.2	$FeCl_3$	50mg/L	～20
双氯酚②	4.5～4.8	2.5～3.0	$FeCl_3$	50mg/L	>65
			$Al_2(SO_4)_3$	50mg/L	>65
内分泌干扰物					
双酚A(BPA)③		10.2⑤	$FeCl_3$	最高200mg/L	最高20
邻苯二甲酸二己酯(DEHP)③			$FeCl_3$	最高200mg/L	最高70
17β-雌二醇(E2)④	4.01	10.4⑤	$Al_2(SO_4)_3$ 聚合氯化铝	12.2mg/L 5.4mg/L	15 15
雌三醇(E3)④	2.45	—	$Fe_2(SO_4)_3$ 聚合氯化铝	12.2mg/L 5.4mg/L	20 30
己烯雌酚(DES)④	5.07	—	$Fe_2(SO_4)_3$ 聚合氯化铝	12.2mg/L 5.4mg/L	25 40

①Freese *et al*.(2001)

② Carballa *et al*.(2005)

③Asakura 和 Matsuto(2009)

④Bodzek 和 Dudziak(2006)

⑤Deborde *et al*.(2005)

混凝剂表面的吸附作用是强化混凝去除微污染物的主要机制。固-液分配系数（K_d），即平衡状态下固相和液相中微污染物的浓度比，可用于确定微污染物的吸附行为。微污染物和混凝剂之间涉及两种反应，即以辛醇-水分配系数（K_{ow}）和有机碳分离系数（K_{oc}）为指示参数的亲油反应及与污染物的离解系数（pKa）和污染物与混凝剂间的弱范德华力有关的静电反应。因此，微污染物的物化特性及其物化特性在水环境中的变化是影响微污染物去除效率的重要因素。影响微污染物在水环境中物化性质的参数包括pH、碱度、所选的混凝剂及其最佳浓度（McGhee，1991）。

1. 微污染物理化性质的影响

具有较高 K_{ow} 值的微污染物较难溶解于水，且更容易在颗粒表面附着（Hemond and Fechner-Levy，2000）。因此，微污染物的 K_{ow} 值越高，将其从液相去除就越容易。该结论可以从 Carballa（2005）等的研究结果中得到验证：在使用不同混凝剂的情况下，双氯芬酸（log K_{ow} 为 4.5～4.8）的去除率为 50%～70%，而甲氧萘丙酸（log K_{ow}＝3.2）的去除率只有 5%～20%（表 6.1）。

同样，沉淀物对于 K_{ow} 值较高的合成雌激素炔雌醇甲醚（log K_{ow}＝4.67）的吸附率，要比雌三醇（log K_{ow}＝2.81）高 40%（表 6.2）（Lai *et al.*，2000）。微污染物之间同样存在着对混凝剂或沉淀物结合位的竞争效应。Lai 等（2000）发现在加入超疏水性合成雌激素——戊酸雌二醇（log K_{ow} 更高，达 6.41）以后，沉淀物对雌三醇和炔雌醇甲醚两种雌激素的吸附率分别被抑制了 89% 和 31%。雌三醇受到更强的抑制作用，说明化合物的亲水性越弱，竞争性结合对其抑制效应越强。此外，强化混凝对高分子量 DBP（＞30kDa）的去除效率更高。在 pH＝7.5时，混凝剂对 DBP 的去除主要依赖于吸附作用（Zhao *et al.*，2008）。然而，在处理含含有各种微污染物的天然水和废水时，强化混凝对微污染物的去除效果各异，有待进一步研究。

某些特定合成雌激素的物化性能和吸附特性（摘自 Lai 等人，2000）　**表 6.2**

微污染物	分子量	水中溶解度 (mg/L)	log K_{ow}	吸附常数 (1/*n*)	沉淀物的吸附容量 (ng/g)
雌三醇	288.39	13	2.81	0.57	3.2
雌二醇	272.39	13	3.94	0.67	4.1
炔雌醇甲醚	310.42	0.3	4.67	0.78	5.5

沉淀物对合成雌激素的吸附动力学显示：在最初的 0.5h 吸附速率很快，随后吸附速度下降，最后稳步降低（Lai *et al.*，2000）。批量试验表明，雌激素去除速率满足三阶段吸附模型，批量试验中吸附过程的一般趋势见图 6.1。由于具有可利用的活性结合位，初始阶段 1 的吸附速度很快，而后结合部位逐渐饱和，吸附速率逐渐下降，最终达到稳定状态，当然，这也可能由液相中微污染物的减少造成。进而微污染物开始从固体表面脱附，固体对微污染的净吸附量下降。因此，为了获得强化混凝对微污染物的最佳去除效率，快速混合和平缓絮凝应在第 1、2 阶段内完成，同时絮体的去除应在第 3 阶段之前结束，以免造成微污染物再次解吸到水体之中。

与 K_{ow} 对微污染物去除的影响类似，合成雌激素的 K_{ow} 值越高，第 1 阶段吸

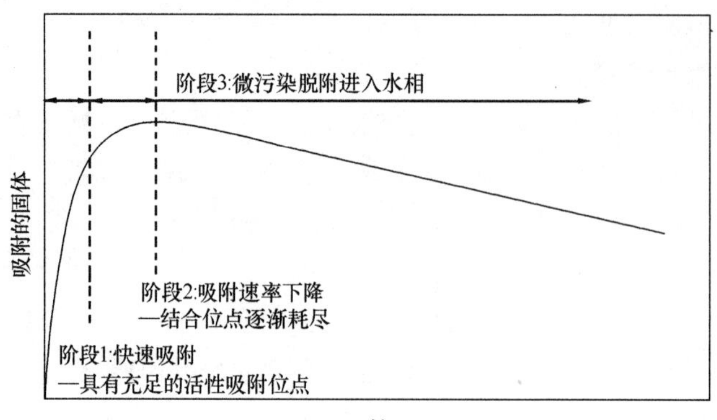

图 6.1　固态物吸附微污染物的典型模式

附到固体上的速率越大，第 3 阶段的解吸速率越低（Lai *et al.*，2000）。Lai 等（2000）对特定合成雌激素的物化性质和吸附常数进行了总结，见表 6.2。

2. 混凝剂及其投量的选择

Carballa 等人对混凝-絮凝对药物和个人护理品（PPCP）的去除情况进行了研究，结果表明混凝剂投加量（$FeCl_3$ 用量为 250～350mg/L，$Al_2(SO_4)_3$ 用量为 250～350mg/L，聚合氯化铝（PAX）用量为 700～950mg/L）和测试温度（12℃或 25℃）不会对 PPCPs 的去除产生显著的影响。然而，混凝剂的类型会对某些特定 PPCPs 的去除效率产生影响。总的来说，$FeCl_3$（250mg/L，25℃）对于佳乐麝香、吐纳麝香和双氯芬酸的去除率超过 50%，对于安定和甲氧萘丙酸的去除率大约在 20%～25%。Carballa 等人（2005）总结了 25℃时三种混凝剂对不同 PPCPs 的最高去除率，见表 6.3。

不同 PPCPs 的最高去除率及相应的混凝剂（Carballa *et al.*，2005）　**表 6.3**

PPCP	混凝剂类(投加量 mg/L)	去除率(%)
佳乐麝香	PAX(850)	63
吐纳麝香	PAX(850)	71
双氯芬酸	$FeCl_3$(250)	70
安定	$FeCl_3$(250)	25
甲氧萘丙酸	$FeCl_3$(250)	20

据 Zorita 等人（2009）报道，在包含混凝和絮凝的污水三级处理系统中投加 0.07mg/L$FeCl_3$，对氧氟沙星、诺氟沙星和环丙沙星三种抗生素的去除率超过 55%，其去除机理主要是絮凝体对微污染物的吸附作用。添加 $FeCl_3$ 并不能显著提高酸性药类物质（如污水中的布洛芬、甲氧萘丙酸、双氯芬酸和氯贝酸）的去

除率（此类物质的去除率小于25%）。这可能是由于$FeCl_3$的浓度较低，从而导致对甲氧萘丙酸和双氯芬酸的去除效果不明显（Carballa *et al.*，2005）；在Zorita（2009）等人的研究中，$FeCl_3$投加量达到250mg/L，甲氧萘丙酸和双氯芬酸的去除率分别为20%和70%。这些酸性化合物的pK_a值在3～5之间，因此能够在液相中部分电离。当采用2倍$FeCl_3$投加量时，强化混凝对双酚A的去除率从5%上升到20%（Carbella *et al.*，2005）。增加混凝剂可能会强化这些化合物在悬浮固体上的结合，进而得以从液相去除（Caeballa *et al.*，2005）。

3. pH和碱度

pH的改变能够导致混凝剂水解产物和电中和作用的变化。Yan等人（2008）和Zhao等人（2008）分别采用试铁灵检验法和电喷雾电离（ESI）质谱法证实了Al水解产物在不同pH值下的变化。Yan等人（2007，2008）针对pH/碱度对聚合氯化铝（PACls）强化混凝的影响进行了大量的研究。结果发现，强化混凝过程中的低pH值会导致水厂基础设施的腐蚀，这是其应用过程中的一个主要缺点（Edwards *et al.*，2003）。作为一种预水解混凝剂，PACl可以阻止混凝之后pH的过快下降。表6.4概括了Al的各种水解产物（Yan *et al.*，2007）。

Al的水解产物（Yan等人，2007）　　**表6.4**

水解产物类型	水　解　产　物	分子量(Da)
Al_a	单体——Al^{3+}、$Al(OH)^{2+}$、$Al(OH)_2{}^{+}$ 二聚物——$Al_2(OH)_2{}^{4+}$ 三聚物——$Al_3(OH)_4{}^{5+}$ 小分子聚合物	<500
Al_b	十三聚物——$Al_{13}O_4(OH)_{24}{}^{7+}$ （即为人熟知的Al_{13}）	500～3000
Al_c	大分子聚合物或胶体物质	>3000

水解作用的程度用碱度值（B）来表示，它代表了OH^-和AL^{3+}的比例（Yan *et al.*，2008）。一般来讲，B值越高，Al_a的比例越低，Al_b的比例越高。pH能显著影响水解程度。表6.5概括了不同pH区间内Al的主要水解产物。Al_b老化以后倾向于形成Al_c。与pH一样，混凝剂的投加量对于水解产物的稳定性起着重要作用。Wang等人（2007）发现，当PACl投加量高于2mol Al/L时，水中没有Al_b存在。然而，在换用纳米-Al_{13}作混凝剂时发现，混凝剂浓度为0.11～2.11mol Al/L时，即使经过30d的熟化，Al_b类水解产物仍能保持相对稳定（Wang *et al.*，2007）。预水解混凝剂PACl中存在的Al_b，能够提高对地表水中天然有机物（NOM）的去除效率（Yan *et al.*，2008）。

三种混凝剂在不同 pH 区间内的主要水解产物（Yan 等人，2008）　表 6.5

混凝剂	B	主要水解产物		
		pH < 5.0	5.5 < pH < 7.5	pH > 9.0
$AlCl_3$	0	Al_a	Al_b	Al_a
$PACl_1$	1.6	$Al_a \approx Al_b$	Al_b	$Al_a \approx Al_b$
PAC_{20}	2.0	Al_b	Al_b	Al_b

除了 pH，原水的性质同样能影响混凝剂的性能。Yan 等人（2008）证实，对于碱度为珠江水 3.5 倍的黄河，需要投加更多的混凝剂才能将其 pH 值降至利于混凝的范围（pH 约为 5.5～6.5，是去除 NOM 的最佳 pH 范围）。

pH 对微污染物的影响是另一个控制因素，反应过程中 pH 的变化可通过改变离解常数 pK_a 而影响微污染物的解离。DBP（比如三卤甲烷（THM）和卤代乙酸（HAA））前驱物质的去除受到反应溶液 pH 的影响。PACl 混凝对 THM 和 HAA 前驱物的去除效果主要取决于 THM 和 HAA 前驱物本身的性质（Zhao 等人，2008）。THM 前驱物所含的脂肪族结构较多，而 HAAs 前驱物则主要是芳香族结构。在 pH 值为 5.5 时，电中和沉淀是去除带负电脂肪族 THM 前驱物的主要原因，有两种可能：带负电的化合物与铝单体的水解产物中和，或是被氢离子和 Al 离子中和（Yan 等人，2007）。当 pH＝5.5～7.5 时，Al_{13} 和 $Al(OH)_3$ 的存在，使得 THM 前驱物可同时被电中和沉淀和吸附作用去除。就 HAA 前驱物而言，芳香族和疏水性官能团可在酸性条件下发生自聚集，而在碱性条件下，HAA 前驱物会吸附在絮体上，并随即通过卷扫絮凝去除。

6.1.2　氧化-混凝

更加先进的混凝工艺，如氧化-混凝，能够进一步加强对微污染物的去除效果。氧化剂同时具有氧化-混凝的能力，例如在水（Lim and Kim，2009）和污水处理（Lee 等人，2009）中，高铁酸盐（Fe（Ⅵ））通过生成 Fe（Ⅲ）或氢氧化铁可同时实现氧化和混凝。Fe（Ⅵ）能够通过氧化和随之产生的混凝过程去除部分微污染物，提高了从液相去除微污染物的效率。

在水处理当中，Fe（Ⅵ）的强氧化性使其在具有氧化-混凝去除 NOM 作用的同时还具有消毒能力（Lim 和 Kim，2009）。除此之外，Fe（Ⅵ）反应的副产物是无毒的铁离子，使其更加适用于水处理过程（Sharma，2008）。同时有报道表明，Fe（Ⅵ）去除 NOM 的性能与常规混凝剂（如硫酸铝和硫酸铁）相当，但预处理过程中少量高铁酸盐的使用，却能够增加常规混凝剂对腐殖酸的去除率（Lim and Kim，2009）。当 Fe（Ⅵ）浓度为 2～46mg/L 时，腐殖酸和富里酸

（初始浓度都为 10mg/L）的去除率分别可以达到 21%～74%和 48%～78%。

在废水处理中，Fe（Ⅵ）可同时去除二级出水中微污染物和磷酸盐（Lee *et al.*，2009）。有报道发现，与含胺基或烯烃基团的微污染物相比，Fe（Ⅵ）与含酚微污染物的反应活性更高。当 pH＝7～8 时，2mg/L 的 Fe（Ⅵ）对 17β-雌二醇、双酚 A 和 17α-乙炔雌二醇（含酚基）的去除率即可高于 95%，而对于磺胺甲恶唑、双氯芬酸（含苯胺基）和卡马西平（含烯烃基团），需要两倍的 Fe（Ⅵ）用量才能获得相同的去除率。Lee（2009）等人的研究表明，只有去除了微污染物，磷酸盐才会被去除。因此，要实现微污染物和磷酸盐的同时去除，需要较高的 Fe（Ⅵ）投加量。只有当 Fe（Ⅵ）投加量达到 7.5mg/L 时，磷酸盐的去除率才能达到 80%以上（PO_4^{3-}—P/L 浓度从 3.5mg/L 降到低于 0.8mg/L）（Lee *et al.*，2009）。

Fe（Ⅵ）按二级速率常数（k）氧化微污染物，随着 pH 的降低，常数 k 增大（Lee 等人，2009）。类似地，在酸性条件下，高铁酸盐的氧化还原能力增加了 3 倍（稍高于 O_3）。这表明，Fe（Ⅵ）是一种具有很大潜力的氧化剂（Lim 和 Kim，2009）。在酸性条件下，以质子化形式（$HFeO_4^-$）存在的 Fe（Ⅵ）的比例增大，见图 6.2。而与其脱质子化形式（FeO_4^{2-}）相比，$HFeO_4^-$ 的氧化性更强。因此，降低 pH，Fe（Ⅵ）氧化速率升高（Sharma，2008）。

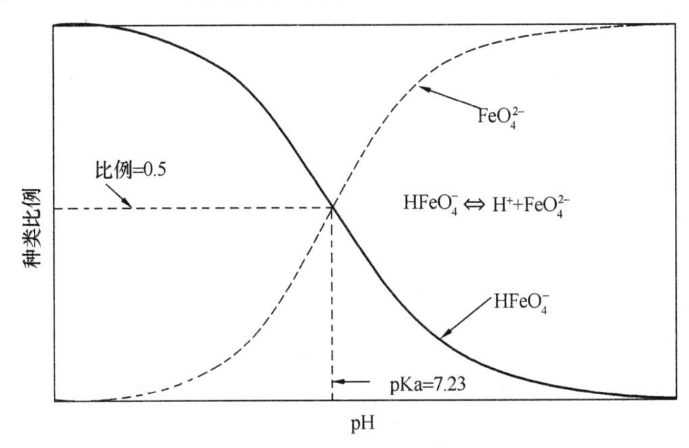

图 6.2 25℃ pKa＝7.23 时，不同 pH 条件下六价铁（Fe（Ⅵ））类型的构成变化
（取自 Sharma，2008）

Fe（Ⅵ）的稳定性比 O_3 高。Lee 等人（2009）发现，Fe（Ⅵ）在二级处理出水中存在的时间可超过 30min，而 O_3 在不到 5min 内即耗尽。当 pH 在 7～8 之间时，Fe（Ⅵ）氧化微污染物的二级速率常数至少比 O_3 低 4～5 个数量级（Lee *et al.*，2009）。Fe（Ⅵ）氧化部分微污染物的二级速率常数见表 6.6。与 O_3 氧化相比，Fe（Ⅵ）氧化需要更长的反应时间。O_3 氧化大多数药物化合物的

半衰期均小于100s，而Fe（Ⅵ）氧化磺胺的半衰期是O_3氧化的2倍（Sharma，2008）。用Fe（Ⅵ）处理环境水样，要依据Fe（Ⅵ）氧化微污染物的选择性而定。对于某些Fe（Ⅵ）氧化反应速率较低的微污染物，如布洛芬（pH为8.0时，一级动力常数为$0.9\times10^{-1}M^{-1}\cdot s^{-1}$），可以通过铁氧化物的共沉作用去除。

Fe（Ⅵ）氧化微污染物的二级速率常数 *k*（pH=7）　　表6.6

化合物	$K(M^{-1}\cdot s^{-1})$	反应温度(℃)	参考文献
药物			
双氯酚	1.3×10^2	23	Lee *et al*.(2009)
卡马西平	67	23	Lee *et al*.(2009)
磺胺甲嗪.	22.5	25	Sharma和Mishra(2006)
内分泌干扰物			
双酚A	6.4×10^2	23	Lee *et al*.(2009)
17β-雌二醇	7.6×10^2	23	Lee *et al*.(2009)

6.2 膜工艺

膜工艺是基于化合物分子的尺寸（压力推动分离）或带电性（电渗析），利用半透膜或多孔膜分离化合物的技术。压力推动过程又可分为依靠筛滤分离化合物的高压膜和依靠吸附或其他机制分离化合物的低压膜。低压膜孔径在0.001～0.1μm（超滤）到0.1～10μm（微滤）的范围内。这些系统的驱动压力低于$1030kN\cdot m^{-2}$，可以截留分子质量大于5000Da的大分子物质，如胶体和油（Tchobanoglous *et al*.，2003）。更小的分子通常可用反渗透（RO）截留，RO的驱动压力要比溶液过滤的渗透压（达到$6900kN\cdot m^{-2}$）高，因此RO处理的成本更高。另一方面，电渗析工作原理则不同，它是利用离子交换膜来分离离子化合物。将电流通过溶液，使阳离子向阳离子交换膜迁移，阴离子向阴离子交换膜迁移，从而实现了离子化合物的分离。阳离子交换膜和阴离子交换膜交替放置，使得浓缩溶液格室和稀溶液格室也交替出现。

本节将以微滤（MF）和超滤（UF）为例，综述低压膜工艺对微污染物的去除情况，包括单纯的膜滤及膜滤与其他物化处理技术（颗粒活性炭）的联用工艺。同时还涉及到UF与生物反应器的结合工艺，即膜生物反应器，此外，还会述及反渗透（高压膜）工艺对微污染物的截留，但不会论及纳滤工艺，本书的第4章已经对其进行了详细介绍。最后，本节会介绍电渗析在微污染物去除方面的应用。

6.2.1 膜处理截留溶质的机理

膜处理对溶质的截留作用由溶质与膜的相互作用直接决定。这些相互作用具有不同的本质，包括空间位阻隔离、吸附与电荷效应以及生物降解作用，见图6.3。在这三类相互作用中，筛滤作用是最容易理解的，一方面它直接与分子的尺寸（或分子质量）相关，另一方面与膜的孔径相关。如果分子尺寸大于膜孔径，分子就会被截留；如果分子尺寸较孔径小，分子就能透过膜。电荷效应与大多数聚合膜均具有负电性有关，排斥力使得带负电的溶质远离膜，带正电的溶质则被膜表面吸引。通常，聚合膜对带负电溶质的截留率较高。通过比较被分离溶质的 pKa 值和溶液的 pH 值，可以推测溶质分子的电性（Bellona 和 Drewes，2005）。

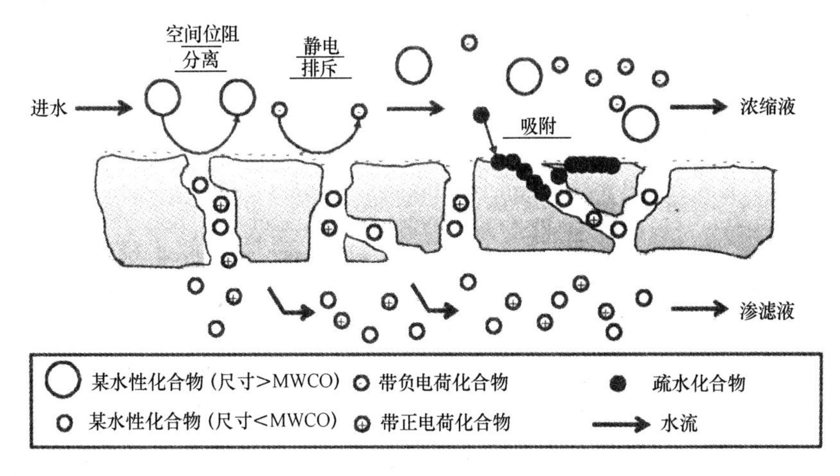

图 6.3 带负电荷膜分离溶质的机理

除了具有明显的筛滤作用外，膜表面还会吸附疏水性溶质（辛醇-水分配系数 $K_{ow}>2$），导致膜在运行初期的截留水平增加。然而，膜的吸附位不是无限的，一旦膜的吸附容量达到饱和，疏水性溶质就能够透过膜。因此如果不在稳定状态下进行测试，如所有的吸附位点都被占据，就会过高估计膜对疏水溶质截留率（Kimura *et al.*，2003a）。另外，膜吸附 NOM 后，会产生生物降解现象，其重要程度取决于膜的反洗频率和使用的清洗剂（Laine *et al.*，2002）。对生物污染的研究证实：污染层如同第二层膜，其对微污染物去除的总体影响取决于两层膜与待研究化合物的比亲和力（Vanoers *et al.*，1995）。如果膜对溶质的截留效果较沉积层好，生物污染会导致溶质在膜表面的积累，最终加剧浓差极化，降低溶质截留率。相反，如果沉积层对溶质的截留效果比膜好，溶质的截留率就会提高。

6.2.2　微污染物的微滤去除

微滤（MF）膜是一种低压力膜，孔径在 0.1～10μm 范围内。尽管这一孔径足以实现饮用水中病原体的去除，但却不能通过筛滤作用截留微污染物。曾有研究用 MF 作为再生水厂三级出水高级处理的预处理步骤（Drewes *et al.*，2003）。在滤液流量为 3.8L/min，浓缩液流量为 7.6L/min，跨膜压力为 21.6kPa 下运行的 MF 膜工艺中，对 EDTA、氮川三乙酸和烷基酚聚乙醇羧酸盐等痕量化合物的去向进行了跟踪监测。发现 MF 对氮川三乙酸和烷基酚聚乙醇羧酸盐的去除效率不高。然而，其出水的 EDTA 浓度降为 5.6μg/L，去除率达到 53%（三级出水中 EDTA 的浓度为 11.8μg/L）。目前缺乏对 MF 膜去除 EDTA 机制的理解，EDTA 很可能仅是被 MF 膜吸附去除的。澳大利亚的两家实际污水再生厂的处理效果进一步证实，MF 难以去除药物活性化合物（PhACs）和激素。

6.2.3　微污染物的超滤去除

6.2.3.1　超滤

与微滤法相似，超滤膜（UF）（10～100kDa）的截留分子量在 10～100kDa 之间，对大多数的微污染物都没有筛分作用。一项研究考虑了膜的 NOM 污染在雌二醇和布洛芬的超滤去除中的作用（Jermann *et al.*，2009）。在没有天然有机物的情况下，亲水性超滤膜（再生纤维素，100kDa，Ultracel，Millipore，英国）对上述两种物质的截留率几乎为零；然而，在采用了一种疏水性超滤膜（聚醚砜，100kDA，Biomax，M，英国）后，对雌二醇和布洛芬的截留率可分别达到了 80%和 7%。上述两种超滤膜的不同处理情况可以用疏水膜的吸附现象来解释。膜对布洛芬的截留率在开始的时候比较高（25%），之后开始降低，这表明膜的吸附现象是暂时的，吸附位饱和后，膜就不再具有吸附作用了。与布洛芬相比，膜对雌二醇的截留率更高，一方面是因为其疏水性更强，另一方面与其在实验 pH 条件下带负电有关。NaOH（pH=12.3）可以回收大部分雌二醇，因此可将其用于膜清洗过程。NOM 的影响效果取决于 NOM 自身、滤膜及微污染物的性质。在某些情况下，NOM 会占据膜的吸附位，从而降低膜对微污染物的截留率（例如用 UF 去除腐殖酸时）；而在有些情况下，NOM 形成的泥饼层可作为第二层膜，增加膜对微污染物的截留率（如用超滤膜去除藻酸盐时）。另一项研究（Majewska-Nowak 等人，2002 年）发现，聚砜膜（Ps，Sartorius）和聚砜/聚酰胺（Ds-GS，Osmonics）复合膜对阿特拉津的截留率在 pH=7 时达到最大，截留率为 20%。在有适当浓度（≤20mg/L）的腐殖酸存在时，由于阿特拉津吸附在腐殖质上，其去除率可升高到 80%；然而，当腐殖酸的浓度高于 20mg/L 时，膜对阿特拉津的截留率反而会降低，可能是因为膜的吸附位已经饱和。上述两个实验明确表明，超滤膜对微污染物的去除几乎完全取决于膜的吸附作用。从长远来看，这并不是一种可靠的处理方法。奇怪的是，在一项研究中，超滤对三氯甲烷的去除率（93%）高于反渗透和纳滤（去除率分别为81%和75%）（Waniek等人，2002）。但作者不能解释产生这一现象的原因，该实验中UF截留三氯甲烷的主要机制可能仍是膜的吸附作用。

6.2.3.2 超滤法与粉状活性炭的结合工艺

单独使用超滤法对微污染物的去除效果有限，因而超滤和粉末活性炭（PAC）吸附结合的方法受到了研究者的关注。这种联合处理方式的主要优点在于：提高了吸附动力，超滤再循环回路使混合度增加，运行灵活（Laine等，2000）。然而，关于联合处理去除微污染物方面的信息很少。针对UF（Aquasource）与PAC（Envir-Link MV125）组合工艺对岩溶泉水中三种微污染物（三氯乙烯、四氯乙烯、阿特拉津）的去除情况，Pianta等人进行了中试研究（Pianta *et al.*，1998）。发现组合工艺对阿特拉津的去除率（>99%，PAC含量为5mg/L）高于对三氯乙烯和四氯乙烯的去除率。对于后两种物质而言，只有PAC的剂量达到22mg/L时，组合工艺对它们的去除率才可能达到90%。作者们同时还强调了吸附动力学的重要性，并且表示降低膜通量，即延长微污染物和PAC的接触时间，可以提高组合工艺的性能。

除了投加量外，PAC的投加方式也会对UF-PAC处理系统的效率产生影响。在一项研究中，当在过滤循环中连续投加PAC时，联合处理过程对阿特拉津的去除率为52%；而若在循环开始时，将全部PAC（8mg/L）一次性投加，阿特拉津的去除率增加为76%（Campos *et al.*，1998）。作者解释称这与PAC对阿特拉津的吸附动力学有关，将全部PAC在开始时一次性投加，PAC与阿特拉津的接触时间增加。然而，另一研究却得到了相反的结论（Ivancev-Tumbas *et al.*，2008），该研究采用UF死端过滤模式，若在循环开始时将PAC（10mg/L）一次性投加，系统对对位硝基苯酚的去除率为39%，低于连续投加相同量的PAC时的去除率（75%）。作者将其归因于膜类型、微污染物性质和浓度等条件的不同，也可能是一次性投加PAC，导致在UF膜的毛细管内形成炭单层，削弱了PAC对微污染物的吸附动力学，同时降低了滤膜的吸附容量。

6.2.3.3 超滤与生物模块的结合（膜生物反应器）

为了提高UF的性能，可以用生物隔间代替PAC与UF联合使用，这就是人们所熟知的膜生物反应器（MBR）。在MBR工艺里，生物处理部分负责降解污染物，膜组件则用来实现固液分离（Choi和Ng，2008；Ng和Hermanowicz，2005）。MBRs有浸没式和侧流式，浸没式是将膜组件直接浸没在活性污泥池内，侧流式则是将膜过滤置于活性污泥池之外。近些年，随着低压、高通量、廉价膜的出现，MBR受到污水处理界的重视。MBR非常适合于微污染物去除的一个特别优势在于其具有很长污泥龄（SRT）（Tan *et al.*，2008）。

Reemtsma等人利用较大规模的侧流MBR处理制革废水，其主要目的是去除其中含硫芳香微污染物：萘、磺酸盐和苯并噻唑（Reemtsma *et al.*，2002）。结果表明MBR对萘单磺酸盐的去除率较大（>99%），而对萘双磺酸盐的平均去除率仅为44%。对于苯并噻唑一族中的特定化合物，分布和变化情况也是一样的：MBR去除了几乎全部的2-巯基苯并噻唑，而2-氨基苯并噻唑的含量却几乎没有变化。研究发现一部分的2-巯基苯并噻唑可以氧化为苯并噻唑-2-磺酸，这种副产物似乎不能被进一步降解。从这个角度讲，MBR技术对某些微污染物的去除效果与常规活性污泥法差别不大。针对中试MBR处理厂与三个常规活性污泥污水处理厂对PPCPs和EDCs的去除效果，Clara等人进行了综合的研究，对比发现，两种处理工艺对PPCPs和EDCs的去除效果差别不大（Clara *et al.*，2005）。对所研究的大多数化合物，去除率都在50%～60%的范围内，双酚A、布洛芬和苯扎贝特则例外，它们的去除率超过了90%。对于所有的污染物，MBR和常规活性污泥工艺的去除效果都没有明显的差异，这说明UF膜不适合某些微污染物的深度去除。

Reif等人利用浸没式MBR进行了中试研究，同样获得了对布洛芬、甲氧萘丙酸和赤霉素的高去除率，分别为98%、84%和91%。这要归因于研究者采用的超长SRT，达到了44～72d（Reif *et al.*，2007）。另外，MBR对磺胺甲恶唑和麝香香料（佳乐麝香、吐纳麝香和萨利麝香）的去除率在中等水平（>50%），可能归因于生物质对污染物部分吸附。另一方面，卡马西平、安定、双氯酚和甲氧苄胺嘧啶的可生物降解性能很差，因此系统对它们的去除效果很差（去除率<10%）。另有研究证实，很可能是生物降解和吸附现象的共同作用，使系统获得了对双酚A的良好处理效果（去除率>90%）（Nghiem *et al.*，2007）。相反，系统去除磺胺甲恶唑仅依靠生物降解作用，这也是亲水化合物去除率较差（50%）的原因。在使用分散式MBR处理含有药物活性化合物（PhACs）、磺胺类抗生素、布洛芬、苯扎贝特、雌激素和17α-炔雌醇的生活废水的过程中发现，在硝酸盐存在的好氧或缺氧环境中，这些污染物中的大多数均容易被生物降解（Abegglen *et al.*，2009）。然而，大环内酯类抗生素很难被生物降解，系统主要利用吸附作用对它们进行去除。另有研究证实，在富含硝化微生物的MBR中，17α-炔雌醇的生物降解率可超过99%（De Gusseme *et al.*，2009）。

近年来，MBR中金属物质的去向同样引起了研究者的兴趣。曾有论文研究了浸没式MBR的SRT对多种金属去除率的影响（Innocenti *et al.*，2002）。

MBR 对金属物质的去除效果同样具有很大的差别，对 Ag、Cd 和 Sn 的去除率很高（>99%），对 Cu、Hg 和 Pb 的去除率中等（>50%），对 B、Se 和 As 的去除效果较差（去除率<50%）。此外，延长 MBR 的 SRT 不会提高其对 As 、Pb、Se 和 B 的去除率。这似乎表明生物质吸附与金属的去除无关，更有可能是金属物质与滤膜之间的电荷效应直接影响了滤膜的截留效果。另有研究得到了略有不同的结论，MBR 对 As、Hg 和 Cu 的去除率较高（As 的去除率为 65%，Hg 和 Cu 的去除率均超过 90%），而另一方面对 Cd 的去除效果则稍差（去除率大于 50%）（Fatone *et al.*，2005）。这一研究还考察了 MBR 对各种多环芳香烃（PAHs）的去除效果，发现其去除率处于 58%～76%的中等水平。

在 MBR 中起降解作用的主要是生物，因而生物强化有助于提高系统对壬基酚等化合物的去除率（Cirja *et al.*，2009）。在有些情况下，为了提高对杀虫剂等微污染物的去除效果，MBR 可以进一步与 PAC 结合（Laine *et al.*，2000）。对于此类研究和 MBR 截留微污染物补充数据的总结见表 6.7。

MBR 对微污染物的去除效果 **表 6.7**

类型	微污染物	去除率（%）	参考文献
苯并噻唑	2-羟基苯并噻唑	0	（Reemtsma *et al.*，2002）
	2-巯基苯并噻唑	> 99	（Reemtsma *et al.*，2002）
	苯并噻唑	5	（Reemtsma *et al.*，2002）
	苯并噻唑-2-磺酸	0	（Reemtsma *et al.*，2002）
	甲基硫苯并噻唑	50	（Reemtsma *et al.*，2002）
内分泌干扰物（EDC）	壬基酚	91	（Clara *et al.*，2005）
	壬基酚二乙氧基化物	94	（Clara *et al.*，2005）
	壬基酚单乙氧基化物	99	（Clara *et al.*，2005）
	壬基酚氧基乙酸	0	（Clara *et al.*，2005）
	壬基酚氧乙氧基乙酸	0	（Clara *et al.*，2005）
	辛基酚	> 99	（Clara *et al.*，2005）
	辛基酚二乙氧基化物	> 99	（Clara *et al.*，2005）
	辛基酚单乙氧基化物	> 99	（Clara *et al.*，2005）
	17α-乙炔雌二醇	99	（De Gusseme *et al.*，2009）
	双酚 A	99 90	（Clara *et al.*，2005） （Nghiem *et al.*，2007）

续表

类型	微污染物	去除率（%）	参考文献
金属物质	银（Ag）	＞99	（Innocenti *et al.*，2002）
	铝（Al）	＞99	（Innocenti *et al.*，2002）
		＞96	（Fatone *et al.*，2005）
	砷（As）	65	（Fatone *et al.*，2005）
		35	（Innocenti *et al.*，2002）
	硼（B）	30	（Innocenti *et al.*，2002）
	钡（Ba）	85	（Innocenti *et al.*，2002）
	镉（Cd）	＞99	（Innocenti *et al.*，2002）
		＞50	（Fatone *et al.*，2005）
	钴（Co）	80	（Innocenti *et al.*，2002）
	铬（Cr）	75	（Fatone *et al.*，2005）
	铜（Cu）	96	（Fatone *et al.*，2005）
		85	（Innocenti *et al.*，2002）
	铁（Fe）	＞97	（Fatone *et al.*，2005）
		95	（Innocenti *et al.*，2002）
	汞（Hg）	99	（Innocenti *et al.*，2002）
		94	（Fatone *et al.*，2005）
	锰（Mn）	80	（Innocenti *et al.*，2002）
	镍（Ni）	79	（Fatone *et al.*，2005）
		60	（Innocenti *et al.*，2002）
	铅（Pb）	74	（Fatone *et al.*，2005）
		60	（Innocenti *et al.*，2002）
	硒（Se）	30	（Innocenti *et al.*，2002）
	钒（V）	90	（Innocenti *et al.*，2002）
	锌（Zn）	＞90	（Fatone *et al.*，2005）
		80	（Innocenti *et al.*，2002）
萘磺酸盐	1，7-萘二磺酸盐	40	（Reemtsma *et al.*，2002）
	2，6-萘二磺酸盐	90	（Reemtsma *et al.*，2002）
	2，7-萘二磺酸盐	0	（Reemtsma *et al.*，2002）
	1-单萘磺酸盐	＞99	（Reemtsma *et al.*，2002）
	2-单萘磺酸盐	＞99	（Reemtsma *et al.*，2002）
	1，5-萘二磺酸盐	0	（Reemtsma *et al.*，2002）
	1，6-萘二磺酸盐	80	（Reemtsma *et al.*，2002）

续表

类型	微污染物	去除率（%）	参考文献
多环芳烃（PAH）	二氢苊	76	(Fatone *et al.*, 2005)
	苊烯	>61	(Fatone *et al.*, 2005)
	菲	71	(Fatone *et al.*, 2005)
	荧蒽	65	(Fatone *et al.*, 2005)
	芴	>54	(Fatone *et al.*, 2005)
	萘	66	(Fatone *et al.*, 2005)
	芘	58	(Fatone *et al.*, 2005)
药物活性物质（PhAC）	双氯芬酸	50	(Clara *et al.*, 2005)
		0	(Reif *et al.*, 2007)
	布洛芬	99	(Reif *et al.*, 2007)
	布洛芬	99	(Clara *et al.*, 2005)
	磺胺甲恶唑	61	(Clara *et al.*, 2005)
		55	(Reif *et al.*, 2007)
		50	(Nghiem *et al.*, 2007)
	酰胺咪嗪	12	(Clara *et al.*, 2005)
		10	(Reif *et al.*, 2007)
个人护理品（PPCP）	苯扎贝特	96	(Clara *et al.*, 2005)
	安定	25	(Reif *et al.*, 2007)
	红霉素	90	(Reif *et al.*, 2007)
	佳乐麝香	60	(Reif *et al.*, 2007)
		92	(Clara *et al.*, 2005)
	甲氧萘丙酸	85	(Reif *et al.*, 2007)
	罗红霉素	>99	(Clara *et al.*, 2005)
		80	(Reif *et al.*, 2007)
	吐纳麝香	85	(Clara *et al.*, 2005)
		40	(Reif *et al.*, 2007)
	甲氧苄氨嘧啶	30	(Reif *et al.*, 2007)
	萨利麝香	50	(Reif *et al.*, 2007)

6.2.4 微污染物的反渗透去除

反渗透（RO）膜孔径在0.22～0.44nm的范围内（Kosutic和Kunst，2002）。因此，RO与纳滤类似，同样具有部分或高效去除大多数微污染物的能力（Jermann *et al.*，2009），但该过程的能耗很高（Jones *et al.*，2007）。于是低压反渗透膜的开发成为主要关注点，该膜的亲水支撑层有助于增大其水通量。除了筛滤作用外，遍布膜孔穴的扩散和静电作用同样会影响溶质在 RO 内的运输。因此，孔径最小并不意味着对微污染物的截留效果最好（Kosutic 和 Kunst，2002）。研究发现：对于 2-丁酮，这一现象尤为明显，疏松膜对其去除效果更好；此外与阿特拉津相比，杀虫剂三唑酮的分子尺寸和质量更高，而其截留率仅为 58%～82%，低于阿特拉津的 80%～99%。RO 膜和纳滤膜最大的区别在于它们的选择性，RO 膜可以截留所有的离子（包括单价离子），而纳滤膜仅能截留多价离子（Li，2007）。

对于 RO 去除微污染物的早期研究可追溯至 20 世纪 80 年代。当时发现，RO 对大多数金属物质的截留率均较高（>75%），对三卤甲烷、二卤甲烷和烷基酚等有机微污染物的去除效果则较差（Hrubec *et al.*，1983）。之后，Hofman 等人对不同类型的 RO 膜去除微污染物（包括多种杀虫剂和氯苯酚）的效果进行了研究（Hofman 等人，1997），发现超低压 RO 膜较聚酰胺膜更具竞争力，它几乎可以将所有被测试化合物的浓度截留至检出限以下，而醋酸纤维素膜的性能则较差。

Kimura 等人曾对 RO 去除 DBPs、EDCs 和 PhACs 的情况作过一个非常综合的研究（Kimura 等人，2003b）。研究发现，吸附是去除微污染物的最初机制，很快筛滤和电荷效应成为微污染物去除的主要机制。RO 对带负电荷分子的截留率（>90%）明显高于对不带电化合物的截留率（<90%）。但 EDC 双酚 A 是一个例外，尽管是中性（不带电荷）分子，超低压反渗透膜（RO-XLE，FilmTec，Vista，CA）对它的去除率仍高达 99%。在后来的研究中证实，除了药物化合物磺胺甲恶唑之外，聚酰胺膜去除微污染物的总体性能要比醋酸纤维素 RO 膜好（Kimura 等人，2004）。对于各种各样的抗生素，聚酰胺膜同样具有良好性能，截留率可达 97%以上（Kosutic *et al.*，2007）。

另一研究进一步表明，RO 对 EDCs 和 PhACs 的去除率可高于 90%，大多数被研究化合物在透过液中的含量均低于检测水平（<25ng/L）（Comerton 等人，2008）。对两个实际污水处理厂的研究进一步发现，RO 是处理 PhACs 和非固醇类雌激素化合物的最有效方式（Al-Rifai *et al.*，2007）。在一个历时 10h 的过滤测试中，BW-30 RO 膜（Dow FilmTec，Minneapolis，MN）截留了全部的抗生素三氯生（Nghiem 和 Coleman，2008）。然而，在两个全规模 RO 装置的渗透水中却发现了咖啡因（Drewes *et al.*，2005），因为咖啡因的亲水性和非离子性限制了空间排阻效应对它的截留作用。该研究还发现，RO 膜对三氯甲烷的截留效果同样有限，截留率在 50%～85%的范围内。

对于其他类型的膜，NOM 污染可作为第二层膜，增加膜对疏水非离子分子的截留率。然而，在有些情况下，NOM 污染却可导致膜膨胀，降低膜的截留能力（Xu *et al.*，2006）。另外发现，膜污染对三醋酸纤维素 RO 膜和超低压 RO 膜的影响要大于复合薄膜，这说明膜本身的性质非常重要。当然，污染物的性质同样很重要，正如人们所知：胶体污染是膜通量下降和透过水水质下降的主要原因（Ng and Elimelech，2004）。该研究中，胶体污染导致 RO 膜（LFC-1，Hydranautics，Oceanside，CA）对激素（雌二醇和黄体酮）的截留率下降；且与盐和惰性有机溶质污染相反，膜的水通量稳定后，RO 膜对激素的截留率仍会继续下降。因此，在胶体存在（200mg/L）的情况下，RO 对激素的截留率会持续降低，从最初的 95%，到 110h 后的 75%～85%。这表明，RO 膜对激素的去除主要依靠其吸附作用，而对于大分子有机物的去除主要依赖于空间排阻效应。此外，在该错流实验中，膜过滤室的通道高度降低 1/2，RO 对激素的截留率可增加 10%，这显示了剪切力的重要性。增大剪切速率，膜对激素的截留率升高，是因为剪切力作用削弱了浓差极化。RO 膜去除微污染物的综合数据见表 6.8。

反渗透（RO）对微污染物的去除　　表 6.8

类 别	微污染物	去除率(%)	参 考 文 献
酸类	乙酸	>99	(Ozaki 和 Li,2002)
	二氯乙酸	95	(Kimura *et al.*,2003b)
醇类	2-丙醇	86	(Kosutic *et al.*,2007)
	苯甲醇	85	(Ozaki 和 Li,2002)
	丁四醇	93	(Ng 和 Elimelech,2004)
	乙醇	40	(Ozaki 和 Li,2002)
	乙二醇	43	(Ng 和 Elimelech,2004)
		50	(Ozaki 和 Li,2002)
	丙三醇	92	(Kosutic *et al.*,2007)
		93	(Ng 和 Elimelech,2004)
	甲醇	25	(Ozaki 和 Li,2002)
	邻硝基苯酚	90	(Ozaki 和 Li,2002)
	苯酚	75	(Ozaki 和 Li,2002)
	对硝基苯酚	95	(Ozaki 和 Li,2002)
	三甘醇	90	(Ozaki 和 Li,2002)
烷烃	烷烃	90	(Hrubec *et al.*,1983)
烷基苯	C_1 烷基苯	8	(Hrubec *et al.*,1983)
	C_2 烷基苯	8	(Hrubec *et al.*,1983)
	C_3 烷基苯	80	(Hrubec *et al.*,1983)
	C_4 烷基苯	85	(Hrubec *et al.*,1983)
	C_5 烷基苯	90	(Hrubec *et al.*,1983)

续表

类　别	微污染物	去除率(%)	参考文献
烷基茚	烷基茚	90	(Hrubec *et al.*,1983)
烷基萘	烷基萘	15	(Hrubec *et al.*,1983)
烷基酚	烷基酚	70	(Hrubec *et al.*,1983)
抗生素	三氯生	>99	(Nghiem 和 Coleman,2008)
镇静剂	普里米酮	>99	(Drewes *et al.*,2005)
芳香酸	2,4-二羟苯甲酸	90	(Xu *et al.*,2006)
	2-萘磺酸	90	(Xu *et al.*,2006)
芳香胺类	苯胺	75	(Ozaki 和 Li,2002)
芳香烃	苯	8	(Hrubec *et al.*,1983)
碳水化合物	葡萄糖	95	(Ozaki 和 Li,2002)
	木糖	95	(Ng 和 Elimelech,2004)
氯化脂肪族化合物	二氯甲烷	0	(Hrubec *et al.*,1983)
氯酚类	2,3,6-三氯酚	>99	(Hofman *et al.*,1997)
	2,3-二氯酚	95	(Ozaki 和 Li,2002)
	2,4,5-三氯酚	95	(Ozaki 和 Li,2002)
	2,4,6-三氯酚	>99	(Hofman *et al.*,1997)
	2,4-二氯酚	90	(Ozaki 和 Li,2002)
		>99	(Hofman *et al.*,1997)
	2,4-二硝基酚	95	(Ozaki 和 Li,2002)
	2,6-二氯酚	>99	(Hofman *et al.*,1997)
	4-氯酚	65	(Ozaki 和 Li,2002)
	五氯酚	99	(Ozaki 和 Li,2002)
		>99	(Hofman *et al.*,1997)
氯代磷酸盐	氯代磷酸盐	60	(Hrubec *et al.*,1983)
环烃	环烃	80	(Hrubec *et al.*,1983)
	环己酮	98	(Kosutic *et al.*,2007)
消毒副产物	三溴甲烷	95	(Drewes *et al.*,2005)
	三氯乙酸	96	(Kimura *et al.*,2003b)
内分泌干扰物(EDC)	黄体酮	85	(Ng 和 Elimelech,2004)
	睾酮	>91	(Drewes *et al.*,2005)
	二已炔雌醇	>99	(Comerton *et al.*,2008)
	马烯雌酮	98	(Comerton *et al.*,2008)

续表

类别	微污染物	去除率(%)	参考文献
内分泌干扰物(EDC)	二乙基甲苯酰胺(DEET)	92	(Comerton *et al.*,2008)
	雌酮	98	(Comerton *et al.*,2008)
	17α-雌二醇	97	(Comerton *et al.*,2008)
		83	(Kimura *et al.*,2004)
	17β-雌二醇	96	(Comerton *et al.*,2008)
		>93	(Drewes *et al.*,2005)
	雌二醇	90	(Ng 和 Elimelech,2004)
	雌三醇	91	(Comerton *et al.*,2008)
		>80	(Drewes *et al.*,2005)
	17α-乙炔雌二醇	98	(Comerton *et al.*,2008)
	甲草胺	95	(Comerton *et al.*,2008)
	阿特拉通	92	(Comerton *et al.*,2008)
	胺甲萘	79	(Kimura *et al.*,2004)
	异丙甲草胺	95	(Comerton *et al.*,2008)
	双酚 A	66	(Drewes *et al.*,2005)
		83	(Kimura *et al.*,2004)
		95	(Comerton *et al.*,2008)
		99	(Kimura *et al.*,2003b)
	氧苯酮	>99	(Comerton *et al.*,2008)
阻燃剂	三(1,3-二氯-2-丙基)-磷酸盐	>99	(Drewes *et al.*,2005)
	三(2-氯乙基)-磷酸盐	>99	(Drewes *et al.*,2005)
	三(2-氯代异丙基)-磷酸盐	>99	(Drewes *et al.*,2005)
金属物质	砷(As)	88	(Hrubec *et al.*,1983)
	镉(Cd)	75	(Hrubec *et al.*,1983)
	铬(Cr)	72	(Hrubec *et al.*,1983)
	铜(Cu)	72	(Hrubec *et al.*,1983)
	汞(Hg)	0	(Hrubec *et al.*,1983)
	钼(Mo)	71	(Hrubec *et al.*,1983)
	镍(Ni)	85	(Hrubec *et al.*,1983)
	铅(Pb)	85	(Hrubec *et al.*,1983)
	锌(Zn)	75	(Hrubec *et al.*,1983)

续表

类　别	微污染物	去除率(%)	参考文献
多环芳烃(PAH)	氢萘	75	(Hrubec *et al.*, 1983)
	萘	15	(Hrubec *et al.*, 1983)
杀虫剂	阿特拉津	99	(Kosutic 和 Kunst, 2002)
		>99	(Hofman *et al.*, 1997)
	苯达松	>99	(Hofman *et al.*, 1997)
	敌草隆	>99	(Hofman *et al.*, 1997)
	二硝甲酚	>99	(Hofman *et al.*, 1997)
	甲基氯苯氧乙酸	94	(Kosutic 和 Kunst, 2002)
		95	(Ozaki 和 Li, 2002)
		>99	(Hofman *et al.*, 1997)
	氯苯氧丙酸	>99	(Hofman *et al.*, 1997)
	甲霜灵	>99	(Hofman *et al.*, 1997)
	苯嗪草酮	>99	(Hofman *et al.*, 1997)
	赛克津	>99	(Hofman *et al.*, 1997)
	抗蚜威	>99	(Hofman *et al.*, 1997)
	苯胺灵	97	(Kosutic 和 Kunst, 2002)
	西玛津	>99	(Hofman *et al.*, 1997)
	三唑酮	83	(Kosutic 和 Kunst, 2002)
	乙烯菌核利	>99	(Hofman *et al.*, 1997)
石油化学产品	1,2-乙二醇	62	(Kosutic 和 Kunst, 2002)
	2-丁酮	66	(Kosutic *et al.*, 2007)
		78	(Kosutic 和 Kunst, 2002)
	乙酸乙酯	75	(Kosutic 和 Kunst, 2002)
	甲醛	31	(Kosutic 和 Kunst, 2002)
	二氢化茚	90	(Hrubec *et al.*, 1983)
药物活性物质(PhAC)	二氯芬酸	95	(Kimura *et al.*, 2003b)
	异丙基安替比林	78	(Kimura *et al.*, 2004)
	对乙酰氨苯乙醚	71	(Kimura *et al.*, 2003b)
		74	(Kimura *et al.*, 2004)
	普里米酮	84	(Kimura *et al.*, 2003b)
		87	(Kimura *et al.*, 2004)
		90	(Xu *et al.*, 2006)

续表

类 别	微污染物	去除率(%)	参 考 文 献
药物活性物质(PhAC)	卡巴多司	90	(Comerton *et al.*, 2008)
	恩诺沙星	99	(Kosutic *et al.*, 2007)
	左旋咪唑	99	(Kosutic *et al.*, 2007)
	MBIK	97	(Kosutic *et al.*, 2007)
	氧四环素	99	(Kosutic *et al.*, 2007)
	吡喹酮	99	(Kosutic *et al.*, 2007)
	磺胺氯哒嗪	94	(Comerton *et al.*, 2008)
	磺胺嘧啶	99	(Kosutic *et al.*, 2007)
	磺胺胍	99	(Kosutic *et al.*, 2007)
	磺胺甲基嘧啶	88	(Comerton *et al.*, 2008)
	磺胺二甲嘧啶	99	(Kosutic *et al.*, 2007)
	磺胺甲二唑	93	(Comerton *et al.*, 2008)
	磺胺甲恶唑	70	(Kimura *et al.*, 2004)
		94	(Comerton *et al.*, 2008)
	甲氧苄氨嘧啶	99	(Kosutic *et al.*, 2007)
	卡马西平	91	(Kimura *et al.*, 2004)
	卡马西平	91	(Comerton *et al.*, 2008)
	对乙酰氨基酚	82	(Comerton *et al.*, 2008)
	二甲苯氧庚酸	98	(Comerton *et al.*, 2008)
	咖啡因	70	(Kimura *et al.*, 2004)
		87	(Comerton *et al.*, 2008)
苯基苯酚	4-苯基苯酚	61	(Kimura *et al.*, 2004)
磷酸酯	有机磷酸酯	60	(Hrubec *et al.*, 1983)
邻苯二甲酸盐	邻苯二甲酸盐	55	(Hrubec *et al.*, 1983)
磺胺	磺胺	10	(Hrubec *et al.*, 1983)
代用品	2-萘酚	43	(Kimura *et al.*, 2003b)
		57	(Kimura *et al.*, 2004)
	蒽碳酸	96	(Kimura *et al.*, 2003b)
	水杨酸	92	(Kimura *et al.*, 2003b)
代谢物	尿素	30	(Ozaki 和 Li, 2002)

续表

类别	微污染物	去除率(%)	参考文献
三卤甲烷	三溴甲烷	80	(Xu *et al.*, 2006)
		13	(Hrubec *et al.*, 1983)
	溴二氯甲烷	6	(Hrubec *et al.*, 1983)
	二溴氯甲烷	> 99	(Hrubec *et al.*, 1983)
		80	(Xu *et al.*, 2006)
	三氯乙烯	5	(Hrubec *et al.*, 1983)
	三氯甲烷	25	(Xu *et al.*, 2006)
		85	(Drewes *et al.*, 2005)

6.2.5 电渗析

最近，尿液的电渗析处理预示着电渗析膜在去除微污染物方面的潜能。即使对于尿液中的主要化合物炔雌醇，长期运行的实验室电渗析膜（Mega a. s.，Prague，Czech Republic）也能将其全部去除；但是对双氯酚、卡马西平、普萘洛尔和布洛芬等化合物，RO膜仅能够暂时获得较高的截留率，表明RO膜对此类分子的截留主要取决于膜的吸附作用（Pronk *et al.*，2006）。总的来说，在电渗析处理、序批式活性污泥法、纳滤、鸟粪石沉淀和臭氧处理五个处理工艺中，电渗析处理尿液的性能最好，雌激素活性的去除率可达到99.7%（Escher *et al.*，2006）。

第 7 章　微污染物的生物处理

7.1　引言

市政污水是微污染物的主要来源，微污染物多存于家用产品（洗涤剂、日用化妆品和涂料）和人体排泄物（药物和代谢物、合成激素）中（Bruchet *et al.*，2002；Bicchi *et al.*，2009）。在使用后，药物会以原样或代谢物形式经粪便和尿液排出，然后直接进入污水（Löffler *et al.*，2005）。根据污水的性质进行分离和处理，可以避免药物成分进入污水，进而避免药物进入环境。

7.2　微污染物的来源——城市污水

许多研究显示，污水处理厂（WWTP）接收了各种类型的微污染物。常规污水处理只能部分去除这些微污染物，许多 WWTPs 出水中仍可检测到它们的存在（Desbrow *et al.*，1998；Pickering 和 Sumpter，2003）。WWTPs 进水中一些药物的典型浓度和去除率见表 7.1。部分药物（微污染物的重要亚类）的危害见表 7.2。Hammer 等人（2005）采用了数据库评估法对环境中的药物残留进行了研究，结果发现原污水和处理后的污水都明显含有药物成分，见表 7.3。

WWTP 中一些药物的浓度和去除效率（Wang，2009）　　**表 7.1**

药　物	进水浓度（μg/L）	去除率（%）	参考文献
阿司匹林	0.34～3.1	81～88	（Heberer，2002）
苯扎贝特	1.2～5.3	27～83	（Ternes，1988）
咖啡因	230	99.9	（Heberer，2002）
卡马西平	1.78～2.1	7～8	（Heberer，2002）
氯贝酸	0.46～1.2	0～15	（Heberer，2002）
环磷酰胺	0.007～0.143	0～94	（StegerHartmann *et al.*，1997）
二氯芬酸	0.035～3.02	69～98	（Heberer，2002）
非诺贝酸	0.5～1.03	6～64	（Stumpf *et al.*，1999）

续表

药　物	进水浓度（μg/L）	去除率（%）	参考文献
二甲苯氧庚酸	0.35～0.9	16～69	（Ternes，1988；Stumpf *et al.*，1999）
布洛芬	0.3～4.1	90	（Ternes，1988；Stumpf *et al.*，1999）
酮洛芬	0.6	48～69	（Stumpf *et al.*，1999）
纳普生	0.6～1.3	15～78	（Ternes，1988）
安替比林	0.3	33	（Ternes，1988）

药品及其危害（Wang，2009）　　**表7.2**

药品种类	实　例	危害（剂量和毒性）
抗生素	盘尼西林、磺胺甲恶唑	使用量大（在美国，大约为23000t/a）；具有毒性，且会使细菌产生抗药性
止痛剂	布洛芬、萘普生、酮洛芬	处方药和非处方药用量极大（美国每年可售出7000万剂处方药和300亿剂非处方药）；未有相关的毒性说明
镇静剂	卡马西平、苯巴比妥	已在环境中检测到；难降解
血脂调节剂	氯贝酸、二甲苯氧庚酸	长期处方药；非常普遍
β-阻断剂	普萘洛尔、美托洛尔	用量大；已在环境中检测到
抗抑郁剂	氟西汀、利培酮	消耗量大；需进行毒性试验
抗阻胺剂	氟雷他定、西替利嗪	通常作为非处方药
其他	避孕药、雌激素	与内分泌干扰素相关

废水中药物的分析　　**表7.3**

药物的名称	废水类型	最低浓度（ng/L）	最高浓度（ng/L）	平均浓度（ng/L）
苯扎贝特	WWTP出水	485	2610	1765
	原废水	405	5600	2935
卡马西平	WWTP出水	920	2100	1605
	原废水	1200	2200	1580
二氯芬酸	WWTP出水	750	1500	1080
	原废水	1625	1900	1808
美托洛尔	WWTP出水	615	1700	1015
	原废水	425	7200	3041
索他洛尔	WWTP出水	630	1320	975
	原废水	800	1600	1200

Bruchet 等人（2002）分析了三家法国 WWTPs 的进水，检测出 200 多种化合物，包括各种内分泌干扰素、药物与个人护理品（PPCPs）。检测出的重要污染物包括乙二醇醚、邻苯二甲酯、壬基酚、麻醉剂、激素、个人护理品（PCPs）、洗涤剂、添加剂和 1，1，1-三氯乙烷等不良化合物、酚和对甲酚、2，4-二氯酚、二甲基三硫、嘧啶、塞拉霉素和鲁米诺等。在德国的一家城市 WWTP 的机械处理单元、生物处理单元以及污泥处理单元内，检测出了强烈内分泌干扰物雌酮（E1）和 17β-雌二醇（E2）以及大多数避孕药物的有效成分 17α-乙炔雌二醇（EE2）（Andersen *et al.*，2003）。Heberer 在污水处理厂出水、地表水，甚至地下水中发现了 80 多种化合物（Heberer，2002）。

尽管人们对这一课题的研究越来越多，但由于微污染化学分析困难且费用昂贵，许多国家仍未查明有关废水中存在的微污染物及其浓度的信息。2003 年，Carballa 等人检测了西班牙人对 17 种药物和两种麝香香料的消耗水平，以及两种激素的分泌率。他们使用了 3 种模型：第一，对于麝香香料，利用欧洲人的日平均使用量来推算西班牙居民的使用量；第二，对于药物，用日平均用量乘以每年处方药名目计算；第三，对于激素，不同人群的排泄率不同。将上述物质进入污处理水厂的预期浓度与原污水中的检测浓度进行比较，他们明显发现：选定的 21 种物质中，半数物质的预测浓度和测定浓度相一致（如卡马西平、安定、布洛芬、萘普生、二氯芬酸、磺胺甲恶唑、罗红霉素、红霉素和 17α-炔雌醇）。

6.2 节已对 WWTPs 去除的和出水中残留的各种微污染物作了详细讨论。未被生物降解或去除的微污染物随处理水进入受纳水体，或者是通过污泥处置排放到陆地。如此，它们仍是微污染物的来源，仍会危害环境和有机生物体。环境中药物存在的信息通常局限在母体化合物。但是，某些微污染物的代谢产物在排放时的浓度要高于母体化合物。例如，在安大略省地表水和一家 WWTP 的进水和出水水样中，卡马西平的代谢物 10，11-双氢-10，11-二羟基卡马西平的浓度是其母体卡马西平浓度的 3～4 倍（Miao 和 Metcalf，2003）。

目前，对受纳水体中微污染物的担忧要求开发污水处理的新方法。污水处理厂的设计目的是处理大量按期到来的大量污染物质（首要的是有机物、氮和磷营养物质）。药物与这些物质的变化过程完全不同，它们是污水处理厂中具有独特行为的化合物，仅占污水有机负荷的很小一部分（Larsen *et al.*，2004）。从去除微污染物转向降低其环境排放这方面，进行尿液源头分离降低 WWTP 进水的微污染物负荷成为一个新的研究课题（Henze，1997；Larsen 和 Gujer，2001；Larsen *et al.*，2004）。

7.2.1 尿液源头分离及其优点

源头分离这一卫生概念是指将黑水（厕所水）的收集、传输和处理过程与灰水（淋浴水、沐浴水、厨房废水和洗衣房废水）相分离，这样不仅可以回收能量和营养物质，而且可以将微污染物控制在相对较小的体积内（Larsen *et al.*，2004；De Mes，2007）。对于收集自Hansaplatz，Hamburg（HH）公共小便斗和Stahnsdorf，Berlin分离系统的尿液，所研究的药物残留及其检测浓度（若有的话）见表7.4。

药物残留的浓度（Tettenborn，2008） **表7.4**

药物种类	药物浓度（μg/L）				
	平均值	标准差	95%置信度	最小值	最大值
苯扎贝特	362	241	211	192	846
β-谷甾醇	32	11	10	18	52
二氯芬酸	21	12	10	9	45
卡马西平	17	8	7	4	29
非那西丁	7	9	8	1	23
己酮可可碱	7	2	2	3	9
安替比林	3	1	1	2	4

厕所的类型多样，但对于尿液源头分离，NoMix厕所是一项很有前途的创新技术（http：//www. novaquatis. eawag. ch/index _ EN）。Rossi等人（2009）对厕所使用、冲便行为和回收的尿液进行了研究，结果发现：工作日的厕所使用值为5.2次/(人·d)，周末为6.3/(人·d)，其中30%～85%为小便。他们还计算了NoMix厕所每被使用一次有效接收的尿量，家用厕所和女厕所分别是为138mL/次和309mL/次，其中家用厕所的最大回收率为预期尿量的70%～75%。

许多人为药品是通过尿液排出的，尿液源头分离概念正是以此为基础的。因此，尿液分离系统可以从源头上阻止微污染物进入废水系统，进而阻止它们进入环境。人体的药物排泄途径有3种（Ternes和Joss，2006），即：

（1）随尿液从肾脏排出；

（2）随胆汁和肠道经粪便排出；

（3）随呼吸经肺部排出。

一般认为，肾脏排泄是大部分药物的主要排泄方式，可通过新陈代谢或非新陈代代谢两种形式进行。在评估污水处理厂负荷时，应将未发生代谢的化合物考虑在内，因为共轭化合物会在生物处理过程中分解（Ternes和Joss，2006）。为了研究尿液源头分离的效果，Lienert *et al.*（2007）对官方的药物数据进行了定量筛选。他们对212种药物活性成分（AI）的排泄路径作了分析，发现对任一种活性成分而言，平均有64%±27%经尿液排出，有35%±26%经粪便排出，尿液排出的部分有42%±28%是已被代谢的。94%±4%X射线对比剂是通过尿液排出的，而尿液源头分离则能够有效去除这种售价高且难降解性的物质。但一些药物，如细胞抑制剂，其经尿液排出部分所占的比例从6%到98%不等。这些数值随着化合物类型的改变变化很大。因此，单独使用尿液分离技术时要注意，并非所有化合物都可以通过尿液分离（Lienert *et al.*，2007）。

尽管不能确定尿液源头分离对所有微污染的分离效率，但它仍有明显优势，它可以阻止潜在有害的微污染物进入废水系统。目前运行的污水处理厂只能处理部分微污染物，而采用高级处理工艺去除药物的花费很高，于是人们更加关注尿液的源头分离（Environment Canada，2009）。如此，就可以通过尿液源头分离减小污水处理厂的规模和运行费用。

尿液源头分离的另一优势是分离出的待处理废水体积相对较少。药物主要存在于一个很小的废水流（黑水）内，于是可以通过对该废水流的单独管理来处理目标污染物。生活废水产生量的典型值为200L/(人·d)。然而，在未稀释或采用真空卫生间的条件下，尿液的产量为1.5～7.5 L/(人·d)。如果采用这种方式，这一小股废水流中的可收集药物就可能具有最高浓度（Kujawa-Roeleveld等，2006，2008），药物的浓度为城市废水后浓度的100倍左右（Ternes和Joss，2006）。为了评价浓缩流单独处理对药物化合物的去除效果，Kujawa-Roeleveld等人（2006）对源头分离的尿液、黑水（以最大值计）和污水处理厂进水（来源于合流污水管道）中的排泄药物浓度进行了比较，见表7.5。他们考虑了最坏的方案，假设所有人都会按WHO规定的日最大剂量（WHO，2006）服用指定药物，并且排泄的药物中有相当的比例是原有化合物。这些数据确实说明源头分离在浓缩废水流，阻止微污染物的稀释，进而在解决污水处理厂进水中痕量药物所带来的问题方面有重要作用。

不同污水中药物的浓度（Kujawa-Roeleveld等，2006）　　**表7.5**

示例化合物	浓度（μg/L）		
	源头分离废水①		WWTP进水②
	尿　液	黑　水	
布洛芬（止痛剂）	80000	16000	27
卡马西平（镇痛剂）	13000	2700	0.25～2.2

① 在假设所有人都按规定的日最大剂量服用药物并且排泄物中有一定比例的母体化合物的基础上，经计算获得。

② 来自于合流污水管道。

采用尿液源头分离的主要原因是：它能够提高对涉及营养物质和微污染物的

水污染的控制，并且可以阻断营养物质的循环。瑞士联邦水科学与技术委员会（Eawag）认为：尿液源头分离可以作为控制水污染的主要辅助方式（Bryner，2007）。尽管尿量不到废水总量的1%，但是它包含了污水中大多数的营养物质和许多来源于人体代谢的微污染物。在多数情况下，有效的尿液源头分离能够弥补老式污水处理厂在营养物质去除方面的不足，那么仅需很少的技术工作就可满足更加严格的磷阈值（Larsen和Gujer，1996）。除了可以控制水污染外，尿液源头分离还为营养物质回收利用（一项可持续发展问题，尤其是对磷而言）提供了一种很有前途的解决方案（Driver *et al.*，1999；Lienert *et al.*，2003；Maurer *et al.*，2003）。为了去除和回收尿液中的营养物质，主要是氮化物和磷酸盐，人们对多种不同的技术进行了研究（Udert *et al.*，2003；Pronk *et al.*，2006；Wilsenach和van Loosdrecht，2006；Ronteltap *et al.*，2007）。尿液分离的最重要方面可能是，可以利用现有的基础设施（管道和污水处理厂），对现存污水系统进行灵活地调整而不致损失资金。Larsen和Gujer（1996）提出了一个过渡方案，即先将尿液储于住户家中，待污水处理厂需要氮元素时再排放。此外，储存容量必须可选择，从而避免尿液出现在合流制系统污水溢流液（CSO，下雨时污水未经处理即排入受纳水体）中。在瑞士一个典型的污水处理厂，Rauch等人（2003）提出，采用可集成于卫生间本身的中等储存容量（每个卫生间10L）和一些简单的控制策略，就可使水厂的硝化能力增加30%，CSOs中尿液减少50%（Larsen *et al.*，2004）。

另一方面，尿液源头分离有一定的局限性。例如，只有当收集的尿液稀释到很低浓度时，才能对其进行处理（Ternes和Joss，2006；Joss *et al.*，2006）。另外，粪便药物的亲脂性一般较强，更容易吸附在粪便上面，最终存于污泥中（Lienert *et al.*，2007）。因此，需采取适当的技术对污泥中这些微污染物进行处理。

7.2.2　源头分离尿液的生物降解

尿液是含有许多水溶性人体代谢废物的混合液。一旦尿液离开尿道，尿素就会快速水解，源头分离尿液中的氨或胺的浓度以及pH就会迅速增大。尿液生物处理的研究主要集中在部分硝化方面，目的是让尿液保持稳定以待进一步研究（将pH降到7以下，这样可以阻止氨的挥发），或者是作为自养反硝化去除氮的第一步（Udert *et al.*，2003）。从实验中得知，尿液中的有机成分大约有85%是可生物降解的（Udert *et al.*，2002）。

当前，对于源头分离的尿液中微污染物生物降解性能的研究非常有限。其中第一个研究成果指出：在处理尿液的生物反应器中，天然雌激素的半衰期不到

15min。与污水处理厂相比，经源头分离的尿液中药物的浓度相当高（是污水中浓度的100～500倍），因此它在尿液处理系统中转化和降解度会更高；而且由于尿液的有机负荷很低，因此可以在成本相当低的条件下，维持一个更高的固体停留时间。在有机负荷高峰期，污水处理厂会发生底物抑制现象；而尿液处理系统就可以很容易的避免底物抑制的发生，不过这将需要一定的存储容量（Larsen *et al.*，2004）。

Kujawa-Roeleveld等人（2008）在不同环境条件（氧化还原作用、温度和接种类型）下，对8种药品活性化合物的可生物降解性能进行了研究。为了能将研究结果延伸到更广泛的环境相关微污染物，选择的8种化合物具有不同的物理、化学和生物性能，它们分别是乙酰水杨酸、苯扎贝特、夫马西平、氯贝酸、二氯芬酸、非诺贝特、布洛芬和美托洛尔。对于其中一些化合物（夫马西平、二氯芬酸和布洛芬）在污水处理系统中的变化过程，已有文献在某种程度上对其进行了描述。但是，对于基于源头分离的污水处理系统中微污染物的去除过程，人们还知之甚少。采用的药物最初浓度比常规处理厂进水中药物浓度高出很多（较低mg/L级对低μg/L级），这是因为研究结果必须能实用于浓黑水和尿液。表7.6所示的结果表明，在好氧条件下，8种化合物中的多种都是可生物降解的。多数情况下，给定化合物的生物降解程度取决于其与微生物接触的时间。据报道，好氧生物降解要比缺氧降解快得多，而且提高操作温度能够加速生物降解过程。在厌氧条件下，通过延长水力停留时间（HRT＝30d），一些化合物（乙酰水杨酸、非诺贝特和布洛芬）就可以被降解，但是降解速率要比在好氧和缺氧条件下低得多。进一步发现，厌氧预处理＋好氧主体处理＋三级物化深度处理可以去除源头分离废水中的难降解物质。

不同环境条件下药物的生物转化率（Kujawa-Roeleveld *et al.*，2008） **表7.6**

药　品	好氧（20℃）	好氧（10℃）	缺氧（20℃）	缺氧（10℃）	厌氧（30℃）
乙酰水杨酸	+++	+++	++	++	+
非诺贝特	+++	++	++	++	+
布洛芬	++	++	+	+	+
美托洛尔	++	+	+	−	−
苯扎贝特	±	±	+	−	−
二氯芬酸	±	±	−	−	−
卡马西平	−	−	−	−	−
氯贝酸	−	−	−	−	−

可生物转化性："+++"表示很高；"++"表示高；"+"表示中等；"±"表示仅当HRTs>2d时降解；"−"表示不能生物转化。

天然激素雌酮（E1）和17β-雌二醇（E2）以及合成激素17α-乙炔雌二醇（EE2）都是具有最强雌激素效应的内分泌干扰化合物（EDCs）。它们大多经尿液排出，少数经粪便排出。因此，当采用了源头分离系统时，这些雌激素几乎全部存于黑水中。尽管在这种存在形式下，它们不再具有雌激素效应，但微生物酶会将这些轭合物裂解成最初的活性形式。与葡萄糖轭合物相比，硫酸盐轭合物更加稳定，其在处理生活废水的化粪池中的含量不变（D'Ascenzo *et al.*，2003）。

雌激素的厌氧生物降解速率很慢，甚至根本就不会发生，且其中会有高达60%吸附在污泥上（De Mes，2007）。在厌氧条件下，E1和E2可以相互转化。Lee和Liu（2002）向温度为21℃的厌氧环境中投加E2，使其初始浓度为2mg/L，20天后发现有60%的E2转化为E1。在采用湖泊沉积物进行研究的过程中，Czajka和Londry（2006）报道了类似的发现。Czajka和Londry（2006）分别对产甲烷、硝酸盐还原、硫酸盐还原以及铁还原条件下，E2的厌氧转化过程进行了研究。结果发现在所有的情况下，E1和E2的总量在383天中仅下降了10%。然而在有氧条件下，几乎所有的E1、E2和EE2均可被去除（Ternes *et al.*，1999）。

De Mes对集中式黑水处理系统中E1和E2的变化过程进行了研究，处理系统由上流式厌氧污泥床（UASB）化粪池和微氧后处理组成（De Mes，2007）。在UASB化粪池出水中，E1和E2的总浓度分别为4.02μg/L和18.69μg/L，它们都包含轭合物（对于E1，比例>70%；对于E2，比例>80%）和非轭合物两种存在形式，但没有检测到EE2。在微氧后处理的出水中，E1和E2的浓度分别为1.37±1.45μg/L和0.65±0.78μg/L。在最后的出水中，77%的非轭合E1和82%非轭合E2与颗粒物（> 1.2μm）结合在一起，表明这两种化合物均具有很强的吸附亲和势。在UASB化粪池出水中加入E1、E2、EE2和与硫酸盐轭合的E2，发现微氧后处理对E2和EE2的去除率都高于99%，对E1的去除率为83%。

7.3 微污染物的生物处理

由于微污染物具有潜在的内分泌干扰活性，因此人们在过去的十年里尤为重视其环境命运和行为。这些微污染物包括合成有机化学物质（如杀虫剂、多氯联苯）、多种工业用或家用化学药品、药物、个人护理品及天然激素。药品及人体护理品（如抗生素、香水、雌激素、抗氧化剂、动物增长激素、消毒剂、抗菌化合物、防火剂、精神病治疗药物、驱虫剂、肥皂、表面活性剂和X射线对比剂）、工业用与家用化学药品（如增塑剂和溶剂）以及工业和家庭生产过程的副产物

（多环芳香烃化合物-PAHs、二噁英）都是内分泌干扰物（Caliman 和 Gavrilescu，2009）。越来越多的证据显示，EDCs 可以仿制、阻碍或干扰激素的功能，进而干扰内分泌系统，最终给人体和其他有机体的生殖和健康带来影响（Joffe，2001；WHO，2002；Vajda *et al.*，2006；Bolong *et al.*，2009）。有些微污染物或它们的代谢物不能在污水处理厂内达到完全去除，从而进入地表和地下水。通过饮水和食用体内富集难降解微污染物的水产品，人类就会接触到此类污染物。因此，应当采取适当的处理技术，防止人和生物体通过 WWTP 出水接触微污染物。这需要理解各种化合物的转化过程，了解影响化合物在生物单元内去除情况的因素，完善现存的处理系统，或开发新系统。

7.3.1 微污染物分析

可处理性研究的目的是评估化合物的可降解性和处理单元的性能，需要对涉及的化合物进行合理的分析和准确的检测。然而，对于微污染物，尤其是废水和污泥等混合基质中的微污染物，其检测工作很具有挑战性。这是因为：(1) 微污染物的浓度多在痕量级，通常以 μg/L 或 ng/L 为单位，于是需要通过萃取对其进行浓缩。然而，污染物在废水和污泥等混合基质中的含量极低，难以对其进行分析，而且可严重影响其提取和分析过程。因此，具有高灵敏度的测量方法是必不可少的（Bolong *et al.*，2009）。(2) 微污染物的种类很多，且物化性质各异，没有标准的或通用的监控和分析方法，每一种化合物都需要用不同的方法进行特殊的分析（Caliman 和 Gavrilescu，2009）。(3) 对于许多微污染物而言，所采用的分析方法昂贵且困难，需要专业的技术。很少有实验室具有这样的能力和资源（Caliman 和 Gavrilescu，2009）。(4) 需要改良的或高级的分析和生物分析技术，以检测更多的浓度更低的外源物质（Bolong *et al.*，2009）。

7.3.1.1 污水和污泥样品的分析方法

常用的微污染物分析方法有气相色谱与质谱联用（GC-MS-MS）、液相色谱与质谱联用（LC-MS-MS）和高效液相色谱（HPLC）。Caliman 和 Gavrilescu（2009）对几种甄别 PPCPs 和 EDCs 的方法作了详细的总结。

GC-MS-MS 常用于检测和定量地表水、污水和污泥中雌激素，使用前需要采用一定的衍生化步骤以提高化合物的挥发性能。如今，LC-MS-MS 同样是确定类固醇类激素的常用方法（Zuehlke *et al.*，2005；Richardson，2006），其主要优势在于不需要衍生化步骤，但仍可获得很低的检出限（约 1ng/L）（Cui *et al.*，2006）。此外，LC-MS-MS 可以检测轭合型激素，而不需对其进行解离。HPLC—飞行时间质谱（TOF-MS）的新发展指日而待。TOF 分析仪可以更加精确地估计质量，可以将雌激素和基底进行更好的区别（Reddy 和 Browawell，

2005)。另一种定量方法是在HPLC后接紫外线检测器（UV-VIS)、二极管矩阵检测器（DID）或荧光检测器。HPLC与UV-VIS联用对雌激素的检出限较高且灵敏度和准确度有限，这就要求雌激素浓度在mg/L级（De Mes，2007)。将荧光检测器和紫外检测器联用可以提高检测的灵敏度，从而降低检出限。用DAD检测器代替UV检测器同样可以提高灵敏度。但在没有加标样本时，就必须使用高选择性和高灵敏度的检测方法，如GC-MS。De Mes（2007）称GC-MS-MS没有提高对厌氧处理的浓黑水分析的灵敏度。

上面提到的分析方法需要特殊的流程和样品纯度，这与微污染物物化法分析有较大差别。在浓缩化学药品，通常是PPCPs和EDCs时，需要用到固相萃取（SPE）或固相微萃取（SPME)。对于低分子量的极性化合物，如乙二醇醚，SPME与GC-MS联用是将它们从废水中提取出来的最合适方法（Bensoam *et al.*，1999)。SPME具有成本相对低、应用简便（不需要溶剂且快速）等优点，且在与GC或GC-MS联用时，SPME可以成功用于多种化合物的分析（Yang *et al.*，2006)。其他的萃取方法有:（1）液液萃取（LLE）和蒸汽蒸馏有机萃取（SDE)，主要用于水中环境污染物的萃取；（2）加压流体萃取（PFE)、超临界流体萃取（SFE)、超声波萃取和索氏萃取，主要用于萃取污泥中的污染物。

烷基酚聚乙氧基化物是极性化合物，只有在水中时才能被定量，在污泥中的则不能，烷基酚聚氧基化物降解后会产生更短但有毒的烷基酚，它们都会存在于污泥中。由于这些化合物定量分析方法具有约束性，因此当底质为污泥时不可能实现它们的定量（Janex-Habibi *et al.*，2009)。

7.3.1.2 内分泌干扰作用

为了鉴定具有内分泌干扰作用的化合物，人们采用了各种各样的化学分析和生物监测方法（Cespedes *et al.*，2004；Chen *et al.*，2007；Hashimoto *et al.*，2007；Muller *et al.*，2008；Kanda和Churchley，2008；Caliman和Gavrilescu，2009；Liu *et al.*，2009a)：

（1）体外和体内生物测定；

（2）体外雄激素受体介导转录活性检测；

（3）体外卵黄蛋白原（VTG）检测；

（4）重组酵母检测（RYA)；

（5）酵母雌激素筛检（YES)；

（6）增生分析法；

（7）雌激素敏感报告细胞系（MELN)；

（8）雌激素或雄激素配体竞争结合检测。

样品同样可以采用生物检测，如酵母雌激素反应，检测时样品中总的雌激素效应以具有同等效应的E2来表示（Witters *et al.*，2001；Murk *et al.*，2002）。YES很适合鉴定地表水、土壤、沉积物和污水等环境样本中的真实效果（Murk *et al.*，2002；Onda *et al.*，2002；Saito *et al.*，2002；Tilton *et al.*，2002）。然而，它却不适合阐明污水处理中的变化机理，如吸附和生物降解（Cordoba，2004）。这主要是因为样本的背景噪声很大，而且污水和污泥对酵母菌有毒性。

这些生物检测的信息超出了本章节的范围。但必须指出在揭示生物反应的机制的复杂性上，不能只靠化学检测，生物检测也是很重要的。检测时需要将样本的成分和化学基体及它们的浓度考虑在内（Cargouet *et al.*，2004）。Bicchi *et al.*（2009）采用增生分析法对一家污水处理厂进水中的雌激素类物质进行了研究，该污水处理厂为意大利某大城市的4个城镇提供服务。另外，他们还对污水处理厂受纳河水样和水厂上下游水样的E2等效（EEQ）量进行了测量，其目标物有四类，即酚类（2，4-二氯酚、4-t-丁基苯酚、4-n-辛基酚、壬基苯酚、双酚A、E1、E2、炔雌醇、对乙酰氨基酚）、酸和胺类（3，4-二氯苯胺、甲氧萘丙酸、2，4-D、2，4，5-T、布洛芬、双氯芬酸、水杨酸、酰水杨酸）、有机锡化合物（氯化三丁锡、氯化三苯基锡）和非极性化学物（阿特拉津、甲草胺、7，12-二甲苯蒽）。污水处理厂上游的平均EEQs为4.7±2.7ng/L，下游为4.4±3.7ng/L，出水的EEQs则为11.1±11.7ng/L，这说明污水处理厂的出水对河水的激素作用和EDCS浓度的影响很小。急性毒性试验表明毒性和雌激素干扰作用无关（Bicchi *et al.*，2009）。在另一个研究中，研究者采用体外雌激素生物检测法，对法国4个污水处理厂的进水和出水及其受纳水体中的天然与合成雌激素（E1、E2、E3（雌三醇）、EE2）进行了研究（Cargouet *et al.*，2004）。结果发现，雌激素在污水处理厂的浓度变化范围为2.7～17.6ng/L，在河流中为1.0～3.2ng/L；EE2在所有污水处理厂中都难以被生物降解，其活性占河水估算雌激素活性的35%～50%。该结果表明：化学药物的类型和基体的结构对生物测定具有显著影响，处理单元类型对基体中化学药物的去除同样具有显著影响。

7.3.2 微污染物去除机理

化学品的物化性能决定了它们在天然和人工（如WWTPs）系统中的去除机制和转化过程。污水中的一些污染物可通过吸附或分解去除，如吐纳麝香、加乐麝香、萨利麝香、布洛芬、双氯芬酸、甲芬那酸、E1和E2。另一方面，一些微污染物非常难以降解，不能被吸附或转化，如卡马西平、林可霉素、泰乐菌素、磺胺甲恶唑和甲氧苄氨嘧啶（Caliman和Gavrilescu，2009）。污水处理去除PPCPs的机制包括（Caliman和Gavrilescu，2009）：生物降解、污泥吸附、气提、化学氧化和光催化。

7.3.2.1 吸附

吸附作用可用吸附系数（K_d，固-液分配系数）来评估，它取决于化合物的性质和污泥的类型（Caliman 和 Gavrilescu，2009）。化合物的疏水性作为一项主要性能决定了其在水中的可生物利用效率，而且与水处理过程中吸附和生物降解对污染物的去除效果有关（Garcia *et al.*，2002；Ilani *et al.*，2005；Yu and Huang，2005）。K_{ow}（辛醇-水分配系数）反映了有机溶质在有机相（即辛醇）和水相中的分配平衡。高 K_{ow} 值是疏水化合物的特征之一，表明化合物的水溶性较低，且吸附到污泥中有机物质上的倾向较大（Stangroom *et al.*，2000；Yoon *et al.*，2004）。Log K_{ow}<2.5 的化合物具有较高的可生物利用效率，且被活性污泥吸附的趋势较低，估计剩余污泥排放难以对其去除效果产生显著影响；对于 Log K_{ow} 在 2.5～4 之间的化学物质，其吸附性能估计在中等水平；而 Log K_{ow}> 4 的化学物质则具有较高的吸附性能（Rogers，1996；Ter Laak 等人，2005）。大量的实例表明：化合物的 K_{ow} 值和其在污水中有机物上的吸附性能相互依赖。Yamamoto 等人（2003）发现，对于 Log K_{ow} 在 2.5～4.5 之间的化合物（E2、EE2、辛基苯酚、双酚 A 和壬基苯酚），其转化过程与自身的 K_{ow} 密切相关，Log K_{ow} 值决定了其吸附/脱附行为和深层扩散过程。后者有时不能被微生物体所利用，且不能使用经典的化学萃取流程对其进行萃取（Cirja，2007）。

在 PPCPs 中，多环麝香香料在水中的溶解度最低（<2mg/L），具有较强的亲脂性（log K_{ow}=4.6～6.6）和较高的 K_d 值（3.3～4.2）。与香料相比，激素的疏水性（log K_{ow}=2.8～4.2）稍弱，吸附系数较低（K_d=2.3～2.6）。PPCPs 的吸附性能与其亲脂性（K_{ow}）和酸度（pKa）有关（Suarez *et al.*，2008）。

1. 药物

污水处理厂去除药物的主要机制是吸附和降解过程（Kummerer *et al.*，2004）。它们的转化取决于其物化性质（如化学结构、水溶性、K_{ow}、亨利定律常数）和污水处理厂的运行条件。吸附过程导致了药物在进入 WWTP 后的重新分布，例如，环丙沙星（一种常见的抗生素）有 20%吸附到初沉污泥，剩余部分又有 40%吸附到二沉池污泥（Gobel *et al.*，2005）。而卡马西平（一种镇痫剂）则被证实可被颗粒活性炭有效去除（Ternes *et al.*，2002）。另外，污泥对于酸性药物如非固醇类抗炎药（布洛芬）的吸附不明显。有报道称地表水中的药物可通过沉降过程去除（Tixier *et al.*，2003）。在中性 pH 下，不含官能团（如-OH、-COOH 或-NH_2 等官能团）的药物倾向于不带电；因此，其吸附机制可能是非特异性的吸附作用。除了 pKa、K_{ow} 和 K_d 外，脂-水分配系数（D_{lipw}）等特性参数同样可以很好地指示药物的吸附性能。这些系数的数值越高，药物越容易吸附到污泥/生物固体之上，与废水中通常存在的非极性油脂、矿物油和油酯在一起（Krogmann *et al.*，1999；Maurer *et al.*，2007）。

2. 雌激素

生活污水处理厂出水中的雌激素，是水环境输入物中最重要的一种，也是点源污染的重要成分，尤其是在人口密集地区（Ternes *et al.*，1999）。De Mes（2007）称能够去除水中雌激素的过程包括吸附、生物降解和光致降解，挥发对E1、E2和EE2的去除作用并不明显。De Mes（2007）报道至多有5%的E1、E2和EE2通过污泥而最终排放。

已有多个试验对雌激素在活性污泥、厌氧污泥、沉积污泥、土壤和其他有机材料上的吸附作用进行了评估。沉积污泥对雌激素的吸附过程有3个明显的阶段：0～0.5h为快速吸附阶段，0.5～1h为慢速吸附阶段，随后为脱附阶段。该过程是由水中溶解性有机物浓度增大引起的（Lai *et al.*，2000）。活性炭对E2的吸附在50～180min后达到平衡状态（Füerhacker *et al.*，2001）。而Jürgens等人（1999）发现，尽管河流沉积污泥的吸附量在5d后仍在增加，但其吸附过程在经过2d后就已接近平衡。Bowman认为，只有在50d后，河流沉积污泥才能实现最终的吸附平衡。达到吸附平衡所需的时间与吸附材料类型和测试条件密切相关。粗略地讲，经过几个小时，吸附量就可高于90%的平衡浓度（De Mes，2007）。

Holthaus等人（2002）在厌氧条件下进行了沉积污泥的吸附实验，发现沉积污泥在一天内即实现了约80%～90%平衡吸附量，而完全吸附平衡需要在2d后才能实现。EE2对沉积污泥有很高的亲和力，其吸附K_d值是E2的2～3倍，而E2的K_d值在4～72 l/kg范围内变化。

Yamamoto等人（2003）发现，E2和EE2最容易吸附在单宁酸上，此时其K_{OC}值分别为5.28和5.22；最不容易吸附在多糖藻酸上，此时K_{OC}分别为2.62和2.53。研究显示在TOC浓度为5mg/L的天然水体中，大约有15%～50%的雌激素处于吸附状态。pH=8和pH=2时，活性污泥对E1和E2的最大吸附量分别为23%和55%（Jensen和Schäfer，2001）。当放射性同位素标记的E1和E2浓度在5～500ng/L的范围内时，活性污泥对其吸附量线性递增，说明污泥的吸附位点过量（Schäfer *et al.*，2002）。研究发现，污泥对污染物的吸附比例取决于污泥浓度：当污泥浓度为2g/L时，E1的吸附比例约为15%；污泥浓度为8g/L时，E1的吸附比例约为30%（De Mes，2007）。在利用序批系统进行吸附试验时发现，污泥对四环素的吸附性很强，且该吸附过程与固体停留时间有很大关系（Sithole和Guy，1987）。

向悬浮固体（SS）浓度为128mg/L的污水中投加放射性标记的E2，使其浓度达到50ng/L，发现24h后仍有86%的放射性存于液相中（Fürhacker *et al.*，1999）。该研究对E2在排水系统中的转化过程进行了探讨，研究过程中投加了原始的城市污水，没有额外投加活性污泥，并且在培养过程中不进行曝气。Layton采用含量为2～5gSS/L活性污泥进行研究，1h后发现仅有20%的放射性标记EE2存于液相中，另有20%的EE2被无机化，即有60%的EE2吸附在污泥上了（Layton *et al.*，2000）。在生化需氧量（BOD）的测试过程中，污泥在3h后吸附了28%的E2和68%（这比20%要大得多，因此受到重视）的EE2（Kozak *et al.*，2001）。

7.3.2.2　非生物降解和挥发

非生物降解由有机化学物质的化学降解（如水解）和物理降解（光解）组成（Doll和Frimmel，2003；Iesce *et al.*，2006），可以是人为过程，也可以是自然过程。该过程中没有细菌介入，对污水中微污染物生物降解的作用十分有限（Stangroom *et al.*，2000；Lalah *et al.*，2003；Soares *et al.*，2006；Katsoyiannis和Samara，2007）。

1. 光解

光解可作为药物去除的方式。直接光转化可以去除地表水中的双氯酚（Buser *et al.*，1998），也可作为去除酮洛芬和甲氧萘丙酸的方法（Tixier *et al.*，2003）。常规活性污泥工艺都在室外，反应池中的污水直接暴露在阳光下。因此，光转化对反应池表层水中的药物有一定的去除作用（Zhang *et al.*，2008）。水解是去除药物的另外一种可能途径，尽管对这一领域的研究有限。在一些实例中，药物在经光解后产生了反应活性和毒性更强的物质（Halling-Sorensen *et al.*，1998）。

E2和EE2也能被光致降解。在光谱强度分布和日光类似的情况下，E2和EE2在144h后浓度约为最初浓度的40%，但在黑暗条件下没有发生降解（Layton *et al.*，2000）。E2和EE2的半衰期分别为124h和126h，因此至少需要10d才能将它们的浓度降低50%。对E2来讲，这要比生物降解缓慢；但这一过程对EE2来讲更为重要，因为河流中生物降解EE2的半衰期为17d（Layton *et al.*，2000）。Segmuller等人（2000）通过实验鉴定EE2自氧化和光致降解的产物，发现产物为一系列的由2个EE2分子构成的同分异构二聚氧化物。这些分子可能已经失去了雌激素性能，但它们在环境中的稳定性却还未知。

2. 挥发

在活性污泥工艺中，利用挥发去除痕量污染物取决于亨利常数（H）和污染物的K_{ow}，当亨利常数在10^{-2}和10^{-3}之间时，挥发去除就变得很重要（Stenstrom *et al.*，1989）。H/K_{ow}很低的化合物更易于被颗粒物获取（Rogers，1996；

Galassi *et al.*，1997）。挥发速率受到气体流速的影响，因此，为了最大限度地降低污水处理厂的挥发速率，应当尽量使用微孔曝气等浸没式曝气系统（Stenstrom *et al.*，1989）。

挥发对 E1、E2 和 EE2 的去除作用不大，因为亨利定律常数低于 10^{-4}、亨利定律常数（H_c）与辛醇-水分配常数（K_{ow}）的比值（H_c/K_{ow}）小于 10^{-9} 的化合物具有很低的挥发性能。在 Joss 等人（2004）建立的用于描述污水处理厂运行的模型中，E1、E2 和 EE2 三种雌激素的上述过程均是相互联系的。

多数的药物都是具有低亨利定律常数的大分子（Maurin 和 Taylor，2000；Poiger *et al.*，2003），因此挥发通常不被看作一种污染物去除机制。该类污染物的水溶性较好且亨利常数较小，因此不适合用气提法去除，除非污水处理厂采用了机械表面曝气或大孔曝气方式（Caliman 和 Gavrilescu，2009）。

7.3.2.3 生物降解

污染物的可生物降解性能随化合物性质的改变而变化，因此需要通过实验来测定。批次实验中，Joss 利用源于城市 WWTP（可去除营养物质）的活性污泥，对处在典型浓度水平的 25 种药物、激素和香料的可生物降解性能进行了研究（Joss *et al.*，2006）。基于降解常数 k_{biol} 的不同，该研究把这些物质分成了 3 类：$k_{biol}<0.1L/(gSS \cdot d)$ 的化合物，这类化合物的去除效果不明显（去除率<20%）；$k_{biol}>10L/(gSS \cdot d)$ 的化合物，该类化合物转化率大于 90%；处于中间状态即 $0.1L/(gSS \cdot d)<k_{biol}<10L/(gSS \cdot d)$ 的化合物，去除效果在中等水平。

依据在其研究中发现的降解常数 k_{biol}，Joss 等人（2006）认为：在城市污水处理中，生物降解仅能在有限的程度上降低总药物负荷。污水的稀释（如雨水混入或渗漏）会减弱微污染物的可降解性，因此源头处理可能是一种合理的选择，而且将总反应体积分成若干串联的反应池可以有效提高处理效果。

除了微污染物的物化性质，生物反应池的类型和运行参数也是影响化合物生物降解及生物降解水平的重要因素。以下将详细介绍影响化合物可生物降解性能的因素及不同类型生物反应池的去除性能。

7.3.3 影响污染物生物去除效率的因素

针对进水类型和水质、水厂位置和人口规模等因素，处理系统会选用不同的运行参数。污泥龄、季节、气温、光照强度、水力停留时间（HRT）、污泥停留时间（SRT）、硝化环境以及污水处理厂的位置（上游或下游）都是影响微污染物去除效率的因素（Suarez *et al.*，2008；Caliman 和 Gavrilescu，2009；Liu *et al.*，2009b；Wick *et al.*，2009）。除了运行参数和污水处理单元的性质外，化学物质的性质对其可生物降解性能也有很大影响。

7.3.3.1　化合物结构

化合物的结构能够影响它在污水中的转化过程。在污水处理过程中，结构简单的化合物可通过降解去除，结构复杂的化合物则很可能以母体或部分降解化合物形式长久存在于污水中。比如，药物都是具有显著离子性能的复杂分子。对于酮洛芬和甲氧萘丙酸等化合物，常规水处理工艺不能将其去除，而膜生物反应器（MBR）却可以（Kimura *et al.*，2007）。由于两种药物的分子均含有两个芳香环，使其难以被降解，因此常规污水处理工艺对它们的去除效果较差。氯贝酸和双氯酚等化合物是含有氯基团的小分子，但是常规处理工艺和 MBR 都不能将其有效去除。因此，基于对许多其他化学物质的检测，上述 PPCPs 的难生物降解性是由于卤素基团的存在。根据去除程度和化学结构的不同，同一作者重新对 PPCPs 进行了分类（Cirja，2007）：

（1）常规水处理工艺和 MBR 均容易去除的化合物（即布洛芬）；

（2）常规处理和 MBR 均不能有效去除的化合物（即氯贝酸、二氯芬酸）；

（3）常规处理工艺不能有效去除但 MBR 可有效去除的化合物（即酮洛芬、甲芬那酸和萘普生）。

MBR 处理对萘磺酸盐（阴离子表面活性剂）等极性化合物的去除效果在很大程度上取决于化合物的分子结构（Reemtsma *et al.*，2002）。MBR 几乎可以完全去除萘单磺酸盐，而只能去除约 40%的萘双磺酸盐。据报道，化合物的降解和分离行为与分子中极性基团与非极性基团的比值、存在的芳香基团（Chiou *et al.*，1998）以及表征分子特性的有机碳含量（Yamamoto *et al.*，2003）密切有关。在对常规处理工艺和 MBR 进行比较研究的过程中发现，具有长链烷基的直链烷基苯磺酸盐（LAS，阴离子表面活性剂）会优先吸附在污泥上，而短链的同族物质却出现在了处理出水中（Terzic *et al.*，2005）。带支链的长链化合物更难被降解，然而与饱和的脂肪族化合物或复杂的芳香化合物相比，未饱和的脂肪族化合物更容易被生物降解（Jones *et al.*，2005）。

7.3.3.2　生物利用度

微生物降解过程中外源物质的生物利用度，是活性污泥工艺生物降解废水中痕量污染物的先决条件之一（Vinken *et al.*，2004；Burgess *et al.*，2005）。一般地，生物利用度包含与相间分配和传质有关的物化过程和与微生物生理作用有关的两个方面，其中微生物的生理作用包括生物膜的渗透性能、主动运输系统、分泌酶和生物表面活性剂的结构和能力（Wallberg *et al.*，2001；Cavret 和 Feidt，2005；Ehlers 和 Loibner，2006）。污染物的高生物利用度和由此带来的可生物降解潜能主要取决于其在水中的溶解度。水环境中有机污染物的生物利用度受到其中有机碳形式（如纤维素和腐殖酸）的影响（Burgess *et al.*，2005）。例如，壬基酚的支链异构体可与腐殖酸反应，形成大量结合物；而用富里酸替代腐殖酸后，两者不反应。猜测壬基酚和腐殖酸是通过快速且可逆的疏水反应进行结合的（Vinken *et al.*，2004）。另一研究表明，与腐殖酸结合可增大壬基酚的表观溶解度，降低它的挥发性（Li *et al.*，2007），结果该外源物质的无机化程度提高了15%。另外，人造表面活性剂可以加强生物利用度。例如，表面活性剂能够增加石油成分的表观溶解度，有效降低油-水的界面张力，从而增加油的回收率（Singh *et al.*，2007）。向固体-水系统中投加非离子表面活性剂可以增强多环芳香烃的解吸，这可能是因为表面活性剂和溶解性有机物（DOM）形成了络合物（Cheng 和 Wong，2006）。

7.3.3.3　溶解氧和 pH

溶解氧（DO）是影响微污染物去除的重要因素之一，尤其是对于 EDCs，因为 EDCs 在有氧环境下比在厌氧环境下更容易被生物降解（Furuichi *et al.*，2006；Ermawati *et al.*，2007）。

Cirja（2007）认为通过影响微生物的生理、胞外酶的活性和微污染物在水中的溶解度，酸度和碱度可以影响微污染物从水中的去除。随着水环境中 pH 变化，药物质子化状态也会改变。例如，在 pH=6～7 时，四环素不带电，污泥吸附成为去除四环素的重要机制（Kim *et al.*，2005）。另有研究表明，pH 是影响 MBR 工艺去除微污染物的关键参数，当 MBR 中的硝化作用很强烈时，pH 会从中性变为酸性（Urase *et al.*，2005）。在 pH 低于 6 时，布洛芬的去除率可高达90%。在 pH 降到 5 以下时，MBR 对酮洛芬的去除率可以达到 70%。很显然，这些条件都很独特的，不能用于城市污水。

研究发现，有机基体对 E1 和 E2 的吸附效果在很大程度上取决于 pH（Jensen 和 Schäefer，2001）。在 pH=8 时，活性污泥可以吸附 23%的类固醇雌激素；而当 pH 维持在 2 时，这一值增大为 55%。在 pH 增大到接近化合物的 pKa 时，类固醇的解吸作用会随 pH 增大而加强。Clara 等人（2004）在研究中得到了类似的结论，即在 pH 值由 7 增大到 12 的过程中，化合物的溶解度增加。污泥处理的过程中，在用石灰进行污泥脱水时，pH 会增大到 9 以上，微污染物就可从污泥上解吸下来。比如，只有 pH>12 时，双酚 A 才能以去质子形式存在，此时它在水中溶解度增大，从污泥上解吸下来被回收（Clara *et al.*，2004；Ivashechkin *et al.*，2004）。通过工艺水循环，污泥处理释放的大量污染物又增加了污水处理厂负荷。另有研究发现，在活性污泥处理工艺中，随 pH 的降低，几乎所有雌激素（双酚 A、E2、EE2）的污泥-水分配系数都增加（Kikuta，2004）。

Cirja（2007）认为控制 pH 是解决污水处理厂内微污染物去除问题的途径之一。工业废水的 pH 变化不定，会为微污染物的去除带来不利影响。解决的方式之一就是在生物处理之前对 pH 进行调节（Tchobanoglous *et al.*，2004）。在低 pH 条件下，污水中可去质子化微污染物的去除率会提高，因为质子化状态同时影响污染物的吸附和降解过程。污水处理厂和 MBR 处理不会采用酸性条件，但在处理高污染物含量或工业废水时，可以采用酸性条件来提高污染物的降解率。

7.3.3.4 水力停留时间和污泥停留时间

PPCPs 化合物的物化性质与基于生物处理污水处理厂的水力停留时间（HRT）和污泥停留时间（SRT）的关系如下（Suarez *et al.*，2008）：

对于拟一阶生物降解反应常数（k_{biol}）高、固一水分配系数（K_d）低的化合物，它们能够有效地转化，而不受 SRT 和 HRT 的影响，如布洛芬；

对于 k_{biol} 低、K_d 高的化合物，在 SRT 充足条件下，污泥吸附可将其留于曝气池，并会发生明显的生物转化，如麝香；

对于 k_{biol} 低、K_d 中等的化合物，会发生中等程度的转化，HRT 对该转化没有影响，SRT 会有轻微的影响，如 E1 和 E2；

对于 k_{biol} 低、K_d 低的化合物，无论 HRT、SRT 如何，它们既不会被去除也不会发生生物转化，如卡马西平。

1. 水力停留时间

HRT 长，吸附和生物降解的时间就长。与 2～5h 的 HRT 相比，HRT 在 13h 左右时，UK WWTP 实现了更加优越的 E1、E2 和 EE2 去除效果。对于 HRT 采用 20h 或者含有湿地处理单元（HRT 为 7d）的污水处理厂，出水中雌激素的浓度可达到检出限以下（Svenson *et al.*，2003）。污水处理厂的 HRT 为 2～8h 时，雌激素的去除率可达 58％～94％；而当 HRT 为 12h 时，去除率可达到 99％。Cargouet 等人（2004）发现在 HRT 为 2～3h 的情况下，E1 和 E2 的去除率分别为 44％和 49％，当 HRT＝10～14h 时，E1 和 E2 的去除率分别增至 58％和 60％（Cargouet *et al.*，2004）。有人曾对欧洲 17 家污水处理厂中 E1、E2 和 EE2 的行为进行研究。分别以出水中 E1 浓度值（以进水浓度的百分数表示）和污水处理厂的运行参数作为双对数坐标的纵坐标和横坐标，发现污水处理厂总的 HRT 和 SRT 越高，生物处理单元的 HRT 越高，E1 的去除率越高（即残留 E1 的比例越低）（r^2 分别为 0.39、0.28，$p<0.5\%$；$r^2=0.16$，$p<5\%$）。

尽管有上述发现，但 HRT 或 SRT 与激素去除率之间难以建立较强的统计关系。Johnson 等人（2005）发现了 E1 去除率和 HRT 或 SRT 之间一个不太明显（$\alpha=5\%$）的关系。在对加拿大的 9 个常规二级处理厂和 3 个三级处理厂的研究中（Servos *et al.*，2005）发现，HRT 或 SRT 与激素或雌激活性去除率之间存在很弱的统计关系或根本没有统计关系（$r^2<0.53$）。在 HRT（＞35d）或 SRT（＞27h）较高的水厂中，E1 和 E2 的去除率和激素活性的减少量均相对较高；在

SRT较低（2.7d和4.7d）的污水处理厂，这些数值均较低且变化不定。尽管如此，研究者还是作出了上述结论。这些研究更加充分地证明，延长污水处理厂的HRT和SRT可以提高E1、E2和类内分泌干扰素的去除率。这些研究同样强调了微生物活性及延长HRT和SRT的重要性（Koh，2008）。

在西班牙，Gros等人（2007）研究了6个污水处理厂对不同类型的微污染物的去除效率，这6个污水处理厂都是采用活性污泥处理系统，但HRT各不相同。他们发现，HRT最长（25～33h）的污水处理厂对污染物的去除效率最高，HRT为8h的污水处理厂对大多数所研究的污染物没有去除效果，或去除效果很差。因为化合物的性质不同，所以很难对污染物的去除趋势作出一般的判断。但仍然可以发现，抗炎药物的去除率为50%～90%，磺胺类和氟喹诺酮类抗生素的去除率为30%～60%，油脂调节剂、抗组胺和β-阻断药的平均去除率为50%～60%。另一方面，一些污水处理厂根本不能去除油脂阻断剂、抗组胺、β-阻断剂、大环内酯和甲氧苄氨嘧啶。需要注意的是，研究中去除效率是基于进水和出水中化合物的浓度计算的，所以去除率并不仅是生物降解的结果。

2. 污泥停留时间

足够高的SRT是去除和降解污水中微污染物的必备条件（Joss *et al.*，2005）。在活性污泥工艺中，生物降解和生物转化几乎均为微生物作用的结果，这些微生物可在SRT内实现增殖（Zhang *et al.*，2008）。延长SRT可以增加某些微污染物的可生物降解性能，因为延长SRT后，微生物群落或微生物群落内可利用的酶多元化，微生物多样性增加（Ternes *et al.*，2004；Clara *et al.*，2005a）。在SRT较高的情况下，生长较慢的微生物得以富集，同时可降解大量微污染物的生物群落得以建立。在SRTs较低（<8d）时，生长缓慢的细菌会从系统中流失，生物降解作用变得不再重要，污泥吸附将发挥重要作用（Jacobsen *et al.*，1993）。

SRT至少要10～12.5d，这也正是可分解E1和E2的微生物生长所需的时间（Saino *et al.*，2004）。延长SRT可以增强活性污泥的生物降解和吸附性能。在生物处理工艺中，高SRT允许富集更加多样和高度分化的微生物群落，其中包括适合降解EDCs但生长缓慢的微生物。延长SRT的影响可以由一家德国WWTP来阐明，该污水处理厂已由常规处理厂升级为可去除营养物质的处理厂，该过程中其SRT从不到4d提高到相当高的11～13d。采用污水处理厂改造前的污泥进行批量实验，发现根本不能实现EE2的去除（Ternes *et al.*，1999）；在延长SRT后，污水处理厂对EE2的去除率达到了90%左右，表明污水处理厂内生成了可降解EE2的微生物（Andersen *et al.*，2003）。

SRT是提高污水中药物去除效率的参数之一，而且易于操作。SRT采用

26d的两个MBR系统对苯并噻唑的去除率达到43%（Kloepfer *et al.*，2004）。通过改变MBRs的SRT，Lesjean等人（2005）发现，污泥龄为26d时，药物残留的去除率增加，SRT为8d时，去除率降低。要实现某些药物的生物转化，SRT要在5～15d之间，如苯扎贝特、磺胺甲恶唑、布洛芬和乙酰水杨酸（Ternes *et al.*，2004）。同样，为了去除双酚A、布洛芬、苯扎贝特、和天然雌激素，SRT至少要设为10d（Clara *et al.*，2005a）。Clara等人（2005b）发现：SRT为2d时，研究的药物均难以去除，如布洛芬、苯并噻唑、双氯酚和苯扎贝特。而当SRT为82d时，MBR却可以获得80%以上的去除率。然而，在所有的情况下，卡马西平的去除率都不会超过20%。Ternes等人（2004）也发现了类似的现象，即使SRT大于20d，卡马西平和安定也不会被降解。甚至在SRT达到275d或500d时，实际污水处理厂也不能去除卡马西平（Clara *et al.*，2004；Clara *et al.*，2005a）。双氯酚的去除率可以达到60%，且与SRT无关（Clara *et al.*，2004；Clara *et al.*，2005a）。在SRT为199～212d时，含有适合污泥的MBR系统对双氯芬酸的去除率可达到44%～85%（Gonzalez *et al.*，2006）。

Kim等人评估了序批式活性污泥法（SBR）在不同SRT和HRT、不同生物质浓度的条件下对四环素的吸附动力学（Kim *et al.*，2005）。1h内，污泥吸附了75%～95%的四环素。SRT为10d时，四环素的去除率可达到85%～86%；当SRT降为3d时，其去除率降为78%。四环素的降解率降低是因为：缩短SRT后，生物质浓度降低。

7.3.3.5　有机负荷率

Koh（2008）称污水处理厂的污泥负荷是影响雌激素去除的关键参数。雌激素在第一段反应池内的降解效率较低，这就证实上述观点，同时表明微生物更喜欢降解其他的有机化合物，而非雌激素。当污泥负荷（以BOD计）较低时，微生物被迫矿化难生物降解的化合物。因此，研究者认为，与完全混合式反应器相比，阶梯式反应器对E1和E2的去除效果更好（Joss *et al.*，2004）。然而，没有发现污水处理厂的有机负荷与雌激素去除率之间显著的相关关系。尽管在在大多数情况下，升高污泥负荷，E1的去除率下降，但Onda等人（2003）还是未能建立它们之间的显著相关性（Onda *et al.*，2003）。Johnson等人（2000）曾试图建立单位流量与E2去除率之间的相关关系。来自Svenson等人（2003）的数据描绘了总雌激素下降与流量升高百分比之间的相关关系，其中流量升高表明污泥负荷增大（Svenson *et al.*，2003）。在用MBR处理污水时，EDCs的去除率较高主要是因为MBR的污泥负荷低（Melin *et al.*，2006）。

在提升进水量期间，逐级进水可以保持活性污泥系统内的生物质浓度，防止生物质的水力流失。该操作模式保留了那些能够降解烷基酚聚氧乙烯及其代谢产物的微生物，防止了可能吸附有烷基酚聚氧乙烯及其降解产物的高浓度悬浮固体的排放（Melcer *et al.*，2006）。

7.3.3.6 温度

有机微污染物的生物降解和吸附过程均与温度密切相关。温度会影响污水处理系统中微生物的活性，因为随着温度的变化，微生物的生长速率会发生很大变化（Price 和 Sowers，2004）。对于大多数的化合物来说，升高温度会降低吸附平衡，反之降低温度，生物降解的效率会减弱。温度会影响微污染物的溶解度，进而影响微污染物的物化性能，同时还会影响细菌群落的结构。气温季节性变化期间，常规处理工艺的对微污染物的去除效果比 MBR 稳定。与 MBR 相比，常规处理工艺具有更大的表面积，这可以削弱温度的变化，也就保护了细菌活性免受系统温度震荡带来的影响。升高温度可以提高微生物的活性，进而增大微污染物生物降解的速率。处在温度长期偏高地区的污水处理系统，能更加高效的去除微污染物（Cirja，2007）。

夏季（温度高于 17℃）药物的去除率要比冬季（温度低于 7℃）时高，如布洛芬、苯扎贝特、双氯酚、甲氧萘丙酸和酮洛芬（Vieno *et al.*，2005）。无论是对于常规处理工艺还是对 MBR 工艺，20℃都有利于药物的去除，例如在 20℃条件下，苯扎贝特的去除率可以达到 90%（Clara *et al.*，2004）。而在冬季，温度较低的时候，降解率会下降。在 25℃的条件下，系统对双氯酚、甲氧萘丙酸和布洛芬的去除效果都要比在 12℃条件下高（Carballa *et al.*，2005）。

Nakada 等人（2006）在日本的一家污水处理厂，对夏季和冬季的 E1 和 E2 的质量平衡作了一个综合的研究。两个季节具有类似的特点，进水中 E1 的量相差不大，终沉池和回流污泥内的 E1 含量要比曝气池内高很多。与硫酸盐结合的雌激素不能被降解，而是存在于回流污泥中，只是夏季的含量（分别为 15ng/L 和 16.5ng/L）要比冬季的（分别为 2.1ng/L 和 4.4ng/L）高。与冬季相比，夏季曝气池对雌酮的去除效果更好。SRT 短（8.2d）是污水处理厂 E1 去除效果不好的原因。然而，在夏季，即使 SRT 为 6d，E1 的去除效率也很高。这是因为水温高时，可氧化 E1 的微生物生长的快。E2 的去除率在冬季和夏季都较高，分别为 70%和 87%。相反，E1 的浓度在寒冷的冬季增加了 74%，而在夏季仅增加了 10%。另外，总氮在冬季的去除率（26%）要比在夏季时（60%）小，这可能是因为进水的温度影响了能够降解类固醇雌激素的微生物的多样性，进而影响了硝化过程。

温度同样会影响 E2 的无机化（Layton *et al.*，2000）。温度提高 10℃，微生物的活性和矿化速率就会成倍增加。约 15℃的温度变化就可以给水中 E2 的矿化速率带来显著的影响。

温度可以影响原水中颗粒物对抗生素氟喹诺酮的吸附作用。在12℃时，Lindberg等人（2006）发现吸附率为80%；而在温度较高时，Golet等人（2003）得到的吸附率为33%。从温度对于制药工业废水中COD去除率的影响研究中发现，在采用生物污水处理过程时，温度可以作为细菌群落形成过程中的选择压（LaPara *et al.*，2001），同时可以提高药物的降解速率。

污水处理的温度似乎对外源物质的去除有重要作用，与寒冷国家（平均温度低于10℃）的污水处理厂相比，平均温度为15～20℃的国家的污水处理厂对微污染物去除效果更好（Cirja，2007）。

7.3.4 不同工艺中微污染物生物处理

人口的快速增加、工业的发展以及化学药物种类和消费量的增加，导致WWTPs中微污染物的种类和数量增加。高级氧化技术、臭氧处理、紫外辐射、膜过滤和活性炭吸附都是提高污水处理厂的微污染物去除率的潜在处理方法（Andersen *et al.*，2003；Suarez *et al.*，2008）。但是，这些方法可能会增加处理厂的投资和运行费用。此外，大多数污水处理厂都是采用生物处理工艺，因此，至今为止人们已经对不同运行条件下各种微污染物的可生物降解性能进行了小试、中试和实际规模研究。这一节，我们将讨论各种类型的生物反应池对微污染物的生物去除效果。

7.3.4.1 活性污泥系统

传统活性污泥反应器的生物过程，对污水中β-阻断剂和生理活性药物（如卡马西平）等EDCs的去除效果较差。Wick等人（2009）在德国的一家WWTPs进行了一项研究，该WWTPs有两个活性污泥处理单元和一个后续反硝化单元。在HRT和SRT分别为1d和0.5d的条件下，第一个活性污泥单元对EDCs几乎没有任何去除效果。除了可卡因和吗啡两种天然生物碱的去除率稍大于80%外，水厂对其他所有被检测化合物的去除率均低于60%。批量试验表明，吸附对化合物的去除效率不高。两个活性污泥处理单元对污染物的去除效率不同，因为第二单元的SRT为18d，具有硝化作用，同时还受到温度的影响。即使这样，仍然有些生理活性药物不能被去除，如镇痫剂卡马西平。

好氧批量试验发现，在1～3h后，有超过95%的E2被氧化为E1（Ternes *et al.*，1999）。在同一实验中，EE2却保持稳定。Norpoth等人（1973）也发现，经过5d的培养，活性污泥中的EE2仍未被去除。在针对河流水的试验中发现，E2可以转化为E1，并且以一阶动力学反应发生无机化，这证明E2能够转化为E1（Jürgens *et al.*，2002）。

活性污泥对E1的去除效果不稳定，但对E2和EE2的去除率均大于85%

(Johnson 和 Sumpter)。Baronti 等人（2000）发现，罗马附近的 6 个污水处理厂对 E1、E2 和 EE2 的平均去除率分别为 61%、86%和 85%（Baronti *et al.*，2000）。Ternes（1999）发现，某一污水处理厂对 E1 的和 EE2 的去除率很低（<10%），却可以去除约 2/3 的 E2。Komori 等人（2004）也赞成该观点，因为他们发现：相比于 E2 的去除率，污水处理厂对 E1 的去除率相当低，仅为 45%。Ternes 等人在采用 WWTP 污泥进行实验室研究时发现，在好氧条件下，EE2 难以被降解，而 E1 和 E2 却可以很快被降解（Ternes *et al.*，1999）。在两个中试规模的城市 WWTPs 中，E1 和 EE2 的去除率分别为 60%和 65%，而好氧池内 E2 的去除率高于 94%（Esperanza *et al.*，2004）。实验室试验和实地研究表明，生物降解和生物固体吸附均是微污染物去除的主要机制（De Mes *et al.*，2005）。

在生长缓慢的细菌中，氨氧化细菌（AOB）是一种能够共代谢有机污染物的细菌。据称，AOB 活性对雌酮、雌二醇、雌三醇和炔雌醇的降解起着支配作用（Ren *et al.*，2007）。多个研究表明，一些药物和 EDCs 在硝化活性污泥中的去除率更高（Drewes *et al.*，2002；Kreuzinger *et al.*，2004；Vader *et al.*，2000）。另一方面，Carucci *et al.*（2006）报道，有些药物可以抑制实验室规模 SBR 内的硝化作用，但没有研究药物活性成分对非硝化微生物的影响。

Vader 等人认为，细菌能够转化天然雌激素用于自身生长，从而实现了天然雌激素的生物降解；而 EE2 是利用共代谢作用实现生物降解的，该过程中有机化合物被改性，但未用于生长（Vader *et al.*，2000）。利用铵单加氧酶，硝化污泥可以实现 EE2 的转化，铵单加氧酶是通过将氧插入到 C-H 键中间而制得的。在 6d 左右的时间里，硝化污泥几乎可以将全部的 EE2 转化为亲水性更强的代谢物；而具有较低硝化能力的污泥则不能实现 EE2 的转化（Vader *et al.*，2000）。通过限制铵单加氧酶发挥作用，N-烯丙基硫脲（ATU）能够抑制硝化作用，导致 EE2 的转化速率降低，但 E1 和 E2 的转化速率保持不变。如果将 ATU 加入到硝化细菌的纯培养环境中，转化作用就会被完全阻断；而如果将 ATU 加入活性污泥系统里，转化只会减慢。这表明活性污泥系统内，存在能够转化 EE2 的其他细菌。

为实现营养物质的生物去除而改性的活性污泥系统，对有些微污染物具有显著的去除效率。Muller 等人（2008）对一活性污泥系统中 E1、E2、E3、EE2 以及其轭合形式的去除效果进行了研究。为了去除氮和磷，该系统采用了具有较高 HRT（3～5d）和 SRT（20d）的好氧/缺氧/厌氧三阶段工艺。生物降解是总雌激素负荷的主要去除机制，去除效率达到 93%～97%，污泥吸附仅有 2%～2.5%。德国一家城市 WWTP 采用了可实现硝化和反硝化作用且具有污泥回流系统的活性污泥系统，它同样实现了对天然和合成雌激素（E1、E2 和 EE2）的去除（Andersen *et al.*，2003）。在反硝化池和曝气硝化池中，天然雌激素E1和E2的生物降解率超过了98%；然而，EE2仅在硝化池内发生降解，降解率为90%。硝化污泥吸附的雌激素大约仅占5%。这表明轭合雌激素（葡糖苷酸和硫酸盐）裂解产生母体化合物的过程，主要发生在反硝化池内。

Hashimoto等人对日本20家WWTPs去除E1、E2和E3的效果进行了研究，这些污水处理厂所采用的工艺既有氧化沟工艺又有常规活性污泥工艺（Hashimoto *et al.*，2007）。常规活性污泥处理厂的HRT为6%～26h，SRT为2～10d，在其生物处理过程中，E1的含量通常增加，而E2和E3则可被有效去除（去除率分别为86%和99.5%）。E1含量的增加取决于进水中轭合态雌激素的浓度和解轭合速率。氧化沟工艺中E1的含量没有增加。HRT和SRT较高的污水处理厂可获得较高且稳定的去除效果。与SRT和HRT均较低的常规活性污泥处理厂相比，氧化沟（HRT：21～67h，SRT：8～118d）对天然雌激素和激素活性的去除效果更佳。但是，具有SRT较高的生物脱氮工艺对天然雌激素的去除效果与氧化沟工艺相当。此外，与HRT相比，SRT对天然雌激素去除率的影响更大。

Ternes等人（1999）同样发现了E1含量的增加。他们发现E2能够快速地转化为E1，而E1的去除速率要低于E2的转化速率。在批量试验中，可以利用商业化标准雌激素物质分裂雌激素与活性污泥的结合物。Kanda和Churchley（2008）对英格兰的一家硝化活性污泥处理厂去除E1、E2和EE2的效果进行检测时发现，尽管水厂的硝化作用良好，E1和E2的去除率很高（分别为97%和99%），但EE2的去除率仍只有3%。以轭合形式（与硫酸盐或葡萄糖苷酸轭合）分泌的天然和合成雌激素没有活性，但在排水管道或污水处理厂中，具有葡糖苷酸酶和硫酸酯酶的微生物会将其重新转化为活性雌激素（自由雌激素）（Isidori *et al.*，2007）。在好氧处理阶段，结合态的雌激素会分解，释放出自由的EE2。Kanda和Churchley（2008）的发现与他人的发现—EE2在好氧硝化反应池内具有较高的去除率—不相符（Andersen *et al.*，2003；Hashihoto *et al.*，2007）。这可能是因为进水中存在轭合态EE2，而样品预处理方法阻碍了轭合态EE2的解离。

有人建议利用硝化活性去除WWTP中的各种EDCs，但有关自养微生物在EDCs生物降解过程中所起作用的信息仍十分有限。为了研究氨氧化菌降解双酚A（BPA）和壬基酚（NP）的作用，Kim选用富含硝化菌的活性污泥进行了批量降解实验（Kim *et al.*，2007）。结果发现，在硝化污泥将氨（NH_4^+）氧化为硝酸盐（NO_3^-）的过程中，BPA和NP的浓度同时下降；用亚硝酸盐（NO_2^-）替代氨，则需要一定的适应期。在有烯丙基硫脲或Hg_2SO_4等抑制剂存在的条件下，BPA 和（或）NP 的去除率大幅下降，这表明 BPA 和 NP 的去除主要依靠生物作用，而不是污泥絮体的物化吸附作用。另外，相对于亚硝酸盐氧化作用，硝化污泥中的氨氧化作用与 BPA 和 NP 去除的关系更加紧密。Kanda 和 Churchley（2008）发现，英国的一家硝化活性污泥厂同样具有很高的 NP 和壬基酚乙醇酯去除率（分别为 94%和 98%）。

Press-Kristensen K.（2007）在研究中发现，在稳定状态下，活性污泥系统出水中 BPA 的浓度与进水中的浓度无关。该活性污泥系统包含一个厌氧生物除磷（BioP）反应池和两个交替好氧/缺氧生物脱氮（BioN）反应池。另外发现，生物质浓度与 BPA 浓度的比值越大，系统出水中的 BPA 浓度越低，而且延长好氧阶段的时间可增加 BPA 的可生物降解率。

为了开发一种可降解防火剂四溴双酚 A（TBBPA）的生物处理工艺，并研究 TBBPA 经还原脱溴后产生内分泌干扰素 BPA 的可能性，Brenner 等人（2006）运行了一系列实验室规模的反应器。这些反应器分别在完全好氧、完全厌氧和好氧/厌氧条件下运行，运行中采用不同的碳源。他们向反应器内投加被污染的沉积污泥，该污泥可能已经含有可去除这些污染物的细菌，并投加了三溴苯酚（TBP）与 TBBPA 的混合物。结果表明，在任何氧化还原状态下，TBBPA 均未被生物降解，BPA 也没有积累。另一方面，TBP 则可以很容易的被好氧微生物降解。可见，由于 TBBPA 的挥发性、溶解度和生物可利用度均非常低，因此可看作一种可在天然系统中长期稳定存在的难生物降解化合物。

Perez 等人对序批式系统的不同处理阶段内，甲氧苄氨嘧啶的可生物利用度进行了研究（Perez *et al.*，2005）。该研究主要的结论是：只有含硝化过程的活性污泥才具有去除甲氧苄氨嘧啶的能力。硝化细菌分解甲氧苄氨嘧啶的能力很不理想，后续研究表明这是甲氧苄氨嘧啶不能被微生物降解导致的（Junker *et al.*，2006）。

在中试硝化反硝化活性污泥系统内，布洛芬的去除率较高（82%），这是生物降解的结果（Suarez *et al.*，2005）。另外，中试硝化反硝化活性污泥系统曾对萘普生的去除率为 68%（Suarez *et al.*，2005），城市活性污泥处理系统对酮洛芬的去除率为 50%～65%（Quintana *et al.*，2005）。这不可能是吸附（吸附能力很低）或光转化（水厂的污水浑浊）去除的结果，主要是生物降解去除了酮洛芬和萘普生（Carballao *et al.*，2007）。

7.3.4.2 湿地

湿地处理是去除微污染物的方式之一，其处理机理不仅有生物降解，还包括光解、植物吸收和土壤吸附（White *et al.*，2006）。

在美国，许多污水处理厂会选择氧化塘或湿地等天然系统来处理污水，而不选用常规处理技术（Conkle *et al.*，2008）。例如，在路易斯安那州的曼德维尔（Manderville LA），污水量为7600m^3/d污水中含有15种药物活性化合物，处理过程是让污水通过一系列的氧化塘（盆地），之后进入人工湿地，经紫外线消毒后最后进入一个天然的森林湿地。在该处理方法对大多数化合物的去除率均高于90%，而且在经过了森林湿地的进一步处理后，整个系统对化合物的去除率平均达到96%。当然也有例外，卡马西平和索他洛尔就难以被降解，去除率分别仅为51%和82%。但与文献中研究的活性污泥系统相比，湿地对这两种镇痫剂的去除率更高。湿地对微污染物的高去除率与污水在湿地的停留时间较长（约为30d）有关。尽管在寒冷的月份，湿地进水中化合物的浓度升高，但其去除效果与春秋季节的去除效果类似。

对于小城镇而言，水平潜流型人工湿地（SSFCWs）可能是去除微污染物的另一种选择。Matamoros等人采用2个SSFCWs系统，以含有不同有机物质（溶解性葡萄糖和颗粒淀粉）的合成废水作进水，对卡马西平、布洛芬和氯贝酸在系统中的转化过程进行了研究（Matamoros *et al.*，2008a）。结果发现，药物的去除效率与有机物类型无关。但也应当注意，与投加淀粉的系统相比，投加葡萄糖系统的生物膜更加发达，因此可较早达到最终的去除率。吸附对卡马西平去除率仅为5%，对布洛芬的去除率为51%。布洛芬生物降解的中间物质，即羧基和羟基衍生物，可促进布洛芬在有氧条件下的去除。据称，布洛芬通过生物降解去除而非吸附去除，是由于其log K_{ow}值较低。在SSFCWs系统中，有氧条件是实现较高布洛芬去除率的必要条件，这是SSFCWs系统可以实现的（Matamoros *et al.*，2008a）。

Matamoros等人研究了不同类型的反应器对13种PPCPs的去除效果，反应器类型包括filtralite-P过滤单元、生物滤池、SSFCWs和垂直流人工湿地。除了难以降解的卡马西平、双氯酚和酮洛芬，四类系统对其余PPCPs的去除率均超过了80%。尽管统计的结果没有差别，但与其他系统相比，种有植物的垂直流人工湿地系统的去除效果更好。栽种的植物和未饱和的流量能使系统承受负荷率和去除率的波动（Matamoros *et al.*，2009）。种有植物的垂直流人工湿地系统的流量未饱和，而且氧化作用相对更强，因此对生活污水中的PPCPs去除效率始终最高（Matamoros *et al.*，2009）。类似地，除了难以降解的卡马西平和氯贝酸（去除率在30%～47%），地表流人工湿地对PPCPs、除草剂和兽用药（氟胺烟酸）的去除率均达到90%（Matamoros *et al.*，2008b）。季节的变化（光照、水温），使得萘普生和双氯酚等化合物的生物降解和光降解过程需要更长的时间。

对于需要考虑经济条件的小城镇，湿地可作为微污染物去除的重要处理单元。季节变化对微污染物的生物降解过程影响较大。

7.3.4.3 膜生物反应器

膜生物反应器（MBRs）被认为是一种可替代常规处理厂的重要处理工艺，因为（Spring *et al*.，2007）：

（1）MBR可以完全截留吸附有多种EDCs的固体物；

（2）膜表面可以截留EDCs；

（3）MBRs的SRT相对较长，细菌有更多的时间来破坏化合物的分子结构，因此发生生物转化的化合物增加；

（4）MBRs将吸附和生物降解过程结合在一起，因此是一种可以同时实现碳、氮和磷以及EDCs去除的两全工艺（Auriol *et al*.，2006）。

Chen等人（2008）对浸没式反应器去除BPA效果进行了研究，并将其与常规活性污泥法进行了对比。尽管MBR的污泥负荷在0.046g/(kg·d)到10.2g/(kg·d)的范围内变化，但其对BPA的去除效率仍然稍高于常规处理工艺。另外还发现，在两个系统内，污泥吸附去除BPA的效率均很低。Chen等人检测到BPA的一种生物降解产物4-羟基-乙酰苯。结论是：生物降解是去除BPA的主要机制（Chen *et al*.，2008）。而Clara等人（2005b）研究发现，两种处理技术对微污染物的去除效果没有差别。SRT是一个重要的设计参数，适合脱氮的SRT（SRT>10d，10℃）能增加特定微污染物的去除率。该研究发现，不同化合物的去除率不同：对于卡马西平等化合物，两种处理系统都不能将其去除；对于BPA、止痛剂布洛芬或油脂调节剂苯扎贝特等化合物，几乎可以被完全去除（Clara *et al*.，2005b）。另一方面，在污泥浓度为20～30g/L、SRT为37d的实验室规模MBR中，苯扎贝特的转化率达到60%，但未被无机化，转化产物已得到初步鉴定（Quintana *et al*.，2005）。Quintana等人发现，萘普生只有在28d后才能被降解，而布洛芬的降解在5d后就开始了，并且在22d后就被完全降解了。Kimura等人的研究显示，与SRT为15d的MBR相比，SRT为65d的MBR对酮洛芬和双氯芬酸的生物降解效果更好（Kimura *et al*.，2007）。这一现象可能是因为延长SRT后，生长缓慢的细菌得以生长。

MBRs可以去除杀虫剂和PPCPs等微污染物。MBR的SRT较长，有利于各种微生物种群的增殖，因此是实现弱降解性药物去除的有效途径（Sipma *et al*.，2009）。在较高的生物质浓度下运行是MBR的最大优势之一（Witzig *et al*.，2002）。MBR的曝气速率较高，而药物的亨利定律常数也相对较高，因此MBR中的药物也可通过气提机制去除（Spima *et al*.，2009）。

7.3.4.4 厌氧处理

与好氧生物降解相比，厌氧生物降解有诸多优点，如污泥产量低、营养物质需求量少、可脱除高度卤代化合物中的卤素等。为了研究厌氧处理或厌氧反应器的应用潜能，人们就厌氧处理对污水中微污染物的降解效果进行了研究。

目前关于厌氧条件下雌激素转化过程的研究很少。Jürgens 等人采用底泥来研究 E2 的厌氧降解过程，发现在 20℃的条件下，E2 可以快速地转化为 E1，2d 后几乎达到全部转化（Jürgens *et al.*，2002）。在采用处于厌氧状态（用 N_2 吹脱）的活性污泥上清液进行批量试验的过程中发现，投加的 E2 有 50％在 7d 转化为 E1（Lee 和 Liu，2002），而没有发现 E1 的进一步降解。这说明，E1 可作为一种副产物而积累起来。无菌控制采用了经高压灭菌的试样。在厌氧条件下，对河水试样中的 EE2 进行测试，发现在 46d 以后，EE2 仍未被降解（Jürgens *et al.*，1999）。Joss 等人（2004）发现，在严格厌氧的条件下，是 E1 转化为 E2 而不是 E2 转化为 E1。Joss 还发现此时 E1 转化的半衰期约为 20min，而活性污泥系统中 E2 的半衰期为 6min，MBR 污泥中 E2 的半衰期为 2min。可见在厌氧条件下，仍存在可利用的电子受体，如 Fe^{3+} 和各种有机氧化物。Joss 等人（2004）甚至发现，在厌氧条件下的 MBR 污泥中，EE2 能以 1.5L/g 左右的速率转化，与空白实验（没有投加污泥）中得到的 EE2 降解速率几乎相同。在缺氧条件下，EE2 的转化速率介于厌氧和好氧之间。例如，在厌氧条件下，EE2 降解的半衰期为 11h，在好氧条件下为 2.8h，而在缺氧条件下则为 5.6h（Joss *et al.*，2004）。

中温厌氧填充床反应器可以处理化学需氧量（COD）含量较高（23～31 g/L）的药物化工废水。在有机负荷低于 3.6kg/（m^3・d）时，填充了石英砂、无烟煤和黑色玄武岩的反应器，获得了 80％～98％的药物去除率。当填充颗粒活性炭时，去除效果更好（有机负荷为 17kg/（m^3・d）时，去除率仍可达 98％）（Nacheva *et al.*，2006）。

Chelliapan 等人在研究中发现，上流式厌氧污泥床（UASB）对抗生素泰乐菌素的平均去除率为 95％（Chelliapan *et al.*，2006），而活性污泥法对泰乐菌素的去除率仅为 63％（Watkinson *et al.*，2007）。

采用厌氧批量试验，Ejlersson 等人（1999）对混合微生物种群降解壬基酚单乙醇酯所得的产物进行了定性。在 7d 的缺氧培养中，壬基酚二乙醇酯是主要的降解产物。21d 后，主要产物变为壬基酚，而且即使在 35d 后壬基酚也没有得到进一步降解。壬基酚乙醇酯的厌氧降解很可能取决于硝酸盐的含量。壬基酚会随着硝酸盐含量的降低而产生，表明微生物聚生体提供了壬基酚单乙醇脂降解的另一种途径（Luppi *et al.*，2007）。Minamiyama 等人（2006）安装了一个厌氧硝化测试装置，使其在停留时间约为 28d、温度为 35℃的条件下运行，并向其中加入含有壬基酚单乙醇脂的浓污泥。结果发现，约有 40％的壬基酚单乙醇脂转化为壬基酚。

Chang 等人（2005）研究了各种参数对污泥中壬基酚厌氧降解的影响。壬基酚降解的最适 pH=7，且壬基酚的降解速率随温度升高而增加。在 84d 内，添加硫酸铝（可用于污水的化学处理）会降低壬基酚的降解速率。该研究还表明，在硫酸盐还原菌为厌氧污泥的主要成分时，硫酸盐还原菌、产甲烷菌和真菌都能降解壬基酚。要确定壬基酚及其衍生物的厌氧降解机理，还需要做更多的研究。

7.3.4.5 其他生物反应器

1. 滴滤池

一般地，滴滤池去除雌激素的效率要低于活性污泥系统（Svenson *et al.*，2003）。Servos 等人对加拿大 18 个 WWTPs 内天然雌激素（E1 和 E2）的分布情况进行了研究，发现滴滤池对雌激素的去除效率不高。Ternes 等人（1999）发现，巴西的滴滤池系统去除雌激素的效率也不高。Spengler 等人（2001）报道，一个滴滤池处理厂出水中的雌激素含量升高（Spengler *et al.*，2001）。这有力地支持了 Turan（1995）的发现，即雌激素尤其是合成雌激素非常稳定，足以抵挡污水处理过程（Koh，2008）。

关于烷基酚聚乙醇酯在滴滤池内转化过程和行为的研究不多。然而，两个研究显示，一家采用滴滤池的生活 WWTP 对烷基酚聚乙醇酯的去除效率相对较高，分别为 68%～77%（Gerike，1987）和大约 75%（Brown *et al.*，1987）。与采用活性污泥工艺的 WWTP 相比，滴滤池 WWTP 具有较高烷基酚聚乙醇酯去除率是因为它对 COD 的去除效率较高。一般地，固定膜反应器内的层状区和厌氧空穴难以产生氧化性代谢产物，即短链烷基酚聚乙醇酯和烷基酚，因此滴滤池内存在长链和短链烷基酚聚乙醇酯以及烷基酚的混合物。因此，综合处理技术可实现对 EDCs 的高去除率，如有机物、氮和磷的联合生物化学处理工艺，而非单纯的滴滤池 WWTP（Koh，2008）。

2. 联合生物反应器

厌氧-好氧联合处理可以有效地去除高浓度制药废水中的有机物。

Zhou 等人（2006）曾经运行过一个中试系统，系统由一个厌氧挡板反应器和一个悬浮生物膜反应器组成，其进水中的抗生素氨苄西林和金霉素的浓度分别为 3.2mg/L 和 1.0mg/L，厌氧挡板反应器可部分去除这两种抗生素。当 HRT 为 1.25d 时，两种抗生素的去除率分别为 16.4%和 25.9%；当 HRT 为 2.5d 时，去除率分别为 42.1%和 31.3%（Zhou *et al.*，2006）。

7.3.5 污泥中微污染物的生物去除

由于具有特殊的物化性质，某些微污染物可大量吸附到污泥上。因此为了评估作为微污染物源头的消化或原始污泥对环境的潜在危害，对污泥中的污染物进行详细研究是十分重要的。可吸附到污泥上的微污染物有溴化联苯醚（防火剂）、硝基麝香（合成香料）、直链烷基苯硫酸盐（洗涤剂）、药物化合物（抗生素和麻醉药）、气味剂（控制污泥味道）和聚合电解质（污泥脱水）（Caliman 和 Gavrilescu，2009）。其中有些化合物既不能被吸附，也不能被降解，如卡马西平。卡马西平的 K_d值较低（1.2L/（g·SS）），远低于污泥大量吸附所需的 500 L/（g·SS）（Ternes *et al.*，2004；Zhang *et al.*，2008）。因此，大部分卡马西平仍留在水中。

中温厌氧消化广泛用于 WWTPs 内初级和二级污泥的处理。为了加速生化反应，可以使用高温（55℃）厌氧消化。Caralla 等人（2007）分别在中温（37℃）和高温条件下运行了中试反应器，发现萘普生、磺胺甲噁唑、罗红霉素、雌激素、和麝香（佳乐麝香、吐纳麝香）的去除率均较高（>85%）；安定和双氯芬酸的去除率在中等水平（40%～60%）；碘普罗胺的去除率较低；卡马西平的去除率为零。当有机负荷率（OLR）降低、温度升高时，污泥稳定性增强（Caralla *et al.*，2007）。

7.3.6　生物降解微污染物的特殊微生物

在有氧条件下，壬基酚可以被细菌、酵母菌和真菌等微生物降解。可降解壬基酚的大多数微生物均属于 *Sphingomonads* 菌（Yuan *et al.*，2004；Chang *et al.*，2005），将其从城市污水处理厂分离，鉴定知它们分别为 *Sphingomonas sp. Strain TTNP*3、*Sphingomonas cloacae*、*Sphingomonas xenophaga* strain Bayram（Tanghe *et al.*，1999；Fujii *et al.*，2001；Gabriel *et al.*，2005）。这些菌株都能够以壬基酚作为碳源，壬基酚降解的速率在 29mg/(L·d)(Tanghe *et al.*，1999)到 140mg/(L·d)（Gabriel *et al.*，2005）的范围内变化。在不同的研究中，壬基酚的降解产物随菌株和壬基酚异构体的改变而改变（如 *Candida aquae-textoris* 降解直链壬基酚的代谢物为 4-乙酸苯酯，*Sphingomonas xenophaga Bayram* 降解支链壬基酚的代谢物为相应的乙醇和苯醌）（Vallini *et al.*，2001；Gabriel *et al.*，2005）。

不同 *Sphingomonads* 降解壬基酚的途径有相似之处，均会产生带有烷基侧链的醇类中间产物（Tanghe *et al.*，2000；Fujii *et al.*，2001；Gabriel *et al.*，2005）。一些科学家猜测，对位壬基酚的降解是从芳香环的分裂开始的（Tanghe *et al.*，1999；Fujii *et al.*，2001）。Corvini 等人证明，各壬基酚异构体的中央代谢产物为对苯二酚（Corvini *et al.*，2004）。降解机理是一种Ⅱ本位取代，即对位的自由羟基取代。C4 位置的烷基链羟基化后，对苯二酚形成并脱离原分子，以碳正离子或自由基形式存在（Corvini *et al.*，2006）。对苯二酚可被进一步降解为有机酸，如琥珀酸盐和 3，4-羟基丁二酸（Cirja，2007）。

有人从WWTP的活性污泥中分离出了多种雌激素降解细菌（Fujii *et al.*，2003；Yoshimoto *et al.*，2004）。然而，对于活性污泥中雌激素降解细菌的行为，我们还一无所知。要阐明天然雌激素的去除效果与雌激素降解细菌行为的关系，则需要进行进一步的研究（Hashimoto *et al.*，2007）。

在一家德国的WWTP，EE2的去除率达到了90%，充分的生物降解过程发生在硝化池（Andersen *et al.*，2003）。含有氨氧化细菌 *Nitrosomonas europaea* 的硝化活性污泥能够大量降解EE2（Shi *et al.*，2004）。上述结果与前人的研究成果相一致。之前的研究表明，在硝化活性污泥里，EE2快速降解的同时伴随着亲水化合物的形成（Vader *et al.*，2000）。为了研究硝化细菌的积极影响，将降解EE2的真菌和细菌从活性污泥中分离出来，并进行无菌培养，发现它们降解EE2的效率很高。有些情况下，微生物对人工投加基质（30mg/L的EE2）的降解效率可达87%（Yoshimoto *et al.*，2004；Haiyan *et al.*，2007）。在EE2最初浓度为25mg/L，温度为30℃，pH为最适合的7.2的情况下，由牛舍废物中分离出来的真菌 *Fusarium proliferatum* 能在30d内去除97%的EE2（Shi *et al.*，2002）。

Shi（2002）和Yoshimoto等人（2004）发现了EE2的降解产物，但没有对其进行鉴定。Horinouchi等人（2004）提出用 *Comamonas Testosteroni TA*441 降解睾酮，该细菌体携带有芳香化合物降解基因，可产生开环甾类化合物脱氢酶和3-类固醇脱氢酶。人们在研究细菌 *Sphingobacterium sp. JCR*5 代谢EE2的过程中，鉴定出三种代谢产物，进一步的代谢产物（即2-羟基-2，4-二烯草酸酸和2-羟基-2，4-二烯烃-1，6-二糖酸两种酸）是形成E1的主要中间产物（Shi *et al.*，2004；Haiyan *et al.*，2007）。Shi等人报道，通过降解E2生成E1是硝化细菌降解E2的最容易途径，而且认为E1也是EE2降解产物（Shi *et al.*，2004）。Haiyan等人提出，*Sphingobacterium sp. JCR*5 代谢EE2以C-17氧化为酮基和C-9α的羟基化和酮基化为开端，随后B环发生破裂，而A环则被氧分子羟基化（Haiyan *et al.*，2007）。

7.3.7 生物降解过程中的形成的副产物

在污水处理过程中，生物降解过程会导致某些污染物浓度的增加，如聚乙醇酯的生物降解可产生烷基酚（Isidori *et al.*，2007）。

在MBR和常规活性污泥反应器中，均可检测到BPA的生物降解产物4-羟基乙酰苯（Chen *et al.*，2008）。另一方面，布洛芬有两类主要的生物降解中间产物（羧基衍生物和羟基衍生物），其行为揭示了布洛芬在有氧条件下的主要去除途径（Matamoros *et al.*，2008a）。

一家污水处理厂的进水中不含壬基酚，可在厌氧阶段，壬基酚乙醇酯的生物降解却可以产生壬基酚。然而，污水处理厂出水中并不含壬基酚，这可能是污泥去除的结果（Bruchet *et al.*，2002)。与硫酸盐或葡苷酸轭合的天然和合成雌激素没有活性，在下水道或 WWTP 内，含有葡苷酸酶和硫酸酯酶的微生物可以重新将其转化为活性形式（自由的雌激素）（Isidori *et al.*，2007)。另外，饮用水中的某些 DBPs 具有 EDCs 的作用，PPCPs 氧化副产物的毒性可能比母体更强。因此，确定微污染物的副产物并采用合理的技术对其进行处理是相当重要的，这是因为其毒性可能更强，更加难以降解，或者既不能被吸附也不会被生物转化（如镇痫剂）（Caliman 和 Gavrilescu，2009)。

第 8 章　UV/H_2O_2 去除水体中的微污染物质

8.1　引言

欧盟水框架指令（WFD）第四条（EC2000）是推动处理饮用水和污水发展高级氧化技术的驱动力之一（Belgiarno *et al.*，2007）。WFD 意在确保到 2015 年，整个水体，包括内陆地表水、地下水、过渡和沿海水域，能够达到和维持一种“良好状态”。在这个框架下，大量持续释放进入环境的微污染物质，例如多环芳烃（PAHs）、烷基酚（APs）、有机锡（OTs）、挥发性有机化合物（VOCs）、农药和重金属，被列为优先级物质。欧盟议会和理事会最近提出的一项议案调整了上述物质在水中的浓度规定。WFD 的优先级列表中包括以高毒性、高环境残留性和高脂溶性为特征的 33 种物质，其中高脂溶性会引发食物链中的生物蓄积作用，从而增加对环境和人体健康的危害。它们中的几种（如 PAHs，APs，OTs，溴化阻燃剂）已经被证实为内分泌干扰物（EDCs）或潜在的内分泌干扰物。另外新出现的一组微污染物质可能和制药或个人护理产品（PPCPs）的生产有关，引发了一系列的生态效应（Haberer，2002；Ternes *et al.*，2003）。

UV/H_2O_2 工艺已经被深入地研究和广泛地应用于给水、污水净化和受污染地下水的处理上。技术上的不断进步使其成为去除微污染物质的一种切实可行的方法（Watts *et al.*，1990，1991；AOP 手册，1997）。UV/H_2O_2 工艺在去年已投入实际运行。根据水中成分的不同，化学氧化和其他工艺还可以进行不同的组合。根据水中有机物质的种类和含量，可以选用吹脱挥发性有机物、颗粒活性炭处理（Wang *et al.*，1990b）、通过生物活性炭柱进行生物氧化（DeWaters *et al.*，1990）或其他工艺。

通常，生物处理是去除污水中有机物最经济的技术。然而，某些微污染物质既无法生物降解又对生物处理工艺和对水生环境产生毒性，因此必须通过预处理或后处理去除。在很多案例中，化学氧化是除强化生物降解外的一种去除有毒物质的预处理技术（Adams *et al.*，1993；Wang，1991）。另一方面，由于难降解组分的存在，或在处理污水中药物或个人护理产品残留产生生物降解副产物，生物氧化后的出水有时仍有毒性。

由于更加经济和低能耗紫外灯管的出现，研究者们最近越来越关注基于紫外技术的工艺。非接触式反应器的应用避免了紫外灯管结垢，紫外光照射与过氧化氢氧化、臭氧氧化或其他技术联用，可以产生高反应活性的自由基，主要为羟基自由基。

8.2 UV/H_2O_2 基本原理

8.2.1 概述

紫外-氧化工艺通过紫外线光解过氧化氢或臭氧产生羟基自由基来发挥作用。这种技术文献报道最多的是实验室规模的研究实验。裂解过氧化氢是产生羟基自由基最直接的方法。过氧化氢可以直接光解形成羟基自由基，如式（8.1）所示1个单位的过氧化氢吸收波长为 254nm 的光的一个单位的光量子直接光解为 2 个单位的羟基自由基（Baxendale *et al.*，1957）：

$$H_2O_2 + hv \longrightarrow OH\cdot + OH\cdot \quad (8.1)$$

在 25℃、光照波长为 253.7nm 的条件下，过氧化氢在 0.1 克当量浓度高氯酸中量子产率为 1.00。在过氧化氢浓度为 2×10^{-5}M 到 0.1M，光强度在 4.5×10^{-7}Einstein · L^{-1} · min^{-1}到 5×10^{-4} Einstein · L^{-1} · min^{-1}的范围内，量子产率与过氧化氢浓度和光强度无关。在水溶液环境下产生的羟基自由基有很高的氧化活性，它们相对非选择性地进攻有机化合物，反应速率常数范围在 $10^6\sim10^{10}$ M^{-1} · s^{-1}之间（Buxton *et al.*，1988）。

在 254nm 波长处，过氧化氢的摩尔消光系数为 19.6 $M^{-1}s^{-1}$（Lay，1989），这个数值还是非常低的。相比较而言，臭氧、萘和五氯酚（在 pH=7 时）的摩尔消光系数分别为 3300$M^{-1}cm^{-1}$、3300$M^{-1}cm^{-1}$和 10000$M^{-1}cm^{-1}$。这意味着，在水环境中，需要相当高浓度的过氧化氢才能使包含强光子吸收剂的水溶液中的羟基自由基达到足够高的水平。在 UV/H_2O_2 系统中最常选用峰值发射为 254nm 的低压汞蒸气灯作为紫外光源。过氧化氢的最大吸收峰大约出现在 220nm。如果采用低压灯，由于吸收效率低，就需要使用高浓度的过氧化氢来产生足够量的羟基自由基。然而，过高浓度的过氧化氢会清除自由基，使反应过程效率降低，见式（8.2）～式（8.4）。

$$OH\cdot + H_2O_2 \longrightarrow HO_2\cdot + H_2O \quad (8.2)$$

$$HO_2\cdot + H_2O_2 \longrightarrow OH\cdot + H_2O + O_2 \quad (8.3)$$

$$HO_2\cdot HO_2\cdot \longrightarrow H_2O_2 + O_2 \quad (8.4)$$

为了改善过氧化氢在 254nm 波长处低的吸收率，一些研究者和供应商使用高光强度、中压、宽频的紫外灯。另一种解决方案是使用高强度的，可以通过调节输出光谱来匹配过氧化氢特征吸收的氙灯。

8.2.2 光解

在高级氧化工艺（AOP）过程中，有机化合物在辐射的参与下，直接或间接地发生光解反应进行降解。如果符合以下条件或以下某一项条件，有机物分子就会发生光化学转化（Calvert 和 Pitts，1966）：

（1）分子吸收光能后转变为电子激发态分子；

（2）激发态的化学转化是竞争或失活过程。

光能吸收的规律被称为光化学第一定律或 Grotthus-Draper 定律：只有光量子被分子吸收，才能在分子中发生有效的光化学变化。分子吸收的光量子在几个特定的电磁波谱区域中，对应着几种不同的分子转化。

式（8.5）给出了化学物质浓度为［C］的直接光解速率，方程结合了 Groyyhus-Draper 定律和 Stark-Einstein 定律（Leifer，1988）：

$$-\frac{d[C]}{dt}=I_0\phi_c f_c[1-\exp(-A_t)] \tag{8.5}$$

式中，ϕ_c 表示浓度 C 下的量子产率，即形成光解的吸收辐射分数，I_0 为辐射的入射光通量（在这种情况下波长为 254nm）。系数 f_c 为在浓度 C 下，此物质吸收光与溶液中其他组分吸收光的比值，A_t 为溶液总吸光度乘以 2.3 的系数，它们各自的定义式如式（8.6）、式（8.7）所示：

$$f_c=\frac{\varepsilon_c[C]}{\sum\varepsilon_i[C_i]} \tag{8.6}$$

$$A_t=2.3L\sum\varepsilon_i[C_i] \tag{8.7}$$

在式（8.6）和式（8.7）中，下标 i 表示溶液中每个物质在特定波长的吸光度，L 指光反应器中的有效光路长度，ε_i 表示在灯管波长下第 i 种物质的摩尔吸光系数或摩尔消光系数。

当吸光物质的浓度大到使 exp（$-A_t$）接近于 0 时，式（8.5）可以简化为式（8.8）（Leifer，1988）。

$$-\frac{d[C]}{dt}=\phi_c I_0 f_c \tag{8.8}$$

如果 C 是一个次要吸光物质，衰减速率常数就是一级的。如果 C 是一个主要吸光物质，它的速率常数就是零级的。当吸光物质的浓度足够小，［1－exp（A_t）］就可以按照泰勒级数展开，转化为近似的一级速率方程（Leifer，1988）。

$$-\frac{d[C]}{dt}=2.3LI_0\phi_c\varepsilon_c[C] \tag{8.9}$$

在这种条件下，两种吸光物质的光解必须是彼此独立的过程。当一个单独的吸光物质的浓度值在所有物质浓度值中处于中间值时，式（8.5）可以转化为方程式（8.10）：

$$\frac{d[C]}{dt}=\phi_c I_0[1-\exp(-\alpha[C])] \tag{8.10}$$

式中，$\alpha=2.3L\varepsilon_c$　　(8.11)

8.2.3　UV/H_2O_2 氧化机理

UV/H_2O_2 氧化机理已经被广泛研究。研究认为，H_2O_2 的光解（Baxendale 和 Wilson，1957）产生羟基自由基（Guittonneau，1989；Glaze 和 Lay，1989）。因此，有机化合物的氧化至少有两种途径：直接光解和羟基自由基进攻。除了光解，化合物 C 还被羟基自由基进攻发生降解：

$$-\frac{d[C]}{dt}=\phi_c I_0 f_c[1-\exp(-A_t)]+k_{OH,C}[OH][C] \tag{8.12}$$

式中，$k_{OH,C}$是一个羟基自由基与化合物 C 反应的二级反应速率常数。这里也可以使用假一级速率常数，因为在反应范围内，羟基自由基的浓度可以看作是一个常数并入速率常数（Stumm 和 Morgan，1981）：

$$-\ln C/C_0=k't \tag{8.13}$$

式中，k'=伪一级速率常数，s^{-1}。

如果提供光源的种类和强度、过氧化氢的剂量等数据，它们对反应的影响也可以一并列出。然而，提高过氧化氢剂量对反应的促进作用有限，因为过氧化氢也是羟基自由基的清除剂（$k_{OH.H_2O_2}=2.7\times10^7M^{-1}\cdot s^{-1}$，Christensen *et al.*，1982）：

$$-\frac{d[C]}{dt}=\phi_c I_0 f_c[1-\exp(-A_t)]+k_{OH,C}[OH][C] \tag{8.14}$$

有大量研究在探讨过氧化氢与污染物之间反应的反应比例问题，这为最优化处理工艺设计提供了有力的工具（Ince，1999）。

8.2.4　O_3/UV

O_3/UV 工艺结合也可以产生羟基自由基（Glaze *et al.*，1987；Glaze 和 Kang，1990）。臭氧/UV 工艺过程的第一步是通过臭氧光解产生过氧化氢，如式（8.15）所示：

$$O_3+H_2O+UV\ (<310nm)\longrightarrow O_2+OH\cdot+OH\cdot\longrightarrow O_2+H_2O_2 \tag{8.15}$$

臭氧/UV 工艺可以通过直接臭氧氧化、光解或羟基自由基反应来降解化合物。

8.3 UV/H_2O_2 的小试研究

8.3.1 概述

一些有机化合物可以直接被紫外辐射降解。除了几个极易光降解的化合物以外，加入过氧化氢都可以加速降解反应。综合考虑净化效率和经济的可行性，基于紫外技术的微污染物去除的难点在于不同种类的反应器设计与光源种类和光照强度的选择。对分别通过低压、中压、高压汞灯获得的实验结果进行比较尤其困难，因为它们的光谱不尽相同。通常，有机化合物的降解过程被认为是一个单组分系统反应的过程，仅有模型化合物出现，一般忽略反应形成的副产物。

8.3.2 受污染地下水的处理

UV/ H_2O_2 工艺最常见的应用就是净化受污染的地下水。很多研究，特别是小试试验，都在人工合成单组分污水的试验装置上进行。

Sundstrom 等人（1986）通过紫外和过氧化氢联用技术研究了典型的卤代脂肪族类化合物的降解。具有碳碳双键的氯代化合物，例如三氯乙烯，比其他研究的化合物降解速度更快。被反应的氯定量的转化为氯离子，说明氯结构被有效地破坏。Sundstrom 也研究了典型芳香族化合物的降解速率。UV 和 UV/H_2O_2 试验得出的伪一级速率常数为：苯（$0.25\times10^{-3}s^{-1}$ 和 $1.42\times10^{-3}s^{-1}$），氯苯（$0.42\times10^{-3}s^{-1}$ 和 $1.05\times10^{-3}s^{-1}$），甲苯（$0.38\times10^{-3}s^{-1}$ 和 $1.57\times10^{-3}s^{-1}$），苯酚（$0.06\times10^{-3}s^{-1}$ 和 $1.37\times10^{-3}s^{-1}$），2-氯苯酚（$0.25\times10^{-3}s^{-1}$ 和 $0.83\times10^{-3}s^{-1}$），2，4-二氯苯酚（$0.67\times10^{-3}s^{-1}$ 和 $1.36\times10^{-3}s^{-1}$），2，4，6-三氯苯酚（$1.3\times10^{-3}s^{-1}$ 和 $1.67\times10^{-3}s^{-1}$），邻苯二甲酸二甲酯（$0.02\times10^{-3}s^{-1}$ 和 $0.78\times10^{-3}s^{-1}$），邻苯二甲酸二乙酯（$0.02\times10^{-3}s^{-1}$ 和 $0.78\times10^{-3}s^{-1}$）。

Weir 等人（1987）研究了通过 UV 和 H_2O_2 降解苯的工艺操作条件的影响因素。光源为 5.3W 的低压汞弧光灯，波长为 254nm。反应速率遵循伪一级反应动力学，受污染物与过氧化氢的摩尔比和紫外辐射强度的影响很大。反应中形成很多中间体，但延长反应时间，它们又都会消除。已经被鉴别出的中间体有苯酚、儿茶酚、对苯二酚。聚合反应没有被观察到。他们还研究了三氯乙烯（TCE）的降解动力学（Weir *et al.*，1993）。三氯乙烯的反应速率是以紫外光强度表示的一级反应，以三氯乙烯浓度表示的伪一级反应。在低浓度过氧化氢中，反应速率是以过氧化氢浓度表示的一级反应，但是在高浓度过氧化氢中，反应速率与过氧化氢浓度无关。

Ho（1986）研究了以中压汞弧光灯（450W）为光源的紫外辐射和过氧化氢对降解2，4-二硝基甲苯（DNT）的协同作用。DNT在水溶液中的降解过程：DNT经侧链氧化转化为1，3-二硝基甲苯，1，3-二硝基甲苯经苯环羟基化转化为羟基化硝基苯衍生物，羟基化硝基苯衍生物经过苯环裂解产生低分子量的羧酸和醛，低分子量的羧酸和醛进一步光氧化，最终转变为CO_2，H_2O和HNO_3。

Milano等人（1992）研究了通过UV/H_2O_2对4-溴二苯醚进行降解时中间体的形成。光源应用的是100W中压汞弧光灯。他们鉴别了几种降解化合物。复杂的降解过程被大致分为三步：首先，4-溴二苯醚脱掉溴原子形成二苯醚和羟基二苯醚；其次，二苯醚降解产生苯酚和苯；最后，芳香环打开形成羧酸，并最终矿化。总体上说，完全矿化要比降解为脂肪族卤素化合物困难得多。在降解芳香醚的过程中，在形成羧酸的同时，也形成了具有腐殖酸结构的、难降解的大分子化合物。

Ishikawa等人（1992）研究了通过低压汞弧光灯（15W）光化学降解有机磷酸盐酯的过程。降解遵循一级反应动力学，反应速率在（0.2～11.1）$\times10^{-3}s^{-1}$之间。

根据Yashura等人（1977）的研究，单氯酚的紫外辐射光降解过程也遵循一级动力学。反应速率为：4-单氯酚$1.4\times10^{-3}s^{-1}$，2-氯酚$2\times10^{-4}s^{-1}$，3-氯酚$3\times10^{-5}s^{-1}$。加入过氧化氢可以大幅提高降解速率。在辐射波长为313nm下，降解2-氯酚仍遵循一级动力学。腐殖质溶液和浓缩天然水的一级直接或间接光降解反应速率常数被分别测定出来。Moza等人（1988）研究了以125W中压灯为光源、在UV/H_2O_2的处理方式下，2-氯苯酚，2，4-二氯苯酚和2，4，6-三氯苯酚溶液的降解过程。当最初的过氧化氢浓度为55ppm，在各自脱气溶液中测得的2-氯苯酚，2，4-二氯苯酚和2，4，6-三氯苯酚的速率常数分别为$0.33\times10^{-4}s^{-1}$，$1.1\times10^{-4}s^{-1}$和$3.3\times10^{-4}s^{-1}$。利用UV/H_2O_2处理降解2-氯酚的速率常数比直接光解更低，可能与紫外灯的选用有关。中压灯所产生的大部分出射光都在可见光区域，很少有254nm波长的光。

Miller等人（1988）研究了2，4-二氯苯酚（DCP）和2，4，5-三氯苯酚（TCP）的光降解过程。两种化合物都使用波长为300nm的光进行降解。加入过氧化氢加速了两种氯酚的光降解过程。氯酚的光降解过程遵循平滑的一级动力学（如果有过氧化氢出现则为伪一级动力学）。当过氧化氢的浓度由0升至0.1M时，DCP的反应速率常数由$1.2\times10^{-3}s^{-1}$升至$6.7\times10^{-3}s^{-1}$。相应的，TCP的反应速率常数由$6.7\times10^{-3}s^{-1}$升至$13.4\times10^{-3}s^{-1}$。

Peterson等人（1988）研究了通过高光强度短波紫外灯系统降解水溶液中农药呋喃丹、苯线亚磷砜和扑灭津的降解效率。一级反应速率常数分别为3.33×

$10^{-3}s^{-1}$，$11.20\times10^{-3}s^{-1}$和 $3.07\times10^{-3}s^{-1}$。不同于很多其他的物质，加入过氧化氢并不能使上述物质加速降解。Peterson 等人（1990）也通过 5000W 的高压汞蒸气灯研究了克菌丹、氯丹、间二甲苯和五氯硝基苯的降解。加入过氧化氢仅加速了五氯硝基苯的降解。

在水溶液中的甲基叔丁基醚（MTBE）的去除研究通过在循环间歇反应器中加入过氧化氢和低压汞灯照射来进行。在设置系统组分和光解过程的变量之外，还进行了黑暗和仅用紫外的对照实验，来观察它们对 MTBE 减少的影响程度。实验设置的最初过氧化氢：MTBE 分子比分别为 4∶1，7∶1 和 15∶1。实验持续了 120min，测量 MTBE、苯和副产物的浓度。UV/H_2O_2 处理对 MTBE 的去除率达到了 99.9%，主要可清除的副产物被鉴定为叔丁基甲酸（TBF）。羟基自由基途径降解 MTBE 的二级反应速率常数约为 $3.9\times10^9M^{-1}s^{-1}$（Chang 和 Young，2000）。

更多的实验室规模的 UV/H_2O_2 实验数据收录于表 8.1。

UV/H_2O_2 系统中不同化学物质的反应速率常数 **表 8.1**

化合物	光源	[H_2O_2] mM	$K\times10^{-3}s^{-1}$	参考文献
苯酚	254nm+O_3	3.2～12.7	1.74	Esplugas *et al.*，2002
			1.16	
邻硝基甲苯	中压	7.4	2.1	Ghaly *et al.*，2001b
	700W	14.7	3.7	
		29.4	5.7	
		88.2	7.9	
对羟基苯甲酸	中压			Beltran-Heredia *et al.*，2001
	185～436nm			
	3.30×10^{-5}			
	Einstein·L^{-1}·s^{-1}			
异戊二烯	254nm	摩尔比	k_p+k_{OH}	Elkanzi 和 Kheng，2000
	2.25mW/m^2	0	0.40	
		1	0.45	
		4	0.63	
		6	0.70	
四丁基吡啶	125W	—	7.40	Sanlaville *et al.*，1996
	高压	0.2	7.67	
		2.0	9.17	
		2.0	15.83	
萘	1.85×10^{-6}	—	0.80	Glaze *et al.*，1992
	Einstein·L^{-1}·s^{-1}	1.0	1.6	Tuhkanen 1994

续表

化合物	光源	[H_2O_2] mM	K×$10^{-3}s^{-1}$	参考文献
		10	6.9	
		20	5.9	
		40	4.0	
		100	2.6	
	1.05×10^{-6}	—	0.2	
五氯酚	1.85×10^{-6}	—	1.0	
	1.05×10^{-6}	—	0.2	
	1.85×10^{-6}	1	3.3	
	1.85×10^{-6}	10	9.2	
	1.85×10^{-6}	20	7.2	
	1.85×10^{-6}	100	1.2	

8.3.3 饮用水处理的应用

饮用水处理常用的氧化剂有臭氧、氯、二氧化氯和氯胺。然而不可忽视的是，UV相关的氧化技术在近几十年有了快速发展。水中自然有机前体物质发生氧化反应形成多余的消毒副产物是一个很严重的问题，为此科研工作者做出了很多努力来改进饮用水处理工艺。以上提到的所有技术都有能力氧化水中的微污染物质，特别是紫外消毒被研究者们进行了深入的研究，然而紫外消毒可能会和水中母体化合物发生反应，产生多余的降解产物。降解产物的毒性可能比原始化合物的毒性更强。

分别在超纯水和经过砂滤的地表水中进行了对选定药物的光转化实验。实验表明，使用低压汞灯比使用发射波长介于239～334nm的中压灯对有机化合物的降解效果更好。使用低压汞灯，典型的紫外杀菌剂量400J·m^{-2}可以使阿特拉津降解3.5%，碘普罗胺降解14%，灭草定降解16%，双氯芬降解45%。在砂滤后地表水中的17α-炔雌醇降解14%，仅比在纯水中降解低1%（Meunier *et al.*，2005）。因此，在典型的紫外杀菌条件下进行的紫外光转化是相当没有效率的过程。根据之前的几项研究可以看出，去除微污染物质所需的紫外剂量要远远高于消毒所需要的剂量，紫外灭活细菌和紫外降解有机化合物所需要的剂量水平相差甚远。最后，通过动力学结果进行实验筛选，选出可行的基于紫外技术的工艺来恢复被药物和它们的中间体污染的水体（Canonica *et al.*，2008；Lopez *et al.*，2007）。

从水溶液中去除强力的Ames诱变剂，3-氯-4-二氯甲基-5-羟基-2（5H）-呋喃酮（MX）以及降低水溶液的致诱变效力需要直接用254nm的紫外光光解以及配合加热、还原和不同种类的氧化处理来产生所需的羟基自由基。去除 1mol MX 需要 2mol 羟基自由基。紫外辐射处理工艺能够在 1h 内光解去除 76％的 MX 和 79％的诱变效力（Fucui *et al.*，1991）。

8.3.4 市政废水

尽管现代市政污水处理厂有能力去除废水中 95％的 BOD（可生化降解有机物），但是仍有一些持久性有机化合物没有被完全去除。它们中有很多是难生物降解的，其中亲水性的化合物被吸附在污泥中从水中去除。随着检测技术的发展，越来越多的化合物，例如 PPCPs 和它们的代谢物、内分泌干扰物质和芳香胺被相继发现（Ternes *et al.*，2003）。

紫外技术已经越来越广泛地被应用于污水消毒。去除有机污染物所需要的紫外照射剂量要远远大于杀菌所需要的剂量。高级氧化技术（AOPs）能够高效地去除饮用水中不同种类的有机污染物。臭氧、臭氧与过氧化氢联用和紫外与过氧化氢联用是目前研究最多的三种高级氧化技术（Wert *et al.*，2009）。

Andreozzi 等人（2003）研究了利用低压汞弧光灯配合过氧化氢和臭氧联用去除水中的对乙酰氨基酚。加入过氧化氢和臭氧通过破坏芳香环提高了对乙酰氨基酚的去除率。在最佳过氧化氢剂量下，生成降解产物并有 40％的碳化合物被矿化。

Rosario-Ordiz 等人（2009）研究了通过低压紫外灯与过氧化氢氧化在 3 种不同污水环境以及多种 UV 和过氧化氢剂量下对 6 种药物的去除效果，并设计了多种 UV 和过氧化氢剂量。这六种药物分别为甲丙氨酯、苯妥英钠、卡马西平、扑米酮、阿替洛尔和甲氧苄啶。这些化合物具有不同的化学活性，使得它们能够与羟基自由基直接发生光解反应。出水有机物（EfOM）通过经验模型来估算，经验模型的二级反应速率常数被预设为介于羟基自由基和各种不同污水的 EfOM（$kEfOM_{OH}$）的反应速率常数之间。经过试验，3 种不同污水环境的清除率分别为：E1 为 $4.02\times10^5 s^{-1}$，E2 为 $29.3\times10^5 s^{-1}$，E3 为 $12.6\times10^5 s^{-1}$。这个结果说明，羟基自由基在 E2 中较少，在 E1 中较多。羟基自由基的数量影响了 UV/H_2O_2 整体的污染物去除效率，另外还有 EfOM 的影响。EfOM 最重要的影响不是在数量上，而是内在的相互作用。当过氧化氢的剂量为 0mg/L 时，苯妥英钠的去除率在 0～65％之间。然而另外 5 种药物的去除率总体上小于 10％，这表明紫外光光解对这些化合物没有去除作用。采用 UV/H_2O_2 处理，光照强度为 $300mJ/cm^2$ 时，正如预期所料，药物氧化的程度随着过氧化氢剂量的增加而增加。由于 EfOM 既是羟基自由基的清除剂又与药物存在竞争反应，污水中的化学组分对氧化过程有非常大的影响。这个结果表明，需要更大的紫外光照剂量来产生更多的羟基自由基以克服污水中的清除剂的作用，以获得更好的药物氧化去除效果。研究的药物总体去除率在 0～99%，去除率取决于总体的自由基清除率。这个结果还说明，污水环境中含量较高的 EfOM 之间相互反应与总浓度相比较而言，是生产规模处理设备的重要参数。

日本的 Kim 等人（2009）建立了日处理能力为 $10m^3$ 的实验室规模的紫外处理工艺（UV 和 UV/H_2O_2）来去除实际污水中的医药类物质。在二级处理出水中，检测出了包括 12 种抗生素和 10 种镇痛药在内的 41 种医药类物质。单纯紫外照射仅对其中的几种物质，例如酮洛芬、双氯酚酸和安替比林有较好地去除效果。单纯紫外照射对大环内酯类抗生素，例如克拉霉素、红霉素和阿奇霉素的去除效果很差，即使将紫外剂量增大到 2768 mJ/cm^2 这样相当大的剂量，去除效果仍不理想。使用 UV/H_2O_2 工艺，39 种药物能在 923 mJ/cm^2 的紫外剂量下达到 90%的去除率，这说明 UV 和 H_2O_2 工艺能有效地降低去除医药类物质所需要的紫外光能量。最后，动力学结果和筛选出的试验条件可以用来指导紫外技术用于受到医药类物质及其中间体污染的水体的修复实践（Canonica *et al*，2008；Lopez *et al*，2007）。

在处理水中出现激素类物质是一个极为严重的问题。大量的研究，包括使用 AOPs 技术的研究，考察了在实验室模拟或自然水体环境中个体内分泌干扰物质（EDCs）的降解。EDCs 包括雌二醇（E2）、乙炔雌二醇（EE2）、双酚-A 和壬基苯酚（NP），一般在实验室或自然河水水体中存在它们中的一种或几种，含量在 μgL^{-1}～ngL^{-1}之间。Chen 等人（2007）研究了使用 UV/H_2O_2 工艺处理受激素污染污水的流程。试验结果表明，在去离子水和天然水体中的环境相关浓度下（μgL^{-1}～ngL^{-1}），UV/H_2O_2 去除内分泌干扰物质的混合物，无论体外雌激素活性还是体内雌激素活性，反应都是遵循一级反应动力学。在 H_2O_2 剂量为 10ppm，UV 光照强度<1000 mJ/cm^2 时，过氧化氢处理作为水处理中的化学氧化工艺能够去除低浓度的 EDCs 混合物中的体外和体内雌激素活性。此外，还观察到对混合物中的雌激素体外活性的去除率要比处理单纯的雌激素时的去除率低。同样，UV/H_2O_2 工艺去除自然水体中的雌激素体内活性的速度也要比在实验室模拟水体中试验的去除速度稍微慢了一些。羟基自由基清除剂的存在导致稳定状态的羟基自由基的浓度降低，从而使雌激素活性的去除率降低，对 E2 和 EE2 的反应降解率降低。尽管使用紫外照射加 10ppmH_2O_2 处理工艺去除混合 EDCs 中的雌激素的体内活性要快于体外活性，2000 mJ/cm^2 的紫外照射剂量仍无法将自然水体中雌激素的体内活性完全去除。

Roselfeldt 等人（2007）使用紫外光直接光解和 UV/H_2O_2 工艺研究了内分泌干扰物质（EDCs）17-β-雌二醇（E2）和 17-α-乙炔雌二醇（EE2）。加入的过氧化氢极大的加速了实验室水体中 ECD 化合物的降解。在自然水体中的 EDCs 降解速度明显比实验室水体中的缓慢，但是 UV/H_2O_2 高级氧化技术在光照强度为 $350mJ/cm^2$ 下仍可以去除超过 90%的具有雌激素活性的化合物。这里使用的紫外光剂量要远小于之前使用 UV 处理此类污染物所用的剂量。

8.3.5 造纸和纸浆工业

Schulte 等人（1991）测定了处理实际污水、造纸厂废水和垃圾渗滤液时的影响因素参数值，这些影响因素有水基质的含量、羟基自由基清除剂的含量、pH、过氧化氢与污染物之间的比例和紫外光照射强度。COD、AOX 和福尔马林通过不同的过氧化氢高级氧化技术过程进行降解，都采用了输出功率为 2kW 的低压和中压汞弧光灯。过氧化氢氧化技术处理效果很好，但是去除的程度和经济性之间的平衡应该具体问题具体分析。

8.4 其他紫外技术

Chaly 等人（2001）研究了在 UV/H_2O_2 系统中加入铁的情形。使用 UV、UV/H_2O_2、$UV/H_2O_2/Fe$（Ⅱ）、$UV/H_2O_2/Fe$（Ⅲ）处理对氯苯酚的反应速率常数分别为 1.0×10^{-3}、2.0×10^{-3}、1.2×10^{-3} 和 1.7×10^{-3}。能量的消耗由 UV/H_2O_2 处理对氯苯酚所需的 1105 kWh/kg 降低为 $UV/H_2O_2/Fe$（Ⅲ）处理的 184kWh/kg，降低明显。芬顿型氧化反应的缺点是容易形成铁沉淀，需要调节 $pH<4$。

Trapido 等人（2001）研究了臭氧与 UV 辐射和过氧化氢联用处理硝基酚。在 pH 为 2.5 时加入 8mM（256mg/L）过氧化氢是降解硝基酚最快的一种方式。这种方式也将有机氮几乎完全矿化，并消除了曼瓜水蚤的毒性。

Akata 和 Gurol（1992）通过在 UV/H_2O_2 系统中选择性加入合成高分子聚乙烯氧化物 PEO 研究了硝基苯和三卤甲烷前体物质的去除规律，假定这种聚合物能够通过聚合反应提高硝基苯的去除率。UV/H_2O_2 实验在中性 pH 中进行（碱度 40 和 200mg/L），硝基苯初始浓度为 1.5×10^{-4}M。实验在一个 2L 的具有 33W 光源的反应器中进行，过氧化氢浓度为 0.1mM。硝基苯的反应速率为 0.76×10^{-6}M/min。加入高浓度的（1000mg/L）聚合物之后，降解速度明显减慢，反应速率只有 1.9×10^{-7}M/min，这可能是因为聚合物分子与硝基苯分子竞争性地与羟基自由基发生反应。UV/H_2O_2 处理能在 25min 的辐射下去除 40%的 THMFP。低浓度的聚合物（10mg/L）对 THMFP 的去除效果没有影响。

UV/H_2O_2 一般用来处理受 PCE 污染的地下水，但是由于羟基自由基清除剂的存在或 UV 光吸收率的问题，清除效率通常很低。Alibegic 等人（2001）研究改进了 UV/H_2O_2 光解系统，减少了反应系统中的羟基自由基消除剂，改善了紫外光的吸收。系统发生反应时，脱气后的 PCE 被吸收在装有紫外灯，含有蒸馏水和过氧化氢的鼓泡塔反应器中。PCE 在液相中的降解遵循伪一级动力学模型，表观反应动力学常数为 0.20s^{-1}。

在臭氧和紫外参与反应的步骤中，臭氧和紫外剂量范围分别为16～24mg/L和 810～1610mJ/cm^2，臭氧和紫外联用在去除 TOC 和消毒副产物（DBPs）上比单独使用紫外或臭氧处理的效率更高。降低的 TOC 浓度证明了 O_3/UV AOP 联用技术使有机碳发生了明显的矿化。在经过 60min 的处理后，原水中大约有50%的 TOC 浓度被去除。TOC 的矿化过程遵循伪一级动力学模型。TOC 矿化反应的伪一级反应速率常数为 0.04±0.02min^{-1}。O_3/UV AOP 处理显著地降低了 THM 和 HAA 形成的潜在可能。在经过 60min 的处理后，三氯甲烷的形成潜力降低了大约 80%，HAA3 的形成潜力降低了大约 70%，所有这些 DBP 形成潜力的降低都遵循伪一级动力学模型。三氯甲烷和 HAA3 形成潜力的伪一级速率常数分别为 0.12±0.03min^{-1} 和 0.15±0.04min^{-1}（Chin 和 Berube，2005）。

8.5 替代辐射光源

众所周知，传统的汞蒸气紫外灯耗能非常严重。近年来，研究者们着眼于降低这些光源的能源消耗，因此，像 LED 和氙灯这些低能耗的紫外光源被研究者们用来实验测试。其他的一些实验致力于将太阳光源作为辐射光源的研究，这将显著地降低辐射光源运行的费用和能耗。

发光二极管（LED）是一种半导体 P-N 结器件，它的发射光集中在一个极窄的波长范围内。除了低能耗，LEDs 还展现出了很多优于传统紫外灯的特点。它们可以只发射所需波长的光，而且不产生有毒的化合物。它们能将更多的能量转化为光能，从而减少转化为热能的能量损失（Hu，2006）。它们也更坚固不容易打碎，在尺寸上也更紧凑。这些特征使它们成为了汞蒸气灯最有前途的替代品，然而，在这方面的研究还非常少。Vilhunen 和 Sillanpaa（2009）使用 LED 灯发射不同波长的光来活化过氧化氢降解苯酚（100mg/L）。结果表明，相对于使用传统的实验室规模的紫外灯，虽然使用 LED 灯的降解速度要慢一些，但是却减少了相当大的能耗。

Vilhunen 等人（2009）进行了在过氧化氢存在条件下使用 UV LEDs 氧化苯

酚的研究。通过 LED 照射引发过氧化氢的光解，生成羟基自由基。在没有过氧化氢存在时，苯酚几乎不发生降解。在波长为 255nm 处，过氧化氢和苯酚的分子比为 50 时，苯酚的降解最为显著。

利用太阳光作为辐射光源来产生羟基自由基并不是一个新的概念。从古至今，太阳光都是人类利用最多的能源。几篇研究文献已经证实太阳光源能够很好地引发芬顿反应。在库埃纳瓦卡（墨西哥），Delfin Pazos 等人（2009）成功地用太阳光引发的芬顿反应降解了 EDTA、Cr（Ⅲ）-EDTA 和 Cu（Ⅱ）-EDTA。Lucas 和 Peres（2006）比较了通过紫外辐射和太阳光引发芬顿反应降解活性黑 5 的反应速率。他们得出结论表明，虽然使用紫外灯的降解速度更快、降解程度更高，但是使用太阳光源也能达到超过 90%的降解率，因此出于费用和环境保护的考虑，还是推荐使用太阳光作为光源。Sichel 等人（2008）证明了即使在低光照强度下，太阳光也能很好地提升过氧化氢对水体的消毒效果。

8.6 UV/H_2O_2 处理的实际应用

实际上，任何能与羟基自由基发生反应的有机污染物都可以被 UV/H_2O_2 工艺处理。很多有机污染物都可以被 UV/氧化技术很容易地降解，包括在工业中被广泛用作溶剂和清洗剂的石油烃和氯化烃以及军械化合物 TNT、RDX 和 HMX。在很多情况下，难以生物降解的氯化烃都可以高效地通过紫外/氧化技术去除。特别是易被氧化的有机化合物，例如含有双键的 TCE、PCE 和氯乙烯，以及简单的芳香族化合物（如甲苯、苯、二甲苯和苯酚），都能够在紫外/氧化工艺处理下很快降解。

紫外/氧化技术的局限性包括：

（1）水流需要有好的透光性（高浊度的水存在遮蔽效应）。UV/H_2O_2 对这一点的要求比 UV/O_3 更加严格（浊度不影响 H_2O_2 或 O_3 对污染物的直接化学氧化过程）。

（2）自由态的自由基清除剂会降低破坏污染物的效率。过多剂量的化学氧化剂也会转化为自由基清除剂。

（3）使用紫外/氧化技术处理的水流必须含有相对低的重金属离子（<10mg/L），不含溶解的矿物油或动物油脂，以最大程度地较少石英套筒结垢的可能。

（4）当 UV/O_3 用来处理挥发性有机物如 TCA 时，污染物可能是被挥发或吹脱而没有被破坏降解。必须再使用活性炭吸附或催化剂氧化的方式将它们从废气中去除。

(5) 如果在预处理阶段使用紫外/氧化技术，需要持续的清洗和维护紫外反应器和石英套筒。

(6) 操作和储存氧化剂需要特别的安全措施。

美国环境保护局（EPA）已经发布了关于破坏、解毒和回收危险废弃物的技术原则和减少危险废弃物流动性和总量的技术要点。超级创新技术评价（SITE）系统自 1986 年创立以来一直在提供有关可替代和创新技术的性能可靠程度和运行费用的数据信息。

SITE 系统评估了 Ultrox 国际开发的紫外/氧化技术处理受挥发性有机化合物（VOCs）污染的地下水的处理效果，实验地点在加利福尼亚州的圣何塞 Lorenz Barrel and Drum。这里从 1947 年到 1987 年，主要应用滚筒进行回收操作。滚筒中含有残留的有机废物、溶剂、酸、金属氧化物和油（Lewis *et al*，1990）。

Ultrox 系统包含了紫外/氧化反应器模块、空气压缩机/臭氧发生器模块、过氧化氢供料系统和臭氧催化降解单元。在操作流程当中，受污染的水首先在通过进水管流入反应器与过氧化氢接触，然后污水在反应器中与紫外辐射和臭氧接触。污水以特定的速率流经反应器以达到需要的水力停留时间。

对三氯甲烷和总 VOCs 的去除效率高达 99%和 90%。有几种化合物（1，1-二氯乙烷，减少 65%和 1，1，1-三氯乙烷，减少 85%）的降解比较困难。大部分的 VOCs 是通过化学氧化去除的，但是 1，1，1-三氯乙烷和 1，1-二氯乙烷也可以通过吹脱去除。处理后的地下水在 95%的置信度上达到了适用的排放标准，可以排入当地的河道（Lewis *et al*.，1990；EPA/540/5～89/012）。

生产规模的 UV/H_2O_2 氧化系统的设计流速为 60～80L/min，H_2O_2 浓度为 200ppm，紫外灯功率为 180kW，通过了 13 次试运行实验。设备在运行 1 年之后，有几个参数进行了调整：停留时间、过氧化氢剂量、紫外灯管数和 pH。这些参数与 VOCs 的降解和挥发有关。系统先对丙酮、苯、氯苯、乙基苯、四氢呋喃、甲苯和总二甲苯的去除进行了实验室试验。当时的试验结果非常好，甚至在最不利的试验条件下，降解率都能达到 99.99%。在实地生产性试验中，VOCs 的去除率变化非常大。最重要的原因是有很多化学物质和矿物质凝结在石英灯管上结垢，使净化效率急剧下降（Nyer *et al*，1991）。

生产性系统采用空气气提塔来去除受污染地下水中的 VOCs，气提塔与 UV/H_2O_2/O_3 反应器相连，这样去除的 VOCs 可以通过空气气提塔排放到大气中。此外，还研究了紫外辐射与臭氧和过氧化氢的不同组合方式。在所有的 AOP 组合工艺中，单独紫外辐射是效率最高的 AOP，其中最重要的运行参数是紫外辐射剂量。当紫外辐射剂量从 0 增加到 12000W · S/L 时，四氯化碳的降解率也随之上升。在用紫外处理三氯乙烯和四氯乙烯时，随着紫外照射剂量由 0 上升到 1600W·S/L，它们的去除率迅速地上升到 90%；随后随着紫外剂量上升到 12000W·S/L，它们的去除率渐渐上升到了 100%。投加臭氧和过氧化氢没有明显提升 VOC 的去除率（AWWA 研究基金会，1989）。

商用规模的紫外/氧化污水处理系统现在已有商品上市销售，现在商品有卡尔冈炭素公司的 Peroxpure™ 和 Rayox® UV/H_2O_2 系统，万能水技术公司的 CAV-OX® UV/H_2O_2 系统，威德高的 UV/H_2O_2 和 UV/O_3 系统和美国 Filter/Zimpro 公司的 $UV/H_2O_2/O_3$ 系统（之前提到的 Ultrox）。

卡尔冈的 Peroxpure™和 Rayox®系统使用 15kW 的中压汞弧光灯作为紫外辐射光源。一个典型的装置包括轻便的氧化单元（通常是串联的 6 个各自带有 15kW 紫外灯的单元）和过氧化氢供料模块，如果需要还可以加装酸碱供料模块。在卡尔冈系统的典型应用中，受污染的水在进入第一个反应器前就加入过氧化氢。如果处理水含高浓度的自由基清除剂（碳酸盐和重碳酸盐），就加酸降低 pH 值，将碳酸-碳酸氢钠平衡向碳酸方向调节。如果需要，可以用碱将处理水的 pH 调回中性。

一个典型的 CAV-OX®系统包含一系列的、轻便的车载或撬装组件：空化室、过氧化氢供料单元和紫外反应器。这一系统有不同种类的紫外光源可供选择。低能耗的 CAV-OX® Ⅰ 只有 1 个紫外反应器，使用 60W 的低压灯，反应器的运行能耗为 360W。CAV-OX® Ⅱ 有 2 个紫外反应器，分别装有 2.5kW 和 5kW 高压紫外灯。在 CAV-OX®系统中，污水先被泵入空化室。过氧化氢在空化室和紫外反应器之间加入，或在进入空化室之前加入。

美国 Filter 的 $UV/H_2O_2/O_3$ 系统使用紫外辐射、臭氧和过氧化氢来氧化水中的污染物。系统主要的组件是紫外/氧化反应器、臭氧发生器、过氧化氢供料箱和臭氧催化降解单元。垂直挡板将氧化单元分为很多小室，小室中含有在石英套筒中的低压汞蒸气灯（65W）。污水先加入过氧化氢，再进入反应器进行紫外照射和臭氧氧化。

不同处理技术，如紫外/氧化、颗粒状活性炭过滤（GAC）、空气吹脱、化学沉淀和生物处理的联用在很多案例中已经被证实具有很高的经济性。例如，卡尔冈炭素公司的 Rayox®系统将紫外辐射/氧化技术与 GAC 技术联用处理受 DCE、TCE、PCE 和 DCM 污染的地下水。GAC 的作用在于去除易于吸附的背景有机物。将紫外辐射/氧化技术与空气吹脱技术联用处理受 PCE、TCA、DCM 和 VC 污染的地下水可以降低空气吹脱的有机污染物负荷量，从而减小系统整体尺寸和降低运行成本。化学沉淀被用来去除大负荷的 COD，紫外辐射/氧化则作为一个精细纯化的步骤，将有机物含量进一步降低到一个较低的水平。紫外辐射/氧化技术也已经有与膜技术联用的实例。

8.7　成本估算和绩效

EE/O代表 $1m^3$ 污水中的污染物浓度降低一个数量级所需消耗的电能。EE/O给出了降低 $1m^3$ 污水中一个数量级的污染物浓度所必需消耗的电能的千瓦时数。它使生产规模的工程设计和成本计算更加简单和精确。EE/O将光照强度、停留时间和破坏百分比结合成一个单一的测量指标。总能源需求量取决于污染物的初始浓度和所需要的净化率。一旦所需要的紫外剂量确定，运行消耗的电能费用就可以通过式（8.16）计算出来：

$$\text{电能费用}(\text{欧元}/m^3) = \text{紫外照射剂量}(kWh/m^3) \times \text{电力成本}(\text{欧元}/kWh) \tag{8.16}$$

另一个运行费用中的参数/变量是消耗的过氧化氢量。最优的过氧化氢/污染物投加比例取决于污染物质的吸光度和前体物质的含量。过氧化氢的消耗费用变化非常大，为了计算方便，使用100％浓度的过氧化氢的交付价格进行计算。灯管的更换费用以电费的10％～20％来计算。

当进行成本比较分析时，根据AOT手册，可遵循以下经验规则：

（1）随着进水污染物浓度的增加，紫外辐射/氧化处理单元的运行成本的增加要远远小于活性炭使用成本的增加。

（2）如果污染物的碳吸附性很差，则不论污染物的浓度有多高，紫外辐射/氧化的处理费用都较低。

（3）对平均水平的碳吸附率来说，最经济技术的选择需要具体问题具体分析。

（4）紫外辐射/氧化的资本成本一般是活性炭的2～3倍。

（5）当污染物浓度低于10ppm时，活性炭是最具有经济效益的处理方式。

Hirvonen等人（1998）研究了受PCE污染的地下水的处理效果。PCE的初始浓度为200μg/L，处理的目标浓度为2μg/L。通过试验，确定了过氧化氢的剂量为27mg/L，0.5kWh电能可以为 $1m^3$ 污水降低1个数量级的污染物浓度。当流速为 $50m^3/d$、净化期为每年360d、产水量为18000 m^3 时，UV/H_2O_2 技术和活性炭吸附技术的成本评估比较见表8.2。电力成本为＄0.07/kWh，100％浓度的过氧化氢费用为＄0.87/kg。UV/H_2O_2 反应器的投资成本为＄85000，包括购买紫外反应器、沉淀池、调压池、防护设备和远程监视控制系统的费用。

分别采用 UV/H_2O_2 与活性炭处理受 TCE 污染地下蓄水层的费用概算比较　表 8.2

费用种类	UV/H_2O_2	活性炭
设备		
投资×0.149	12600	8600
运行和维护		
维护（0.02×Inv）	1700	1200
消耗品		
活性炭+废料（\$0.29/m^3）		5200
H_2O_2	400	
紫外灯（3/年）	1500	
公用事业开销		
电力	3100	
人力	6400	6400
分析服务	10000	10000
年总成本	35700	31400
成本（\$/m^3）	2.00	1.70

（Hirvonen *et. al.*，1998）

Esplugas 等人（2002）比较了实验室规模的不同种类的紫外高级氧化技术的处理成本。通过不同的高级氧化技术降解苯酚，当苯酚的浓度比初始浓度减少 50%（半衰期）和 75%时，降解每千克苯酚所需的花费分别为：紫外处理为 172.2\$/kg 和 293.1\$/kg，UV/H_2O_2 处理为 13.1\$/kg 和 28.7\$/kg，$UV/H_2O_2/O_3$ 处理为 7.12\$/kg 和 9.51\$/kg。

在一些工况下，需要对污水进行预处理。典型的预处理通常包括去除悬浮颗粒物、游离态的矿物油和动物油脂以及降低铁离子浓度。一般建议在每个应用项目实施之前，先进行设计测试和可行性研究。这有助于找出水体特征，从而制定最优化处理方案。

我们还需要研究水中的基体物质，例如其他竞争性反应的有机物和碱度（碳酸氢根离子）对污水处理的影响；以及污染物初始浓度和降解中间体对污水处理的影响。处理已知的这些有机化合物能够积累足够的数据来使我们明确化学氧化的处理效率，下一步的研究方向应该放在氧化副产物的毒性和生物可降解性研究上。

大多数成功的案例都和处理受 VOCs 污染的地下水有关。VOCs 最常见的组分包含 TCE 和 PCE。也可能含有苯、氯苯、2-氯乙酸和 3-氯乙酸以及氯乙烯，经过有效的处理后，它们的浓度能够降低到可以接受的程度（通常 MCLs）。处理的费用取决于污染物的浓度：0.1ppm（0.13～0.65＄/m^3），1ppm（0.45～1.0＄/m^3），10ppm（0.5～1.5＄/m^3）（AOT手册，1997）。

实际应用的主要问题在于灯管结垢和形成沉淀。灯管的石英套管上装有刮水器，能够定期地清洁套管。固体（例如铁锰沉淀）可以通过过滤去除。

将受污染的地下水泵到地表，通过土壤的过滤作用净化是最费用高昂的做法。泵与氧化处理技术联用（例如 UV/H_2O_2 处理），在水量很大而污染浓度却很低的情况下，是一种解决地下水污染缺乏吸引力的解决方式。

完全利用化学氧化法处理污水的经济可行性仍然存在质疑。仍有很多研究在继续将化学氧化和其他处理技术（例如化学混凝、膜技术、空气吹脱、活性炭过滤和生化过程）进行一体化的研究。这些方法可能可以解决处理水中高浊度、固体颗粒、重金属和高COD或BOD本底给紫外辐射/氧化处理所带来的限制。

实验室规模进行的对单组分合成污水进行的实验数量很多，但是仍然缺乏对多组分水体的研究。研究都仅限于去除一种模型化合物。在实际的工程应用环境中，出现的问题更加复杂。首先，市政污水中的有机污染物通常来源于受污染的地下水和工业废水。其次，在将有机污染物矿化为二氧化碳的过程中，会产生一系列的氧化产物中间体。这些中间体会引发多种组分之间的转化反应，即使在进水中只有一种污染物存在，这种转化也有可能发生。

通常，还未尝试将化合物分解过程中的不同机理的作用加以区分，或者将竞争反应的化合物加以区分。我们需要更多的信息来考察在 UV/H_2O_2 处理中，不同降解机理之间的、直接光解和自由基反应之间的相互关系。由于污水处理对氧化剂和能源的大量需求，化学氧化条件的优化对经济上的可行性就显得至关重要。

第9章　基于空化效应的联用高级氧化技术降解微污染物

9.1　引言

一般来说，化学反应（包括化学氧化处理法中的化学反应）需要能量才能进行。能量源的性质决定污染物的降解途径。在停留时间、压力、每分子的能量消耗等方面，超声辐照不同于传统的能量源（例如热、光或致电离辐射）。超声（US）是一种能量和物质间相互作用的特有方式（Suslick，1990）。

自从20世纪90年代起，作为一种新兴的高级氧化技术（AOPs），超声广泛应用于水和废水的处理工艺中，适用于各种初始浓度的污染物的处理。基于超声的处理技术可以推动实现绿色化学的主要目标，例如，使用该技术可替换或减少化学反应中危险化学品的使用以及创造化学反应条件以提高目标反应的选择性（Mason，2007）。此外，与电离、紫外辐照（UV），高压电晕等传统的AOPs技术相比，超声辅助降解污染物的工艺在安全性、清洁性和节能方面具有一定优势，并且没有二次污染（Chowdhury and Viraraghavan，2009）。

9.2　超声理论

9.2.1　空化现象

超声波的频率在15kHz以上，超过普通人的听力范围，相应波长为10～0.01cm。超声的化学效应不是源于它和分子之间的直接反应，而主要是基于空化现象的间接效应。空化是一种在极短时间内（ms）出现的微小气泡或空穴的生成、增长和随后的崩溃现象，并在此过程中释放出巨大的能量（Gogate and Pandit，2004a）。

虽然能量的释放发生在一个很小的区域之上，然而空化现象可在反应器内多个地方同时发生，进而产生巨大的整体效应。根据生成方式不同，空化可以分为4类：声空化、水力空化、光空化和粒子空化。然而研究发现，仅声空化和水力空化在污染物的处理工艺中是有效的，而光空化和粒子空化不能在大量溶液中诱发化学反应的发生。

9.2.2 声化学过程中的一般性假设

目前，解释超声诱导现象的普遍理论包括：(1) 热点；(2) 电；(3) 等离子体放电；(4) 超临界理论。根据这些理论，研究者提出一些反应模式，包括裂解降解、羟基自由基氧化，等离子体化学和超临界水氧化（Adewuyi，2001）。

热点理论提出：由于施加在液体上的辐照形成了气泡，而气泡剧烈崩溃后即导致了所谓“热点”的生成，此时的压力以数百个大气压计，可达1000atm，温度可达约5000K。此外，Margulis（1992）对空化气泡的局部带电现象提出了“电”理论，以此来解释声荧光和声化学反应的本质。“电”理论假设：伴随气泡崩溃所产生的极端条件要归因于强电场，因此，空穴区出现的电现象是由在空化气泡表面生成的双电层造成的（Margulis，1992）。在气泡生成和崩溃过程中，生成了巨大的电场梯度，该电场梯度足以引发价键的断裂和化学反应活性。此外，Lepoint和Mullie（1994）发现了声化学和电晕化学间的相似性，因此提出了等离子体理论以解释空化现象。他们认为气泡的碎裂过程要归因于强电场，而不是气泡真正的内爆，并指出气泡内形成了微等离子体（Lepoint和Mullie，1994）。超临界理论表明：超临界水（SCW）是进行化学反应的另一相。此水相的温度超过了647K的临界温度，压力高于22100kPa的临界压力，其物理参数处于气和水之间。此水相的物理化学性质（如黏度、离子积、密度、热容）在临界区内发生巨大的变化，并且这些变化有利于提高大多数化学反应的反应速率（Hua和Hoffman，1997）。这些理论中，在解释环境领域的一般声化学反应——尤其是液相中的污染物降解反应时，最被广泛接受的是热点理论。

9.2.3 空化效应

根据热点理论，空化产生的重要效应是：在整体处于一般环境条件下，而在局部生成高温、高压条件（几百个大气压，几千K的高温），释放出高反应活性的自由基，以及生成增加传递过程速率的湍流和液相循环（声形成流）（Gogate *et al.*，2004）。所有这些空化效应能够促进目标物的降解，其机制有两种：物理效应和化学效应。空化的物理效应包括高速的微混合，通过溶解或破坏抑制层作用更新固态反应物或催化剂表面，以及增强反应物之间的传质。空化的化学效应是气泡剧烈崩溃过程的结果。进而在极端条件下，通过分子(气体和溶剂)的均裂生成了氧化性物种。在液相媒介中，当氧气存在时，根据众所周知的反应，H·、HO·、HOO·、O·等自由基就会生成(Adewuyi，2005a；Adewuyi，

2005b)。

$$H_2O \xrightarrow{)))} \cdot OH + \cdot H \tag{9.1}$$

$$\cdot OH + \cdot H \longrightarrow H_2O \tag{9.2}$$

$$2 \cdot OH \longrightarrow H_2O + 1/2O_2 \tag{9.3}$$

$$2 \cdot OH \longrightarrow H_2O_2 \tag{9.4}$$

$$2 \cdot H \longrightarrow H_2 \tag{9.5}$$

$$\cdot OH + \cdot OH \longrightarrow H_2O + \cdot O \tag{9.6}$$

$$O_2 \longrightarrow 2 \cdot O \tag{9.7}$$

$$\cdot H + O_2 \longrightarrow \cdot HO_2 \tag{9.8}$$

$$2 \cdot HO_2 \longrightarrow H_2O_2 + O_2 \tag{9.9}$$

$$H_2O_2 + \cdot HO \longrightarrow H_2O + \cdot H_2O \tag{9.10}$$

$$H_2O_2 + \cdot HO_2 \longrightarrow H_2O + \cdot OH + O_2 \tag{9.11}$$

通常，微量有机物的降解机制一般由裂解和自由基反应主导（Rokhina *et al.*，2009）。在空化引起的超临界条件下，主要存在3个反应区：（1）空化气泡区，（2）超临界界面，（3）液相主体区（见图9.1）。

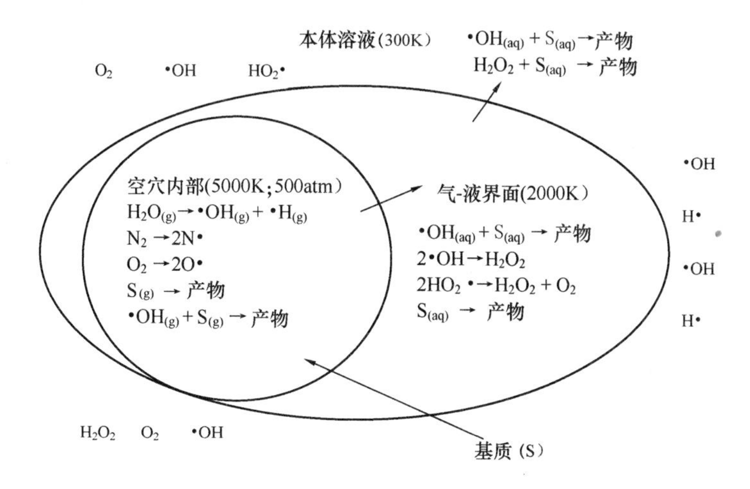

图9.1 空化过程中的三个反应区（摘自：Adewuyi，2001）

第一区中污染物的降解主要由裂解生成的自由基的攻击引起，并且第三区中污染物的降解也是由这些自由基引起的，此机制也是空化气泡界面处微量目标污染物降解的主要原因。随后的超声波分解微量有机物的降解过程可以被描述为一个两步机制。第一步，水和氧气在空化气泡中被超声分解并生成自由基。第二步，HO·和HOO·自由基在液体-气泡界面与有机底物发生反应，或者重新相互结合为H_2O_2。

9.2.4 影响声化学降解效率的因素

反应体系的操作条件和特性对空化强度有极大的影响，进而直接影响到目标污染物的去除率。这些操作条件包括辐照频率、声功率、反应温度、添加剂（如溶解的气体、催化剂等）及被处理污染物的性质。需要指出的是：这些参数之间均存在很强的相互依赖关系，并且只有通过调整所有的可变参量才能得到优化的操作条件，进而得到最高的去除率。这些因素将在下文中进行详细描述。

9.2.4.1 超声频率

超声频率可以影响空化气泡的临界尺寸，相应的，该参数也极大地影响空化过程。低频超声的空化现象更强烈，导致空穴位有更高的局部温度和压力。尽管高频引发的空化没有低频剧烈，但是由于存在更多的空穴活动，而且自由基生成的几率更高，因此高频条件下体系中的自由基数目更多（如 Petrier 等在 1996 年报道：在没有底物的条件下，500kHz 频率下的 OH・的产率比 20kHz 频率下的产率高 6.2 倍）。过去，大多数目标污染物的声化学反应都是在 20～50kHz 的频率范围内进行（Petrier *et al.*，1996）。然而近来的研究表明：在水中，与频率约 20kHz 时进行的反应相比，高频（200～1000kHz）超声诱导的氧化过程（自由基的生成及反应）的效率更高（Kirpalani 和 McQuinn，2006；Chand *et al.*，2009）。Francony 和 Mason（1996）认为：优化的频率极大取决于目标污染物的物理、化学性质，例如，污染物的类型，它决定化学反应是按自由基反应途径或是按热解反应途径进行。Drijvers 等（1996）的研究表明三氯乙烯的降解反应在 520kHz 下进行的效率要远比 20kHz 下高。因此，为了在 20kHz 下得到与 500kHz 相同的反应效率，就要极大地提高输入电功率；然而输入的电功率转变为热量并过多地分散于液体媒质中，可能造成超声变幅杆的变形（Drijvers *et al.*，1996）。操作的频率更高有利于破坏污染物，但仅在一定的优化值下才成立（Hua 和 Hoffman，1997）。

9.2.4.2 输入电功率

在选择输入功率前，应该说明的是：由于超声能量在传输过程中的损失，实际耗散与超声反应器的功率（P_{diss}）和生产商标明的超声输出功率（P_g）是不同的。测量 P_{diss} 的最普通方法是基于热量测定，并且假定所有输入处理容器中的功率以热量的形式耗散（Lorimer 和 Mason，1987）。

一般来说，由于存在污染物降解的功率阈值，超声辐射不能自动调到最大功率，否则，在某些情况下，试验中甚至会观察到降解效率下降的情况。因此，过大的输入功率会导致很大的能量损失。为了优化超声辅助的污染物降解工艺，有两个参数是至关重要的：功率密度（耗散在 1mL 反应混合物中的功率，

W·mL^{-1})和功率强度（每平方厘米射极面积分散的功率量，W·cm^{-1}）。辐照强度可以通过改变输入至系统中的功率调节，或者通过改变设备中的超声探头的传输面积来调节。然而，如果在更低的辐照强度下，通过改变超声设备的传输面积来调节辐照强度，则相同的功率将耗散在更大的面积上，这导致功率的均匀分散和更大的空化活跃区，而更大的空化活跃区将会提高降解效率（Gogate, 2008a)。

9.2.4.3 化合物性质和反应的 pH

目标污染物的物理化学性质可用于预测吸附、蒸发和溶解等物理过程。需要考虑的重要参数包括辛醇-水分配系数（K_{ow}），水中的溶解度，酸解离常数（pKa）和亨利定律常数（H_c）。液相和固相间的化学分配系数等知识可以使我们深入了解污染物的迁移、转化途径（Thompson 和 Doraiswamy，1999）。污染物性质对其降解过程的影响可以由三个不同的反应区理论解释。污染物的性质决定了反应区以及它的降解机制。亨利常数相对较大的分子在空化气泡内即可矿化，而低亨利系数的非挥发性分子可以被空化气泡外的·OH 氧化（Petrier *et al.*, 2010)。

9.2.4.4 反应温度

反应温度对目标污染物去除率的影响随所施加超声频率的变化而变化。对低频来说，反应效率随温度升高而线性地下降，但当采用高频率超声时，温度升高条件下仅观察到污染物的降解效率有很小幅度的下降。这一区别可以采用四个重要参数来解释，其中每个参数都和温度有关，并受温度影响。液体温度增加，将会：(1) 降低空化能；(2) 降低空化阈值；(3) 减少溶解气体量；(4) 增加蒸气压（Jiang *et al.*, 2006)。在较低的频率下（如 20kHz），由于气泡间聚合的可能性增大，一些气泡的活力将会降低。此外，在低频条件下，短暂（蒸汽的）空化的发生几率增大，这将导致声传输的下降，并降低液体中能量对超声的影响。在高频下（如 500kHz），污染物的降解率和 H_2O_2 的生成率均随液体温度的升高而增大。Jiang 等（2006）证明：在低频下（20kHz），由于生成的空化气泡量很大，温度的升高将增加气泡间的聚合，导致一些气泡失去活力。进而，污染物的去除率随液相温度的升高而下降。然而，固体催化剂颗粒的存在可以极大地改变这一状况（Rokhina *et al.*, 2010)。

9.2.4.5 添加剂的存在

引入反应系统中的添加剂可以为空穴的生成提供畸变状态条件，进而加速污染物的降解过程。第一类添加剂包括惰性固体或催化剂，它们可以引起超声分解过程中产生的过氧化氢的均性裂解。并且，固体颗粒物的存在可以为空化现象提供额外的晶核，增强反应器中空化的发生，进而增强空化的强度和净化学效应

(Gogate，2008b)。

第二类添加剂包括溶解性盐类，盐类通过改变空化介质的物理化学性质、并使反应物种位于空穴内爆处，从而增强空化强度（Gogate 和 Pandit，2004b)。盐类可以增强水相的亲水性、表面张力和离子强度，降低水相的蒸气压。例如，加入 CCl_4 后，通过生成能够降解有机物的活性氯物种，目标化合物的去除率得到极大地提高（Merouani *et al.*，2010)。Petrier 等（2010）证明在重碳酸根离子存在时，微量有机物（如 BPA，$<0.1L\cdot mol^{-1}$）的降解效率大大提高。该效果可归因于碳酸根自由基（$\cdot CO_3^-$）的生成，此自由基在空化气泡内形成并迁移进入溶液相中。第三类添加剂包括各种气体。该假设为：气体的存在加强了自由基的复合，导致其生成可氧化污染物的新型自由基（Petrier *et al.*，2010)。喷射的气体混合物可以提高超声降解率，这是因为：空化位的化学反应活力由崩溃气泡内的温度以及生成的氧化物种的性质决定（Hua *et al.*，2002)。因而，高的气体多变比率（c）和低电导率（j）有利于得到更高的崩溃温度。相应的，氩气、空气和氧气的 c 和 j 值（氩气：$c=1.67$，$j=177\times10^{-4}W\cdot m^{-1}\cdot K^{-1}$；空气：$c=1.40$，$j=262\times10^{-4}W\cdot m^{-1}\cdot K^{-1}$；氧气：$c=1.40$，$j=267\times10^{-4}W\cdot m^{-1}\cdot K^{-1}$）表明：氩气存在时可以得到最高的崩溃温度，空气和氧气存在时，崩溃温度较低且二者近似相等。然而，也应该考虑生成的自由基的反应活性（例如，与 $\cdot NOx$ 相比，$\cdot HO_2$ 与芳烃化合物的反应活性要低 2～3 倍）(Gultekin 和 Ince，2008)。

在氧气存在条件下，H_2O_2 的生成未必完全经由 $\cdot OH$ 的复合来完成，但是空气的存在影响反应体系的 pH。氮气的存在促进酸性媒质（HNO_3 和 HNO_2）的形成，反应如式（9.12）～式（9.16）所示：

$$N_2 + \cdot O \longrightarrow NO + N \tag{9.12}$$

$$N + O_2 \longrightarrow NO + O \tag{9.13}$$

$$NO + \cdot OH \longrightarrow HNO_2 \tag{9.14}$$

$$HNO_2 \longrightarrow H^+ + NO_2^- \tag{9.15}$$

$$HNO_2 + H_2O_2 \longrightarrow HNO_3 + H_2O \tag{9.16}$$

氧气和氮原子的存在可以促进其他活性自由基的生成，并相应地促进自由基对污染物的攻击：

$$HNO_3 \xrightarrow{)))} \cdot OH + \cdot NO_2 \tag{9.17}$$

$$HNO_3 \xrightarrow{)))} \cdot H + \cdot NO_3 \tag{9.18}$$

9.2.4.6 超声设备

超声传感器的类型、形状、及反应器的尺寸都应有所考虑，因为它们决定了超声能量在容器内的分布状况（Gondrexon *et al.*，1998）。各种用途的实验室规模的超声设备可分为4类：鸣哨，水浴，探头和杯状探头系统。水浴系统的优势主要是经济、简单。然而，在这样的设备里控制温度并不容易，并且超声强度受到水和反应器壁引起的衰减的影响。超声探头系统的特点是超声强度很高，但是对此类传感器来说，温控是至关重要的。杯状探头系统把水浴和探头系统结合起来，并且该系统具有更好的温控设备。仅需要浸入一个探头尖，就可以在没有污染的条件下得到更高的强度。选择合适的超声设备的主要目的是在优化的能量效率下使空化效应最大化。

尽管超声探头的能量效率最低（只有10%，而超声水浴效率可达18%），它是研究和使用最多的实验室规模的用于降解污染物的超声设备（Gogate *et al.*，2003）。然而，探头类反应器的空化活跃体积很小，声流动引起的循环流量不能引起整个液体内的混合运动（Gogate *et al.*，2003）。在采用具有更高辐照表面的超声探头时可以得到更高的能量效率，（更低的辐照操作强度）此时能量分散更均匀（Gogate *et al.*，2001a）。因此，为得到相同的功率密度下（在每单位体积的处理溶液内的输入功率），输入到系统中的功率应该在更大的辐射表面条件下获得。

此外，已有各种实验室或小试规模的声反应器设计，它们在多频流量箱、近场声处理器、平行板处理器、六角流量箱中的操作条件和几何形状等方面是不同的（Prabhu *et al.*，2004；Cravotto *et al.*，2005；Gogate，2008a；Amin *et al.*，2010）。

9.3 基于空化的联用技术

尽管在实验室规模的试验中获得了一些有希望的结果，单独把超声分解用于处理大量实际废水时，并不能彻底降解具有复杂结构的有机化合物（如微量有机物）。因此，使用联用技术是一种非常有前景的选择之一，它不仅可以降低难降解微量污染物的浓度，也能降低其代谢物和衍生副产物的浓度到可接受的矿化水平（Mendez-Arriaga *et al.*，2008）。两种或两种以上高级氧化工艺的结合，如超声 US/O_3、US/H_2O_2 等工艺，可以增强反应活性物种的生成，进而提高目标污染物的降解率。该工艺的效果和协同程度不仅依赖于自由基数量的增多，并且和反应器构型的改变有关，构型的改变可以使生成的自由基和反应物分子更充分地接触，并更有效地利用氧化剂（Gogate，2008a）。此外，这些联用技术可以被用于降解复杂的残留物，使其毒性降低到传统方法可以处理的水平，然后再根据需要进行进一步深度处理。

在这里，我们主要报道近年来被用于有机物降解的超声耦合氧化剂（US/H_2O_2，US/O_3 等）、紫外辐射（US/UV）、微波辐射（US/MW）、吸附（US/A）、电氧化（US/EO）等非催化联用技术。

9.3.1 US/氧化剂

9.3.1.1 US/H_2O_2

众所周知，H_2O_2 是羟基自由基的来源，被广泛用于降解有机污染物。由于副产物无毒、耗能相对较低，并且容易处理，过氧化氢具有很大的吸引力。然而，H_2O_2 不稳定，对 pH、温度和金属杂质等因素非常敏感。过氧化氢分子中的 O—O 键相对较弱，键能大约为 213kJ/mol，因此容易在热、光、辐射、金属以及超声波等的作用下发生均裂反应（Jones，1999）。然而，H_2O_2 分解生成的·OH 具有强氧化性，其作为氧化剂具有相对较低的选择性。因此，羟基自由基不仅攻击污染物分子，而且还能与过氧化氢分子发生反应。此效应称为“清除效应”，这对污染物降解过程来说是致命的。因而，H_2O_2 的影响是双重的：它既作为自由基的来源，也在自由基复合过程中消耗一些自由基。因此，为得到最高的效率，在整个污染物降解过程中，从反应开始即调整和监控过氧化氢的浓度是非常重要的。重要的是，有一部分过氧化氢是在自由基复合过程中生成的，它的生成量极大依赖于超声辐照参数（频率、功率等），因此，在选择合适的 H_2O_2 浓度时，这部分生成量应该考虑进去。

一般而言，在选择使用 US/H_2O_2 方法之前，一些重要因素必须得到详细研究和分析，这些因素包括：影响目标污染物存在状态（分子或是离子）的 pH、污染物的性质（憎水性的或是亲水性的）、处理废水的成分、优化的超声频率和单位体积的耗散功率以及反应器构型。

9.3.1.2 US/O_3

臭氧是一种不稳定的气体，它可以在使用场地即时生成。臭氧这种强氧化剂对降解高熔点有机污染物是非常有效的。它的氧化效力是基于臭氧的氧化活性和臭氧衍生的氧化性物种（如·OH）的复合效应。在超声存在条件下，臭氧生成羟基自由基的反应一般分两步进行：

$$O_3 \longrightarrow O_2 + O(^3P) \tag{9.19}$$

$$O(^3P) + H_2O \longrightarrow 2 \cdot OH \tag{9.20}$$

这个过程包括臭氧在空化气泡的气相中热解生成氧原子，随后氧原子和水蒸气反应生成气相的羟基自由基。通过采用超声作用，臭氧的分解率可以得到极大地增强，尤其是可以提高功率耗散效率。然而，臭氧可能和原子氧发生反应，也可被气泡内或者气泡附近的其他活性物种（如超声分解过程中生成的 OH·）消除，这将降低羟基自由基的生成效率，也会降低溶液中和底物直接反应的臭氧量（Adewuyi，2005a）。另一方面，由超声诱导的声气流产生的湍流增强臭氧的吸收，降低溶液中的传质阻力（Gogate，2008b）。尽管这种联用技术提高了氧化能力，然而联用技术的反应速率仍然低于两种技术单独反应速率的加和，因此，超声辐照和臭氧的协同性是最小的。其中原因可能为：通过超声-臭氧化生成的自由基的强烈复合减少了攻击污染物的自由基量，进而降低了反应速率。超声频率的增加也可能对气泡的动力学过程不利。同低频相比，在高频率超声存在时，气泡崩溃地更快，因此，臭氧分子扩散进入空化气泡内部的可用时间就减少了，这将降低羟基自由基的生成量。

然而，如果可以克服上述的缺陷，臭氧和超声联用工艺与各个单独工艺相比的增强因子可以根据 Weavers 方程计算（Weavers 和 Hoffman，1998），如式(9.21) 所示：

$$\text{增强因子} = \frac{k_{US/O_3}}{k_{US} + k_{O_3}} \times 100 \tag{9.21}$$

超声-臭氧化工艺的动力学方程可以采用式（9.22）进行评价（Weavers *et al.*，1998；Weavers *et al.*，2000）：

$$-\frac{dS}{dt} = k_{US}[S] + k_{O_3}[S] + k_{US/O_3}[S] \tag{9.22}$$

然而，需要再次指出的是反应条件需要优化。臭氧浓度强烈依赖于操作频率、功率耗散以及反应器构型。考虑到所有这些参数，为获得最理想的污染物降解效果，臭氧喷射的类型（例如，连续鼓泡或初始饱和）应该仔细选择，以和优化的超声操作参数相一致。然而，此改进措施受如下条件限制：(1) 臭氧分子和微量目标污染物及其氧化副产物的反应活性；(2) 臭氧气相分解为活性更高的自由基（Kidak 和 Ince，2007）。

9.3.2 US/UV

近10年来，超声和光的联合应用技术已经得到了众多关注（Wu *et al.*，2001；Gogate *et al.*，2002；Torrex *et al.*，2008；Behnajady *et al.*，2009）。这两种物理媒介依赖于差别很大的两种现象，由于在纯机械的声波和电磁振动波中加入干扰是不太可能的，它们同时应用的效应应该仅是各自特性的简单加和（Toma *et al.*，2001）。Toma 等（2001）在综述关于超声对光化学反应影响的不同研究时，认为这些影响主要集中在化学方面，例如化学反应机制和反应途径的差异。他们认为没有任何理由可假定空化对光吸收产生影响。光吸收很快（10～15s），而所有的空化活动太慢了，因此不足以干扰或产生任何变化。因而，在

US/UV系统中的光-声化学效应最有可能与超声分解过程中产生的过氧化氢有关。然而，我们不能在添加剂影响的基础上来解释US和UV间的协同作用。协同作用的程度随底物的差异而不同，并且这一过程很大程度上依赖于基体效应。加入优化浓度的过氧化氢可以大大提高US/UV系统的效率.(Behnajady *et al.*，2009)。

9.3.3　US/A

对于水溶液中的低浓度有机污染物来说，吸附是一种非常经济、有效的方法。各式各样的多孔固体材料已经在实验室、小试、生产规模的吸附工艺中得到了重视，例如采用煤、椰壳、褐煤、木材等材料制备的活性炭，以及采用葡萄渣、花生壳、咖啡残渣、泥煤、松树皮、香蕉皮、谷糠、黄豆、棉籽壳、榛子壳、锯末、羊毛纤维、橘皮、藏红花茎、可可壳等各种含碳废物（Gupta和Suhas，2009）制备的廉价吸附剂。然而，这种成熟的技术也有一些缺陷，比如使用一段时间后吸附剂的吸附容量就趋于饱和，使吸附不能继续进行下去。此外，吸附不能破坏污染物，它只是一种液相污染物的物理去除方法。超声可以在不破坏吸附剂的条件下，通过克服吸附质和吸附剂表面的亲和力以及增强吸附剂表面与反应混合物间的传质，从而经济地再生废吸附剂（Breitbach和Bathen，2001；Entezari和SharifAl-Hoseini，2007）。使用超声来弥补单独吸附技术的缺点有以下3方面优势：(1) 增强和提高吸附剂表面的传质，(2) 原位或离线再生吸附剂，(3) 在超声分解过程中生成的自由基可增强目标污染物的降解（Hamdaoui和Naffrechoux，2009；Kuncek和Sener，2010）。

9.3.4　US/EO

电化学氧化被认为是一种环境友好的技术，它具有强氧化能力，并且不引起二次污染，目前已经得到了广泛应用。采用石墨、Pt、TiO_2、IrO_2、PbO_2、各种钛合金、新出现的掺硼金刚石做电极，在适宜的电解质（比较典型的是NaCl）存在条件下，电化学氧化被用来降解各种微量污染物。目标污染物的降解存在两个机制，分别是：(1) 直接阳极氧化：污染物被吸附在电极表面，通过阳极电子转移反应被破坏；(2) 液相中的间接氧化，它以电化学反应中生成的氧化剂为媒介（Klavarioti *et al.*，2009)。这些氧化剂包括氯、次氯酸根、羟基自由基、臭氧和过氧化氢。描述电化学氧化性能的重要操作参数有：工作电极、电解液的种类和应用电流。其他因素包括：污水pH和污染物的初始浓度（Klavarioti *et al.*，2009）。

US/EO耦合技术是一个新兴领域，该技术融合了超声的力学效应（活化电极表面和增强固-液传质）和它们的化学效应（降解机制可能发生变化）（Trabelsi *et al.*，1996；Lindermeir *et al.*，2003；Valcarel *et al.*，2004；Zhao *et al.*，2009）。超声频率的优化是必要的，且其高度依赖于被处理的污染物。同高频超声（传质速率比扩散快 70 倍）相比，低频超声（LFU）可以产生更高的传质速率（传质速率比扩散快 120 倍）（Trabelsi *et al.*，1996）。然而，高频超声对反应途径影响相当大。和低频超声相比，高频超声在底物的断键或水的超声分解（羟基自由基的生成）等方面的化学效应更加显著。EO/US 的结合可以极大增强微量污染物的降解。此外，同单独采用 EO 相比，US/EO 处理过程中生成的各种中间产物可能是污染物的降解过程得到强化的结果（Yasman *et al.*，2004）。

在单独采用电化学技术氧化有机物的过程中，会出现中间产物的聚合现象，该现象可能导致电极表面生成一层聚合膜，抑制电解过程的进行。US 辐照可以避免或消除电极表面出现污染物膜层，增强电极的活性，并提高传质过程的反应速率（Ai *et al.*，2010）。

9.3.5 US/MW

电磁波谱中，微波区的波长约 1cm～1m（相应的频率为 30GHz～300MHz）。微波介电加热正在迅速成为水污染处理方法之一。一般来说，由于微波（MW）辐照极大增加极性分子的转动、迁移和摩擦，微波辐射中的热效应和非热效应均可以利用（Wu *et al.*，2008）。此外，极性物质间的剧烈迁移导致反应物间的碰撞。微波辐照和超声化学工艺的联用是近年来的一个发展，它极大地加速了化学反应和其他工艺的应用，尤其是在异相体系里（Gogate，2008b）。目标污染物去除效率的增加可归因于下面的联合效应：（1）微波辐照导致热迁移的增强；（2）超声辐射导致相间传质的增强（Wu *et al.*，2008）。在大多数异相反应中，两相或多相间的传质是速率决定步骤。当采用超声辐射时，由空化引起的液体射流以每秒几百米的速度通过气泡向相边界扩张，强烈地撞击表面。强烈的搅动使一个液滴注入另一个液滴，导致了乳状液的生成。同传统方法制备的乳状液相比，这些乳状液尺寸更小、更稳定，不需要或仅需要很少的表面活性剂即可维持其稳定性（Gogate，2008a）。微波辐照通过增强热效应和分子吸收效应等，使反应速率得到极大的提高。Han 等（2004）报道：同传统的加热方法相比，微波辐照更显著地加速有机物的降解，这可能归因于极性反应物在微波辐射中彼此碰撞几率增大，更容易被激发到更高的激发态，而不是依靠单纯的热效应。

虽然在实验室中，微波辐照能够极大增强超声降解有机物的效率，但同单独使用超声辐照相比，二者的联合工艺需要消耗更高的能量。显而易见地，由于用于冷却、泵压和搅拌的能量相对下降了，MW-US 联用辐照工艺的能量效率得到很大程度的提高（Han *et al.*，2004）。

9.4 微量污染物的降解

本文对近年来采用基于空化的联用技术降解典型微量污染物（如药物、有机染料、农药）的代表性工作进行了概述。在许多研究中，微量有机物降解结果并不一致，这可能是由于取用了不同的应用频率和反应器参数，这些因素决定气泡的寿命和崩溃温度，进而影响有机物的总去除效率。

9.4.1 基于空化的联用技术降解药物

从市政污水处理厂排放的药物废水引发的水污染成为全世界严重关注的问题。为提高药效、生物利用度和降解阻性，制药业通过药物设计正在得到更有效的活性药物组分（APIs）（Khetan 和 Collins，2007）。环境中日益增加的 APIs 浓度对水生生物体的发育是有副作用的，因此，在人类健康方面出现负作用仅是时间问题。其中，最重要的是与饮用水中痕量药物导致的潜在发育缺陷相关，也就是，出现雌激素干扰的问题区域。遗憾的是，目前北美和欧洲关于 APIs 排入废水的管理还是处于无监管状态。在地表水、地下水、饮用水、污水、土壤、沉积物、或者污泥/生物污泥等方面，仍然没有制定关于 APIs 的水质量标准或技术标准。迄今为止，大多数欧洲和北美国家仅对单一物质制定了水质量浓度标准（Chevre *et al.*，2008）。尽管缺乏规定措施，但鉴别出（筛选出）最适宜、有效地单一或联用技术用于 APIs 的去除及随后的毒性消除是非常重要的，从而在不久的将来可以利用此类技术减小其对人类和环境的负面影响。

Suri *et al.*（2007）研究了声化学法降解各种雌激素化合物（初始浓度为 10μg/L），例如 17α-雌二醇，17β-雌二醇，雌激素酮，雌激素三醇，马烯雌酮，17α-二氢马烯雌酮，17α-二乙炔基雌二醇和甲基炔诺酮等。在 40～60min 的反应时间内，超声破坏了 80%～90%的雌激素，该降解过程遵从一级反应动力学，且雌激素的去除率随着功率强度的增加（从 157kW/m^2 到 259 kW/m^2）而增加。Suri 等（2007）断定：从工艺的经济性角度考虑，具有高功率强度、低功率密度的反应器适合于雌激素的降解。因此，在降解雌激素方面，最高功率强度为 259kW m^{-2} 和最低功率密度为 0.4 kW·L^{-1} 的 4kW 反应器要比功率密度为 0.6kW·L^{-1} 的 2kW 反应器的能量效率高。并且 Suri 等发现在低 pH 值和低温下超声降解此类药物比较适宜（Suri *et al.*，2007）。Fu 等（2007）从结构性质角度解释了雌激素类化合物的超声降解机制。然而，所有的雌激素（17α-雌二醇，

17β-雌二醇，雌激素酮，雌激素三醇，马烯雌酮，17 α-二氢马烯雌酮，17 α-二乙炔基雌二醇和甲基炔诺酮等）的结构上都有酚基团。在低 pH 值条件下（pH＝3～4）酚类降解更加有效的事实已经被广泛认可。雌激素的 pKa（酸解离常数）＞10，因此，在更低的溶液 pH 值条件下，更多的雌激素以非电离的分子形式存在，这使它们表现出了更强的疏水性。这些条件使雌激素更容易扩散进入空穴-液体界面区，并在此区域经空穴的聚爆作用被热降解或被富集的自由基氧化。因此，可以预见的是溶液的 pH 值下降将提高反应速率（Fu *et al.*，2007）。Fu 等（2007）断定在雌激素降解中呈现的准一级反应速率（k）与雌激素的分子量间（MW）存在正比例关系。因而，本体溶液中分子量小的雌激素分子可以更快地扩散到界面区。Fu 等（2007）也提出了一个线性回归模型，此模型中包含雌激素与雌激素酮的降解速率常数之比和分子量之比模型以雌激素酮（最频繁检测到的化合物）的实验数据为基础，如式（9.23）所示。

$$\frac{k_{\mathrm{e}}}{k_{\mathrm{estrone}}} = a\frac{MW_{\mathrm{e}}}{MW_{\mathrm{estrone}}} + b \tag{9.23}$$

公式里的 k_{e} 是雌激素的速率常数，k_{estrone}是雌激素酮的实验速率常数。MW_{e} 和 MW_{estrone}分别是雌激素和雌激素酮的分子量。根据线性衰减方程，任何一种雌激素类化合物在超声降解过程中的一级速率常数可以依据雌激素酮的实验速率常数预算出来。

$$k_{\mathrm{predict}} = \left[a\frac{MW_{\mathrm{e}}}{MW_{\mathrm{estrone}}} + b\right] \times k_{\mathrm{estrone}} \tag{9.24}$$

公式里的 k_{predict}是预测的雌激素的速率常数。在 pH＝7.0 时，a 和 b 的值分别为－5.04 和 6.08。与实验数据相比，Fu 等（2007）预测的数据误差小于 21％。

此外，De Bel 等（2009）研究了采用超声波分解水中的环丙沙星（CIP）。他们发现：物理性质的改变（如在 pH＝3、7、10 时，离子官能团导致分子荷电）是影响 CIP 降解效率的最重要因素。De Bel 等（2009）确定了 pH＝2～11 范围内 CIP 的化学形态（图 9.2）。他们发现：CIP 在 pH＝3 时，CIP 分子的主体带正电荷，此时的降解速率更快（k_1＝0.021±0.0002min^{-1}），几乎为 pH＝7 时的降解速率的 4 倍（De Bel *et al.*，2009）。

Mendez-Arriaga 等（2008）假设异丁苯丙酸（IBP）受到超声辐照（300kHz、80W）时，最可能在气-液相界面和本体溶液中被自由基攻击而转化。他们断定羟基自由基和溶液中的 IBP 离子并不直接发生反应。此外，在超声降解 IBP（21mg・L^{-1}）过程中，溶液 pH 下降了，这可归因于 IBP 降解过程中生成的羟基化产物和脂肪酸等中间产物和副产物（Mendez-Arrriaga *et al.*，2008）。由于脂肪酸的高度亲水性，它难于被超声辐照降解，通常累积于溶液中。为了研

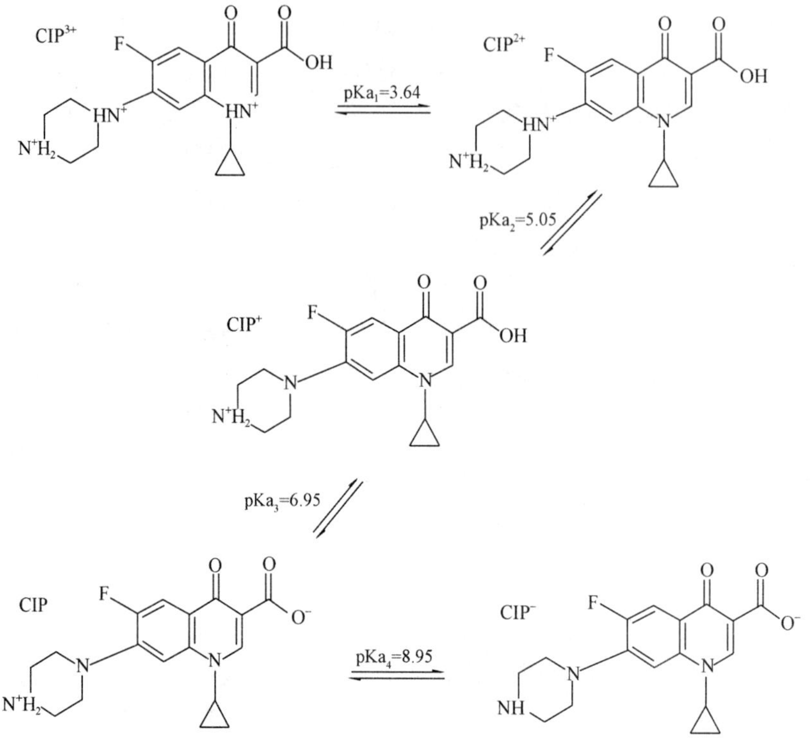

图 9.2 （De）环丙沙星质子化和脱质子化的动态平衡（引自：De Bel *et al.*，2009）

究溶解气体对 IBP 降解的影响，进行了氩气、空气和氧气存在时超声降解 IBP 的实验研究。氩气存在时，IBP 降解率最低。氩气存在时，·OH 主要通过水蒸气的分解而生成。在 30min 内，IBP 降解率可达到 98%。重要的是，溶液的 pH 值大于 IBP 的 pKa 时，IBP 的降解率会降低，而 pH=3 是最适合的降解条件。

为了提高溶液中指定药物的去除率，一些研究组采用了超声辐照耦合臭氧技术降解该类药物，并报道了他们获得的重大发现。Naddeo 等（2009）报道：当耦合超声波（20kHz，400W·L^{-1}）和臭氧（31g·h^{-1}）去除水溶液中的双氯芬酸（DCF）时，二者之间存在协同效应。同单独臭氧化技术相比，采用 US/O_3 联用技术时，DCF 的去除率（速率系数从 0.06min^{-1} 提高到 0.073min^{-1}）得到了提高，这是因为在崩溃的气泡中臭氧的分解加强，从而生成了更多的羟基自由基。在采用超声辐照的同时把臭氧引入水中，由于气泡在内爆崩溃过程中引发了臭氧的分解，此时羟基自由基的生成途径更多。同单独臭氧化相比，US/O_3 联用技术的优势是可以通过超声的力学效应使更多的臭氧分子向溶液中迁移。在 DCF 浓度为 40mg·L^{-1}、温度为 20±3℃的条件下，单独采用超声或臭氧降解 DFC，40min 后，DFC 矿化率分别达到 36% 和 22%，当采用 US/O_3 联用技术时，相同条件下的矿化率约达到40%，TOC降解速率（$k_{US/O_3}=2.11\times10^{-1}mg\cdot L^{-1}\cdot min^{-1}$）比单独臭氧化（$k_{O_3}=1.90\times10^{-1}mg\cdot L^{-1}\cdot min^{-1}$）和超声（$k_{US}=1.06\times10^{-1}mg\cdot L^{-1}\cdot min^{-1}$）更高，但是比二者的加和低（$k_{US/O_3}=2.96\times10^{-1}mg\cdot L^{-1}\cdot min^{-1}$）（Naddeo *et al.*，2009）。由Naddeo等（2009）报道的一个重要发现是：在矿化DCF时超声降解比臭氧氧化效率更高。

此外，Naddeo等（2010）采用一组大型水虱和咸水卤虫生物鉴定实验，研究了超声降解DCF过程中，DCF的毒性演化过程。DCF对大型水虱具有一定毒性，毒性的程度依赖于其初始浓度。虽然$4mg\cdot L^{-1}$的DCF没有显示出毒性，但当浓度增大10倍，并使大型水虱在此浓度下暴露24h和48h，此时大型水虱的失活率分别为15%和35%（Naddeo *et al.*，2010）。并且，在超声辐照的最初45min内，毒性是逐渐增强的，在此之后，毒性开始下降，超声辐照60min后的样品的毒性比最初的样品毒性低。DCF等毒性化合物的氧化过程是按照在初期阶段形成毒性中间产物并伴有部分氧化现象来进行的。各种各样的应用操作参数（例如：功率密度）可以产生不同的毒性结果，这或许是由反应副产物分布的差异造成的。在整个研究中，对大型水虱产生的毒性强度与DCF浓度和其降解副产物有关。研究发现超声辐照能够极大地降低毒性，却不能完全消除毒性。另一方面，DCF及其降解副产物对咸水卤虫不产生任何毒性作用（Naddeo *et al.*，2010）。

9.4.2 基于空化的联用技术降解有机染料

源自纺织工业的染料污染物是一种重要的环境污染源。全球生产的合成纺织染料（7×10^5 t/a）几乎有一半可被归类于含氮化合物，此类化合物的分子结构中含有氮氮双键发色基团。这些偶氮染料在好氧条件下不能被生物降解，在厌氧条件下可以被还原为危险性更强的中间产物（Liu和Sun，2007）。根据偶氮染料具有强溶解性的性质，预计此类染料进行超声降解的主要反应区在本体溶液中。在反应中，一般情况下，不稳定的氮氮双键更容易受到自由基的攻击（Liu和Sun，2007；Abdullah和Ling，2009）。然而，Gultekin等（2009）报道：在强溶解性有机化合物的浓溶液中，一些溶质可以迁移到气-液界面区，在这里它们可以被热解或氧化降解。超声脱色偶氮染料的速率取决于染料的结构性质，如分子大小和复杂性、氮氮双键周围取代基的种类和位置、阴离子带电量等（Ince和Tezcanli-Guyer，2004）。

目前，大量研究采用单独超声降解各种各样的有机染料。例如，Wang等（2008）报道了超声化学降解活性红（K-BP），初始浓度范围10～100 $mg\cdot L^{-1}$，温度范围为25～55℃，pH范围为2～12。对K-BP等低气压化合物来说，预计反应区位于气泡和溶液主体间的界面区，这里的温度比气泡内部低，但足以达到声化学反应所需要的温度。当水溶液温度逐渐升高时，水的蒸汽压和空化气泡内的挥发性溶质也会增加。和较低水体温度相比，高温下的空穴崩溃被减弱了，这导致了更低的超声化学降解率（在温度为25±1℃和55±1℃下，速率常数分别为10.3×10^{-4} min^{-1}和6.05×10^{-4} min^{-1}）。

此外，Velegraki等（2006）在超声频率为24kHz、80kHz，温度为25℃，功率为150W的条件下，连续声化学降解酸性橙7（AO7）240min，考察了AO7的去除率和脱色率随时间的变化情况。在80kHz频率下超声辐照240min后，AO7几乎可被彻底去除，脱色率约达到85%。然而，在24kHz频率条件下进行的试验中，AO7没有发生转化（Velegraki *et al.*，2006）。同时，AO7的降解率随温度增加而显著下降（从60%降到10%），在60℃时几乎停止发生降解。Velegraki等（2006）断定：低频高功率超声可以导致偶氮染料的彻底降解，并使其降解过程中生成的环状中间产物转化为脂肪族化合物。

Tezcanli-Guyer和Ince等（2003）报道了一个有趣的研究，他们采用频率为520kHz的超声在液相中辐照分解选定染料并考察脱毒的有效性，这些染料包括"活性染料"（活性红141（RR141）和活性黑5（RBk5））和"碱性染料"（碱性棕4（BBr4）和碱性蓝3（BB13））。他们测定RR141和RBk5在20和30mg·L^{-1}的浓度下对V. fisheri是无毒性的，但在相同浓度下，BB13和BBr4对V. fisheri是有毒性的。有趣的是，在颜色开始衰减前，碱性染料就可被彻底脱毒。这暗示BBr4的毒性相关组分主要归于染料的发色特性，此效应可能会被商品染料中的不纯组分增强（Tezcanli-Guyer和Ince，2003）。在染料的可见光吸收区，脱色率遵守一级反应动力学，并且偶氮染料比含噁嗪结构的染料脱色速率慢。由于有机中间产物分子质量更大，偶氮染料中的芳族/烯族结构的降解比颜料更慢（Tezcanli-Guyer和Ince，2003）。已观察到：如果染料母体是毒性的，其降解产物的毒性降低，且消除总体毒性所需的接触时间比完全降解目标染料所需的时间短。

此外，Ai等（2009）研究了采用US/EO工艺降解有机染料。通过耦合超声（US）辐照和电化学氧化（EO），RhB的脱色率显著增大，并且US和EO工艺之间表现出了明显的协同效应，例如，单独US和单独EO处理染料时，脱色率分别为0.4%和24.5%，但采用联用工艺，6min内染料脱色率达到91.4%。

为了验证超声辐照耦合吸附的效率，Hamdaoui等（2008）研究了以无生命活性的松针作为LCA，从模拟溶液中去除孔雀石绿（初始浓度从10～125mg·L^{-1}）。在超声（40kHz，125W）存在下，去除率和吸附都明显提高了。传统方法下的吸附和仅超声存在下的吸附在约330min左右即达到了平衡，在超声和机械搅拌的联合作用下吸附时间可缩短到约200min（Hamdaoui *et al.*，2008）。因此，超声的影响可以从两方面说明：（1）吸附/脱附平衡移动到新的平衡，（2）

超声空化生成的水力效应加速了质量传递，进而使吸附速率增大。

Küncek 和 Sener（2010）也讨论了超声辐照和吸附联用工艺。他们研究了采用超声辅助的吸附工艺去除甲基蓝（MB），使其吸附在海泡石上。他们发现超声辐照 5h 后，海泡石的比表面积从 $322m^2 \cdot g^-$ 增加到 $487m^2 \cdot g^{-1}$。超声辐照也改善了 MB 的吸附效果，例如，辐照 5h 后，最大单分子层吸附容量从 79.37mg·g^{-1}增加到 128.21mg·g^{-1}。海泡石吸附 MB 的过程遵从准二级反应动力学。焓（25℃时为 2.648kJ·mol^{-1}）、吉布斯自由能（25℃时为－26kJ·mol^{-1}）和熵（25℃时为 102.476kJ·mol^{-1}·K^{-1}）等热力学参数表明：MB 吸附到海泡石的过程是自发的、吸热过程，在高温下进行有利，并且物理吸附和弱的化学相互作用会同时出现（Kuncek 和 Sener，2010）。

更多采用基于空化的联用方法去除染料的研究列举于表 9.1 中。

9.4.3 采用基于空化的联用技术降解杀虫剂

杀虫剂对环境水体的污染是一个引起广泛生态影响的普遍问题（Chiron *et al.*，2000）。杀虫剂的主要污染源是农业、杀虫剂研发和制造厂。当前，各种杀虫剂的使用已经成为现代农业不可分割的一部分。由于其难降解特性，杀虫剂通常累积于土壤和水体中，对环境造成了巨大的威胁。由于其化学结构和性质多变，降解杀虫剂是相当困难的任务（Matouq *et al.*，2008）。目前使用的大多数杀虫剂都被列入 33 种优先危险物质，或者是在水框架指令指导下、欧洲水体需要监测的重点关注物质［2000/60//EC］。

超声和超声辅助的联用技术在降解天然水体和废水中的杀虫剂方面正在获得更多的关注。例如，有大量著作报道了在实验室中采用超声联用过氧化氢、臭氧时，在去除有机磷、有机氯氨基甲酸酯，三聚氯氰和乙酰氯苯胺等杀虫剂方面取得了成功。

有机氯化合物（根据斯德哥尔摩公约，大多数发达国家已经在 20 世纪 70 年代和 80 年代禁止其使用）、有机磷化合物以其杀虫和除草性能闻名，因此，这些农药过去和现在仍然在农业中广泛应用，在全球许多国家也被用来抵御疟疾。有机氯和有机磷化合物以能引发各种人体健康和环境问题而被熟知（这些化合物 2001 年被美国环境保护局分为致癌化合物和内分泌干扰剂），因此必须采用环境友好技术来消除此类化合物。

Thangavadivel 等(2009)研究了采用高频超声降解 DDT(应用最广泛的有机氯农药之一)。当 DDT 初始浓度为 19mg·L^{-1}和 8mg·L^{-1}时，反应 90min 后，DDT 去除率分别达到 10％和 90％。此外，处理 90min 后，在 40％（w)砂泥浆中浓度为 32.6mg·L^{-1}的 DDT 去除率为 22％(Thangavadivel *et al.*，2009)。和 Mason

表 9.1　使用基于空化的处理方法去除有机染料的研究

化合物	系统参数	工艺效率	参考文献
C. I. 酸性黑 210（AB210）	US(28kHz，500W)＋膨胀石墨(0.8g L^{-1})	pH=1，51℃，120min，99.5%	(Li *etal.*，2008)
C. I. 酸性蓝 25（AB25）(10～150 mg · L^{-1})	US(22.5～1700kHz，14W)/H_2O_2 (386～1928 mg · L^{-1})	加入 386mg · L^{-1}、1157mg · L^{-1}、和 1928 mg · L^{-1} H_2O_2，降解率分别增加 2.4 倍、1.7 倍、和 1.5 倍	(Ghodbane and Hamdaoui, 2009a)
C. I. 酸性蓝 25（AB25）(50 mg L^{-1})	US(22.5～1700kHz，14W)/CCl_4 (0～798 mg · L^{-1})	CCl_4=0 mg L^{-1}，k=0.1467 mg · L^{-1} min^{-1}；CCl_4 = 798mg · L^{-1}，k = 17.325mg · L^{-1} min^{-1}	(Ghodbane and Hamdaoui, 2009b)
C. I. 酸性橙 7（AO7）(57μM)	US(520kHz，600W)	k_{UV254}=(1.75±0.54)×10^{-3} min^{-1}；BOD_5(60min 后)= 0 mg L^{-1}	(Tezcanli-Guyer and Ince, 2004)
C. I. 酸性橙 7（AO7）(57μM)	US(520kHz，600W)/UV	BOD_5(60min 后)= 0.69mg · L^{-1}	(Tezcanli-Guyer and Ince, 2004)
C. I. 酸性橙 7（AO7）(57μM)	US(520kHz，600W)/O_3 (10～60g m^{-3})	k_{UV254}=(16.74±1.49)×10^{-3} min^{-1}；BOD_5(60min 后)= 2.4 mg · L^{-1}	(Tezcanli-Guyer and Ince, 2004)
C. I. 酸性橙 7（AO7）(57μM)	US(520kHz，600W)/O_3 (10～60g m^{-3})/UV	k_{UV254}=(21.71±1.58)×10^{-3} min^{-1}；BOD_5(60min 后)= 3.18 mg L^{-1}	(Tezcanli-Guyer and Ince, 2004)
C. I. 酸性橙 8（AO8）(30μM)	US(300kHz)＋ CCl_4	30min，85%（加入 CCl_4，脱色率提高 27%）	(Gultekin *et al*, 2009)
C.I. 直接黑 168 (200 m · L^{-1})	US(40kHz，250W)/飞灰(2 g L^{-1})/H_2O_2(2.94mM)	90min，99.0%	(Song and Li，2009)
C. I. 活性黑 5(RBk5)(33μM)	US(640kHz，240W)	2.9×10^{-2} min^{-1}	(Vinodgopal *et al.*，1998)
C.I. 活性黑 5（RBk5）(60 mg · L^{-1})	US(80kHz，135W)	60min，染料脱除率约为 10%	(Kritikos *et al.*，1998)

续表

化合物	系统参数	工艺效率	参考文献
C. I. 活性蓝 19(RB19)(83～917 mg·dm^{-3})	US(850kHz，140W)/AC(5.8 g·dm^{-3})	18min 后，RB19 脱除率为 36%(US)、91%(AC)、99.9%(US/AC)	(Sayan and Esra Edecan，2008)
C. I. 活性红 22 (RR22)(5～90μM)	US(200kHz，1.25W·cm^{-2})/氩气	7.95×10^{-8} M·s^{-1}	(Okitsu *et al.*，2005)
C. I. 活性红 22 (RR22)(5～90μM)	US(200kHz，1.25W·cm^{-2})/空气	2.78×10^{-8} M·s^{-1}	(Okitsu *et al.*，2005)
C. I. 活性亮红(K-BP)(10～100 mg L^{-1})	US(24kHz，150W)	10mg·L^{-1}、20mg·L^{-1}、50mg·L^{-1}、100mg·L^{-1}时分别为 10.3×10^{-4} min^{-1}、8.03×10^{-4} min^{-1}、6.33×10^{-4} 和 4.35×10^{-4} min^{-1}	(Wang *et al.*，2008)
甲基橙(MO)	US(130kHz，150W)/活性氧化铝(0.5～5g·L^{-1})	1.6×10^{-4} mol·g^{-1}	(Iida *et al.*，2004)
甲基橙(MO)(4～80μM)	US(200kHz，1.25W·cm^{-2})pH 6.5	8.37×10^{-8} M·s^{-1}	(Okitsu *et al.*，2005)
甲基橙(MO)(4～80μM)	US(200kHz，1.25W·cm^{-2})pH 2.0	7.13×10^{-8} M·s^{-1}	(Okitsu *et al.*，2005)
甲基橙(MO)	US/UV/EO	0.0732 min^{-1}	(Zhang and Hua，2000)
亚甲基蓝(MB)(50mg·L^{-1})	US(20kHz，33W·cm^{-2})/废纸(3g)	脱除率 50.0%；仅采用吸附为 7%	(Entezari and Sharif Ai-Hoseini，2009)
橙Ⅱ(25mg·L^{-1})	US(224kHz、404kHz、651kHz，11.4W、29.0W 和 41.5 W)/空气	4h，100%	(Inoue *et al.*，2006)
橙 G(OG)	US(213kHz，20W)	75min，54%	(Madhavan *et al.*，2010)
Rifacion 黄(HE4R)(116～783ppm)	US(850kHz，140W)/AC	(57mg·g^{-1})	(Sayan，2006)
罗丹明 B(RhB)(25mg·L^{-1})	US(224kHz、404kHz、651kHz，11.4W、29.0W 和 41.5W)	2h，100%	(Inoue *et al.*，2006)
罗丹明 B(RhB)(100 mg·L^{-1})	HDC 反应器(漩涡射流)0.6MPa	180min，63%	(Wang *et al.*，2009)

等（2004）的工作相比，此去除效率相当低，他们采用 20kHz 的超声频率处理 50%（w）砂泥浆中浓度为 250mg・L^{-1}的 DDT，20min 后，DDT 降解率达到 75%。如此低的效率可用强度极限和超声设备中高频能量衰减更强等事实解释，这些因素造成了低空间覆盖率，且最终需要采用复合超声波发生器、额外的循环、大的超声波发生器表面积和更低的泥浆浓度等方法来获得较高的效率（Mason *et al.*，2004）。此外，Francony 和 Petrier（1996）断定：在 200～600kHz 的频率范围内，声化学反应效率最高，与之相比，当超声频率超过 1MHz 时，活性自由基的生成量更低。

此外，Zhang 等（2010）采用超声（25kHz，659W）从苹果汁中去除马拉息昂、毒死蜱两种杀虫剂。超声功率（100W、300W、500W）和处理时间（0～120min）对降解效率的影响非常大（$p<0.05$）。在功率为 500W 时，两种杀虫剂的降解过程均遵守一级反应动力学（马拉息昂和毒死蜱的反应速率常数分别为 0.05min^{-1}和 0.0138min^{-1}），然而，实验中发现在超声辐照下，毒死蜱比马拉息昂更容易被分解（500W 功率下处理 30min 后，降解率分别为 48.4%和 22.6%）。Zhang 等（2010）对杀虫剂的降解途径进行了假设，他们推断杀虫剂的降解主要由羟基自由基攻击马拉息昂的磷硫双键引发，降解产物主要是毒死蜱的氧化物（Zhang *et al.*，2010）。

由于来自工业生产、污水排放、大气沉降、地下水渗漏和径流的杀虫剂输入日益增加，氯乙酰苯胺、三聚氯氰、氨基甲酸酯类杀虫剂也是很重要的微量污染物，它们可直接或间接影响淡水、河口、海洋生态系统和人类。

Torres 等（2009）研究了超声（20～80W）辅助降解去离子水和天然水中的甲草胺，溶液 pH=3～10，甲草胺的初始浓度为 10～50mg・L^{-1}。不论重碳酸盐、硫酸盐、氯化物、草酸等羟基自由基捕获剂是否存在，处理 75min 后，去离子水和天然水中的甲草胺均被彻底降解。然而，处理 240min 后，TOC 去除率仅为 20%。这表明甲草胺降解副产物很难被超声辐照降解，因此为了将它彻底矿化为二氧化碳和水，需要采用联用技术（Torres *et al.*，2009）。重要的是，BOD_5/COD 测试结果表明超声可显著提高初始溶液的可生化降解性。

Hua 和 Pfalzer-Thompson（2001）的研究表明：虫螨威的在超声辐照（16kHz 和 20kHz，总应用功率为 1600W，功率强度为 1.22W・cm^{-2}）作用下的降解率随功率密度的增加（1.65～5.55W・mL^{-1}）和初始浓度的下降而增强（25mM vs. 130 mM）。还有一些重要的发现是：采用适宜的喷射气体比（氩气和氧气）可以优化杀虫剂的降解动力学过程，准一级速率常数在 0.00734～0.0749min^{-1}之间变化（Hua 和 Pfalzer-Thompson，2001）。

各种基于空化的技术用于降解杀虫剂的例子参见表 9.2。

使用基于空化的处理方法去除杀虫剂的研究 **表 9.2**

化合物	方 法	说 明	参考文献
2，4，5-T(35ppm)	US(20kHz，150W)	10min 后，50%	(Collings and Gwan，2010)
甲草胺(50mg・L^{-1})	HDC 反应器 0.6 MPa	4.9×10^{-2} min^{-1}	(Wang and Zhang，2009)
甲草胺(10～50mg・L^{-1})	US(300kHz，80W)	240min 后，100%	(Torres *et al.*，2010)
莠去津(0.1M)	US(20 和 500kHz，18.5W)	8.3×10^9 M s^{-1}(20kHz) 65×10^9 M s^{-1}(500kHz)	(Petrier *et al.*，2010)
莠去津(58ppm)	US(20kHz，150W)	10min 后，70%	(Collings and Gwan，2010)
氯丹(715ppm)	US(20kHz，150W)	10min 后，70%	(Collings and Gwan，2010)
DDT(250mg・L^{-1})	US(20kHz，375W・L^{-1})	20min 后，75%	(Mason *et al.*，2004)
DDT(707ppm)	US(20kHz，150W)	10min 后，70%	(Collings and Gwan，2010)
二嗪农(800～1800ppm)	US(1.7MHz，9.5W)	300s 后，70%，$0.01s^{-1}$	(Matouq *et al.*，2008)
敌敌畏(5.0×10^{-4}M)	US(500kHz，161W)	0.037～0.002 min^{-1}	(Schramm and Hua，2001)
硫丹(3.3ppm)	US(20kHz，150W)	10min 后，70%	(Collings and Gwan，2010)
杀螟硫磷(10mg・L^{-1})	US(20kHz，150W)/UV	2h 后，100%	(Katsumata *et al*，2010)
MCPA(2-甲基-4-氯苯氧乙酸)(100ppm)	US(500kHz，21.4W)	纯氮气中，$k_{MCPA}=1.10\times10^{-4}$ s^{-1} 纯氧气中，$k_{MCPA}=7.78\times10^{-4}$ s^{-1} 纯氩气中，$k_{MCPA}=4.58\times10^{-4}$ s^{-1}	(Kojima *et al*，2005)

9.5 大规模应用的条件

从大量实验室中得到的研究结果表明：基于超声的联用技术在用于降解水和废水中微量污染物方面具有相当高的潜力。然而，这些联用系统或单独超声降解在大规模应用时仍然存在适用性和经济可行性的问题。主要的限制是能耗/转换成能耗的工艺效率定额。可以预见的是：采用替代方法，例如：水力空化（Gogate 和 Pandit，2005），利用各种添加剂（Gogate，2008b），复频（Gogate，2008a）或联用方法（Adewuyi，2005a；Adewuyi，2005b；Gogate，2008b）可能是发展大规模超声辅助处理目标污染物的技术手段之一。

Thompson和Dorayswamy（1999）建议应首先解析超声在反应体系中的作用，而不是解决工艺放大或使超声成为一种可靠地增强传统工艺去除率的技术。同时，也应该对反应混合物的特性、反应动力学以及超声的物理或化学效应对工艺是否更加重要等方面进行评价。此外，也强烈推荐对超声分解过程中的工艺参数（如反应温度、压力、频率、耗散能量、超声强度和它们之间的相互作用）进行优化研究。

此外，也应该考虑反应器设计等工程方面的问题。建议综述近来一部非常好的出版物（Gogate（2008a，2008b）），此书讨论了各种超声反应器（单独超声和基于超声的联用反应器）设计方面的主要问题。在不久的将来，随着商业利益的日益增加以及众多超声化学领域研究者的涌现，超声工艺的费用必将降低（Adewuyi，2001）。

不久的将来，工业规模的应用前景或许将成为关注的焦点，这是因为其他能耗相对较低的水和废水处理技术（如臭氧化和UV工艺）有对健康不利的影响，这使超声和水力空化甚至更具吸引力（Mahamuni和Adewuyi，2009）。我们需要了解的是，这是一种仍处于发展阶段的新技术。当该技术成熟时，处理费用将极大地下降，尤其是当前学者、设备设计师和制造商都在积极从事更大规模的声化学工艺设计（Mason，2007）。此外，还有一些研究证实了US在大规模应用方面取得了较大成功（Destaillats *et al.*，2001；Gogate *et al.*，2004；Pradhan和Gogate，2010）。

9.6 基于空化处理操作的经济性

在估计实验室中采用单独超声工艺的操作费用方面，普遍采用Bolton等（2001）提出的“效益指数”概念。“效益指数”概念根据能耗及相关的目标污染物去除情况评价技术效率（Bolton *et al.*，2001）。然而，这种估计方法只能应用于两种动力学情形：每去除单位数量级污染物消耗的能量（E/EO）用于估测一级反应动力学过程，每去除单位质量污染物消耗的能量（E/EM）用于估测零级反应动力学过程。计算公式如式（9.25）、式（9.26）所示：

$$\mathrm{EE/O}=\frac{P_{\mathrm{elec}}\times t\times 1000}{V\times 60\times \log\left(\frac{C_{\mathrm{Ao}}}{C_{\mathrm{A}}}\right)} \tag{9.25}$$

$$\mathrm{EE/M}=\frac{P_{\mathrm{elec}}\times t\times 1000}{V\times M\times 60\times (C_{\mathrm{Ao}}-C_{\mathrm{A}})} \tag{9.26}$$

Mahamuni和Adewuy（2009）针对基于超声的水处理工艺进行了出色的能耗估测研究。研究发现，影响去除率的因素也相应地影响能耗。例如，超声辅助处理含憎水污染物废水的能耗比处理含亲水污染物废水的能耗低一个数量级（Mahamuni 和 Adewuy，2009）。因此，由于提高了污染物的去除效率，在经济性方面，超声辐照和各种 AOPs 联用比单独采用超声用于污水处理更具吸引力（Adewuyi，2001）。图 9.3 列举了染料处理费用的对比结果。由图中可以清楚地看出，单独采用超声降解有机染料的能量效率最低。

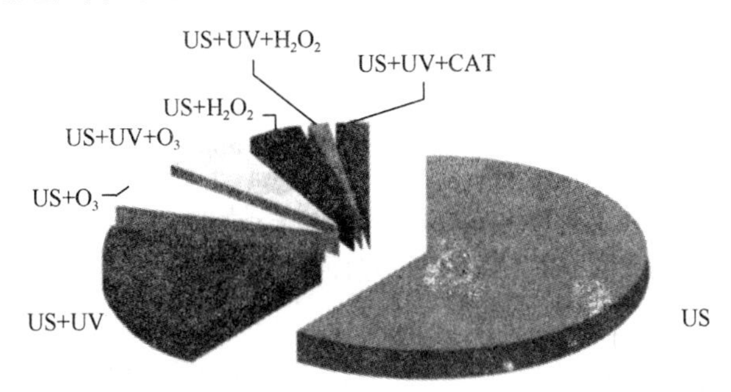

图 9.3 基于空化效应的各种有机染料降解方法的成本对比
（摘自 Mahamuni 和 Adewuy，2009）

单独超声工艺的能效较低的原因可能如下：目前可用的超声设备将电能转变成空化能的过程效率很低，这是因为输入的总能量有一部分被转化成热量而浪费，仅有一小部分用于生成空化（Adewuyi，2001）。值得特别指出的是，并不是所有的用于生成空化的能量都产生化学和物理效应。例如，一些能量消耗于声音的二次发射（例如谐波和次谐波），仅有 34%的电能真正地被用于生成期望的物理和化学效应（Hoffman *et al.*，1996）。能量效率低的另外一个原因是大量的能量被用来处理非常少量的反应物。例如，各种在实验室里进行的研究中采用的功率密度很高，从 0.027 W·mL^{-1}到 0.76 W·mL^{-1}（Adewuyi，2001）。为使超声辅助工艺在工业规模上具有经济可行性，Mahamuni 和 Adewuyi（2009）推荐使用不超过 0.05W·mL^{-1}的能量密度。从 EE/O 方程也可以清楚地看出，如果处理体积增加，此比值将下降。

Mahamuni 和 Adewuyi（2009）提出了一种方法用来预测大规模应用超声技术的经济性，其中包括资本费用、运行费用和维护费用。资本费用估算对于一级和零级反应动力学过程都是有效的，如式（9.27）所示：

$$\text{AOP 反应器成本} = P = N \times C \tag{9.27}$$

公式中 N 是处理单元的数目，C 是每个单元的成本（由生产商提供）。所需的标准商业操作单元的数目可按式（9.28）计算：

$$N = \frac{X \times \varepsilon}{E} \tag{9.28}$$

式中E是取自生产商报价单中的每个AOP单元提供的能量（W），ε是能量密度（$W \cdot L^{-1}$），X是废水处理反应器的容量（L）。反应器的处理容量可以表示为设计流量（$L \cdot min^{-1}$）乘以目标污染物达到90%降解率时所需的反应时间（min）。时间（t_{90}）可以根据反应速率级数由指数定律表达式计算得出。资本费用可以按照给定的分期偿还率以一年为期分期偿还。分期偿还的资本费用（A）可由方程式（9.29）得出：

$$A = \frac{1.2S \times r}{1 - \left(\frac{1}{1+r}\right)^{n}} \tag{9.29}$$

O&M费用（运行和维护费用）包括各种部件替换费用（例如用于超声辐照的O&M费用仅占资本费用的0.5%，然而基于UV工艺的O&M费用占年度电能消耗费用的45%以上；对O_3工艺来说，每年部件替换费用占资本费用的1.5%）、人工成本（水样采集，一般（系统监管和压力计量、控制面板、泄露等维护）和特殊（服务期限内，根据使用时间的检查、替换、和维修）的系统O&M费用）、分析费用、化学品费用（AOPs工艺内的消耗品和化学品费用）和电能消耗。

迄今为止，联用超声工艺处理污水的费用比传统AOPs工艺（如O_3、O_3/H_2O_2、UV/H_2O_2）高1～2个数量级（Mahamuni和Adewuyi，2009）。

9.7　结论

已经证明：在实验室规模中采用单独超声辐照或者基于超声的联用技术（例如超声耦合氧化剂（H_2O_2、O_3等），紫外辐照，微波辐照，吸附，电化学氧化）降解微量有机物（如药物、有机染料、杀虫剂）是有效的。然而，考虑到工艺的经济性和技术等，大规模应用超声去除液相中微量有机物的研究和报道还不多见。基于超声的联用技术的经济可行性仍然是个问题。然而，较大规模地采用超声降解药物、有机染料和农药的成功尝试正在逐渐出现。

为提高超声技术的效率，重要的是采用替代方法生成相同的空化效应（正如在高能量密度下的超声辐照过程中观察到的一样）以降低能量消耗。本章中报道的联用技术也可以为提高能量效率和降低整个操作费用提供解决办法。为设计合理的水/废水中微量有机物的处理方法，与之相关的最重要问题是优化操作运行条件，并更深入地理解化学反应机制。

第10章　高级催化氧化技术处理微量有机污染物

10.1　引言

催化剂是一种能提高化学反应速率，而其本身结构在化学反应中不发生改变的物质。“催化”通常用来描述催化剂的行为。根据催化剂的类型可将催化作用分为3类：（1）均相催化，催化剂与反应物处于同相介质中；（2）异相催化，催化剂与反应物处于不同介质中；（3）生物催化，催化剂是蛋白酶等天然物质。

在讨论催化剂时需要注意几点。第一，催化剂不改变反应的热力学性质。一般而言，即使没有催化剂，该反应也能发生，只是反应速率非常低或者是在特定环境中没有效用。第二，催化剂不改变平衡组成，因为它同时提高正反应和逆反应的速率。催化剂可以不同程度地提高这些反应的速率，导致不同的总选择性并可能改变反应途径。因为催化剂可为反应的进行提供一个活化能较低的反应路径。

催化剂可提高反应速率的数量级，使化学反应在最适合的热力学条件下进行，降低所需的反应温度和压强。这样，选择一种有效的催化剂并进行反应器和设备的最优化设计是降低化学加工过程投资费用和操作费用的关键因素。

10.2　异相催化

异相催化比均相催化有更多的实际应用优势，例如催化剂比较容易从反应介质中分离出来。但是异相催化反应的机理更复杂，包括几个步骤：（1）反应物由溶液的体相转移到催化剂的外表面（外部传质阻力）；（2）反应物经由孔道从催化剂表面转移至催化剂内部（内部传质阻力）；（3）反应物被吸附在催化剂内表面的活性位置；（4）被吸附的反应物发生化学反应生成产物；（5）反应产物的脱附；（6）反应产物经由孔道转移至颗粒外表面；（7）产物由催化剂外表面转移至液相主体（Inglezakis and Poulopoulos，2006）。由于吸附过程是反应机理中的一个环节，因此催化剂的活性与其表面积密切相关。一般来说，巨大的表面积可以增加固体催化剂的效率。选择适当的催化剂载体和负载方法可以增大催化剂的比表面积。催化剂负载不仅可增加催化剂的表面积，而且使催化相高度分散从而避免催化失活。载体往往是具有巨大表面积和强吸附能力的物质，它本身可以有催化活性也可以没有。而且，将均相催化剂固定于固体载体表面可使它异质化，即使它最初是完全均质的。应用于催化作用的传统载体可分为 3 种类型：（1）多孔型，载体的表面积主要由其多孔结构产生；（2）分子筛，载体中存在非常细小的孔洞，孔径的尺寸决定了哪些分子可在其上发生反应；（3）过滤体，当使用过滤体结构时可获得较小容积下的高表面积，高效率的热量排除，以及催化剂的低流动阻力。

异相催化剂包括金属、金属氧化物、金属合金及混合物，例如多金属氧酸盐、杂多酸（前过渡金属最高氧化态的杂多酸氧簇化合物，即 Mo（Ⅵ）、W（Ⅵ）、V（Ⅴ））、钙钛矿（含钛酸钙的矿物）、酶等。除此之外还有一些新型催化剂：催化纤维和织物、仿生催化剂、催化膜、超临界催化剂、异类对映选择性催化剂。2006 年 Hagen 根据催化剂的性质将它们作了一个概括的分类，见图 10.1。

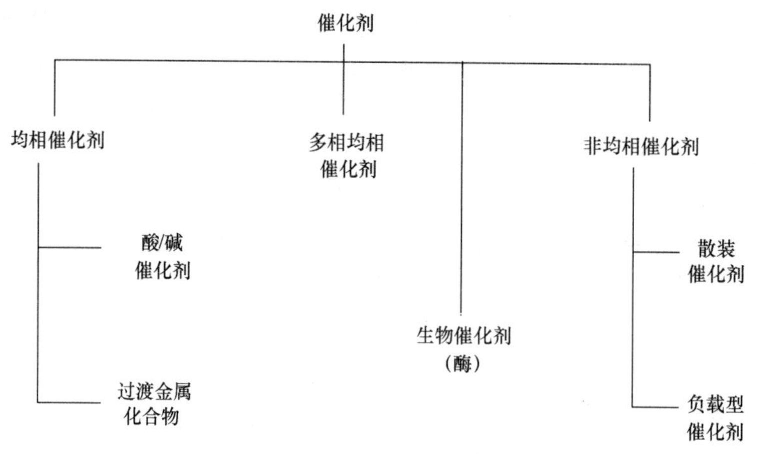

图 10.1　催化剂的一般分类（引自 Hagen，2006）

催化剂最基本的性质是活性、选择性和稳定性。它的物理性质同样也是非常重要的。可以采用吸附法以及测定催化剂孔隙和表面积的各种仪器技术表征催化剂的性质。催化剂最重要的物理性质包括：表面积、孔隙度、粒度分布和颗粒密度。然而在反应时间内，许多不同的过程可以导致催化剂活性损失。根据反应改变原因通常可以将催化剂的失活分为几种类型：结块、活性组分浸出、催化剂中毒。结块过程中催化剂的活性损失可以归因于颗粒聚集长大使表面积（催化活性位）降低，这是个不可逆过程。积炭形成、杂质或粉尘沉积于催化剂表面等过程使催化剂中毒。催化剂活性降低的程度与运行条件和反应混合物成分有关。通过测试催化剂活性和选择性随时间的变化曲线，可以监控催化剂的失活过程。催化剂失活后应进行再生或更替。因此，各种催化剂的期望性质为：高活性、强稳定性、选择性、可控的表面积和孔隙度、抗中毒、耐高温和温度波动、高机械强度。

10.3 环境催化

环境催化的作用：(1) 应用催化合成生产某些重要化合物，不产生环境无法接受的副产物，使废物最小化；(2) 应用催化剂分解环境无法接受的化合物，从而减少排放（Levec and Pintar，2007）。废物最小化与反应选择性密切相关，因而选择一种正确的催化剂非常必要。通常来说，减少污染的排放和有毒化合物不需要选择性作为催化剂的必备条件。目标污染物在转化过程中不可能完全不生成副产物，因此催化剂在分解副产物反应中保持活性和稳定性比选择性更关键。

在过去的10年里，人们越来越多地关注环境退化问题并开始对各种排放严格管控，这为提高环境催化的科学技术水平打下了基础。一般催化剂用来消除机动的（汽车）和固定的（工厂）污染源排放，参与液体和固体废物处理，同时也协助减少挥发性有机化合物和气体的散射（它们可引起光化学烟雾、全球温室效应等主要环境问题）。

然而，环境催化与其他催化之间仍有许多明显的区别。首先，环境催化过程中不能为了提高转化率或选择性而改变进料和运行条件，但是在化学生产催化过程中却经常更改条件。而且，环境催化不仅用于工业过程中，还用于控制排放（如汽车、船、飞机排放），甚至出现在我们日常生活中（如滤水器）。因此，环境催化的观念对可持续发展来说是至关重要的。另外同样重要的是，相较于化工催化剂，环境催化剂往往应用于更极端的运行条件下（Inglezakis and Poulopoulos，2006）。

催化氧化技术是一种新兴的污水处理方法，这项技术已被证实能更快更有效地净化污水，目前正受到越来越多地关注（Levec and Pintar，2007）。环境工程领域普遍最关注催化氧化过程的机理，即活性物种的产生过程。羟基自由基（·OH，$E_0 \approx 1.8V$）是催化氧化过程中最主要的活性氧化剂，由一些氧化物（臭氧、过氧化氢等）在催化剂和能量辐照（UV、超声波、微波）的单独作用或联合作用下导致分子破裂而生成。

10.4　高级催化氧化过程去除水相中的污染物

10.4.1　催化湿式过氧化物氧化过程（CWPO）

催化湿式过氧化物氧化反应以过氧化氢（自由基来源）为氧化剂，选择合适的催化剂诱发过氧化氢平拆分解生成羟基自由基（主要自由基）。

10.4.1.1　均相芬顿过程

用于去除微污染物的催化湿式过氧化物氧化工艺中最有名的是芬顿过程，它的特点是采用两种价格低廉、供量充裕的化学药品作为芬顿试剂——铁催化剂和过氧化氢（Catalkaya and Kargi，2007；Burbano *et al.*，2008；Li *et al.*，2009a）。芬顿催化是均相催化过程，根据 Haber-Weiss 机理的传统阐明，它包括链反应的一般集合，主要分为三个阶段，见式（10.1）～式（10.11）：

（1）开始（引发反应）

$$H_2O_2 \longrightarrow H_2O + 1/2\ O_2 \tag{10.1}$$

$$H_2O_2 + Fe^{2+} \longrightarrow Fe^{3+} + \cdot OH + OH^- \tag{10.2}$$

$$H_2O_2 + Fe^{3+} \longrightarrow Fe\ (OOH)_2 + H^+ \leftrightarrow Fe^{2+} + \cdot HO_2 + H^+ \tag{10.3}$$

$$OH^- + Fe^{3+} \longrightarrow Fe\ (OH)^{2+} \leftrightarrow Fe^{2+} + OH^- \tag{10.4}$$

（2）增长

$$\cdot OH + H_2O_2 \longrightarrow \cdot HO_2 + H_2O \tag{10.5}$$

$$\cdot HO_2 + H_2O \longrightarrow \cdot OH + H_2O + O_2 \tag{10.6}$$

$$\cdot HO_2 + HO_2^- \longrightarrow \cdot OH + OH^- + O_2 \tag{10.7}$$

（3）终止

$$Fe^{2+} + \cdot OH \longrightarrow Fe^{3+} + OH^- \tag{10.8}$$

$$\cdot HO_2 + Fe^{3+} \longrightarrow Fe^{2+} + H^+ + O_2 \tag{10.9}$$

$$\cdot OH + \cdot HO_2 \longrightarrow H_2O + O_2 \tag{10.10}$$

$$\cdot OH + \cdot OH \longrightarrow H_2O_2 + O_2 \tag{10.11}$$

然而也有许多科学家提出了不同的反应机理，最早提出异议的是 Bray 和 Gorin（1932 年），他们认为四价铁氧离子 $[Fe_{IV}O]^{2+}$ 是活性中间物而非羟基自由基：

$$Fe^{2+} + H_2O_2 \longrightarrow [Fe_{IV}O]^{2+} + H_2O \tag{10.12}$$

Ensing 等 2002 年进行静密度功能理论（DFT）计算来研究水合芬顿试剂在真空中产生的活性物质，并进行 Fe^{2+} 和 H_2O_2 在水溶液中的初始分子动力学（AIMD）模拟。他们得出的结论为，当过氧化氢与二价铁离子在水中配合时很容易形成四价铁氧离子，这个结论证实了 Bray 和 Gorin 第一次提出的反应机理（10.12）。而且从能量角度看，水合芬顿试剂在真空中更倾向于生成四价铁氧离子而非羟基自由基（Ensing and Baerends，2002；Ensing *et al*.，2003）。

实际上，学者们所提出的机理还应受到反应条件的制约，比如反应中出现的金属配合体、铁离子与过氧化氢的比例、pH、氧存在情况以及被氧化的有机基质总量等。这些参数各有特点，均应仔细调整以使芬顿工艺成功应用。

尽管关于芬顿反应的机理还没有一个确定的解释，但从降解效率和处理成本的角度来看，芬顿工艺是分解各种微污染物（染料、医药、杀虫剂）的最有效手段之一（Devi *et al*.，2009；Poerschmann *et al*.，2009；Zimbron and Reardon，2009；Fu *et al*.，2010）。

Hsueh 等 2005 年调研了芬顿反应降解初始浓度为 0.1mM 的几种偶氮染料（红色 MX-5B、活性黑 5、橙黄 G）的效率，其中所用芬顿试剂浓度较低。在最佳 pH 范围 2.5～3.0 内，即使铁离子浓度低于 10mg·L^{-1}、铁离子与过氧化氢比率为 1～10，芬顿过程仍高效地去除了染料分子（Hsuen *et al*.，2005）。

Elmolla 和 Chaudhuri 在 2009 年报道芬顿反应可以提高抗生素（阿莫西林 AMX、氨比西林 AMP、氯洒西林 CLX）的可生化降解度，甚至可以使它们在水溶液中完全矿化。AMX、AMP、CLX 的初始浓度分别为 104mg·L^{-1}、105mg·L^{-1}、103 mg·L^{-1}，反应条件如下：H_2O_2/COD 摩尔比为 3，H_2O_2/Fe^{2+} 摩尔比为 10，初始 COD 浓度 520mg·L^{-1}，pH 范围 2～4。因而在最佳反应条件下（COD/H_2O_2/Fe^{2+} 摩尔比 1∶3∶0.3，pH=3），抗生素在 2min 内被完全降解。可生化降解度（BOD_5/COD 比值）在 10min 内由 0.37 增加至 10，60min 内 COD 和 DOC 的去除率分别达到 81.4% 和 54.3%。水溶液中 AMX、AMP、CLX 的初始浓度为 100mg·L^{-1}、250mg·L^{-1}、500 mg·L^{-1}时，分别在反应 10min、20min、40min 时得到可生化降解度的最大提高。反应 60min 后，有机碳和氮完全矿化（Elmolla and Chaudhuri，2009）。

Kassinos 等 2007 年证明了均相芬顿过程氧化水溶液中除草剂莠去津（ATZ）和杀菌剂杀螟松（FNT）的可行性。ATZ 降解过程中，TOC 最大去除率为 50%，反应条件是铁催化剂（$FeSO_4 \cdot 7H_2O$，纯度 98%）浓度为 0.45mM，过氧化氢浓度为 33.2mM，氧化时间为 24h；而当铁催化剂 1.79mM，过氧化氢 33.2mM，反应 2h 时，TOC 去除率为 38%。对 FNT 而言，铁催化剂浓度为 0.89mM，过氧化氢浓度为 33.3mM，氧化时间为 24h 时可得到最大 TOC 去除率 71%，然而在反应的最初 2h 就已取得 70%的 TOC 去除率。当水溶液中同时存在 ATZ 和 FNT 时，TOC 最大去除率为 58%，反应条件是铁催化剂 0.45mM，过氧化氢 49.9mM，氧化时间 24h；然而当铁催化剂投量不变，过氧化氢用量改变时，TOC 去除率相差不多。因此，氧化反应时间取 2h 或 24h 对 TOC 去除率并没有太大的影响。这个现象可归因于：(1) 羟基自由基的耗竭；(2) 生成其他氧化电势较低的自由基（如过氧羟自由基）(Kassinos *et al.*，2009)。

10.4.1.2　异相芬顿过程

异相芬顿与传统的均相芬顿反应相比有许多优势：(1) 容易分离催化剂，不需要额外增加提取操作单元，简化污水处理过程中的所有操作步骤；(2) 在接近中性 pH 条件下运行，因此不需要对被处理水进行酸化（pH=3）及再中和，不产生污泥；(3) 通过还原 Fe^{3+} 使系统再循环/再生。多种含铁固体可以作为异相芬顿反应的催化剂，比如 Fe_2O_3、$Fe_2Si_4O_{10}(OH)_2$、Fe（Ⅱ）负载于沸石、Al_2O_3、SiO_2 等载体上的复合化合物。多种矿物载体（赤铁矿、皂石、磁铁矿、水铁矿、纤铁矿）以及非矿物（混合元素氧化物、炼钢粉尘和矿渣）均可用作芬顿试剂的活性载体。异相芬顿系统的氧化效率相对较低，并且在低 pH 条件下容易出现铁离子溶出现象，从而转化为传统的均相芬顿反应机理。

许多学者尝试在实验室规模利用异相芬顿试剂降解微污染物（Barreiro *et al.*，2007；Ramirez *et al.*，2007；Papic *et al.*，2009）。因而，Kusic 等 2007 年比较了传统芬顿反应（$FeSO_4$、$Fe_2(SO_4)_3$、$FeSO_4 \cdot 7H_2O$、$Fe_2(SO_4)_3 \cdot 9H_2O$ 作催化剂）和类芬顿反应（铁粉作催化剂）降解两种活性染料的过程，分别为含蒽醌发色团的 C.I. 活性蓝 49（RB49）和含偶氮发色团的 C.I. 活性蓝 137（RB137），它们的初始浓度均为 $20mg \cdot L^{-1}$。活性染料的色度去除率均能达到 95%，但矿化率为 34%～72%，且与染料结构、反应类型有关。RB49 和可吸收有机卤化物（AOX）的最高矿化度——也就是 TOC 最大去除率——由传统芬顿过程取得（Fe^{2+}/H_2O_2 比率 1～20，Fe^{2+} 浓度 0.5mM，pH=3），分别为 72.1% 和 47.3%。然而 RB137 的最佳降解过程却是类芬顿反应（Fe^{3+}/H_2O_2 比率 1～40，Fe^{3+} 浓度 0.5mM，pH=3），TOC 最大去除率为 43%。被处理化合物的分子结构是一个非常重要的因子。RB137 的偶氮发色团与 RB49 的蒽醌发色团均非常容易被羟基自由基进攻（Kusic *et al.*，2007）。但是似乎氧化反应更容易发生在发色团结构部位，而非染料分子骨架部位（图 10.2）。

10.4.1.3　异质化催化剂去除微污染物

到目前为止，将均相催化剂异质化的最常用方法是将它固定于活性或惰性载体上。Sorokin 等 1995 年引入新型均相催化剂 Fe（Ⅲ）-四磺基酞化青（Fe（Ⅲ）-TsPc，图 10.3）。

Kim 等 2008 年同时测试了均相和异质化 Fe（Ⅲ）-四磺基酞化青（Fe（Ⅲ）-TsPc）催化剂对微污染物双酚-A（BPA）、双氯高灭酸（DCF）、氯氨苄青霉素（CFL）、异丁苯丙酸（IBU）的降解效率。他们开发了一种新型复合系统，

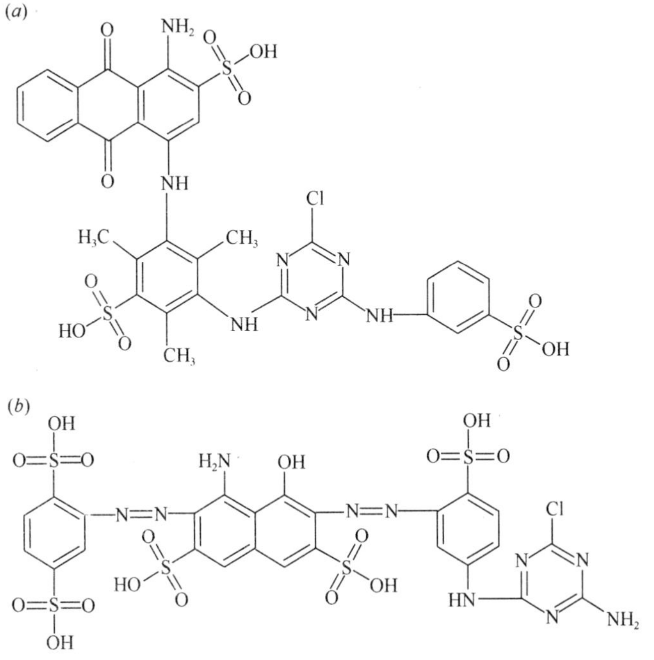

(*a*)
O NH₂ O S OH O
O NH
Cl
H₃C CH₃
N N
O
HO S O
NH N NH
O
S OH
CH₃ O

(*b*)
OH OH
O=S=O O=S=O
H₂N OH
N=N N=N
Cl
O O
N N
HO S O S OH
O=S=O O O
HN N NH₂
OH

图 10.2 染料 RB49（*a*）和 RB137（*b*）的分子结构

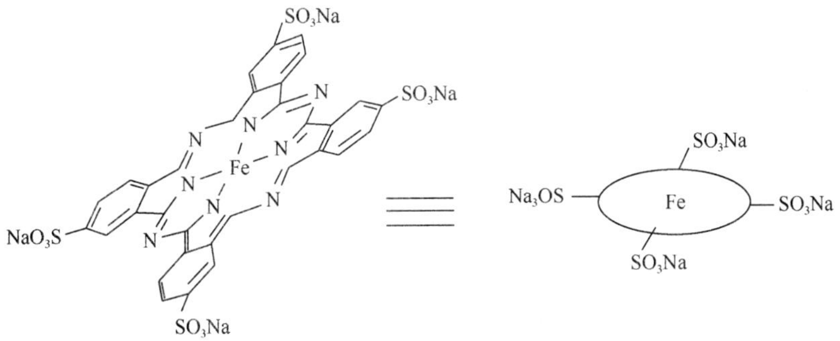

SO₃Na
N SO₃Na
N
N N SO₃Na
Fe
N N Na₃OS Fe SO₃Na
N N
NaO₃S
N SO₃Na
SO₃Na

图 10.3 四磺基酞化青铁（Ⅲ）（Fe（Ⅲ）-TsPc）
（引自 Sorokin 等人，2002）

将催化氧化（非固定化催化剂）与纳滤（NF）联合起来，催化剂可被纳滤膜拦截在系统内从而持续对 BPA 发挥氧化作用。催化剂的活性与 pH 有关，原因在于 Fe（Ⅲ）-TsPc 在不同 pH 条件下以不同的化学形态存在（图 10.4），如 μ-氧二聚体（TsPcFe（Ⅲ）-O- Fe（Ⅲ）TsPc）、堆聚单体（n［TsPcFe（Ⅲ）-OH］）、单体（TsPcFe（Ⅲ）-OH）。

单体 Fe（Ⅲ）-TsPc 是对 BPA 分解最有效的催化剂（pH=3 的条件下）。然

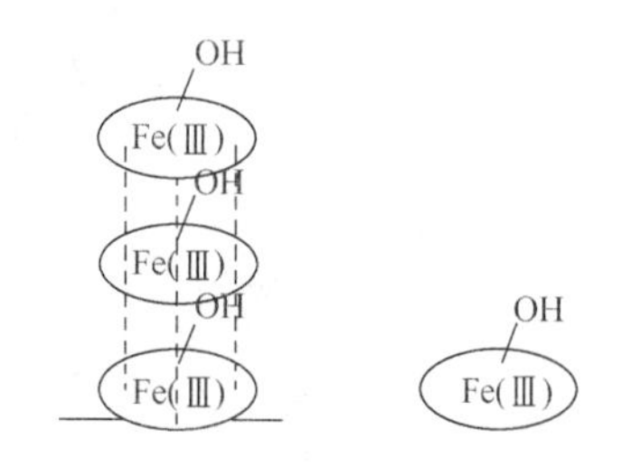

图 10.4　四磺基酞化青铁(Ⅲ)(Fe(Ⅲ)-TsPc)的化学式

(*a*) μ-氧代调器；(*b*) 叠单体；(*c*) 单体

而增加过氧化氢剂量则导致催化剂表面活性降低。从本质上看，催化剂失活可以归因于过氧化氢对酞菁的直接进攻导致酞菁开环、发色团退化及形成其他副产物，其中草酸副产物可使催化剂浸出（Kim *et al.*，2008）。一般来说，在弱酸性环境中（pH ≤ 4.5）采用 Fe（Ⅲ）-TsPc/H_2O_2 芬顿系统氧化 BPA，大概 40s 即可使 90% 的 BPA 分解。

为了解决均相 Fe（Ⅲ）-TsPc 催化剂的快速失活问题，Sorokin 和 Meunier 在 1994 年尝试将它固定于安柏莱特树脂上——一种常用的阴离子交换树脂（Sorokin and Meunier，1994；Sorokin *et al.*，1995）。随后又调查了 Fe（Ⅲ）-TsPc/安柏莱特异质化催化剂与 H_2O_2 联合降解 BPA 及三种医药化合物（DCF、CFL、IBU）的效率。异质化催化剂在中性 pH 条件下表现出了良好的稳定性和反应活性，但是反应所需时间有所延长。Kim 等 2008 年研究了 Fe（Ⅲ）-TsPc/安柏莱特催化剂降解污染物过程中，污染物的亲水性和荷电性对降解效率的影响。基于每种化合物的 *pK*a 值和反应 pH 条件，化合物显负电性是其获得最高去除率的最关键因素。亲水性 DCF 和相对憎水性 IBU 在水溶液中都带负电荷，因此二者均非常容易被 FeTsPc-Amb 芬顿系统去除（Kim *et al.*，2009）。其次关键因素是亲水性，BPA 是电中性和憎水性化合物，它被憎水性 FeTsPc-Amb 催化剂吸附的速率明显比 DCF、IBU 低。带电 CFL 在中性 pH 附近可以通过离子交换机理被部分去除；但它的憎水性质使其去除效率最低。负载型 FeTsPc（300mg）用于湿式过氧化物氧化过程，中性 pH 条件下使 BPA、DCF、CFL（初始浓度 $2mg \cdot L^{-1}$）在 2h 内完全去除。

10.4.2　其他金属催化剂用于湿式过氧化物氧化去除微污染物过程

除了铁以外，其他金属也可以成功地催化过氧化物产生羟基自由基。已有文献报道金属催化湿式过氧化物氧化过程去除水相中的微污染物（Kim and Lee，2004；Aravindhan *et al.*，2006；Fathima *et al.*，2008；Rivas *et al.*，2008；Kondru *et al.*，2009）。然而目前比较缺乏医药化合物（一类重要的微污染物）降解情况的数据。

Duarte 等 2009 年将一些金属（Fe，Co，Ni）掺杂或浸渍于炭气凝胶催化剂中，并在常温常压下利用它们使橙黄Ⅱ脱色。他们发现所制备催化剂的表面积比炭气凝胶（$1032m^2 \cdot g^{-1}$）低，而且催化剂的效能与基体中的金属密切相关。举例而言，Co、Fe催化剂对橙黄Ⅱ在水溶液中的降解有很好的活性，而Ni则几乎没有活性。

Oliveira等2008年制备铌取代针铁矿，并利用它氧化亚甲基蓝。对所制备的催化剂进行表征，发现铌的置换使针铁矿产生了较多表面氧空位，因而其表面积有所增加、孔隙结构更发达、结晶度降低。纯针铁矿对亚甲基蓝染料氧化降解的催化活性较低，脱色率仅有15%；而铌取代针铁矿的催化脱色率在120min达到85%以上（Oliveira *et al.*，2008）。采用ESI-MS对反应产物进行现场鉴定，并提出了反应图解（图10.5）。

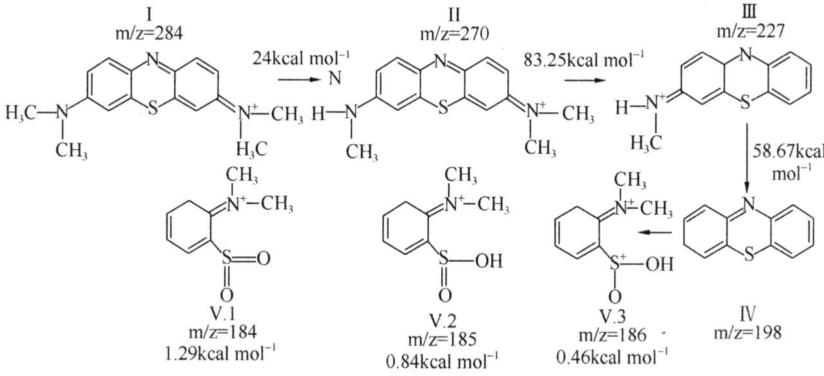

图10.5 H_2O_2存在条件下，Nb代针铁矿催化氧化亚甲基蓝染料过程中已知中间产物的各阶段反应历程及反应能垒

铌取代针铁矿催化剂的反应机理涉及针铁矿表面的氧空位，这一点与文献中报道的异相铁催化剂的芬顿反应机理不同（Oliveira *et al.*，2008）。通过计算方法得到每种中间物的生成能垒，从而可推测关于铌催化剂有两种可能的反应机理：(1) 反应在氧空位上发生（比如铌取代针铁矿），生成强度片段m/z=270、227、187，它们分别对应中间物Ⅱ、Ⅲ、Ⅳ，(图10.5)；(2) 遵循芬顿反应机理生成片段m/z=105、129、351。

10.4.3 催化臭氧氧化过程去除微污染物

臭氧氧化去除微污染物通过两条途径进行：直接氧化（臭氧分子氧化微污染物）和间接氧化（臭氧在碱性条件下分解生成羟基自由基并氧化微污染物）。图10.6描述了臭氧在相应pH条件下的反应原理。

羟基自由基的氧化反应速率常数的数量级为10^9，因此它能够快速且无选择性地氧化有机物。臭氧分子的氧化反应有选择性，主要氧化有特定官能团的化合物，比如苯酚。在实际水体中，大部分羟基自由基（比臭氧分子氧化能力更强、

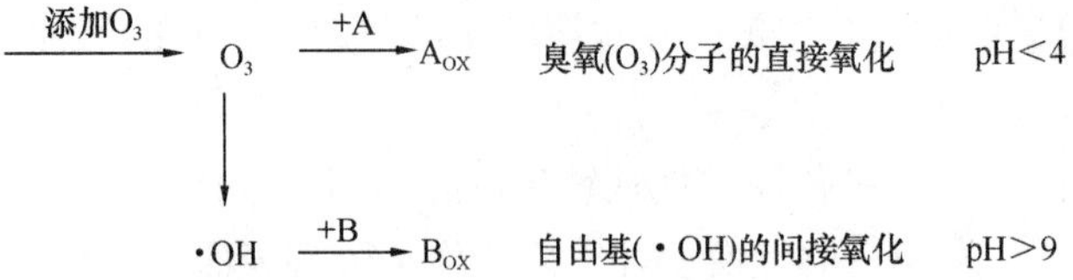

添加O_3 → O_3 $\xrightarrow{+A}$ A_{OX} 臭氧(O_3)分子的直接氧化 $pH<4$

↓

$\cdot OH$ $\xrightarrow{+B}$ B_{OX} 自由基($\cdot OH$)的间接氧化 $pH>9$

图 10.6 $pH<4$ 和 $pH>9$ 时水溶液中的臭氧氧化过程

(引自：Chandrasekara Pillai *et al.*，2009)

选择性更低）被水样中的各种成分清除，因而最可能的氧化路径是臭氧分子与污染物的直接反应（von Gunten，2003)。然而 Huber 等 2003 年证明了在中性 pH 附近（pH=6～7)，臭氧分子和羟基自由基与微污染物（例如雌激素）的反应速率常数几乎相当（分别为 $7\times10^9M^{-1}\cdot s^{-1}$、$9.8\times10^9M^{-1}\cdot s^{-1}$)。因此反应的 pH 条件是臭氧氧化过程的关键参数，它决定氧化反应的路径（自由基型/非自由基型)。催化臭氧氧化去除有机微污染物过程中应用最广泛的催化剂是过渡金属（如 Fe（Ⅱ)、Mn（Ⅱ)、Ni（Ⅱ)、Co（Ⅱ)、Cd（Ⅱ)、Cu（Ⅱ)、Ag（Ⅰ)、Cr（Ⅲ)、Zn（Ⅱ）等)、金属氧化物（如 TiO_2、MnO_2、CeO_2 等)、活性炭及负载型金属（如 Co/Al_2O_3、Ru/Al_2O_3、Ru/CeO_2 等） (Delanoe *et al.*，2001；Tong *et al.*，2003；Skoumal *et al.*，2006；Yunrui *et al.*，2007；Rosal *et al.*，2008；Chandrasekara Pillai *et al.*，2009；Faria *et al.*，2009；Rosal *et al.*，2009)。

催化剂可促进臭氧分解生成活性自由基，或者提高臭氧分子的反应速率。催化臭氧氧化过程相当复杂，至今仍没有被完全了解（Kasprzyk-Hordern *et al.*，2003)。但是它也遵循催化反应的普通规则，并可被分为均相催化和异相催化两种类型。一般来说，臭氧氧化只对含有特定官能团的微污染物有效，例如氨基官能团、活性芳香族（供电子基团）或双键（von Gunten，2003)。

Chandrasekara Pillai 等 2009 年研究了均相催化臭氧氧化（O_3/Fe^{2+}）以及几种联用技术（$O_3/H_2O_2/Fe^{2+}/UV$）降解对苯二酸（TPA）的情况。反应条件为：O_3 投量 $0.089g\cdot L^{-1}$，Fe^{2+}浓度 0.50mM，pH=4.5～6.5。pH=4 时得到最大的 COD 去除速率常数 $(7.28\pm0.60)\times10^{-3}min^{-1}$。当 Fe^{2+} 分散进入溶液，它可催化臭氧分解形成 O_3^- 阴离子或 $(FeO)^{2+}$，进而生成羟基自由基。

$$Fe^{2+}+O_3\longrightarrow Fe^{3+}+O_3^- \quad (10.13)$$

$$O_3^-+H^+\leftrightarrow HO_3\longrightarrow \cdot OH+O_2 \quad (10.14)$$

$$Fe^{2+}+O_3\longrightarrow (FeO)^{2+}+O_2 \quad (10.15)$$

$$(FeO)^{2+}+H_2O\longrightarrow Fe^{3+}+\cdot OH+OH^- \quad (10.16)$$

$O_3/H_2O_2/Fe^{2+}/UV$ 联合工艺降解 TPA，Fe^{2+} 浓度 0.50mM，H_2O_2 浓度

200mM。H_2O_2 和 Fe^{2+} 有两种投加方式：一次性同时投加，或者是分两步投加。两步投加时，初始 H_2O_2 浓度 100mM，反应 60min 后再向溶液中投入 0.50mM Fe^{2+} 和 100mM H_2O_2，总反应时间 240min。“两步投加”工艺的去除效率更高，溶液 COD 在反应 120min、240min 时分别为 0.38、0.10（COD 去除率 62%、90%）。而“一次性同时投加”工艺中，溶液 COD 在反应 120min、240min 时分别为 0.55、0.27（COD 去除率 45%、73%）（Chandrasekara Pillai *et al.*, 2009）。如用“品质因数”（EE/O）衡量反应的能量效率，则催化臭氧氧化过程的能量效率最低（21.3 kWh・m^{-3} $order^{-1}$）；而最有效降解工艺的 EE/O 几乎是它的 1.5 倍（32.1kWh・m^{-3}）。

Rosal 等 2009 年以商业 TiO_2（锐钛矿与金红石混合相，混合比例 80：20；S_{BET} = 52±2 $m^2 \cdot g^{-1}$）为催化剂，催化臭氧氧化降固醇酸。催化剂投量 1 g・L^{-1}，pH=3 条件下，催化反应的准二级反应速率常数为 2.17×10^{-2} L・$mmol^{-1}\cdot s^{-1}$；pH=5 时为 6.80×10^{-1} L・$mmol^{-1}\cdot s^{-1}$，比非催化反应的速率常数（$8.16\times10^{-3}\pm3.4\times10^{-4}$ L・$mmol^{-1}\cdot s^{-1}$）增加了 3 倍。因而降固醇酸在 5min 内被去除。然而催化剂对去除率的贡献更多地体现在对有机物的吸附，而非促进臭氧的分解。催化反应的机理可能是体相氧化物或表面氧化位与被吸附在催化剂表面的有机物发生反应。

Faria 等 2009 年研究了 3 种不同类的商业染料的催化臭氧氧化降解过程，分别是酸性偶氮染料——CI 酸性蓝 113（AB113）、活性染料——CI 活性橙 3（RY3）、及 CI 活性蓝 5（RB55），它们分别带有偶氮和蒽醌发色团，初始浓度 50mg・L^{-1}。三种催化剂被应用于催化臭氧氧化过程中，活性炭（S_{ACO} = 909$m^2\cdot g^{-1}$）、氧化铈（$S_{Ce\text{-}O}$ = 72$m^2\cdot g^{-1}$）、活性炭复合氧化铈（$S_{ACO\text{-}Ce\text{-}O}$ = 583$m^2\cdot g^{-1}$）。三种染料在活性炭表面的吸附过程几乎均可被忽略，臭氧氧化可使它们在 10min 内全部脱色，然而通过监测 TOC 的变化发现溶液中的染料分子并没有完全矿化。在所研究的染料分子中，酸性染料 AB113 最难降解。Faria 和他的合作者还调查了实际污水的催化臭氧氧化情况（2009 年）。臭氧氧化对染料脱色非常有效（几乎 5min 内 100%脱色），但矿化程度较低（TOC 去除率低于 4%）。活性炭与臭氧同时作用时，反应 30min 对 TOC 去除率为 57%，明显高于单独臭氧氧化过程（反应 30min 对 TOC 去除率 30%）。二氧化铈复合活性炭作为催化剂对橙黄Ⅱ的催化臭氧氧化过程中，反应机理被认为包括两条途径：（1）表面反应，类似于活性炭催化臭氧体系；（2）臭氧在催化剂表面被催化分解产生羟基自由基，随后进入溶液体相中与染料分子发生反应。

10.4.4 光催化降解微污染物

光催化剂（半导体）具有双重倾向，能同时吸附反应物和有效光子。由于光催化剂廉价易得，且光催化氧化可以轻易地使各种有机物矿化，因此光催化技术是一种比较受欢迎的技术。

半导体有一个充满电子的电子能级（价带 VB）和一个能量更高的空的电子能级（导带 CB）。导带和价带之间的能级差称为“禁带宽度”（E_{bg}）。光催化反应普遍被表述如式（10.17）所示：

$$催化剂 + h\upsilon \longrightarrow 催化剂\ (e_{cb}^{-} + h_{vb}^{+}) \quad (10.17)$$

其中 e_{cb}^{-} 和 h_{vb}^{+} 分别代表导带上的电子和价带上的电子空位。光催化反应的吉布斯自由能变化一般为负，而光合作用的为正。

电子—空穴对可以迁移到催化剂表面，从而和表面上的其他物质发生氧化还原反应。许多情况下，h_{vb}^{+} 非常容易和催化剂表面束缚的水分子发生反应生成·OH，而 e_{cb}^{-} 与 O_2 反应生成超氧阴离子自由基（Rauf and Ashraf，2009），反应式如式（10.18）～式（10.20）所示。

$$H_2O + h_{vb}^{+} \longrightarrow \cdot OH + H^{+} \quad (10.18)$$

$$O_2 + e_{cb}^{-} \longrightarrow \cdot O_2^{-} \quad (10.19)$$

$$\cdot O_2^{-} + H^{+} \longrightarrow \cdot OOH \quad (10.20)$$

上述系列反应阻止了电子和空穴的复合，所产生的·OH、·OOH、$\cdot O_2^{-}$ 对染料分子进行氧化从而使溶液脱色。电子—空穴对在固相表面也可以直接与有机基质发生反应。

$$\cdot O_2^{-} + H_2O \longrightarrow H_2O_2 \quad (10.21)$$

$$H_2O_2 \longrightarrow 2 \cdot OH \quad (10.22)$$

$$\cdot OH + 微污染物 \longrightarrow 微污染物_{ox}\ (k = 10^{9} \sim 10^{10} M^{-1} \cdot s^{-1}) \quad (10.23)$$

$$微污染物 + e_{cb}^{-}/h_{vb}^{+} \longrightarrow 微污染物_{red} \quad (10.24)$$

光催化过程中产生氧化性物质的机理示意见图 10.7。

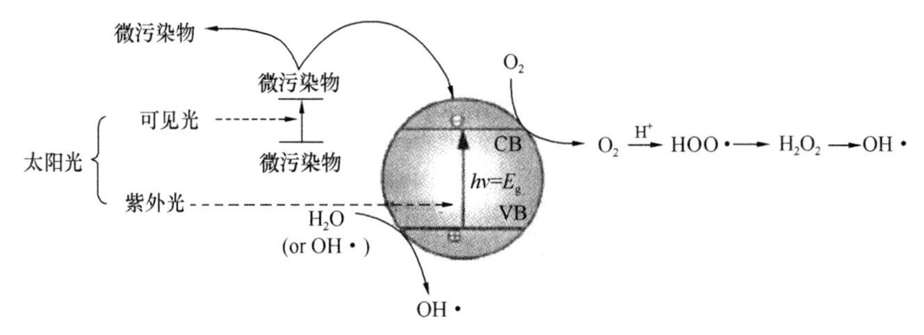

图 10.7　光催化氧化微污染物过程中氧化物的产生机理

光催化降解有机物过程中所使用的标准光源根据波长可分为：UVA

(λ 315～400nm)、UVB (λ 285～315nm)、UVC (λ < 285nm)。光源的波长和强度对有机物的去除率有很大影响。近年来研究者尝试采用自然光或模拟自然光（可见光 λ > 300nm）作为光催化氧化系统的免费可再生能源，发现对污水可进行有效处理（Kaur and Singh，2007；Song *et al.*，2007；Rafqah *et al.*，2008；Ji *et al.*，2009；Song *et al.*，2009；Zapata *et al.*，2009)。"日光催化氧化工艺"不需使用紫外灯，而是采用环保、廉价、丰富的太阳能作为能源，有非常大的应用优势。"环境经济指数"（EEI）这个参数也反映了日光驱动的光催化氧化体系比紫外灯驱动的体系更能保证环境与经济之间的平衡。然而常用光催化剂（TiO_2、ZnO 等）的带边在紫外区，对可见光辐射不敏感。因此有必要对半导体材料的电子结构和光学特性进行改性。Rehman 等 2009 年综述了现有的 TiO_2 和 ZnO 改性方法，包括采用有机物对半导体表面进行改性（共轭聚合物光敏化)、掺杂金属（Cu、Co、Mn、Ni 等）和非金属（B、C、N、S 等）调整半导体禁带宽度、与非金属共生、制造氧空位和氧亚化学计量。表面配合（制造氧空位）能有效延长半导体的光敏波长，但是表面配合物在光催化氧化反应中也会被降解，而且氧空位能促进电子和空穴的复合过程（Rehman *et al.*，2009)。另外，如果掺杂剂量和反应条件经过最优化设计，掺杂过渡金属有利于非金属的改性。

10.4.4.1 二氧化钛催化降解微污染物

在众多半导体材料中，TiO_2 的光量子产量最大、光催化效率最高。自然界中的 TiO_2 以 3 种矿物形式存在：金属石、锐钛矿、板钛矿。其中最普遍和稳定存在的是金红石，然而在光催化氧化过程中最常用的是锐钛矿。锐钛矿和板钛矿在高温条件下均转化为金红石。各种商业 TiO_2 被广泛用于污水处理工艺中，比如 Degussa P25、Tiona PC100、Tiona PC50 等。TiO_2 的应用形式包括悬浮态、固相薄膜、掺杂各种化学元素以及负载于固相载体上。TiO_2 的表面电荷、聚集颗粒的粒径、带边位置等表面性质与反应 pH 条件有很大关系，原因在于酸性条件下 TiO_2 表面呈质子化而碱性条件下呈去质子化（Harir *et al.*，2008)。

Akpan 和 Hameed 于 2009 年综述了 1991 年～2008 年发表的 125 篇文献，总结了操作参数对 TiO_2 类催化剂光催化氧化降解纺织染料过程的影响。综述中谈到了 TiO_2 的制备方法，以及溶液初始 pH、各种氧化剂、催化剂热处理温度、掺杂物成分、催化剂投量等因素对光催化降解染料废水的影响。最常用的制备方法是溶胶——凝胶法，另外还有超声波辅助溶胶——凝胶法、气凝胶法、光还原分解法、沉淀法、两步湿式化学法、超低温沉淀法等（Akpan and Hameed，2009)。另外，Akpan 和 Hameed 认为染料分子的性质也是光催化氧化反应的关键因素，因为化合物官能团的结构特性与差异使它们在不同反应条件（例如 pH、温度等）表现出不同的反应活性。

除了降解染料类有机物，光催化氧化过程也被成功应用于去除废水中的杀虫剂。Rafqah 等 2006 年采用不同类型的 TiO_2 粉末(Degussa P25、PC50、PC100，$S_{BET}=55m^2\cdot g^{-1}$)在 300～450nm 波长的光辐照下光催化降解抗菌的三氯苯氧氯酚(5-氯-2-(2，4-二氯苯氧)-苯酚)。三氯苯氧氯酚的最大吸收波长为 280nm，次吸收波长 232nm，在最大吸收波长下的摩尔消光系数为$4200mol^{-1}\cdot L\cdot cm^{-1}$。在被考查的实验条件下(三氯苯氧氯酚初始浓度 $3.3\times10^{-5}mol\cdot L^{-1}$，催化剂投量 $1.0g\cdot L^{-1}$，pH=5)，三氯苯氧氯酚的直接光解及其在 TiO_2 表面吸附的过程可被忽略(光照 60min 降解率低于 8%)。而在紫外光和 TiO_2 共同作用下，三氯苯氧氯酚的降解反应遵循一级反应动力学规律，半衰期 10min。另外，Rafqah 和合作者们还研究了自然水体中(法国科列蒙-费昂附近的阿利埃河，DOC $5.3mg\cdot L^{-1}$)三氯苯氧氯酚的光催化氧化情况。由于自然水体中有腐殖质的存在，三氯苯氧氯酚的初始降解速率比其在纯水中的低两倍。而且大概光照 25h 后才取得 90%的矿化率(Rafqah *et al.*，2006)。三氯苯氧氯酚的主要光催化降解产物是氯儿茶酚和 2，4-二氯苯酚。据推测，这些产物是含酚基微污染物的 3 种重要反应过程的主要产物类型：(1)C-O 键的均裂过程生成 2，4-二氯苯酚和氯儿茶酚；(2)酚基官能团的羟基化过程；(3)脱氯化过程生成 5-氯-2-(4-氯苯氧)酚。实验中没有检测到二氧杂苣衍生物，证明三氯苯氧氯酚(阴离子存在形式)只有吸收 $\lambda<300nm$ 的光辐射时才生成二氧杂苣(Rafqah *et al.*，2006)。

Harir 等 2008 年研究了过氧化氢与光催化氧化联合降解甲氧咪草烟。该种除草剂的降解过程遵循准一级反应，可以很好地用 Langmuir-Hinshelwood 动力学模式描述。最佳降解条件为 pH=5，TiO_2 $1.0g\cdot L^{-1}$，H_2O_2 10mM。P25 型 TiO_2 的等电点是 6.25，因此在酸性溶液中（pH<6.25）催化剂表面显正电性，而碱性溶液中（pH>6.25）显负电性。TiO_2 的表面电性可以影响它的表面吸附和脱附过程。而且污染物的结构也随 pH 的变化而改变，分子中可电离的有机官能团随 pH 的变化而进行质子化或去质子化过程。

10.4.4.2　光助芬顿过程去除微污染物

传统芬顿过程中（式（10.2））增加紫外辐射不仅能够增加羟基自由基的生成量，而且可以使铁催化剂循环使用（Maletzky and Bauer，1998）。H_2O_2 在紫外光照射下可发生光解生成·OH，但这个过程对光助芬顿反应的促进作用不明显，因为 H_2O_2 和它的游离态吸光较弱（Krutzler and Bauer，1999）。铁离子往往以六水合离子形式存在，在 pH=2～4 范围内发生解离［反应式（10.25）、式（10.26）］，因而光助芬顿反应如式（10.27）所示。光助芬顿系统中主要是金属到配体电荷转移（LMCT）过程产生羟基自由基。另外反应式（10.28）也是污染物降解的重要途径（Safarzadeh-Amiri *et al.*，1996）。式（10.28）中不生成羟基自由基，而是有机配合体（如羧化物）经由 LMCT 反应直接被氧化，该反应往往比自由基与目标污染物的反应发生地更快（Krutzler and Bauer，1999）。

$$[Fe(H_2O)_6]^{3+} \longrightarrow [Fe(H_2O)_5(OH)]^{2+} + H^+ \quad (10.25)$$

$$[Fe(H_2O)_5(OH)]^{2+} \longrightarrow [Fe(H_2O)_4(OH)_2]^{+} + H^+ \quad (10.26)$$

$$[Fe(OH)]^{2+} + h\upsilon \longrightarrow Fe^{2+} + \cdot OH \quad (10.27)$$

$$[Fe(OOC\text{-}R)]^{2+} + h\upsilon \longrightarrow Fe^{2+} + CO_2 + \cdot R \quad (10.28)$$

Arslan 等 2000 年研究了 UVA（300nm＞λ＞400nm）/草酸铁（$Fe(C_2O_4)_3^{3-}$）/H_2O_2/TiO_2 组合工艺降解各种单官能和双官能的氯均三嗪活性染料，反应条件为溶液中 O_2^- 饱和，pH 值为 2.6 和 7.0。280nm 紫外光辐射条件下，反应时间 1h，$Fe(C_2O_4)_3^{3-}$/H_2O_2/UVA 和 TiO_2/UVA 工艺使溶液全部脱色，而 TOC 去除率分别为 17%～23%和 73%～86%。染料分子的分解反应可用经验 Langmuir-Hinshelwood 动力学模型描述。在 Fe^{3+}/H_2O_2/UVA 降解染料分子体系中，草酸铁在 250～500nm 区域内吸光较强，而 H_2O_2 只在 300nm 光照下分解，因此只有染料分子与 Fe^{3+} 竞争 UVA 光辐射（Arslan *et al.*，2000）。

Du 等 2009 年合成天然黏土负载氧化铁催化剂，并用其在水溶液 pH＝6.5 的条件下降解阳离子型（孔雀绿 MG、碱式品红 FB）和阴离子型（橙黄Ⅱ（OⅡ）、X3B）染料。在与紫外光和 H_2O_2 共同存在时，黏土负载氧化铁比氧化铁及 350℃烧结的黏土负载氧化铁表现出更强的催化活性。黏土负载氧化铁催化剂的表面积 86～106$m^2 \cdot g^{-1}$，大于原始黏土（72$m^2 \cdot g^{-1}$）和氧化铁（18$m^2 \cdot g^{-1}$）的表面积。且它的带隙能约为 2.12～2.17eV，高于纯 $\alpha-Fe_2O_3$（E_g＝2.10eV）。阳离子型染料 MG 和 FB 可被吸附在所有吸附剂的表面，而阴离子型染料 OⅡ和 X3B 只在表面积为 102 $m^2 \cdot g^{-1}$的样品表面有所吸附，因为黏土夹层中的 Na^+ 离子只能与阳离子型染料发生交换作用。0.5 $m^2 \cdot g^{-1}$黏土负载氧化铁与 2.0mM 过氧化氢共存体系在可见光照射下对染料进行光降解，MG（0.44mM）和 OⅡ（0.2mM）的表观反应速率常数分别为 0.49、1.09min^{-1}。黏土负载氧化铁催化剂的主要优点是可循环使用并且非常稳定，连续 6 次反复使用仅有 18mM（1ppm）的铁离子溶出。此催化剂的高效性与它对两种染料的强吸附性能分不开，由此提高经由光敏路径降解染料的速率（Du *et al*，2009）。

光助芬顿过程利用太阳能为有机染料的降解和矿化提供了一个颇有价值的选择。Chacon 等 2006 年调查了光助芬顿降解酸性橙 24（AO24）的情况，最佳反应条件为 Fe^{2+}浓度 1.43×10^{-4}M、H_2O_2 浓度 5.2×10^{-3}M、所用光能 105kJ $\cdot$ L^{-1}，此时 AO24 的去除率为 95%，溶液 COD 和 TOC 值分别降低了 88%和 84%。一般而言，太阳光催化被认为是目前对太阳光子最成功的应用，大多是由于它没有选择性并且可用来去除复杂的混合污染物（Chacon *et al.*，2006）。

10.4.4.3　其他降解微污染物的光催化剂

半导体材料可以作为光致氧化还原过程中的感光剂，因为其中化合态金属原子的电子结构包括一个充满电子的价带和一个空的导带。很多材料都具有这种性质，例如金属氧化物 ZnO、CeO_2，金属硫化物 CdS、ZnS，$SrTiO_3/CeO_2$，Al 和 Fe 的改性硅酸盐，CuO-SnO_2 等，这种特殊的性质使它们可以作为光催化剂用于降解微污染物（Wu *et al.*，2007；Rafqah *et al.*，2008；Fu *et al.*，2009；Song *et al.*，2009；Elmolla and Chaudhuri，2010）。举个例子，ZnO 吸收太阳光谱的范围比 TiO_2 更宽。但是类似 ZnO 和 CdS 的半导体材料的主要缺陷为催化剂表面很快有污垢沉积，因此催化剂的活性位被堵塞从而降低整体的光催化反应活性。

Chakrabarti 和 Dutta 在 2004 年采用 ZnO 作为光催化剂对亚甲基蓝（MB）和黄色曙红进行降解。需要注意的是亚甲基蓝与黄色曙红的分子结构及官能团均不同，而且它们在水溶液中的电离程度也不同。亚甲基蓝是阳离子/碱性染料，黄色曙红是阴离子/酸性染料，因此它们在光催化氧化过程中有不同的行为。反应条件为催化剂投量 $1g \cdot L^{-1}$、UV 辐照功率 16W、温度 30℃、空气流量 $6.13L \cdot min^{-1}$、pH=7.0、两种染料分子初始浓度 $50mg \cdot L^{-1}$、反应时间 2h，亚甲基蓝和黄色曙红溶液的 COD 值分别仅降低了 24%和 8.1%。采用沸腾的蒸馏水清洗 dZnO 直至清洗水变无色，然后在 90～100℃的热风炉中烘干可使 dZnO 的催化活性得到再生。此再生产物记为 RC-1。随后将它置于马弗炉中 600℃烧结，得到二次再生产物记为 RC-2。相同实验条件下，原始催化剂对黄色曙红的光催化降解率为 39%，而 RC-1 和 RC-2 对它的降解率分别为 21%、23%。作者认为再生催化剂的活性损失可归因于光敏性较差的氢氧化物沉积于催化剂表面堵塞其活性反应位（Chakrabarti and Dutta，2004）。

Chen 等 2006 年采用海底锰结核光催化降解甲基橙（MO），反应体系中通入空气（$400mL \cdot min^{-1}$）并加入过氧化氢（$0 \sim 12mmol \cdot L^{-1}$）。海底锰结核是一种在深海中自生的锰矿，也被称作锰结核、锰球、海洋多金属结核等。它不仅包含铁锰的氧化物和氢氧化物，同时也包括许多金属元素如铜、镍、钴等。XRD 表征显示其中的锰主要以无定形 MnO_2 及 MnOOH 的形式存在，结晶化程度较低。甲基橙的光催化分解在通入空气条件下需要用时 120min，在加入过氧化氢时需要 60min（催化剂投量 $2g \cdot L^{-1}$；H_2O_2 投量 $6mmol \cdot L^{-1}$）。海底锰结核在光催化降解甲基橙的过程中表现出了高表面活性、强吸附能力以及氧化还原活性（Chen *et al.*，2006）。

Xia 等 2008 年采用模板法合成了钴掺杂介孔二氧化硅（Co-SBA-15），并应用它在太阳光照下光催化降解甲基紫（MV）和亚甲蓝（MC）。未掺杂的 SBA-

15有很好的吸附性能，但是在太阳光照射下没有光催化活性。由于掺杂物的并合过程，Co-SBA-15的表面积、孔隙容积、平均孔径（690$m^2\cdot g^{-1}$，0.51$cc\cdot g^{-1}$，32A°）比未掺杂前的SBA－15（701$m^2\cdot g^{-1}$，0.64$cc\cdot g^{-1}$，45A°）有所降低。SBA-15和Co-SBA-15对MV（初始浓度50$mg\cdot L^{-1}$）的光催化降解率分别为7%、69%；对MC（初始浓度50$mg\cdot L^{-1}$）的光催化降解率分别为6%、76%。由于催化剂中存在Co^{2+}/Co^{3+}氧化还原对，Co-SBA-15在太阳光照射下有非常好的光催化活性。因此采用光催化氧化降解染料化合物过程中，可以将过渡金属离子均匀掺杂进入光催化剂中使其对可见光和紫外光均敏感（Xia *et al.*，2008）。

10.4.5 催化超声降解微污染物

在超声波分解有机物体系中，颗粒物（催化剂）的存在可提供一个多相界面从而提高超声波的空化活性，因此提高超声波的降解速率（Suslick，1990；Gogate，2008）。液体受到声波振动而发出的光可被某些催化剂（如二氧化钛）吸收，这种可能的效应从原则上不能被完全排除（Mrowetz *et al.*，2003）。两个·OH复合成为一个H_2O_2分子的反应可发生在气泡里和溶液中，成为限制活性自由基攻击目标污染物的主要反应。多数情况下，声化学过程中产生的H_2O_2不能直接与目标污染物发生反应，往往最终分解为H_2O和O_2，或者清除·OH。当体系中存在一种合适的催化剂时，H_2O_2可成为第二个·OH产生源从而重新获得部分化学活性，否则将损失掉超声波降解过程中所生成的相对大量的H_2O_2。超声波可以通过几种作用提高催化剂的性能。空化气泡的两种破裂方式可影响固体表面。第一种方式，空泡直接在固体表面破裂，内向压挤所产生的冲击波可造成直接伤害。气泡在催化剂的表面缺陷核位置形成，在此过程中俘获气体或固体表面的杂质。第二种方式，空泡在固体表面附近的液相中破裂，产生微射流冲击固体表面并形成不对称冲击波。这种现象对超声波起到清理作用。因此，超声催化降解微污染物是一个复杂的过程，目标物的去除机理包括同时发生的吸附、脱附以及超声波在催化剂存在条件下的降解作用（Pandit *et al.*，2001）。迄今为止，声化学处理微污染物过程中最常用的催化剂为芬顿试剂、类芬顿试剂、光催化剂（主要为TiO_2）（Beckett and Hua，2003；Bejarano-Perez and Suarez-Herrera，2007；Bahena *et al.*，2008；Torres *et al.*，2008a；Abdullah and Ling，2009）。Abdullah和Ling在2009年指出催化超声降解几种典型微污染物（如碱性蓝41染料（BB41）、甲基对硫磷）过程中，金红石比锐钛矿的催化活性更强。锐钛矿在高温条件下（>700℃）转变为金红石甚至是板钛矿，相应的物理性质也发生改变。因此Abdullah和Ling考察了不同烧结温度对TiO_2性质的影响，并应用它们催化超声降解刚果红（CR）、甲基橙（MO）、亚甲蓝（MB）。他们将 15g 的 TiO_2 粉末置于马弗炉中在不同温度下烧结（400～1000℃）2～4h，促使结晶相转变。随后的表征分析表明，温度在 700℃以下的热处理不能使 TiO_2 完成相转变（即使延长烧结时间）；而 1000℃烧结 4h 使大概 27.7%的锐钛矿转化为金红石，微晶尺寸由 56.0nm 增加至 62.2nm。微量金红石和锐钛矿混晶的 TiO_2 比纯锐钛矿的催化超声活性大约高出 5%～10%。催化剂（800℃烧结 2h）投量 $2.0g \cdot L^{-1}$、染料初始浓度 $20mg \cdot L^{-1}$、超声波辐照 75min，三种染料的降解顺序为：CR（23%）＞MB（19%）＞MO（16%）。相对来说 CR 的降解度最高，推测原因为其分子中含有 2 个不稳定的偶氮基（-N N-），它非常容易被反应中所产生的自由基攻击（图 10.8）。

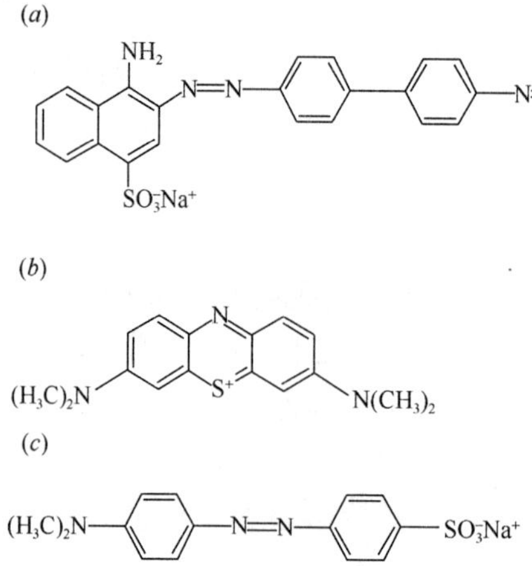

图 10.8　（*a*）刚果红；（*b*）亚甲基蓝；（*c*）甲基橙染料的分子结构

MB 和 MO 的分子大小几乎相等，MB 的芳环上存在一个荷电基，而 MO 的荷电基在芳环外，因此 MB 的稳定性更低（Abdullah and Ling，2009）。体系中加入 TiO_2 和 H_2O_2 后，反应的一级速率常数大幅度地由 $0.001min^{-1}$ 提高至 $0.01min^{-1}$。超声波对催化剂的影响可由颗粒尺寸分布反映。比较有趣的是，经过热处理的 TiO_2 催化剂的颗粒尺寸模式值在 2h 超声波辐照前后分别为 0.3～1.1μm、0.2～0.7μm。据观测，颗粒分布高端（1.5μm 左右）的累积值显著降低，而低端（0.04μm 左右）的则显著增加（Abdullah and Ling，2009）。这说明催化剂在超声波的辐照下出现部分瓦解。催化剂的崩裂使颗粒空隙中的微孔和中孔减少、表面积降低，因此与超声波的接触面减少。然而超声波对催化剂也有碾磨的作用，一些新生的颗粒表面也有可能成为反应位（Abdullah and Ling，2009）。

Minero 等 2008 年进行了超声（频率 354.5kHz、功率 35W）化学降解亚甲蓝（MB）的研究。MB 作为非挥发性和带电的基质不可能出现在气相，因此不可能经历气相热解。MB 与 $\cdot OH$ 的反应速率常数非常高，文献中报道为 $2.1\times10^{10}M^{-1}\cdot s^{-1}$。超声波降解实验在 pH=2 的条件下进行，此时铁催化剂保持溶解于水的单体形态，从而避免形成 Fe（Ⅲ）的多核物种和胶体。催化剂的存在确实提高了降解反应的速率，单独超声波降解反应的速率 $3.48\times10^{-9}mol\cdot L^{-1}\cdot s^{-1}$，而 $1\times10^{-3}M$ 的 Fe（Ⅲ）存在时超声波降解反应的速率提高至 $8.91\times10^{-9}mol\cdot L^{-1}\cdot s^{-1}$。关于 Fe（Ⅲ）在超声降解 MB 过程中的催化作用有两种假设：（1）Fe（Ⅲ）作为 $\cdot OH$ 的清除剂，阻止了 H^+ 与 $\cdot OH$ 复合生成 H_2O_2 反应的发生；（2）超声降解过程中生成的 H_2O_2 与 Fe（Ⅲ）组成芬顿试剂对 MB 进行氧化降解。如不考虑体系中 H_2O_2 的含量，MB 的初始降解速率是催化剂初始浓度的函数。另外如果向反应体系中投加 $8\times10^{-3}M$ 的 H_2O_2，MB 的降解速率常数提高到 $1.68\times10^{-8}mol\cdot L^{-1}\cdot s^{-1}$。$H_2O_2$ 既可以成为 $\cdot OH$ 的产生源，也可作为它的捕获剂。但如果 H_2O_2 浓度低于 $1\times10^{-3}M$，则其对 $\cdot OH$ 的产生和淬灭过程均没有太大影响。超过这个浓度，H_2O_2 在反应体系中可发挥较大的影响作用。$1.0\times10^{-2}M$ 的 H_2O_2 被发现主要产生清除效应（Minero *et al.*，2008）。

光催化氧化与超声波分解的协同效应可以通过比较协同过程的反应速率常数与两个单独过程反应速率常数之合的正常差额进行量化：

$$协同效应=\frac{K_{US+UV+TiO_2}-(K_{US+TiO_2}+K_{UV+TiO_2})}{K_{US+UV+TiO_2}} \quad (10.29)$$

超声协同光催化氧化过程中，超声波的主要作用在于通过空化使体系中所产生的 H_2O_2（光催化氧化和超声分解过程中产生的）分裂，并促进提高催化剂的活性。在设计超声协同光催化过程的反应器时需要注意几个要点：（1）同时应用超声波和紫外线非常重要；（2）光催化剂的稳定性需要仔细监测；（3）操作条件需要优化；（4）若加入芬顿试剂则超声光化学降解反应的速率可进一步提高（Gogate and Pandit，2004）。通常来说，超声波对光催化氧化降解微污染物过程的影响可产生三种不同的现象：（1）增加光催化剂的表面积；（2）减少光催化剂的团聚现象；（3）提高传质速率并分裂体系中所产生的 H_2O_2。对于矿化微污染物而言，超声协同光催化氧化过程是具有最佳成本/效率比率的处理工艺。Torres 等 2006 年估算了 BPA 在不同实验条件下矿化反应的品质因素（EE/O）值，如表 10.1 所示。这个过程中有一些假定：（1）只估计能量消耗，没有考虑化学制品、装置、设备等的投资费用；（2）只考虑 TOC 去除率高于 60%的工艺（Torres *et al.*，2006）。

各种高级氧化工艺降解双酚 A（BPA）过程中的电能消耗估测值（Torres *et al.*，2006）　　表 10.1

工艺	BPA ($\mu mol \cdot L^{-1}$)	功率 (W)	体积 (mL)	时间 (min)	TOC 去除率 (%)	EE/O ($kWh \cdot m^{-3}$)
UV	118	25	300	600	<60	NR
US	118	80	300	600	<60	NR
US/Fe（Ⅱ）	118	80	300	600	64	6010
UV/US	118	105	300	300	66	3735
US/UV/ Fe（Ⅱ）	118	105	300	120	79	1033

由表 10.1 可以明显地看出，US/UV/ Fe（Ⅱ）体系的 EE/O 值为 1033 $kWh \cdot m^{-3}$，比 US/UV 和 US/Fe（Ⅱ）体系的分别低 4 倍或 6 倍。这个结果与工艺效率密切相关，工艺效率也是计算 EE/O 值的一个非常重要的因数。

Mrowetz 等 2003 年报道了 US（频率 20kHz）和 TiO_2 粉末（Degussa P25，锐钛矿/金红石比率为 80/20%，表面积 $35m^2 \cdot g^{-1}$）同时作用时水溶液中两种偶氮染料——酸性橙 8（AO8）和酸性红 1（AR1）——的降解反应。经过 6h 超声波辐照，催化剂的表面积增加了 30%。TiO_2 催化剂投量 $0.10g \cdot L^{-1}$时，光催化氧化与超声波分解过程的协同效应对于 AO8（6×10^{-5}M）为 0.68，对 AR1（2.56×10^{-5}M）为 0.56。

除了降解染料分子，Bertelli 和 Selli 在 2004 年调查了超声协同光催化氧化工艺在通风条件下降解水中甲基叔丁醚(MTBE)的可行性。商业二氧化钛 Degussa P25 被用作反应的光催化剂。一般情况下，H_2O_2 光解反应的主要降解途径是 $\cdot OH$ 进攻，$\cdot OH$ 降解 MTBE 的反应速率常数为 $1.6\times10^9\ L \cdot mol^{-1} \cdot s^{-1}$。光催化氧化过程中，主要是半导体价带上产生的光致空穴与吸附在催化剂表面的氢氧根离子、水分子发生界面氧化反应产生 $\cdot OH$。如果体系中另外施加了超声波辐照，挥发性的有机物(如 MTBE)可在空化气泡的气相中直接发生热解反应，热界面区域在气相和周围水相之间。5×10^{-3}M 的 MTBE 在低频率超声波辐照下的一级反应常数$(21\pm2)\times10^5 s^{-1}$，它的光催化氧化反应($0.1g \cdot L^{-1}$ TiO_2)速率更快；然而在分别施加 UV 或 US 辐照时，最高反应速率常数约低了 8 倍，分别为 $(3.71\pm0.09)\times10^5 s^{-1}$、$(13.2\pm0.2)\times10^5 s^{-1}$(Bertelli and Selli，2004)。

Torres 等 2008 年证明了在 pH＝5、有氧气或空气存在条件下，超声波(300kHz，80W)和 Fe(Ⅱ)结合的太阳光助过程对双酚 A(BPA)的降解非常有效。他们调查了 US、UV、Fe^{2+}、H_2O_2 之间的一系列可能组合，发现反应 60min 时 BPA 的降解顺序为：Fe^{2+}/太阳光(8%) ≤ Fe^{2+}/太阳光→US (8%)＜ Fe^{2+}/太阳光/H_2O_2(73%)＜ US(85%)＝ US→Fe^{2+}/太阳光(85%) ＜ US/Fe^{2+} (89%)

$<$ US/ Fe^{2+}/太阳光(92%)。但是经过 240min 的反应，溶液并没有达到完全矿化(矿化率为 4%～70%)。因此对于 BPA 去除率和溶液矿化率而言，超声光助芬顿过程的效率最高(太阳光照、溶液初始 pH 值约为 5)。可以看出，气泡里产生的·OH 在气泡——溶液界面上将 BPA 氧化成为亲水性更强的中间产物。BPA 的亲水性中间产物主要在所谓的"第三反应区"(溶液体相)被光助芬顿反应中产生的·OH 降解。溶液在超声波作用下生成的多余 H_2O_2 使芬顿反应有发生的可能。另外 Fe^{3+} 可与脂肪酸络合，形成的络合物在日光照射下可非常快速地脱掉羧基，同时在此反应中 Fe^{2+} 被再生。Fe^{2+} 也可以被日光再生，同时额外生成·OH(Torres *et al.*, 2008b)。

10.4.6 微波辅助催化降解微污染物

微波（MW）是一种波长为 1mm～1m 的电磁波能量形式，由正交电磁场组成。一般来说，微波与频率为 300MHz 到 300GHz（λ=1mm～100cm）的电磁辐射相关联，它在电磁光谱中的位置介于红外光波和无线电波之间（Banik *et al.*, 2003)。MW 在水溶液中的传播可产生·OH［反应式（10.30）和反应式（10.31)］，因此它也可被用于高级氧化工艺。

$$O_2 \rightarrow \cdot O + \cdot O \tag{10.30}$$

$$\cdot O + H_2O \rightarrow 2 \cdot OH \tag{10.31}$$

但是有几个因素限制了微波的单独应用。首先，溶液中必须有氧气的存在；其次，微波的能量（ν=1－100GHz 时，E=0.4～ 40KJ·mol^{-1}）不足以破坏普通有机分子中的化学键（Muller *et al.*, 2003)。微波可用来促进高级氧化工艺，尤其对于提高催化氧化降解微污染物的高级氧化过程非常有效（Gromboni *et al.*, 2007；Zhang *et al.*, 2007；Zhangqi *et al.*, 2007；Yang *et al.*, 2009)。

催化氧化过程中催化剂可被微波加热，因此提高了反应活性。与传统热处理相比，微波能量的主要优点在于其能量由源传递到样品的方式完全不同。微波直接将能量传递于吸附微波的物质，这样可以避免长时间的升温过程、热梯度、能量损失等复杂问题。微波的穿透能量可对样品进行立体加热（Mutyala *et al.*, 2010)。催化剂在微波照射条件下被直接加热，因此它的温度高于周围空气。需要注意的是，样品在微波场中的加热过程完全受其材料吸附微波能力的影响。因此有选择性地加热样品，可以提高对体系引入能量的效率（Mutyala *et al.*, 2010)。

举例而言，微波辐射能促进 TiO_2 光催化氧化过程，其中原因推测如下，催化剂在微波场中表面缺陷增多，造成的极化效应使光致电子的传递概率增加，因此有效阻止了半导体表面上电子——空穴对的复合（Horikoshi *et al.*, 2009)。

Horikoshi 等 2002 年发表观点，无论微波非热能因子的精确程度如何，它们确实改变了整个降解过程；这个过程不能归因于简单的传统加热作用或是微波对分散体的加热作用。他们提出局部微米/纳米热领域形成理论，也就是催化剂在微波辐射下表面产生了所谓的“热点”，或者催化剂的活性位被选择性加热，从而产生了类似于微波非热能因子的微波效应（Horikoshi *et al.*，2004a）。他们还认为在催化剂表面特定位置上形成的局部热领域有类似于等离子体的性质。另外在微波辐射场中，催化剂表面的沉积物可使颗粒表面形成极化区。因此在微波辐射条件下，目标物的降解反应在局部热点或极化区附近被加速（Horikoshi *et al.*，2002）。

MW 是一种多功能的工艺，它能大幅缩短反应时间、提高催化剂性能（如促进催化剂再生）、重塑催化剂表面以增加催化活性位以及产生更多羟基自由基（Horikoshi *et al.*，2002）。另外 MW 还可与其他工艺同时搭配应用，例如电子顺磁共振（EPR）技术证实了微波辅助 TiO_2 粉末光催化氧化溶液体系中（PD/MW）产生了更多的·OH（Horikoshi *et al.*，2004b）。

Quan 等 2007 年研究了商业活性炭（颗粒尺寸 1.0～2.0mm）与微波辐射（800W）联合降解羟基苯甲酸（水杨酸 SA）和五氯苯酚（PCP）。在所采用的实验条件下，·OH 的生成速率为 0.036μmol·s^{-1}，在不足 3min 时间内体系中·OH 的产生量达到 3.2μmol。PCP 初始浓度为 500 和 2000mg·L^{-1}时，在 60min 内的降解率约为 72%～100%（相应 TOC 去除率为 40%和 82%），这意味着在微波辐射下系统内持续地产生·OH 维持 PCP 的降解。体系中同时存在活性炭和氧气对·OH 的生成非常关键。由于微波能的内加热，水溶液和活性炭的温度以不同的速率上升，因此活性炭颗粒微表面上局部位置的温度比水溶液高（Quan *et al.*，2007）。

Bi 等 2009 年进行了钙钛矿型催化剂（CuO_n-La_2O_3/γ-Al_2O_3）与微波辅助提高 ClO_2 氧化降解雷马素金黄染料 RNL 的研究，最佳反应条件为 ClO_2 浓度 80mg·L^{-1}、微波功率 400W、接触时间 1.5min、催化剂投量 70g·L^{-1}。在该体系中，微波促进了 ClO_2 催化氧化反应的进行，·OH 经由一个自动氧化过程的自由基链式反应产生。微波辐射使反应时间由 90min 大幅度地缩短至 1.5min。ClO_2 催化氧化反应的大概机理目前还未被确定，但微波辐射与催化剂同时作用可产生协同效果从而使 ClO_2 体系产生更多的·OH（Bi *et al.*，2009）。

Yang 等 2009 年调查了微波辅助类芬顿反应（MW-Fenton-like）处理医药废水的适用性，并跟单纯芬顿反应和传统热辅助类芬顿反应（CHFL）作了比较。与常温类芬顿反应和传统加热类芬顿反应相比，微波辅助类芬顿反应的降解率仅提高了 5%，但是它却有助于提高污泥的沉淀度、减少污泥产生量、改善污水的可生化性（Yang *et al.*，2009）。Yang 估算了 MW-Fenton-like 系统的成本，就去除每克 COD 的电力消耗而言为 0.0209kWh·$gCOD^{-1}$，比较适用于处理被残余药物污染的难生物降解废水。

10.4.7 电催化氧化过程

电化学是一门研究发生在电极和电解液界面上物理化学现象的表面科学。电催化是通过对电极表面进行结构及化学性质改性或者向电解液中添加物质以促进电化学反应的过程。结构改性包括改变表面几何形状（晶面、晶簇、吸附原子），以及改变催化材料的电子态。电催化的主要推动力是氧化——还原反应，一般按照几个步骤发生。电极上发生的氧化还原反应中电子穿过界面和电极表面（反应后恢复原样），然后往往达到一个类似于异相催化的稳定状态。然而电催化与普通催化之间还是存在本质的区别：在电极反应中，催化剂给体系提供反应物——电子——它既被消耗也可在净反应中生成。电子传递速率和电吸附平衡与电极电位密切相关。因此电极反应的驱动力不仅受化学力（其大小与温度、压力、反应物浓度有关）控制，还受电动力（可影响电子在界面的传递速率）影响（Hagen，2006）。表征电动力的最重要参数是电极电位相对于一个相配参比电极的大小，通过在电解池施加一个外加电压可改变它的值。最大的优势表现为电流经过电极界面时，反应速率有高灵敏度。

实际上有两种比较重要的电化学反应工艺：（1）直接反应；（2）间接反应。在直接阳极氧化反应中，被吸附的污染物在阳极表面被氧化，除了电子外没有其他物质参与。而且在直接电化学反应中，基质在电极表面的亥姆霍兹层中经历异相氧化还原反应。

另一方面，在间接电化学反应中，基质和电极之间的异相反应被溶液中的均相氧化还原反应取代，即基质与阳极释放的电化学活性物质在溶液中发生反应。阳极释放的电化学活性物质包括物理吸附的“活性氧”（物理吸附的·OH）和化学吸附的“活性氧”（阳极金属氧化物晶格中的氧）（Panizza and Cerisola，2007）。这些氧化物使溶液中的污染物被彻底或部分降解。需要注意的是，如果电极出现钝化将削弱直接电解反应，则间接反应占据优势。通过研究废水中不同种类物质的间接或中介氧化反应，可以推测电化学氧化过程降解污染物的两种主要途径（Martinez-Huitle and Brillas，2009）：（1）电化学转化反应，污染物与化学吸附“活性氧”发生反应，难降解有机物被有选择性地转化为可生物降解有机物（往往是羧酸类）；（2）电化学燃烧反应，污染物与物理吸附羟基自由基反应，有机物被完全矿化为 CO_2 和无机离子。羟基自由基是仅次于氟元素的第二强氧化剂，标准电位 E_0=2.80V，它能迅速地与大部分有机物发生反应生成脱氢或羟基化的衍生物，直到生成 CO_2。

Brillas 等 2009 年撰写了一份优秀的综述，在芬顿化学发展的基础之上总结了电芬顿和相关电化学工艺降解各种微污染物的情况，例如杀虫剂、染料、药物、个人护理产品以及工业化学物质等。这些电化学工艺高效、简单、全面，是传统处理方法的优良替代技术。尽管电芬顿和相关工艺也许是最生态和有效的电化学高级氧化工艺，但它的缺点是需要保持体系的 pH 值为 3.0 并持续供氧，因此操作比较复杂（Brillas *et al.*，2009）。

Martinez-Huitle 和 Brillas 在 2009 年还总结了应用于脱色及降解印染废水的电化学工艺。根据 Comninellis 模型，决定电化学氧化工艺中染料矿化程度的最重要的因素是阳极材料。可采用的电极材料包括聚吡咯、颗粒活性炭、ACF、类钙钛矿、玻璃碳、石墨、Ti/Pt、Pt、掺杂及未掺杂 PbO_2 以及 Ti、Ru、Ir、Sn、Sb 的氧化混合物。尽管可应用的电极材料种类很多，合成硼掺杂金刚石薄膜电极（BDD）由于具有良好的氧化能力成为目前最佳的阳极（Brillas *et al.*，2005）。

尽管单独应用电化学处理工艺降解各种有机污染物比较有效，将芬顿、类芬顿、超声波、微波辐射与电催化联合可提高工艺破坏水相中微污染物的活性和选择性（Panizza and Cerisola，2007；Sires *et al.*，2008；Martinez and Bahena，2009；Zhao *et al.*，2009；Ai *et al.*，2010）。因此 Martinez 和 Bahena 于 2009 年调查了电芬顿法去除氯溴隆除草剂（1.19×10^{-4}M）。电解反应在三电极隔膜电解槽、无隔膜电解槽及双电极无隔膜电解槽中进行，其中 Fe（Ⅱ）由阳极产生（Martinez and Bahena，2009）。三电极隔膜电解槽由一个被阳离子渗透膜（Nafion 117）分开的铂网阳极和一个 25mm×25mm×10mm 的网状玻璃碳（RVC）阴极组成（60ppi，Electrolytic Inc.，NY）。参比电极为饱和甘汞电极（SCE，Orion）。无隔膜双电极电解槽由不锈钢阳极（316）和网状玻璃碳阴极组成。

根据反应式 10.32，1mol 氯溴隆按化学计量转化为 CO_2 理论上需要 25mol H_2O_2。

$$C_9H_{10}BrClN_2O_2 + 25H_2O_2 \rightarrow 9CO_2 + Br^- + Cl^- + 2NO_3^- + 2H^+ + 33H_2O \quad (10.32)$$

试验中发现，H_2O_2 和 $C_9H_{10}BrClN_2O_2$ 的摩尔比为 25∶1 时，电芬顿工艺处理后 TOC 降低 80%；然而两者摩尔比为 37.5∶1 时（H_2O_2 比化学计量多 50%）TOC 去除率为 97%。显然工艺中需要更多 H_2O_2 来促进原始废水的完全矿化，也就是说进一步降解芬顿过程中生成的氯溴隆的氧化副产物。电芬顿反应系统中通过电流 237.8C 时，TOC 去除率为 89.6%，然而根据法拉第定律，完全氧化 1.19×10^{-4}M 氯溴隆理论上仅需要 109.1C 电量。这个现象可以用低电流效率和由于铁络合物导致的催化剂失活（例如生成$FeH_2O_2^{2+}$、Fe（OH）$^{2+}$、$FeOOH^{2+}$等）解释。pH＝2，TOC去除率92％；而pH值等于1和5时，TOC去除率分别为87％、80％。TOC值在反应的初始30min内快速降低，此阶段对应高电流效率，通过电量150C，在所测试的浓度范围内氯溴隆溶液的TOC去除率可达60％。随着反应的进行，电流效率降低，因此TOC去除速率也随之降低。反应结束时（反应时间75min），随着铁沉淀物的生成溶液pH值有所升高。作者通过估算电能消耗（0.04美元・kWh^{-1}）来评价电芬顿工艺的经济可行性。粗算结果表明电芬顿工艺非常经济，每1m^3溶液TOC去除90％消耗电能0.08美元（Martinez and Bahena，2009）。

Yasman等2004年成功地应用超声波和电芬顿联合工艺（超声电芬顿SEF）降解溶液中的除草剂2，4-二氯苯氧基乙酸（2，4-D，初始浓度0.25～1.5mM）和它的衍生物2，4-二氯苯酚（2，4-DCP，初始浓度0.35～1.5mM）。反应条件：Fe^{2+}浓度0.5～50mM、H_2O_2浓度30mM、pH＝3、超声波频率20kHz、功率75W。阳极和阴极均为由镍箔（厚度0.125mm）制成的圆柱形段，其半径11mm，高度20mm。电极在反应器中围绕超声变幅杆（半径11mm），反应器中充满0.5g・L^{-1} Na_2SO_4电解液。完全降解2mM的2，4-D或其有毒代谢物2，4-DCP所需的反应时间通常少于600s。Yasman等2004年还进行了传统芬顿反应降解2，4-D的对比研究，2，4-D初始浓度1.2mM，Fe^{2+}浓度3.0mM，H_2O_2浓度3.0mM，反应在剧烈机械搅拌下进行。反应进行7h后目标污染物得到显著降解，可将其降解归功于芬顿氧化反应，因为2，4-D在环境水体中的半衰期相当长（6～170d，因环境条件的不同而异）（Yasman *et al.*，2004）。超声电芬顿工艺的实际效率远高于芬顿和超声芬顿工艺。超声芬顿和超声电芬顿工艺可使2，4-D和2，4-DCP快速彻底降解，原因在于，一方面超声电芬顿工艺中生成・OH的效率更高，另一方面超声波在工艺运行过程中可以对电极的活性表面进行清洗。

Sires等2007年采用电芬顿和光电芬顿工艺去除降固醇酸（初始浓度179mg・L^{-1}，等价于100mg・L^{-1}TOC）。所有电解反应均在一个开放无隔膜恒温圆柱形电解槽中进行，其中3cm^2金属铂作阳极，3cm^2碳-PTFE作阴极，100mL电解液被磁力棒搅拌（Sires *et al.*，2007）。由于反应中所生成的苯二酚、苯三酚等产物即使对于・OH也是比较难氧化的，因此电芬顿法对降固醇酸的净化效率只能达到80％。然而光电芬顿反应对降固醇酸的矿化率可达96％以上（溶液介质pH为3时）。而且降解效率随代谢物含量的增加而增加，随电流密度的降低（由150mA・cm^{-2}降至33mA・cm^{-2}）而增加。当电流密度提高，这个趋势增强了平行进行的・OH非氧化反应（例如・OH在阳极氧化为O_2，以及两个・OH复

合生成 H_2O_2）；导致体系中参与分解污染物的 $\cdot OH$ 更少（Sires *et al.*，2007）。

Cao 等 2009 年预测应用微波辐射能提高电化学氧化微污染物反应中电极的氧化能力，比如用于常压下的连续流系统中降解杀虫剂 2，4-二氯苯氧基乙酸（2，4-D）。微波辐射活化的 BDD 电极用于电化学氧化 2，4-D（$100mg \cdot L^{-1}$），在低电流密度条件下 3 小时内使 2，4-D 的去除率达到 88.5%。然而若体系中没有微波辐照，容易出现的电极堵塞使 2，4-D 的去除率仅达 54.3%。2，4-D 降解的主产物包括 2，4-二氯苯酚、对苯二酚、富马酸和草酸。并且 MW-EC 反应体系中生成的所有中间产物的浓度均远低于 EC 反应体系。

10.4.8　生物催化氧化微污染物

酶是一种球状蛋白，它的尺寸变化范围为 62～2500 氨基酸残基，最小单体为 4-草酰巴豆酸酯互变异构酶，较大尺寸的有动物脂肪酸合酶（Karam and Nicell，1997）。酶的活性由其立体结构决定。尽管结构决定功能，但是仅凭结构预测酶的活性是非常困难的。生物化学和分子生物学国际联盟的命名委员会（NC-IUBMB）根据 EC 数量对酶作特定命名，每种酶的描述方式均为 EC 连接一系列 4 位数字。第一个数字根据机制概括地对酶加以分类：EC1 氧化还原酶类、EC2 转移酶类、EC3 水解酶类、EC4 裂合酶类、EC5 异构酶类、EC6 合成酶类（http：//www.chem.qmul.ac.uk/iubmb/enzyme/）。氧化还原酶类，尤其过氧化酶（如 HPR）、多酚氧化酶（如酪氨酸酶、漆酶）等能对氧化/还原反应起到催化作用，因此被广泛用于实验室中进行生物催化处理液相中的有机污染物。过氧化酶通常是由许多微生物和植物生成的氧化还原酶。辣根过氧化物酶（HPR，EC1.11.1.7）无疑是酶废物处理新领域中研究最多的酶（Duran and Esposito，2000）。H_2O_2 被 HPR 酶活化后可以消除一系列广泛的有毒芳香类微量污染物，包括联苯酚、苯胺、联苯胺以及杂环芳香化合物。

由生态的角度来看，采用酶技术替代现有的化学氧化技术是一种非常有吸引力的选择（Bozic and Kokol，2008）。酶催化反应的主要优点为：（1）低温过程；（2）没有副产物；（3）过程对环境温和友好。而且酶氧化技术比传统生物法表现出更多优势：（1）高选择性；（2）将有毒污染物去除到低浓度水平；（3）酶比微生物更容易管理和贮存（Entezari and Petrier，2004）。然而酶辅助过程也存在几个缺点：（1）酶活性与温度、pH 密切相关；（2）成本高；（3）固态产物需要额外处理限制了该法的应用。

考虑到酶催化过程的优势和劣势，若干研究组将酶与超声波、过氧化氢联合用于去除水溶液中的雌激素和偶氮染料（Tamagawa *et al.*，2006；Vilaplana *et al.*，2008；Marco-Urrea *et al.*，2010；Rodriguez-Rodriguez *et al.*，2010）。例如

为了克服现有的弊端、延长酶的寿命、增强酶的活性、提高酶催化反应对雌激素的去除率，比较明智的做法是用保护剂（如聚乙烯乙二醇 PEG、聚乙烯醇 PVA、紫尿酸、2，2-azinobis-3-ethylbenzthiazoline-6-磺酸 ABTS 等）使反应溶液中的酶周围形成一个保护性的疏水层，或者将酶固定于各种表面上（包括纳米表面，如纳米结构酶），还可以采用活塞流反应器代替间歇反应器（Rokhina *et al.*，2009）。

辣根过氧化物酶（HPR）可成功用于催化湿式过氧化物氧化法降解水中微污染物，尤其对含芳环结构的雌激素化合物非常有效。HPR 辅助处理工艺的副产物通过非酶过程发生聚合生成溶解度较低的高分子聚合体，从而可采用比较简单的共沉淀、固相吸附、沉淀或过滤等方法使之从废水中去除（Karam and Nicell，1997）。

Auriol 等 2008 年研究 HPR 酶和漆酶催化处理自然及人工合成雌激素，包括雌激素酮（E1）、17β-雌二醇（E2）、雌素三醇（E3）、17α-乙炔雌二醇（EE2）。他们发现对于模拟溶液，HPR 初始活度 0.032U・mL^{-1}即可完全去除其中雌激素化合物；而实际废水所需活度则高达 8-10 U・mL^{-1}。漆酶活度 20 U・mL^{-1}，在 pH 值 7.0、反应温度 25±1℃、反应时间 1h 的条件下可以完全降解模拟废水和实际废水中的每种甾体雌激素。另外，漆酶及其活性不受废水成分的影响，而 HPR 酶则严重受影响。相同试验条件下，采用漆酶催化时溶液中残余雌激素活性（3%）比 HPR 酶（12%）稍微低一些。而且漆酶需要 O_2 作氧化剂，比过氧化物酶所需要的 H_2O_2 相对便宜一些（Auriol *et al.*，2008）。

酶催化领域最新的一个研究进展是应用超声波提高酶的性能。然而去除率的提高总伴随着酶快速失活和寿命缩短现象。超声辐照对酶的总效应与输入能量、辐照时间等参数密切相关。通过参数优化可以发现超声波对酶辐射的阈值条件，从而避免出现影响酶活性的副作用（Rokhina *et al.*，2009）。

不仅雌激素，偶氮染料也可被超声波/酶联合处理工艺降解。Rehorek 等 2004 年发现漆酶可用于降解几种工业偶氮染料，如酸性橙 5、酸性橙 52、直接蓝 71、活性黑 5、活性橙 16、活性橙 107 等。因此，在超声波存在条件下的长期酶处理工艺（运行时间超过 12h）能够降解偶氮染料并降低中间产物的毒性。降解绝对量（L・mol・h^{-1}）表明自由基形成和污染物总量之间呈线性相关（Rehorek *et al.*，2004）。90W 的超声波辐照不影响漆酶的活性，但如果将超声波输入功率增加至 120W，则明显使酶活性降低并使其寿命缩短 4 倍（5h）。采用长绒毛栓菌的漆酶与超声波联用对各种纺织染料进行脱色处理的尝试在小试和中试实验中已获得成功（Rehorek *et al.*，2004；Basto *et al.*，2007；Tauber *et al.*，2008）。Rehorek 等 2004 年和 Tauber 等 2008 年的研究证明了频率 850kHz、功率 60-120W 的超声波存在条件下，1～9h 反应时间内可使偶氮染料完全矿化。Basto 等 2007 年发现应用功率 47～72W、频率 150kHz（最佳频率）的超声波，反应 60min 可使靛蓝溶液脱色率达 65%～77%。

上述研究证明同时应用酶和超声波与单纯超声波反应、单独酶催化反应相比，能够显著缩短反应所需时间并提高去除效率（Rokhina *et al.*，2009）。

10.4.9　催化湿式空气氧化法降解微污染物

湿式空气氧化法（WAO）也可称为“水热处理法”，在高温高压条件下生成活性氧物种（例如羟基自由基）降解废水中高浓度有机物（COD 10～100 $g \cdot L^{-1}$）和有毒污染物（生物法不能直接降解），非常有应用潜力。WAO 的典型操作条件为，温度 100～372℃、压强 2～20MPa。三相反应器中液相停留时间 15～120min，COD 去除率一般为 75%～90%（Luck，1996；Luck，1999）。WAO 法可用于分解生物难降解化合物，使之生成简单易处理物质，从而可排放进入环境。然而 WAO 法的主要缺点是不能使有机物完全矿化，因为废水中原有的或者氧化过程中产生的一些低分子量氧化物很难再进一步转化为二氧化碳（Levec and Pintar，2007）。与传统湿式空气氧化法相比，催化湿式空气氧化法（CWAO）所需能耗更低，在更短的时间内所达到的氧化效率更高，可在更宽松的条件下使 COD 降低至相同的程度。但是尽管在比较温和的条件下进行反应，也会出现催化剂表面快速失活的现象。

商业催化湿式氧化过程常用的均相催化剂包括 Fe^{2+}、Cu^{2+} 等，异相催化剂包括贵金属（铱 Ir、金 Au、铂 Pt、钯 Pd、铑 Rh、铼 Re、钌 Ru）、金属氧化物（FeOOH、CuO-ZnO）、混合金属催化剂（Fe-Cu-Mn、Cu-Zn、$CoAlPO_4$-5、CeO_2、Fe-CeO_2、钙钛矿型氧化物 $LaFeO_3$、杂多酸等）以及负载型稀有金属/贱金属氧化物催化剂（Lee *et al.*，2004；Lei *et al.*，2007；Liu and Sun，2007；Mikulova *et al.*，2007；Yang *et al.*，2007；Wang *et al.*，2008；Carrier *et al.*，2009；Li *et al.*，2009b；Zhang *et al.*，2009b）。可用于促进 CWAO 的载体有 CeO_2、TiO_2-CeO_2、TiO_2、ZrO_2、石墨、活性炭、Al_2O_3、碳纳米纤维（Olivie-ro *et al.*，2000；Chang *et al.*，2003；Milone *et al.*，2006；Quintanilla *et al.*，2007；Rodriguez *et al.*，2008）。

Arslan-Alatona 和 Ferry 在 2002 年研究了两种纳米型钨多酸催化剂 $H_4SiW_{12}O_{40}$ 和 $Na_2HPW_{12}O_{40}$ 对湿式空气氧化偶氮染料酸性橙 7（AO7；C_{dye} = 248mM）的催化效应，所考察的反应温度范围 160～290℃，pH 值为 2，氧压 0.6～3.0MPa。就 TOC 而言，无催化剂时反应的活化能 40kJ·mol^{-1}，PW_{12}^{3-} 催化时反应活化能 28 kJ·mol^{-1}，SiW_{12}^{4-} 催化时反应活化能 22 kJ·mol^{-1}，相对来说

催化剂使活化能几乎降低了 2 倍。催化过程对羟基自由基清除剂（有机类清除剂异丙醇、无机类清除剂 KBr）的敏感程度更低，表明钨多酸催化湿式空气氧化过程不仅仅遵循自由基型反应机理。在钨多酸存在条件下，氧化反应机理由自由基链式反应转变为电荷转移控制反应，这种反应选择性更强，在 PW_{12}^{3-}、SiW_{12}^{4-} 存在时更优先进行（Arslan-Alaton and Ferry，2002）。

Liu 和 Sun 在 2007 年合成 Fe_2O_3-CeO_2-TiO_2/g-Al_2O_3 对湿式空气氧化甲基橙（MO）过程进行催化，常温常压下 2.5h 内使其几乎完全降解（去除率达 98%）。由于 Ti 进入催化剂结构与 Ce 一起形成稳定氧化物，因此催化剂浸出可以忽略。然而经过几次连续运行后催化剂出现失活，原因在于反应的中间产物吸附于催化剂表面堵塞其活性位，造成催化剂活性的降低。失活催化剂经过处理可得到再生，首先用盐酸清洗催化剂表面，然后在 350℃烧结 3h。

在近期研究中，Zhang 等 2009 年采用所制备的性质稳定、不溶于水的 $Zn_{1.5}PMo_{12}O_{40}$ 催化剂（280℃烧结）与天然纤维素样品联合在常温常压下催化湿式空气氧化有机染料碱性藏红 T（ST）。该催化剂显示出了优异的催化活性，反应 40min 内 ST 被完全矿化。另外催化剂非常稳定，连续使用至少 6 次后也没发现浸出现象。

除了分解染料分子，CWAO 还可用于降解水中各种杀虫剂和其他微污染物。Carrier 等 2009 进行了负载型钌催化剂（3%Ru/TiO_2）用于去除敌草隆的研究，发现尽管敌草隆在反应中被热降解，但是 CWAO 不适合于降解水中此种杀虫剂。除了需要对非常稀的溶液进行加热外，该过程的其他缺点还包括即使在高温条件下也无法完全使污染物完全矿化，而且 CWAO 过程中生成的胺类可导致金属催化剂的溶出（Carrier *et al.*，2009）。

10.5　高级纳米催化氧化降解微污染物

纳米技术近年来快速发展，引发大量关于应用纳米金属颗粒作为水和废水处理工艺中催化剂的研究。水处理工艺中使用纳米催化剂可受益于其高反应性、巨大比表面积及纳米颗粒高流动性，因此可比传统催化技术更快或更便宜地清除废物（Pradeep and Anshup，2009）。当前部分仅介绍纳米催化剂在高级氧化技术（各种氧化剂和能量辐照存在条件下）中的应用，借此评价纳米催化高级氧化工艺去除水相中微污染物的潜力。

净化溶液研究中最重要的纳米材料是零价铁（ZVI），它常作为湿式过氧化物氧化过程中 Fe^{2+} 的原始来源，引发羟基自由基的生成。酸性条件下，ZVI 表面发生腐蚀生成亚铁离子，因此在过氧化氢存在条件下可发生芬顿反应。据推测

Fe^0 首先经由下述反应被氧化为 Fe^{2+}，如式（10.33）所示：

$$Fe^0 + H_2O_2 \rightarrow Fe^{2+} + 2OH^- \tag{10.33}$$

随后传统芬顿反应在溶液中按照反应式（10.2）和反应式（10.3）进行。这个过程被称为高级芬顿过程（AEP）。AEP 比传统芬顿过程更有优势：(1) 采用 ZVI 代替铁盐可减少甚至消除水系中不必要的平衡阴离子；(2) AEP 处理废水中的二价铁和三价铁浓度显著低于传统芬顿过程中的铁盐浓度；(3) 三价铁在铁表面循环再生的速率更快。

AEP 比传统芬顿工艺的效率更高。近期关于 AEP 降解微污染物研究中的工艺参数及相关数据如表 10.2 所示。

ZVI 催化剂与 H_2O_2、超声波、UV、微波联合工艺被广泛用于处理各种微污染物（表 10.2）。Bergendahl 和 Thies 等 2004 年在硼氢化钠存在条件下合成高活性 ZVI，并测试了它在湿式过氧化物氧化甲基叔丁醚（MTBE）反应中的催化性能。溶液 pH 值为 4 和 7，H_2O_2/MTBE 摩尔比 220：1，反应 125min 后 MTBE 几乎被完全降解。经过 24h 反应后，过程中所产生的丙酮的最终浓度大约为 $400\mu g \cdot L^{-1}$，除此之外没有其他副产物被检出。MTBE 的降解遵循二级反应动力学，体系 pH=7 时反应速率常数 $1.9\times10^8 M^{-1}\cdot$-$s^{-1}$，pH=4 时反应速率常数 $4.4\times10^8 M^{-1}\cdot$-$s^{-1}$。

高级纳米催化氧化降解微污染物　　　　**表 10.2**

纳米催化剂	催化剂合成方法	微污染物	去除率	参考
ZVI 平均粒径 10～30nm($250mg \cdot L^{-1}$) Fe^0：H_2O_2(摩尔比 1.8：1) H_2O_2：MTBE(摩尔比 220：1) pH=4.7	Fe^0 采用 $NaBH_4$ 和 $FeSO_4 \times 7H_2O$ 合成。固态铁被反复冲洗（5 次），然后 7000rpm 离心分离 10min，倒出溶液后再填满水。Fe^0 保存于 4℃，使用前先用声波处理	甲基叔丁醚(MTBE) ($1 mg \cdot L^{-1}$)	99%(10min)	Bergendahl and Thies，2004
ZVI(0.12g) H_2O_2(30%，1.7mL) US(20kHz，45W，最大水力空化排放压力 4500psi)	商业 ZVI	2，4-二氯苯氧基乙酸(2，4-D)，($0.235 g \cdot L^{-1}$)	声空化 TOC 去除率 60%，水力空化 TOC 去除率 70%(20min)	Bremner *et al.*，2008

续表

纳米催化剂	催化剂合成方法	微污染物	去除率	参考
UV(光源光子通量7.75mW/cm^2) ZVI(50mg·L^{-1}) H_2O_2(100mg·L^{-1}) 高硫酸铵(APS)(200mg·L^{-1}) pH=3	商业ZVI(纯度95%，300目，电解产生)	茜素磺酸钠(ARS)(200mg·L^{-1})	100%(3h)，Fe^0/APS/UV的反应常数大约是Fe^0/H_2O_2/UV的1.5倍	Devi *et al.*，2009
ZVI(1g·L^{-1})US(20kHz，385W)空气或氩气(1.0L·min^{-1})	商业ZVI(S_{BET}=0.0786m^2g^{-1})	4-氯酚(4CP)，(100mg·L^{-1})乙二胺四乙酸(EDTA)，(0.32mM)	k_{obs}(EDTA)=0.41$h^{-1}$$k_{obs}$(4CP)=0.32$h^{-1}$	Zhou *et al.*，2010
UV(光源光子通量7.75mW/cm^2) ZVI(10ppm) H_2O_2(10ppm) 高硫酸铵(APS)(40ppm)pH=3	商业ZVI(纯度95%，300目，电解产生)	甲基橙(MO)(10ppm)	Fe^0-UV-APS k=0.0297min^{-1} Fe^0-UV-H_2O_2 k=0.1025min^{-1}	Gomathi Devi *et al.*，2009
ZVI(0.3g·L^{-1}) H_2O_2(15mM) US(20kHz，功率密度201WL^{-1}) pH=3	商业ZVI(200目)	酸性橙7(AR7)，(200mg·L^{-1})	90%(2min) COD去除率56%(60min)	Zhang *et al.*，2009a
ZVI(0.3g·L^{-1}) H_2O_2(2mM) pH=3	商业ZVI(分析纯，纯度99%，200目)	酸性红73(AR73)(200mg·L^{-1})	96.8%(30min)	Fu *et al.*，2010
Fe_3O_4磁性纳米颗粒(MNPs)模拟过氧化物酶(0.5g·L^{-1}) H_2O_2(40mmol·L^{-1}) pH=5 US(20kHz，6W)	$FeCl_3\times6H_2O$(2.22g)与$FeSO_4\times7H_2O$(2.22g)溶解于30mL浓度0.01mol·L^{-1}的盐酸溶液，然后80℃加热。已加热的Fe(Ⅱ)/Fe(Ⅲ)溶液在80℃磁力搅拌条件下逐滴加入40mL浓度3.0mol·L^{-1}氨溶液中。反应3h后生成黑色纳米Fe_3O_4颗粒用磁分选收集，用水冲洗至显中性pH，再分散进入100mL水溶液中并保存待用(认为Fe_3O_4 MNPs储备溶液浓度12.5g·L^{-1})	罗丹明B(RhB)(0.02mmol·L^{-1})	k=0.15min^{-1}	Wang *et al.*，2010

续表

纳米催化剂	催化剂合成方法	微污染物	去除率	参考
合成纳米晶锡锌氧化物 ZnO（600nm）/ SnO_2（10～15nm）（$2g \cdot L^{-1}$） UV（强度 $200W \cdot m^{-2}$）	胶态四价锡氧化物水分散体（0.3mL，微晶尺寸10-15nm，Alfa Chemicals）与几滴盐酸混合，然后用60mg ZnO（粒径600nm，BDH）彻底碾磨。混合物用水稀释至100mL，超声振荡，离心分离后用水冲洗。上述方式制备的催化剂中ZnO的重量含量54%。部分试验中催化剂在常压下500℃烧结30min	黄色曙红（1.59×10^{-4}M）	ZnO $1.08\times10^{-4} mol \cdot L^{-1}h^{-1}$ SnO_2 $0.82\times10^{-4} mol \cdot L^{-1}h^{-1}$ ZnO/ SnO_2 $2.12\times10^{-4} mol \cdot L^{-1}h^{-1}$ TiO_2 $1.31\times10^{-4} mol \cdot L^{-1}h^{-1}$	Bandara *et al.*, 2002
纳米 TiO_2（$1000 mg \cdot L^{-1}$） US（40kHz，功率50W） pH=10 t=40℃	商业 TiO_2 粉末在450℃下烧结2h进行活化。XRD图谱用西门子（D-5005）衍射仪进行分析，Cu Ka辐射，扫描速率 $2.0\mu \cdot min^{-1}$。纳米 TiO_2 和锐钛矿颗粒的尺寸分别为30～50nm、90～150nm	甲基对硫磷（MP）（$50 mg \cdot L^{-1}$）	超过97%（纳米 TiO_2） 75%（普通 TiO_2） 22%（单独US） 反应50min	Wang *et al.*, 2006
Ni-Fe双金属颗粒（平均粒径30nm）0.06g/40mL（Ni 30%） US（20kHz，0～250W） pH_0=1.70	室温条件下，pH为12，6M NaOH，0.5M的 $NaHB_4$ 水溶液被逐滴加入 $FeSO_4\times7H_2O$（0.2M）和 $NiSO_4\times7H_2O$（0.02M）的混合液中。这个过程的反应式：$2Fe^{2+}(Ni^{2+}) + 2H_2O + BH_4^- \rightarrow 2Fe(Ni)\downarrow + BO_2^- + 4H^+ + 2H_2\uparrow$ $NaHB_4$ 过量添加以保证溶液中的金属离子被完全还原。在滴加 $NaHB_4$ 过程中，溶液被剧烈搅拌。没有特殊预防措施来消除反应容器中的氧。混合液被搅拌5min，随后用0.45μm微孔滤膜过滤。为了去除多余的氢硼化物，颗粒物用去离子水清洗5次，再用无水乙醇清洗以去除颗粒表面水分，随后尽可能干燥过滤。最后黑色颗粒被平铺在定量滤纸的薄膜上，在室温下的氩气氛围中干燥。然后被收集储存于冰箱中待用	五氯苯酚（PCP）（0.19mM）	反应30min后，PCP转化率98%，脱氯率96%	Zhang *et al.*, 2006

续表

纳米催化剂	催化剂合成方法	微污染物	去除率	参考
纳米 Ti（0.2g·L^{-1}）H_2O_2 US（35kHz，超声波功率 160W） 温度 25±1℃	商业 Ti 纳米颗粒（Degussa P25）（粒径约 100nm，纯度 97%，锐钛矿与金红石比例 80：20）	碱性蓝 41（BB41）（15 mg·L^{-1}）	不同 H_2O_2 浓度条件下 0～1000 mg·L^{-1}，一级反应速率变化范围为 9×10^{-4}～$9.9\times10^{-3}min^{-1}$	Abbasi and Asl，2008
Au-TiO_2 纳米颗粒 US(358kHz，17W) UV	样品 1（S1）：Au-TiO_2 纳米颗粒的制备方法如下，将 2g 的 TiO_2（Degussa P25）分散进入 $HAuCl_4\times3H_2O$（0.2mM）溶液中，其中还含有聚乙烯吡咯烷酮（0.1 重量比）和 1-丙醇（0.1M），以及声化学合成的金纳米颗粒。充分搅拌 66h（较长的混合时间是为了保证金纳米颗粒均匀分布于 TiO_2 颗粒上）后，悬浊液置于空气烘箱中 80℃烘干。干样品被碾磨成细颗粒，负载于石英舟上并放置管式炉中 450℃烧结 4h。 样品 2（S2）：Au-TiO_2 纳米颗粒制备方法如下，含有聚乙烯吡咯烷酮（0.1 重量比）、1-丙醇（0.1M）、2g TiO_2（Degussa P25）的 $HAuCl_4\times3H_2O$（0.2mM）水溶液在室温下的氮气氛围中进行声波处理。此种情况需要较高超声波功率（输入功率 120W）来保证 Au（Ⅲ）的还原。生成的紫色粉末在恒温烘箱中 80℃干燥并在 450℃下烧结。 样品 3（S3）：四异丙醇钛 Au-TiO_2 纳米胶体制备方法如下。首先制备溶液 A：含聚乙烯吡咯烷酮（0.1 重量比）、1-丙醇（0.1M）的 $HAuCl_4\times3H_2O$（0.2mM）水溶液，70mL。溶液 B：0.2g 四异丙醇钛溶解于 2mL 异丙醇，加入 20mL 酸化水，pH 调节至 1.5。将溶液 A 和溶液 B 混合，在室温下的氮气氛围中进行声波处理（20kHz），此时也需要一个较高的辐照功率（输入功率 160W）来保证 Au（Ⅲ）的还原	壬基酚聚氧乙烯醚（NPE）（1.5×10^{-4} M）（Teric GN9）（1.5×10^{-4}M）	反应速率常数如下 S1：$1.7\times10^{-4}\ s^{-1}$（US）、$5.6\times10^{-4}\ s^{-1}$（UV）、$4.2\times10^{-4}\ s^{-1}$（US/UV） S2：$1.6\times10^{-4}\ s^{-1}$（US）、$5.3\times10^{-4}\ s^{-1}$（UV）、$5.4\times10^{-4}\ s^{-1}$（US/UV） S3：$0.5\times10^{-4}\ s^{-1}$（US）、$1.1\times10^{-4}\ s^{-1}$（UV）、$0.69\times10^{-4}\ s^{-1}$（US/UV）	Anandan and Ashokkumar，2009

续表

纳米催化剂	催化剂合成方法	微污染物	去除率	参考
纳米镍氧化物（0.04g）（S_{BET} = 105$m^2 \cdot g^{-1}$，平均粒径 3nm） MW(750W) pH =9	微波辅助的沉淀-氧化法。氯化镍、次氯酸钠与氢氧化钠溶液混合生成镍氧化物沉淀。黑色沉淀物过滤后用去离子水冲洗，再用 2450MHz、100W 微波辐照 10min，置于马弗炉中 110℃ 干燥 24h。干样品碾磨成细粉末并储存于干燥器中。制得的样品分别在不同温度下烧结 3h	结晶紫 CV（100 mg・L^{-1}）	97%(5min)	He *et al.*，2010

为了提高 ZVI/H_2O_2 工艺的效力，Bremner 和合作者们 2008 年报道了 AFP 与声空化、水力空化联用去除水中 2，4-D 的研究。超声波导致 H_2O_2 消耗量在反应 20min 时比无超声波反应 40min 时增加了 2 倍，2，4-D 去除率显著提高。反应 20min 后 TOC 残余率 20%。采用水力空化（HC）对污染物的去除效率更高，而且该工艺的优点还体现在它有可能使用一种连续的操作方式，因此在相同能耗水平上能够更经济地处理更多体积的污水。

铁并非纳米催化氧化降解微污染物中唯一可用的金属。Bandara 等 2002 年研究复合 ZnO/SnO_2 纳米晶颗粒用于分解黄色曙红（20；40；50；70-四溴荧光素玫瑰红酸钠）。新合成的复合纳米催化剂的催化性能优于单体 ZnO、SnO_2、TiO_2 颗粒，可以认为复合 ZnO/SnO_2 体系更强的电荷分离能力决定了它的高活性。Bandara 和合作者们 2002 年报道对复合 ZnO/SnO_2 催化剂进行烧结可以提高其催化性能，因为热处理增强了 ZnO 和 SnO_2 颗粒之间的联系，从而促进了 ZnO/SnO_2 复合体系中电荷的传递。另外，相互联结的 SnO_2 晶体结构可进一步利于电荷的分离（Bandara *et al.*，2002）。还有一些学者报道了纳米光催化氧化降解微污染物的研究。Arabatzis 等 2003 年研究了电子束蒸发法制备金沉积钛纳米晶薄膜催化剂降解代表性偶氮染料——甲基橙（MO）。他们发现在二氧化钛薄膜表面沉积金颗粒能够协同促进半导体表面的电荷分离过程，从而提高了它的光催化性能。Au/TiO_2 催化剂中金颗粒的最佳表面浓度是 0.8$\mu g \cdot cm^{-2}$，与未沉积金颗粒的 TiO_2 催化剂相比而言，它使 MO 的降解速率和脱色速率加快了 2 倍（由 5h 缩短至 2.5h）（Arabatzis *et al.*，2003）。进一步增加 Au 的担载量则使催化剂的效率显著降低，比较有意义的是 Au 改性催化剂的性能总是优于未改性催化剂。担载 Au 提高了催化剂的性能，这个现象可归因于改性催化剂既可俘获光子，又可作为被 Au 促进的底物。当然表面覆盖和纳米颗粒粒径也是需要考虑的关键参数，小尺寸的金属微粒沉积于 TiO_2 表面可形成一个有利的立体结构，在 UV 辐射状态下可促进界面上的电荷传递过程（Arabatzis *et al.*，2003）。Au 颗粒的作用提高了催化剂的活性，它在吸引导带光致电子及阻止电子——空穴对复合方面起到了关键作用。

Wang 等 2006 年研究由普通锐钛矿 TiO_2 制备而成的纳米 TiO_2 在光催化氧化降解甲基对硫磷过程中的适用性。他们指出纳米催化剂和普通锐钛矿 TiO_2 催化剂在性能方面的本质区别使甲基对硫磷分别遵循不同的降解过程。小尺度的纳米锐钛矿 TiO_2 催化剂在溶液中可被看作是一系列的微型反应器，每个微型反应器控制整个降解过程中的一个步骤（Wang *et al.*，2006）。然而粒度相对较大的普通锐钛矿 TiO_2 催化剂可被形容为一体化反应器。在此反应器中，完整降解反应以吸附和降解链反应形式发生在所有颗粒的大表面上。处理工艺参数如表 10.2 中所示。

Aarthi 等 2007 年采用溶液燃烧合成法制备纳米级锐钛矿 TiO_2 催化剂，并对几种结构相似而官能团不同的染料（天青 A、天青 B、苏丹Ⅲ、苏丹Ⅳ）进行光催化降解。染料初始浓度 10～20mg・L^{-1}，降解速率与初始浓度呈线性相关。苏丹Ⅲ与苏丹Ⅳ的反应速率常数几乎相同，而天青 B 的速率常数是天青 A 的 2.1 倍。Aarthi 等还比较了燃烧法合成（CS）的与传统 Degussa P25 的性能差异。染料初始浓度相似条件下（21mg・L^{-1}），CS TiO_2 对苏丹Ⅲ的初始降解速率高于 Degussa P25，分别为 1.7 mg・L^{-1}・min^{-1}和 1mg・L^{-1}・min^{-1}；然而对于天青 A 和天青 B，Degussa P25 比 CS TiO_2 的光催化降解速率更快。采用 Langmuir-Hinshelwood 动力学模式描述 CS TiO_2 光催化氧化染料分子过程，证明电子间接生成羟基自由基过程是底物降解的主要路径（Aarthi *et al.*，2007）。而空穴对染料的直接氧化过程，以及空穴转化为羟基自由基对染料进行间接氧化的过程则对染料去除率的贡献较小。

为了评价能量辐射对提高杀虫剂降解率的作用，Zhanqi 等 2007 年研究了 TiO_2 纳米管与微波辐射联用降解水溶液中的莠去津（ATZ）。他们使用了两种类型的催化剂材料：水热法制备的 TiO_2 纳米管和超声水解法制备的 TiO_2 颗粒。微波辅助纳米 TiO_2 颗粒光催化氧化降解莠去津的速率（ATZ 初始浓度 20 mg・L^{-1}，反应 5min 的矿化率达 98.5%）比前述的光催化氧化过程更快（例如 Bianchi 等 2006 年报道光催化降解 21.5 mg・L^{-1}ATZ 需时 4h；Parra 等 2004 年报道光催化降解 20 mg・L^{-1}ATZ 需时 45min）（Parra *et al.*，2004；Bianchi *et al.*，2006）。TiO_2 纳米管比 TiO_2 纳米颗粒降解莠去津的效率更高，推测原因是由于纳米管具有更大的比表面积，从而能吸附更多的有机分子并进行降解。这些发现可以解释为微波辐射与光催化过程之间存在协同作用。TiO_2 纳米管的表面在微波和紫外—可见光的辐射下变得更加疏水，因此表面吸附的 OH^- 基团或 O_2 更多，它们均可被进一步氧化为·OH（Zhanqi *et al*.，2007）。而且催化剂表面更多的水分子发生脱附，为反应物空余出更多的活性位以利于氧化反应的进行（Horikoshi *et al*.，2002）。另外微波辐射使 TiO_2 催化剂产生额外的缺陷位置，可进一步提高催化剂表面上 e^--h^+ 的跃迁概率，并且降低 e^--h^+ 的复合几率（Ai *et al*.，2005）。

Abassi 和 Asl 在 2008 年研究了超声辅助湿式过氧化物氧化降解碱性蓝 41（BB41），所用催化剂为商购纳米 TiO_2（Degussa P25，平均初始粒径约 100nm，纯度 97%，锐钛矿与金红石所占比例 80∶20）。纳米催化剂的效率高于所报道的较大粒径的同类催化剂（表 10.2），原因在于纳米催化剂的巨大表面积能够提供更多的反应活性位，从而生成更多的·OH（Abbasi and Asl，2008）。他们还研究了过程参数对反应的影响，例如反应物浓度、pH 等，结果发现 BB41 的降解反应与体系 pH 值密切相关。pH＝4.5，超声辐射 180min 后 BB41 的脱色率 51%；而 pH 值增至 8 时，脱色率也随之提高到 89.5%。这个效应与 TiO_2 的自身性质有关系，例如 TiO_2 颗粒的等电点（pH_{pzc}＝6.8）。反应体系 pH 值增加意味着 TiO_2 颗粒表面负电荷位的数量增加，因而能吸附更多染料阳离子。提高 H_2O_2 的浓度能促进降解反应的进行（表 10.2）。色度衰退曲线也符合伪一级反应动力学。降解产物和反应中间物为安息香醛、甲酰胺、2-丙炔-1-醇、茚、2，2，3，3-四甲基丁烷、环戊醇、1，3-苯并二氧戊-2-酮、2-甲氧基-2-甲烷、十五醛、2-乙氧基-2，3-二氢-3，3-二甲基-甲磺酸酯、乙酸、草酸、蚁酸。

纳米催化剂所用不同的合成方法会使它们具有不同的性质。例如，Anandan 和 Ashokkumar 等 2009 年采用不同方法制备三种 Au-TiO_2 纳米催化剂：（1）沉淀法；（2）室温氮气氛围下用超声波（20kHz）处理商购 Degussa P25；（3）以四乙丙醇钛为前驱物制备 Au-TiO_2 纳米胶体，再用超声波进行处理。上述方法制备的纳米催化剂被用于超声光催化降解壬基酚聚氧乙烯醚（NPE）的过程中。对催化剂进行表征，发现采用沉淀法和超声处理法制得的样品中出现轻微的 Au 颗粒团聚现象，而同时采用超声波辐射四乙丙醇钛和氯化金制得的催化剂中发现 2～3nm 的 Au 颗粒被固定于 TiO_2 表面，没有出现明显的团聚。但是第三种方法制备的催化剂降解 NPE 的效率稍微低一些（表 10.2），推测原因在于该催化剂中存在的乙醇分子消耗了自由基，从而阻碍了·OH 的氧化反应（Anandan and Ashokkumar，2009）。

He 等 2010 年确定了几种半导体、铁磁金属、过渡金属氧化物（尤其是 NiO_2）非常适合于与微波辐射联合进行催化氧化降解有机污染物。他们采用微波沉淀—氧化法合成纳米镍氧化物，并将其用于微波辅助催化降解（MICD）结晶紫（CV）有机染料。纳米 NiO_2 结构中含有 OH 基团和活性氧，有较大的比表

面 $105m^2 \cdot g^{-1}$，平均粒径 3nm。由于它有较强的吸收微波辐射的能力，在微波作用下其分子结构中的 OH 基团和活性氧可被转化为·OH，因此 NiO_2 表现出很强的催化能力。纳米镍氧化物催化的 MICD 反应经由三个过程（去甲基过程、共轭结构破坏过程、苯环开环过程）将 CV 深度氧化降解（He *et al.*，2010）。

10.6 结论

高级催化氧化过程去除水和废水中微污染物的推广动力主要在于我们非常有必要发展清洁、可持续、低成本、高效率的绿色处理工艺。高级催化氧化工艺最大的优势是比较灵活，并且还非常有可能进一步发展创新。许多不同类型催化剂可用于微污染物的处理过程中。催化剂的特定合成法仍然是一个挑战，因为单个催化剂无法完成一个目标过程的所有需求。显然催化剂制备工艺的进一步发展应该直接针对于提高催化剂在最优条件下进行选择性氧化反应的能力。

为了证明催化氧化工艺是否适合于处理工业废水，将来非常有必要考察催化氧化过程在工业规模上处理各种工业废水的能力。其中 CWAO 已被证明非常适用，而更多的高级催化氧化工艺仍然只是在实验室中表现出了高效率，其大规模可行性仍未知（例如超声光催化氧化过程）。因此，高级催化氧化工艺的未来发展趋势不仅要包括开发耐久性强、成本低的催化剂，还应包括克服能量消耗问题的对策——比如采用自然日光取代 UV-A、B、C 辐射。如果能够成功实施，催化氧化工艺将为解决日益增长的有毒废水的处理问题提供一个费用低廉、并且在环境方面有吸引力的选择。

第11章　澳大利亚大堡礁流域除草剂的存在状态、影响、迁移和处理

11.1　引言

这一章着重讲述每年排入大海的大量除草剂和杀虫剂等物质对大堡礁（GBR）现在和未来生态产生的影响，这些物质大多数具有持久污染性、生物富集性和毒性。除草剂和杀虫剂被认为是持久性有机污染物（POPs），前面的章节已经总体地叙述了POPs的分类、一般特征、对人类和环境的影响。本章将会探讨在大堡礁流域附近的农场正在使用的第二代除草剂（光合系统Ⅱ除草剂）对环境的影响。2004年斯德哥尔摩公约作为POPs列出来的大部分杀虫剂已经被包括在澳大利亚在内的很多国家禁用或严格的控制使用。另外，本章将会介绍大堡礁流域的背景、水路中存在除草剂的原因和它们的来源及排放方式。本章也会提供这些持久性除草剂存在的证据，以及它们对生态系统和水生生物的影响。最后，本章还会探讨减少污染物数量的处理方法，这些污染物包括：杀虫剂、除草剂和包括药物、内分泌干扰物（EDC）、消毒副产物（DBPs）及其他微量污染物在内的微量有机化合物组成的POPs。

11.2　持久性有机污染物（POPs）

持久性有机污染物（POPs）是一类碳基化学物质，这种化合物能在环境中持续存在，通过食物链引发生物富集性，能够长距离转移，对人类健康和环境都会产生不利影响。只有少数几种POPs是自然来源的，绝大部分的POPs都是由工业生产或是生产工艺副产物产生的。有很大一部分POPs是以前或现在使用的杀虫剂，另外一部分是工业生产工艺过程中使用的溶剂或工业产品，例如聚氯乙烯和医药类物质。这些重点污染物包括：杀虫剂（例如DDT）、工业化学品（例如氯化松节油、烷基联苯化合物）和工业生产工艺产生的副产物（例如二噁英和呋喃）。这些化学物质在使用之后，很大一部分会被排放进入环境。而且，有很大数量的持续和毒性污染物质都是在无意中被排入环境的，然而，世界上绝大多

数的常规污水处理厂没有专门对于这些持久性有机污染物的去除工艺设计。

POP物质（半挥发性）能够长距离转移到那些没有使用和生产这些物质的地方，这使全球的生态环境都受到了威胁。关注全球环境问题的社团和组织在不同的场合号召人们立即采取全球行动来减少和消除这些污染物的排放（联合国环境规划署-UNEP）。根据加拿大北极地区资源委员会出版的《北方视角》（第26卷第1期，秋/冬，2000）所论述的，在世界其他地区产生的POPs通过风力和水流转移到了北极，由于低的蒸发率引发的强蓄积作用对当地的生物和环境造成了严重破坏。

POPs能够不同程度地抵御光解、生物和化学降解，它们通常会以卤化物的形式出现，具有低的水溶性和高的脂溶性，能在生物的脂肪组织中累积。而且，POPs还具有很强的毒性，能够引起人类和其他生物各种各样的不良反应和疾病。它们能引发诸如癌症、慢性过敏和过敏反应等疾病，危害中枢和周围神经系统，引发生育障碍，破坏免疫系统。大部分POPs都能够在人类或动物的身体中从母代传到子代，因此未来50年到100年，这些POPs的后续影响还无法预知。

斯德哥尔摩公约有关POPs的规定（由UNEP管理制定）在2001年通过，在2004年开始施行。这是一个全球性的条约，旨在保护人类的健康和环境的平衡免受人类活动中有意或无意产生并排入环境的高危害性持久性化学物质的危害。公约最初规定了12种POPs危险化学物质（见表11.1），认定这些化学物质对人类和野生动物的健康危害最大。因此，世界上大部分国家已经禁止或严格控制这些化学品的生产和使用（澳大利亚已经禁止除灭蚁灵以外的所有杀虫剂和2004年斯德哥尔摩公约规定的其他工业化学品的生产和使用）。公约在2009年5月加入了9种新的物质（见表11.2），这些新加入的物质会持续对人类健康和全球环境造成不利影响。

POPs大体上分为2种：有意生产的化学制品和无意产生的化学物质。按照斯德哥尔摩公约，POPs分为3种：农药、工业化学品和副产物。POPs也可以分为内分泌干扰物质（EDCs）、二噁英和呋喃（见表11.3和表11.4）。根据2002年世界卫生组织/化学安全国际项目（WHO/IPCS）的定义，EDC是一种可以改变内分泌系统功能的外源化合物或混合物，对生物体本身和其后代会产生不良影响。EDCs细分为两大类：农药/杀虫剂和医药类物质/个人护理用品（PPCPs）。根据美国环境保护署（US EPA）的定义，二噁英通常指一类具有相似化学结构和相同毒性作用机理的家用毒性化学药剂，包括7种多氯二苯二噁英（PCDDs）、10种多氯二苯并呋喃（PCDFs）和12种聚氯联苯（PCBs）。PCDDs和PCDFs并不是商业化学品，主要来源于燃烧产生的微量副产物和几种化学工业流程。正如Jones和Sewart（1997）解释的那样，PCDDs和PCDFs具有两种基础的化学结构（图 11.1），PCDDs 的两个苯环通过两个氧原子连接，而 PC-DFs 的两个苯环通过 C-O-C 和 C-C 键连接。两种结构最多能连接 8 个氯原子，它们的毒性随着氯原子的数量和位置不同差异很大。具有相同数量氯原子的所有二噁英和呋喃被称为同源物质，又根据氯原子的位置不同，分为不同种类的化合物。其中毒性最强的化合物为 2，3，7，8-TCDD（四氯二苯并-p-二噁英）。

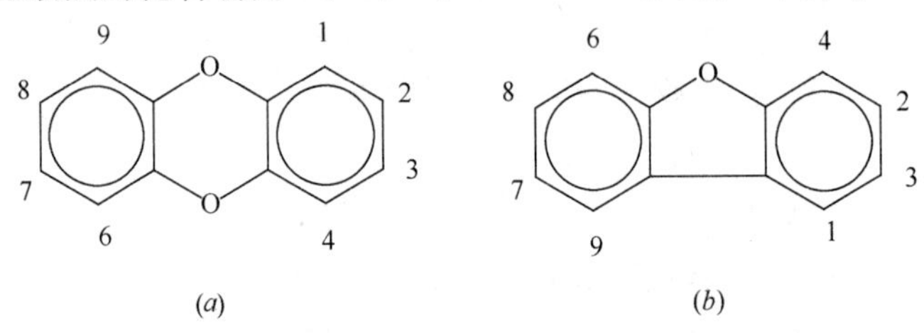

图 11.1　（a）二噁英；（b）多氯二苯并二噁英的基本化学结构

被称为"十二金刚"的 12 种 POPs　　**表 11.1**

类别	POP 名称	全球的使用历史/来源	对人类和野生动物的不利影响
杀虫剂	艾氏剂	适用于杀灭土壤中的白蚁、蚱蜢、玉米根虫和其他害虫	缺乏足够的数据来说明艾氏剂在动物和植物体内是否容易被代谢为狄氏剂。过大的剂量可以杀死鸟类、鱼类甚至人。艾氏剂的中毒症状包括头疼、头晕、恶心、呕吐等
	氯丹	作为农作物控制白蚁的杀虫剂，广泛用于蔬菜、谷物、玉米、马铃薯、甘蔗、坚果、棉花等种植	对免疫系统影响极大，对人类具有潜在致癌性，对桃红对虾、老鼠、猴子等具有急性毒性
	DDT	在二战中被广泛用于控制疟疾、斑疹伤寒和其他虫媒疾病的传播。也用来控制农作物的某些疾病	对人类具有潜在致癌性，对鱼、虾、虹鳟鱼、鸟类（影响繁殖能力）有很强的毒性，在环境中残留时间极长，可以在环境中长距离转移
	狄氏剂	主要用来控制白蚁和纺织品害虫，控制虫媒疾病和杀灭农作物土壤中的虫体	对大部分的鱼类、青蛙、鸟类等动物具有很强的毒性。具有很强的生物蓄积性和远距离转移性，在北极沉积严重
	异狄氏剂	一般作为农药喷洒在棉花、谷物等农作物叶面上。也用来杀灭啮齿动物（老鼠和田鼠）	对鱼类有很强的毒性，有很高的潜在生物积累性。具有长距离转移的能力，在北极的淡水中已经被检测到
	六氯苯（HBC）	1945 年被发明用来处理种子和杀灭粮食中的真菌，控制小麦腥黑穗病。也是合成某些工业化学品的副产物	能潜在引发感光性皮肤损伤、色素沉着、多毛症、肠绞痛、严重的虚弱、卟啉尿和乏力等症状。能够转化成一种叫卟啉胺的代谢紊乱物质，致死率达 14%

续表

类别	POP名称	全球的使用历史/来源	对人类和野生动物的不利影响
杀虫剂	七氯	被用来杀灭土壤中的白蚁、棉虫、蚱蜢和其他农作物害虫。也用来控制蚊子传播的疟疾	对人类有潜在的致癌性，七氯也能影响免疫反应。能引起几种鸟类种群的数量严重下降。在生物体内具有生物富集性
	灭蚁灵	主要用来杀灭火蚁的杀虫剂。也用于塑料、橡胶、电路的阻燃剂	对人类有潜在的致癌性，对数种植物和鱼类都有毒性。最稳定的持久性污染物之一，半衰期能达10年
	八氯莰烯	用作棉花、谷物、水果、坚果和蔬菜类作物的杀虫剂。也用于控制家畜身上的寄生虫	对人类有潜在的致癌性，50%浓度的八氯莰烯能够在土壤中存在12年，具有高毒性和长距离转移的特性
工业化学品	聚氯联苯（PCBs）	用于工业上制造变压器、电容热交换液、涂料添加剂、无碳复写纸、塑料等工业产品。也来自燃烧副产物	PCBs对鱼类有毒性，高剂量可以杀死鱼类，影响多种野生动物的生殖和免疫系统。人类主要通过食物污染摄入PCBs。有证据显示PCBs污染可以通过母亲传给子女。PCBs也能够抑制人类的免疫系统，是潜在致癌物质之一
副产物	二噁英	主要来源于生产农药的副产物和其他氯化物质。在某些除草剂、木材防腐剂和PCB混合物中存在微量二噁英。没有任何有意使用二噁英的场所	能够引起人类免疫系统疾病、酶病症和氯痤疮。对人类也有潜在的致癌性
	呋喃	呋喃主要来源于生产PCBs的副产物。也从废物焚烧炉的焚烧和汽车的行驶过程中排放	对人类和其他物种的影响类似于二噁英

2009年5月斯德哥尔摩公约最新列出的POPs化学污染物　　表11.2

类别	新加的化学污染物
农药	十氯酮、α-六氯环己烷、β-六氯环己烷、林丹、五氯苯
工业化学品	六溴代联苯、六溴联苯醚、七溴联苯醚、五氯苯、全氟辛烷磺酸及其无机盐、全氟辛基磺酰氟、四溴联苯醚、五溴联苯醚
副产物	α-六氯环己烷、β-六氯环己烷、五氯苯

EDCs 类 POPs 分类　　**表 11.3**

分类	子类别	POP 化学名词
EDCs	农药	2，4-D、阿特拉津、苯菌灵、甲萘威、氯氰菊酯、氯丹（γ-HCH）、DDT 和它的代谢产物、三氯杀螨醇、狄试剂/艾氏剂、硫丹、异狄氏剂、七氯、六氯苯（HCB）、异菌脲、开蓬（十氯酮）、林丹、马拉息昂、代森锰锌、灭多威、甲氧滴滴涕、灭蚁灵、对硫磷、五氯酚、氯菊酯、西玛津、毒杀芬、氟乐灵、农利灵
	有机卤素类	二噁英和呋喃、PCBs、PBBs、PBDEs、2，4-二氯苯酚
	烷基酚	壬基苯酚、辛基酚、戊烷基苯酚、乙氧基壬基酚、乙氧基辛基酚、丁基苯酚
	重金属	钙、汞、砷
	有机锡	三丁基锡（TBT）、三苯基锡（TPhT）
	邻苯二甲酸	2-乙基己基-邻苯二甲酸、丁基苄基邻苯二甲酸、二正丁基邻苯二甲酸、二正戊酯邻苯二甲酸、二己基邻苯二甲酸、二丙基邻苯二甲酸、二环己基邻苯二甲酸、二乙基邻苯二甲酸
	天然激素	17β-雌酮、雌酮、雌三醇、睾酮
	药物类物质	炔雌醇、炔雌醇甲醚、三苯氧胺、己烯雌酚（DES）
	植物雌激素	异黄酮、香豆雌酚、木脂体、玉米烯酮、玉米赤霉烯酮、β-谷甾醇
	苯酚	双酚 A、双酚 F
	芳香烃	荧蒽、6-羟基-屈、蒽、芘、菲、正丁基苯

二噁英和呋喃类 POPs 分类　　**表 11.4**

分类	同系物名称和缩写	可能存在的 PCDDs 和 PCDFs 化合物数量
二噁英	一氯化 DD（MCDD）	2
	二氯化 DD（DCDD）	10
	三氯化 DD（TrCDD）	14
	四氯化 DD（TCDD）	22
	五氯化 DD（PeCDD）	14
	六氯化 DD（HxCDD）	10
	七氯化 DD（HpCDD）	2
	八氯化 DD（OCDD）	1
呋喃	一氯化 DF（MCDF）	4
	二氯化 DF（DCDF）	16
	三氯化 DF（TrCDF）	28
	四氯化 DF（TCDF）	38
	五氯化 DF（PeCDF）	28
	六氯化 DF（HxCDF）	16
	七氯化 DF（HpCDF）	4
	八氯化 DF（OCDF）	1

11.3 除草剂和杀虫剂

杀虫剂是一种用来对抗各种害虫生长的化学物质，除草剂是用来杀灭各种杂草和多余植物的一种化学物质。选择性的除草剂只是将特定的目标杂草和植物杀灭，而对其他需要保留的作物相对无害。有一些除草剂含有合成的人造仿植物激素类化合物，通过影响杂草的生长过程来发挥作用。

除草剂和杀虫剂一般是在雨季时从农业用地排放，进而污染地表水体。与此同时，大量的除草剂/杀虫剂残留物也无意中从世界各地的污水处理厂被排放进入环境。根据 Gerecke 等人（2002）在瑞士的研究，75%的除草剂/杀虫剂负荷是通过污水处理厂进入到地表水体中的。此外，大量的除草剂/杀虫剂残留物也是通过除草剂和杀虫剂的工业生产、包装、运输、储存、销售及交付环节进入水体和土壤中的。

使用杀虫剂来保护农作物可以显著地提高产量。尽管这有益于农业的发展，但是也对环境带来了危害，杀虫剂对土壤、地下和地表水体的污染需要引起人们足够的重视。为了保护生态的平衡和安全的饮用水供应，维持优质的土壤和水体质量值得引起广泛的关注。

与其他 POPs 相类似的，除草剂和杀虫剂也能够在储存、使用过程中和使用后发生一系列的降解变化。这些反应需要一定的时间来达到化学平衡，迄今为止，尚不知道反应精确的比例和除草剂与杀虫剂降解产物对环境的具体影响。然而，我们知道这些物质能够在环境中长期存在，并且一直都是有活性的除草剂/杀虫剂，它们的代谢产物也具有很强的生物毒性。

正如之前提到的，在联合国环境规划署（UNEP）规定的 12 种首要 POPs 中有 9 种属于杀虫剂类物质，分别为：DDT、灭蚁灵、六氯苯（HCB）、艾氏剂、狄试剂、毒杀芬、七氯、异狄氏剂和氯丹，它们也都是有机氯化合物。除草剂也被 UNEP 认定为首要 POPs，包括 2，4-二氯苯氧乙酸（2，4-D）、4-氯-2-甲基苯氧基乙酸（MCPA）、3-氯苯甲酸（3-CBA）和 2，4，5-三氯苯氧基乙酸（2，4，5-T）。然而，由于这些除草剂和杀虫剂对人体健康和环境产生的严重不良影响，它们中的大部分已经被很多国家禁用。

因此，本章主要阐述刚出现的新一代除草剂，它们的主要属性在表 11.5 中列出。目前，这些杀虫剂在大堡礁流域附近地区的农场中被广泛使用。它们的 IUPAC 名称分别为：（1）敌草隆-3-（3，4-二氯苯基）-3，3-二乙脲；（2）阿特拉津-6-氯-N2-乙基-N4-异丙基-1，3，5-三嗪-2，4-二胺；（3）莠灭净-N2-乙基-N4-异丙基-6-甲硫基-1，3，5-三嗪-2，4-二胺；（4）环嗪酮-3-环己基-6-二甲胺基-1-甲基-1，3，5-三嗪-2，4-二胺；（5）西玛津-6-氯-N，N'-二乙基-1，3，5-三嗪-2，4-二胺；（6）丁噻隆-1-（5-叔丁基-1，3，4-噻重氮-2-基）-1，3-二甲基脲。所有的这 6 种除草剂都属于光合系统Ⅱ组除草剂，这组除草剂大致分为苯脲类和三嗪类两大类（Jones 等人，2005）。

正如之前所述，除草剂/杀虫剂在有机体的脂肪组织中容易持续附着和蓄积，从而对人类和野生动物造成伤害。有大量的研究已经证实了这一点，这些研究报告揭示了在人体中，这些除草剂和杀虫剂的残留物和其他 POPs 能够引发很多常见疾病，例如肿瘤、生殖与免疫系统紊乱和激素分泌障碍。饮用水中低浓度水平的杀虫剂残留虽然不会引发急性中毒反应，但是却能引发慢性中毒反应（Ahmed 等人，2008）。

大堡礁流域附近地区农场使用的光合系统Ⅱ除草剂的属性　　表 11.5

属性	敌草隆	阿特拉津	莠灭净	环嗪酮	西玛津	丁噻隆
分子量(g)	233.10	215.69	227.33	252.31	201.66	228.30
分子式	$C_9H_{10}Cl_2N_2O$	$C_8H_{14}ClN_5$	$C_9H_{17}N_5S$	$C_{12}H_{20}N_4O_2$	$C_7H_{12}ClN_5$	$C_9H_{16}N_4OS$
熔点(℃)	158～159	173～175	84～85	115～117	225～227	161.5～164
外观	白色 结晶状固体	无色结晶	白色粉末	白色 结晶状固体	白色 结晶状粉末	无色 结晶状粉末
溶解性	25℃水中 36～42mg/L	22℃水中 34.7mg/L25℃丙酮中 31g/L	20℃水中 185mg/L，在溶剂中易溶(丙酮)	可溶，25℃时 33000mg/L	不溶，在水中只有 5mg/L	25℃时，2.3g/L
用途	苯基脲除草剂 来提高除 草效率	氯三嗪除草剂 来控制阔 叶杂草	甲基硫嗪除草剂 来控制杂草	三嗪类除草剂 来控制阔叶 杂草和木 本植物	三嗪类除草剂 来控制阔叶 杂草和草 本植物	苯基脲除草剂 来控制 含羞草
IUPAC 名称	3-(3，4-二氯苯基)-1，1-二乙脲	6-氯-N2-乙基-N4-异丙基-1，3，5-三嗪-2，4-二胺	N2-乙基-N4-异丙基-6-甲硫基-1，3，5-三嗪-2，4-二胺	3-环己基-6-二甲胺基-1-甲基-1，3，5-三嗪-2，4(1H，3H)-二胺	6-氯-N，N'-二乙基-1,3,5-三嗪-2，4-二胺	1-（5-叔丁基-1，3，4-噻重氮-2-基）-1，3-二甲基脲
稳定性	太阳光照 下降解					太阳光照下降解
光解半衰期(d)	1490（pH＝5）； 1240～2180(pH=7)； 2020(pH;9)					

续表

属性	敌草隆	阿特拉津	莠灭净	环嗪酮	西玛津	丁噻隆
水溶液光解半衰期(d)	43.1～2180 (pH=7，25℃)					12.9个月
好氧/厌氧土壤降解(d)	372/995	103				
实地降解半衰期(d)平均	99.9～134	41	60	90	45～100	79
辛醇一水分配系数（Log K_{OW}）	2.81～2.87	2.60～2.71	2.83	－4.4	2.18	1.80
土壤吸附系数（Log K_{OC}）	2.62～2.75	1.96～2.98	2.88	1.73	2.13	1.90
密度		1.23g/cm^3（22℃）				
化学结构						

我们已经发现使用杀虫剂/除草剂对人类健康会产生很多不利影响，POP 对水源的污染已经有很长一段时间，在发达国家的大部分主要污水处理厂都已经进行了升级改造，增设适当的高级处理工艺，例如反渗透（RO）或纳滤（NF）。然而，包括杀虫剂和除草剂残留物在内的 POPs 的沉积已经造成了全球生态系统和海洋生物生活环境的迅速恶化，这个现在已公认的环境大问题却在相当长的时间内被人们忽视。

11.4 大堡礁（GBR）

11.4.1 背景

大堡礁世界遗产保护区由澳大利亚联邦政府、大堡礁海洋公园管理局、昆士兰州政府和环境保护署（昆士兰公园和野生动物服务中心）共同管理。此外，这片流域的土地管理、主要污染源的生产与排放都由昆士兰州自然资源、矿山、能源部门管理（Hutchings 等人，2005）。

大堡礁作为世界上最大的珊瑚礁生态系统，在1981年就成为了世界遗产保护区，GBR面积达350000km^2，沿澳大利亚的昆士兰州的东海岸绵延2000km（Johnson和Ebert，2000）。澳大利亚的GBR对整个世界的珍贵之处在于它独特的生态和生物过程、多种生物的重要栖息地和其特殊的自然美景。

毗邻大堡礁世界遗产保护区（GBRWHA）的沿海地区，被分为一系列大多面积小于10000km^{2}的潮湿和干燥的热带流域（Brodie等人，2001）。相比较，澳大利亚最大的两个河流流域，Burdekin和Fitzroy河流流域面积分别达到了133000km^{2}和143000km^2。

根据Moss等人（2005）的研究，GBR流域主要为牛肉生产企业的牧场（77%）。此外，大约1%的河谷和河漫滩土地用于种植甘蔗，0.2%的土地用于种植棉花和园艺景观。

在GBR流域建立起来的昆士兰州的甘蔗工业是这一带最重要的农业产业，每年为澳大利亚的经济贡献17.5亿澳元。此外，在GBR流域建立的数千个小种植园种植着各种各样的农作物。

澳大利亚政府有能力也有意愿在环境保护和控制水污染上投资，同时也有足够的专业知识和资源来完成这项任务。澳大利亚政府已经提出了礁体水质保护计划（Anon，2003），以控制和缓解包括大堡礁世界遗产保护区在内的澳大利亚珊瑚礁区的生态环境恶化，而生态环境恶化主要是由沉淀物质、营养物质和如除草剂等持久性有机污染物的排放引起的。这些旨在防止GBR水域水质下降的努力的重点，在于分析生态系统受损的程度和找出环境问题的根源。这些研究对于设计可行的、可持续的、经济的大堡礁世界遗产保护区的污染控制方案有着重要的价值。

11.4.2 GBR流域中除草剂和杀虫剂的迁移

众所周知，自从欧洲移民在大堡礁流域开始进行林业、农业生产和城市化进程以来，大堡礁流域已经发生了很大的改变。正如图11.2所示，GBR流域的土地主要用于甘蔗种植，甘蔗工业在过去的100年间有了稳步的增长，1997年总的种植面积已经达到了390000公顷。在过渡时期，大量淡水湿地和GBR流域主要的河流地区都被开垦为农场或进行城市建设。大部分甘蔗种植园位于流域岸边（低地地区），由于大量使用农药和杀虫剂，甘蔗工业被认为是对GBR生态系统的可持续性危害最大的工业。其次是棉花、园艺和香蕉种植业。然而，GBR流域的土地主要还是被放牧所占据（表11.6）。

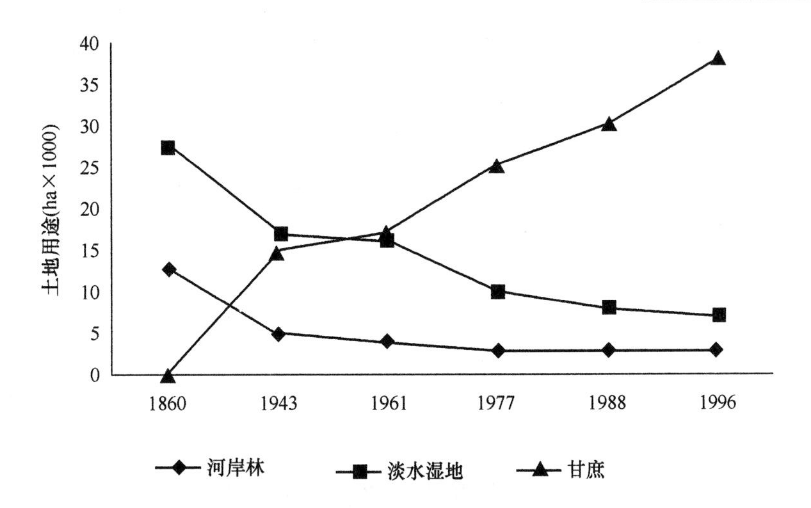

图 11.2 140 年间赫伯特河流域下游地区
土地用途（公顷×1000）的变化

毗邻 GBR 海洋公园昆士兰州选定流域的土地使用情况　　表 11.6

流域	总面积（公顷）	占流域面积的百分比（%）				
		伐木	原始状态	牧场	炼糖	其他
Daintree	213	37.7	31.7	26.7	1.8	2.1
Mossman	49	30.4	11.0	44.6	10.0	4.0
Barron	218	36.4	2.0	47.7	2.1	11.8
Mulgrave/Russel	202	16.9	25.1	38.9	13.1	6.0
Johnston	233	25.3	12.8	41.6	14.8	5.5
Tully	169	62.5	2.1	20.7	9.6	5.1
Murray	114	32.9	27.3	29.6	6.1	4.1
Herbert	1013	9.5	9.7	71.1	6.6	3.1
Black	108	18.0	9.3	67.4	0.7	4.6
Houghton	365	0.8	10.8	74.0	10.4	4.0
Burdekin	12986	1.0	1.3	94.8	0.2	2.7
Don	389	0.2	2.6	91.3	1.1	4.8
Proserpine	249	9.6	4.0	74.6	7.5	4.3
OConelle	244	7.6	4.4	70.5	11.1	6.4
Pioneer	149	22.7	6.1	48.5	17.9	4.8
Plane	267	4.3	2.9	67.4	21.0	4.4
Fitzroy	15264	6.7	2.3	87.5	0.0	3.5
Baffle	386	12.2	4.4	75.9	0.4	7.1
Kolan	298	12.5	0.0	79.0	4.5	4.0
Burnett	3315	12.9	0.4	79.9	0.8	6.0
Burrum	334	26.9	6.3	53.4	8.8	4.6
Mary	960	28.3	0.6	64.5	1.2	5.4

注：1. 其他：香蕉/水果、蔬菜、谷物、棉花、向日葵、花生、灌溉饲草料作物、市区（道路、铁路、住宅等）；

2. 原始状态：国家公园、自然保护区公园、资源储备区；

3. 资料来源：昆士兰州甘蔗种植者有限责任组织于 2002 年 9 月提交给生产委员会的报告。

澳大利亚糖工业最近的行动朝着保证更加可持续发展的想法去做，例如种植备耕土地最小化，然而这个行动使种植业对除草剂的依赖性更强了（Johnson and Ebert，2000），特别是在控制宿根作物杂草上。在大堡礁流域持续迅速增长的农业增加了除草剂、杀虫剂和杀菌剂的用量，这使雨季排入 GBR 流域的有毒物质大大增加（表 11.7）。我们已经发现，在过去的 30～40 年间，除草剂的用量增长了 3～7 倍（例如阿特拉津、敌草隆和 2，4-D）（Johnson 和 Ebert，2000）。有机氯杀虫剂，例如 DDT、艾氏剂、七氯、氯丹、林丹和狄氏剂，自 20 世纪 50 年代开始用于制糖和园艺业，直到 20 世纪 80 年代、90 年代被禁用（Cavanagh *et al.*，1999）。然而，大量的这些化学污染物质仍然残留在 GBR 流域的农场中，随着农业径流进入 GBR 水域。

每年排入 GBR 水域及其附近流域的除草剂负荷　　**表 11.7**

位置	每年排入 GBR 水域的除草剂的量					
	2007/2008		2006/2007		2005/2006	
	敌草隆	阿特拉津	敌草隆	阿特拉津	敌草隆	阿特拉津
West Bararatta Creek	44	70	79	116	46	80
Houghton River	16	25	39	26	63	72
Pioneer River	RNA	RNA	470	310	RNA	RNA
Sandy Creek	RNA	RNA	200	66	RNA	RNA
O'Connell River	RNA	RNA	31	20	30	6.6
Upper Barratta Creek	53	77	45	100	37	57
East Barratta Creek	28	44	53	108	RNA	RNA

（来自 Lewis 等人，2009 和 Davis 等人，2009）

有很多证据显示，特拉津（阿特拉津）、有机氯类和苯基脲类除草剂（敌草隆和 2，4-D）、有机磷酸酯类杀虫剂（毒死蜱）仍在 GBR 流域附近的农场中大量使用（McMahon *et al.*，2005；Mitchell *et al.*，2005；Negri *et al.*，2009；Haynes *et al.*，2000a，b；Duke *et al.*，2005；Moss *et al.*，2005；Shaw 和 Muller，2005；Davis *et al.*，2009；Lewis *et al.*，2009；Johnson *et al.*，2000；Cavanagh *et al.*，1999）。表 11.7 显示出在 GBR 水域的一些选定水道中，敌草隆和阿特拉津的负荷量。尽管大部分肥料和杀虫剂都会被作物吸收，但仍有很大一部分能在回收塘中被收集到，而且只有一些较大的农场才设有回收塘。然而，在雨季这些回收塘会溢流到附近的小河中，最终流向 GBR 水域（图 11.3）。

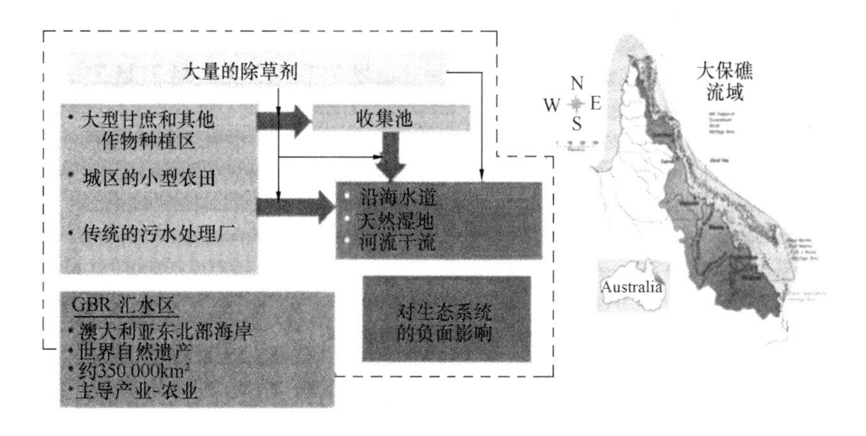

图 11.3 除草剂进入大堡礁泻湖的路径

11.5 GBR 流域中除草剂和杀虫剂的持久性

由于缺少对这一地区的研究工作，直到近期，除草剂和杀虫剂对这一地区的影响并没有被认为是一个严重的问题。然而，现在我们已经在 GBR 水域发现了大量的杀虫剂和除草剂残留。

Lewis 等人（2009）在选定的 GBR 水域之间，通过探究农药残留物的来源、转移和分布状况得出了一个完整的资料库。他们发现 GBR 水域中的除草剂残留物浓度在不断升高，即使在暴雨过后的几周内也能观察到这种现象。他们在淡水和沿岸有特殊土地用途的沿海海洋水中检测了几种农药（主要是除草剂），发现升高的除草剂浓度主要和附近土地上的甘蔗种植有关。因此，对农业径流的管理是提升 GBR 沿岸流域水质的关键（Anon *et al.*，2003）。除草剂残留物不仅在 GBR 水域的水道中被发现（Davis *et al.*，2009；Ham *et al.*，2007；McMahon *et al.*，2005；Mitchell *et al.*，2005；Stork *et al.*，2008），也在潮间带/亚潮汐沉积物（Duke *et al.*，2005；Haynes *et al.*，2000a）、红树林（Duke *et al.*，2005）、海草（Haynes *et al.*，2000a）和周边海域的近岸珊瑚礁中被发现（Shaw 和 Muller，2005）。然而，从沿岸流域到大堡礁水域的农药径流途径并没有被精确地追踪。GBR 流域海水的羽流形式和雨季大量的雨水（9 月到次年 4 月）都使大量的地表径流从河流进入了 GBR 流域。这些渗流过程实质上不断地将所有陆地上的物质（悬浮颗粒物、营养物质和农药）带入了 GBR 流域（Devlin 和 Brodie，2005）。有些农药包括敌草隆、阿特拉津、环嗪酮和莠灭净，它们经常能够被检测到，而且具有相对很高的浓度（表 11.8），而另一些农药则很少被检测到。在甘蔗种植园的排水口经常能够检测到这些高浓度的农药，前三种农药化合物还经常在城市用地中被监测到（Lewis *et al*.，2009）。

根据 Lewis 等人（2009）的调查结果，敌草隆最高浓度出现在 Tully-Murray 地区，浓度高达 19μg/L，敌草隆在 Burdekin-Townsville 地区的浓度为 3.8μg/L，在 Mackay Whitsunday 地区浓度为 22μg/L；这些地区都有超过 10%的土地用来种植甘蔗。他们注意到在这三个地区甘蔗种植园的排水口排放的污水中，敌草隆残留物的浓度要高于澳大利亚和新西兰环境委员会与澳大利亚和新西兰农业和资源管理委员会所规定的生态触发值。

Davis 等人（2009）2007 年在 Haughton 河和 Barratta 河的洪水羽流中发现了阿特拉津（<0.01～0.08μg/L：14 个采样点有 13 个采集到）和敌草隆（<0.01～0.08μg/L：14 个采样点有 12 个采集到）。在某些海草（Haynes *et al*.，2000a）和珊瑚中也发现了敌草隆，浓度分别为 0.1μg/L 和 0.3μg/L（Jones 和 Kerswell，2003）。

此外，Lewis 等人（2009）也监测到，在 Tully-Murray 地区阿特拉津残留物的峰浓度为 1.0μg/L，在 Burdekin-Townsville 地区为 6.5μg/L，在 Mackay Whitsunday 地区为 7.6μg/L；所有的峰浓度值都与这些地区甘蔗种植园排污口 10%的溢流率有关。

几位研究者所测得的 GBR 水域及其附近流域的除草剂最大浓度如表 11.8 所示。

GBR 水域及其附近流域的除草剂最大浓度　　　　表 11.8

编号	除草剂种类	最大浓度（μg/L）	地点	参考文献
1	敌草隆	8.50	流向 GBR 的河流	White *et al*.（2002）
2	敌草隆	0.1～1.00	北 QLD 海岸	Haynes *et al*.（2000）
3	8 种除草剂的总和 敌草隆 敌草隆/阿特拉津 8 种除草剂的总和	0.070 0.050 1.1ng/g 4.26	哈维湾（水） 哈维湾（水） 哈维湾（沉淀物） Mary 河（水）	McMahon K *et al*.（2005）
4	阿特拉津 敌草隆 2，4-D 环嗪酮 莠灭净	1.20 8.50 0.40 0.30 0.30	QLD 的 Mackay Witsunday 区的 Pioneer 河流域，Goosepongs 河，Sandy 河，Carmila 河	Mitchell *et al*.（2005）
5	敌草隆 敌草隆 敌草隆 阿特拉津 阿特拉津 阿特拉津	19.00 3.80 22.00 1.00 6.50 7.60	Tully Murray Burdekin-Townsville Mackay Whitesunday Tully Murray Burdekin-Townsville Mackay Whitesunday	Lewis *et al*.（2009）
6	敌草隆	1.2～6.0 1.0～8.2 2.4～6.2	Mc Creadys 河 Pioneer 河 Bakers 河	Duke *et al*.（2005）

11.6 持久性除草剂和杀虫剂对 GBR 生态系统的影响

实验室的生态毒性试验显示，海洋光合生物包括海藻（Magnusson *et. al*，2008；Seery *et al.*，2006）、红树林（Bell 和 Duke，2005）、海草（Haynes *et al.*，2000a）和某些珊瑚（Cantin *et al.*，2007；Jones，2005；Jones 和 Kerswell，2003；Jones *et al.*，2003；Negri *et al.*，2005；Owen *et al.*，2003）在内，更容易受到除草剂的影响。

Haynes 等人（2000b）在研究期间观察了敌草隆对海草的影响，他发现齿叶丝粉藻（10μg/L）能耐受的最低可视有效敌草隆浓度比卵叶盐藻和大叶藻（0.1μg/L）高出两个数量级。他们得出结论：除草剂和杀虫剂的影响程度与海洋生物的种类有很大关系。评定不同毒性的除草剂对 GBR 海洋生物的危害性更加复杂。在同一类海洋植物上的研究结果表明，敌草隆在较低剂量下，对植物光合系统的影响比阿特拉津、丁噻隆和环嗪酮都大（Bell and Duke，2005；Jones and Kerswell，2003；Jones *et al.*，2003；Magnusson *et al.*，2008；Owen *et al.*，2003；Seery *et al.*，2006）。此外，GBR 水域除草剂残留物的降解产物的毒性现在还未被深入研究，可能它们的毒性等于甚至大于母体化合物（Giacomazzi 和 Cochet，2004；Graymore *et al.*，2001；Stork *et al.*，2008）。目前的生态毒理学研究主要是确定水生生物暴露于除草剂的短期影响（暴露时间为几小时至数天不等），通过脉调幅荧光叶绿素Ⅱ技术来测量目标植物光合系统的有效光量子产率（Bell 和 Duke，2005；Haynes *et al.*，2000b；Magnusson *et al.*，2008）。在这些试验中的最低可视有效浓度（量子产率下降）每小时测量 1 次，大约在 0.1μg/L 的水平，然而大部分生物在除草剂暴露停止后的数小时内会逐渐恢复（Haynes *et al.*，2000b；Jones，2005；Jones 和 Kerswell，2003；Jones *et al.*，2003；Negri *et al.*，2005）。Lewis 等人（2009）的研究结果显示，在真实的 GBR 水域中，除草剂残留物持续的时间（数周）要比大多数生态毒理学研究所选用的暴露时间长得多。然而，长期暴露于除草剂残留物的 GBR 植物群体会受到一些慢性影响。有报道称在暴露于敌草隆 50d 后，珊瑚虫的繁殖能力有所下降（Cantin *et al*，2007）。此外，与敌草隆（也可能是莠灭净）残留物的长期接触也可能导致了 Mackay Whitsunday 地区的红树林在 10 年间的进行性枯萎（Duke *et al.*，2005）。

Hayes 等人（2002）和 Hays 等人（2003）研究了阿特拉津对一些两栖类动物的内分泌干扰作用，这些动物对农药浓度高度敏感，例如对雌雄同体动物的刺激浓度只有 0.1μg/L，远远低于传统生态毒理学方法所实验的浓度。影响 GBR

海洋生物的一些常见的杀虫剂列于表 11.9。表 11.9 说明，为了维持 GBR 流域的水质水平和消除生态系统进一步恶化的可能，关键任务在于管理流向 GBR 流域的农业地表径流。因此，提高流入 GBR 水域排放水的水质是挽救 GBR 水域生态系统的最好方法。

除草剂对海洋生物的影响　　表 11.9

编号	影响的描述	参考文献
1	敌草隆浓度上升到 1000μg/L-多孔鹿角珊瑚和蔷薇；卵母细胞（不再生长）；敌草隆 10μg/L 暴露 96h-两周大的鹿角杯形珊瑚；被漂白；敌草隆 1μg/L 暴露 2h-鹿角杯形珊瑚光合系统效；率降低	Negri *et al*. (2004)
2	阿特拉津 0.1μg/L-扰乱两栖动物的固醇类分泌	Hayes *et al*. (2002)
3	敌草隆 10～100μg/L 暴露 2h-降低齿叶丝粉藻和大叶藻的光量子产率；敌草隆 0.1～1μg/L 暴露 1h一降低叶蛋盐藻的光量子产率	Haynes *et al*. (2000)
4	敌草隆、阿特拉津和西玛津 10～50ng/L-影响海藻的健康	McMahon *et al*. (2005)
5	敌草隆 0.5～2μg/L-降低 10 种微藻类的光合作用效率	Mitchell *et al*. (2005)
6	敌草隆 1μg/L 或 3μg/L 暴露 10h-降低多孔鹿角珊瑚的光合作用效率	Jones *et al*. (2003)
7	当底泥中的敌草隆浓度高于 2μg/kg 时，所有河口包括 Mackay 地区在内的红树林全部都消失、不健康或死亡	Duke *et al*. (2005)

有很多研究都试图鉴定和定量测量 GBR 流域及其附近流域的水体中除草剂和杀虫剂残留物，然而只有少数研究致力于发现可行的解决方法来改善向 GBR 流域及其附近流域水体排水的出水水质。

11.7　不同的水处理工艺对除草剂的去除

大部分 GBR 流域地区的社区饮用水处理工艺都是由混凝-絮凝、沉淀、常规过滤等常规处理工艺组成的。众所周知，GBR 流域的水路已经被农药、其他 POPs 和微污染物所污染，这些常规的处理方法对去除这些污染物质的效果并不好。Miltner 等人（1989）获得的研究结果已经证实了这些常规水处理工艺对农药类物质几乎没有去除效果（表 11.10，表 11.11，表 11.12）。

混凝对地表水源水中农药的去除　　表 11.10

农药名	混凝剂（剂量，mg/L）	初始浓度（g/L）	去除率（%）
阿特拉津	铝（20）	65.7	0

续表

农药名	混凝剂（剂量，mg/L）	初始浓度（g/L）	去除率（%）
西玛津	铝（20）	61.8	0
草克净	铝（30）	45.8	0
甲草胺	铝（150）	43.6	4
甲氧毒草安	铝（30）	34.3	11
利谷隆	铝（30）	51.8	0
虫螨威	铝（30）	93.2	0

从另外的角度来说，消毒剂种类的选择和接触时间的长短也对水处理效果有非常大的影响。总体的消毒过程要杀灭水中的细菌、病毒、阿米巴孢囊、藻类和孢子等致病微生物。在 Miltner 等人（1989）的研究中，测试了不同的氧化剂（臭氧、二氧化氯、氯、过氧化氢和高锰酸钾）去除水中甲草胺的能力，结果表明只有臭氧氧化在去除蒸馏水、地下水和地表水中的甲草胺时效果比较好，去除效率能达 75%～97%。

生产规模污水处理厂通过软化和澄清去除农药的效果（Miltner *et al.*，1989）

表 11.11

农药名	初始浓度（g/L）	去除或转化率（%）
阿特拉津	7.24	0
草净津	2.00	0
赛克嗪	0.53～1.34	0
西玛津	0.34	0
甲草胺	3.62	0
甲氧毒草安	4.64	0
虫螨威	0.13～0.79	100*

* 在这个研究中，没能将农药去除和转化为其他代谢物两者区分开。在虫螨威的实验中，作者认为虫螨威转化为了呋喃丹酚和羟基克百威。

生产规模污水处理厂用氯氧化去除地表水中农药的效果（Miltner *et al.*，1989）

表 11.12

农药名	初始浓度（g/L）	去除或转化率（%）
阿特拉津	1.59～15.5	0
草净津	0.66～4.38	0
赛克嗪	0.10～4.88	24～98*
西玛津	0.17～0.62	0～7
甲草胺	0.94～7.52	0～9
甲氧毒草安	0.98～14.1	0～3
利谷隆	0.47	4
虫螨威	0.13	24

* 在这个研究中，没能将农药去除和转化为其他代谢物两者区分开。在赛克嗪的试验中，作者认为赛克嗪导致了样本的氧化淬灭。

在所有的高级氧化工艺中，粉末活性炭吸附过滤（PAC）、颗粒活性炭吸附过滤（GAC）和高压膜过滤工艺例如反渗透（RO），都是去除包括农药在内的有机化合物高效的处理工艺。最近几年，澳大利亚的很多污水处理厂都进行了工艺改造，来达到更高的处理水水质标准和去除这些微污染物质。

Miltner 等人（1989）的另一项研究发现，在生产规模污水处理厂 PAC 对阿特拉津和甲草胺的去除率分别为 28%～87%和 33%～94%。另外，他们还发现 GAC 吸附能够不同程度地去除阿特拉津（47%）、草净津（67%）、赛克嗪（57%）、西玛津（62%）、甲草胺（72%～98%）和甲氧毒草安（56%）。

根据 2001 年 10 月提交到美国环境保护局农药计划办公室的“食品质量保护法（FQPA）饮用水处理工艺对农药去除和转移作用的评估”报告上称，反渗透处理在去除水中农药残留物上效果要好得多（表 11.13）。薄层复合膜在去除农药残留物的效率上更高。

RO 膜对不同种类农药的去除效果（引自 USEAP，2001）　　**表 11.13**

农药种类	醋酸纤维素膜（CA）	聚酰胺膜	薄层复合膜
三嗪	23～59	65～85	80～100
酰胺类	70～80	57～100	98.5～100
有机氯类	99.9～100	—	100
有机磷类	97.8～99.9	—	98.5～100
脲衍生物	0	57～100	99～100
氨基甲酸酯类	85.7	79.6～93	>92.9

使用超滤可以将有机氯类农药（氯丹、七氯和甲氧滴滴涕）和甲草胺 100%去除。然而，超滤对二溴氯丙烷和二溴乙烯的去除效果并不理想。使用纳滤技术能达到更好的去除效果，纳滤对水中农药的去除率分别为阿特拉津（80%～98%）、西玛津（63%～93%）、敌草隆（43%～87%）和灭草松（96%～99%）。膜/吸附集成系统、曝气/空气吹脱集成系统也在现在的水处理设施中有所应用，以消除这些能引发人类健康问题的农药污染物和其他微污染物质。

11.8　流域排放前去除包括除草剂和杀虫剂的 POPs 的可行处理工艺

除草剂和杀虫剂通常可以通过生物氧化、吸附、人工湿地和膜技术去除。一些研究者对这些技术的处理效果做了很多研究，简述于下。

11.8.1　生物氧化工艺

Mangat 和 Elefsiniotis 使用实验室规模的序批式反应器（SBRs）研究了生物

氧化对除草剂 2，4-二氯苯氧乙酸（2，4-D）的降解效率，结果表明在水力停留时间（HRT）为 48h 的条件下，去除率能达到 99%。研究还发现，2，4-D 的去除效果还受底物的影响（苯酚和葡萄糖），在有葡萄糖存在的条件下去除率（30%～50%）明显降低。研究结果表明，2，4-D 消失的主要机理还是生物降解过程，吸附和挥发起的作用都非常小。

Stasinakis 等人（2009）研究了活性污泥反应器好氧和厌氧条件对生物降解敌草隆的影响。他发现在好氧条件下敌草隆的生物降解率几乎达到了 60%（主要生物降解产物为 3，4-二氯苯胺（DCA）），在厌氧条件下敌草隆的生物降解率超过了 95%，主要降解产物为 1-3，4-二氯苯脲（DCPU）。在好氧条件下，DCA 和 DCPU 的生物降解速度要比母体化合物快得多，因此，先厌氧再好氧的生物处理流程可以使污水中敌草隆及其降解产物的去除效率更高。

Ghosh 等人（2004）研究了厌氧混合培养微生物在共代谢过程和缺乏外部碳源和氮源的条件下，对阿特拉津的降解作用，结果表明在存在 2000mg/L 葡萄糖的情况下，阿特拉津的降解率为 8%～15%。当纯培养菌仅使用阿特拉津作为碳源和氮源时，反应降解率取决于反应器中细菌的种类、不同种类外部碳源和氮源的缺乏程度、碳源和氮源的比例（C/N）、pH 和水分含量。研究结果表明，厌氧混合培养微生物在共代谢过程中对阿特拉津的降解效率要高于缺乏外部碳源和氮源时的降解效率。阿特拉津甚至在 15mg/L 的浓度下，也没有对厌氧混合微生物菌落的生长有任何明显的抑制作用。然而，当反应器中有机物含量很高时，阿特拉津的降解率会下降。

Znad 等人（2006）研究了序批气提式生物反应器对除草剂 S-乙基二丙基硫代氨基甲酸盐（EPTC）的生物降解过程，他们发现当自由悬浮活性污泥中底物浓度很高时，EPTC 的生物降解率就会降低。此外，如果在生物反应器中将活性污泥固定化，则会提高 EPTC 的生物降解率。在研究结果中也提到如果用非编织纺织品将驯化后的活性污泥固定化之后，除草剂的生物降解率会翻倍。

Gisi 等人（1997）在另一项研究中使用序批式固定床反应器测量了农药 4，6-二硝基邻甲酚的生物降解速率，测得其生物降解速率为 30mmol/d。

11.8.2 吸附工艺

Ratola 等人（2003）使用松树皮作为自然来源的吸收剂来去除农药等持久性有机污染物。对林丹和七氯的去除率分别为 80.6%和 93.6%。此外，Sannino 等人（2008）也研究了吸附技术对离子除草剂（百草枯和 2，4-D）的去除效率。他们使用聚合材料作为吸附介质，对 2，4-D 的去除率达到了约 44%。

利用活性炭（PAC 或 GAC）来去除除草剂/杀虫剂一直被认为非常有效。

Fontecha-Camara 等人（2008）研究了水溶液中活性炭吸附除草剂的吸附动力学，研究的除草剂种类有敌草隆和氨基三唑。尽管相对敌草隆来说，氨基三唑的吸附驱动力弱些，但是由于氨基三唑的分子尺寸更小，所以比敌草隆显现出更快的吸附过程。在 Namasivayam 和 Kavitha（2003）所研究的项目当中，棕髓碳在 2-氯苯酚的去除中是一种强效吸附剂，而 2-氯苯酚是水溶液中杀虫剂、除草剂、药物等污染物降解的中间体。

Jones 等人（1998）的一项研究是在 GAC 过滤剂上接种细菌培养基，发现改良后的 GAC 对阿特拉津的降解率大约为 70％。PAC 比皂土和壳聚糖更适宜做去除蒸馏水中异丙隆农药（98～99％）的吸附剂（Sarkar 等人，2007a，b）。

11.8.3　湿地工艺

亚表面流湿地通过生物降解、植物摄取、吸收、化学反应和发散来去除地表径流中的化学物质。Stearman 等人（2003）研究了亚表面流湿地对除草剂（西玛津和甲氧毒草安）的去除效率，发现植物细胞在水力停留时间为 5.1d 的条件下，对这些除草剂的去除率为 82％。另外 Heather 等人（2003）的研究发现，在所有被去除的阿特拉津中有 21％是被表面流湿地去除的。另一方面，Moore 等发现有平均 52％被测量的阿特拉津在湿地系统中被转移或转化。除此之外，Kristen 等人（2002）也进行了有关阿特拉津矿化的实验（通过测量 U 环-^{14}C 演变为$^{14}CO_2$），实验使用两块湿地（一块是人工湿地，另一块是自然雪松沼泽），结果表明人工湿地对阿特拉津的矿化率达到了 70％～80％，而自然雪松沼泽对阿特拉津的矿化率小于 13％。沼泽植物系统已经被发现对去除污水中的除草剂（阿特拉津）十分有效（Mackinlay 和 Kasperek，1999）。Matamoros 等人（2007）调查了水框架指令列出的 8 种欧洲重要污染物质，包括很多种类的化学物质，例如有机氯类、有机磷类、苯酚类、氯乙酰苯胺类、三嗪类、苯氧羧酸类和苯脲类农药。研究者们在湿地运行 21d 后，评估了湿地对农药的去除效果，并根据农药的降解性将它们分为了 4 组：（1）高效去除（去除率＞90％）-林丹、五氯苯酚、硫丹和五氯苯；（2）有效去除（去除率为 80％～90％）-甲草胺和毒死蜱；（3）去除不佳（去除率约为 20％）-美肯宁和西玛津；（4）耐受消除-氯贝酸和敌草隆。

11.8.4　压力膜过滤工艺

由于上述系统有些去除效率很低，有些规模太大难以操作，因此压力膜工艺在处理农药污染污水上被人们认为是一个有前景的替代技术。回顾之前的研究工作，我们能够清晰地发现高压膜工艺（反渗透和纳滤）对去除地表和地下水中的农药物质都非常有效（Majewska-Nowak 等人，2002）。Boussahel 等人（2000，2002）研究了两种纳滤膜（Deasal DK 和 NF200 的分子量筛截分别为 150～300 道尔顿和 300 道尔顿）去除一些选定农药（西玛津、草净津、阿特拉津、异丙隆、敌草隆和去乙基莠去津-DEA）的表现，发现除了敌草隆（<70%）以外的所有农药都被 Desal DK 膜所拦截（>90%）。也发现了有机物质（腐殖酸）和无机物质（硫酸盐和氯化物）的存在可以通过与农药共同形成大分子或减小膜孔径的形式，增加除敌草隆以外的农药的去除率。Plakas 等人（2006）也进行了一个类似的研究来探明，在用纳滤膜去除除草剂时有机物和钙离子所起的作用。结果表明，腐殖酸和钙离子的存在可以显著增加纳滤膜对除草剂的截留作用，这可能是在有机膜上结垢增多所致。纳滤膜由相同分子量的聚酰胺和纤维素组成，对除草剂和杀虫剂的截留率可以分别达到 60%～95%和 25%（Causserand *et al*，2005）。Van der Bruggen 等人（1998）的另一项研究发现，两级纳滤系统能够去除水中超过 99%的农药。Ahmad 等人（2008）发现提高污水的 pH 能够增加阿特拉津和乐果的截留率，但是也降低了膜通量。

当使用反渗透（RO）技术来进行海水淡化、硬度去除、消毒、去除除草剂/杀虫剂和其他微污染物质时，需要对污水进行适当的预处理（相当于臭氧氧化、生物活性炭过滤（BACF）和慢砂滤池过滤）（Bonne 等人，2000）。配合臭氧氧化和 BACF 的 RO 工艺能够去除水中超过 99.5%的农药（Bonne 等人，2000）。Majewska-Nowak 等人（2002）的另一项研究发现，在腐殖质浓度为 $20g/m^3$，pH 为 7 的条件下，低压超滤膜能截留 80%的阿特拉津。

11.8.5 混合系统

污水混合处理系统是指将 2 种或 2 种以上的单独处理工艺（不同种类的生物处理、吸附、湿地或膜技术）组合应用。这些组合系统比单一的处理工艺处理效果更好。最近的研究发现，这些混合系统能够改善对微污染物质的处理效果。以下研究都是混合系统的具体实例：Tomaszewska 等人（2004）研究了混凝（PAX XL-69 聚合氯化铝）和吸附（PAC）混合系统对腐殖酸和苯酚的去除效果，发现吸附-混凝一体系统比单独的混凝在去除有机物上效率更高。Areerachakul 等人（2007）的研究结果表明，颗粒活性炭（GAC）固定床和持续光催化混合系统能够去除水中 90%的除草剂甲磺隆。

膜生物反应器（MBR）技术，将生物氧化和膜过滤技术相结合，是一种理想的混合污水处理系统。最近，很多研究者都在研究 MBR 来改进它们的性能，减少它们在工业应用中的不足。在处理微污染物质和 POPs 上，MBR 比活性污泥工艺（ASP）更具有优势。

11.8.6　混合系统-膜生物反应器（MBR）

在处理类似于除草剂和杀虫剂的持久性有机污染物方面，并没有多少使用 MBR 进行研究的工作进行，大量的研究工作都和中度持久性痕量有机污染物的处理和去除有关，这些有机污染物包括污水中的药物活性化合物、表面活性剂、工业化学品和微污染物质。

Petrovic 等人（2003，2007）在 MBR 上的研究表明，MBR 能够显著改善医药类物质的去除率，这些医药类物质包括血脂调节和降低胆固醇的他汀类药物（吉非贝齐、苯扎贝特、氯贝酸和普伐他汀）、β-受体阻断剂（阿替洛尔和美托洛尔）、抗生素（氧氟沙星和红霉素）、治疗溃疡病药（雷尼替丁）、一些止痛剂和抗炎药（异丙安替比林、扑湿痛和双氯芬酸）。Petrovic 等人（2003，2007）发现烷基酚聚氧乙烯醚（APEOs）等表面活性剂也能被高效去除。

Gonzalez 等人（2006）使用 MBR 和固定生物床反应器（FBBR）对酸性农药（MCPP、MCPA、2，4-D、2，4-DP 和灭草松）和酸性药物双氯芬酸的去除进行了比较研究，结果发现 MBR 在去除除灭草松以外的所有农药和双氯芬酸时，都显示出了更高的处理效率（44%～85%）。他们也证实 MBR 中的微生物能够降解污水处理厂（WWTPs）中普遍存在的污染物，例如 MCPP、MCPA、2，4-D 和 2，4-DP。

Kim 等人（2007）研究了 MBR 处理 14 种医药类物质、6 种激素、2 种抗生素、3 种个人护理化合物和 1 种阻燃剂的效果，发现 MBR 工艺能够更有效地去除激素类物质和一些医药类化合物（如，对乙酰氨基酚、布洛芬和咖啡因）。将 MBR 与 NF 和 RO 工艺相结合对上述所有有毒痕量有机污染物都能够达到极佳的去除效果（去除率>95%）。

Yuzir 和 Sallis（2007）使用厌氧膜生物反应器（AMBR）处理了（RS）-2-(2-甲基-4-氯苯基）-丙酸（包含 MCPA、2，4-D 和 MCPB）合成污水，这是一种在农业、园林和家庭园艺中都广泛使用的一种除草剂。AMBR 在产甲烷的条件下，在水力停留时间为 3.3 天时，只达到了 15%的去除率。在反应器中增加上述除草剂的含量对反应器中 COD 的去除和甲烷的产量都没有明显的影响。

Yiping 等人（2008）使用厌氧膜生物反应器处理了垃圾渗滤液出水中的有机微污染物质。在这个研究中研究了 17 种有机氯农药（OCPs）、16 种多环芳烃（PAHs）和 4 -壬基酚（4-NP），发现 4-NP 主要被 MBR 去除，OCPs 和 PAHs 主要被厌氧工艺去除。最终，总体去除了 94%的 OCPs，77%的 4-NPs 和 59%的 PAHs。

Grimberg 等人（2000）使用中空纤维膜膜生物反应器研究了对 2，4，6-三硝基苯（TNP）的去除效果。TNP 是一种普遍的芳族硝基化合物，通常用作生产杀虫剂、除草剂、医药和炸药。TNP 可生物降解，MBR 对它的去除率为 85%。微生物也可以利用 NP 作为它们唯一的碳源和能源。表 11.14 总结了使用 MBR 技术在去除 POPs 上的发现。

使用 MBR 技术去除 POPs 的研究成果总结　　表 11.14

编号	痕量有机物/POP 或微量污染物	MBR 性能/观察活发现	参考文献
1	药物活性成分血脂调节和降低胆固醇的他汀类药物-吉非贝齐、苯扎贝特，β-受体阻断剂-阿替洛尔、美托洛尔，抗生素-氧氟沙星、红霉素，治疗溃疡病药-雷尼替丁和一些止痛剂和抗炎药(异丙安替比林、扑湿痛和双氯芬酸)	去除百分比：吉非贝齐(89.6%)，苯扎贝特(95.8%)，阿替洛尔(65.5%)，美托洛尔(58.7%)，氧氟沙星(94%)，红霉素(67.3%)，雷尼替丁(95%)，异丙安替比林(64.6%)，扑湿痛(74.8%)，双氯芬酸(87.4%)	Radjenović *et al*. (2006) 和 Petrović *et al*. (2003，2007)
2	酸性农药 MCPP、MCPA、2，4-D、2，4-DP 和灭草松。相比固定生物床反应器，MBR 处理更有效	MBR 在处理酸性农药上效率更高(44%～85%)。微生物能够降解这种污染物。	González *et al*. (2006)
3	溶解性有机碳和三卤甲烷	去除率从 20%到 60%不等	Williams *et al*. (2007)
4	酸性药物前体物质用粉末活性炭(PAC)去除，在好氧条件下接种活性污泥	取决于碳剂量 去除率分别为： 双氯芬酸(25%) 酮洛芬(60%) 苯扎贝特(90%) 萘普生(75%) 布洛芬(98%)	Quintana *et al*. (2005)
5	两种不同放射性标记的 17α-乙炔雌二醇(EE2)，避孕药中的活性成分，一种内分泌干扰素和合成雌激素	达到了令人满意的去除率 80%(大约有 5%吸附在活性污泥中，约 16%在 MBR 的出水中)。	Cirja *et al*. (2007)
6	一种内分泌干扰物质(双酚 A)和一种医药类物质(磺胺甲恶唑)	双酚 A 的去除率为 90%，磺胺甲恶唑的去除率为 50%	Nghiem *et al*. (2009)

续表

编号	痕量有机物/POP 或微量污染物	MBR 性能/观察活发现	参考文献
7	五氯苯酚(PCP)，用于生产杀虫剂和除草剂等	负荷率为 12-40mg/m^3/d 时，PCP 去除率为 99%。生物吸附在生物降解之外起了很大的作用	Visvanathan *et al*. (2005)
8	1，2-二氯乙烷和 2，4-D-乙酸(商业除草剂的成分)选用一种合适的微生物发酵	能成功去除 99%1，2-二氯乙烷和全部 2，4-D-乙酸	Livingston(1994)和 BuenrostroZagal *et al*. (2000a)
9	17 种有机氯农药(OCPs)，16 种多环芳烃(PAHs)和 4-壬基苯酚(4-NP)在厌氧的条件下(AM-BR)	总体去除率：OCPs 为 94%，4-NPs 为 77%，PAHs 为 59%	Yiping *et al*. (2008)
10	阿特拉津，使用生物强化基因工程菌(GEM)	总体去除率为 90%，MBR 的启动时间缩短为 2～12d(根据不同的操作条件)	Liu *et al*. (2008)

11.8.7　其他工艺

例如光催化降解氧化、介质阻挡放电-DBD、太阳光芬顿技术和植物修复技术等处理技术也能去除污水中的 POPs 和其他微污染物质。然而，这些技术还在早期的研究阶段，因此这一章没有详述这些处理技术的细节。

11.9　结论

大堡礁生态系统是全世界管理最佳的生态系统之一。政府负责确保将 GBR 海域受附近排水的不利影响降至最低。尽管 GBR 流域附近的农业管理一直实现着最佳的管理做法，但是还是不可避免地向 GBR 流域排入了除草剂和杀虫剂，这种情况在雨季更加难以控制。因此，有必要引进综合处理系统来将排入 GBR 流域农业排水中的除草剂和杀虫剂负荷降至最低。研究表明，膜工艺是减少排放水中这些污染的最好方法，其次是吸附、生物氧化和人工湿地。

参 考 文 献

第1章

3M Company (2003) Environmental and health assessment of perfluorooctanesulfonate and its salts. US EPA Administrative Record. AR-226-1486.

Ahel, M., Giger, W. and Koch, M. (1994) Behaviour of alkylphenol polyethoxylate surfactants in the aquatic environment – I. Occurrence and transformation in sewage treatment. *Water Res.* **28**, 1131–1142.

Ahel, M., Mc Evoy, J. and Giger, W. (1993) Bioaccumulation of the lipophilic metabolites of nonionic surfactants in freshwater organisms. *Environ. Pollut.* **79**, 243–248.

Ahel, M., Scully, F. E., Hoigne, J. and Giger, W. (1994) Photochemical degradation of nonylphenol and nonylphenol polyethoxylates in natural-waters. *Chemosphere* **28**, 1361–1368.

Albanis, T. A., Hela, D. G., Lambropoulou, D. A. and Sakkas, V. A. (2004) Gas chromatographicemass spectrometric methodology using solid phase microextraction for the multiresidue determination of pesticides in surface waters (N.W. Greece). *Int. J. Environ. An. Ch.* **84**, 1079–1092.

Alslev, B., Korsgaard, B. and Bjerregaard, P. (2005) Estrogenicity of butylparaben in rainbow trout Oncorhynchus mykiss exposed via food and water. *Aquat. Toxicol.* **72**, 295–304.

Andersen, F. A. (2008) Final amended report on the safety assessment of methylparaben, ethylparaben, propylparaben, isopropylparaben, butylparaben, isobutylparaben, and benzylparaben as used in cosmetic products. *Int. J. Toxicol.* **27**, 1–82.

Andreozzi, R., Raffaele, M. and Paxéus, N. (2003) Pharmaceuticals in STP effluents and their solar photodegradation in aquatic environment. *Chemosphere* **50**, 1319–1330.

Araújo, T. M., Campos, M. N. N. and Canela, M. C. (2007) Studying the photochemical fate of methyl parathion in natural waters under tropical conditions. *Int. J. Environ. An. Ch.* **87**, 937–947.

Ashton, D., Hilton, M. and Thomas, K. V. (2004) Investigating the environmental transport of human pharmaceuticals to streams in the United Kingdom. *Sci. Total Environ.* **333**, 167–184.

Balmer, M. E., Poiger, T., Droz, C., Romanin, K., Bergqvist, P. A. and Mueller J. F. (2004) Occurrence of methyl Triclosan, a transforation product of the bactericide triclosan, in fish from various lakes in Switzerland. *Environ Sci. Technol.* **38**, 390–395.

Becker, A. M., Gerstmann, S. and Frank, H. (2008) Perfluoroctane surfactants in waste waters, the major source of river pollution. *Chemosphere* **72**, 115–121.

Bennoti, M. J. and Brownawell, B. J. (2009) Microbial degradation of pharmaceuticals in estuarine and coastal seawater. *Environ. Pollut.* **157**, 994–1002.

Billinghurst, Z., Clare, A. S., Fileman, T., McEvoy, J., Readman, J. and Depledge, M. H. (1998) Inhibition of barnacle settlement by the environmental oestrogen 4-nonylphenol and the natural oestrogen 17 beta oestradiol. *Mar. Pollut. Bull.* **36**, 833–839.

Birkett, J. W. and Lester, J. N. (2003) Endocrine disrupters in wastewater and sludge treatment processes. CRC Press LLC, Florida.

Bjerregaard, P., Andersen, D. N., Pedersen, K. L., Pedersen, S. N. and Korsgaard, B. (2003) Estrogenic effect of propylparaben (propylhydroxybenzoate) in rainbow trout Oncorhynchus mykiss after exposure via food and water. *Comp. Biochem. Phys. Part C.* **136**, 309–317.

参考文献

Blackwell, P. A., Kay, P. and Boxall, A. B. A. (2007) The dissipation and transport of veterinary antibiotics in a sandy loam soil. *Chemosphere* **67**, 292–299.

Blasiak, J., Kleinwachter, V., Walter, Z. and Zaludova, R. (1995) Interaction of organophosphorus insecticide methyl parathion with calf thymus DNA and a synthetic DNA duplex. *Z Naturforsch C.* **50**, 820–823.

Botella, B., Crespo, J., Rivas, A., Cerrillo, S., Olea-Serrano, M.-F. and Olea, N. (2004) Exposure of women to organochlorine pesticides in Southern Spain. *Environ. Res.* **96**, 34–40.

Bound, J. P., Kitsou, K. and Voulvoulis, N. (2006) Household disposal of pharmaceuticals and perception of risk to the environment. *Environ. Toxicol. Phar.* **21**, 301–307.

Boxall, A. B., Kolpin, D. W., Halling-Sorensen, B. and Tolls, J. (2003) Are veterinary medicines causing environmental risks? *Environ. Sci. Technol.* **37**, 286–294.

Brook, D., Crookes, M., Johnson, I., Mitchell, R. and Watts, C. (2005) National Centre for Ecotoxicology and Hazardous Substances, Environmental Agency, Bristol U.K. 2005. Prioritasation of alkylphenols for environmental risk assessment.

Brooke, L. and Thursby, G. (2005) Ambient aquatic life water quality criteria for nonylphenol. Washington DC, USA: Report for the United States EPA, Office of Water, Office of Science and Technology.

Brown J. N., Paxeus N. and Forlin L. (2007) Variations in bioconcentration of human pharmaceuticals from sewage effluents into fish blood plasma. *Environ. Toxicol. Phar.* **24**, 267–274.

Buser, H.-R., Poiger, T. and Müller, M. D. (1998) Occurrence and fate of the pharmaceutical drug diclofenac in surface waters: rapid photodegradation in a lake. *Enyiron. Sci. Technol.* **33**, 3449–3456.

Butenhoff, J. L., Kennedy, G. L., Hindliter, P. M., Lieder, P. H., Hansen, K. J., Gorman, G. S., Noker, P. E. and Thomford, P. J. (2004) Pharmacokinetics of perfluor-ooctanoate in Cynomolgus monkeys. *Toxicol. Sci.* **82**, 394–406.

Calafat, A. M., Kuklenyik, Z., Caudill, S. P., Reidy, J. A. and Needham, L. L. (2006) Perfluorochemicals in pooled serum samples from the United States residents in 2001 and 2002. *Environ. Sci. Technol.* **40**, 2128–2134.

Canadian Government Department of the Environment (2008). Perfluorooctanesulfonate and its salts and certain other compounds regulations. Canada Gazette, Part II **142**, 322–1325.

Carafa, R., Wollgast, J., Canuti, E., Ligthart, J., Dueri, S., Hanke, G., Eisenreich, S. J., Viaroli, P. and Zaldívar, J. M. (2007) Seasonal variations of selected herbicides and related metabolites in water, sediment,seaweed and clams in the Sacca di Goro coastal lagoon (Northern Adriatic). *Chemosphere* **69**, 1625–1637.

Cargouet, M., Perdiz, D., Mouatassim-Souali, A., Tamisier-Karolak, S. and Levi, Y. (2004) Assessment of River Contamination by Estrogenic Compounds in Paris Area (France). *Sci. Total Environ.* **324**, 55–66.

Castillo, M., Domingues, R., Alpendurada, M. F. and Barceló, D. (1997) Persistence of selected pesticides and their phenolic transformation products in natural waters using off-line liquid solid extraction followed by liquid chromatographic techniques. *Anal. Chim. Acta* **353**, 133–142.

Chang, B. V., Lu, Z. J. and Yuan, S. Y. (2009) Anaerobic degradation of nonylphenol in subtropical mangrove sediments. *J. Hazard. Mater.* **165**, 162–167.

Chen, C. W., Hurd, C., Vorojeikina, D. P., Arnold, S. F. and Notides, A. C. (1997) Trascriptional activation of the human estrogen receptor by DDT isomers and metabolites in yeast and MCF-7 cells. *Biochem. Pharmacol.* **53**, 1161–1172.

Choi, K., Kim, Y., Jung, J., Kim, M. H., Kim, C. S., Kim, N. H. and Park, J. (2008) Occurrences and ecological risk of roxithromycin, trimethoprim and chloramphenicol in the Han river, Korea. *Environ. Toxicol. Chem.* **27**, 711–719.

Christensen, A. M., Ingerslev, F. and Baun, A. (2006) Ecotoxicity of mixtures of antibiotics used in aquacultures. *Environ. Toxicol. Chem.* **25**, 2208–2215.

Christiansen, T., Korsgaard, B. and Jespersen, A. (1998) Effects of nonylphenol and 17β-oestradiol on vitellogenin synthesis, testicular structure and cytology in male eelpout Zoarces viviparous. *J. Exp. Biol.* **201**, 179–192.

Claver, A., Ormad, P., Rodríguez, L. and Ovelleiro, J.-L. (2006) Study of the presence of pesticides in surface waters in the Ebro river basin (Spain). *Chemosphere* **64**, 1437–1443.

Cleuvers, M. (2004) Mixture toxicity of the anti-inflammatory drugs diclofenac, ibuprofen, naproxen, and acetylsalicylic acid. *Ecotox. Environ. Safe.* **59**, 309–315.

Coogan, M. A. and La Point, T. W. (2008) Snail bioaccumulation of triclocarban, triclosan, and methyltriclosan in a North Texas, USA, stream affected by wastewater treatment plant runoff. *Environ. Toxicol. Chem.* **27**, 1788–1793.

Corbet, J. R. (1974) The Biochemical mode of action of pesticides, Academic Press, London.

Costanzo, S. D., Murby, J. and Bates, J. (2005) Ecosystem response to antibiotics entering the aquatic environment. *Mar. Pollut. Bull.* **51**, 218–223.

D'Ascenzo, G., Corcia, A. D., Mancini, A. G. R., Mastropasqua, R., Nazzari, M. and Samperi, R. (2003) Fate of natural estrogen conjugates in municipal sewage transport and treatment facilities. *Sci. Total Environ.* **302**, 199–209.

Dahmardeh-Behrooz, R., Esmaili Sari, A., Bahramifar, N. and Ghasempouri, S. M. (2009) Organochlorine pesticide and polychlorinated biphenyl residues in human milk from the Southern Coast of Caspian Sea, Iran. *Chemosphere* **74**, 931–937.

Darbre, P. D. and Harvey, P. W. (2008) Paraben esters: Review of recent studies of endocrine toxicity, absorption, esterase and human exposure, and discussion of potential human health risks. *J. Appl. Toxicol.* **28**, 561–578.

Dizerega, G. S., Barber, D. L. and Hodgen, G. D. (1980) Endometriosis: role of ovarian steroids in initiation, maintenance, and suppression. *Fertil. Steril.* **33**, 649–653.

Drillia, P., Stamatelatou, K. and Lyberatos, G. (2005) Fate and mobility of pharmaceuticals in solid matrices. *Chemosphere* **60**, 1034–1044.

Dussault, E. B., Balakrishnan, V. K., Sverko, E., Solomon, K. R. and Sibley, P. K. (2008) Toxicity of human pharmaceuticals and personal care products to benthic invertebrates. *Environ. Toxicol. Chem.* **27**, 425–432.

Dzyadevych, S. V., Soldatkin, A. P. and Chovelon, J.-M. (2002) Assessment of the toxicity of methyl parathion and its photodegradation products in water samples using conductometric enzyme biosensors. *Anal. Chim. Acta* **459**, 33–41.

El Hussein, S., Muret, P., Berard, M., Makki, S. and Humbert, P. (2007) Assessment of principal parabens used in cosmetics after their passage through human epidermis-dermis layer (ex-vivo study). *Exp. Dermatol.* **16**, 830–836.

EMEA (1998) Note for guidance: environmental risk assessment for veterinary medicinal products other than GMO-containing and immunological products, EMEA, London (EMEA/CVMP/055/96).

Environment Canada (2001). Nonylphenol and its ethoxylates: Priority substances list assessment report. Report no. EN40-215-/57E.

Environment Canada (2002). Canadian environmental quality guidelines for nonylphenol and its ethoxylates (water, sediment and soil). Scientific Supporting Document. Ecosystem Helath: Sciencebased solutions report No 1–3. National Guidelines and Standard Office, Environmental Quality Branch, Environment Canada, Ottawa.

EPA (2002). Rules and regulations. United States Federal Register 67, pp. 72854–72867.

EU (1988) Council Directive 88/146/EEC for prohibiting the use in livestock farming of certain substances having a hormonal action.

EU (1998) Council Directive on the Quality of Water Intended for Human Consumption, 98/83/CE.

EU (2000) Working document on sludge, Third Draft, European Union, Brussels, Belgium, April 27, 2000.

EU (2001) European Union, Decision No 2455/2001/EC of the European Parliament and of the council of 20 November 2001 establishing the list of priority substances in the field of water policy and amending directive 2000/60/EC, *Off. J.* L331 (15/12/2001).

EU (2003) Directive 2003/53/EC, Amending for the 26th time the Council directive 76/769/EEC relating to restrictions on the marketing and use of certain dangerous substances and preparations (nonylphenol, nonylphenol ethoxylate and cement), Luxembourg, Luxembourg: European Parliament and the Council of the European Union.

EU (2006) Directive 2006/122/ECOF of the European Parliament and of the Council of 12 December 2006. Official Journal of the European Union, L/372/32–34, 27.12.2006.

EU (European Union), 2004. Directive 2004/27/EC, Amending directive 2001/83/EC on the community code relating to medicinal products for human use. Official Journal of the European Union, L/136/34–57, 30.04.2004.

EU (European Union), 2004. Directive 2004/28/EC, Amending directive 2001/82/EC on the community code relating to veterinary medicinal products. Official Journal of the European Union, L/136/58–84, 30.04.2004.

Fair, P. A., Lee, H. B., Adams, J., Darling, C., Pacepavicius, G., Alaee, M., Bossart, G. D., Henry, N. and Muir, D. (2009) Occurrence of triclosan in plasma of wild Atlantic bottlenose dolphins (Tursiops truncatus) and in their environment. *Environ. Pollut.* **157**, 2248–2254.

Fan, W., Yanase, T., Morinaga, H., Gondo, S., Okabe, T., Nomura, M., Hayes, T. B., Takayanagi, R. and Nawata, H. (2007) Herbicide atrazine activates SF-1 by direct affinity and concomitant co-activators recruitments to induce aromatase expression via promoter II. *Biochem. Bioph. Res. Co.* **355**, 1012–1018.

Farre, M., Perez, S., Kantiani, L. and Barcelo, D. (2008) Fate and toxicity of emerging pollutants, their metabolites and transformation products. *TrAC Trend Anal. Chem.*, **27**, 991–1007.

FDA-CDER (1998) Guidance for Industry-Environmental Assessment of Human Drugs and Biologics Applications, Revision 1, FDA Center for Drug Evaluation and Research, Rockville.

Federle, T. W., Kaiser, S. K. and Nuck, B. A. (2002) Fate and effects of triclosan in activated sludge. *Environ. Toxicol. Chem.* **21**, 1330–1337.

Fent, K., Weston, A. A. and Caminada, D. (2006) Ecotoxicology of human pharmaceuticals. *Aquat. Toxicol.* **76**, 122–159.

Fernadez-Alba, A. R., Hernando, M. D., Piedra, L. and Chisti, Y. (2002) Toxicity evaluation of single and mixed antifouling biocides measured with acute toxicity bioassays. *Anal. Chim. Acta.* **456**, 303–312.

Figueroa, R. A., Leonard, A. and Mackay, A. N. (2004) Modeling tetracycline antibiotics sorption to clays. *Environ. Sci. Technol.* **38**, 476–483.

Fromme, H., Tittlemier, S. A., Volkel, W., Wilhelm, M. and Twardella, D. (2009) Perfluorinated compounds – Exposure assessment for the general population in western countries. *Int. J. Hyg. Envir. Heal.*, **212**, 239–270.

Gabriel, F. L. P., Routledge, E. J., Heidlberger, A., Rentsch, D., Guenther, K., Giger, W., Sumpter, J. P. and Kohler, H. P. E. (2008) Isomer-specific degradation and endocrine disrupting activity of nonylphenols. *Environ. Sci. Technol.* **42**, 6399–6408.

Gangwar, S. K. and Rafiquee, M. Z. A. (2007) Kinetics of the acid hydrolysis of isoproturon in the absence and presence of sodium lauryl sulfate micelles. *Colloid Polym. Sci.* **285**, 587–592.

Gao, J., Liu, L., Liu, X., Zhou, H., Lu, J., Huang, S. and Wang, Z. (2009) The occurrence and spatial distribution of organophosphorous pesticides in Chinese surface water. *B. Environ. Contam. Tox.* **82**, 223–229.

Gatidou, G., Kotrikla, A., Thomaidis, N. S. and Lekkas, T. D. (2004) Determination of the antifouling booster biocides irgarol 1051 and diuron and their metabolites in seawater by high performance liquid chromatography–diode array detector. *Anal. Chim. Acta* **528**, 89–99.

Gatidou, G. and Thomaidis, N. S. (2007) Evaluation of single and joint toxic effects of two antifouling biocides, their main metabolites and copper using phytoplankton bioassays. *Aquat. Toxicol.* **85**, 184–191.

Gatidou, G., Thomaidis, N. S. and Zhou, J. L. (2007) Fate of Irgarol 1051, diuron and their main metabolites in two UK marine systems after restrictions in antifouling paints. *Environ. Int.* **33**, 70–77.

Giacomazzi, S. and Cochet, N. (2004) Environmental impact of diuron transformation: a review. *Chemosphere* **56**, 1021–1032.

Giesy, J. P. and Kannan, K. (2001) Global distribution of perfluoroctane sulfonate in wildlife. *Environ. Sci. Technol.* **35**, 1339–1342.

Giesy, J. P. and Kannan, K. (2002) Perfluorochemicals in the environment. *Environ. Sci. Technol.* **36**, 147–152.

Golfinopoulos, S.K, Nikolaou, A. D., Kostopoulou, M. N., Xilourgidis, N. K., Vagi, M. C. and Lekkas, D. T. (2003) Organochlorine pesticides in the surface waters of Northern Greece. *Chemosphere* **50**, 507–516.

Gomes, R. L., Deacon, H. E., Lai, K. M., Birkett, J. W., Scrimshaw, M. D. and Lester, J. N. (2004) An assessment of the bioaccumulation of estrone in daphnia magna. *Environ. Toxicol. Chem.* **23**, 105–108.

Gómez, M. J., Martínez Bueno, M. J., Lacorte, S., Fernández-Alba, A. R. and Agüera, A. (2007) Pilot survey monitoring pharmaceuticals and related compounds in a sewage treatment plant located on the Mediterranean coast. *Chemosphere* **66**, 993–1002.

Gonzalez, S., Petrovic, M. and Barcelo, D. (2007) Removal of a broad range of surfactants from municipal wastewater – Comparison between membrane bioreactor and conventional activated sludge treatment. *Chemosphere* **67**, 335–343.

Gooddy, D. C., Chilton, P. J. and Harrison, I. (2002) A field study to assess the degradation and transport of diuron and its metabolites in a calcareous soil. *Sci. Total Environ.* **297**, 67–83.

Götz, R., Bauer, O. H., Friesel, P. and Roch, K. (1998) Organic trace compounds in the water of the River Elbe near Hamburg part II. *Chemosphere* **36**, 2103–2118.

Government of Canada, 2006. Perfluorooctane sulfonate and its salts and certain other compounds regulations. *Can. Gazette Part. I* **140**, 4265–4284.

Groning, J., Held, C., Garten, C., Claussnitzer, U., Kaschabek, S. R. and Schlomann, M. (2007) Transformation of diclofenac by the indigenous microflora of river sediments and identification of a major intermediate. *Chemosphere* **69**, 509–516.

Halling-Sørensen, B., Nors Nielsen, S., Lanzky, P. F., Ingerslev, F., Holten Lützhoft, H. C. and Jørgensen, S. E. (1998) Occurrence, fate and effects of pharmaceutical substances in the environment – a review. *Chemosphere* **36**, 357–393.

Heberer, T. (2002a) Occurrence, fate, and removal of pharmaceutical residues in the aquatic environment: a review of recent research data. *Toxicol. Lett.* **131**, 5–17.

Heberer, T. (2002b) Tracking persistent pharmaceutical residues from municipal sewage to drinking water. *J. Hydrol.* **266**, 175–189.

Heidler, J. and Halden, R. U. (2007) Mass balance of triclosan removal during conventional sewage treatment. *Chemosphere* **66**, 362–369.

Hess-Wilson, J. K. and Knudsen, K. E. (2006) Endocrine disrupting compounds and prostate cancer. *Cancer Lett.* **241**, 1–12.

Hignite, C. and Azarnoff, D. L. (1977) Drugs and drug metabolites as environmental contaminants: Chlorophenoxyisobutyrate and salicylic acid in sewage water effluent. *Life Sci.* **20**, 337–341.

Hirano, M., Ishibashi, H., Kim, J. W., Matsumura, N. and Arizono, K. (2009) Effects of environmentally relevant concentrations of nonylphenol on growth and 20-hydroxyecdysone levels in mysid crustacean, Americamysis bahia. *Comp. Biochem. Phys. Part C: Toxicol. Pharm.* **149**, 368–373.

Hirsch, R., Ternes, T. A., Haberer, K. and Kratz, K. L. (1996) Determination of betablockers and β-sympathomimetics in the aquatic environment. *Vom Wasser* **87**, 263–274.

Houde, M., Martin, J. W., Letcher, R. J., Solomon, K. R. and Muir, D. C. G. (2006) Biological monitoring of polyfluoroalkyl substances: A review. *Environ. Sci. Technol.* **40**, 3463–3473.

Hu, J., Jin, F., Wan, Y., Yang, M., An, L., An, W. and Tao, S. (2005) Trophodynamic behavior of 4-nonylphenol and nonylphenol polyethoxylate in a marine aquatic food web from Bohai Bay, North China: Comparison to DDTs. Environ. Sci. Technol. **39**, 4801–4807.

Humburg, N. E., Colby, S. R. and Hill, E. R. (1989) Herbicide Handbook of the Weed Science Society of America (sixth ed.), Weed Science Society of America, Champaign, IL.

Hundley, S. G., Sarrif, A. M. and Kennedy, G. L. (2006) Absorption, distribution, and excretion of ammonium perfluorooctanoate (APFO) after oral administration to various species. *Drug Chem. Toxicol.* **29**, 137–145.

IARC/WHO (1991) Occupational exposures in insecticide application, and some pesticides, Lyon7 IARC, vol. 53.

Inui, M., Adachi, T., Takenaka, S., Inui, H., Nakazawa, M., Ueda, M., Watanabe, H., Mori, C., Iguchi, T. and Miyatake, K. (2003) Effect of UV screens and preservatives on vitellogenin and choriogenin production in male medaka (Oryzias latipes). Toxicol. **194**, 43–50.

Isidori, M., Bellotta, M., Cangiano, M. and Parella, A. (2009) Estrogenic activity of pharmaceuticals in the aquatic environment. *Environ. Int.* **35**, 826–829.

Isidori, M., Nardelli, A., Pascarella, L., Rubino, M. and Parella, A. (2007) Toxic and genotoxic impact of fibrates and their photoproducts on non-target organisms. *Environ. Int.* **33**, 635–641.

John, D. M., House, W. A. and White, G. F. (2000) Environmental fate of nonylphenol ethoxylates: differential adsorption of homologs to components of river sediment. *Environ. Toxicol. Chem.* **19**, 293–300.

Jonkers, N., Kohler, H. P., Dammshauser, A. and Giger, W. (2009) Mass flows of endocrine disruptors in the Glatt River during varying weather conditions. *Environ. Pollut.* **157**, 714–723.

Joss, A., Keller, E., Alder, A. C., Gobel, A., McArdell, C. S., Ternes, T. and Siegrist, H. (2005) Removal of pharmaceuticals and fragrances in biological wastewater treatment. *Water Res.* **39**, 3139–3152.

JRC (Joint Research Center) (2001), Organic Contaminants in sewage sludge for agricultural use (http://ec.europa.eu/environment/ waste/sludge/pdf/ organics_in_ludge.pdf, retrieved 05.11.2009).

Jürgens, M. D., Williams, R. J. and Johnson, A. C. (1999) R&D Technical Report P161, Environment Agency, Bristol, UK.

Jürgens, M. D., Holthaus, K. I. E., Johnson, A. C., Smith, J. J. L., Hetheridge, M. and Williams, R. J. (2002) The potential for estradiol and ethinylestradiol degradation in English rivers. *Environ. Toxicol. Chem.* **21**, 480–488.

Kalantzi, O. L., Martin, F. L., Thomas, G. O., Alcock, R. E., Tang, H. R., Drury, S. C., Carmichael, P. L., Nicholson, J. K. and Jones, K. C. (2004) Different levels of polybrominated diphenyl ethers (PBDEs) and chlorinated compounds in breast milk from two U.K. regions. *Environ. Health Persp.* **112**, 1085–1091.

Kannan, K., Corsolini, S., Falandysz, J., Fillmann, G., Kumar, K. S., Loganathan, B. G., Mohd, M. A., Olivero, J., Van Wouwe, N., Yang, J. H. and Aldoust, K. M. (2004) Perfluorooctanesulfonate and related fluorochemicals in human blood from several countries. *Environ. Sci. Technol.* **38**, 4489–4495.

Kannan, K., Tao, L., Sinclair, E., Pastva, S. D., Jude, D. J. and Giesy, J. R. (2005) Perfluorinated compounds in aquatic organisms at various trophic levels in a Great Lakes food chain. *Arch. Environ. Cont. Toxicol.* **48**, 559–566.

Kasprzyk-Hordern, B., Dinsdale, R. M. and Guwy, A. J. (2007) Multi-residue method for the determination of basic/neutral pharmaceuticals and illicit drugs in surface water by solid-phase extraction and ultra performance liquid chromatography–positive electrospray ionisation tandem mass spectrometry. *J. Chromatogr. A* **1161**, 132–145.

Kasprzyk-Hordern, B., Dinsdale, R. M. and Guwy, A. J. (2008) The occurrence of pharmaceuticals, personal care products, endocrine disruptors and illicit drugs in surface water in South Wales, UK. *Water Res.* **42**, 3498–3518.

Kaushik, P. and Kaushik, G (2007) An assessment of structure and toxicity correlation in organochlorine pesticides. *J. Hazard. Mater.* **143**, 102–111.

Kelce, W. R. and Wilson, E. M. (1997) Environmental antiandrogens: developmental effects, molecular mechanisms, and clinical implications. *J. Mol. Med.* **75**, 198–207.

Keller, J. M., Kannan, K., Taniyasu, S., Yamashita, N., Day, R. D., Arendt, M. D., Segars, A. L. and Kucklick, J. R. (2005) Perfluorinated compounds in the plasma of loggerhead and Kemp's ridley sea turtles from the southeastern coast of the United States. *Environ. Sci. Technol.* **39**, 9101–9108.

Kemper, R. A. (2003) Perfluorooctanoic acid: Toxicokinetics in the rat. DuPont Haskell Laboratories, Project No. DuPont–7473. US EPA Administrative Record, AR-226-1499.

Kim, S.-C. and Carlson, K. (2007) Temporal and spatial trends in the occurrence of human and veterinary antibiotics in aqueous and river sediment matrices. *Environ. Sci. Technol.* **41**, 50–57.

Kissa, E. (2001) Fluorinated Surfactants and Repellents (second ed), Marcel Dekker, Inc., New York, NY, USA.

Kolpin, D. W., Furlong, E. T., Meyer, M. T., Thurman, E. M., Zaugg, S. D., Barber, L. B. and Buxton, H. T. (2002) Pharmaceuticals, hormones and other organic wastewater contaminants in U.S. Streams, 1999—2000: A National Reconnaissance. *Environ. Sci. Technol.* **36**, 1202–1211.

Koppen, G., Covaci, A., Van Cleuvenbergen, R., Schepens, P., Winneke, G., Nelen, V., van Larebeke, N., Vlietinck, R. and Schoeters, G. (2008) Persistent organochlorine pollutants in human serum of 50–65 years old women in the Flanders Environmental and Health Study (FLEHS). Part 1: concentrations and regional differences. *Chemosphere* **48**, 811–825.

Kreuzinger, N., Clara, M., Strenn, B. and Kroiss, H. (2004) Relevance of the sludge retention time (SRT) as design criteria for wastewater treatment plants for the removal of endocrine disruptors and pharmaceuticals from wastewater. *Water Sci. Technol.* **50**, 149–156.

Kuch, H.M. and Ballschmiter, K. (2001) Determination of endocrine disrupting phenolic compounds and estrogens in surface and drinking water by HRGC-(NCI)-MS in the picogram per liter range. *Environ. Sci. Technol.* **35**, 3201–3206.

Kumar, V., Chakraborty, A., Kural, M. R. and Poy, P. (2009) Alteration of testicular steroidogenesis and histopathology of reproductive system in male rats treated with triclosan. *Reprod. Toxicol.* **27**, 177–185.

Kummerer, K. (2009) The presence of pharmaceuticals in the environment due to human use – present knowledge and future challenges. *J. Environ. Manage.* **90**, 2354–2366.

Kunz, P. Y. and Fent, K. (2006) Estrogenic activity of UV filter mixtures. *Toxicol. Appl. Pharm.* **217**, 86–99.

Lagana, A., Bacaloni, A., De Leva, I., Faberi, A., Fago, G. and Marino, A. (2004) Analytical methodologies for determining the occurrence of endocrine disrupting chemicals in sewage treatment plants and natural waters. *Anal. Chim. Acta* **501**, 79–88.

Lai, K. M., Scrimshaw, M. D. and Lester, J. N. (2002) Biotransformation and bioconcentration of steroid estrogens by *Chlorella vulgaris*. *App. Environ. Microb.* **68**, 859–864.

Lai, K. M., Johnson, K. L., Scrimshaw, M. D. and Lester, J. N. (2000) Binding of waterborne steroid estrogens to solid phases in river and estuarine systems. *Environ. Sci. Technol.* **34**, 3890–3894.

Lalah, J. D., Schramm, K. W., Henkelmann, B., Lenoir, D., Behechti, A., Gunther, K. and Kettrup, A. (2003) The dissipation, distribution and fate of a branched ^{14}C-nonylphenol isomer in lake water/sediment systems. *Environ. Pollut.* **122**, 195–203.

Lam, M. and Mabury, S. A. (2005) Photodegradation of the pharmaceuticals atorvastatin, carbamazepine, levofloxacin, and sulfamethoxazole in natural waters. *Aquat. Sci.* **67**, 177–188.

Lam, M. W., Young, C. J., Brain, R. A., Johnson, D. J., Hanson, M. A., Wilson, C. J., Richards, S. M., Solomon, K. R. and Mabury, S. A. (2004) Aquatic persistence of eight pharmaceuticals in a microcosm study. *Environ. Toxicol. Chem.* **23**, 1431–1440.

Lambropoulou, D. A., Sakkas, V. A., Hela, D. G. and Albanis, T. A. (2002) Application of solid phase microextraction (SPME) in monitoring of priority pesticides in Kalamas River (N.W. Greece). *J. Chromatogr. A* **963**, 107–116.

Lange, I. G., Daxenberger, A., Schiffer, B., Witters, H., Ibarreta, D. and Meyer, H. H. (2002) Sex hormones originating from different livestock production systems: fate and potential disrupting activity in the environment. *Anal. Chim. Acta* **473**, 27–37.

Länge, R., Hutchinson, T. H., Croudace, C. P. and Siegmund, F. (2001) Effects of the synthetic estrogen 17 alpha-ethinylestradiol on the life-cycle of the fathead minnow (Pimephales promelas). *Environ. Toxicol. Chem.* **20**, 1216–1227.

Larsson, D. G. J., Adolfsson-Erici, M., Parkkonen, J., Pettersson, M., Berg, A. H., Olsson, P. E. and Förlin, L. (1999) Ethinyloestradiol: an undesired fish contraceptive? *Aquat. Toxicol.* **45**, 91–97.

Latch, D. E., Packer, J. L., Stender, B. L., VanOverbeke, J., Arnold, W. A. and McNeill, K. (2005) Aqueous photochemistry of triclosan: formation of 2,4-dichlorophenol, 2,8-dichlorodibenzo-p-dioxin and oligomerization products. *Environ. Toxicol. Chem.* **24**, 517–525.

Lau, C., Anitole, K., Hodes, C., Lai, D., Pfahles-Hutchens, A. and Seed, J. (2007) Perfluoroalkyl acids: A review of monitoring and toxicological findings. *Toxicol. Sci.* **99**, 366–394.

Lau, C., Butenhoff, J. L. and Rogers, J. M. (2004) The developmental toxicity of perfluoroalkyl acids and their derivatives. *Toxicol. Appl. Pharmacol.* **198**, 231–241.

Leclercq, M., Mathieu, O.,Gomez, E., Casellas, C., Fenet, H. and Hillaire-Buys, D. (2009) Presence and fate of carbamazepine, oxcarbazepine, and seven of their metabolites at wastewater treatment plants. *Arch. Environ. Cont. Toxicol.* **56**, 408–415.

Lehmler, H. J. (2005) Synthesis of environmentally relevant fluorinated surfactants – a review. *Chemosphere* **58**, 1471–1496.

Lerner, D. T., Bjornsson, B. T. and Mccormick, S. D. (2007) Larval exposure to 4-nonylphenol and 17β-estradiol affects physiological and behavioral development of seawater adaptation in Atlantic salmon smolts. *Environ. Sci. Technol.* **41**, 4479–4485.

Li, M. H. (2009) Toxicity of perfluorooctane sulfonate and perfluorooctanoic acid to plants and aquatic invertebrates. *Environ. Toxicol.* **24**, 95–101.

Lin, A. Y. and Reinhard, M. (2005) Photodegradation of common environmental pharmaceuticals and estrogens in river water. *Environ. Toxicol. Chem.* **24**, 1303–1309.

Liu, J., Wang, L., Zheng, L., Wang, X. and Lee, F. S. C. (2006) Analysis of bacteria degradation products of methyl parathion by liquid chromatography/electrospray time-of-flight mass spectrometry and gas chromatography/mass spectrometry. *J. Chromatogr. A* **29**, 180–187.

Liu, Z.-H., Kanjo, Y. and Mizutani, S. (2009) Urinary excretion rates of natural estrogens and androgens from humans, and their occurrence and fate in the environment: A review. *Sci. Total Environ.* **407**, 4975–4985.

Löffler, D., Römbke, J., Meller, M. and Ternes, T. A. (2005) Environmental fate of pharmaceuticals in water/sediment systems. *Environ. Sci. Technol.* **39**, 5209–5218.

Loos, R., Gawlik, B. M., Locoro, G., Rimaviciute, E., Contini, S. and Bidoglio, G. (2009) EU-wide survey of polar organic persistent pollutants in European river waters.

Environ. Pollut. **157**, 561–568.

Loos, R., Wollgast, J., Huber, T. and Hanke, G. (2007) Polar herbicides, pharmaceutical products, perfluorooctanesulfonate (PFOS), perfluorooctanoate (PFOA), and nonylphenol and its carboxylates and ethoxylates in surface and tap waters arround Lake Maggiore inn Northern Italy. *Anal. Bioanal. Chem.* **387**, 1469–1478.

Lopez-Avila, V. and Hites, R. A. (1980) Organic compounds in an industrial wastewater. Their transport into sediment. *Environ. Sci. Technol.* **14**, 1382–1390.

Luo, X., Mai, B., Yang, Q., Fu, J., Sheng, G. and Wang, Z., (2004) Polycyclic aromatic hydrocarbons (PAHs) and organochlorine pesticides in water columns from the Pearl River and the Macao harbor in the Pearl River Delta in South China. *Mar. Pollut. Bull.* **48**, 1102–1115.

Manahan, S. E. (2004) Environmental Chemistry, CRC Press, New York, USA.

Martin, J. W., Mabury, S. A., Solomon, K. R. and Muir, D. C. G. (2003) Bioconcentration and tissue distribution of perfluorinated acids in rainbow trout (*Oncorhynchus Mykiss*). *Environ. Toxicol. Chem.* 196–204.

Matthews, G. (2006) Pesticides: health, safety and the environment, Blackwell Publishing, Oxford, UK.

Mc Avoy, D. C., Schatowitz, B., Jacob, M., Hauk, A. and Eckhoff, W. S. (2002) Measurement of triclosan in wastewater treatment systems. *Environ. Toxicol. Chem.* **21**, 1323–1329.

McMahon, K., Bengtson–Nash, S., Eaglesham, G, Müller, J. F., Duke, N. C. and Winderlich, S. (2005) Herbicide contamination and the potential impact to seagrass meadows in Hervey Bay, Queensland, Australia. *Mar. Pollut. Bull.* **51**, 325–334.

Metcalfe, C. D., Koenig, B. G., Bennie, D. T., Servos, M., Ternes, T. A. and Hirsch, R. (2003) Occurrence of neutral and acidic drugs in the effluents of Canadian sewage treatment plants. *Environ. Toxicol. Chem.* **22**, 2872–2880.

Mezcua, M., Gomez, M. J., Ferrer, I., Aguera, A., Hernando, M. D. and Fernandez-Alba, A. R. (2004) Evidence of 2,7/2,8-dibenzodichloro-p-dioxin as a photodegradation product of triclosan in water and wastewater samples. *Anal. Chim. Acta* **524**, 241–247.

Miao, X. S. and Metcalf, C. D. (2003) Determination of carbamazepine and its metabolites in aqueous samples using Liquid Chromatography−Electrospray Tandem Mass Spectrometry. *Anal. Chem.* **75**, 3731–3738.

Mimeault, C., Woodhouse, A. J., Miao, X. S., Metcalfe, C. D., Moon, T. W. and Trudeau, V. L. (2005) The human lipid regulator, gemfibrozil bioconcentrates and reduces testoterone in the goldfish, Carassius auratus. *Aquat. Toxicol.* **73**, 44–54.

Mompelat, S., Le Bot, B. Thomas, O. (2009) Occurrence and fate of pharmaceutical products and by-products, from resource to drinking water. *Environ. Int.* **35**, 803–814.

Müller, B., Berg, M., Yao, Z.-P., Zhang, X.-F., Wang, D. and Pfluger, A. (2008) How polluted is the Yangtze river? Water quality downstream from the Three Gorges Dam. *Sci. Total Environ.* **402**, 232–247.

Murakami, M., Shinohara, H. and Takada, H. (2009) Evaluation of wastewater and street runoff as sources of perfluorinated surfactants (PFSs). *Chemosphere* **74**, 487–493.

Nelson, S. D., Letey, J., Farmer, W. J. and Ben-Hur, M. (1998) Facilitated transport of nanpropamide by dissolved organic matter in sewage sludge-amended soil. *J. Environ. Qual.* **27**, 1194–2000.

Ning, B., Graham, N., Zhang, Y., Nakonechny, M. and El-Din, M. G. (2007) Degradation of Endocrine Disrupting Chemicals by Ozone/AOPs. *Ozone-Sci. Eng.* **29**, 153–176.

Oaks, J. L., Gilbert, M., Virani, M. Z., Watson, R. T., Meteyer, C. U., Rideout, B. A., Shivaprasad, H. L., Ahmed, S., Chaudhry, M. J. I., Arshad, M., Mahmood, S., Ali, A. and Khan, A. A. (2004) Diclofenac residues as the cause of vulture population decline in Pakistan. *Nature* **427**, 630–633.

OECD (Organization for Economic Co-operation and Development), 2005. Results of survey on production and use of PFOS, PFAS and PFOA, related substances and products/mixtures containing these substances. ENV/JM/MONO(2005)1, Paris.

Okamura, H., Aoyama, I., Ono, Y. and Nishida, T. (2003) Antifouling herbicides in the coastal waters of western Japan, *Mar. Pollut. Bull.* **47**, 59–67.

Olsen, G. W., Burris, J. M., Ehresman, D. J., Froehlich, J. W., Seacat, A. M., Butenhoff, J. L. and Zobel, L. R. (2007) Half-life of serum elimination of perfluorooctanesulfonate, perfluorohexanesulfonate, and perfluorooctanoate in retired fluorochemical production workers. *Environ. Health Perspect.* **115**, 1298–1305.

Orvos, D. R., Versteeg, D. J., Inauen, J., Capdevielle, M., Rodethenstein, A. and Cunningham, V. (2002) Aquatic toxicity of triclosan. *Environ. Toxicol. Chem.* **21**, 1338–1349.

Palmer, B. D. and Palmer, S. K. (1995) Vitellogenin induction by xenobiotic estrogens in the red-eared turtle and African clawed frog. Environ. *Health Perspect.* **103**, 19–25.

Pandit, G. G., Mohan Rao, A. M., Jha, S. K., Krishnamoorthy, T. M., Kale, S. P., Raghu, K. and Murthy, N. B. K. (2001) Monitoring of organochlorine pesticide residues in the Indian marine environment. *Chemosphere* **44**, 301–305.

Pehkonen, S.O. and Zhang, Q. (2002) The degradation of organophosphorus pesticides in natural waters: a critical review. *Crit. Rev. Env. Sci. Tec.* **32**, 17–72.

Peng, X., Yu, Y., Tang, C., Tan, J. Xuang, Q. and Wang, Z. (2008) Occurrence of steroid estrogens, endocrine-disrupting phenols, and acid pharmaceutical residues in urban riverine water of the Pearl River Delta, South China. *Sci. Total Environ.* **397**, 158–166.

Peñuela, G. A. and Barceló, D. (1998) Photosensitized degradation of organic pollutants in water: processes and analytical applications. *Trend. Anal. Chem.* **17**, 605–612.

Petrovic, M., Diaz, A., Ventura, F. and Barcelo, D. (2003) Occurrence and removal of estrogenic short-chain ethoxy nonylphenolic compounds and their halogenated derivatives during drinking water production. *Environ. Sci. Technol.* **37**, 4442–4448.

Planas, C., Caixach, J., Santos, F. J. and Rivera, J. (1997) Occurrence of pesticides in Spanish surface waters. Analysis by high resolution gas chromatography coupled to mass spectrometry. *Chemosphere* **34**, 2393–2406.

Planas, C., Guadayol, J. M., Droguet, M., Escalas, A., Rivera, J. and Caixach, J. (2002) Degradation of polyethoxylated nonylphenols in a sewage treatment plant. Quantitative analysis by isotopic dilution-HRGC/MS. *Water Res.* **36**, 982–988.

Plumlee, M. H., Larabee, J. and Reinhard, M. (2008) Perfluorochemicals in water reuse. *Chemosphere* **72**, 1541–1547.

Poiger, T., Buser, H.-R. and Müller, M. D. (2001) Photodegradation of the pharmaceutical drug diclofenac in a lake: pathway, field measurements, and mathematical modeling. *Environ. Toxicol. Chem.* **20**, 256–263.

Polder, A., Odland, J. O., Tkachev, A., Foreid, S., Savinova, T. N. and Skaare, J. U. (2003) Geographical variation of chlorinated pesticides, toxaphenes and PCBs in human milk from sub-arctic and arctic locations in Russia. *Sci. Total Environ.* **306**, 79–195.

Pomati, F., Orlandi, C., Clerici, M., Luciani, F. and Zuccato, E. (2008) Effects and interactions in an environmentally relevant mixture of pharmaceuticals. *Toxicol. Sci.* **102**, 129–137.

Preuss, T. G., Gurer-Orham, H., Meerman, J. and Ratte, H. T. (2009) Some nonylphenol isomers show antiestrogenic potency in the MVLN cell assay. Toxicology in Vitro (in press, doi: 10.1016/j.tiv.2009.08.017).

Purdum, C. E., Hardiman, P. A., Bye, V. J., Eno, N. C., Tyler ,C. R. and Sumpter, J. P. (1994) Oestrogenic effects of effluent from sewage treatment works. *Chem. Ecol.* **8**, 275–285.

Qiu, Y.-W., Zhang, G., Guo, L.-L., Cheng, H.-R., Wang, W.-X., Li, X.-D. and Wai, W. H. (2009) Current status and historical trends of organochlorine pesticides in the ecosystem of Deep Bay, South China. *Estuar. Coast. Shelf S.* **85**, 265–272.

Quinn, B., Gagné, F. and Blaise, C. (2009) Evaluation of the acute, chronic and teratogenic effects of a mixture of eleven pharmaceuticals on the cnidarian, Hydra attenuate. *Sci. Total Environ.* **407**, 1072–1079.

Radjenovic, J., Petrovic, M. and Barcelo, D. (2009) Fate and distribution of pharmaceuticals in wastewater and sewage sludge of the conventional activated sludge (CAS) and advanced membrane bioreactor (MBR) treatment. *Water Res.* **43**, 831–841.

Rana, S. V. S. (2006) Environmental Pollution, Health and Toxicology, Alpha Science International Lts., Oxford, UK.

Reith, D. M., Appleton, D. B., Hooper, W. and Eadie, M. J. (2000) The effect of body size on the metabolic clearance of carbamazepine. *Biopharm. Drug Dispos.* **21**, 103–111.

Renner, R. (1997) European bans on surfactant trigger transatlantic debate. *Environ. Sci. Technol.* **31**, 316–320.

Rodgers-Gray, T. P., Jobling, S., Morris, S., Kelly, C., Kirby, S., Janbakhsh, A., Harries, J. E., Waldock, M. J., Sumpter, J. P. and Tyler, C. R. (2000) Long-term temporal changes in the estrogenic composition of treated sewage effluent and its biological effects on fish. *Environ Sci Technol.* **34**, 1521–1528.

Rupa, D. S., Reddy, P. P. and Reddi, O. S. (1990) Cytogeneticity of quinalphos and methyl parathion in human peripheral lymphocytes. *Hum. Exp. Toxicol.* **9**, 385–387.

Sabik, H., Jeannot, R. and Rondeaua, B. (2000) Multiresidue methods using solid-phase extraction techniques for monitoring priority pesticides, including triazines and degradation products, in ground and surface waters. *J. Chromatogr. A*, **885**, 217–236.

Salazar-Arredondo, E., Solís-Heredia, M. de, J., Rojas-García, E., Hernández-Ochoa, I. and Betzabet Quintanilla-Vega, B. (2008) Sperm chromatin alteration and DNA damage by methyl-parathion, chlorpyrifos and diazinon and their oxon metabolites in human spermatozoa. *Reprod. Toxicol.* **25**, 455–460.

Salvestrini, S., Di Cerbo, P. and Capasso, S. (2002) Kinetics of the chemical degradation of diuron. *Chemosphere* **48**, 69–73.

Sanderson, H., Boudreau, T. M., Mabury, S. A. and Solomon, K. R. (2004) Effects of perfluorooctane sulfonate and perfluorooctanoic acid on the zooplanktonic community. *Ecotox. Environ. Safe.* **58**, 68–76.

Santos, L., Aparicio, I. and Alonso, E. (2007) Occurrence and risk assessment of pharmaceutically active compounds in wastewater treatment plants. A case study: Seville city (Spain). *Environ. Int.* **33**, 596–601.

Sarmah, A. K., Meyer, M. T. and Boxall, A. B. A. (2006) A global perspective on the use, sales, exposure pathways, occurrence, fate and effects of veterinary antibiotics (Vas) in the environment. *Chemosphere* **65**, 725–759.

Sarmah, A. K. and Northcott, G. L. (2008) Laboratory degradation studies of four endocrine disruptors in two environmental media. *Environ. Toxicol. Chem.* **27**, 819–827.

Scheytt, T., Mersmann, P., Lindstädt, R. and Heberer, T. (2005) Determination of pharmaceutically active substances carbamazepine, diclofenac, and ibuprofen, in sandy sediments. *Chemosphere* **60**, 245–253.

Schneider, W. and Degen, P. H. (1981) Simultaneous determination of diclofenac sodium and its hydroxy metabolites by capillary column gas chromatography with electron-capture detection. *J. Chromatogr.* **217**, 263–271.

Schubert, S., Peter, A., Burki, R., Schonenberger, R., Suter, M. J. F. and Segner, H., Burkhardt-Holm P. (2008) Sensitivity of brown trout reproduction to long-term estrogenic exposure. *Aquat. Toxicol.* **90**, 65–72.

Schwaiger, J., Ferling, H., Mallow, U., Wintermayr, H. and Negele, R. D. (2004) Toxic effects of the non-steroidal anti-inflammatory drug diclofenac. Part I: Histopathological alterations and bioaccumulation in rainbow trout.' *Aquat. Toxicol.* **68**, 141–150.

Seacat, A. M., Thomford, P. J., Hansen, K. J., Olsen, G. W., Case, M. T. and Butenhoff, J. L. (2002) Subchronic toxicity studies on perfluorooctanesulfonate potassium salt in cynomolgus monkeys. *Toxicol. Sci.* **68**, 249–264.

Segura, P. A., Francois, M., Cagnon, C. and Sauve, S. (2009) Review of the occurrence of anti-infectives in contaminated wastewaters and natural and drinking waters. *Environ. Health Persp.* **117**, 675–684.

Seibert, B. (1996) Data from animal experiments and epidemiology data on tumorigenicity of estradiol valerate and ethinyl estradiol, cited in: Endocrinically Active Chemcials in the Environment, UBA TEXTE 3/96, Berlin, pp. 88–95.

Servos, M. R., Bennie, D. T., Burnison, B. K., Jurkovic, A., McInnis, R., Neheli, T., Schnell, A, Seto, P., Smyth, S. A. and Ternes, T. A. (2005) Distribution of estrogens, 17b-estradiol and estrone, in Canadian municipal wastewater treatment plants. *Sci. Total Environ.* **336**, 155–170.

Shankar, M. V., Nélieu, S., Kerhoas, L. and Einhorn, J. (2008) Natural sunlight NO^{3-}/NO^{2-}-induced photo-degradation of phenylurea herbicides in water. *Chemosphere* **71**, 1461–1468.

Shao, B., Hu, J., Yang, M., An, W. and Tao, S. (2005) Nonylphenol and nonylphenol ethoxylates in river water, drinking water, and fish Tissues in the area of Chongqing, China. *Arch. Environ. Cont. Toxicol.* **48**, 467–473.

Shore, L. S., Kapulnik, Y., Ben-Dov, B., Fridman, Y., Wininger, S. and Shemesh, M. (1992) Effects of estrone and 17 β estradiol on vegetative growth of Medicago sativa, Physiol. *Plant.* **84**, 217–222.

Shukla, G., Kumar, A., Bhanti, M., Joseph, P. E. and Taneja, A. (2006) Organochlorine pesticide contamination of ground water in the city of Hyderabad. *Environ. Int.* **32**, 244–247.

Shultz, S., Baral, H. S., Charman, S., Cunningham, A. A., Das, D., Ghalsasi, G. R., Goudar, M., Green, R. E., Jones, A., Nighot, P., Pain, D. J. and Prakash, V. (2004) Diclofenac poisoning is widespread in declining vulture populations across the Indian subcontinent. *Proc. Roy. Soc. London B* **271**, S458–S460.

Sinclair, E. and Kannan, K. (2006) Mass loading and fate of perfluoroalkyl surfactants in wastewater treatment plants. *Environ. Sci. Technol.* **40**, 1408–1414.

Singer, H., Muller, S., Tixier, C. and Pillonel, L. (2002) Triclosan: Occurrence and fate of a widely used biocide in the aquatic environment: Field measurements in wastewater treatment plants, surface waters, and lake sediments. *Environ. Sci. Technol.* **36**, 4998–5004.

Soares, A., Guieysse, B., Jefferson, B., Cartmell, E. and Lester, J. N. (2008) Nonylphenol in the environment: A critical review on occurrence, fate, toxicity and treatment in wastewaters. *Environ. Int.* **34**, 1033–1049.

Soto, A. M., Sonnenschein, C., Chung, K. L., Fernandez, M. F., Olea, N. and Serrano, F. O. (1995) The E-SCREEN assay as a tool to identify estrogens: an update on estrogenic environmental pollutants. *Environ. Health Persp.* **103**, 113–122.

Standley, L. J., Rudel, R. A., Swartz, C. H., Attfield, K. R., Christian, J., Erickson, M. and Brody, J. G. (2008) Wastewater-contaminated groundwater as a source of endogenous hormones and pharmaceuticals to surface water ecosystems. *Environ. Tox. Chem.* **27**, 2457–2468.

Staples, C., Mihaich E., Carbone J., Woodburn K., Klecka G. (2004) A weight of evidence analysis of the chronic ecotoxicity of nonylphenol ethoxylates, nonylphenol ether carboxylates, and nonylphenol. *Hum. Ecol. Risk Assess.* **10**, 999–1017.

Stasinakis, A. S., Gatidou, G., Mamais, D., Thomaidis, N. S. and Lekkas, T. D. (2008) Occurrence and fate of endocrine disrupters in Greek sewage treatment plants. *Water Res.* **42**, 1796–1804.

Stasinakis, A. S., Kordoutis, C., I., Tsiouma, V. C., Gatidou, G. and Thomaidis, N. S. (2009b) Removal of selected endocrine disrupters in activated sludge systems: Effect of sludge retention time on their sorption and biodegradation. Bioresource Technol. (in press).

Stasinakis, A. S., Petalas, A. V., Mamais, D., Thomaidis, N. S., Gatidou, G. and Lekkas, T. D. (2007) Investigation of triclosan fate and toxicity in continuous-flow activated sludge systems. *Chemosphere*, **68**, 375–381.

Stasinaksi, A. S., Kotsifa, S., Gatidou, G., Mamais, D. (2009a) Diuron biodegradation in activated sludge batch reactors under aerobic and anoxic conditions. *Water Res.* **43**, 1471–1479.

Strandberg, M. T. and Scott-Fordsmand, J.-J. (2002) Field effects of simazine at lower trophic levels–a review. *Sci. Total Environ.* **296**, 117–137.

Takagi, S., Adachi, F., Miyano, K., Koizumi, Y., Tanaka, H., Mimura, M., Watanabe, I., Tanabe, S. and Kannan, K. (2008) Perfluorooctanesulfonate and perfluorooctanoate in raw and treated tap water from Osaka, Japan. *Chemosphere* **72**, 1409–1412.

Tao, L., Kannan, K., Kajiwara, N., Costa, M., Fillman, G., Takahashi, S. and Tanabe, S. (2006) Perfluorooctanesulfonate and related flurochemicals in albatrosses, elephant seals, penguins, and polar skuas from the Southern Ocean. *Environ. Sci. Technol.* **40**, 7642–7648.

Ternes, T. A., Hirsch, R., Mueller, J. and Haberer, K. (1998) Methods for the determination of neutral drugs as well as betablockers and β_2-sympathomimetics in aqueous matrices using GC/MS and LC/MS/MS. Fresen. *J. Anal. Chem.* **362**, 329–340.

Ternes, T. A., Knacker, T. and Oehlmann, J. (2003) Persconal care products in the aquatic environment – A group of substances which has been neglected to date. Umweltwissenschaften und Schadstoff-Forschung, **15**, 169–180.

Thiele-Bruhn, S. (2003) Pharmaceutical antibiotic compounds in soils – a review. *J. Plant. Nutr. Soil Sci.* **166**, 145–167.

Thomas, D. B. (1984), Do hormones cause breast cancer? *Cancer* **53**, 595–604.

Thomas, L., Russell, A. D. and Maillard, J. Y. (2005) Antimicrobial activity of chlorhexidine diacetate and benzalkonium chloride against Pseudomonas aeruginosa and its response to biocide residues. *J. Appl. Microb.* **98**, 533–543.

Thorpe, K. L., Hutchinson, T. H., Hetheridge, M. J., Scholze, M., Sumpter, J. P. and Tyler, C. R. (2001) Assessing the biological potency of binary mixtures of environmental estrogens using vitellogenin induction in juvenile rainbow trout (Oncorhynchus mykiss). *Environ. Sci. Technol.* **35**, 2476–2481.

Thorpe, K. L., Cummings, R. I., Hutchinson, T. H., Scholze, M., Brighty, G., Sumpter, J. P. Tyler, C. R. (2003) Relative potencies and combination effects of steroidal estrogens in fish. *Environ Sci Technol* **37**, 1142–1149.

Tixier, C., Singer, H. P., Canonica, S. and Muller, S. R. (2002) Phototransformation of triclosan in surface waters: a relevant elimination process for this widely used biocide – Laboratory studies, field measurements, and modeling. *Environ. Sci. Technol.* **36**, 3482–3489.

Tolls, J. (2001) Sorption of veterinary pharmaceuticals in soils: a review. *Environ. Sci. Technol.* **17**, 3397–3406.

Tomy, G. T., Tittlemier, S. A., Palace, V. P., Budakowski, W. R., Brarkevelt, E., Brinkworth, L. and Friesen, K. (2004) Biotransformation of N-ethyl perfluorooctanesulfonamide by rainbow trout (Onchorhynchus mykiss) liver microsomes. *Environ. Sci. Technol.* **38**, 758–762.

Triebskorn, R., Casper, H., Heyd, A., Eikemper, R., Köhler, H.-R. and Schwaiger, J. (2004) Toxic effects of the non-steroidal anti-inflammatory drug diclofenac. Part II: Cytological effects in liver, kidney, gills and intestine of rainbow trout (Oncorhynchus mykiss). *Aquat. Toxicol.* **68**, 151–166.

U.S. Environmental Protection Agency: http://www.epa.gov/opp00001/about/ (retrieved 20.10.2009).

U.S. EPA (U.S. Environmental Protection Agency) (2000) Water quality standards: establishment of numeric criteria for priority toxic pollutants for the State of California; final rule. *Fed. Reg.* **65**, 31681–31719.

UNEP (2002) Sub-Saharan Africa Regional Report: Regionally Based Assessment of Persistent Toxic Substances.

UNEP (2003) Stockholm Convention: Master List of Actions: on the reduction and/or elimination of the releases of persistent organic pollutants (Fifth ed.), United Nations

Environmental Programme, Geneva, Switzerland.

Van Aerle, R., Rounds, N., Hutchinson, T. H., Maddix, S. and Tyler, C. R. (2002) Window of sensitivity for the estrogenic effects of ethinylestradiol in early life-stages of fathead minnow. *Ecotoxicology* **11**, 423–434.

Vanderford, B. J., Pearson, R. A., Rexing, D. J. and Snyder, S.A. (2003) Analysis of endocrine disruptors, pharmaceuticals and personal care products in water using Liquid Chromatography/Tandem Mass Spectrometry. *Anal. Chem.* **75**, 6265–6274.

Vazquez-Duhalt, R., Marquez-Rocha, F., Ponce, E., Licea, A. F. and Viana, M. T. (2005) Nonylphenol, an integrated vision of a pollutant. Scientific review. *Appl. Ecol. Environ. Res.* **4**, 1–25.

Veldhoen, N., Skirrow, R. C., Osachoff, H., Wigmore, H., Clapson, D. J., Gunderson, M. P., Van Aggelen, G. and Helbing, C. C. (2006) The bactericidal agent triclosan modulates thyroid hormone-associated gene expression and disrupts postembryonic anuran development. *Aquat. Toxicol.* **80**, 217–227.

Vestergren, R. and Cousins, I. T. (2009) Tracking the pathways of human exposure to perfluorocarboxylates. *Environ. Sci. Technol.* **43**, 5565–5575.

Vorkamp, K., Riget, F., Glasius, M., Pécseli, M., Lebeufand, M. and Muir, D. (2004) Chlorobenzenes, chlorinated pesticides, coplanar chlorobiphenyls and other organochlorine compounds in Greenland biota. *Sci. Total Environ.* **331**, 157–175.

Walker, C. H., Hopkin, S. P., Silby, R. M. and Peakall, D. B. (2006) Principles of Ecotoxicology, CRC Press, New York, USA.

Wang, N., Stostek, B., Folsom, P. W., Sulecki, L. M., Capka, V., Buck, R. C., Berti, W. R. and Gannon, J. T. (2005) Aerobic biotransformation of 14C-labeled 8-2 telomer B alcohol by activated sludge from domestic sewage treatment plant. *Environ. Sci. Technol.* **39**, 531–538.

Weiger, S., Berger, U., Jensen, E., Kallenborn, R., Thoresen, H. and Huhnerfûss, H. (2004) Determination of selected pharmaceuticals and caffeine in sewage and seawater from Tromsø/Norway with emphasis on ibuprofen and its metabolites. *Chemosphere*, **56**, 583–592.

WHO (World Health Organization) (2004) The WHO recommended classification of pesticides by hazard and guidelines to classification. WHO, Geneva.

Winker, M., Faika, D., Gulyas, H. and Otterpohl, R. (2008) A comparison of human pharmaceutical concentrations in raw municipal wastewater and yellowwater. *Sci. Total Environ.* **399**, 96–104.

Winkler, M., Lawrence, J. R. and Neu, T. R. (2001) Selective degradation of ibuprofen and clofibric acid in two model river biofilm systems. *Water Res.* **35**, 3197–3205.

Worthing, C. R. and Walker, S. B. (1987) The Pesticide Manual: a World Compendium (eight ed.), British Crop Protection Council, London.

Wu, X., Hua, R., Tang, F., Li, X., Cao, H. and Yue, Y. (2006) Photochemical degradation of chlorpyrifos in water. *Chinese J. App. Ecol.* **17**, 1301–1304.

Yamamoto, H., Nakamura, Y., Moriguchi, S., Nakamura, Y., Honda, Y., Tamura, I., Hirata, Y., Hayashi, A. and Sekizawa, J. (2009) Persistence and partitioning of eight selected pharmaceuticals in the aquatic environment: Laboratory photolysis, biodegradation, and sorption experiments. *Water Res.* **43**, 351–362.

Yamamoto, H., Watanabe, M., Katsuki, S., Nakamura, Y., Moriguchi, S., Nakamura, Y. and Sekizawa, J. (2007) Preliminary ecological risk assessment of butylparaben and benzylparaben-2. Fate and partitioning in aquatic environments. *Environ. Sci. : An Int. J. Environ. Phys. Toxicol.* **14**, 97–105.

Yamashita, N., Kannan, K., Taniyasu, S., Horii, Y., Petrick, G. and Gamo, T. (2005) A global survey of perfluorinated acids in oceans. *Mar. Pollut. Bull.* **51**, 658–668.

Ye, X., Bishop, A. M., Reidy, J. A., Needham, L. L. and Calafat, A. M. (2006) Parabens as urinary biomarkers of exposure in humans. *Environ. Health Persp.* **114**, 1843–1846.

Ying, G. G. (2006) Fate, behavior and effects of surfactants and their degradation products in the environment. *Environ. Int.* **32**, 417–431.

Ying, G. G., Yu, X. Y. and Kookana, R. S. (2007) Biological degradation of triclocarban and triclosan in a soil under aerobic and anaerobic conditions and comparison with environmental fate modeling. *Environ. Pollut.* **150**, 300–305.

Young, C. J., Furdui, V. I., Franklin, J., Koerner, R. M., Muir, D. C. G. and Mabury, S. A. (2007) Perfluorinated acids in arctic snow: New evidence for atmospheric formation. *Environ. Sci. Technol.* **41**, 3455–3461.

Yuan, S. Y., Yu, C. H. and Chang, B. V. (2004) Biodegradation of nonylphenol in river sediment. *Environ. Pollut.* **127**, 425–430.

Zhang, Y., Geiben, S. U. and Gal, C. (2008) Carbamazepine and diclofenac: Removal in wastewater treatment plants and occurrence in water bodies. *Chemosphere* **73**, 1151–1161.

Zhou, J. L., Maskaoui, K., Qiu, Y. W., Hong, H. S. and Wang, Z. D. (2001) Polychlorinated biphenyl congeners and organochlorine insecticides in the water column and sediments of Daya bay, China. *Environ. Pollut.* **113**, 373–384.

Zhou, R., Zhu, L., Chen, Y. and Kong, Q. (2008) Concentrations and characteristics of organochlorine pesticides in aquatic biota from Qiantang River in China. *Environ. Pollut.* **151**, 190–199.

Zimetbaum, P., Frishman, W. H. and Kahn, S. (1991) Effects of gemfibrozil and other fibric acid derivates on blood lipids and lipoproteins. *J. Clin. Pharm.* **31**, 25–37.

Zwïener, C., Seeger, S., Glauner, T. and Frimmel, F. H. (2002) Metabolites from the biodegradation of pharmaceutical residues of ibuprofen in biofilm reactors and batch experiments. *Anal. Bioanal. Chem.* **372**, 569–575.

第2章

Armenta, S., Garrigues, S. and de la Guardia, M. (2008) Green Analytical Chemistry. *TrAC Trend. Anal. Chem.* **27**, 497–511.

Bakker, E. and Qin, Y. (2006) Electrochemical Sensors. *Anal. Chem.* **78**, 3965–3984.

Bekbolet, M., Çınar, Z., Kılıç, M., Uyguner, C. S., Minero, C. and Pelizzetti, E. (2009) Photocatalytic oxidation of dinitronaphthalenes: Theory and experiment. *Chemosphere* **75**, 1008–1014.

Cardoza, L. A., Almeida, V. K., Carr, A., Larive, C. K. and Graham, D. W. (2003) Separations coupled with NMR detection. *TrAC Trend. Anal. Chem.* **22**, 766–775.

Carralero, V., Gonzalez-Cortez, A., Yanez-Sedeno, P. and Pingarron, J. M. (2007) Nanostructured progesterone immunosensor using a tyrosinase–colloidal gold–graphite–Teflon biosensor as amperometric transducer. *Anal. Chim. Acta* **596**, 86–91.

Carrier, M., Perol, N., Herrmann, J.-M., Bordes, C., Horikoshi, S., Paisse, J. O., Baudot, R. and Guillard, C. (2006) Kinetics and reactional pathway of Imazapyr photocatalytic degradation Influence of pH and metallic ions. *Appl. Catal. B-Environ.* **65**, 11–20.

Chang, H.-S., Choo, K.-H., Lee, B. and Choi, S.-J. (2009) The methods of identification, analysis, and removal of endocrine disrupting compounds (EDCs) in water. *J. Hazard. Mater.* **172**, 1–12.

Chu, W.-H., Gao, N.-Y., Deng, Y. and Dong, B.-Z. (2009) Formation of chloroform during chlorination of alanine in drinking water. *Chemosphere* **77**, 1346–1351.

De Witte, B., Langenhove, H. V., Demeestere, K. and Dewulf, J. (2009a) Advanced oxidation of pharmaceuticals: Chemical analysis and biological assessment of degradation products. *Crit. Rev. Environ. Sci. Technol.* In Press, Accepted Manuscript.

De Witte, B., Langenhove, H. V., Hemelsoet, K., Demeestere, K., Wispelaere, P. D., Van Speybroeck, V. and Dewulf, J. (2009b) Levofloxacin ozonation in water: Rate determining process parameters and reaction pathway elucidation. *Chemosphere* **76**,

683–689.

Drlica, K. (2001) Antibiotic resistance: Can we beat the bugs? *Drug Discov. Today* **6**, 714–715.

Escandar, G. M., Faber, N. K. M., Goicoechea, H. C., de la Peña, A. M., Olivieri, A. C. and Poppi, R. J. (2007) Second- and third-order multivariate calibration: Data, algorithms and applications. *TrAC Trend. Anal. Chem.* **27**, 752–765.

Exarchou, V., Godejohann, M., Beek, T. A. V., Gerothanassis, I. P. and Vervoort†, J. (2003) LC-UV-Solid-Phase Extraction-NMR-MS combined with a cryogenic flow probe and its application to the identification of compounds present in Greek Oregano. *Anal. Chem.* **75**, 6288–6294.

Exarchou, V., Krucker, M., Beek, T. A. V., Vervoort, J., Gerothanassis, I. P. and Albert, K. (2005) LC-NMR coupling technology: Recent advancements and applications in natural product analysis. *Magn. Reson. Chem.* **43**, 681–687.

Fahnrich, K. A., Pravda, M. and Guilbault, G. G. (2003) Disposable amperometric immunosensor for the detection of polycyclic aromatic hydrocarbons (PAHs) using screen-printed electrodes. *Biosens. Bioelectron.* **18**, 73–82.

Farre, M., Martinez, E. and Barcelo, D. (2007) Validation of interlaboratory studies on toxicity in water samples. *TrAC Trend. Anal. Chem.* **26**, 283–292.

Farre, M., Kantiani, L., Perez, S. and Barcelo, D. (2009) Sensors and biosensors in support of EU Directives. *TrAC Trend. Anal. Chem.* **28**, 170–185.

Farre, M. l., Perez, S., Kantiani, L. and Barcelo, D. (2008) Fate and toxicity of emerging pollutants, their metabolites and transformation products in the aquatic environment. *TrAC Trend. Anal. Chem.* **27**, 991–1007.

Fatta, D., Achilleos, A., Nikolaou, A. and Meric, S. (2007) Analytical methods for tracing pharmaceutical residues in water and wastewater. *TrAC Trend. Anal. Chem.* **26**, 515–533.

Fifield, F. W. and Kealey, D. (2000) *Principles and Practice of Analytical Chemistry*. Cambridge, Blackwell Science Ltd.

Gabet, V., Miege, C., Bados, P. and Coquery, M. (2007) Analysis of estrogens in environmental matrices. *TrAC Trend. Anal. Chem.* **26**, 1113–1131.

Galera, M. M., García, M. D. G. and Goicoechea, H. C. (2007) The application to wastewaters of chemometric approaches to handling problems of highly complex matrices. *TrAC Trend. Anal. Chem.* **26**, 1032–1042.

Garcia-Galan, M. J., Silvia Diaz-Cruz, M. and Barcelo, D. (2008) Identification and determination of metabolites and degradation products of sulfonamide antibiotics. *TrAC Trend. Anal. Chem.* **27**, 1008–1022.

Garrido, M., Rius, F. and Larrechi, M. (2008) Multivariate curve resolution–alternating least squares (MCR-ALS) applied to spectroscopic data from monitoring chemical reactions processes. *Anal. Bioanal. Chem.* **390**, 2059–2066.

Gascon, J., Oubica, A. and Barcely, D. (1997) Detection of endocrine-disrupting pesticides by enzyme-linked immunosorbent assay (ELISA): Application to atrazine. *TrAC Trend. Anal. Chem.* **16**, 554–562.

Gatidou, G., Thomaidis, N. S., Stasinakis, A. S. and Lekkas, T. D. (2007) Simultaneous determination of the endocrine disrupting compounds nonylphenol, nonylphenol ethoxylates, triclosan and bisphenol A in wastewater and sewage sludge by gas chromatography-mass spectrometry. *J. Chromatogr. A* **1138**, 32–41.

Giger, W. (2009) Hydrophilic and amphiphilic water pollutants: Using advanced analytical methods for classic and emerging contaminants. *Anal. Bioanal. Chem.* **393**, 37–44.

Gros, M., Petrovic, M. and Barcelo, D. (2008) Tracing Pharmaceutical Residues of Different Therapeutic Classes in Environmental Waters by Using Liquid Chromatography/Quadrupole-Linear Ion Trap Mass Spectrometry and Automated Library Searching. *Anal. Chem.* **81**, 898–912.

Gu, M. B., Min, J. and Kim, E. J. (2002) Toxicity monitoring and classification of endocrine disrupting chemicals (EDCs) using recombinant bioluminescent bacteria. *Chemosphere* **46**, 289–294.

Hamblen, E. L., Cronin, M. T. D. and Schultz, T. W. (2003) Estrogenicity and acute toxicity of selected anilines using a recombinant yeast assay. *Chemosphere* **52**, 1173–1181.

Hao, C., Zhao, X. and Yang, P. (2007) GC-MS and HPLC-MS analysis of bioactive pharmaceuticals and personal-care products in environmental matrices. *TrAC Trend. Anal. Chem.* **26**, 569–580.

Henry, M. C. and Yonker, C. R. (2006) Supercritical Fluid Chromatography, Pressurized Liquid Extraction, and Supercritical Fluid Extraction. *Anal. Chem.* **78**, 3909–3916.

Hernandez, F., Sancho, J. V., Ibanez, M. and Grimalt, S. (2008) Investigation of pesticide metabolites in food and water by LC-TOF-MS. *TrAC Trend. Anal. Chem.* **27**, 862–872.

Hernandez, F., Sancho, J. V., Ibanez, M. and Guerrero, C. (2007) Antibiotic residue determination in environmental waters by LC-MS. *TrAC Trend. Anal. Chem.* **26**, 466–485.

Hernando, M. D., Gómez, M. J., Agüera, A. and Fernández-Alba, A. R. (2007) LC-MS analysis of basic pharmaceuticals (beta-blockers and anti-ulcer agents) in wastewater and surface water. *TrAC Trend. Anal. Chem.* **26**, 581–594.

Hogenboom, A. C., van Leerdam, J. A. and de Voogt, P. (2009) Accurate mass screening and identification of emerging contaminants in environmental samples by liquid chromatography-hybrid linear ion trap Orbitrap mass spectrometry. *J. Chromatogr. A* **1216**, 510–519.

Hyotylainen, T. and Hartonen, K. (2002) Determination of brominated flame retardants in environmental samples. *TrAC Trend. Anal. Chem.* **21**, 13–30.

Ibanez, M., Sancho, J. V., Hernandez, F., McMillan, D. and Rao, R. (2008) Rapid non-target screening of organic pollutants in water by ultraperformance liquid chromatography coupled to time-of-light mass spectrometry. *TrAC Trend. Anal. Chem.* **27**, 481–489.

Katsumata, H., Kaneco, S., Suzuki, T., Ohta, K. and Yobiko, Y. (2006) Degradation of polychlorinated dibenzo-p-dioxins in aqueous solution by Fe(II)/H2O2/UV system. *Chemosphere* **63**, 592–599.

Kormos, J. L., Schulz, M., Wagner, M. and Ternes, T. A. (2009) Multistep Approach for the Structural Identification of Biotransformation Products of Iodinated X-ray Contrast Media by Liquid Chromatography/Hybrid Triple Quadrupole Linear Ion Trap Mass Spectrometry and 1H and 13C Nuclear Magnetic Resonance. *Anal. Chem.* **81**, 9216–9224.

Korner, W., Bolz, U., Sussmuth, W., Hiller, G., Schuller, W., Hanf, V. and Hagenmaier, H. (2000) Input/output balance of estrogenic active compounds in a major municipal sewage plant in Germany. *Chemosphere* **40**, 1131–1142.

Kosjek, T. and Heath, E. (2008) Applications of mass spectrometry to identifying pharmaceutical transformation products in water treatment. *TrAC Trend. Anal. Chem.* **27**, 807–820.

Kostopoulou, M. and Nikolaou, A. (2008) Analytical problems and the need for sample preparation in the determination of pharmaceuticals and their metabolites in aqueous environmental matrices. *TrAC Trend. Anal. Chem.* **27**, 1023–1035.

Kot-Wasik, A., Debska, J. and Namiesnik, J. (2007) Analytical techniques in studies of the environmental fate of pharmaceuticals and personal-care products. *TrAC Trend. Anal. Chem.* **26**, 557–568.

Kralj, M. B., Trebse, P. and Franko, M. (2007) Applications of bioanalytical techniques in evaluating advanced oxidation processes in pesticide degradation. *TrAC Trend. Anal. Chem.* **26**, 1020–1031.

Kucharska, M. and Grabka, J. (2010) A review of chromatographic methods for determination of synthetic food dyes. *Talanta* **80**, 1045–1051.

Lange, F., Cornelissen, S., Kubac, D., Sein, M. M., von Sonntag, J., Hannich, C. B., Golloch, A., Heipieper, H. J., Möder, M. and von Sonntag, C. (2006) Degradation of macrolide antibiotics by ozone: A mechanistic case study with clarithromycin. *Chemosphere* **65**, 17–23.

Lee, B.-D., Iso, M. and Hosomi, M. (2001) Prediction of Fenton oxidation positions in polycyclic aromatic hydrocarbons by Frontier electron density. *Chemosphere* **42**, 431–435.

Lidman, U. (2005). The nature and chemistry of toxicants. Environmental Toxicity Testing. Thompson, K. C., Wadhia, K. and Loibner, A. P. Oxford, UK, Blackwell Publishing.

Liu, G., Li, X., Zhao, J., Horikoshi, S. and Hidaka, H. (2000) Photooxidation mechanism of dye alizarin red in TiO2 dispersions under visible illumination: An experimental and theoretical examination. *J. Mol. Catal. A-Chem.* **153**, 221–229.

Liu, S., Yuan, L., Yue, X., Zheng, Z. and Tang, Z. (2008) Recent Advances in Nanosensors for Organophosphate Pesticide Detection. *Adv. Powder Tech.* **19**, 419–441.

Lopez de Alda, M. J., Díaz-Cruz, S., Petrovic, M. and Barceló, D. (2003) Liquid chromatography-(tandem) mass spectrometry of selected emerging pollutants (steroid sex hormones, drugs and alkylphenolic surfactants) in the aquatic environment. *J. Chromatogr. A* **1000**, 503–526.

Maciá, A., Borrull, F., Calull, M. and Aguilar, C. (2007) Capillary electrophoresis for the analysis of non-steroidal anti-inflammatory drugs. *TrAC Trend. Anal. Chem.* **26**, 133–153.

Madej, K. (2009) Microwave-assisted and cloud-point extraction in determination of drugs and other bioactive compounds. *TrAC Trend. Anal. Chem.* **28**, 436–446.

McDowell, D. C., Huber, M. M., Wagner, M., Gunten, U. V. and Ternes, T. A. (2005) Ozonation of carbamazepine in drinking water: Identification and kinetic study of major oxidation products. *Environ. Sci. Technol.* **39**, 8014–8022.

Miege, C., Bados, P., Brosse, C. and Coquery, M. (2009) Method validation for the analysis of estrogens (including conjugated compounds) in aqueous matrices. *TrAC Trend. Anal. Chem.* **28**, 237–244.

Moco, S., Vervoort, J., Moco, S., Bino, R. J., De Vos, R. C. H. and Bino, R. (2007) Metabolomics technologies and metabolite identification. *TrAC Trend. Anal. Chem.* **26**, 855–866.

Murk, A. J., Legler, J., Lipzig, M. M. v., Meerman, J. H., Belfroid, A. C., Spenkelink, A., Burg, B. V. D. and G.B. Rijs, D. V. (2002) Detection of estrogenic potency in wastewater and surface water with three in vitro bioassays. *Environ. Toxicol. Chem.* **21**, 16–21.

Nelson, J., Bishay, F., Roodselaar, A. v., Ikonomou, M. and Law, F. C. P. (2007) The use of in vitro bioassays to quantify endocrine disrupting chemicals in municipal wastewater treatment plant effluents. *Sci. Total Environ.* **374**, 80–90.

Notsu, H., Tatsuma, T. and Fujishima, A. (2002) Tyrosinase-modified boron-doped diamond electrodes for the determination of phenol derivatives. *J. Electroanal. Chem.* **523**, 86–92.

Ohko, Y., Iuchi, K.-i., Niwa, C., Tatsuma, T., Nakashima, T., Iguchi, T., Kubota, Y. and Fujishima, A. (2002) 17β-Estradiol degradation by TiO2 photocatalysis as a means of reducing estrogenic activity. *Environ. Sci. Technol.* **36**, 4175–4181.

Oliveira, D. P., Carneiro, P. A., Sakagami, M. K., Zanoni, M. V. B. and Umbuzeiro, G. A. (2007) Chemical characterization of a dye processing plant effluent–Identification of the mutagenic components. *Mutat. Res.-Gen.Tox. En.* **626**, 135–142.

Parr, R. G. and Weitao, Y. (1994) *Density-Functional Theory of Atoms and Molecules*. Oxford, USA, Oxford Univercity Press.

Pavlovic, D. M., Babic, S., Horvat, A. J. M. and Kastelan-Macan, M. (2007) Sample preparation in analysis of pharmaceuticals. *TrAC Trend. Anal. Chem.* **26**, 1062–1075.

Petroviciu, I., Albu, F. and Medvedovici, A. (2010) LC/MS and LC/MS/MS based protocol for identification of dyes in historic textiles. *Microchemical. J.* In Press, Accepted Manuscript.

Pico, Y., Rodriguez, R. and Manes, J. (2003) Capillary electrophoresis for the determination of pesticide residues. *TrAC Trend. Anal. Chem.* **22**, 133–151.

Pillon, A., Boussioux, A. M., Escande, A., Ait-Aissa, S., E. Gomez, Fenet, H., Ruff, M., Moras, D., Vignon, F., Duchesne, M. J., Casellas, C., Nicolas, J. C. and Balaguer, P. (2005) Binding of estrogenic compounds to recombinant estrogen receptor-alpha: Application to environmental analysis. *Environ. Health Perspect.* **113**, 278–284.

Pinheiro, H. M., Touraud, E. and Thomas, O. (2004) Aromatic amines from azo dye reduction: Status review with emphasis on direct UV spectrophotometric detection in textile industry wastewaters. *Dyes Pigments* **61**, 121–139.

Poiger, T., Richardson, S. D. and Baughman, G. L. (2000) Identification of reactive dyes in spent dyebaths and wastewater by capillary electrophoresis-mass spectrometry. *J. Chromatogr. A* **886**, 271–282.

Radjenovic, J., Petrovic, M. and Barceló, D. (2009) Complementary mass spectrometry and bioassays for evaluating pharmaceutical-transformation products in treatment of drinking water and wastewater. *TrAC Trend. Anal. Chem.* **28**, 562–580.

Radjenovic, J., Petrovic, M., Barceló, D. and Petrovic, M. (2007) Advanced mass spectrometric methods applied to the study of fate and removal of pharmaceuticals in wastewater treatment. *TrAC Trend. Anal. Chem.* **26**, 1132–1144.

Raman Suri, C., Boro, R., Nangia, Y., Gandhi, S., Sharma, P., Wangoo, N., Rajesh, K. and Shekhawat, G. S. (2009) Immunoanalytical techniques for analyzing pesticides in the environment. *TrAC Trend. Anal. Chem.* **28**, 29–39.

Raynie, D. E. (2004) Modern Extraction Techniques. *Anal. Chem.* **76**, 4659–4664.

Reemtsma, T., Quintana, J. B., Rodil, R., Garclía-López, M. and Rodríguez, I. (2008) Organophosphorus flame retardants and plasticizers in water and air I. Occurrence and fate. *TrAC Trend. Anal. Chem.* **27**, 727–737.

Richardson, S. D. (2000) Environmental Mass Spectrometry. *Anal. Chem.* **72**, 4477–4496.

Richardson, S. D. (2003) Disinfection by-products and other emerging contaminants in drinking water. *TrAC Trend. Anal. Chem.* **22**, 666–684.

Richardson, S. D. (2008) Environmental Mass Spectrometry: Emerging Contaminants and Current Issues. *Anal. Chem.* **80**, 4373–4402.

Richardson, S. D. (2009) Water Analysis: Emerging Contaminants and Current Issues. *Anal. Chem.* **81**, 4645–4677.

Richardson, S. D., Plewa, M. J., Wagner, E. D., Schoeny, R. and DeMarini, D. M. (2007) Occurrence, genotoxicity, and carcinogenicity of regulated and emerging disinfection by-products in drinking water: A review and roadmap for research. *Mutat. Res.-Rev. Mutat.* **636**, 178–242.

Roh, H., Subramanya, N., Zhao, F., Yu, C.-P., Sandt, J. and Chu, K.-H. (2009) Biodegradation potential of wastewater micropollutants by ammonia-oxidizing bacteria. *Chemosphere* **77**, 1084–1089.

Routledge, E. J. and Sumpter, J. P. (1997) Structural features of alkyl-phenolic chemicals associated with estrogenic activity. *J. Biol. Chem.* **272**, 3280–3288.

Rubio, S. and Perez-Bendito, D. (2009) Recent Advances in Environmental Analysis. *Anal. Chem.* **81**, 4601–4622.

Salste, L., Leskinen, P., Virta, M. and Kronberg, L. (2007) Determination of estrogens and estrogenic activity in wastewater effluent by chemical analysis and the bioluminescent yeast assay. *Sci. Total Environ.* **3**, 343–351.

Skladal, P. (1999) Effect of methanol on the interaction of monoclonal antibody with free and immobilized atrazine studied using the resonant mirror-based biosensor. *Biosens. Bioelectron.*, 257–263.

Streck, G. (2009) Chemical and biological analysis of estrogenic, progestagenic and androgenic steroids in the environment. *TrAC Trend. Anal. Chem.* **28**, 635–652.

Sumner, L., Amberg, A., Barrett, D., Beale, M., Beger, R., Daykin, C., Fan, T., Fiehn, O., Goodacre, R., Griffin, J., Hankemeier, T., Hardy, N., Harnly, J., Higashi, R., Kopka, J., Lane, A., Lindon, J., Marriott, P., Nicholls, A., Reily, M., Thaden, J. and Viant, M. (2007) Proposed minimum reporting standards for chemical analysis. *Metabolomics* **3**, 211–221.

Taranova, L. A., Fesay, A. P., Ivashchenko, G. V., Reshetilov, A. N., Winther-Nielsen, M. and Emneus, J. (2004) Comamonas testosteroni Strain TI as a Potential Base for a Microbial Sensor Detecting Surfactants *Appl. Biochem. Microbiol.* **40**, 404–408.

Tobiszewski, M., Mechlinska, A., Zygmunt, B. and Namiesnik, J. (2009) Green analytical chemistry in sample preparation for determination of trace organic pollutants. *TrAC Trend. Anal. Chem.* **28**, 943–951.

Tschmelak, J., Kumpf, M., Kappel, N., Proll, G. and Gauglitz, G. (2006) Total internal reflectance fluorescence (TIRF) biosensor for environmental monitoring of testosterone with commercially available immunochemistry: Antibody characterization, assay development and real sample measurements. *Talanta* **69**, 343.

Veith, G. D., Greenwood, B., Hunter, R. S., Niemi, G. J. and Regal, R. R. (1988) On the intrinsic dimensionality of chemical structure space. *Chemosphere* **17**, 1617–1630.

Vogna, D., Marotta, R., Napolitano, A. and d'Ischia, M. (2002) Advanced oxidation chemistry of paracetamol. UV/H2O2-induced hydroxylation/degradation pathways and 15N-aided inventory of nitrogenous breakdown products. *J. Org. Chem.* **67**, 6143–6151.

Wadhia, K. and Thompson, K. C. (2007) Low-cost ecotoxicity testing of environmental samples using microbiotests for potential implementation of the Water Framework Directive. *TrAC Trend. Anal. Chem.* **26**, 300–307.

Wishart, D. S. (2008) Quantitative metabolomics using NMR. *TrAC Trend. Anal. Chem.* **27**, 228–237.

Wolska, L., Sagajdakow, A., Kuczynska, A. and Namiesnik, J. (2007) Application of ecotoxicological studies in integrated environmental monitoring: Possibilities and problems. *TrAC Trend. Anal. Chem.* **26**, 332–344.

Young, D. C. (2001) *COMPUTATIONAL CHEMISTRY:A Practical Guide for Applying Techniques to Real-World Problems*, John Wiley & Sons, Inc.

Zhu, X., Feng, X., Yuan, C., Cao, X. and Li, J. (2004) Photocatalytic degradation of pesticide pyridaben in suspension of TiO2: Identification of intermediates and degradation pathways. *J. Mol. Catal. A-Chem.* **214**, 293–300.

第3章

Abad, J. M., Mertens, S. F. L., Pita, M. Fernandez, V. F. and Schiffrin, D. J. (2005) Functionalization of Thioctic acid-capped gold nanoparticles for specific immobilization of histidine-tagged proteins. *J. Am. Chem. Soc.* **127**(15), 5689–5694.

Adhikari, B. Majumdar, S. (2004) Polymers in sensor applications. *Prog. Polym. Sci.* **29**(7), 699–766.

Ahuja, T., Mir, I. A., Kumar, D. and Rajesh (2007) Biomolecular immobilization on conducting polymers for biosensing applications. *Biomaterials* **28**(5), 791–895.

Alexander, C., Andersson, H. S., Andersson, L. I., Ansell, R. J., Kirsch, N., Nicholls, I. A., O'Mahony J. and Whitcombe, M. J. (2006) Molecular imprinting science and technology: A survey of the literature for the years up to and including 2003. *J. Mol. Recognit.* **19**(2), 106–180.

Algar, W. R., Massey, M. and Krull, U. J. (2009) The application of quantum dots, gold nanoparticles and molecular switches to optical nucleic-acid diagnostics. *Trends Anal. Chem.* **28**(3), 292–306.

Allan, I. J., Vrana, B., Greenwood, R., Mills, D. W., Roig, B. and Gonzalez, C. (2006) A "toolbox" for biological and chemical monitoring requirements for the European

Union's Water Framework Directive. *Talanta* **69**(2), 302–322.

Ambrosi, A., Merkori, A. and de la Escosura-Muniz, A. (2008) Electrochemical analysis with nanoparticle-based biosystems. *Trends Anal. Chem.* **27**(7), 568–584.

Arora, K., Sumana, G., Saxena, V., Gupta, R. K., Gupta, S. K., Yakhmi, J. V., Pandey, M. K., Chand, S. and Malhotra, B. D. (2007) Improved performance of polyaniline-uricase biosensor. *Acta* **594**(1), 17–23.

Asano, K., Ono, A., Hashimoto, S., Inoue, T. and Kanno, J. (2004) Screening of endocrine disrupting chemicals using a surface plasmon resonance sensor. *Anal. Sci.* **20**(4), 611–616.

Andreescu, D., Andreescu, S. and Sadik, O. A. (2005) New materials for biosensors, biochips and molecular bioelectronics. In: *Biosensors and Modern Biospecific Analytical Techniques*, (ed. Gorton, L.), Elsevier, Amsterdam, pp. 285–327.

Andreescu, S., Njagi, J., Ispas, C. and Ravalli. M. T. (2009) JEM spotlight: Applications of advanced nanomaterials for environmental monitoring. *J. Environ. Monitor.* **11**(1), 27–40.

Andreescu, S., Njagi, J. Ispas, C. (2008) Nanostructured materials for enzyme immobilization and biosensors. In: *The New Frontiers of organic and composite nanotechnology*, (eds Erokhin, V., Ram, M. K. and Yavuz, O.), Elsevier, Amsterdam.

Arribas, A. S., Bermejo, E., Chicharro, M., Zapardiel, A., Luque, G. L., Ferreyra, N. F. amd Rivas, G. A. (2007) Analytical applications of glassy carbon electrodes modified with multi-wall carbon nanotubes dispersed in polyethylenimine as detectors in flow systems. *Anal. Chim. Acta* **596**(2), 183–194.

Arribas, A. S., Vazquez, T., Wang, J., Mulchandani, A. and Chen, W. (2005) Electrochemical and optical bioassays of nerve agents based on the organophosphorus-hydrolase mediated growth of cupric ferrocyanide nanoparticles. *Electrochem. Commun.* **7**(12), 1371–1374.

Bachmann, T. T. and Schmid, R. D. (1999) A disposable multielectrode biosensor for rapid simultaneous detection of the insecticides paraoxon and carbofuran at high resolution. *Anal. Chim. Acta* **401**(1–2), 95–103.

Barcelo, D. and Petrovic, M. (2006) New concepts in chemical and biological monitoring of priority and emerging pollutants in water. *Anal. Bioanal. Chem.* **385**(6), 983–984.

Berlein, S., Spener, F. and Zaborosch, C. (2002) Microbial and cytoplasmic membrane-based potentiometric biosensors for direct determination of organophosphorus insecticides. *Appl. Microbiol. Biotechnol.* **54**(5), 652–658.

Bezbaruah, A. N., Krajangpan, S., Chisholm, B. J., Khan, E. and Elorza Bermudez, J. J. (2009a) Entrapment of iron nanoparticles in calcium alginate beads for groundwater remediation applications, *J. Hazard. Mater.* **166**(2–3), 1339–1343.

Bezbaruah, A. N., Thompson, J. M. and Chisholm, B. J. (2009b) Remediation of alachlor and atrazine contaminated water with zero-valent iron nanoparticle, *J. Environ. Sci. Heal. B* **44**(6), 1–7.

Blasco,C.and Picó, Y.(2009) Prospects for combining chemical and biological methods for integrated environmental assessment. *Trends Anal. Chem.* **28**(6),745–757.

Blăzkova, M., Mickova-Holubova, B., Rauch, P. and Fukal. L. (2009) Immunochromatographic colloidal carbon-based assay for detection of methiocarb in surface water. *Biosensors and Bioelectronics* **25**(4), 753–758.

Blăzkova, M., Karamonova, L., Greifova, M., Fukal, L., Hoza, I., Rauch, P. and Wyatt, G. (2006) Development of a rapid, simple paddle-style dipstick dye immunoassay specific for Listeria monocytogenes. *Eur. Food Res. Technol.* **223**(6), 821–827.

Bojorge Ramirez, N., Salgado, A. M. and Valdman, B. (2009) The evolution and development of immunosensors for health and environmental monitoring: Problems and perspectives, *Braz. J. Chem. Eng.* **26**(2), 227–249.

Borole, D. D., Kapadi, U.R, Mahulikar, P. P. and Hundiwale, D. G. (2005) Glucose oxidase electrodes of a terpolymer poly(aniline-co-o-anisidine-co-o-toluidine) as biosensors. *Eur. Polym. J.* **41**(9), 2183–2188.

Bouchta, D., Izaoumen, N., Zejli, H., Kaoutit, M. E. and Temsamani, K. R. (2005) A novel electrochemical synthesis of poly-3-methylthiophene-gamma-cyclodextrin film – Application for the analysis of chlorpromazine and some neurotransmitters. *Biosens. Bioelectron.* **20**(11), 2228–2235.

Brack, W., Klamer, H. J. C., de Ada, M. L. and Barcelo, D. (2007) Effect-directed analysis of key toxicants in European river basins – A review. *Environ. Sci. Pollut. Res.* **14**(1), 30–38.

Bredas, J. L. and Street, G. B. (1985) Polarons, bipolarons, and solitons in conducting polymers. *Acc. Chem. Res.* **18**(10), 309–315.

Burda, C. Chen, X., Narayanan, R. and El-Sayed, M. A. (2005) Chemistry and Properties of Nanocrystals of Different Shapes. *Chem. Rev.* **105**(4), 1025–11-2.

Campàs, M., Carpentier, R. and Rouillon, R. (2008) Plant tissue-and photosynthesis-based biosensors. *Biotechnol. Adv.* **26**(4), 370–378.

Caramori, S. S. and Fernandes, K. F. (2004) Covalent immobilisation of horseradish peroxidase onto poly (ethylene terephthalate)-poly (aniline) composite. *Process Biochem.* **39**(7), 883–888.

Carralero, V., Gonzalez-Cortes, A., Yanez-Sedeno, P. and Pingarron, J. M. (2007) Nanostructured progesterone immunosensor using a tyrosinase-colloidal gold-graphite-Teflon biosensor as amperometric transducer. *Anal. Chim. Acta* **596**(1), 86–91.

Centi, S., Laschi, S., Franek, M. and Mascini, M. (2005) A disposable immunomagnetic electrochemical sensor based on functionalised magnetic beads and carbon-based screen-printed electrodes (SPCEs) for the detection of polychlorinated biphenyls (PCBs). *Anal. Chim. Acta*, **538**(1–2), 205–212.

Chaplen, F. W. R., Vissvesvaran, G., Henry, E. C. and Jovanovic, G. N. (2007) Improvement of bioactive compound classification through integration of orthogonal cell-based biosensing methods. *Sensors*, **7**(1), 38–51.

Comerton, A. M., Andrews, R. C. and Bagley, D. M. (2009) Practical overview of analytical methods for endocrine-disrupting compounds, pharmaceuticals and personal care products in water and wastewater. *Philosophical Transactions of Royal Society A*, **367**(1904), 3923–3939.

Conrad, P. G., Nishimura, P. T., Aherne, D., Schwartz, B. J., Wu, D., Fang, N., Zhang, X., Roberts, M. J. and Shea, K. J. (2003) Functional molecularly imprinted polymer microstructures fabricated using microstereolithographic techniques. *Adv. Mater.* **15**(18), 1541–1514.

Cortina-Puig, M., Munoz-Berbel, X., del Valle, M., Munoz, F. J. and Alonso-Lomillo, M. A. (2007) Characterization of an ion-selective polypyrrole coating and application to the joint determination of potassium, sodium and ammonium by electrochemical impedance spectroscopy and partial least squares method. *Anal. Chim. Acta* **597**(2), 231–237.

Costa-Fernández, J. M., Pereiro, R. and Sanz-Medel, A. (2006) The use of luminescent quantum dots for optical sensing.*Trends. Anal. Chem.* **25**(3), 207–218.

Cummins, C. M., Koivunen. M. E., Stephanian, A., Gee, S. J., Hammock, B. D. and Kennedy I. M. (2006) Application of europium(III) chelate-dyed nanoparticle labels in a competitive atrazine fluoroimmunoassay on an ITO waveguide. *Biosens Bioelectron.* **21**(7), 1077–1085.

Degiuli, A. and Blum, L. J. (2000) Flow injection chemiluminescence detection of chlorophenols with a fiber optic biosensor. *J. Med. Biochem.* **4**(1), 32–42.

Deo, R. P., Wang, J., Block, I., Mulchandani, A., Joshi, K. A., Trojanowicz, M., Scholz, F., Chen, W. and Lin, Y. (2005) Determination of organophosphate pesticides at a carbon nanotube/organophosphorus hydrolase electrochemical biosensor. *Anal. Chim. Acta.* **530**(2), 185–189.

Du, D., Chen, S., Cai, J., Tao, Y., Tu, H. and Zhang, A. (2008) Recognition of dimethoate carried by bi-layer electrodeposition of silver nanoparticles and imprinted poly-*o*-phenylenediamine. *Electrochim. Acta* **53**(22), 6589- 6595.

Dutta, K., Bhattacharyay, D., Mukherjee, A., Setford, S. J., Turner, A. P. F. and Sarkar, P. (2008) Detection of pesticide by polymeric enzyme electrodes. *Ecotoxicol. Environ. Safety* **69**(3), 556–561.

Dzantiev, B. B., Yazynena, E. V., Zherdev, A. V., Plekhanova, Y. V., Reshetilov, A. N., Chang, S.-C. and McNeil, C. J. (2004) Determination of the herbicide chlorsulfuron by amperometric sensor based on separation-free bienzyme immunoassay. *Sens. Actuators. B* **98**(2–3), 254–261.

Eggins, B. R. (ed.), (2002) *Chemical Sensors and Biosensors*, John Wiley & Sons, Chichester, UK.

Evtugyn, G. A., Eremin, S. A., Shaljamova, R. P., Ismagilova, A. R. and Budnikov, H. C. (2006) Amperometric immunosensor for nonylphenol determination based on peroxidase indicating reaction. *Biosens. Bioelectron.* **22**(1), 56–62

Le Blanc, F. A., Albrecht, C., Bonn, T., Fechner, P., Proll, G., Pröll, F., Carlquist, M. and Gauglitz, G. (2009) A novel analytical tool for quantification of estrogenicity in river water based on fluorescence labelled estrogen receptor α. *Anal. Bioanal. Chem.* **395**(6), 1769–1776.

Farré, M., Kantiani, L., Perez, S. and Barcelo. D. (2009a) Sensors and biosensors in support of EU Directives, *Trends Anal. Chem.* **28**(2), 170–185.

Farré, M. Gajda-Schrantz, K. Kantiani, L. and Barcelo, D. (2009b) Ecotoxicity and analysis of nanomaterials in the aquatic environment. *Anal. Bioanal. Chem.* **393**(1), 81–95.

Farré, M., Kantiani, L. and Barcelo, D. (2007) Advances in immunochemical technologies for analysis of organic pollutants in the environment, *Trends Anal. Chem.* **26**(11), 1100–1112.

Fechner, P., Proell, F., Carlquist, M. and Proll, G. (2009) An advanced biosensor for the prediction of estrogenic effects of endocrinedisrupting chemicals on the estrogen receptor alpha. *Anal. Bioanal. Chem.* **393**(6–7), 1579–1585.

Fernandes, K. F., Lima, C. S., Lopes, F. M. and Collins, C. H. (2005) Hydrogen peroxide detection system consisting of chemically immobilised peroxidase and spectrometer. *Process Biochem.* **40**(11), 3441–3445.

Fernandez, M. P., Noguerol, T. N., Lacorte, S., Buchanan, I. and Pina, B. (2009) Toxicity identification fractionation of environmental estrogens in waste water and sludge using gas and liquid chromatography coupled to mass spectrometry and recombinant yeast assay. *Anal. Bioanal. Chem.* **394**(3), 957–968.

Gatidou, G., Thomaidis, N., Stasinakis, A. and Lekkas, T. (2007) Simultaneous determination of the endocrine disrupting compounds nonylphenol, nonylphenol ethoxylates, triclosan and bisphenol A in wastewater and sewage sludge by gas chromatography-mass spectrometry. *J. Chromatogr. A* **1138**(1–2), 32–41.

Gawrys, M. D., Hartman, I. Landweber, L. F. and Wood. D. W. (2009) Use of engineered *Escherichia coli* cells to detect estrogenicity in everyday consumer products, *J. Chem. Technol. Biotechnol.* **84**(12), 1834–1840.

Gerard, M., Chaubey, A. and Malhotra, B. D. (2002) Application of conducting polymers to biosensors. *Biosens. Bioelectron.* **17**(5), 345–359.

Giardi, M. T., Scognamiglio, V., Rea, G., Rodio, G., Antonacci, A., Lambreva, M., Pezzotti, G. and Johanningmeier U. (2009) Optical biosensors for environmental monitoring based on computational and biotechnological tools for engineering the photosynthetic D1 protein of *Chlamydomonas reinhardtii. Biosensors and Bioelectronics* **25**(2), 294–300.

Giardi, M. T. and Pace, E. (2006) Photosystem II-Based Biosensors for the Detection of Photosynthetic Herbicides, Maria Teresa Giardi and Emanuela Pace. In: *Biotechnological Applications of Photosynthetic Proteins: Biochips, Biosensors and Biodevices* (eds. Giardi, M. T. and Piletska, E.), Landes Bioscience, Springer

Publishers, Georgetown, TX, USA, pp. 147–154.

Giardi, M. T. and Pace, E. (2005) Photosynthetic proteins for technological applications. *Trends Biotechnol.* **23**(5), 257–263.

Goldman, E. R., Meditnz, I. L., Whitley, J. L., Hayhurst, A., Clapp, A. R., Uyenda, H. T., Deschamps, J. R., Lessman, M. E. and Mattoussi, H. (2005) A hybrid quantum dot-antibody fragment fluorescence resonance energy transfer-based TNT sensor. *J. Am. Chem. Soc.* **127**(18), 6744–6751.

Gomez-Caballero, A., Goicolea, M. A. and Barrio, R. J. (2005) Paracetamol voltammetric microsensors based on electrocopolymerized-molecularly imprinted film modified carbon fiber microelectrodes. *Analyst* **130**(7), 1012–1018.

Gomez-Caballero, A., Unceta, N., Aranzazu Goicolea, M. and Barrio, R. J. (2008) Evaluation of the selective detection of 4,6-dinitro-*o*-cresol by a molecularly imprinted polymer based microsensor electrosynthesized in a semiorganic media. *Sens. Actuators B* **130**(2), 713–722.

Gomez, M. J., Fernandez-Romero, J. M. and Guilar-Caballos, M. P. (2008) Nanostructures as analytical tools in bioassays. *Trends Anal. Chem.* **27**(5), 394–406.

Gonzalez-Doncel, M., Ortiz, J., Izquierdo, J. J., Martın, B., Sanchez, P. and Tarazona, J. V. (2006) Statistical evaluation of chronic toxicity data on aquatic organisms for the hazard identification: The chemicals toxicity distribution approach. *Chemosphere* **63**(5), 835–844.

González-Martinez M. A., Puchades R. and Maquieira, A. (2007) Optical immunosensors for environmental monitoring: How far have we come? *Anal. Bioanal. Chem.* **387**(1), 205–218.

Gouma, P. I., Prasad, A. K. Iyer, K. K. (2006) Selective nanoprobes for 'signalling gases'. *Nanotechnol.* **17**(4), S48–S53.

Graham, A. L., Carlson, C. A. and Edmiston, P. L. (2002) Development and characterization of molecularly imprinted Sol-Gel materials for the selective detection of DDT. *Anal. Chem.* **74**(2), 458–467.

Grennan, K., Strachan, G., Porter, A. J. Killard, A. J. and Smyth, M. R. (2003) Atrazine analysis using an amperometric immunosensor based on single-chain antibody fragments and regeneration-free multi-calibrant measurement. *Anal. Chem. Acta* **500**(1–2), 287–298.

Grote, M., Brack, W., Walter, H. A. and Altenburger, R. (2005) Confirmation of cause-effect relationships using effect-directed analysis for complex environmental samples. *Environ. Toxicol. Chem.* **24**(6), 1420–1427.

Guo, S. and Dong, S. (2008) Biomolecule-nanoparticle hybrids for electrochemical biosensors. *Trends Anal. Chem.* **28**(1), 96–109.

Haupt, K. and Mosbach, K. (2000) Molecularly imprinted polymers and their use in biomimetic sensors. *Chem. Rev.* **100**(7), 2495–2504.

He, L. and Toh C. S. (2006) Recent advances in anal chem-a material approach. *Anal.Chem. Acta* **556**(1), 1–15.

He, P., Wang, Z., Zhang, L. and Yang, W. (2009) Development of a label-free electrochemical immunosensor based on carbon nanotube for rapid determination of clenbuterol. *Food Chem.* **112**(3), 707–714.

Heitzmann, M., Bucher, C., Moutet, J. C., Pereira, E., Rivas, B. L., Royal, G. and Saint-Aman, E. (2007) Complexation of poly (pyrrole-EDTA like) film modified electrodes: Application to metal cations electroanalysis. *Electrochim. Acta* **52**(9), 3082–3087.

Helali, S., Martelet, C., Abdelghani, A., Maaref, M. A. and Jaffrezic-Renault, N. (2006) A disposable immunomagnetic electrochemical sensor based on functionalized magnetic beads on gold surface for the detection of atrazine. *Electrochim. Acta,* **51**(24), 5182–5186.

Hermanek, M., Zboril, R., Medrik, I., Pechousek, J. and Gregor, C. (2007) Catalytic efficiency of iron(III) oxides in decomposition of hydrogen peroxide: Competition between the surface area and crystallinity of nanoparticles *J. Am. Chem. Soc.* **129**(35), 10929–10936.

Holthoff, E. L. and Bright, E. V. (2007) Molecularly templated materials in chemical sensing. *Anal. Ciem. Acta.* **594**(2), 147–161.

Hrbac, J., Halouzka, V., Zboril, R., Papadopoulos, K. and Triantis, T. (1997) Carbon electrodes modified by nanoscopic iron(III) oxides to assemble chemical sensors for the hydrogen peroxide amperometric detection. *Analys.* **122**(17), 985–989.

Huang, H. C., Lin, C. I., Joseph, A. K. and Lee, Y. D. (2004) Photo-lithographically impregnated and molecularly imprinted polymer thin film for biosensor applications. *J. Chromatogr. A* **1027**(1–2) 263–268.

Huang, H. C., Huang, S. Y., Lin, C. I. and Lee, Y. D. (2007) A multi-array sensor via the integration of acrylic molecularly imprinted photoresists and ultramicroelectrodes on a glass chip. *Anal. Chim. Acta* **582**(1), 137–146.

Huang, Y., Duan, X., Wei, Q. and Liber, C. M. (2001) Directed assembly of one-dimensional nanostructures into functional networks. *Science* **291**(5504), 630–633.

Huertas-Perez, J. F. and Garcia-Campana, A. M., (2008) Determination of N-methylcarbamate pesticides in water and vegetable samples by HPLC with post-column chemiluminescence detection using the luminol reaction. *Anal. Chim. Acta* **630**(2), 194–204.

Ivanov, A. N., Evtugyn, G. A., Gyurcsanyi, R. E., Toth, K. and Budnikov, H. C. (2000) Comparative investigation of electrochemical cholinesterase biosensors for pesticide determination. *Anal. Chim. Acta* **404**(1), 55–65.

Izaoumen, N. Bouchta, D. Zejli, H. Kaoutit, M. E., Stalcup, A. M. and Temsamani, K. R. (2005) Electrosynthesis and analytical performances of functionalized poly (pyrrole/beta-cyclodextrin) films. *Talanta* **66**(1), 111–117.

Ji, X., Zheng, J. Xu, J., Rastogi, V., Cheng, T. C., DeFrank J. J. and Leblanc, R. M. (2005) (CdSe)ZnS quantum dots and organophosphorus hydrolase bioconjugate as biosensors for detection of paraoxon. *J. Phys. Chem. B* **10**(9), 3793–3799.

Jimenez-Cadena, G., Riu, J. and Rius, F. X. (2007) Gas sensors based on nanostructured materials. *Analyst.* **132**(11), 1083–1099.

Joseph, R. L. (2006) *Principles of Fluorescence Spectroscopy*, Springer, 3rd Ed, New York, NY, USA.

Joshi, K. A., Tang, J., Haddon, R., Wang, J., Chen, W. and Mulchandani, A. (2005) A disposable biosensor for organophosphorus nerve agents based on carbon nanotubes modified thick film strip electrode. *Electroanal.* **17**(1), 54–58.

Jun, Y., Choi, J.-S. and Cheon, J. (2006) Shape control of semiconductor and metal oxide nanocrustals through nonhydrolytic colloidal routes. *Angew. Chem. Int. Ed.* **45**(21), 3411–3439.

Kamyabi, M. A. and Aghajanloo, F. (2008) Electrocatalytic oxidation and determination of nitrite on carbon paste electrode modified with oxovanadium(IV)-4-methyl salophen. *J. Electroanal. Chem.* **614**(1–2), 157–165.

Kan, J., Pan, X. and Chen, C. (2004) Polyaniline-uricase biosensor prepared with template process. *Biosens. Bioelectron.* **19**(12), 1635–1640.

Kerman, K., Saito, M, Tamiya, E. Yamamura, S. and Takamura, Y. (2008) Nanomaterial-based electrochemical biosensors for medical application, *Trends Anal. Chem.* **27**(7), 585–592.

Khan, R. and Dhayal, M. (2008) Nanocrystalline bioactive TiO_2–chitosan impedimetric immunosensor for ochratoxin-A. *Comm.* **10**(3), 492–495.

Kim, A., Li, C. Jin, C., Lee, K. W., Lee, S., Shon, K., Park, N., Kim, D., Kang, S., Shim, Y. and Park, J. (2007) A Sensitive and reliable quantification method for Bisphenol A based on modified competitive ELISA method. *Chemosphere* **68**(7), 1204–1209.

Kim, G. Y., Shim, J., Kang, M. S. and Moon, S. H. (2008) Optimized coverage of gold nanoparticles at tyrosinase electrode for measurement of a pesticide in various water sample. *J. Hazard. Mater.* **156**(1–3), 141–147.

Kurosawa, S., Aizawa, H. and Park, J.-W. (2005) Quartz crystal microbalance immunosensor for highly sensitive 2,3,7,8-tetrachlorodibenzo-p-dioxin detection in fly ash from municipal solid waste incinerators. *Analyst.* **130**(11), 1495–1501.

Kuwahara, T., Oshima, K., Shimomura, M. and Miyauchi, S. (2005) Immobilization of glucose oxidase and electron-mediating groups on the film of 3-methylthiophene/thiophene-3-acetic acid copolymer and its application to reagentless sensing of glucose. *Polymer* **46**(19), 8091–8097.

Lange, U., Roznyatovskaya, N. V. and Mirsky, V. M. (2008) Conducting polymers in chemical sensors and arrays. *Anal. Chim. Acta.* **614**(1), 1–26.

Law, K. A. and Higson, J. (2005) Sonochemically fabricated acetylcholinesterase microelectrode arrays within a flow injection analyser for the determination of organophosphate pesticides. *Biosens. Bioelectron.* **20**(10), 1914–1924.

Lei, Y., Mulchandani, P., Chen, W. and Mulchandani, A. (2005) Direct determination of p-nitrophenyl substituent organophosphorus nerve agents using a recombinant Pseudomonas putida JS444-modified Clark oxygen electrode. *J. Agric. Food Chem.* **53**(3), 524–527.

Lei, Y., Mulchandani, P., Chen, W., Mulchandani, A. (2007) Biosensor for direct determination of fenitrothion and EPN using recombinant Pseudomonas putida JS444 with surface-expressed organophosphorous hydrolase. 2. Modified carbon paste electrode. *Appl. Biochem. Biotechnol.* **136**(3), 243–50.

Leung, M. K. P., Chow, C. F. and Lam, M. H. W. (2001) A sol-gel derived molecular imprinted luminescent PET sensing material for 2,4-dichlorophenoxyacetic acid. *J. Mater. Chem.* **11**(12), 2985–2991.

Li, C., Wang, C., Guan, B., Zhang, Y. and Hu, S. (2005) Electrochemical sensor for the determination of parathion based on *p-tert*-Butylcalix[6]-arene-1,4-crown-4 sol-gel film and its characterization by electrochemical methods. *Sens. Actuators B* **107**(1), 411–417.

Li, Y. F., Liu, Z. M., Liu, Y. Y., Yang, Y. H., Shen, G. L. and Yu, R. Q. (2006) A mediator-free phenol biosensor based on immobilizing tyrosinase to ZnO nanoparticles. *Anal. Biochem.* **349**(1), 33–40.

Liao, Y., Wang, W. and Wang, B. (1999) Building fluorescent sensors by template polymerization: The preparation of a fluorescent sensor for l-tryptophan. *Bioorg. Chem.* **27**(6), 463–476.

Lin, H. Y., Hsu, C. Y. Thomas, J. L. Wang, S. E., Chen, H. C. and Chou, T. C. (2006) The microcontact imprinting of proteins: The effect of cross-linking monomers for lysozyme, ribonuclease A and myoglobin. *Biosens. Bioelectron.* **22**(4), 534–543.

Lin, J. M. and Yamada, M. (2001) Chemiluminescent flow-through sensor for 1,10-phenanthroline based on the combination of molecular imprinting and chemiluminescence. *Analyst* **126**(6), 810–815.

Liu, G. and Lin, Y. (2007) Nanomaterial labels in electrochemical immunosensors and immunoassays. *Talanta* **74**(3), 308–317.

Liu, N., Cai, X., Lei, Y., Zhang, Q., Chan-Park, M. B., Li, C., Chen, W. and Mulchandani, A. (2007) Single-walled carbon nanotube based real-time organophosphate detector. *Electroanalysis* **19**(5), 616–619.

Liu, K., Wei, W., Zeng, J. X., Liu, X. Y. and Gao, Y. P. (2006) Application of a novel electrosynthesized polydopamine-imprinted film to the capacitive sensing of nicotine. *Anal. Bioanal. Chem.* **38**(4), 724–729.

Liu, M., Hashi, Y., Pan, F., Yao, J. , Song, G. and Lin, J. (2006a) Automated on-line liquid chromatography-photodiode array-mass spectrometr method with dilution line for the determination of bisphenol A and 4-octylphenol in serum . *J. Chromatogr. A* **1133**(1–2), 142–148.

Liu, Z., Liu, Y., Yang, H., Yang, Y., Shen, G. and Yu, R. (2005a) A phenol biosensor based on immobilizing tyrosinase to modified core-shell magnetic nanoparticles supported at a carbon paste electrode. *Anal. Chim. Acta* **533**(1), 3–9.

Liu, J. F., Wang, X., Peng, Q. and Li, Y. D. (2005b) Vanadium pentoxide nanobelts: Highly selective and stable ethanol sensor materials. *Adv. Mater.* **17**(6), 764–767.

Lopéz, M. S.-P., Lopéz-Cabarcos, E. and Lopéz-Ruiz, B. (2006) Organic phase enzyme electrodes. *Biomol. Eng.* **23**(4), 135–147.

Lu, P., Teranishi, T., Asakura, K., Miyake, M. and Toshima, N. (1999) Polymer-protected Ni/Pd bimetallic nano-clusters: Preparation, characterization and catalysis for hydrogenation of nitrobenzene. *J. Phys. Chem. B* **10**(44), 9673–9682.

Marchesini, G. R., Koopal, K., Meulenberg, E., Haasnoot, W. and Irth. H (2007) Spreeta-based biosensor assays for endocrine disruptors, *Biosen. Bioelectron.* **22**(9–10), 1908–1915.

Marchesini, G. R., Meulenberg, E., Haasnoot, W. and Irth, H. (2005) Biosensor immunoassays for the detection of bisphenol A. *Anal. Chim. Acta* **528**(1), 37–45.

Marchesini, G. R., Meulenberg, E., Haasnoot, W., Mizuguchi, M. and Irth, H. (2006) Biosensor recognition of thyroid-disrupting chemicals using transport proteins. *Anal. Chem.* **78**(4), 1107–1114.

Matsui, J., Akamatsu, K., Nishiguchi, S., Miyoshi, D., Nawafune, H., Tamaki, K. and Sugimoto, N. (2004) Composite of Au nanoparticles and molecularly imprinted polymer as a sensing material. *Anal. Chem.* **76**(5), 1310–1315.

Matsui, J., Higashi, M. and Takeuchi, T. (2000) Molecularly imprinted polymer as 9-ethyladenine receptor having a porphyrin-based recognition center. *J. Am. Chem. Soc.* **12**(21), 5218–5219.

Mauriz, E., Calle, A., Lechuga, L. M., Quintana, J., Montoya, A. and Manclus, J. J. (2006a) Real-time detection of chlorpyrifos at part per trillion levels in ground, surface and drinking water samples by a portable surface plasmon resonance immunosensor. *Anal. Chim. Acta* **561**(1–2), 40–47.

Mauriz, E. Calle, A. Manclus, J. J., Montoya, A., Escuela, A. M., Sendra, J. R. and Lechuga, L. M. (2006b) Single and multi-analyte surface plasmon resonance assays for simultaneous detection of cholinesterase inhibiting pesticides. *Sens. Actuators B* **118**(1–2), 399-407.

Melikhova, E. V., Kalmykova, E. N., Eremin, S. A. and Ermolaeva, T. N. (2006) Using a piezoelectric flow immunosensor for determining sulfamethoxazole in environmental samples. *J. Anal. Chem.* **61**(7), 687-693.

Migdalski, J., Blaz, T., Paczosa, B. and Lewenstam, A. (2003) Magnesium and calcium-dependent membrane potential of poly(pyrrole) films doped with adenosine triphosphate. *Microchim. Acta* **143**(2–3), 177-185.

Milson, E. V., Novak, J., Oyama, M. and Marken, F. (2007) Electrocatalytic oxidation of nitric oxide at TiO2-Au nanocomposite film electrodes. *Electrochem. Commun.* **9**(3), 436–442.

Mita, D. G., Attanasio, A., Arduini, F., Diano, N., Grano, V., Bencivenga, U., Rossi, S., Amine, A. and Moscone, D. (2007) Enzymatic determination of BPA by means of tyrosinase immobilized on different carbon carriers. *Biosens. Bioelectron.* **23**(1), 60–65.

Mottaleb, M. A., Usenko, S., O'Donnell, J. G., Ramirez, A. J., Brooks, B. W. and Chambliss, C. K. (2009) Gas chromatography–mass spectrometry screening methods for select UV filters, synthetic musks, alkylphenols, an antimicrobial agent, and an insect repellent in fish. *J. Chromatogr. A* **1216**(5), 815–823.

Mousavi, Z., Alaviuhkola, T., Bobacka, J., Latonen, R. M., Pursiainen, J. and Ivaska, A. (2008) Electrochemical characterization of poly (3,4-ethylenedioxythiophene) (PEDOT) doped with sulfonated thiophenes. *Electrochim. Acta* **53**(11), 3755-3762.

Mulchandani, A., Mulchandani, P., Chauhan, S., Kaneva, I. and Chen, W. (1998a) A potentiometric microbial biosensor for direct determination of organophosphate nerve agents. *Electroanalysis* **10**(11), 733-737.

Mulchandani, A., Mulchandani, P., Kaneva, I. and Chen, W. (1998b) Biosensor for direct determination of organophosphate nerve agents using recombinant Escherichia coli with surface-expressed organophosphorus hydrolase. 1. Potentiometric microbial electrode. *Anal. Chem.* **70**(19), 4140-4145.

Nakao, Y. and Kaeriyama, K. (1989) Adsorption of surfactant-stabilized colloidal noble metals by ion-exchange resins and their catalytic activity for hydrogenation. *J. Colloids Interf. Sci.* **131**(1), 186–191.

Nakata, H. Kannan, K., Jones, P. D. and Giesy, J. P. (2005) Determination of fluoroquinolone antibiotics in wastewater effluents by liquid chromatography–mass spectrometry and fluorescence detection, *Chemosphere* **58**(6), 759–766.

Navarro-Villoslada, F., Urraca, J. L., Moreno-Bondi, M. C. and Orellana, G. (2007) Zearalenone sensing with molecularly imprinted polymers and tailored fluorescent probes. *Sens. Actuators B: Chem.* **12**(1), 67-73.

Nistor, C., Rose, A., Farré, M., Stoica, L., Wollenberger, U., Ruzgas, T., Pfeiffer, D., Barcelo, D., Gorton, L. and Emneus, J. (2002) In-field monitoring of cleaning efficiency in waste water treatment plants using two phenol-sensitive biosensors. *Anal. Chim. Acta* **456**(1), 3–17.

Park, J., Kurosawa, S., Aizawa, H., Goda, Y., Takai, M. and Ishihara, K. (2006) Piezoelectric immunosensor for bisphenol A based on signal enhancing step with 2-methacrolyloxyethyl phosphorylcholine polymeric nanoparticles. *Analyst* **31**(1), 155–162.

Petrovic, M., Hernando, M. D., Diaz-Cruz, M. S. and Barcelo, D. (2005) Liquid chromatography–tandem mass spectrometry for the analysis of pharmaceutical residues in environmental samples: A review, *J. Chromatoga. A* **1067**(1–2), 1–14.

Pillay, J. and Ozoemena, K. I. (2007) Efficient electron transport across nickel powder modified basal plane pyrolytic graphite electrode: Sensitive detection of sulfohydryl degradation products of the V-type nerve agents. *Electrochemistry* **9**(7), 1816–1823.

Pita, M. T. P., Reviejo, A. J., Manuel de Villena, F. J., Pingarron, J. M. (1997) Amperometric selective biosensing of dimethyl- and diethyldithiocarbamates based on inhibition processes in a medium of reversed micelles. *Anal. Chim. Acta* **340**(1–3), 89–97.

Portnov, S., Aschennok, A., Gubskii, A., Gorin, D., Neveshkin, A., Klimov, B., Nefedov, A. and Lomova, M. (2006) An automated setup for production of nanodimensional coatings by the polyelectrolyte self-assembly method. *Instrum. Exp. Technol.* **4**(6), 849–854.

Potyrailo, R. A. and Mirsky, V. M. (2008) Combinatorial and high-throughput development of sensing materials: The first 10 years. *Chem. Rev.* **108**(2), 770–813.

Prakash, R. Srivastava, R. and Pandey, P. (2002) Copper(II) ion sensor based on electro-polymerized undoped conducting polymers. *J. Solid State Electrochem.* **6**(3), 203–208.

Prasad, K., Prathish, K. P., Gladis, J. M., Naidu, G. R. K. and Prasada Rao, T. (2007) Molecularly imprinted polymer (biomimetic) potentiometric sensor for atrazine. *Sens. Actuators B: Chem.* **123**(1), 65–70.

Pringsheim, E. Terpetschnig, E. Piletsky, S. A. and Wolfbeis, O. S. (1999) A polyaniline with near-infrared optical response to saccharides. *Adv. Mater.* **11**(10), 865–868.

Pumera, M., Sanchez, S., Ichinose, I. and Tang, J. (2007) Electrochemical nanobio-sensors. *Sens. Actuators, B* **123**(2), 1195–1205.

Quist, A. P., Pavlovic, E. and Oscarsson, S. (2005) Recent advances in microcontact printing. *Anal. Bioanal. Chem.* **381**(3), 591–600.

Rajasekar, S., Rajasekar, R. and Narásîmham, K. C. (2000) Acetobacter peroxydans based electrochemical biosensor for hydrogen peroxide. *Bull. Electrochem.* **16**(1), 25–28.

Rahman, M. A., Kwon, M.-S., Won, Choe E. S. and Shim, Y.-B. (2005) Functionalized conducting polymer as an enzyme-immobilizing substrate: an amperometric glutamate microbiosensor for in vivo measurements. *Anal. Chem.* **77**(15), 4854–4860.

Rahman, M. A. R., Shiddiky, M. J. A., Park, J.-S. and Shim, Y.-B. (2007) An impedimetric immunosensor for the label-free detection of bisphenol A. *Biosen.*

Bioelectron. **22**(11), 2464–2470.

Rico, M. A. G., Olivares-Marin, M. and Gil, E. P. (2009) Modification of carbon screen-printed electrodes by adsorption of chemically synthesized Bi nanoparticles for the voltammetric stripping detection of Zn(II), Cd(II) and Pb(II), *Talanta* **80**(9), 631–635.

Rivas, G. A., Rubianes, M. D., Rodriguez, M. C., Ferreyra, N. E., Luque, G. L., Pedano, M. L., Miscoria, S. A. and Parrado, C. (2007) Carbon nanotubes for electrochemical biosensing. *Talanta* **74**(3), 291–307

Rodrigues, A. M., Ferreira, V., Cardoso, V. V., Ferreira, E. and Benoliel, M. J. (2007) Determination of several pesticides in water by solid-phase extraction, liquid chromatography and electrospray tandem mass spectrometry. *J. Chromatogr. A* **1150**(1–2), 267–278.

Rodriguez-Mozaz, S., Lopéz de Alda, M. J. and Barcelo, D. (2006a) Biosensors as useful tools for environmental analysis and monitoring, *Anal. Bioanal. Chem.* **386**(4), 1025–1041.

Rodriguez-Mozaz, S., Lopéz de Alda, M. J. and Barcelo, D. (2006b) Fast and simultaneous monitoring of organic pollutants in a drinking water treatment plant by a multi-analyte biosensor followed by LC-MS validation. *Talanta* **69**(2), 377–384.

Rodriguez-Monaz, S. Lopéz de Alda, M. and Barcelo, D. (2005) Analysis of bisphenol A in natural waters by means of an optical immunosensor. *Water Res.* **39**(20), 5071–5079.

Sacks, V., Eshkenazi, I., Neufeld, T., Dosoretz, C. and Rishpon, J. (2000) Immobilized parathion hydrolase: An amperometric sensor for parathion. *Anal. Chem.* **72**(9), 2055–2058.

Salimi, A., Hallaj, R., Soltanian, S. and Mamkhezri, H. (2007) Nanomolar detection of hydrogen peroxide on glassy carbon electrode modified with electrodeposited cobalt oxide nanoparticles. *Anal. Chim. Acta* **594**(1), 24–31.

Sanchez-Acevedo Z. C., Riu, J. and Rius, F. X. (2009) Fast picomolar selective detection of bisphenol A in water using a carbon nanotube field effect transistor functionalized with estrogen receptor-α. *Biosen. Bioelectron.* **24**(9), 2842–2846.

Saraji, M. and Esteki, N. (2008) Analysis of carbamate pesticides in water samples using single-drop microextraction and gas chromatography-mass spectrometry. *Anal. Bioanal. Chem.* **391**(3), 1091–1100.

Sellergren, B. (2001) *Molecularly Imprinted Polymers: Man-made Mimics of Antibodies and their Application in Analytical Chemistry.* Elsevier, Amsterdam, Netherlands.

Seol, H., Shin, S. C. and Shim, Y.-B. (2004) Trace analysis of Al(III) ions based on the redox current of a conducting polymer. *Electroanalysis* **16**(24), 2051–2057.

Sha, Y., Qian, L., Ma, Y., Bai, H. and Yang, X. (2006) Multilayer films of carbon nanotubes and redox polymer on screen-printed carbon electrodes for electrocatalysis of ascorbic acid. *Talanta* **70**(3), 556–560.

Sharma, S. K., Singhal, R., Malhotra, B. D., Sehgal, N. and Kumar, A. (2004) Langmuir-Blodgett film based biosensor for estimation of galactose in milk. *Electrochim. Acta* **49**(15), 2479–2485.

Shelke, C. R., Kawtikwar, P. K., Sakarkar, D. M. and Kulkarni, N. P. (2008) Synthesis and characterization of MIPs – a viable commercial venture. *Pharmaceutical Reviews* **6**(5) (http://www.pharmainfo.net/reviews/synthesis-and-characterization-mips-viable-commercial-venture) (Accessed on Jan, 2010).

Shiddiky, M. J. A., Rahman, M., Cheol, C. S. and Shim, Y. B. (2008) Fabrication of disposable sensors for biomolecule detection using hydrazine electrocatalyst. *Anal. Biochem.* **379**(2), 170.

Shughart, E. L., Ahsan, K., Detty, M. R. and Bright, F. V. (2006) Site selectively templated and tagged xerogels for chemical sensors. *Anal. Chem.* **78**(9), 3165–3170.

Singh, S., Chaubey, A. and Malhotra, B. D. (2004) Amperometric cholesterol biosensor based on immobilized cholesterol esterase and cholesterol oxidase on conducting polypyrrole films. *Anal. Chim. Acta* **502**(2), 229–234.

Singh, S., Solanki, P. R., Pandey, M. K. and Malhotra, B. D. (2006) Covalent immobilization of cholesterol esterase and cholesterol oxidase on polyaniline films for application to cholesterol biosensor. *Anal. Chim. Acta* **568**(1–2), 126–132.

Skretas, G. and Wood, D. W. (2005) A bacterial biosensor of endocrine modulators. *J. Mol. Biol.* **349**(3), 464–474.

Somers, R. C., Bawendi, M. G. and Nocera, D, G. (2007) CdSe nanocrystal based chem-bio-sensors. *Chem. Soc. Rev.* **36**(4), 579–591.

Sreenivasan, K. (2007) Synthesis and evaluation of multiply templated molecularly imprinted polyaniline. *J. Mater. Sci.* **42**(17), 7575-7578.

Suri, C. R., Boro, R., Nangia, Y., Gandhi, S., Sharma, P., Wangoo, N., Rajesh, K. and Shekhawat, G. S. (2009) Immunoanalytical techniques for analyzing pesticides in the environment, *Trends Anal. Chem.* **28**(1), 29–39.

Székács, A., Trummer, N., Adányi, N., Váradi, M. and Szendro, I. (2003) Development of a non-labeled immunosensor for the herbicide trifluralin *via* optical waveguide light mode spectroscopic detection. *Anal. Chim. Acta* **487**(1), 31–42.

Taranova, L. A., Fesay, A. P., Ivashchenko, G. V., Reshetilov, A. N., Winther-Nielsen, M. and Emneus, J. (2004) Comamonas testosteroni strain TI as a potential base for a microbial sensor detecting surfactants. *Appl. Biochem. Microbiol.* **40**(4), 404–408.

Thompson, J. M. and Bezbaruah, A. N. (2008) *Selected Pesticide Remediation with Iron Nanoparticles: Modeling and Barrier Applications.* Technical Report No. ND08-04. North Dakota Water Resources Research Institute, Fargo, ND.

Trojanowicz, M. (2006) Analytical applications of carbon nanotubes: a review. *Trends Anal. Chem.* **25**(5), 480–489.

Tudorache, M. and Bala, C. (2007) Biosensors based on screen-printing technology, and their applications in environmental and food analysis. *Anal. Bioanal. Chem.* **388**(3), 565–578.

USEPA (2010a) What are endocrine disruptors? http://www.epa.gov/endo/pubs/edspoverview/whatare.htm Accessed January 2010.

USEPA (2010b) Drinking water contaminants http://www.epa.gov/safewater/contaminants/index.html Accessed January 2010.

Vandevelde, F., Leichle, T., Ayela, C., Bergaud, C., Nicu, L. and Haupt, K. (2007) Direct patterning of molecularly-imprinted microdot arrays for sensors and biochips. *Langmuir* **23**(12), 6490–6493.

Vaseashta, A., Vaclavikova, M., Vaseashta, S., Gallios, G., Roy, P. and Pummakarnchana, O. (2007) Nanostructures in environmental pollution detection, monitoring, and remediation. *Sci Tech. Adv. Mat.* **8**(1–2), 47–59.

Vazquez, M., Bobacka, J., and Ivaska, A. (2005) Potentiometric sensors for Ag+ based on poly(3-octylthiophene) (POT). *J. Solid State Electrochem.* **9**(12), 865–873.

Vedrine, C., Fabiano, S. and Tran-Minh, C. (2003) Amperometric tyrosinase based biosensor using an electrogenerated polythiophene film as an entrapment support. *Talanta* **59**(3), 535–544.

Vieno, N. M., Tuhkanen, T. and Kronberg, L. (2006) Analysis of neutral and basic pharmaceuticals in sewage treatment plants and in recipient rivers using solid phase extraction and liquid chromatography–tandem mass spectrometry detection, *J. Chromatogr. A* **1134**(1–2), 101–111.

Voicu, R., Faid, K., Farah, A. A., Bensebaa, F., Barjovanu, R., Py, C. and Tao Y. (2007) Nanotemplating for two-dimensional molecular imprinting. *Langmuir* **23**(10), 5452–5458.

Volf, R., Kral, V., Hrdlicka, J., Shishkanova, T. V., Broncova, G., Krondak, M., Grotschelova, S., St'astny, M., Kroulik, J., Valik, M., Matejka, P. and Volka, K., (2002) Preparation, characterization and analytical application of electropolymerized films. *Solid State Ionics* **154**(Part B Sp. Iss. SI), 57–63.

Wallace, G. G., Spinks, G. M., Kane-Maguire, L. A. P. and Teasdale, P. R. (2003) *Conductive Electroactive Polymers: Intelligent Materials Systems*. CRC Press, Boca Raton, FL, USA.

Wang, J. and Lin, Y. (2008) Functionalized carbon nanotubes and nanofibres for biosensing application, *Trends Anal. Chem.* **27**(7), 619–626.

Wang, J., Musameh, M. and Laocharoensuk, R. (2005) Magnetic catalytic nickel particles for on-demand control of electrocatalytic processes. *Electrochem. Commun.* **7**(7), 652–656.

Wang, J., Scampicchio, M., Laocharoensuk, R., Valentini, F., Gonzalez-Garcia, O. and Burdick, J. (2006) Magnetic tuning of the electrochemical reactivity through controlled surface orientation of catalytic nanowires. *J. Am. Chem. Soc.* **128**(4), 4562–4563.

Wang, S., Wu, Z., Zhang, F. Q. S., Shen, G.and Yu, R. (2008) A novel electrochemical immunosensor based on ordered Au nano-prickle clusters, *Biosens.* **24**(4), 1026–1032.

Wen, Y., Zhou, B., Xu, Y., Jin, S. and Feng, Y. (2006) Analysis of environmental waters using polymer monolith in-polyether ether keton phase microextraction combined with high-performance liquid chromatography. *J. Chromatogr. A* **1133**(1–2), 21–28.

Whitcombe, M. J. and Vulfson, E. N. (2001) Imprinting polymer. *Adv. Mater.* **13**(7), 467–478.

Whitcombe, M. J., Rodriguez, M. E., Villar, P. and Vulfson, E. N. (1995) A new method for the introduction of recognition site functionality into polymers prepared by molecular imprinting: Synthesis and characterization of polymeric receptors for cholesterol. *J. Am. Chem. Soc.* **117**(27), 7105–7111.

Widstrand, C., Yilmaz, E., Boyd, B., Billing, J. and Rees, A. (2006) Molecularly imprinted polymers: A new generation of affinity matrices. *American Lab.* **38**(19), 12–14.

Wilmer, M., Trau, D., Renneberg, R. and Spener, F. (1997) Amperometric immunosensor for the detection of 2,4-dichlorophenoxyacetic acid (2,4-D) in water. *Anal. Lett.* **30**(3), 515–525.

Wulff, G., Vesper, W., Grobe-Einsler, R. and Sarhan, A. (1977) Enzyme-analogue built polymers, 4. On the synthesis of polymers containing chiral cavities and their use for the resolution of racemates. *Makromol. Chem.* **178**(10), 2799– 2816.

Yan, M. and Kapua, A. (2001) Fabrication of molecularly imprinted polymer microstructures. *Anal. Chim. Acta* **435**(1), 163–167.

Yan, M. and Ramstrom, O. (2005) *Molecularly Imprinted Materials: Science and Technology*. Marcel Dekker, New York, NY.

Yang, L., Wanzhi, W., Xia, J., Tao, H. and Yang, P. (2005) Capacitive biosensor for glutathione detection based on electropolymerized molecularly imprinted polymer and kinetic investigation of the recognition process. *Electroanalysis* **17**(11) 969–977.

Yao, S., Xu, J., Wang, Y., Chen, X., Xu, Y. and Hu, S. (2006) A highly sensitive hydrogen peroxide amperometric sensor based on MnO2 nanoparticles and dihexadecyl hydrogen phosphate composite film. *Anal. Chim. Acta* **557**(1–2), 78–84.

Yin, H. S., Zhou, Y. and Ai, S.-Y. (2009) Preparation and characteristic of cobalt phthalocyanine modified carbon paste electrode for bisphenol A detection. *J. Electroanalytical Chem.* **626**(1–2), 80–88.

Yu, J. C. C., Krushkova, S., Lai, E. P. C. and Dabek-Zlotorzynska, E. (2005) Molecularly-imprinted polypyrrole-modified stainless steel frits for selective solid phase preconcentration of ochratoxin A. *Anal. Bioanal. Chem.* **382**(7), 1534–1540.

Yuan, J., Guo, W. and Wang, W. (2008) Utilizing a CdTe quantum dots-enzyme hybrid system for the determination of both phenolic compounds and hydrogen peroxide. *Anal. Chem.* **80**(4), 1141–1145

Zacco, E., Pividori, M. I., Alegret, S., Galve, R. and Marco, M.-P. (2006) Electrochemical magnetoimmunosensing strategy for the detection of pesticides residues. *Anal. Chem.* **78**(6), 1780–1788.

Zanganeh, A. R. and Amini, M. K. (2007) A potentiometric and voltammetric sensor based on polypyrrole film with electrochemically induced recognition sites for detection of silver ion. *Electrochim. Acta* **52**(11), 3822–3830.

Zhang, W. X. (2003) Nanoscale iron particles for environmental remediation: An overview. *J. Nanopart. Res.* **5**(3–4), 323–332.

Zhang, J., Wang, H., Liu, W., Bai, L., Ma, N. and Lu, L. (2008) Synthesis of molecularly imprinted polymer for sensitive penicillin determination in milk. *Anal. Lett.* **41**(18), 3411–3419.

Zhang, L., Zhou, Q., Liu, Z., Hou, X., Li, Y. and Lv, Y. (2009) Novel Mn_3O_4 Micro-octahedra: Promising cataluminescence sensing material for acetone, *Chem. Mater.* **21**(21), 5066–5071.

Zhang, Z., Haiping, L., Li, H., Nie, L. and Yao, S. (2005) Stereoselective histidine sensor based on molecularly imprinted sol-gel films. *Anal. Biochem.* **336**(1), 108–116.

第4章

Abdessemed, D., Nezzal G. and Ben Aim, R. (2002) Fractionation of a secondary effluent with membrane separation. *Desalination* **146**(1–3), 433–437.

Agbekodo, K. M., Legube B. and Cote, P. (1996a) Organics in NF permeate. *J. AWWA* **88**(5), 67–74.

Agbekodo, K. M., Legube, B. and Dard, S. (1996b) Atrazine and simazine removal mechanisms by nanofiltration: Influence of natural organic matter concentration. *Water Res.* **30**(11) 2535–2542.

Agenson, K. O., Oh, J.-H. and Urase, T. (2003) Retention of a wide variety of organic pollutants by different nanofiltration/reverse osmosis membranes: controlling parameters of process. *J. Membr. Sci.* **225**(1–2), 91–103.

Agnihotri, S., Rood, M. J. and Rostam-Abadi, M. (2005) Adsorption equilibrium of organic vapors on single-walled carbon nanotubes. *Carbon* **43**(11), 2379–2388.

Al-Ahmad, M. and Adbul Aleem, F. (1993) Scale formation and fouling problems effect on the performance of MSF and RO desalination, plants in Saudi Arabia. *Desalination* **93**(1–3), 287–310.

Alami-Younssi, S., Larbot, A., Persin, M., Sarrazin, J. and Cot, L. (1995) Rejection of mineral salts on a gamma alumina nanofiltration membrane: Application to environmental processes. *J. Membr. Sci.* **102**, 123–129.

Al-Amoudi, A. and Lovitt, R. W. (2007) Fouling strategies and the cleaning system of NF membranes and factors affecting cleaning efficiency. *J. Membr. Sci.* 303(1–2), 4–28.

Al-Amoudi, A. S. and Farooque, A. M. (2005) Performance, restoration and autopsy of NF membranes used in seawater pretreatment. *Desalination* **178**(1–3), 261–271.

Alborzfar, M., Escande, K. and Allen, S. J. (1998) Removal of natural organic matter from two types of humic ground waters by nanofiltration. *Water Res.* **32**(10), 2970–2983.

Al-Sofi, M. A. K., Hassan, A. M., Mustafa, G. M., Dalvi, A. G. I. and Kither, M. N. M. (1998) Nanofiltration as a means of achieving higher TBT of ⩾120 degrees C in MSF. *Desalination* **118**(1–3), 123–129.

Al-Sofi, M. A.-K. (2001) Seawater desalination – SWCC experience and vision. *Desalination* **135**(1–3), 121–139.

Ariza, M. J., Canas, A., Malfeito, J. and Benavente, J. (2002) Effect of pH on electrokinetic and electrochemical parameters of both sub-layers of composite polyamide/polysulfone membranes. *Desalination* **148**(1–3), 377–382.

Baker, J. S. and Dudley, L. Y. (1998) Biofouling in membrane systems – a review. *Desalination* **118**(1–3), 81–90.

Baticle, P., Kiefer, C., Lakhchaf, N., Larbot, A., Leclerc, O., Persin, M. and Sarrazin, J. (1997) Salt filtration on gamma alumina nanofiltration membranes fired at two different temperatures. *J. Membr. Sci.* **135**(1), 1–8.

Bellona, C. and Drewes, J. E. (2007) Viability of a low-pressure nanofilter in treating recycled water for water reuse applications: A pilot-scale study. *Water Res.* **41**(17), 3948–3958.

Bellona, C., Drewes, J. E., Xu, P. and Amy, G. (2004) Factors affecting the rejection of organic solutes during NF/RO treatment – a literature review. *Water Res.* **38**(12), 2795–2809.

Berg, P., Hagmeyer, G. and Gimbel, R. (1997) Removal of pesticides and other micropollutants by nanofiltration. *Desalination* **113**(2–3), 205–208.

Bergman, R. A. (1995) Membrane softening versus lime softening in Florida-a cost comparison update. *Desalination* **102**(1–3), 11–24.

Boeflage, S., Kennedy, M., Bonne, P. A. C., Galjaard G. and Schippers, J. (1997) Prediction of flux decline in membrane systems due to particulate fouling. *Desalination* **113**(2–3), 231–233.

Boerlage, S. F. E., Kennedy, M., Aniye, M. P. and Schippers, J. C. (2003) Applications of the MFI-UF to measure and predict particulate fouling in RO systems. *J. Membr. Sci.* **220**(1–2), 97–116.

Boussahel, R., Montiel, A. and Baudu, M. (2002) Effects of organic and inorganic matter on pesticide rejection by nanofiltration. *Desalination* **145**(1–3), 109–114.

Bowen, W. R. and Mohammad A. W. (1998) Diafiltration by nanofiltration: prediction and optimization. *AIChE J* **44**(8), 1799–1811.

Bowen, W. R., Welfoot, J. S. and Williams, M. (2002) Linearized transport model for nanofiltration: Development and assessment. *AIChE J* **48**(4), 760–771.

Brady-Estévez, A. S., Kang, S. and Elimelech, M. (2008) A single-walled-carbon-nanotube filter for removal of viral and bacterial pathogens. *Small* **4**(4), 481–484.

Braghetta, A., Digiano, F. A. and Ball, W. P. (1997) Nanofiltration of natural organic matter: pH and ionic strength effects. *J. Environ. Eng.* **123**(7), 628–640.

Brandhuber, P. and Amy, G. (1998) Alternative methods for membrane filtration of arsenic from drinking water. *Desalination* **117**(1–3), 1–10.

Brauns, E., Van Hoof, E., Molenberghs, B., Dotremont, C., Doyen, W. and Leysen, R. (2002) A new method of measuring and presenting the membrane fouling potential. *Desalination* **150**(1), 31–43.

Burggraaf, A. J. and Keizer, K. (1991) Synthesis of inorganic membranes. In Inorganic Membranes: Characterization and Applications (ed. Bhave, R. R.), Van Nostrand Rheinhold, New York, pp. 10–63.

Causserand, C., Aimar, P., Cravedi, J. P. and Singlande, E. (2005) Dichloroaniline retention by nanofiltration membranes. *Water Res.* **39**(8), 1594–1600.

Cfiscuoli A. and Drioli, E. (1999) Energetic and exergetic analysis of an integrated membrane desalination system. *Desalination* **124**(1–3), 243–249.

Childress, A. E. and Deshmukh, S. S. (1998) Effect of humic substances and anionic surfactants on the surface charge and performance of reverse osmosis membranes. *Desalination* **118**(1–3), 167–174.

Childress, A. E. and Elimelech, M. (1996) Effect of solution chemistry on the surface charge of polymeric reverse osmosis and nanofiltration membranes. *J. Membr. Sci.* **119**(2), 253–268.

Childress, A. E. and Elimelech, M. (2000) Relating nanofiltration membrane performance to membrane charge (electrokinetic) characteristics. *Environ. Sci. Technol.* **34**(17), 3710–3716.

Cho, J. W., Amy, G. and Pellegfino, J. (1999) Membrane filtration of natural organic matter: initial comparison of rejection and flux decline characteristics with ultrafiltration and nanofiltration membranes. *Water Res.* **33**(11), 2517–2526.

Choi, J.-H., Fukushi, K. and Yamamoto, K. (2008) A study on the removal of organic acids from wastewaters using nanofiltration membranes. *Sep. Purif. Technol.* **59**(1), 17–25.

Choi, J.-H., Jegal, J. and Kim, W.-N. (2006) Fabrication and characterization of multi-walled carbon nanotubes/polymer blend membranes. *J. Membr. Sci.* **284**(1–2), 406–415.

Choi, S., Yun, Z., Hong, S. and Ahn, K. (2001) The effect of co-existing ions and surface characteristics of nanomembranes on the removal of nitrate and fluoride. *Desalination* **133**(1), 53–64.

Chung, T.-S., Qin, J.-J., Huan, A. and Toh, K.-C. (2002) Visualization of the effect of shear rate on the outer surface morphology of ultrafiltration membranes by AFM. *J. Membr. Sci.* **196**(2), 251–266.

Conlon, W. J. and McClellan, S. A. (1989) Membrane softening: treatment process comes of age. *J. AWWA* **81**(11), 47–51.

Dai, Y., Jian, X., Zhang, S. and Guiver, M. D. (2002) Thin film composite (TFC) membranes with improved thermal stability from sulfonated poly(phthalazinone ether sulfone ketone) (SPPESK). *J. Membr. Sci.* **207**(2), 189–197.

De Witte, J. P. (1997) Surface water potabilisation by means of a novel nanofiltration element. *Desalination* **108**(1–3), 153–157.

Desai, T. A., Hansford, D. and Ferrari, M. (1999) Characterization of micromachnined silicon membranes for immunoisolation and bioseparation applications. *J. Membr. Sci.* **159**(1–2), 221–231.

Deshmukh, S. S. and Childress, A. E. (2001) Zeta potential of commercial RO membranes: Influence of source water type and chemistry. *Desalination* **140**(1), 87–95.

Di, Z.-C., Ding, J., Peng, X.-J., Li, Y.-H., Luan, Z.-K. and Liang, J. (2006) Chromium adsorption by aligned carbon nanotubes supported ceria nanoparticles. *Chemosphere* **62**(5), 861–865.

Drioli, E., Criscuoli A. and Curcioa, E. (2002) Integrated membrane operations for seawater desalination. *Desalination* **147**(1–3), 77–81.

Dueom, G. and Cabassud, C. (1999) Interests and limitations of nanofiltration for the removal of volatile organic compounds in drinking water production. *Desalination* **124**(1–3), 115–123.

Duran F. E. and Dunkelberger G. W. (1995) A comparison of membrane softening on three South Florida groundwaters. *Desalination* **102**(1–3), 27–34.

Elimelech, M., Zhu, X., Childress, A. E., and Hong, S. (1997) Role of membrane surface morphology in colloidal fouling of cellulose acetate and composite aromatic polyamide reverse osmosis membranes. *J. Membr. Sci.* **127**(1), 101–109.

El-Sheikh, A. H., Sweileh, J. A. and Al-Degs, Y. S. (2007) Effect of dimensions of multi-walled carbon nanotubes on its enrichment efficiency of metal ions from environmental waters. *Anal. Chim. Acta* **604**(2), 119–126.

Ericsson, B., Hallberg, M. and Wachenfeldt, J. (1996) Nanofiltration of highly colored raw water for drinking water production. *Desalination* **108**(1–3), 129–141.

Eriksson, P. (1988) Nanofiltration extends the range of membrane filtration. *Environ. Prog.* **7**(1), 58–62.

Escobar, I. C., Hong, S. and Randall, A. (2000) Removal of assimilable and biodegradable dissolved organic carbon by reverse osmosis and nanofiltration membranes. *J. Membr. Sci.* **175**(1), 1–17.

Everest, W. R. and Malloy, S. (2000) A design/build approach to deep aquifer membrane treatment in Southern California. *Desalination* **132**(1–3), 41–45.

Faller, K. A. (1999) Reverse Osmosis and Nanofiltration. *AWWA Manual of Water Supply Practice,* M46.

Flemming, H. C. (1993) Mechanistic aspects of reverse osmosis membrane biofouling and prevention. In Reverse Osmosis: Membrane Technology, Water Chemistry and Industrial Applications (ed. Amjad, Z.), Van Nostrand Reinhold, New York, pp. 163–209.

Freger, V., Arnot, A. C. and Howell, J. A. (2000) Separation of concentrated organic/in organic salt mixtures by nanofiltration. *J. Membr. Sci.* **178**(1–2), 185–193.

Fu, P., Ruiz, H., Lozier, J., Thompson, K. and Spangenberg, C. (1994) Selecting membranes for removing NOM and DBP precursors. *J. AWWA* **86**(12), 55–72.

Fu, P., Ruiz, H., Lozier, J., Thompson, K. and Spangenberg, C. (1995) A pilot study on groundwater natural organics removal by low-pressure membranes. *Desalination* **102**(1–3), 47–56.

Gauden, P. A., Terzyk, A. P., Rychlicki, G., Kowalczyk, P., Lota, K., Raymundo-Pinero, E., Frackowiak, E. and Beguin, F. (2006) Thermodynamic properties of benzene adsorbed in activated carbons and multi-walled carbon nanotubes. *Chem. Phys. Lett.* **421**(4–6), 409–414.

Ghosh, K. and Schnitzer, M. (1980) Macromolecular structures of humic substances. *Soil Sci.* **129**(5), 266–276.

Hafiarle, A., Lemordant, D. and Dhahbi, M. (2000) Removal of hexavalent chromium by nanofiltration. *Desalination* **130**(3), 305–312.

Hagmeyer, G. and Gimbel, R. (1998) Modelling the salt rejection of nanofiltration membranes for ternary ion mixtures and for single salts at different pH values. *Desalination* **117**(1–3), 247–256.

Hamed, O. A. (2005) Overview of hybrid desalination systems – current status and future prospects. *Desalination* **186**(1–3), 207–214.

Hassan, A. M., Al-Sofi, M. A. K., Al-Amoudi, A. S., Jamaluddin, A. T. M., Farooque, A. M., Rowaili, A., Dalvi, A. G. I., Kither, N. M., Mustafa, G. M. and Al-Tisan, I. A. R. (1998) A new approach to thermal seawater desalination processes using nanofiltration membranes (Part 1). *Desalination* **118**(1–3), 35–51.

Hassan, A. M., Farooque, A. M., Jamaluddin, A. T. M., Al-Amoudi, A. S., Al-Sofi, M. A., Al-Rubaian, A. F., Kither, N. M., Al-Tisan, I. A. R. and Rowaili, A. (2000) A demonstration plant based on the new NF-SWRO process. *Desalination* **131**(1–3), 157–171.

Hirose, M., Ito, H. and Kamiyama, Y. (1996) Effect of skin layer surface structures on the flux behavior of RO membrane. *J. Membr. Sci.* **121**(2), 209–215.

Huiting, H., Kappelhof, J. W. N. M. and Bosklopper, Th. G. J. (2001) Operation of NF/RO plants: from reactive to proactive. *Desalination* **139**(1–3), 183–189.

Hvid, K. B., Nielsen, P. S. and Stengaard, F. F. (1990) Preparation and characterization of a new ultrafiltration membrane. *J. Membr. Sci.* **53**(3), 189–202.

Iijima, S. (1991) Helical microtubules of graphitic carbon. *Nature* **354**, 56–58.

Jacob, M., Guigui, C., Cabassud, C., Darras, H., Lavison, G. and Moulin, L. (2009) Performances of RO and NF processes for wastewater reuse: Tertiary treatment after a conventional activated sludge or a membrane bioreactor. *Desalination* **250**(2), 833–839.

Jarusutthirak, C., Amy G. and Croué, J.-P. (2002) Fouling characteristics of wastewater effluent organic matter (EfOM) isolates on NF and UF membranes. *Desalination* **145**(1–3), 247–255.

Jegal, J., Min, S. G. and Lee, K.-H. (2002) Factors affecting the interfacial polymerization of polyamide active layers for the formation of polyamide composite membranes. *J. Appl. Polym. Sci.* **86**(11), 2781–2787.

Jian, X., Dai, Y., He, G. and Chen, G. (1999) Preparation of UF and NF poly(phthalazine ether sulfone ketone) membranes for high temperature application. *J. Membr. Sci.* **161**(1–2), 185–191.

Jönsson, A. and Jönsson, B. (1991) The influence of nonionic surfactants on hydrophobic and ultrafiltration membranes. *J. Membr. Sci.* **56**(1), 49–76.

Jung, Y. J., Kiso, Y., Othman, R. A. A. B., Ikeda, A., Nishimura, K., Min, K. S., Kumano, A. and Ariji, A. (2005) Rejection properties of aromatic pesticides with a hollow-fiber NF membrane. *Desalination* **180**(1–3), 63–71.

Karime, M., Bouguecha, S. and Hamrouni, B. (2008) RO membrane autopsy of Zarzis brackish water desalination plant. *Desalination* **220**(1–3), 258–266.

Kartinen, E. O. and Martin, C. J. (1995) An overview of arsenic removal processes. *Desalination* **103**(1–2), 79–88.

Keszler, B., Kovács, G., Tóth, A., Bertóti, I. and Hegyi, M. (1991) Modified polyethersulfone membranes. *J. Membr. Sci.* **62**(2), 201–210.

Khalik, A. and Praptowidodo, V. S. (2000) Nanofiltration for drinking water production from deep well water. *Desalination* **132**(1–3), 287–292.

Khirani, S., Ben Aim, R. and Manero, M.-H. (2006) Improving the measurement of the Modified Fouling Index using nanofiltration membranes (NF–MFI). *Desalination* **191**(1–3), 1–7.

Kim, I. C., Lee, K.-H. and Tak, T.-M. (2001) Preparation and characterization of integrally skinned uncharged polyetherimide asymmetric nanofiltration membrane. *J. Membr. Sci.* **183**(2), 235–247.

Kim, I.-C., Jegal, J. and Lee, K.-H. (2002) Effect of aqueous and organic solutions on the performance of polyamide thin-film-composite nanofiltration membranes. *J. Polym. Sci.: Part B* **40**(19), 2151–2163.

Kim, K. J., Fane, A. G. and Fell, C. J. D. (1988) The performance of ultrafiltration membranes pretreated by polymers. *Desalination* **70**(1–3), 229–249.

Kim, K. J., Fane, A. G. and Fell, C. J. D. (1989) The effect of Langmuir Blodgett layer pretreatment on the performance of ultrafiltration membranes. *J. Membr. Sci.* **43**(2–3), 187–204.

Kim, M., Saito, K. and Furusaki, S. (1991) Water flux and protein adsorption of a hollow fiber modified with hydroxyl groups. *J. Membr. Sci.* **56**(3), 289–302.

Kim, Y.-H., Hwang, E.-D., Shin, W. S., Choi, J.-H., Ha, T. W. and Choi, S. J. (2007) Treatments of stainless steel wastewater containing a high concentration of nitrate using reverse osmosis and nanomembranes. *Desalination* **202**(1–3), 286–292.

Kimura, K., Amy, G., Drewes, J. and Watanabe, Y. (2003b) Adsorption of hydrophobic compounds onto NF/RO membranes: An artifact leading to overestimation of rejection. *J. Membr. Sci.* **221**(1–2), 89–101.

Kimura, K., Amy, G., Drewes, J., Heberer, T., Kim, T.-U. and Watanabe, Y. (2003a) Rejection of organic micropollutants (disinfection by-products, endocrine disrupting compounds, and pharmaceutically active compounds) by NF/RO membranes. *J. Membr. Sci.* **227**(1–2), 113–121.

Kiso, Y., Kitao, T., Kiyokatsu, J. and Miyagi M. (1992) The effects of molecular width on permeation of organic solute through cellulose acetate reverse osmosis membrane. *J. Membr. Sci.* **74**(1–2), 95–103.

Kiso, Y., Kon, T., Kitao, T. and Nishimura, K. (2001a) Rejection properties of alkyl phthalates with nanofiltration membranes. *J. Membr. Sci.* **182**(1–2), 205–214.

Kiso, Y., Nishimura, Y., Kitao, T. and Nishimura, K. (2000) Rejection properties of non-phenylic pesticides with nanofiltration membranes. *J. Membr. Sci.* **171**(2), 229–237.

Kiso, Y., Sugiura, Y., Kitao, T. and Nishimura, K. (2001b) Effects of hydrophobicity and molecular size on rejection of aromatic pesticides with nanofiltration membranes. *J. Membr. Sci.* **192**(1–2), 1–10.

Košutić, K. and Kunst, B. (2002) Removal of organics from aqueous solutions by commercial RO and NF membranes of characterized porosities. *Desalination* **142**(1), 47–56.

Košutić, K., Furač, L., Sipos, L. and Kunst, B. (2005) Removal of arsenic and pesticides from drinking water by nanofiltration membranes. *Sep. Purif. Technol.* **42**(2), 137–144.

Košutić, K., Kaštelan-Kunst, L. and Kunst, B. (2000) Porosity of some commercial reverse osmosis and nanofiltration polyamide thin-film composite membranes. *J Membr Sci* **168**(1–2), 101–108.

Ku, Y., Chen, S.-W. and Wang, W.-Y. (2005) Effect of solution composition on the removal of copper ions by nanofiltration. *Sep. Purif. Technol.* **43**(2), 135–142.

Kumakiri, I., Yamaguchi, T. and Nakao, S. (2000) Application of a zeolite A membrane to reverse osmosis process. *J. Chem. Eng. Jpn.* **33**, 333.

Larbot, A., Alami-Younssi, S., Persin, M., Sarrazin, J. and Cot, L. (1994) Preparation of a γ-alumina nanofiltration membrane. *J. Membr. Sci.* **97**, 167–173.

Le Roux, I., Krieg, H. M., Yeates, C. A. and Breytenbach, J. C. (2005) Use of chitosan as an antifouling agent in a membrane bioreactor. *J. Membr. Sci.* **248**(1–2), 127–136.

Lee, S., Park, G., Amy, G., Hong, S.-K., Moon, S.-H., Lee, D.-H. and Cho, J. (2002) Determination of membrane pore size distribution using the fractional rejection of nonionic and charged macromolecules. *J. Membr. Sci.* **201**(1–2), 191–201.

Lee, S., Quyet, N., Lee, E., Kim, S., Lee, S., Jung, Y. D., Choi, S. H. and Cho, J. (2008) Efficient removals of tris(2-chloroethyl) phosphate (TCEP) and perchlorate using NF membrane filtrations. *Desalination* **221**(1–3), 234–237.

Levine, B. B., Madireddi, K., Lazarova, V., Stenstrom, M. K. and Suffet, M. (1999) Treatment of trace organic compounds by membrane processes: At the lake arrowhead water reuse pilot plant. *Water. Sci. Technol.* **40**(4–5), 293–301.

Li, L., Dong, J., Nenoff, T. M. and Lee, R. (2004a) Desalination by reverse osmosis using MFI zeolite membranes. *J. Membr. Sci.* **243**(1–2), 401–404.

Li, L., Dong, J., Neoff, T. M. and Lee, R. (2004b) Reverse osmosis of ionic aqueous solutions on a MFI zeolite membrane. *Desalination* **170**(3), 309–316.

Li, Y.-H., Wang, S., Wei, J., Zhang, X., Xu, C., Luan, Z., Wu, D. and Wei, B. (2002) Lead adsorption on carbon nanotubes. *Chem. Phys. Lett.* **357**(3–4), 263–266.

Li, Y.-H., Wang, S., Zhang, X., Wei, J., Xu, C., Luan, Z. and Wu, D. (2003) Adsorption of fluoride from water by aligned carbon nanotubes. *Mater. Res. Bull.* **38**(3), 469–476.

Lin, J. and Murad, S. (2001a) The role of external electric fields in membrane-based separation processes: A molecular dynamics study. *Mol. Phys.* **99**(5), 463–469.

Lin, J. and Murad, S. (2001b) A computer simulation study of the separation of aqueous solution using thin zeolite membranes. *Mol. Phys.* **99**(14), 1175–1181.

Long, R. Q. and Yang, R. T. (2001) Carbon nanotubes as superior sorbent for dioxin removal. *J. Am. Chem. Soc.* **123**(9), 2058–2059.

Lu, C., Chung, Y.-L. And Chang, K.-F. (2005) Adsorption of trihalomethanes from water with carbon nanotubes. *Water Res.* **39**(6), 1183–1189.

Lu, X., Bian, X. and Shi, L. (2002) Preparation and characterization of NF composite membrane. *J. Membr. Sci.* **210**(1), 3–11.

Luyten, J., Cooymans, J., Smolders, C., Vercauteren, S., Vansant, E. F. and R. Leysen (1997) Shaping of multilayer ceramic membranes by dip-coating. *J. Eur. Ceram. Soc.* **17**(2–3), 273–279.

Madireddi, K., Babcock, R. W., Levine, B., Huo, T. L., Khan, E., Ye, Q. F., Neethling, J. B., Suffet, I. H. and Stenstrom, M. K. (1997) Wastewater reclamation at Lake Arrowhead, California: An overview. *Water Environ. Res.* **69**(3), 350–362.

Majewska-Nowak, K., Kabsch-Korbutowicz, M., Dodź M. and Winnicki, T. (2002) The influence of organic carbon concentration on atrazine removal by UF membranes. *Desalination* **147**(1–3), 117–122.

Martin, F., Walczak, R., Boiarski, A., Cohen, M., West, T., Cosentino, C. and Ferrari, M. (2005) Tailoring width of microfabricated nanochannels to solute size can be used to control diffusion kinetics. *J. Control. Release* **102**(1), 123–133.

Mänttäri, M., Puro, L., Nuortila-Jokinen, J. and Nyström, M. (2000) Fouling effects of polysaccharides and humic acid in nanofiltration. *J. Membr. Sci.* **165**(1), 1–17.

Mohammad, A. W. and Ali, N. (2002) Understanding the steric and charge contributions in NF membranes using increasing MWCO polyamide membranes. *Desalination* **147**(1–3), 205–212.

Mohesn, M. S., Jaber J. O. and Afonso, M. D. (2003) Desalination of brackish water by nanofiltmtion and reverse osmosis. *Desalination* **157**(1–3), 167.

Montovay, T., Assenmacher, M. and Frimmel, F. H. (1996) Elimination of pesticides from aqueous solution by nanofiltration. *Magyar Kémiai Folyóirat* **102**(5), 241–247.

Moon, E. J., Seo, Y. S. and Kim, C. K. (2004) Novel composite membranes prepared from 2,2 bis [4-(2-hydroxy-3-methacryloyloxy propoxy) phenyl] propane, triethylene glycol dimethacrylate, and their mixtures for the reverse osmosis process. *J. Membr. Sci.* **243**(1–2), 311–316.

Murad, S. and Nitche, L. C. (2004) The effect of thickness, pore size and structure of a nanomembrane on the flux and selectivity in reverse osmosis separations: A molecular dynamics study. *Chem. Phys. Lett.* **397**(1–3), 211–215.

Murad, S., Jia, W. and Krishnamurthy, M. (2004) Ion-exchange of monovalent and bivalent cations with NaA zeolite membranes: a molecular dynamics study. *Mol. Phys.* **102**(19), 2103–2112.

Murad, S., Oder, K. and Lin, J. (1998) Molecular simulation of osmosis, reverse osmosis, and electro-osmosis in aqueous and methanolic electrolyte solutions. *Mol. Phys.* **95**(3), 401–408.

Nederlof, M. M., Kruithof, J. C., Taylor, J. S., Van Der Kooij, D. and Schippers, J. C. (2000) Comparison of NF/RO membrane performance in integrated membrane systems. *Desalination* **131**(1–3), 257–269.

Nghiem, L. D., Schäfer, A. I. and Elimilech M. (2004) Removal of natural hormones by nanofiltration membranes: Measurement, modeling, and mechanisms. *Environ. Sci. Technol.* **38**(6), 1888–1896.

Nghiem, L. D., Schäfer, A. I. and Waite, T. D. (2002) Adsorption of estrone on nanofiltration and reverse osmosis membranes in water and wastewater treatment. *Water Sci. Technol.* **46**(4–5), 265–272.

Nunes, S. R. and Peinemann, K. V. (2001) In *Membrane Technology in the Chemical Industry*, 1st edn (eds. Nunes, S. R. and Peinemann, K. V.), Wiley-VCH, Germany, pp. 1–53.

Nystrom, M. and Jarvinen, P. (1991) Modification of polysulfone ultrafiltration membranes with UV irradiation and hydrophilicity increasing agents. *J. Membr. Sci.* **60**(2–3), 275–296.

Ortega, L. M., Lebrun, R., Blais, J.-F. and Hausler, R. (2008) Removal of metal ions from an acidic leachate solution by nanofiltration membranes. *Desalination* **227**(1–3), 204–216.

Otaki, M., Yano, K. and Ohgaki, S. (1998) Virus removal in a membrane separation process. *Water Sci. Technol.* **37**(10), 107–116.

Ozaki, H. and Li, H. (2002) Rejection of organic compounds by ultralow pressure reverse osmosis membrane. *Water Res.* **36**(1), 123–130.

Paulose, M., Peng, L., Popat, K. C., Varghese, O. K., LaTempa, T. L., Bao, N., Desai, T. A. and Grimes, C. A. (2008) Fabrication of mechanically robust, large area, polycrystalline nanotubular/ porous TiO_2 membranes. *J. Membr. Sci.* **319**(1–2), 199–205.

Peng, X., Li, Y., Luan, Z., Di, Z., Wang, H., Tian, B. and Jia, Z. (2003) Adsorption of 1,2-dichlorobenzene from water to carbon nanotubes. *Chem. Phys. Lett.* **376**(1–2), 154–158.

Petersen, R. J. (1993) Composite reverse osmosis and nanofiltration membranes. *J. Membr. Sci.* **83**(1), 81–150.

Plakas, K. V., Karabelas, A. J., Wintgens, T. and Melin, T. (2006) A study of selected herbicides retention by nanofiltration membranes – The role of organic fouling. *J. Membr. Sci.* **284**(1–2), 291–300.

Pontié, M., Diawara, C., Rumeau, M., Aurean D. and Hemmerey, P. (2003) Seawater nanofiltration (NF): Fiction or reality? *Desalination* **158**(1–3), 277–280.

Rabie, H. R., Côté P. and Adams, N. (2001) A method for assessing membrane fouling in pilot- and full-scale systems. *Desalination* **141**(3), 237–243.

Rao, A. P., Desai, N. V. and Rangarajan, R. (1997) Interfacially synthesized thin film composite RO membranes for seawater desalination. *J. Membr. Sci.* **124**(2), 263–272.

Redondo, J. A. (2001) Lanzarote IV, a new concept for two-pass SWRO at low O&M cost using the new high-flow FILMTEC SW30-380. *Desalination* **138**(1–3), 231–236.

Reiss, C. R., Taylor, J. S. and Robert, C. (1999) Surface water treatment using nanofiltration – pilot testing results and design considerations. *Desalination* **125**(1–3), 97–112.

Ridgway, H. F. and Flemming, H. F. (1996) Membrane biofouling. In *Water Treatment Membrane Processes* (eds. Mallevialle, J. Odendaal, P. E. and Wiesner, M. R.), McGraw-Hill, New York, pp. 6.1–6.62.

Roh, I. J., Park, S. Y., Kim, J. J. and Kim, C. K. (1998) Effects of the polyamide molecular structure on the performance of reverse osmosis membranes. *J. Polym. Sci.: Part B* **36**(11), 1821–1830.

Roorda J. H. and Van der Graaf, J. H. J. M. (2001) New parameter for monitoring fouling during ultrafiltration of WWTP effluent. *Water Sci. Technol.* **43**(10), 241–248.

Roudman, A. R. and DiGiano, F. A. (2000) Surface energy of experimental and commercial nanofiltration membranes: Effects of wetting and natural organic matter fouling. *J. Membr. Sci.* **175**(1), 61–73.

Saitúa, H., Campderrós, M., Cerutti S. and Pérez Padilla, A. (2005) Effect of operating conditions in removal of arsenic from water by nanofiltration membrane. *Desalination* **172**(2), 173–180.

Sato, Y., Kang, M., Kamei T. and Magara, Y. (2002) Performance of nanofiltration for arsenic removal. *Water Res.* **36**(13), 3371–3377.

Schäfer, A. I., Fane, A. G. and Waite, T. (1998) Nanofiltration of natural organic matter: Removal, fouling and the influence of multivalent ions. *Desalination* **118**(1–3), 109–122.

Schäfer, A. I., Mastrup, M. and LundJensen, R. (2002) Particle interactions and removal of trace contaminants from water and wastewaters. *Desalination* **147**(1–3), 243–250.

Schäfer, A. I., Pihlajamäki, A., Fane, A. G., Waite, T. D. and Nyström M. (2004) Natural organic matter removal by nanofiltration: Effects of solution chemistry on retention of low molar mass acids versus bulk organic matter. *J. Membr. Sci.* **242**(1–2), 73–85.

Schippers, J. C. and Verdouw, J. (1980) The modified fouling index, a method of determining the fouling characteristics of water. *Desaleation* **32**, 137–148.

Schneider, R. P., Ferreira, L. M., Binder, P., Bejarano, E. M., Góes, K. P., Slongo, E., Machado, C. R. and Rosa, G. M. Z. (2005) Dynamics of organic carbon and of bacterial populations in a conventional pretreatment train of a reverse osmosis unit experiencing severe biofouling. *J. Membr. Sci.* **266**(1–2), 18–29.

Schutte, C. F. (2003) The rejection of specific organic compounds by reverse osmosis membranes. *Desalination* **158**(1–3), 285–294.

Seidel, A., Waypa, J. J. and Elimech, M. (2001) Role of charge (Donnan) exclusion in removal of arsenic from water by a negatively charged porous nanofiltration membrane. *Environ. Eng. Sci.* **18**(2), 105–113.

Semiat, R. (2000) Desalination: Present and future. *Water Internet.* **25**(1), 54–65.

Shih, M. C. (2005) An overview of arsenic removal by pressure-driven membrane processes. *Desalination* **172**(1), 85–97.

Shim, Y., Lee, H.-G., Lee, S., Moon, S.-H. and Cho, J. (2002) Effects of natural organic matter and ionic species on membrane surface charge. *Environ. Sci. Technol.* **36**(17), 3864–3871.

Sikora, J., Hansson C. H. and Ericsson, B. (1989) Pre-treatment and desalination of mine drainage water in a pilot plant. *Desalination* **75**, 363–373.

Simon, A., Nghiem, L. D., Le-Clech, P., Khan, S. J. and Drewes, J. E. (2009) Effects of membrane degradation on the removal of pharmaceutically active compounds (PhACs) by NF/RO filtration processes. *J. Membr. Sci.* **340**(1–2), 16–25.

Sombekke, H. D. M., Voorhoeve, D. K. and Hiemstra, P. (1997) Environmental impact assessment of groundwater treatment with nanofiltration. *Desalination* **113**(2–3), 293–296.

Song, Y. J., Liu, F. and Sun, B. H. (2005) Preparation, characterization, and application of thin film composite nanofiltration membranes. *J. Appl. Polym. Sci.* **95**(3),

1251–1261.

Soria, R. and Cominotti, S. (1996) Nanofiltration ceramic membrane. In *Proc. of the International Conference on the Membranes and Membrane Processes*, Yokohama, Japan, 18–23 August.

Srivastava, A., Srivastava, O. N., Talapatra, S., Vajtai, R. and Ajayan, P. M. (2004) Carbon nanotube filters. *Nat. Mater.* **3**, 610–614.

Stengaard, F. F. (1988) Characteristics and performance of new types of ultrafiltration membranes with chemically modified surfaces. *Desalination* **70**(1–3), 207–224.

Tang, A. and Chen, V. (2002) Nanofiltration of textile wastewater for water reuse. *Desalination* **143**(1), 11–20.

Tang, C., Zhang, Q., Wang, K., Fu, Q. and Zhang, C. (2009) Water transport behavior of chitosan porous membranes containing multi-walled carbon nanotubes (MWNTs). *J. Membr. Sci.* **337**(1–2), 240–247.

Tanninen, J. and Nystrom, M. (2002) Separation of ions in acidic conditions using NF. *Desalination* **147**(1–3), 295–299.

Tasaka, K., Katsura, T., Iwahori, H. and Kamiyama, Y. (1994) Analysis of RO elements operated at more than 80 plants in Japan. *Desalination* **96**(1–3), 259–272.

Tay, J.-H., Liu, J. and Sun, D. D. (2002) Effect of solution physico-chemistry on the charge property of nanofiltration membranes. *Water Res.* **36**(3), 585–598.

Terrones, M. (2004) Carbon nanotubes: Synthesis and properties, electronic devices and other emerging applications. *Int. Mater. Rev.* **49**(6), 325–377.

Tödtheide, V., Laufenberg, G. and Kunz, B. (1997) Waste water treatment using reverse osmosis: Real osmotic pressure and chemical functionality as influencing parameters on the retention of carboxylic acids in multi-component systems. *Desalination* **110**(3), 213–222.

Ulbricht, M., Matuschewski, H., Oechel, A. and Hicke, H. G. (1996) Photo-induced graft polymerization surface modification for the preparation of hydrophilic and low-protein-adsorbing ultrafiltration membranes. *J. Membr. Sci.* **115**(1), 31–47.

Urase, T., Oh, J. and Yamamoto, K. (1998) Effect of pH on rejection of different species of arsenic by nanofiltration. *Desalination* **117**(1–3), 11–18.

Urase, T., Yamamoto, K. and Ohgaki, S. (1996) Effect of pore structure of membranes and module configuration on virus retention. *J. Membr. Sci.* **115**(1), 21–29.

Van der Bruggen, B. and Vandecasteele, C. (2001b) Flux decline during nanofiltration of organic components in aqueous solution. *Environ. Sci. Technol.* **35**(17), 3535–3540.

Van der Bruggen, B. and Vandecasteele, C. (2002) Modeling of the retention of uncharged molecules with nanofiltration. *Water Res.* **36**(5), 1360–1368.

Van der Bruggen, B. and Vandecasteele, C. (2003) Removal of pollutants from surface water andgroundwater by nanofiltration: Overview of possible applications in the drinking water industry *Environ. Poll.* **122**(3), 435–445.

Van der Bruggen, B., Braeken, L. and Vandecasteele, C. (2002a) Evaluation of parameters describing flux decline in nanofiltration of aqueous solutions containing organic compounds. *Desalination* **147**(1–3), 281–288.

Van der Bruggen, B., Braeken, L. and Vandecasteele, C. (2002b) Flux decline in nanofiltration due to adsorption of organic compounds. *Sep. Purif. Technol.* **29**(1), 23–31.

Van der Bruggen, B., Everaert, K., Wilms, D. and Vandecasteele, C. (2001a) Application of nanofiltration for removal of pesticides, nitrate and hardness from groundwater: Rejection properties and economic evaluation. *J. Membr. Sci.* **193**(2), 239–248.

Van der Bruggen, B., Mänttäri, M. and Nyström, M. (2008) Drawbacks of applying nanofiltration and how to avoid them: A review. *Sep. Purif. Technol.* **63**(2), 251–263.

Van der Bruggen, B., Schaep, J., Maes, W., Wilms, D. and Vandecasteele, C. (1998) Nanofiltration as a treatment method for the removal of pesticides from ground waters. *Desalination* **117**(1–3), 139–147.

Van der Bruggen, B., Schaep J., Wilms D. and Vandecasteele C. (1999) Influence of molecular size, polarity and charge on the retention of organic molecules by nanofiltration. *J. Membr. Sci.* **156**(1), 29–41.

Van Gestel, T., Vandecasteele, C., Buekenhoudt, A., Dotremont, C., Luyten, J., Leysen, R., Van der Bruggen, B. and Maes, G. (2002a) Alumina and titania multilayer membranes for nanofiltration: Preparation, characterization and chemical stability. *J. Membr. Sci.* **207**(1), 73–89.

Van Gestel, T., Vandecasteele, C., Buekenhoudt, A., Dotremont, C., Luyten, J., Leysen, R., Van der Bruggen, B. and Maes, G. (2002b) Salt retention in nanofiltration with multilayer ceramic TiO_2 membranes. *J. Membr. Sci.* **209**(2), 379–389.

Van Hoop, S. C. J. M., Minnery, J. G. and Mack, B. (2001) Dead-end ultrafiltration as alternative pre-treatment to reverse osmosis in seawater desalination: A case study. *Desalination* **139**(1–3), 161–168.

Verissimo, S., Peinemann, K.-V. and Bordado, J. (2005) Thin-film composite hollow fiber membranes: An optimized manufacturing method. *J. Membr. Sci.* **264**(1–2), 48–55.

Verliefde, A., Cornelissen, E., Amy, G., Van der Bruggen, B. and Van Dijk, H. (2007) Priority organic micropollutants in water sources in Flanders and the Netherlands and assessment of removal possibilities with nanofiltration. *Environ. Pollut.* **146**(1), 281–289.

Visvanathan, C., Marsono B. and Basu, B. (1998) Removal of THMP by nanofiltration: Effects of interference parameters. *Water Res.* **32**(12), 3527–3538.

Voigt, I., Stahn, M., Wöhner, St., Junghans, A., Rost, J. and Voigt, W. (2001) Integrated cleaning of coloured wastewater by ceramic NF membranes. *Sep. Purifi. Technol.* **25**(1–3), 509–512.

Vrouwenvelder, J. S., Kappelhof, J. W. N. M., Heijman, S. G. J., Schippers J. C. and Van der Kooija, D. (2003) Tools for fouling diagnosis of NF and RO membranes and assessment of the fouling potential of feed water. *Desalination* **157**(1–3), 361–365.

Wang, X. F., Chen, X. M., Yoon, K., Fang, D. F., Hsiao, B. S. and Chu, B. (2005) High flux filtration medium based on nanofibrous substrate with hydrophilic nanocomposite coating. *Environ. Sci. Technol.* **39**(19), 7684–7691.

Wang, X.-L., Tsuru, T., Nakao, S.-I. and Kimura, S. (1997) The electrostatic and steric-hindrance model for the transport of charged solutes through nanofiltration membranes. *J. Membr. Sci.* **135**(1), 19–32.

Wang, X.-L., Wang, W.-N. and Wang, D.-X. (2002) Experimental investigation on separation performance of nanofiltration membranes for inorganic electrolyte solutions. *Desalination* **145**(1–3), 115–122.

Waniek, A., Bodzek, M. and Konieczny, K. (2002) Trihalomethanes removal from water using membrane processes. *Polish J. Environ. Studies* **11**(2), 171–178.

Waypa, J. J., Elimelech, M. and Hering, J. G. (1997) Arsenic removal by RO and NF membranes. *J. AWWA* **89**(10), 102–114.

Wintgens, T., Gallenkemper, M. and Melin, T. (2003) Occurrence and removal of endocrine disrupters in landfill leachate treatment plants. *Water Sci. Technol.* **48**(3), 127–134.

Wittmann, E., Cote, P., Medici, C., Leech, J. and Turner, A. G. (1998) Treatment of a hard borehole water containing low levels of pesticide by nanofiltration. *Desalination* **119**(1–3), 347–352.

Wu, C., Zhang, S., Yang, D. and Jian, X. (2009) Preparation, characterization and application of a novel thermal stable composite nanofiltration membrane. *J. Membr. Sci.* **326**(2), 429–434.

Xia, S. J., Dong, B. Z., Zhang, Q. L., Xu, B., Gao, N. Y. and Causserand, C. (2007) Study of arsenic removal by nanofiltration and its application in China. *Desalination* **204**(1–3), 374–379.

Xu, P., Drewes, J. E., Bellona, C., Amy, G., Kim, T.-U., Adam, M., and Heberer, T. (2005) Rejection of emerging organic micropollutants in nanofiltration-reverse osmosis membrane applications. *Water Environ. Res.* **77**(1), 40–48.

Xu, P., Drewes, J. E., Kim, T.-U., Bellona, C. and Amy, G. (2006) Effect of membrane fouling on transport of organic contaminants in NF/RO membrane applications. *J Membr. Sci.* **279**(1–2), 165–175.

Xu, Y. and Lebrun, R. E. (1999) Investigation of the solute separation by charged nanofiltration membrane: Effect of pH, ionic strength and solute type. *J Membr. Sci.* **158**(1–2), 93–104.

Yahya, M. T., Blu, C. B. and Gerha, C. P. (1993) Virus removal by slow sand filtration and nanofiltration. *Water Sci. Technol.* **27**(3–4), 445–448.

Yamagishi, H., Crivello, J. V. and Belfort, G. (1995) Development of a novel photochemical technique for modifying poly(arysulfone) ultrafiltration membranes. *J. Membr. Sci.* **105**(3), 237–247.

Yang, K., Zhu, L. and Xing, B. (2006) Adsorption of polycyclic aromatic hydrocarbons by carbon nanomaterials, *Environ. Sci. Technol.* **40**(6), 1855–1861.

Yeh, H.-H., Tseng, I-C., Kao, S.-J., Lai, W.-L., Chen, J.-J., Wang, G. T. and Lin, S.-H. (2000) Comparison of the finished water quality among an integrated membrane process, conventional and other advanced treatment processes. *Desalination* **131**(1–3), 237–244.

Ying, L., Zhai, G., Winata, A. Y., Kang, E. T. and Neoh, K. G. (2003) pH effect of coagulation bath on the characteristics of poly(acrylic acid)-grafted and poly(4-vinylpyridine)-grafted poly(vinylidene fluoride) microfiltration membranes. *J. Colloid Interface Sci.* **265**(2), 396–403.

Yoon, S.-H., Lee, C.-H., Kim, K.-J. and Fane, A. G. (1998) Effect of calcium ion on the fouling of nanofilter by humic acid in drinking water production. *Water Res.* **32**(7), 2180–2186.

Yoon, Y., Amy, G., Cho, J., Her, N. and Pellegrino, J. (2002) Transport of perchlorate (ClO_4^-) through NF and UF membranes. *Desalination* **147**(1–3), 11–17.

Yoon, Y., Westerhoff, P., Snyder, S. A., Wert, E. C. and Yoon, J. (2007) Removal of endocrine disrupting compounds and pharmaceuticals by nanofiltration and ultrafiltration membranes. *Desalination* **202**(1–3), 16–23.

Zhang, H., Quan, X., Chen, S., Zhao, H. and Zhao, Y. (2006) The removal of sodium dodecylbenzene sulfonate surfactant from water using silica/titania nanorods/nanotubes composite membrane with photocatalytic capability. *Appl. Surf. Sci.* **252**(24), 8598–8604.

Zhang, X., Du, A. J., Lee, P., Sun, D. D. and Leckie, J. O. (2008) Grafted multifunctional titanium dioxide nanotube membrane: Separation and photodegradation of aquatic pollutant. *Appl. Catal. B* **84**(1–2), 262–267.

Zhang, Y., Causserand, C., Aimar, P. and Cravedi, J. P. (2006) Removal of bisphenol A by a nanofiltration membrane in view of drinking water production. *Water Res.* **40**(20), 3793–3799.

Zhao, Y., Taylor, J. and Hong, S. (2005) Combined influence of membrane surface properties and feed water qualities on RO/NF mass transfer, a pilot study. *Water Res.* **39**(7), 1233–1244.

第5章

Abrams, I. M. and Milk, J. R. (1997) A history of the origin and development of macroporous ion-exchange resins. *Reactive & Functional Polymers* **35**, 7–22.

Ajmal, M., Rao, R. A. K., Ahmad, R. and Ahmad, J. (2000) Adsorption studies of *Citrus reticulata* (fruit peel of orange): Removal of Ni(II) from electroplating wastewater. *J. Hazard. Mater.* **79**(1–2), 117–131.

Ali, S. R. and Alam, T. Kamaluddin (2004) Interaction of tryptophan and phenylalanine with metal ferrocyanides and its relevance in chemical evolution. *Astrobiology* **4**, 420–426.

Altundogan, H. S., Altundogan, S., Tumen F. and Bildik, M. (2000) Arsenic removal from aqueous solutions by adsorption on red mud. *Waste Man.* **20**(8), 761–767.

Amphlett, C. B. (1964) *Inorganic Ion Exchangers*. Elsevier Pub. Co. Amsterdam, New York.

Anbia, M. and Ghaffari, A. (2009) Adsorption of phenolic compounds from aqueous solutions using carbon nanoporous adsorbent coated with polymer. *Applied Surface Science* **255**(23), 9487–9492

Annadurai, G., Juang, R. S. and Lee, D. J. (2003) Adsorption of heavy metals from water using banana and orange peel. *Water Sci. Technol.* **47**, 185–190.

Apel, M. L. and Torma, A. E. (1993) Immobilization of biomass for industrial application of biosorption. In *Biohydromettalurgical Technologies* (eds Torma, A. E., Apel, A. E. and Vrierley, C. L.) The Minerals, Metals and Materials Society, TMS Publication, Wyoming, USA, vol. II, pp. 25–33.

Ashby, M. F. and Bréchet, Y. J. M. (2003) Designing hybrid materials. *Acta Materialia*, **51**(19), 5801–5821.

Baerlocher, C., McCusker, L. B. and Olson, D. H. (2007) *Atlas of Zeolite Framework Types*, (revised edition). Elsevier, Amsterdam.

Bagreev, A. and Bandosz, T. (2004) Efficient hydrogen sulfide adsorbents obtained by pyrolysis of sewage sludge derived fertilizer modified with spent mineral oil. *Enviro. Sci. & Tech.* **38**(1), 345–351.

Barata-Rodrigues, P. M., Mays, T. J. and Moggridge, G. D. (2003) Structured carbon adsorbents from clays, zeolites and mesoporous aluminosilicate templates. *Carbon* **41**, 2231–2246.

Bartenev, B. K., Belchinskaya, L. I., Zhabin, A. B. and Khodosova, N. A. (2008) The approach to study the sorptive ability of mineral compounds as a function of their composition. *Vestnik of Voronesh University* **2**, 133–137 (in Russian).

Bengtsson, G. B., Bortun, A. I. and Strelko, V. V. (1996) Strontium binding properties of inorganic ion exchangers. *Journal of Radioanalytical and Nuclear Chemistry* **204**(1), 75–82.

Bhatnagar, A. and Jain, A. K. (2006) Column studies of phenols and Dyes removal from aqueous solutions utilizing fertilizer industry waste. *International J. Agr Res.* **1**(2), 161–168.

Bhatnagar, A., Choi, Y. H., Yoon, Y., Shin, Y., Jeon, B-H. and Kang, J-W. (2009) Bromate removal from water by granular ferric hydroxide (GFH). *J. Hazard. Mater.* **170**(1), 134–140.

Biniak, S., Szymanski, G., Siedlevski, J. and Swiatkovski, A. (1997) The characterization of activated carbons with oxygen and nitrogen surface groups. *Carbon* **35**, 1799–1810.

Birdi, K. S. (2000) *Surface and Colloid Chemistry: Principles and Applications*. CRC Press, Boca Raton, FL.

Blaney, L. M., Cinar, S. and SenGupta, A. K. (2007) Hybrid anion exchnager for trace phosphate removal from water and waste waters. *Water Res.* **41**, 1603–1613.

Bortun, A. I. and Strelko, V. V. (1992) Synthesis sorption properties and application of spherically granulated titanium and zirconium hydroxophosphates. In *Proc. of the 4th Intern. Conf. on Fundamentals of Adsorption*, Kyoto, 58–65.

Bortun, A. I., Bortun, L., Clearfield, A., Jaimez, E., Villa-García, M. A., García, J. R. and Rodríguez, R. (1997) Synthesis and characterization of the inorganic ion exchanger based on titanium 2-carboxyethylphosphonate, *Jour. Mater. Res.* **12**, 1122–1130.

Breg, U. and Klarinsgbull, G. (1967) *Crytalline Structure of Mineral*. Moscow: Mir.

Bruna, F., Celis, R., Pavlovic, I., Barriga, C., Cornejo, J. and Ulibarri, M. A. (2009) Layered double hydroxides as adsorbents and carriers of the herbicide (4-chloro-2-methylphenoxy)acetic acid (MCPA): systems Mg-Al, Mg-Fe and Mg-Al-Fe. *J Hazard Mater.* **168**(2–3), 1476–81.

Buckley, J. D. and Edie, D. D. (1993) *Carbon-Carbon Materials and Composites*. William Andrew Publishing/Noyes.

Bumajdad, A., Eastie, J. and Mathew, A. (2009) Cerium oxide nanoparticles prepared in self-assemled systems. *Adv.Colloid Inter. Sci.* **147**(148), 56–66.

Chang, J.-S., Hwang, Y. K., Jhung, S. H., Hong, D-Y. and Seo, Y.-K. (2007) Porous organic-inorganic hybrid materials and adsorbent comprising the same, USPTO Application: 20090263621 dated Aug. 1, 2007.

Chen, X., Lam, K. F., Zhang, Q., Pan, B., Arruebo, M. and Yeung, K. L. (2009) Synthesis of highly selective magnetic mesoporous adsorbent. *J. Phys. Chem. C* **113**(22), 9804–9813.

Chitrakar, R., Kanoh, H., Miyai, Y. and Ooi, K. (2001) Recovery of lithium from seawater using manganese oxide adsorbent ($H_{1.6}Mn_{1.6}O_4$) derived from $Li_{1.6}Mn_{1.6}O_4$. *Ind. Eng. Chem. Res.* **40**(9), 2054–2058.

Chubar, N., Avramut, C., Behrends, T. and Van Cappellen, P. (2009) Long-term sorption of Mn^{2+} by viable and autoclaved *Shewanella putrefaciens:* FTIR, XAFS and SEM characterization of the precipitates synthesized by the (initially) live bacteria. ECASIA '09 European Conference on *Surface & Interface Analysis*, Antalya, Turkey, October 17–23. Abstract book, p. 12.

Chubar, N., Behrends, T. and Van Cappellen, P. (2008b) Biosorption of metals (Cu^{2+}, Zn^{2+}) and anions (F^-, H_2PO_4-) by viable and autoclaved cells of the gram-negative bacterium *Shewanella putrefaciens. Colloids and Surfaces B: Biointerfaces* **65**, 126–133.

Chubar, N. I., Kanibolotskiy, V. A., Strelko, V. V. and Shaposhnikova, T. O. (2008a) Adsorption of anions onto inorganic ion exchangers. In *Selective Sorption and Catalysis on Active Carbons and Inorganic Ion Exchangers*, Strelko, V. (ed). Press: Naukova Dumka, Kiev, Vol. 2.

Chubar, N. I., Kanibolotskiy, V. A., Strelko, V. V., Shaposhnikova, T. O., Milgrandt, V. G., Zhuravlev, I. Z., Gallios, G. G. and Samanidou, V. F. (2005b) Sorption of phosphate ions on the hydrous oxides. *Colloids and Surfaces: A* **255**(1–3), 55–63.

Chubar, N. I., Kouts, V. S., Kanibolotskiy, V. A. and Strelko, V. V. (2006) Adsorption of anions onto sol-gel generated hydrous oxides. In NATO ARW series book, *Viable Methods of Soil and Water Pollution Monitoring, Protection and Remediation: Development and Use*, (ed.) Twardowska, I. Kluwer Publisher, The Netherlands, **69**, 323–338.

Chubar, N. I., Kouts, V. S., Samanidou, V. F., Gallios, G. G., Kanibolotskiy, V. A. and Strelko, V. V. (2005a) Sorption of fluoride, bromide, bromate and chloride ions on the novel ion exchangers. *J. Colloid Interf. Sci.* **291**(1), 67–74.

Chubar, N. I., Machado, R., Neiva Correia, M. J. and Rodrigeus de Carvalho, J. M. (2003b) Biosorption of copper, zinc and nickel by grape-stalks and cork biomasses. In NATO ARW series book: *Role of Interfaces in Environmental Protection*, (ed. Barany, S.). Kluwer Publisher, The Netherlands, pp. 339–353.

Chubar, N. I., Neiva Correia, M. J. and Rodrigeus de Carvalho, J. M. (2003c) Cork biomass as biosorbent for copper, zinc and nickel. *Colloids and Surfaces: A* **23**(1–3), 57–66.

Chubar, N. I., Neiva Correia, M. J. and Rodrigeus de Carvalho, J. M. (2004) Heavy metals biosorption on cork biomass: effect of pretreatment. *Colloids and Surfaces: A* **238**(1–3), 51–58.

Chubar, N. I., Strelko, V. V., Rodrigeus de Carvalho, J. M. and Neiva Correia, M. J. (2003a) Cork biomass as sorbent for color metals. *Water Chemistry and Technology* **25**(1), 33–38.

Clarke, T. D. and Wai, C. M. (1998) Selective removal of cesium from acid solutions with immobilised copper ferrocyanide. *Analytic Chemistry* **70**(17), 3708–3711

Clearfield, A. (1982) *Inorganic Ion Exchange Materials.* CRC Press Inc., Boca Raton, Florida.

Cochrane, E. L., Lu, S., Gibb, S. W. and Villaescusa, I. (2006) A comparison of low-cost biosorbents and commercial sorbents for the removal of copper from aqueous media, *J. Hazard. Mater. B* **137**, 198–206.

Colella, C. and Gualtieri, A. F. (2007) Cronstedt's zeolite. *Microp. Mesop. Mater.* **105**, 213–221.

Conant, J. B. (1950) *The Overthrow of Phlogiston Theory: The Chemical Revolution of 1775–1789.* Harvard University Press, Cambridge.

Cornelissen, E. R., Moreau, N., Siegers, W. G., Abrahamse, A. J., Rietverld, L. C., Grefte, A., Dignum, M., Amy, G. and Wessels, L. P. (2008) Selection of anionic exchange resins for removal of natural organic matter (NOM) fractions. *Water Res.* **42**(1–2), 413–423.

Dabrowski, A. (2001) Adsorption – from theory to practice. *Advances in Colloid Interface Sci.* **93**(1–3), 135–224.

Danish Ministry of the Environment (2007) BEK 1449 from 11, App. 1b, 2007.

Davis, T. A., Volesky, B. and Mucci, A. (2003) A review of the biochemistry of heavy metal biosorption by brown algae (review). *Water Res.* **37**, 4311–4330.

Drozdnik, I .D. (1997) Properties of carbon sorbents from coals with various degrees of metamorphism. *Fuel and Energy Abstracts* **3**(1), 29.

Elshazly, A .H. and Konsowa, A. H. (2003) Removal of nickel ions from wastewater using a cation-exchange resin in a batch-stirred tank reactor. *Desalination* **158**(1–3), 189–193.

Environmental Protection Agency (EPA) (2000) *National Primary Drinking Water Regulations*, http://www.epa.gov/safewater/sdwa/current_regs.html

Erdem-Şenatalar, A. and Tatlıer, M. (2000) Effects of fractality on the accessible surface area values of zeolite adsorbents. *Chaos, Solutions & Fractals* **11**(6), 953–960.

Ferguson, J. F. and Gavis, J. (1972) A review of the arsenic cycle in natural waters. *Water Res.* **6**, 1259–1274.

Fettig, J. (1999) Removal of humic substances by adsorption/ion exchange. *Water Sci. Technol.* **40**(9), 173–182.

Figuiredo, J. L., Pereira, M. F. R., Treitas, M. M. A. and Orfao, J. J. M. (1999) Modification of the surface chemistry of activated carbons. *Carbon* **37**, 1379–1389.

Fiore, S., Cavalcante, F. and Belviso, C. (2009) Patent application title: *Synthesis of Zeolites from Fly Ash.* Patent application number: 20090257948.

Fletcher, A. J., Kennedy, M. J., Zhao, X. B., Bell, J. B. and Mark Thomas, K. (2008) Adsorption of organic vapour pollutants on activated carbon. In NATO Science for Peace and Security Series C, *Environmental Security: Recent Advances in Adsorption Processes for Environmental Protection and Security.* Springer Netherlands Press, 29–54.

Franzreb, M., Hoell, W. H. and Eberle, S. H. (1995) Liquid-phase mass transfer in multicomponent ion exchange. 2. Systems with irreversible chemical reactions in the film. *Ind. Eng. Chem. Res.* **34**(8), 2670–2675.

Frost, R., Musumeci, A. W., Bostrom, T., Adebajo, M. O., Weier, M. L. and Martens, W. (2005) Thermal decomposition of hydrotalcite with chromate, molybdate or sulfate in the interlayer. *Thermochim. Acta* **429**, 179–187.

Górka, A., Bochenek, B., Warchoł, I., Kaczmarski, K. and Antos, D. (2008) Ion exchange kinetics in removal of small ions. Effect of salt concentration on inter- and intraparticle diffusion. *Chem. Eng. Sci.* **63**(3), 637–650.

Gregg, S. J. and Sing, S. W. (1982) Absorption, surface area and porosity, 2nd Ed., Academic press, New York.

Gun'ko, V. M. and Mikhalovky, S. V. (2004) Evaluation of slitlike porocity of carbon adsorbents. *Carbon* **42**, 843–849.

Gun'ko, V. M., Turov, V. V., Skubiszewska-Zieba, J., Leboda, R., Tsarko, M. D. and Palijczuk, D. (2003) *Ap. Surf. Sci.* **214**, 178–189.

Gunter, D. and Werner, S. (1997) US patent 4132671. *Process for the preparation of carbon black pellets.* http://www.freepatentsonline.com/4132671.html.

Gupta, S. K. and Chen, K. Y. (1978) Arsenic removal by adsorption. *J. Water Pollut.*

Contr. Fed. **50**(3), 493–506.

Hall, A. and Stamatakis, M. G. (2000) Hydrotalcite and an amorphous clay minerals in high-magnesium mudstones from the Kozani basin, Greece. *J. of Sedimentary Researcher* **70**(3), 549–558.

Hathaway, S. W. and Rubel, F. (1987) Removing arsenic from drinking water. *J. Am. Water Works Assoc.* **79**(8) 61–65.

Helfferich, F. (1962) *Ion Exchange*. McGraw Hill, New York.

Henmi, T. and Sakagami, E. *Method of Producing Artificial Zeolite. European Patent EP0963949.* Filling date: 06/11/1999. Publication Date: 04/14/2004.

Henmi, T., Nakamura, T., Ubukata, T., Matsuda, H. and Tada, S. (2009) *Method of manufacturing artificial zeolite.* IPC8 Class: AC01B3904FI, USPC Class: 423703.

Hennessey, S. M., Friend, J., Elander, R. T. and Tucker, M. P. (2009) *Biomass pretreatment*, US Government Patent application N 20090053770. http://www.freshpatents.com/-dt20090226ptan20090053770.php

Hideki, K., Shigeki, K., Liang, R. and Atsushi, U, (2000) Manganese Oxide(Mn_2O_3) as adsorbent for cadmium. *Journal of Japan Society on Water Environment* **23**(2) 116–121.

Hoell, W. H. and Kalinichev, A. (2004) The theory of formation of surface complexes and its application to the description of multicomponent dynamic sorption systems. *Russ. Chem. Rev.* **73**, 351–370.

Hoell, W. H., Zhao, X. and He, S. (2002) Elimination of trace heavy metals from drinking water by means of weakly basic anion exchangers. *J. Water SRT – Aqua* **51**, 165–172.

Holtzapple, M. T., Lundeen, J. E., Sturgiss, R., Lewis, J. E. and Dale, B. E. (1992) Pretreatment of lignocellulosic municipal solid waste by ammonia fiber explosion. *Appl. Biochem. Biotechnology* **34**, 5–21.

Huang, C.-T. and Wu, G. (1999) Improvement of Cs leaching resistance of solidified radwastes with copper ferrocyanide (CFC)-vermiculite. *Waste Man.* **19**(4), 263–268.

Id., *Science de l'air: Studi su Felice Fontana*, Brenner: Cosenza, 1991.

Irving M. Abrams and John R. Millar (1997) "A history of the origin and development of macroporous ion-exchange resins", Reactive & Functional Polymers, **35**, 7–22.

IUPAC Recommendations 2003 (2004) *Pure Appl. Chem.*, **76**(4), 889–906.

Jain, A. K., Agrawal, S. and Singh, R. P. (1980) Selective cation exchange separation of secium(I) on chromium ferricyanide gel. *Anal. Chem.* **52**, 1364–1366.

Kang, S.-K., Choo, K-H. and Lim, K-H. (2003) Use of iron oxide particles as adsorbents to enhance phosphorus removal from secondary wastewater effluent. *Sep. Sci. Technol.* **38**(15), 3853–3874.

Karcher, S., Kornmüller, A. and Jekel, M. (2002) Anion exchange resins for removal of reactive dyes from textile wastewaters. *Water Res.* **36**(19), 4717–4724.

Katsoyiannis, I. A., Zouboulis, A. I. and Jekel, M. (2004) Kinetics of bacterial As(III) oxidation and subsequent As(V) removal by sorption onto biogenic oxides during groundwater treatment. *Ind. Eng. Chem. Res.* **43**(2), 486–493.

Kawamura, S., Kurotaki, K. and Izawa, M. (1969) Preparation and ion-exchange behavior of potassium ferrocyanide. *Bulletin of the Chemical Society of Japan* **42**, 3003–3004.

Kiefer, S. and Robens, E. (2008) Some of intriguing items in the history of volumetic and gravimetric adsorption measurements. *Journal of Thermal Analysis and Calorimetry* **94**(3), 613–618.

Kim, B. K., Kim, S.-H. and Alam, T. Kamaluddin (2000) Interaction of 2-amino, 3-amino and 4-aminopyridines with nickel and cobalt ferrocyanides. *Engineering Aspects* **162**(1), 89–97.

Kim, Y., Kim, C., Choi, I., Rengaraj, S. and Yi, J (2004) Arsenic removal using mesoporous alumina prepared via a templating method. *Environ. Sci. Technol.* **38** (3), 924–931.

Kim, Yu-H. (2000) Adsorption characteristics of cobalt on ZrO_2 and Al_2O_3 adsorbents in high-temperature water. *Sep. Sci. Technol.* **35**(14), 2327–2341.

Kogtev, L., Park, J. K., Pyo, J. K. and Mo, Y. K. (1998) *Biosorbent for heavy metals prepared from biomass*, United States Patent 5789204.

Kononova, O. N., Kholmogorov, A. G., Lukianov, A. N., Kachin, S. V., Pashkov, G. L. and Kononov, Y. S. (2001) Sorption of Zn(II), Cu(II), Fe(III) on carbon adsorbents from manganese sulfate solutions. *Carbon* **39**, 383–387.

Kumar, P., Barrett, M. B., Delwiche, M. J. and Stroeve, P. (2009) Methods for pretreatment of Lignocellulosic Biomass for efficient hydrolysis and biofuel production. *Ind. Eng. Chem. Res.* **48**(8), 3713–3729.

Kunin, R. (1982) *Ion Exchange Resins*. Robert E. Krieger Publishing, Company, Melbourne, FL, pp. 3 and 130.

Lach, J., Okoniewska, E., Neczaj, E. and Kacprzak, M. (2007) Removal of Cr(III) cations and Cr(VI) anions on activated carbons oxidized by CO2. *Desalination* **206**, 259–269.

Lefevre, G. (2004) In situ Fourier-transfrom infrared spectroscopy studies of inorganic ions adsorption on metal oxides and hydroxides. *Adv. Colloid Interf. Sci.* **107**, 109–123.

Likholobov, V. A. (2007) Institute of Hydrocarbon Processing, Siberian Branch, Russian Academy of Sciences advances of science and practice in solving problems of chemical hydrocarbon processing. *Russian Journal of General Chemistry* **12**(17), 1070–3632.

Liu, Z., Wei, Y., Qi, Y., Liu, X., Zhao, Y. and Liu Z. (2006) Synthesis of ordered mesoporous Zr-P-Al materials with high thermal stability. *Microp. Mesop. Mater.* **91**, 225–232.

Long, C., Lu, J. D., Li, A., Hu, D., Liu, F. and Zhang, Q. (2008) Adsorption of naphthalene onto the carbon adsorbent from waste ion exchange resin: Equilibrium and kinetic characteristics. *J. Hazard. Mater.* **150**, 656–661.

Lopes, T., Ramos, B. E., Gomes, R., Novaro, O., Acosta, D. and Figueras, F. (1996) Synthesis and characterisation of sol-gel hydrotalcites, structure and texture. *Langmuir* **12**, 189–192.

Loureiro, J. M. and Kartel M. T. (2006) *Combined and Hybrid Adsorbents: Fundamentals and Application*. Springer-Verlag New York Inc.

Lucy, C. A. (2003) Evolution of ion-exchange: From Moses to the Manhattan project to modern times. *J. Chromatography A* **1000**(1–2), 711–724.

Malikov, I. N., Noskova, Yu, A., Karaseva, M. S. and Perederii, M. A. (2007) Granulated sorbents from wood wastes. *Solid Fuel Chemistry* **41**(2), 100–106.

Manceau, A., Drits, V. A., Silvester, E., Bartoli, C. and Lanson, B. (1997) Structural mechanism of Co^{2+} oxidation by the phyllomanganate buserite. *Am. Mineral.* **82**, 1150–1175.

Mandich, N. V., Lalvani, S. B., Wiltkowski, T. and Lalvani, L. S. (1998) Selective removal of chromate anion by a new carbon adsorbent. *Metal Finishing* **96**(5), 39–44.

Manjare, S. D., Sadique, M. H. and Ghoshal, A. K. (2005) Equilibrium and kinetics studies for As(III) adsorption on activated alumina and activated carbon. *Environ. Technol.* **26**(12), 1403–1410.

Manning, B. A., Fendorf, S. E., Bostick, B. and Suarez, D. L. (2002) Arsenic(III) oxidation and arsenic(V) adsorption reactions on synthetic birnessite. *Environ Sci. Technol.* **36**(5), 976–981.

Manos, Manolis J., Nan Ding and Kanatzidis, Mercouri, G. (2008) Layered metal sulfides: Exceptionally selective agents for radioactive strontium removal. *PNAS* **5**(10), 3696-3699.

Mansoor, A. and Moradi, S. I. (2009) Removal of naphthalene from petrochemical wastewater streams using carbon nanoporous adsorbent. *Ap. Surf. Sci.* **255**, 5041–5047.

Margadonna, S. (2008) *Fullerene-Related Materials: Recent Advances in Their Chemistry and Physics*, 1st edition, 700 pp, Springer.

Marshall, W. E. and Wartelle, L. H. (2004) An *anion exchange* resin from soy-bean hulls.

J. Technol. Biotechnol. **79**, 1286–1292.

Matulionytė, J., Vengris, T., Ragauskas, R. and Padarauskas, A. (2007) Removal of various components from fixing rinse water by anion-exchange resins. *Desalination*, **208**, 81–88.

Meleshevych, I., Pakhovchyshyn, S., Kanibolotsky, V. and Strelko, V. (2007) Rheological properties of hydrated zirconium dioxide. *Colloids and Surfaces A* **298**, 274–279.

Melián-Cabrera, I., Kapteijn, F. and Moulijn, J. A. (2005) Innovations in the synthesis of Fe-(exchanged)-zeolites. *Catal. Today* **110**, 255–263.

Miers, J. A. (1995) Regulation of ion exchange resins for the food, water and beverage industries. *Reactive Polymers* **24**, 99–107.

Misra, C. and Genito, J. R. (1993) US Patent 5270278 – *Alumina coated with a layer of carbon as an absorbent*. Issued Dec. 14, 1993.

Moore, J. N., Walker, J. R. and Hayes, T. H. (1990) Reaction scheme for the oxidation of As(III) to arsenic(V) by birnessite. *Clays Clay Miner.* **38**, 549–555.

Mrowiec-Białoń, J., Jarzbski, A. J., Lachowski, A. I., Malinowski, J. J. and Aristov Y. I. (1997) Effective inorganic hybrid adsorbents of water vapor by the sol-gel method. *Chem. Mater.* **9**(11), 2486–2490.

Mui, E. L. K., Ko, D. C. K. and McKay, G. (2004) Production of active carbons from waste tyres – a review. *Carbon* **42**, 2789–2805.

Namasivayam, C., Sangeetha, D. and Gunasekaran, R. (2007) Removal of anions, heavy metals, organics and dyes from water by adsorption onto a new activated carbon from Jatropha Husk, in agro-industrial solid waste. *Process Safety and Environmental Protection* **85**(2), 181–184.

National Health and Medical Research Centre (1996) *Australian drinking water guidelines – Summary, Australian Water and Wastewater Association*, Artamon.

Natural Recourses Defense Council (2000) Arsenic and old laws: A scientific and public health analysis of arsenic occurrence in drinking water, its health effects, and EPA's outdated arsenic tap water standard, available at: ww.nrdc.org/water/drinking/arsenic/aolinx.asp.

New Jersey Department of Environmental Protection (2004) Safe drinking water act regulations N.J.A.C., **7**(10), 1–83.

Novoselova, L. Y. and Sirotkina, E. E. (2008) Peat-based carbons for purification of the contaminated environments. *Solid Fuel Chemistry* **42**(4), 251–262.

Ooi, K., Miyai, Y. and Katoh, S. (1986) Recovery of. lithium from seawater by manganese oxide adsorbent. *Sep. Sci. Technol.* **21**(8), 755–766.

Ouvrard, S., Simonnot, M. O. and Sardin, M. (2002a) Reactive behavior of natural manganese oxides toward the adsorption of phosphate and arsenate. *Ind. Eng. Chem. Res.* **41**, 2785–2791.

Ouvrard, S., Simonnot, M. O., Donato, P. and Sardin, M. (2002b) Diffusion-controlled adsorption of arsenate on a natural manganese oxide. *Ind. Eng. Chem. Res.* **41**, 6194–6199.

Palmer, S. and Frost, R. L. (2009) The effect of synthesis temperature on the formation of hydrotalcites in bayer liquor: A vibration spectroscopic analysis. *Applied Spectroscopy* **63**(7), 748–752.

Park, H. G., Kim, T. W., Chae, M. Y. and Yoo, I.-K. (2007) Activated carbon-containing alginate adsorbent for the simultaneous removal of heavy metals and toxic organics. *Process Biochem.* **14**(10), 1371–1377.

Patzak, M., Dostalek, P., Fogarty, R. V., Safarik, I. and Tobin, J. M. (2004) Development of magnetic biosorbents for metal uptake. *Biotechnol. Techniques* **11**(7), 483–487.

Petrus, R. and Warchol, I. (2005) Heavy metal removal by clinoptilolite. An equilibrium study in multi-component systems. *Water Res.* **39**(5), 819–830.

Pokonova, Y. V. (2001) Carbon adsorbents from coal pitch. *Chemistry and Technology of Fuels* **37**(3), 207–211.

Psareva, T. S., Zakutevskyy, O., Chubar, N.I., Strelko V. V. Shaposhnikova, T. O., Rodriges de Carvalho, J. M. and Neiva Correia, J. M. (2005) Uranium sorption on cork biomass. *Colloid and Surfaces: A* **252**(2–3), 231–236.

Quirarte-Escalante C. A., Soto, V., De La Cruz, W., Porras, G. R., Rangel, G., Manriques, R. and Gomez-Salazar, S. (2009) Synthesis of hybrid adsorbents combining sol-gel processing and molecular imprinting applied to lead removal from aqueous streams. *Chemistry of Materials* **21**(8), 1439–1450.

Radionuclides (2004) Final Rule, 40 CFR Parts 9, 141 and 142.

Roberts, L. C., Hug, S. J., Ruettimann, T., Khan, A. W. and Rahman, M. T. (2004) Arsenic removal with iron(II) and iron(III) in waters with high silicate and phosphate concentrations. *Environ. Sci. Technol.* **38**, 307–315.

Roddick-Lanzilotta, A. J., McQuillan, A. J. and Craw, D. (2002) Infrared spectroscopic characterization of arsenate(V) ion adsorption from mine waters, Macraes mine, New Zealand. *Appl. Geochem.* **17**, 445–454.

Rodrigues-Reinoso, F. and Molina-Sabio, M. (1998) Textural and chemical characterization of microporous carbons. *Adv. Colloid Interface Sci.* **76–77**, 271–294.

Saha, B., Bains, R. and Greenwood, F. (2005) Physicochemical characterization of granular ferric hydroxide (GFH) for arsenic(V) sorption from water. *Sep. Sci. Technol.* **40**(14), 2909–2932.

Schiewer, S. and Patil, P. B. (2008) Pectin-rich fruit wastes as biosorbents for heavy metal removal: Equilibrium and kinetics. *Biores. Technol.* **99**(6), 1896–1903.

Sengupta, S. and SenGupta, A. K. (1997) Heavy-metal separation from sludge using chelating ion exchangers with nontraditional morphology. *Reactive & Functional Polymers* **35**, 111–134.

Seniavin, M. M. (1981) *Ion Exchange*. Nauka Publishing, Moscow. (In Russian).

Sharygin, L., Muromskiy, A., Kalyagina, M. (2007) A granular inorganic cation-exchanger selective to cesium. *Journal of Nuclear Science and Technology* **44**(5), 767–773.

Shectman, J. (2003), *Groundbreaking Scientific Experiments, Inventions, and Discoveries of the 18th Century*. Connecticut: Greenwood Press.

Shen, W., Zhijie, L. and Liu, Y. (2008) Surface chemical functional groups modification of porous carbon. *Recent Patents on Chemical Engineering* **1**, 27–40.

Singh, T. S. and Pant, K. K. (2004) Equilibrium, kinetics and thermodynamic studies for adsorption of As(III) on activated alumina. *Sep. Purif. Technol.* **36**, 139–147.

Sparks, D. E., Morgan, T., Patterson, P. M., Adam, T., Morris, E. and Crocker, M. (2008) New sulfur adsorbents derived from layered double hydroxides I: Synthesis and COS adsorption. *Appl.Catal. B- Environ.* **82**(3–4), 190–198.

Tanaka, Y. and Tsuji, M. (1994) New synthetic method of producing α-manganese oxide for potassium selective adsorbent. *Materials Research Bulletin* **29**(11), 1183–1191.

Tananaev, I. B., Seifer, G. B., Kharitonov, Y. Y., Kuznetsov, B. G. and Korolkov A. P. (eds) (1971) *Chemistry of Ferrocyanides*Nauka press, Moscow.

Thirunavukkarasu, O. S., Viraghavan, T. and Suramanian, K.S. (2003) Arsenic removal from drinking water using iron-oxide coated sand. *Water Air Soil Pollut.* **142**, 95–111.

Thompson, H. S. (1850) Absorbent power of soils. *J. R. Agric. Soc. Engl.* **11**, 68.

Tomlinson, A. A. G. (1998) Modern Zeolites. Press: Trans Tech Publications Inc. Laubisrutistr, Switzerland.

Tomoyuki, K., Kosuke, A., Toshio S. and Yoshio O. (2007) Synthesis and characterization of Si-Fe-Mg mixed hydrous oxides as harmful ions removal materials. *J Soc Inorg Mater Jpn* **14**(327), 1345–3769.

Treacy, M. M. J. and Higgins, J. B. (2007) *Collection of Simulated XRD Powder Diffraction Patterns for Zeolites, 5th revised edition*. Elsevier, Amsterdam.

Kim, S. J., Park, Y. Q. and Moon, H. (2007) Removal of copper ions by a cation-exchange resin in a semifluidized bed. *Korean Journal of Chemical Engineering* **15**(4), 417–422.

United States Patent 5865898, http://www.freepatentsonline.com/5865898.html.

USEPA (1999) Technologies and Costs for Removal of Arsenic from Drinking Water, Draft Report, EPA-815-R-00-012, Washington, DC.

Valentine, R. L., Mulholland, T. S. and Splinter, R. C. (1992) *Radium removal using sorption to filter preformed hydrous manganese oxides*. Report for the American Water Works. Association Research Foundation.

Valinurova, E. R., Kadyrova, A. D., Sharafieva, L. R. and Kudasheva, F. Kh. (2008) Use of activated carbon materials for wastewater treatment to remove Ni(II), Co(II), and Cu(II) ions. *Russian Journal of Applied Chemistry* **81**(11), 1939–1941.

Venkatesan, K. A., SathiSasidharan, N. and Wattal, P. K. (1997) Sorption of radioactive strontium on a silica-titania mixed hydrous oxide gel. *Journ. of Analytical and Nuclear Chemistry* **20**(1), 55–58.

Volesky, B. (1990a) Biosorption by fungal biomass. In *Biosorption of Heavy Metals*. Volesky, B. (ed) Florida: CRC press, pp. 139–171.

Volesky, B. (1990b) Introduction. In *Biosorption of Heavy Metals*. Volesky, B. (ed) Florida: CRC press, pp. 3–5.

Volesky, B. (1990c) Removal and recovery of heavy metals by biosorption. In *Biosorption of Heavy Metals*. Volesky, B. (ed), Florida: CRC press, pp. 8–43.

Volesky, B. (1994) Advances in biosorption of metals — selection of biomass types. *FEMS, Microbiol Rev.* **14**, 291–302.

Volesky, B. (2001) Detoxification of metal-bearing effluents: biosorption for the next century. *Hydrometallurgy* **59**, 203–216.

Volesky, B. (2003) Biosorption process simulation tools. *Hydrometallurgy* **71**, 179–90.

Volesky, B. (2007) Biosorption and me. *Water Res.* **41**, 4017–29.

Volesky, B. and Holan, Z. R. (1995) Biosorption of heavy metals. *Biotechnol Prog.* **11**, 235–50.

Volesky, B. and Naja, G. (2005) Biosorption: application strategies. *16th Internat. Biotechnol. Symp. Compress Co., Cape Town, South Africa.*

Volesky, B, May, H. and Holan, Z. R. (1993) Cadmium biosorption by Saccharomyces cerevisiae. *Biotechnol Bioeng.* **41**, 826–829.

Volgin, V. V. (1979) News of the Academy of Sciences. *Inorganic Materials* **15**, 1084–1089.

Vollmer, D. L. and Gross, M. L. (2005) Cation-exchange resins for removal of alkali metal cations from oligonucleotide samples for fast atom bombardment mass spectrometry. *J. Mass Spectrometer* **30**(1), 113–118.

Voyutsky, S. S. (1964) *Colloid Chemistry*. Chemistry Press, Moscow.

Walsh, R. (2008) *Development of a biosorption column utilizing seaweed based biosorbents for the removal of metals from industrial waste streams.* PhD thesis, Waterford Institute of Technology: http://repository.wit.ie/1031/.

Walt, D. K. (2003) *Applied Biochemistry and Biotechnology*, Humana Press, **10**(1–3), Spring 2003.

Wang, J. and Chen, C. (2009) Biosorbents for heavy metals removal and their future. *Biotechnol. Adv.* **27**(2), 195–226.

Wang, J. S. and Wai, C. M. (2004) Arsenic in drinking water—a global environmental problem. *J. Chem. Educ.* **81**, 207–213.

Wang, L. K., Hung, Y-T., Lo, H. H. and Yapijakis, C. (eds) (2006) *Waste Treatment in the Process Industries*. Taylor & Francis Group, New York.

Watanabe, S. Velu, S. Ma, X. and Song, C. S. (2003) Preprint Paper – American Chemical Society, *Division Fuel Chemistry* **48**(2), 695–696.

Wayne, E. M. and Wartelle, L. (2004) An anion exchange resin from soybean hulls. *J. of Chemical Technol. Biotechnol.* **79**(11), 1286–1292.

Whitehead, P. (2007) Medicine from animal cell culture. In *Water Purity and Regulations*, 696 pp. Glyn Stacey and John Davis (eds), John Wiley & Sons.

Wilkie, J. A. and Hering, J. G. (1996) Adsorption of arsenic onto hydrous ferric oxide:

Effects of adsorbate/adsorbent ratios and co-occurring solutes. *Colloid Surf. A: Physicochem. Eng. Aspects* **107**, 97–110.

Yamamoto T., Taniguchi A., Dev S., Kubota E., Osakada K. and Kubota K. (1990) New organosols of nickel sulfides, palladium sulfides, manganese sulfide, and mixed metal sulfides and their use in preparation of semiconducting polymer-metal sulfide composites. *Colloid Polymer Science* **269**(10), 969–971.

Yin, C. Y., Arpna, M. K. and Daud, W. M. A. W. (2007) Review of modification of activated carbon for enhancing contaminant uptake from aqueous solutions. *Sep. Purif.Ttechnol.* **52**, 403–415.

Zhang, W., Zou, L.· and Wang, L. (2009) Photocatalytic TiO_2/adsorbent nanocomposites prepared via wet chemical impregnation for wastewater treatment: A review. *Appl. Catal A-General* **371**(1–2), 1–9.

Zhang, Y., Yang, H., Zhou, K. and Ping, Z. (2007) Synthesis of an affinity adsorbent based on silica gel and its application in endotoxin removal. *Reactive & Functional Polymers* **67**, 728–736.

Zhuravlev, I., Kanibolotsky, V., Strelko, V., Gallios, G. and Strelko, V. Jr. (2004) Novel high porous spherically granulated ferrophosphatesilicate gels. *Materials Research Bulletin* **39**(4–5), 737–744.

Zhuravlev, I. Z. (2005) *Sol-gel synthesis and properties of the ion exchangers based on composite phosphates of polyvalent metals and silica*, Ph.D. Thesis (Chemistry), Kiev, Ukraine.

Zhuravlev, I. Z. and Strelko V. V. (2006) Template effect of the M^{3+}-cations in the course of the synthesis of high dispersed titanium and zirconium phosphate. In *Combined and Hybrid Adsorbent, NATO Security through Science Series*, Springer, Netherlands. pp. 93–98.

Zhuravlev, I., Zakutevsky, O., Psareva, T., Kanibolotsky, V., Strelko, V., Taffet, M. and Gallios, G. (2002) Uranium sorption on amorphous titanium and zirconium phosphates modified by Al^{3+} or Fe^{3+} ions. *Journal of Radioanalytical and Nuclear Chemistry* **254**(1), 85–89.

Zolotov, Yu. A. (1998), Analytical Chemistry in Russia. *Fresenius J. Anal. Chem.* **361**, 223–226.

第6章

Abegglen, C., Joss, A., McArdell, C. S., Fink, G., Schlusener, M. P., Ternes, T. A. and Siegrist, H. (2009) The fate of selected micropollutants in a single-house MBR. *Water Res.* **43**, 2036–2046.

Al-Rifai, J. H., Gabelish, C. L. and Schafer, A. I. (2007) Occurrence of pharmaceutically active and non-steroidal estrogenic compounds in three different wastewater recycling schemes in Australia. *Chemosphere* **69**, 803–815.

Asakura, H. and Matsuto, T. (2009) Experimental study of behaviour of endocrine-disrupting chemicals in leachate treatment process and evaluation of removal efficiency. *Waste Manage.* **29**, 1852–1859.

Bellona, C. and Drewes, J. E. (2005) The role of membrane surface charge and solute physico-chemical properties in the rejection of organic acids by NF membranes. *J. Membrane Sci.* **249**, 227–234.

Bodzek, M. and Dudziak, M. (2006) Elimination of steroidal sex hormones by conventional water treatment and membrane processes. *Desalination* **198**, 24–32.

Campos, C., Marinas, B. J., Snoeyink, V. L., Baudin, I. and Laine, J. M. (1998) Adsorption of trace organic compounds in CRISTAL (R) processes Conference on Membranes in Drinking and Industrial Water Production, Amsterdam, Netherlands, pp. 265–271.

Carballa, M., Omil, F. and Lema, J. M. (2005) Removal of cosmetic ingredients and pharmaceuticals in sewage primary treatment. *Water Res.* **39**, 4790–4796.

Choi, J. H. and Ng, H. Y. (2008) Effect of membrane type and material on performance of a submerged membrane bioreactor. *Chemosphere*, **71**, 853–859.

Cirja, M., Hommes, G., Ivashechkin, P., Prell, J., Schaffer, A., Corvini, P. F. X. and Lenz, M. (2009) Impact of bio-augmentation with Sphingomonas sp strain TTNP3 in membrane bioreactors degrading nonylphenol. *Appl. Microbiol. Biotechnol.* **84**, 183–189.

Clara, M., Strenn, B., Gans, O., Martinez, E., Kreuzinger, N. and Kroiss, H. (2005) Removal of selected pharmaceuticals, fragrances and endocrine disrupting compounds in a membrane bioreactor and conventional wastewater treatment plants. *Water Res.* **39**, 4797–4807.

Comerton, A. M., Andrews, R. C., Bagley, D. M. and Hao, C. Y. (2008) The rejection of endocrine disrupting and pharmaceutically active compounds by NF and RO membranes as a function of compound a water matrix properties. *J. Memb. Sci.* **313**, 323–335.

Deborde, M., Rabouan, S., Duguet, J. P. and Legube, B. (2005) Kinetics of aqueous ozone-induced oxidation of some endocrine disruptors. *Environ. Sci. Technol.* **39**, 6068–6092.

De Gusseme, B., Pycke, B., Hennebel, T., Marcoen, A., Vlaeminck, S. E., Noppe, H., Boon, N. and Verstraete, W. (2009) Biological removal of 17 alpha-ethinylestradiol by a nitrifier enrichment culture in a membrane bioreactor. *Water Res.* **43**, 2493–2503.

Drewes, J. E., Bellona, C., Oedekoven, M., Xu, P., Kim, T. U. and Amy, G. (2005) Rejection of wastewater-derived micropollutants in high-pressure membrane applications leading to indirect potable reuse. *Environ. Prog.* **24**, 400–409.

Drewes, J. E., Reinhard, M. and Fox, P. (2003) Comparing microfiltration-reverse osmosis and soil-aquifer treatment for indirect potable reuse of water. *Water Res.* **37**, 3612–3621.

Edwards, M., Scardina, P. and McNeil, L. S. (2003) Enhanced coagulation impacts on water treatment plant infrastructure. Awwa Research Foundation. IWA Publishing, London, UK.

Escher, B. I., Pronk, W., Suter, M. J .F. and Maurer, M. (2006) Monitoring the removal efficiency of pharmaceuticals and hormones in different treatment processes of source-separated urine with bioassays. *Environ. Sci. Technol.* **40**, 5095–5101.

Fatone, F., Bolzonella, D., Battistoni, P. and Cecchi, F. (2005) Removal of nutrients and micropollutants treating low loaded wastewaters in a membrane bioreactor operating the automatic alternate-cycles process European Conference on Desalination and the Environment, St Margherita, Italy, pp. 395–405.

Freese, S. D., Nozaic, D. J., Pryor, M. J., Rajogopaul, R., Trollip, D. L. and Smith, R. A. (2001) Enhanced coagulation: a viable option to advance treatment technologies in the South African context. *Water Sci. Technol: Water Supply* **1**(1), 33–41.

Hemond, H. F. and Fechner-Levy, E. J. (2000) Chemical Fate and Trasnport in the Environment. 2nd Edition. Academic Press, San Diego, USA.

Hofman, J., Beerendonk, E. F., Folmer, H. C. and Kruithof, J. C. (1997) Removal of pesticides and other micropollutants with cellulose-acetate, polyamide and ultra-low pressure reverse osmosis membranes Workshop on Membranes in Drinking Water Production – Technical Innovations and Health Aspects, Laquila, Italy, pp. 209–214.

Hrubec, J., Vankreijl, C. F., Morra, C. F. H. and Slooff, W. (1983) Treatment of municipal wastewater by reverse-osmosis and activated-carbon-removal of organic micro-pollutants and reduction of toxicity. *Sci. Tot. Environ.* **27**, 71–88.

Innocenti, L., Bolzonella, D., Pavan, P. and Cecchi, F. (2002) Effect of sludge age on the performance of a membrane bioreactor: influence on nutrient and metals removal International Congress on Membranes and Membrane Processes (ICOM), Taulouse, France, pp. 467–474.

Ivancev-Tumbas, I., Hobby, R., Kuchle, B., Panglisch, S. and Gimbel, R. (2008)

p-Nitrophenol removal by combination of powdered activated carbon adsorption and ultrafiltration – comparison of different operational modes. *Water Res.* **42**, 4117–4124.

Jermann, D., Pronk, W., Boller, M. and Schafer, A. I. (2009) The role of NOM fouling for the retention of estradiol and ibuprofen during ultrafiltration. *J. Memb. Sci.* **329**, 75–84.

Jones, O. A. H., Green, P. G., Voulvoulis, N. and Lester, J. N. (2007) Questioning the excessive use of advanced treatment to remove organic micropollutants from wastewater. *Environ. Sci. Technol.* **41**, 5085–5089.

Kimura, K., Amy, G., Drewes, J. and Watanabe, Y. (2003a) Adsorption of hydrophobic compounds onto NF/RO membranes: An artifact leading to overestimation of rejection. *J. Memb. Sci.* **221**, 89–101.

Kimura, K., Amy, G., Drewes, J. E., Heberer, T., Kim, T. U. and Watanabe, Y. (2003b) Rejection of organic micropollutants (disinfection by-products, endocrine disrupting compounds, and pharmaceutically active compounds) by NF/RO membranes. *J. Memb. Sci.* **227**, 113–121.

Kimura, K., Toshima, S., Amy, G. and Watanabe, Y. (2004) Rejection of neutral endocrine disrupting compounds (EDCs) and pharmaceutical active compounds (PhACs) by RO membranes. *J. Memb. Sci.* **245**, 71–78.

Kosutic, K., Dolar, D., Asperger, D. and Kunst, B. (2007) Removal of antibiotics from a model wastewater by RO/NF membranes. *Sep. Purif. Technol.* **53**, 244–249.

Kosutic, K. and Kunst, B. (2002) Removal of organics from aqueous solutions by commercial RO and NF membranes of characterized porosities. *Desalination* **142**, 47–56.

Lai, K. M., Johnson, K. L., Scrimshaw, M. D. and Lester, J. N. (2000) Binding of waterborne steroid estrogens to solid phases in river and estuarine systems. *Environ. Sci. Technol.* **34**, 3890–3894.

Laine, J. M., Campos, C., Baudin, I. and Janex, M. L. (2002) Understanding membrane fouling: A review of over a decade of research. in: G. Hagmeyer, J.C. Schipper, R. Gimbel (Eds.), 3rd International Conference on Membranes in Drinking and Industrial Water Production, Mulheim, Germany, pp. 155–164.

Laine, J. M., Vial, D. and Moulart, P. (2000) Status after 10 years of operation – overview of UF technology today Conference on Membranes in Drinking and Industrial Water Production, Paris, France, pp. 17–25.

Lee, Y., Zimmermann, S. G., Kieu, A. T. and Von Gunten, U. (2009) Ferrate (Fe(VI)) application for municipal wastewater treatment: A novel process for simultaneous micropollutant oxidation and phosphate removal. *Environ. Sci. Technol.* **43**, 3831–3838.

Li, K. (2007) Ceramic membranes for separation and reaction. John Wiley and Sons.

Lim, M. and Kim, M. J. (2009) Removal of natural organic matter from river water using potassium ferrate (VI). *Water, Air, and Soil Poll.* **200**, 181–189.

Majewska-Nowak, K., Kabsch-Korbutowicz, M. and Dodz, M. (2002) Effects of natural organic matter on atrazine rejection by pressure driven membrane processes International Congress on Membranes and Membrane Processes (ICOM), Taulouse, France, pp. 281–286.

McGhee, T. J. (1991) Water Supply and Sewerage Engineering. 6th Edition. McGraw-Hill International Editions, Singapore.

Ng, H. Y., Elimelech, M. (2004) Influence of colloidal fouling on rejection of trace organic contaminants by reverse osmosis. *J. Memb. Sci.* **244**, 215–226.

Ng, H. Y. and Hermanowicz, S. W. (2005) Membrane bioreactor operation at short solids retention times: performance and biomass characteristics. *Water Res.* **39**, 981–992.

Nghiem, L. D. and Coleman, P. J. (2008) NF/RO filtration of the hydrophobic ionogenic compound triclosan: Transport mechanisms and the influence of membrane fouling. *Sep. Purif. Technol.* **62**, 709–716.

Nghiem, L. D., Tadkaew, N. and Sivakumar, M. (2007) Removal of trace organic contaminants by submerged membrane bioreactors 6th International Membrane Science and Technology Conference, Sydney, Australia, pp. 127–134.

Ozaki, H. and Li, H. F. (2002) Rejection of organic compounds by ultra-low pressure reverse osmosis membrane. *Water Res.* **36**, 123–130.

Pianta, R., Boller, M., Janex, M. L., Chappaz, A., Birou, B., Ponce, R. and Walther, J. L. (1998) Micro- and ultrafiltration of karstic spring water Conference on Membranes in Drinking and Industrial Water Production, Amsterdam, Netherlands, pp. 61–71.

Pronk, W., Biebow, M. and Boller, M. (2006) Electrodialysis for recovering salts from a urine solution containing micropollutants. *Environ. Sci. Technol.* **40**, 2414–2420.

Reemtsma, T., Zywicki, B., Stueber, M., Kloepfer, A. and Jekel, M. (2002) Removal of sulfur-organic polar micropollutants in a membrane bioreactor treating industrial wastewater. *Environ. Sci. Technol.* **36**, 1102–1106.

Reif, R., Suarez, S., Omil, F. and Lema, J. M. (2007) Fate of pharmaceuticals and cosmetic ingredients during the operation of a MBR treating sewage Conference of the European-Desalination-Society and Center-for-Research-and-Technology-Hellas, Halkidiki, Greece, pp. 511–517.

Sharma, V. K. and Mishra, S. K. (2006) Ferrate (VI) oxidation of ibuprofen: A kinetic study. *Environ. Chem. Lett.* **3**(4), 182–185.

Sharma, V. K. (2008) Oxidative transformations of environmental pharmaceuticals by Cl_2, ClO_2, O_3 and Fe (VI): Kinetic assessment. *Chemosphere* **73**, 1379–1386.

Stumm, W. and Morgan, J. J. (1996) Aquatic Chemistry – Chemical Equilibria and Rates in Natural Waters, 3rd Edition. Wiley Interscience, N.Y., USA.

Tan, T. W., Ng, H. Y. and Ong, S. L. (2008) Effect of mean cell residence time on the performance and microbial diversity of pre-denitrification submerged membrane bioreactors. *Chemosphere* **70**, 387–396.

Tchobanoglous, G., Burton, F. L. and Stensel, H. D. (2003) Wastewater Engineering: Treatment and Reuse. 4th Edition. McGraw Hill, N.Y., USA.

Vanoers, C. W., Vorstman, M. A. G. and Kerkhof, P. (1995) Solute rejection in the presence of a deposited layer during ultrafiltration. *Journal of Membrane Science*, 107, 173–192.

Wang, D.S., Wu, X.H., Huang, L., Tang, H. X. and Qu, J. H. (2007) Nano-inorganic polymer flocculant: From theory to practice. In Chemical Water ad Wastewater Treatment IX. Edited by Hahn H.H., Hoffman E., Ódegaard H. IWA Publishing, London. pp. 181–188.

Waniek, A., Bodzek, M. and Konieczny, K. (2002) Trihalomethane removal from water using membrane processes. *Polish Journal of Environmental Studies* **11**, 171–178.

Xu, P., Drewes, J. E., Kim, T. U., Bellona, C. and Amy, G. (2006) Effect of membrane fouling on transport of organic contaminants in NF/RO membrane applications. *J. Memb. Sci.* **279**, 165–175.

Yan, M., Wang, D., Qu, J., He, W. and Chow, C. W. K. (2007) Relatively importance of hydrolyzed Al (III) species (Al_a, Al_b and Al_c) during coagulation with polyaluminum chloride: A case study with the typical micro-polluted source waters. *J. Coll. Interf. Sci.* **316**, 482–489.

Yan, M., Wang, D., Yu, J. Ni, J., Edwards, M. and Qu J. (2008) Enhanced coagulation with polyaluminum chlorides: Role of pH/alkalinity and speciation. *Chemosphere* **71**, 1665–1673.

Zhao, H., Hu, C., Liu, H., Zhao, X. and Qu, J. (2008) Role of aluminium speciation in the removal of disinfection byproduct precursors by a coagulation process. *Environ. Sci. Technol.* **42**, 5752–5758.

Zorita, S., Martensson, L. and Mathiasson L. (2009) Occurrence and removal of pharmaceuticals in a municipal sewage treatment system in the south of Sweden. *Sci. Tot. Environ.* **407**, 2760–2770.

第7章

Andersen, H., Siegrist, H., Halling-Sørensen, B. and Ternes, T. A. (2003) Fate of estrogens in a municipal sewage treatment plant. *Environ. Sci. Technol.* **37**(18), 4021–4026.

Auriol, M., Filali-Meknassi, Y., Tyagi, R. D., Adams, C. D. and Surampalli, R. Y. (2006) Endocrine disrupting compounds removal from wastewater, a new challenge. *Process Biochem.* **41**(3), 525–539.

Baronti, C., Curini, R., D'-Ascenzo, G., Di-Corcia, A., Gentili, A. and Samperi, R. (2000) Monitoring natural and synthetic estrogens at activated sludge sewage treatment plants and in a receiving river water. *Environ. Sci. Technol.* **34**(24), 5059–5066.

Bensoam, J., Cicolella, A. and Dujardin, R. (1999) Improved extraction of glycol ethers from water by solid-phase micro extraction by carboxen polydimethylsiloxane-coated fiber. *Chromatographia* **50**(3–4), 155–159.

Bicchi, C., Schilirò, T., Pignata, C., Fea, E., Cordero, C., Canale, F. and Gilli, G. (2009) Analysis of environmental endocrine disrupting chemicals using the E-screen method and stir bar sorptive extraction in wastewater treatment plant effluents. *Sci. Tot. Environ.* **407**(6), 1842–1851.

Bolong, N., Ismail, A. F., Salim, M. R. and Matsuurad, T. (2009) A review of the effects of emerging contaminants in wastewater and options for their removal. *Desalination* **239** (1–3), 229–246.

Bowman, J. C., Readman, J. W. and Zhou, J. L. (2003) Sorption of the natural endocrine disruptors, oestrone and 17beta-oestradiol in the aquatic environment. *Environ. Geochem. Health.* **25**(1), 63–67.

Brenner, A., Mukmenev, I., AAbeliovich, A. and Kushmaro, A. (2006) Biodegradability of tetrabromobisphenol A and tribromophenol by activated sludge. *Ecotoxicology* **15**(4), 399–402.

Brown, D., de Henau, H., Garrigan J. T., Gerike, P., Holt, M., Kunkel, E., Matthijs, E., Waters J. and Watkinson, R. J. (1987) Removal of non-ionics in sewage treatment plants. II: Removal of domestic detergent non-ionic surfactants in a trickling filter sewage treatment plant. *Tenside Surfactants Detergents* **24**(1), 14–19.

Bryner, A. (2007) Urine source separation: A promising wastewater management option. http://www.innovations-report.com/html/reports/environment_sciences/report-80295.html (accessed October 2009).

Burgess, R. M., Pelletier, M. C., Gundersen, J. L., Perron, M. M. and Ryba, S. A. (2005) Effects of different forms of organic carbon on the partitioning and bioavailability of nonylphenol. *Environ. Toxicol. Chem.* **24**(7), 1609–1617.

Buser, H. R., Poiger, T. and Muller, M. D. (1998) Occurrence and fate of the pharmaceutical drug diclofenac in surface waters: Rapid photodegradation in a lake. *Environ. Sci. Technol.* **32**(22), 3449–3456.

Caliman, F. A. and Gavrilescu, M. (2009) Pharmaceuticals, Personal Care Products and Endocrine Disrupting Agents in the Environment – A Review. *Clean* **37**(4–5), 277–303.

Carballa, M., Omil, F. and Lema, J. M. (2007) Calculation methods to perform mass balances of micropollutants in sewage treatment plants. Application to pharmaceutical and personal care products (PPCPs). *Environ. Sci. Technol.* **41**(3), 884–890.

Carballa, M., Omil, F. and Lema, J. M. (2008a) Comparison of predicted and measured concentrations of selected pharmaceuticals, fragrances and hormones in Spanish sewage. *Chemosphere* **72**(8), 1118–1123.

Carballa, M., Omil, F., Lema, J. M., Llompart, M., Garcia, C., Rodriguez, I., Gomez, M. and Ternes, T. (2005) Behaviour of pharmaceuticals and personal care products in a sewage treatment plant of northwest Spain. *Wat. Sci. Technol.*, **52**(8), 29–35.

Cargouet, M., Perdiz, D., Mouatassim-Souali, A., Tamisier-Karolak, S. and Levi, Y. (2004) Assessment of river contamination by estrogenic compounds in Paris area (France). *Sci. Tot. Environ.* **324**(1–3), 55–66.

Carucci, A., Cappai, G. and Piredda, M. (2006) Biodegradability and toxicity of pharmaceuticals in biological wastewater treatment plants. *J. Environ. Sci. Health Part A-Toxic/Hazard. Subst. Environ. Eng.* **41**(9), 1831–1842.

Cavret, S. and Feidt, C. (2005) Intestinal metabolism of PAH: in vitro demonstration and study of its impact on PAH transfer through the intestinal epithelium. *Environ. Res.* **98**(1), 22–32.

Cespedes, R., Petrovic, M. and Raldua, D. (2004) Integrated procedure for determination of endocrine-disrupting activity in surface waters and sediments by use of the biological technique recombinant yeast assay and chemical analysis by LC-ESI-MS. *Anal. Bioanal. Chem.* **378**(3), 697–708.

Chang, B. V., Chiang, F. and Yuan, S. Y. (2005) Biodegradation of nonylphenol in sewage sludge. *Chemosphere* **60**(11), 1652–1659.

Chelliapan, S., Wilby, T. and Sallis, P. J. (2006) Performance of an up-flow anaerobic stage reactor (UASR) in the treatment of pharmaceutical wastewater containing macrolide antibiotics. *Wat. Res.* **40**(3), 507–516.

Chen, J., Huang, X. and Lee, D. (2008) Bisphenol A removal by a membrane bioreactor. *Process Biochemistry* **43**(4), 451–456.

Chen, P. J., Rosenfeldt, E. J., Kullman, S. W., Hinton, D. E. and Linden, K. G. (2007) Biological assessments of a mixture of endocrine disruptors at environmentally relevant concentrations in water following UV/H2O2 oxidation. *Sci. Tot. Environ.* **376**(1–3), 18–26.

Cheng, K. Y. and Wong, J. W. (2006) Effect of synthetic surfactants on the solubilization and distribution of PAHs in water/soil-water systems. *Environ. Technol.* **27**(8), 835–844.

Chiou, C. T., McGroddy, S. E. and Kile, E. (1998) Partition characteristics of polycyclic aromatic hydrocarbons on soils and sediments. *Environ. Sci. Technol.* **32**(2), 264–269.

Cirja, M. (2007) *Studies on the behaviour of endocrine disrupting compounds in a membrane bioreactor.* PhD thesis, RWTH Aachen University, Aachen, Germany.

Clara, M., Kreuzinger, N., Strenn, B., Gans, O. and Kroiss, H. (2005a) The solids retention time – a suitable design parameter to evaluate the capacity of wastewater treatment plants to remove micropollutants. *Wat. Res.* **39**(1), 97–106.

Clara, M., Strenn, B., Ausserleitner, M. and Kreuzinger, N. (2004) Comparison of the behaviour of selected micropollutants in a membrane bioreactor and a conventional wastewater treatment plant. *Wat. Sci. Technol.* **50**(5), 29–36.

Clara, M., Strenn, B., Gans, O., Martinez, E., Kreuzinger, N. and Kroiss, H. (2005b) Removal of selected pharmaceuticals, fragrances and endocrine disrupting compounds in a membrane bioreactor and conventional wastewater treatment plants. *Wat. Res.* **39**(19), 4797–4807.

Conkle, J., White, J. R. and Metcalfe, C. D. (2008) Reduction of pharmaceutically active compounds by a lagoon wetland wastewater treatment system in Southeast Louisiana. *Chemosphere* **73**(11), 1741–1748.

Cordoba, E. C. (2004) The fate of 17α-ethynylestradiol in aerobic and anaerobic sludge. Developing a methodology for adsorption. MSc thesis, Sub-Dept of Environmental Technology, Wageningen Univ, Wageningen, Netherlands.

Corvini P. F., Meesters R. J., Schaffer A., Schroder H. F., Vinken R. and Hollender J. (2004) Degradation of a nonylphenol single isomer by Sphingomonas sp. strain TTNP3 leads to a hydroxylation-induced migration product. *Appl. Environ. Microbiol* **70**(11), 6897–6900.

Corvini P. F., Schaeffer A. and Schlosser D. (2006a) Microbial degradation of nonylphenol and other alkylphenols – our evolving view. *Appl. Microbiol. Biotechnol.* **72**(2), 223–243.

Corvini, P. F., Hollender, J., Ji R., Schumacher, S., Prell, J., Hommes, G., Priefer, U.,

Vinken, R. and Schaffer, A. (2006b) The degradation of alpha-quaternary nonylphenol isomers by Sphingomonas sp. strain TTNP3 involves a type II ipso-substitution mechanism. *Appl. Microbiol. Biotechnol.* **70**(1), 114–122.

Cui, C. W., Ji, S. L. and Ren, H. Y. (2006) Determination of steroid estrogens in wastewater treatment plant of a controceptives producing factory. *Environ. Monit. Assess.* **121**(1–3), 407–417.

Czajka, C. P. and Londry, K. L. (2006) Anaerobic biotransformation of estrogens. *Environ. Sci. Total.* **E367**(2–3), 932–941.

D'Ascenzo, G., Di Corcia, A., Gentili, A., Mancini, R., Mastropasqua, R., Nazzari, M. and Samperi, R. (2003) Fate of natural estrogen conjugates in municipal sewage transport and treatment facilities. *Sci. Total. Environ.* **302**(1–3), 199–209.

De Mes, T. (2007) *Fate of estrogens in biological treatment of concentrated black water.* PhD thesis, Wageningen University, Wageningen, Netherlands.

De Mes, T., Zeeman, G. and Lettinga, G. (2005) Occurrence and fate of estrone, 17-beta-estradiol and 17-alpha-ethynylestradiol in STPs for domestic wastewater. *Reviews in Environ. Sci. Biotechnol.* **4**(4), 275–311.

Desbrow, C., Routledge, E.J., Brighty, G.C., Sumpter J.P. and Waldock M., (1998) Identification of estrogenic chemicals in STW effluent. 1. Chemical fractionation and in vitro biological screening. *Environ. Sci. Technol.* **32**(11), 1549–1558.

Doll, T.E. and Frimmel, F.H. (2003) Fate of pharmaceuticals – photodegradation by simulated solar UV-light. *Chemosphere* **52**(10), 1757–1769.

Drewes, J. E., Heberer, T. and Reddersen, K. (2002) Fate of pharmaceuticals during indirect potable reuse. *Wat. Sci. Technol.* **46**(3), 73–80.

Driver, J., Lijmbach, D. and Steen, I. (1999) Why recover phosphorus for recycling, and how? *Environ. Technol.* **20**(7), 651–662.

Ehlers, G. A. and Loibner, A. P. (2006) Linking organic pollutant (bio)availability with geosorbent properties and biomimetic methodology: A review of geosorbent characterisation and (bio)availability prediction. *Environ. Pollut.* **141**(3), 494–512.

Ejlersson, J., Nilsson, M., Kylin H., Bergman, A., Karlson L., Oequist M. and Svensson, B. (1999) Anaerobic degradation of of nonylphenol mono- and diethoxylates in digestor sludge, landfill municipal solid waste, and landfilled sludge. *Environ. Sci. Technol.* **33**(2), 301–306.

Environment Canada (2009) Pharmaceuticals and Personal Care Products in the Canadian Environment: Research and Policy Directions, Workshop Proceedings NWRI Scientific Assessment Report Series No. 8, http://www.ec.gc.ca/inre-nwri/default.asp?lang = En&n = C00A589F-1&offset = 23&toc = show (accessed October 2009).

Ermawati, R., Morimura, S., Tang, Y. Q., Liu, K. and Kida, K. (2007) Degradation and behavior of natural steroid hormones in cow manure waste during biological treatments and ozone oxidation. *J. Biosci. Bioeng.* **103**(1), 27–31.

Esperanza, M., Suidan, M. T., Nishimura, F., Wang, Z. M., Sorial, G. A., Zaffiro, A., McCauley, P., Brenner, R. and Sayles, G. (2004) Determination of sex hormones and nonylphenol ethoxylates in the aqueous matrixes of two pilotscale municipal wastewater treatment plants, *Environ. Sci. Technol.* **38**(11), 3028–3035.

Füerhacker, M., Dürauer, A. and Jungbauer, A. (2001) Adsorption isotherms of 17β-estradiol on granular activated carbon (GAC). *Chemosphere* **44**(7), 1573–1579.

Fujii, K., Satomi, M., Morita, N., Motomura, T., Tanaka, T. and Kikuchi, S. (2003) Novosphigobium tardaugens sp. vov., an oestradiol-degrading bacterium isolated from the activated sludge of a sewage treatment plant in Tokyo. *Int. J. Syst. Evol. Microbiol.* **53**(Pt 1), 47–52.

Fujii, K., Urano, N., Ushio, H., Satomi, M. and Kimura, S. (2001) Sphingomonas cloacae sp. nov., a nonylphenol-degrading bacterium isolated from wastewater of a sewage-treatment plant in Tokyo. *Int. J. Syst. Evol. Microbiol.* **51**(Pt 2), 603–610.

Fürhacker, M., Breithofer, A. and Jungbauer, A. (1999) 17β-estradiol: Behavior during waste water analyses. *Chemosphere* **39**(11), 1903–1909.

Furuichi, T., Kannan, K., Suzuki, K., Giesy, J. P. and Masunaga, S. (2006). Occurrence of estrogenic compounds in and removal by a swine farm waste treatment plant. *Environ. Sci. Technol.* **40**(24), 7896–902.

Gabriel, F. L., Giger, W., Guenther, K. and Kohler, H. P. (2005) Differential degradation of nonylphenol isomers by Sphingomonas xenophaga Bayram. *Appl. Environ. Microbiol.* **71**(3), 1123–1129.

Galassi, S., Valescchi, S. and Tartari, G. A. (1997) The distribution of PCB's and chlorinated pesticides in two connected Himalayan lakes. *Water Air Soil Pollut.* **99**(1–4), 717–725.

Garcia, M. T., Campos, E., Dalmau, M., Ribosa, I. and Sanchez-Leal, J. (2002) Structure-activity relationships for association of linear alkylbenzene sulfonates with activated sludge. *Chemosphere* **49**(3), 279–286.

Gerike, P. (1987) Removal of nonionics in sewage treatment plants; II, *Tenside Surfactants Detergents* **24**, 14–19.

Gobel, A., Thomsen, A., Mcardell, C. S., Joss, A. and Giger, W. (2005) Occurrence and sorption behavior of sulfonamides, macrolides, and trimethoprim in activated sludge treatment. *Environ. Sci. Technol.* **39**(11), 3981–3989.

Golet, E. M., Xifra, I., Siegrist, H., Alder, A. C. and Giger, W. (2003) Environmental exposure assessment of fluoroquinolone antibacterial agents from sewage to soil. *Environ. Sci. Technol.* **37**(15), 3243–3249.

Gonzalez, S., Muller, J., Petrovic, M., Barcelo, D. and Knepper, T. P. (2006) Biodegradation studies of selected priority acidic pesticides and diclofenac in different bioreactors. *Environ. Pollut.* **144**(3), 926–932.

Gros, M., Petrovic, M. and Barcelo, D. (2007) Wastewater treatment plants as a pathway for aquatic contamination by pharmaceuticals in the Ebro River Basin (Northeast Spain). *Environ. Toxicol. Chem.* **26**(8), 1553–1562.

Haiyan, R., Shulan, J., Ud din Ahmed, N., Dao, W., Chengwu, C. (2007) Degradation characteristics and metabolic pathway of 17alpha-ethynylestradiol by *Sphingobacterium sp. JCR5. Chemosphere.* **66**(2), 340–346.

Halling-Sorensen, B., Nielsen, S. N., Lanzky, P. F., Ingerslev, F., Lutzhoft, H.C.H. and Jorgensen S. E. (1998) Occurrence, fate and effects of pharmaceutical substances in the environment – A review. *Chemosphere* **36**(2), 357–394.

Hammer, M., Tettenborn, F., Behrendt, J., Gulyas, H. and Otterpohl, R. (2005) Pharmaceutical residues: Database assessment of occurrence in the environment and exemplary treatment processes for urine. *IWA 1st National Young Researchers Conference – Emerging Pollutants and Emerging Technologies*, October 27–28, 2005, RWTH Aachen University, Germany.

Hashimoto, T., Onda, K., Nakamura, Y., Tada, K., Miya, A. and Murakami, T. (2007) Comparison of natural estrogen removal efficiency in the conventional activated sludge process and the oxidation ditch process. *Wat Res.* **41**(10), 2117–2126.

Heberer, T. (2002) Occurrence, fate, and removal of pharmaceutical residues in the aquatic environment: A review of recent research data. *Toxicology Letters* **131**(1–2), 5–17.

Henze, M. (1997) Waste design for households with respect to water, organics and nutrients. *Wat. Sci. Technol.* **35**(9), 113–120.

Holthaus, K. I., Johnson, A. C., Jurgens, M. D., Williams, R. J., Smith, J. J. and Carter, J. E. (2002) The potential for estradiol and ethinylestradiol to sorb to suspended and bed sediments in some English rivers. *Environ. Toxicol. Chem.* **21**(12), 2526–35.

Iesce, M.R., della Greca, M., Cermolal, F., Rubino, M., Isidori, M and Pascarella, L. (2006) Transformation and ecotoxicity of carbamic pesticides in water. *Environ. Sci. Pollut. Res. Int.* **13**(2), 105–109.

Ilani, T., Schulz, E. and Chefetz, B. (2005). Interactions of organic compounds with wastewater dissolved organic matter: Role of hydrophobic fractions. *Environ. Qual.*

34(2), 552–562.

Isidori, M., Lavorgna, M., Palumbo, M., Piccioli, V. and Parrella, A. (2007) Influence of alkylphenols and trace elements in toxic, genotoxic, and endocrine disruption activity of wastewater treatment plants. *Environ. Toxicol. Chem.* **26**(8),1686–94.

Ivashechkin, P., Corvini, P., Fahrbach, M., Hollender, J., Konietzko, M., Meesters, R., Schröder, H.F. and Dohmann, M. (2004) *Comparison of the elimination of endocrine disrupters in conventional wastewater treatment plants and membrane bioreactors.* In Proceedings of the 2nd IWA Leading-Edge Conference on Water and Wastewater Treatment Technologies – Prague, Part Two: Wastewater Treatment, Water Environment Management Series (WEMS), IWA Publishing.

Jacobsen, B. N., Nyholm, N., Pedersen, B. M., Poulsen, O. and Ostfeldt, P. (1993) Removal of organic micropollutants in laboratory activated sludge reactors under various operating conditions: sorption. *Wat. Res.* **27**(10), 1505–1510.

Janex-Habibi, M. L., Huyard, A., Esperanza, M. and Bruchet, A. (2009) Reduction of endocrine disruptor emissions in the environment: The benefit of wastewater treatment. *Wat. Res.* **43**(6), 1565–1576.

Jensen, R. L. and Schäfer, A. I. (2001) Adsorption of estrone and 17β-estradiol by particulates-activated sludge bentonite, hemalite and cellulose. Recent Advances in Water Recycling Technologies, Brisbane, Australia.

Joffe, M. (2001) Are problems with male reproductive health caused by endocrine disruption? *Occup. Environ. Med.* **58**(4), 281–288.

Johnson, A. C. and Sumpter, J. P. (2001) Removal of endocrine-disrupting chemicals in activated sludge treatment works. *Environ. Sci. Technol.* **35**(24), 4697–4703.

Johnson, A. C., Aerni, H.-R., Gerritsen, A., Gibert, M., Giger, W., Hylland, K., Jurgens, M., Nakari, T., Pickering, A. and Suter, M. J. F. (2005) Comparing steroid estrogen, and nonylphenol content across a range of European sewage plants with different treatment and management practices. *Wat. Res.* **39**(1), 47–58.

Johnson, A. C., Belfroid, A. and Di Corcia, A. (2000) Estimating steroid oestrogen inputs into activated sludge treatment works and observations on their removal from the effluent. *Sci. Tot. Environ.* **256**(2–3), 163–173.

Jones, O. A. H., Voulvoulis, N. and Lester, J. N. (2005) Human pharmaceuticals in wastewater treatment processes. *Crit. Rev. Environ. Sci. Technol.*, **35**(4) 401–427.

Joss, A., Andersen, H., Ternes, T., Richle, P. R. and Siegrist, H. (2004) Removal of estrogens in municipal wastewater treatment under aerobic and anaerobic conditions: Consequences for plant optimization. *Environ. Sci. Technol.* **38**(11), 3047–3055.

Joss, A., Keller, E., Alder, A. C., Goebel, A., McArdell, C. S., Ternes, T. and Siegrist, H. (2005) Removal of pharmaceuticals and fragrances in biological wastewater treatment. *Wat. Res.* **39**(14), 3139–3152.

Joss, A., Zabczynski, S., Göbel, A., Hoffmann, B., Löffler, D., McArdell, C. S., Ternes, T. A., Thomsen, A. and Siegrist, H. (2006) Biological degradation of pharmaceuticals in municipal wastewater treatment: Proposing a classification scheme. *Wat Res.* **40**(8), 1686–1696.

Junker, T., Alexy, R., Knacker, T. and Kummerer, K. (2006) Biodegradability of ^{14}C-labeled antibiotics in a modified laboratory scale sewage treatment plant at environmentally relevant concentrations. *Environ. Sci. Technol.* **40**(1), 318–324.

Jürgens, M. D., Holthaus, K. I. E., Johnson, A. C., Smith, J. J. L., Hetheridge, M. and Williams, R. J. (2002) The potential for estadiol and ethinylestradiol degradation in English rivers. *Environ. Toxicol. Chem.* **21**(3), 480–488.

Jürgens, M. D., Williams, R. J. and Johnson, A. C. (1999) *Fate and Behaviour of Steriod Oestrogens in Rivers: A Scoping Study.* Oxon, Institute of Hydrology, p. 80.

Kanda, R. and Churchley, J. (2008) Removal of endocrine disrupting compounds during conventional wastewater treatment. *Environ. Technol.* **29**(3), 315–323

Katsoyiannis, A. and Samara, C. (2007) Comparison of active and passive sampling for the determination of persistent organic pollutants (POPs) in sewage treatment plants. *Chemosphere* **7**(7), 1375–1382.

Kikuta, T. (2004) *Modelling of Degradation of Organic Micropollutants in Activated Sludge Process Focusing on Partitioning between Water and Sludge Phases*. Msc thesis, Thesis Institute of Technology, Dept of Civil and Environmental Engineering. Tokyo, Japan.

Kim, J. Y., Ryu, K., Kim, E. J., Choe, W. S., Cha, G. C. and Yoo, I. K. (2007) Degradation of bisphenol A and nonylphenol by nitrifying activated sludge. *Process Biochem.* **42**(10), 1470–1474.

Kim, S., Eichhorn, P., Jensen, J. N., Weber, A. S. and Aga, D. S. (2005) Removal of antibiotics in wastewater: Effect of hydraulic and solid retention times on the fate of tetracycline in the activated sludge process. *Environ. Sci. Technol.* **39**(15), 5816–5823.

Kimura, K., Hara, H. and Watanabe, Y. (2007) Elimination of selected acidic pharmaceuticals from municipal wastewater by an activated sludge system and membrane bioreactors. *Environ. Sci. Technol.* **41**(10), 3708–3714.

Kirk, L. A., Tyler, C. R., Lye, C. M. and Sumpter, J. P. (2002) Changes in estrogenic and androgenic activities at different stages of treatment in wastewater treatment works. *Environ. Toxicol. Chem.* **21**(5), 972–979.

Kloepfer, A., Gnirss, R., Jekel, M. and Reemtsma, T. (2004) Occurrence of benzothiazoles in municipal wastewater and their fate in biological treatment. *Wat. Sci. Technol.* **50**(5), 203–208.

Koh, Y. K. K., (2008) *An Evaluation of the Factors Controlling Biodegradation of Endocrine Disrupting Chemicals During Wastewater Treatment*, PhD thesis, Imperial College, London, UK.

Komori, K., Tanaka, H., Okayasu, Y., Yasojima, M. and Sato, C. (2004) Analysis and occurrence of estrogen in wastewater in Japan. *Wat. Sci. Technol.* **50**(5), 93–100.

Kozak, R. G., D'Haese, I. and Verstraete, W. (2001) *Pharmaceuticals in the Environment: Focus on 17α*-ethinyloestradiol. *Pharmaceuticals in the Environment, Source, Fate, Effects and Risks*. (ed) Kümmerer K., Springer-Verlag, Berlin, Germany. pp. 49–65.

Kreuzinger, N., Clara, M., Strenn, B. and Kroiss, H. (2004) Relevance of the sludge retention time (SRT) as design criteria for wastewater treatment plants for the removal of endocrine disruptors and pharmaceuticals from wastewater. *Wat. Sci. Technol.* **50**(5), 149–156.

Krogmann, U., Boyles, L. S., Bamka, W. J., Chaiprapat, S. and Martel, C. J. (1999) Biosolids and sludge management. *Wat. Environ. Res.* **71**(5), 692–714.

Kujawa-Roeleveld, K., Schuman, E., Grotenhuis, T., Kragić, D., Mels, A. and Zeeman, G. (2008) *Biodegradability of Human Pharmaceutically Active Compounds (PhAC) in Biological Systems Treating Source Separated Wastewater Streams*. Third SWITCH Scientific Meeting Belo Horizonte, Brazil.

Kujawa-Roeleveld, K., Zeeman, G. and Mels, A. (2006) *Elimination of pharmaceuticals from concentrated wastewater*. First SWITCH Scientific Meeting, University of Birmingham, UK.

Kummerer, K., Alexy, R., Huttig, J. and Scholl, A. (2004) Standardized tests fail to assess the effects of antibiotics on environmental bacteria. *Wat. Res.* **38**(8), 2111–2116.

Lai, K. M., Johnson, K. L., Scrimshaw, M. D. and Lester, J. N. (2000) Binding of waterborne steroid estrogens to solid phases in river and estuarine systems. *Environ. Sci. Technol.* **34**(18), 3890–3894.

Lalah, J. O., Schramm, K. W., Henkelmann, B., Lenoir, D., Behechti, A., Guenther, K., Kettrup, A. (2003) The dissipation, distribution and fate of a branched 14C-nonylphenol isomer in lake water/sediment system. *Environ. Pollut.* **122**(2), 195–203.

Lapara, T. M., Nakatsu, C. H., Pantea, L. M. and Alleman, J. E. (2001) Aerobic biological treatment of a pharmaceutical wastewater: Effect of temperature on cod removal and bacterial community development. *Wat. Res.* **35**(18), 4417–4425.

Larsen, T. A. and Gujer, W. (1996) Separate management of anthropogenic nutrient solutions (human urine). *Wat. Sci. Technol.* **34** (3–4), 87–94.

Larsen, T. A. and Gujer, W. (2001) Waste design and source control lead to flexibility in wastewater management. *Wat. Sci. Technol.* **43**(5), 309–318.

Larsen, T. A., Lienert, J., Joss, A. and Siegrist, H. (2004) How to avoid pharmaceuticals in the aquatic environment. *J Biotechnol.* **113**(1–3), 295–304.

Layton, A. C., Gregory, B. W., Seward, J. R., Schultz, T. W. and Sayler, G. S. (2000) Mineralization of steroidal hormones by biosolids in wastewater treatment systems in Tennessee U.S.A. *Environ. Sci. Technol.* **34**(18), 3925–3931.

Lee, H. B. and Liu, D. (2002) Degradation of 17ß-estradiol and its metabolites by sewage bacteria. *Water Air Soil Pollut.* **134**(1–4), 353–368.

Lesjean, B., Gnirss, R., Buisson, H., Keller, S., Tazi-Pain, A. and Luck, F. (2005) Outcomes of a 2-year investigation on enhanced biological nutrients removal and trace organics elimination in membrane bioreactor (MBR). *Wat. Sci. Technol.* **52**(10–11), 453–460.

Li, C., Ji, R., Vinken, R., Hommes, G., Bertmer, M., Schäffer, A. and Corvini, P. F. (2007) Role of dissolved humic acids in the biodegradation of a single isomer of nonylphenol by Sphingomonas sp. *Chemosphere.* **68**(11), 2172–2180.

Lienert, J., Bürki, T. and Escher, B. I. (2007) Reducing micropollutants with source control: substance flow analysis of 212 pharmaceuticals in faeces and urine. *Wat. Sci. Technol.* **56**(5), 87–96.

Lienert, J., Haller, M., Berner, A., Stauffacher, M. and Larse, T. A. (2003) How farmers in Switzerland perceive fertilizers from recycled anthropogenic nutrients (urine). *Wat. Sci. Technol.* **48**(1), 47–56.

Lindberg, R. H., Wennberg, P., Johansson, M. I., Tysklind, M. and Andersson, B. A. (2005) Screening of human antibiotic substances and determination of weekly mass flows in five sewage treatment plants in Sweden. *Environ. Sci. Technol.* **39**(10), 3421–3429.

Liu, Z., Ito, M., Kanjo, Y. and Yamamoto, A. (2009a) Profile and removal of endocrine disrupting chemicals by using an ER/AR competitive ligand binding assay and chemical analyses. *J. Environ. Sci.* **21**(7), 900–906.

Liu, Z., Kanjo, Y. and Mizutani, S. (2009b) Removal mechanisms for endocrine disrupting compounds (EDCs) in wastewater treatment – physical means, biodegradation, and chemical advanced oxidation: A review. *Sci. Tot. Environ.* **407**(2), 731–748.

Luppi, L. I., Hardmeier, I., Babay, P. A., Itria, R. F. and Erijman, L. (2007) Anaerobic nonylphenol ethoxylate degradation coupled to nitrate reduction in a modified biodegradability batch test. *Chemosphere* **68**(11), 2136–2143.

Matamoros, V., Carlos, A. and Brix, H. (2009) Preliminary screening of small-scale domestic wastewater treatment systems for removal of pharmaceutical and personal care products. *Wat Res.* **43**(1), 55–62.

Matamoros, V., Garcia, J. and Bayona, J. M. (2008b) Organic micropollutant removal in a full-scale surface flow constructed wetland fed with secondary effluent. *Wat Res.* **42**(3), 653–660.

Matamoros, V., Osorio, A. C. and Bayone, J. M. (2008a) Behaviour of pharmaceutical products and biodegradation intermediates in horizontal subsurface flow constructed wetland. A microcosm experiment. *Sci. Tot. Environ.* **394**(1), 171– 176.

Maurer, M., Escher, B. I., Richle, P., Schaffner, C. and Alder, A. C. (2007) Elimination of beta-blockers in sewage treatment plants. *Wat. Res.* **41**(7), 1614–1622.

Maurer, M., Schwegler, P. and Larsen, T. A. (2003) Nutrients in urine: Energetical aspects of removal and recovery. *Wat. Sci. Technol.* **48**(1), 37–46.

Maurin, M. B. and Taylor, A. (2000) Variable heating rate thermogravimetric analysis as a mechanism to improve efficiency and resolution of the weight loss profiles of three model pharmaceuticals. *J. Pharm. Biomed. Anal.* **23**(6), 1065–1071.

Melcer, H., Monteith, H., Staples, C. and Klecka, G. (2006) The removal of alkylphenol ethoxylate surfactants in activated sludge systems. In Proceedings *Water Environment Federation, WEFTEC 2006, Session 21–30*, pp. 1695–1708.

Melin, T., Jefferson, B., Bixio, D., Thoeye, C., De Wilde, W., De Koning, J., van der Graaf, J. and Wintgens, T. (2006) Membrane bioreactor technology for wastewater treatment and reuse. *Desalination* **187**(1–3), 271–282.

Miao, X. S. and Metcalfe, C. D. (2003) Determination of carbamazepine and its metabolites in aqueous samples using liquid chromatography-electrospray tandem mass spectrometry. *Anal. Chem.* **75**(15), 3731–3738.

Minamiyama, M., Ochi, S. and Suzuki, Y. (2006) Fate of nonylphenol polyethoxylates and nonylphenoxy acetic acids in an anaerobic digestion process for sewage sludge treatment. *Wat. Sci. Technol.* **53**(11), 221–226.

Muller, M., Rabenoelina, F., Balaguer, P., Patureau, D., Lemenach, K., Budzinski, H., Barcelo, D., Lopez de Alda, M., Kuster, M., Delgenés, J. P. and Hernandez-Raquet, G. (2008) Chemical and biological analysis of endocrine-disrupting hormones and estrogenic activity in an advanced sewage treatment plant. *Environ. Toxicol Chem.* **27**(8), 1649–1658.

Murk, A. J., Legler, J., van Lipzig, M. M. H., Meerman, J. H. N., Belfroid, A. C., Spenkelink, A., van der Burg, B., Rijs, G. B. J. and Vethaak, D. (2002) Detection of estrogenic potency in wastewater and surface water with three in vitro bioassays. *Environ. Toxicol. Chem.* **21**(1), 16–23.

Nacheva, P. M., Peña-Loera, B. and Moralez-Guzmán, F. (2006) Treatment of chemical-pharmaceutical wastewater in packed bed anaerobic reactors. *Wat. Sci. Technol.* **54**(2), 157–163.

Nakada, N., Yasojima, M., Okayasu, Y., Komori, K., Tanaka, H. and Suzuki,Y. (2006) Fate of oestrogenic compounds and identification of oestrogenicity in a wastewater treatment process. *Wat. Sci. Technol.* **53**(11), 51–63.

Norpoth, K., Nehrkorn, A., Kirchner, M., Holsen, H. and Teipel, H. (1973) Investigations on the problem of solubility and stability of steroid ovoluation inhibitors in water, waste water and activated sludge. *Zbl. Bakt. Hyg., I. Abt Orig.* **156**(6), 500–511.

Novaquatis (2008) A Cross-cutting Eawag Project. http://www.novaquatis.eawag.ch/index_EN (accesses October 2009).

Onda, K., Nakamura, Y., Takatoh, C., Miya, A. and Katsu, Y. (2003) The behavior of estrogenic substances in the biological treatment process of sewage. *Wat. Sci. Technol.* **47**(9), 109–116.

Onda, K., Yang, S. Y., Miya, A. and Tanaka, T. (2002) Evaluation of estrogen-like activity on sewage treatment processes using recombinant yeast. *Wat. Sci. Technol.* **46**(11–12), 367–373.

Peck, A. M. (2006) Analytical methods for the determination of persistent ingredients of personal care products in environmental matrices. *Anal. Bioanal. Chem.* **386**(4), 907–939.

Pickering, A. D. and Sumpter, J. P. (2003) Comprehending endocrine disrupters in aquatic environments. *Environ. Sci. Technol.* **37**(17), 331A–336A.

Poiger, T., Buser, H. R., Muller, M. D., Balmer, M. E. and Buerge, I. J. (2003) Occurrence and fate of organic micropollutants in the environment: Regional mass balances and source apportioning in surface waters based on laboratory incubation studies in soil and water, monitoring, and computer modeling. *Chimia* **57**(9), 492–498.

Press-Kristensen, K., Lindblom, E. and Henze, M. (2007) Modeling as a tool when interpreting biodegradation of micro pollutants in activated sludge systems. *Wat. Sci. Technol.* **56**(11), 11–16.

Price, P. B. and Sowers, T. (2004) Temperature dependence of metabolic rates for microbial growth, maintenance, and survival. *Microbiology.* **101**(13), 4631–4636.

Pronk, W., Biebow, M. and Boller, M. (2006). Treatment of source separated urine by a combination of bipolar electrodialysis and a gas transfer membrane. *Wat. Sci. Technol.* **53**(3), 139–146.

Quintana, J. B., Weiss, S. and Reemtsma, T. (2005) Pathway's and metabolites of microbial degradation of selected acidic pharmaceutical and their occurrence in municipal wastewater treated by a membrane bioreactor. *Wat. Res.* **39**(12), 2654–2664.

Rauch, W., Brockmann, D., Peters, I., Larsen, T. A. and Gujer, W. (2003) Combining urine separation with waste design: an analysis using a stochastic model for urine production. *Wat. Res.* **37**(3), 681–689.

Reddy, S. and Brownawell, B. J. (2005) Analysis of estrogens in sediments from a sewage impacted urban estuary using high-performance liquid chromatogrography/time-of-flight mass spectrometry. *Environ. Toxicol. Chem.* **24**(5), 1041–1047.

Reemtsma, T., Zywicki, B., Stueber, M., Kloepfer, A. and Jekel, M. (2002) Removal of sulfur-organic polar micropollutants in a membrane bioreactor treating industrial wastewater. *Environ. Sci. Technol.* **36**(5), 1102–1106.

Ren, Y. X., Nakano, K., Nomura, M., Chiba, N. and Nishimura, O. (2007) Effects of bacterial activity on estrogen removal in nitrifying activated sludge. *Wat. Res.* **41**(14), 3089–3096.

Richardson, S. D. (2006) Environmental mass spectrometry: Emerging contaminants and current issues. *Anal. Chem.* **78**(12), 4021–4046.

Rogers, H. R. (1996) Sources, behaviour and fate of organic contaminants during sewage treatment and sewage sludges. *Sci. Tot. Environ.* **185**(1–3), 3–26.

Ronteltap, M., Maurer, M. and Gujer, W. (2007) The behaviour of pharmaceuticals and heavy metals during struvite precipitation in urine. *Water Res.* **41**(9), 1859–1868.

Rossi, L, Lienert, J. and Larsen, T. A. (2009) Real-life efficiency of urine source separation. *J. Environ. Management* **90**(5), 1909–1917.

Saino, H., Jamagata, H., Nakajima, H., Shigemura, H. and Suzuki, Y. (2004) Removal of endocrine disrupting chemicals in wastewater by SRT control. *J. Japan Society Water Environ.* **27**, 61–68.

Saito, M., Tanaka, H., Takahashi, A. and Yakou, Y. (2002) Comparison of yeast-based estrogen receptor assays. *Wat. Sci. Technol.* **46**(11–12), 349–354.

Segmuller, B. E., Armstrong, B. L., Dunphy, R. and Oyler, A. R. (2000) Identification of autoxidation and photodegradation products of ethynylestradiol by on-line HPLC-NMR and HPLC-S. *J. Pharm. Biomed. Anal.* **23**(5), 927–37.

Servos, M. R., Bennie, D. T., Burnison, B. K., Jurkovic, A., McInnis, R., Neheli, T., Schnell, A., Seto, P., Smyth, S. A. and Ternes, T. A. (2005) Distribution of estrogens, 17b-estradiol and estrone, in Canadian municipal wastewater treatment plants. *Sci. Tot. Environ.* **336**(1–3), 155–170.

Shi, J., Fujisawa, S., Nakai, S. and Hosomi, M. (2004) Biodegradation of natural and synthetic estrogens by nitrifying activated sludge and ammonia-oxidizing bacterium Nitrosomonas europea. *Water Res.* **34**(9), 2323–2330.

Shi, J. H., Suzuki, Y., Lee, B. D., Nakai, S. and Hosomi, M. (2002) Isolation and characterization of the ethynylestradiol-biodegrading microorganism Fusarium proliferatum strain HNS-1. *Water Sci. Technol.* **45**(12), 175–179.

Singh, A., Van Hamme, J. D. and Ward, O. P. (2007) Surfactants in microbiology and biotechnology: Part 2. Application aspects. *Biotechnol. Adv.* **25**(1), 99–121.

Sipma, J., Osuna, B., Collado, N., Monclús, H., Ferrero, G., Comas, J. and Rodriguez-Roda, I. (2009) Comparison of removal of pharmaceuticals in MBR and activated sludge systems. *Desalination* **250**(2), 653–659.

Sithole, B. B. and Guy, R. D. (1987) Models for tetracycline in aquatic environments: II. Interaction with humic substances. *Water Air Soil Pollut.* **32**(3–4), 315–321.

Soares, A., Murto, M., Guieysse, B. and Mattiasson, B. (2006) Biodegradation of Nonylphenol in a continuous bioreactor at low temperatures and effects on the microbial population. *Appl. Microbial. Biotechnol.* **69**(5), 597–606.

Spengler, P., Korner, W. and Metzger, J. W. (2001) Substances with estrogenic activity in effluents of sewage treatment plants in southwestern Germany. 1. Chemical analysis. *Environ. Toxicol. Chem.* **20**(10), 2133–2141.

Spring, A. J., Bagley, D. M., Andrews, R. C., Lemanik, S. and Yang, P. (2007) Removal of endocrine disrupting compounds using a membrane bioreactor and disinfection. *J. Environ. Eng. Sci.* **6**(2), 131–137.

Stangroom, S. J., Collins, C. D. and Lester, J. N. (2000) Abiotic behaviour of organic Micropollutants in soils and the aquatic environment. A review: 2 Transformations. *Environ. Technol.* **21**(8), 865–882.

StegerHartmann, T., Kummerer, K. and Hartmann, A. (1997) Biological degradation of cyclophosphamide and its occurrence in sewage water. *Ecotoxicology Environ. Safety* **36**(2), 174–179.

Stenstrom, M. K., Cardinal, L. and Libra, L. (1989) Treatment of hazardous substances in wastewater treatment plants. *Environ. Progr.* **8**(2), 107–112.

Stumpf, M., Ternes, T. A., Wilken, R. D., Rodrigues, S. V. and Bauman, W. (1999) Polar drug residues in sewage and natural waters in the state of Rio de Janeiro, Brazil. *Sci. Tot. Environ.* **225**(1–2), 135–141.

Suarez, S., Carballa, M., Omil, F. and Lema, J. M. (2008) How are pharmaceutical and personal care products (PPCPs) removed from urban wastewaters? *Rev. Environ. Sci. Biotechnol.* **7**(2), 125–138.

Suarez, S., Ramill, M., Omil, F. and Lema, J. M. (2005) Removal of pharmaceutically active compounds in nitrifying-denitrifying plants. *Wat. Sci. Technol.* **52**(8), 9–14.

Svenson, A., Allard, A. S. and Ek, M. (2003) Removal of estrogenicity in Swedish municipal sewage treatment plants. *Wat. Res.* **37**(18), 4433–4443.

Tanghe, T., Dhooge, W. and Verstraete, W. (1999) Isolation of a bacterial strain able to degrade branched nonylphenol. *Appl. Environ. Microbiol.* **65**(2), 746–751.

Tchobanoglous, G., Burton, F. L. and Stensel, H. D. (2004) *Wastewater Engineering, Treatment and Reuse*. 4th Ed, McGrawHill Company, Inc., New York.

Ter Laak, T. L., Durjava, M., Struijs, J. and Hermens, J. L. (2005) Solid phase dosing and sampling technique to determine partition coefficients of hydrophobic chemicals in complex matrixes. *Environ. Sci. Technol.* **39**(10), 3736–3742.

Ternes, T. A. (1998) Occurrence of drugs in German sewage treatment plants and rivers. *Wat. Res.* **32**(11), 3245–3260.

Ternes, T. A. and Joss, A. (2006) *Human Pharmaceuticals, Hormones and Fragrances: The Challenge of micropollutants in urban water management*. International Water Association (IWA), IWA Publishing.

Ternes, T. A., Joss A. and Siegrist, H. (2004) Scrutinizing pharmaceuticals and personal care products in wastewater treatment. *Environ. Sci. Technol.* **38**(20), 392–399.

Ternes, T. A., Kreckel, P. and Mueller, J. (1999). Behaviour and occurrence of estrogens in municipal sewage treatment plants. II. Aerobic batch experiments with activated sludge. *Sci. Total. Environ.* **225**(1–2), 91–99.

Ternes, T. A., Meisenheimer, M., McDowell, D., Sacher, F., Brauch, H. J., Gulde, B. H., Preuss, G., Wilme, U. and Seibert, N. Z. (2002) Removal of pharmaceuticals during drinking water treatment. *Environ. Sci. Technol.* **36**(17), 3855–3863.

Terzic, S., Matosic, M., Ahel, M. and Mijatovic, I. (2005) Elimination of aromatic surfactants from municipal wastewaters: Comparison of conventional activated sludge treatment and membrane biological reactor. *Wat. Sci. Technol.* **51**(8), 447–453.

Tettenborn, F., Behrendt, J. and Otterpohl, R. (2008) Pharmaceutical residues in source separated urine and their fate during nutrient-recovery processes, In *Conference Proceeding of IWA World Water Congress and Exhibition*, IWA, Vienna, Austria.

Tilton, F., Benson, W. H. and Schlenk, D. (2002) Evaluation of estrogenic activity from a municipal wastewater treatment plant with predominantly domestic input. *Aquat*

Toxicol. **61**(3–4), 211–224.

Tixier, C., Singer, H. P., Oellers, S. and Muller, S. R. (2003) Occurrence and fate of carbamazepine, clofibric acid, diclofenac, ibuprofen, ketoprofen, and naproxen in surface waters. *Environ. Sci. Technol.* **37**(6), 1061–1068.

Turan, A. (1995) Excretion of natural and synthetic estrogens and their metabolites: Occurrence and behaviour in water. In Endocrinally *Active Chemicals in the Environment.* German Federal Environment Agency, Berlin, Germany, pp. 15–50.

Udert, K. M. (2002) The fate of nitrogen and phosphorus in source separated urine. Dissertation ETH, No. 14847. ETH-Zurich, CH.

Udert, K. M., Fux, C., Munster, M., Larsen, T. A., Siegrist, H. and Gujer, W. (2003) Nitrification and autotrophic denitrification of source separated urine. *Wat. Sci. Technol.* **48**(1), 119–130.

Urase, T. and Kikuta, T. (2005) Separate estimation of adsorption and degradation of pharmaceutical substances and estrogens in the activated sludge process. *Wat. Res.* **39**(7), 1289–1300.

Vader, J. S., van Ginkel, C. G., Sperling, F. M. G. M., de Jong, J., de Boer, W., de Graaf, J. S., van der Most, M. and Stokman, P. G. W. (2000) Degradation of ethinyl estradiol by nitrifying activated sludge. *Chemosphere* **41**(8), 1239–1243.

Vajda, A., Barber, L. B., Gray, J. L., Lopez, E. M., Woodling, J. D. and Norris, D. O. (2008) Reproductive disruption in fish downstream from an estrogenic wastewater effluent. *Environ. Sci. Technol.* **42**(9), 3407–3414

Vallini, G., Frassinetti, S., D'Andrea, F., Catelani, G. and Agnolucci, M. (2001) Biodegradation of 4-(1-nonyl)phenol by axenic cultures of the yeast Candida Aquaetextoris: Identification of microbial breakdown products and proposal of a possible metabolic pathway. *Int. Biodeterior. Biodegrad.* **47**(3), 133–140.

Vieno, N. M., Tuhkanen, T. and Kronberg, L. (2005) Seasonal variation in the occurrence of pharmaceuticals in effluents from a sewage treatment plant and in the recipient water. *Environ. Sci. Technol.* **39**(21), 8220–8226.

Vinken, R., Höllrigl-Rosta, A., Schmidt, B., Schaffer, A. and Corvini, P. F. X. (2004) Bioavailability of a nonylphenol isomer in dependence on the association to dissolved humic substances. *Wat. Sci. Technol.* **50**(5), 277–283.

Wallberg, P., Jonsson, P. R. and Andersson, A. (2001) Trophic transfer and passive uptake of a polychlorinated biphenyl in experimental marine microbial communities. *Environ. Toxicol. Chem.* **20**(10), 2158–2164.

Wang, S. (2009) *Microbial Impacts of Selected Pharmaceutically Active Compounds Found in Domestic Wastewater Treatment Plants.* Ph.D. thesis, Dept of Civil and Environmental Engineering, Duke Univ, Durham, NC, USA.

Wang, S. (2009) *Microbial Impacts of Selected Pharmaceutically Active Compounds Found in Domestic Wastewater Treatment Plants.* PhD thesis, Dept of Civil and Environmental Engineering, Duke Univ, Durham, NC, USA.

Watkinson, A. J., Murby, E. J. and Costanzo, S. D. (2007) Removal of antibiotics in conventional and advanced wastewater treatment: Implications for environmental discharge and wastewater recycling. *Wat. Res.* **41**(18), 4164–4176.

White, J. R., Belmont, M. A. and Metcalfe, C. D. (2006) Pharmaceutical compounds in wastewater: Wetland treatment as a potential solution. *The Scientific World J* **6**, 1731–1736.

WHO (2002) *International Programme on Chemical Safety – Global Assessment of the State-of-the-science of Endocrine Disruptors,* (eds. T. Damstra, S. Barlow, A. Bergman, R. Kavlock , G. Van Der Kraak). World Health Organization.

WHO (2006) *ATC classification index with DDDs.* Collaborating Centre for Drug Statistics Methodology, WHO, Oslo.

Wick, A., Fink, G., Joss, A., Hansruedi, S. and Ternes, T. A. (2009) Fate of beta blockers and psycho-active drugs in conventional wastewater treatment. *Wat Res.* **43**(4), 1060–1074.

Wilsenach, J. and van Loosdrecht, M. (2006) Integration of processes to treat wastewater and source-separated urine. *J. Environ. Eng.* **132**(3), 331–341.

Witters, H. E., Vangenechten, C. and Berckmans, P. (2001) Detection of estrogenic activity in Flemish surface waters using an in vitro recombinant assay with yeast cells. *Wat. Sci. Technol.* **43**(2), 117–123

Witzig, R., Manz, W., Rosenberger, S., Kruger, U., Kraume, M. and Szewzyk, U. (2002) Microbiological aspects of a bioreactor with submerged membranes for aerobic treatment of municipal wastewater. *Wat. Res.* **36**(2), 394–402.

Yamamoto, H., Liljestrand, H. M., Shimizu, Y. and Morita, M. (2003) Effects of physical-chemical characteristics on the sorption of selected endocrine disruptors by dissolved organic matter surrogates. *Environ. Sci. Technol.* **37**(12), 2646–2657.

Yang, L., Lan, C., Liu, H., Dong, J. and Luan, T. (2006) Full automation of solid-phase microextraction/on-fiber derivatization for simultaneous determination of endocrine-disrupting chemicals and steroid hormones by gas chromatography-mass spectrometry. *Anal. Bioanal.Chem.* **386**(2), 391–397

Yoon, Y., Westerhoff, P., Yoon, J. and Snyder, S. A. (2004) Removal of 17β-estradiol and fluoranthene by nanofiltration and ultrafiltration. *J. Environ. Eng.* **130**(12), 1460–1467.

Yoshimoto, T., Nagai, F., Fujimoto, F., Watanabe, K., Mizukoshi, H., Makino, T., Kimura, K., Saino, H., Sawada, H. and Omura, H. (2004) Degradation of estrogens by Rhodococcus zopfii and Rhodococcus equi isolates from activated sludge in wastewater treatment plants. *Appl. Environ. Microbiol.* **70**(9), 5283–5289.

Yu, Z. and Huang, W. (2005) Competitive sorption between 17alpha-ethinyl estradiol and naphthalene/phenanthrene by sediments. *Environ. Sci. Technol.* **39**(13), 4878–4885.

Yuan, S. Y., Yu, C. H. and Chang, B. V. (2004) Biodegradation of nonylphenol in river sediment. *Environ Pollut.* **127**(3), 425–430.

Zhang, Y., Geißen, S. U. and Gal, C. (2008) Carbamazepine and diclofenac: Removal in wastewater treatment. plants and occurrence in water bodies. *Chemosphere* **73**(8), 1151–1161

Zhou, P., Su C., Li, B. and Qian, Y. (2006) Treatment of high-strength pharmaceutical wastewater and removal of antibiotics in anaerobic and aerobic biological treatment processes. *J. Envir. Engrg.* **132**(1), 129–136.

Zuehlke, S., Duennbier, U. and Heberer, T. (2005) Determination of estrogenic steroids in surface water and wastewater by liquid chromatography-electrospray tandem mass spectrometry. *J. Sep. Sci.* **28**(1), 52–58.

第8章

Adams, D. C. and Kuzhikannil, J. J. (2000) Effects of UV/H_2O_2 preoxidation on the aerobic biodegradability of quaternary amine surfactants, *Wat. Res.* **34**, 668–672.

Alibegic, D, Tsuneda, S. and Hirata, A. (2001) Kinetics of tetrachloethyle (PCE) gas degradation and byproducts formation during UV/H_2O_2 treatment in UV-bubble column reactor, *Chem. Eng. Sci.* **56**, 6195–6203.

Andreozzi, R., Caprio, V., Marotta, R. and Vogna, D. (2003) Paracetamol oxidation from aqueous solutions by means of ozonation and H 2O2/UV system, *Water Res.* **37**, 993–1004.

AOT Handbook (1997) Chemiron Carbon Oxidation Technologies (Germany).

Baxendale, J. H. and Willson J. A. (1957) Photolysis of hydrogen peroxide at high light intensities. *Trans. Faraday Soc.* **53**, 344–356.

Belgiorno, V., Rizzo, L., Fatta, D., Della Rocca, C., Lofrano, G., Nikolaou, A., Naddeo, V. and Meric, S. (2007) Review on endocrine disrupting-emerging compounds in urban wastewater: occurrence and removal by photocatalysis and ultrasonic irradiation for wastewater reuse, *Desalination* **215**, 166–176

Beltran, F. J., Encinar., J. M. and Alonso, M. A. (1998) Nitroaromatic hydrocarbon ozonation in water. 2. Combinated ozonation with hydrogen peroxide or UV radiation. *Ind. Eng. Chem. Res.* **37**, 32–40

Beltran, F. J., Rivas. J., Alvarez, P. M. and Alonso, M. A. (1999) A kinetic model for advanced oxidation of artomic hydrocarbons in water: application to phenantrene and nitrobenzene. *Ind. Eng. Chem. Res.* **38**, 4189–4199.

Beltran-Heredia, J., Benitez, F. J., Beltran-Heredia, J., Acero, J. L. and Rubio, F. J. (2001) Oxidation of several chorophenolic derivatives by UV irradiation and hydroxyl. *Water Res.* **35**(4), 1077–85.

Buxton, G. V., Greenstock, C. L., Helman, W. P. and Ross, A. B. (1988) Critical review of data constants for reactions of hydrated electrons, hydrogen atoms and hydroxyl radicals (.OH/.O^-) in aqueous solutions. *J. Phys. Chem.* **17**, 513–886.

Canonica, S., Meunier, L. and von Gunten, U. (2008) Phototransformation of selected pharmaceuticals duringUV treatment of drinking water, *Wat. Res.* **42**, 121–128.

Calvert, J. G. and Pitts Jr., J. N. (1966) Photochemistry, John Wiley & Sons, Inc., New York, USA, 899 p.

Chen, P.-J., Rosenfeldt, E., Kullman, S., Hinton, D. and Linden, K. (2007) Biological assessments of a mixture of endocrine disruptorsat environmentally relevant concentrations inwater following UV/H_2O_2 oxidation, *Sci. Tot. Environ.* **376**, 18–26.

Chin, A. and Berube, P. R. (2005) Removal of disinfection by-product precursors with ozone-UV advanced oxidation process, *Water Res.* **10**, 2136–2144.

Chang, P. and Young, T. (2000) Kinetics of methyl-tert-butyl ether degradation and by-product formation during UV/hydrogen peroxide water treatment. *Water Res.* **34**(8), 2233–2244.

Christensen, H. S., Sehested, H. and Corfitzan, H. (1982) Reactions of hydroxyl radicals with hydrogen peroxide at ambient and elevated temperatures. *J. Phys. Chem.* **86**, 15–68.

Delfín Pazos, A., Pineda Arellano, C. A. and Silva Martínez, S. (2009). Degradación del ADTE y los complejos Cu(II)-AEDT y Cr(III)-AEDT mediante los procesos Fenton y foto-Fenton asistido por radiación solar en soluciones acuosas. *Rev. Int. Contam. Ambient.* **25**(4), 239–246.

Adams, C., Scanlan, P. and Secrist, N. (1994) Oxidation and Biodegradability Enhancement of 1,4-Dioxane Using Hydrogen Peroxide and Ozone *Environ. Sci. Technol.* **28**(11), 1812–1818.

EC, Directive of the European Parliament and of the Council 2000/60/EC establishing a framework for community action in the field of water policy, Official Journal, 2000, C513, 23/10/2000.

Eilbeck, W. J. and Mattock, G. (1988) Chemical Oxidation, in Chemical Processes in Waste Water Treatment, Ellis Horwood Limited, Chichester, UK, 331 p.

Elkanzi, E. M. and Kheng, C. B. H_2O_2/UV degradation kinetics of isoprene in aqueous solution, *J. Haz.Mater.* **73**(1), 55–62.

Esplugas, S., Gimenez, J., Contreras, S., Pascual, E. and Rodrigies, M. (2002) Comparison of different advanced oxidation processes for phenol degradation.*Water Res.* **36**, 1034–1024.

Fukui, S., Fucui, Ogawa, S., Motozuka, T. and Hanasaki, Y. (1991) Removal of 3-chloro-4-(dichloromethyl)-5-hydroxy-2(5)-furanone (MX) in water by oxidative, reductive, thermal and photochemical treatments. *Chemosphere* **23**, 761–775. http://www.frtr.gov/matrix2/section4/4-45.html

Ghaly, M. Y., Härtel, G., Mayer, R. and Haseneder, R. (2001) Photochemical oxidation of p-chlorophenol by UV/H_2O_2 and photo-Fenton processes. A comparative study. *Waste Managem.*, **21**, 41–47.

Ghaly, M. Y., Härdel, G., Mayer, R. and Haseneder, R. (2001) Aromatic compounds degradation in water by using ozone and AOPs. A comparative study. O-nitrotoluene as a model substrate. *Ozone. Sci. Eng.* **23**, 127–138.

Glaze, W. H., Kang, J. W. and Chapin, D. H. (1987) The chemistry of processes involving ozone, hydrogen peroxide and ultraviolet radiation. *Ozone Sci & Eng.* **9**, 335–342.

Glaze, W. H., Lay, Y. and Kang, J. W. (1995) Advanced oxidation processes . A kinetic model for the oxidation of 1,2-dibromo-3-chloropropane in water by combination of hydrogen peroxide and UV radiation. *Ind. Eng. Chem. Res.* **34**, 2314–2323.

Glaze, W. H. and Kang, J. W. (1989) Advanced oxidation process. Test of a kinetic model for the oxidation of organic compounds with ozone and hydrogen peroxide in a semi-batch reactor. *Ind. Eng. Chem.* Res **28**, 1580–1587.

Glaze, W. H. and Lay, Y. (1989c) Oxidation of 1,2-dibromo-3-chloropropane (DBCP) using advanced oxidation processes. In Ozone in Water Treatment. New York, USA, IOA, 688–708.

.Guittonneau, S. (1989 or 90) Contribution a l'Etude de la Photooxidation de Quelques Micropollutants Organochlores en Solution Aqueuse en Presence de Peroxide d'Hydrogen- Comparaison des Systemes Oxydants: H_2O_2/UV, O_3/UV et O_3/H_2O_2. These de Docteur. Universite de Poitiers, France.

Guittonneau, S., de Laat, J., Dore, M., Duguet, J. P. and Bonnel, C. (1988) Comparative study of the photodegradation of aromatic compounds in water by UV and H_2O_2/UV. *Environ. Technol. Lett.* **9**, 1115–1128.

Heberer, T. (2002) Tracking persistant pharmaceutical residues from municipal sewage to drinking water. *J.Hydrology*, **266**, 175–189.

Hirvonen, A., Tuhkanen, T., Ettala, M. and Kalliokoski, P. (1998) Evaluation of a field – scale UV/H_2O_2 –oxidation system foer purification of groundwater contaminated with PCE. *Environ. Technol.*, **19**, 821–828.

Ho, P. C. (1986) Photooxidation of 2,4-dinitrotoluene in aqueous solution in the presence of hydrogen peroxide. *Environ. Sci. Technol.* **20**, 260–267.

Hu, X., Deng, J., Zhang, J., Lunev, A., Bilenko, Y., Katona, T., Shur, M. Gaska, R., Shatalov, M. and Khan, A. (2006) Deep ultraviolet light-emitting diodes, *Phys. Stat. Sol.* **203**, 1815–1818.

Ince, N.H. (1999) "Chritical" effect of hydrogen peroxide in photochemical dye degradation. *Water Res.* **33**, 1080–1084.

Ishikawa, S., Uchimura, Y., Baba, K., Eguchi, Y. and Kido, K. (1992) Photochemical behavior of organic phosphate esters in aqueous solutions irradiated with a mercury lamp. *Bull. Environ. Contam. Toxicol.* **49**, 368–374.

Kawaguchi, H. (1992) Photooxidation of phenols in aqueous solution in the presence of hydrogen peroxide. *Chemosphere* **24**, 1707–1712.

Kim, I., Yamashita, N. and Tanaka, H. (2009) Performance of UV and UV/H_2O_2 processes for the removal of pharmaceuticals detected in secondary effluent of a sewagetreatment plant in Japan, *J. Hazard. Mater.* **166** ,1134–1140.

Klöpffer, W. (1992) Photochemical degradation of pesticides and other chemicals in the environment: A critical assessment of the state of the art. *Sci Total Environ.*, **123/124**, 145–159.

Lay, Y. S. (1989) Oxidation of 1,2-dibromo-3-chloropropane in ground water using advanced oxidation processes. Ph.D.Thesis. University of California at Los Angeles, USA.

Leifer, A. (1988) The kinetics of environmental photochemistry. Theory and practice. ACS Professional Reference Book, York, PA, 304 p.

Lewis, N., Tapudurti, K., Welshans, G. and Foster, R. (1990) A field demonstration of the UV/oxidation technology to treat ground water contaminated with VOCs. *J. Air Waste Manage. Assoc.* **40**, 540–547.

Lem, W. (2002) Combination of UV/oxidation with other treatment technologies for the remediation of contaminated waters, in the 8th International Conference on Advanced Oxidation Technologies for Air and Water Remediation, Nov. 17–21, 2002, Toronto, Canada.

Liao, C. H. and Gurol, M. D. (1995) Chemical oxidation by photolytic decomposion of hydrogen peroxide. *Environ. Sci. Technol.* **29**, 3007–3014.

Lopez, A., Bozzi, A., Mascolo, G. and Kiwi, J. (2003) Kinetic investigation on UV and UV/H_2O_2 degradations of pharmaceutical intermediates in aqueous solution,

J. Photochem. Photobiol A- Chem. **156**, 121–126.

Lucas, M. and Peres, J. 2007 Degradation of *Reactive Black 5* by Fenton/UV-C and ferrioxalate/H_2O_2/solar light processes. Dyes and Pigments **74**,622–629.

Milano, J. C., Yassin-Hussan, S. and Vernet, J. L. (1992) Photochemical degradation of 4-bromodiphenylether: Influence of hydrogen peroxide. *Chemosphere* **25**, 353–360.

Mill, T., Mabey, W. R., Lan, B. Y. and Baraze, A. (1981) Photolysis of polycyclic aromatic hydrocarbons in water. *Chemosphere* **10**, 1281–1290.

Miller, E. M., Singer, G. M., Rosen, J. D. and Bartha, R. (1988) Sequential degradation of chlorophenols by photolytic and microbial treatment. *Environ. Sci. Technol.* **22**, 1215–1219.

Moza, P. N., Fytianos, K., Samanidou, V. and Korte, F. (1988) Photodecomposition of chlorophenols in aqueous medium in presence of hydrogen peroxide. *Bull. Environ. Contam. Toxicol.* **41**, 678–682.

Peterson, D., Watson, D. and Winterlin, W. (1990) Destruction of pesticides and their formulations in water using short wavelength UV light. *Bull. Environ. Contam. Toxicol.* **44**, 744–750.

Peterson, D., Watson, D. and Winterlin, W. (1988) The destruction ground water threatening pesticides using high intensity UV light. *Environ. Sci. Health* **B23**(6), 587–603.

Pinto, D. and Rickabauhg, J. Photocatalytic degradation of chlorinated hydrocarbons. *Hazard Ind Wastes* **23**, 368–373.

Rosario-Ortiz, F. L., Wert, E. C. and Snyder, S. A. (2010) Evaluation of UV/H_2O_2 treatment for the oxidationof pharmaceuticals in wastewater doi:10.1016/ j.watres.2009.10.031.

Rosenfeldt, E. Chen, P.-J., Kullman, S. and Linden, K. (2007) Destruction of estrogenic activity in water using UV advanced oxidation, *Sci. Tot. Environ.* **377**,105–113.

Sanlaville, Y., Guittonneau, S., Mansour, M., Feicht, E. A. and Meallier, P. Kettrup (1996) *Chemosphere*, **33**(2), 353–362.

Shulte, P., Volkmer, M. and Kuhn, F. (1991) Aktiviertes Wasserstoffperoxid zur Beseitigung von Schadstoffen im Wasser (H_2O_2/UV). *Wasser, Luft und Boden* **35**, 55–58.

Sichel, C. Fernandez-Ibañez, P, de Cara, M. and Tello, J. (2009) Lethal synergy of solar UV-radiation and H_2O_2 on wild *fusarium solani* spores in distilled and natural well water. *Water Res.* **43**, 1841–1850.

Stumm, W. and Morgan, J. J. (1981) Aquatic Chemistry, 2nd ed. John Wiley & Sons, New York, USA, 780 p.

Sundstrom, D. W., Weir, B. A. and Klei, H. E. (1986) Destruction of aromatic pollutants by UV light catalyzed oxidation with hydrogen peroxide. *Environ. Progress* **8**, 6–11.

Ternes, T., Joss, A. and Sigrist, H. (2003) Scrutinizing Pharmaceuticals and personal care Products in wastewater treatment. *Environ. Sci. Technol.* **38**(20), 392A-399A.

Trapido, M. Veressina, Y. and Kallas, J. (2001) Degradation of aqueous nitrophenols by ozone combined with UV-radiation and hydrogen peroxide. *Ozone Sc.Eng.* **23**, 333–342.

Tuhkanen, T. A., doctoral thesis.

Tuhkanen, T. A. and Beltran, F. J. (1995) Intermediates of the oxidation of naphthalene in water with the combination of hydrogen peroxide and UV radiation. *Chemosphere* **30**, 1463–1475.

USEPA (1998) *Handbook on Advanced Photochemical Oxidation Processes.* EPA/625/R-98/004, USEPA, December 1998.

Vilhunen, S. and Sillanpää, M. (2009) Ultraviolet light emiting diodes and hydrogen peroxide in the degradation of aquesous phenol. *J. Hazard. Mater.* **161** 1530–1534.

Vilhunen, S., Rokhina, E., Virkutyte, J. Evaluation of UV LED perforamance in photochemical oxidation of phenol in presence of H_2O_2. *J. Environ. Eng.* DOI: 10:1061/ASCE)EE-1943-7870.0000152

Wanga, G.-S., Chena, H.-W., Kangb, F.-S. and Catalyzed (1990) UV oxidation of organic

pollutants in biologically treated wastewater effluents. *Sci. Tot. Environ.* **277**, 87–94.
Watts, R. J., Udell, M. D. and Leung, S. W. (1991) Treatment of contaminated soils using catalyzed hydrogen peroxide. In proceedings of the First International Symposium Chemical Oxidation Technologies for the Nineties. 37–50. Eds: Eckenfelder, W. W., Bowers, A. R. and Roth, J. A., Vanderbilt University, Nashville, Tennessee, USA.
Watts, R. J., Udell, M. D. and Laung, S. W. (1990) Treatment of pentachloro-contaminated soil using Fenton's reagent. *Hazardous Waste & Hazardous Material*, **7**, 335–345.
Wert, E. C., Rosario-Ortiz, F. L. and Snyder, S. A. (2009b) Using ultraviolet absorbance and color to assess pharmaceutical oxidation during ozonation of wastewater. *Environ. Sci. Technol.* **43**, 4858–4863.
Weir, B. A., Sundstrom, D. W. and Klie, H. E. (1987) Destruction of benzene by ultraviolet light-catalyzed oxidation with hydrogen peroxide. *Hazardous Waste & Hazardous Materials* **4**, 167–176.
Weir, B. A and Sunstrom, D. W. (1993) Destruction of trichloroethylene by UV light-catalyzed oxidation with hydrogen peroxide. *Chemosphere* **27**, 1279–1291.
Wong, A. S. and Crosby, D. G. (1981) Photodecomposition of pentachlorophenol in water. *J. Agric. Food Chem.* **29**, 125–130.
Yasuhara, A., Otsuki, A. and Fuwa, K. (1977) Photodecomposion of odorous phenols in water. *Chemosphere*, 659–664.

第9章

Abdullah, A. Z. and Ling, P. Y. (2009) Heat treatment effects on the characteristics and sonocatalytic performance of TiO2 in the degradation of organic dyes in aqueous solution. *J. Hazard. Mater.* **173**, 159–167.
Adewuyi, Y. G. (2001) Sonochemistry: Environmental science and engineering Applications. *Ind. Eng. Chem. Res.* **40**, 4681–4715.
Adewuyi, Y. G. (2005a) Sonochemistry in environmental remediation. 1. Combinative and hybrid sonophotochemical oxidation processes for the treatment of pollutants in Water. *Environ. Sci. Technol.* **39**, 3409–3420.
Adewuyi, Y. G. (2005b) Sonochemistry in environmental remediation. 2. Heterogeneous Sonophotocatalytic oxidation processes for the treatment of pollutants in water. *Environ. Sci. Technol.* **39**, 8557–8570.
Ai, Z., Li, J., Zhang, L. and Lee, S. (2010) Rapid decolorization of azo dyes in aqueous solution by an ultrasound-assisted electrocatalytic oxidation process. *Ultrason. Sonochem.* **17**, 370–375.
Amin, L. P., Gogate, P. R., Burgess, A. E. and Bremner, D. H. (2010) Optimization of a hydrodynamic cavitation reactor using salicylic acid dosimetry. *Chem. Eng. J.* **156**, 165–169.
Behnajady, M. A., Vahid, B., Modirshahla, N. and Shokri, M. (2009) Evaluation of electrical energy per order (EEO) with kinetic modeling on the removal of Malachite Green by US/UV/H2O2 process. *Desalination* **249**.
Bolton, J. R., Bircher, K. G., Tumas, W. and Tolman, C. A. (2001) Figures-of-merit for the technical development and application of advanced oxidation technologies for both electric- and solar-driven systems (IUPAC Technical Report). *Pure Appl. Chem.* **73**, 627–637.
Breitbach, M. and Bathen, D. (2001) Influence of ultrasound on adsorption processes. *Ultrason. Sonochem.* **8**, 277–283.
Chand, R., Ince, N. H., Gogate, P. R. and Bremner, D. H. (2009) Phenol degradation using 20, 300 and 520 kHz ultrasonic reactors with hydrogen peroxide, ozone and zero valent metals. *Sep. Purif. Technol.* **67**, 103–109.
Chevre, N., Maillard, E., Loepfe, C. and Slooten, K. B.-V. (2008) Determination of water quality standards for chemical mixtures: Extension of a methodology developed for herbicides to a group of insecticides and a group of pharmaceuticals. *Ecotoxicology*

and Environmental Safety **71**, 740–748.

Chiron, S., Fernandez-Alba, A., Rodriguez, A. and Garcia-Calvo, E. (2000) Pesticide chemical oxidation: State-of-the-art. *Water Res.* **34**, 366–377.

Chowdhury, P. and Viraraghavan, T. (2009) Sonochemical degradation of chlorinated organic compounds, phenolic compounds and organic dyes – a review. *Sci. Total Environ.* **407**, 2474–2492.

Collings, A. F. and Gwan, P. B. (2010) Ultrasonic destruction of pesticide contaminants in slurries. *Ultrason. Sonochem.* **17**, 1–3.

Cravotto, G., Omiccioli, G. and Stevanato, L. (2005) An improved sonochemical reactor. *Ultrason. Sonochem.* **12**, 213–217.

De Bel, E., Dewulf, J., Witte, B. D., Van Langenhove, H. and Janssen, C. (2009) Influence of pH on the sonolysis of ciprofloxacin: Biodegradability, ecotoxicity and antibiotic activity of its degradation products. *Chemosphere* **77**, 291–295.

Destaillats, H., Lesko, T. M., Knowlton, M., Wallace, H. and Hoffmann, M. R. (2001) Scale-up of sonochemical reactors for water treatment. *Ind. Eng. Chem. Res.* **40**, 3855–3860.

Drijvers, D., De Baets, R., De Visscher, A. and Van Langenhove, H. (1996) Sonolysis of trichloroethylene in aqueous solution: volatile organic intermediates. *Ultrason. Sonochem.* **3**, S83–S90.

Entezari, M. H. and Sharif Al-Hoseini, Z. (2007) Sono-sorption as a new method for the removal of methylene blue from aqueous solution. *Ultrason. Sonochem.* **14**, 599–604.

Environmental Protection Agency, U. S. (2001). Preliminary Cumulative Hazard and Dose Response Assessment for Organophosphorus Pesticides: Determination of Relative Potency and Points of Departure for Cholinesterase Inhibition. U. S. E. P. A. Office of Pesticide Programs. Washington, DC.

Fu, H., Suri, R. P. S., Chimchirian, R. F., Helmig, E. and Constable, R. (2007) Ultrasound-induced destruction of low levels of estrogen hormones in aqueous solutions. *Environ. Sci. Technol.* **41**, 5869–5874.

Ghodbane, H. and Hamdaoui, O. (2009a) Degradation of Acid Blue 25 in aqueous media using 1700 kHz ultrasonic irradiation: ultrasound/Fe(II) and ultrasound/H2O2 combinations. *Ultrason. Sonochem.* **16**, 593–598.

Ghodbane, H. and Hamdaoui, O. (2009b) Intensification of sonochemical decolorization of anthraquinonic dye Acid Blue 25 using carbon tetrachloride. *Ultrason. Sonochem.* **16**, 455–461.

Gogate, P. R. (2008a) Cavitational reactors for process intensification of chemical processing applications: A critical review. *Chemical Engineering and Processing: Process Intensification* **47**, 515–527.

Gogate, P. R. (2008b) Treatment of wastewater streams containing phenolic compounds using hybrid techniques based on cavitation: A review of the current status and the way forward. *Ultrason. Sonochem.* **15**, 1–15.

Gogate, P. R., Mujumdar, S. and Pandit, A. B. (2002) A sonophotochemical reactor for the removal of Formic acid from wastewater. *Ind. Eng. Chem. Res.* **41**, 3370–3378.

Gogate, P. R., Mujumdar, S. and Pandit, A. B. (2003) Sonochemical reactors for waste water treatment: Comparison using formic acid degradation as a model reaction. *Adv. Environ. Res.* **7**, 283–299.

Gogate, P. R., Mujumdar, S., Thampi, J., Wilhelm, A. M. and Pandit, A. B. (2004) Destruction of phenol using sonochemical reactors: Scale up aspects and comparison of novel configuration with conventional reactors. *Sep. Purif. Technol.* **34**, 25–34.

Gogate, P. R. and Pandit, A. B. (2004a) A review of imperative technologies for wastewater treatment I: Oxidation technologies at ambient conditions. *Adv. Environ. Res.* **8**, 501–551.

Gogate, P. R. and Pandit, A. B. (2004b) A review of imperative technologies for wastewater treatment II: Hybrid methods. *Adv. Environ. Res.* **8**, 553–597.

Gogate, P. R. and Pandit, A. B. (2005) A review and assessment of hydrodynamic cavitation as a technology for the future. *Ultrason. Sonochem.* **12**, 21–27.

Gondrexon, N., Renaudin, V., Petrier, C., Clement, M., Boldo, P., Gonthier, Y. and Bernis, A. (1998) Experimental study of the hydrodynamic behaviour of a high frequency ultrasonic reactor. *Ultrason. Sonochem.* **5**, 1–6.

Gultekin, I. and Ince, N. H. (2008) Ultrasonic destruction of bisphenol-A: The operating parameters. *Ultrason. Sonochem.* **15**, 524–529.

Gultekin, I., Tezcanli-Guyer, G. and Ince, N. H. (2009) Sonochemical decay of C.I. Acid Orange 8: Effects of CCl4 and t-butyl alcohol. *Ultrason. Sonochem.* **16**, 577–581.

Gupta, V. K. and Suhas (2009) Application of low-cost adsorbents for dye removal – A review. *J. Environ. Manage.* **90**, 2313–2342.

Hamdaoui, O., Chiha, M. and Naffrechoux, E. (2008) Ultrasound-assisted removal of malachite green from aqueous solution by dead pine needles. *Ultrason. Sonochem.* **15**, 799–807.

Hamdaoui, O. and Naffrechoux, E. (2009) Adsorption kinetics of 4-chlorophenol onto granular activated carbon in the presence of high frequency ultrasound. *Ultrason. Sonochem.* **16**, 15–22.

Han, D. H., Cha, S. Y. and Yang, H. Y. (2004) Improvement of oxidative decomposition of aqueous phenol by microwave irradiation in UV/H2O2 process and kinetic study. *Water Res.* **38**, 2782–2790.

Hoffmann, M. R., Hua, I. and Hochemer, R. (1996) Application of ultrasonic irradiation for the degradation of chemical contaminants in water. *Ultrason. Sonochem.* **3**, S163–S172.

Hua, I., Hochemer, R. H. and Hoffmann, M. R. (2002) Sonochemical degradation of p-nitrophenol in a parallel-plate near-field acoustical processor. *Environ. Sci. Technol.* **29**, 2790–2796.

Hua, I. and Hoffmann, M. R. (1997) Optimization of ultrasonic irradiation as an advanced oxidation technology. *Environ. Sci. Technol.* **31**, 2237–2243.

Hua, I. and Pfalzer-Thompson, U. (2001) Ultrasonic irradiation of carbofuran: decomposition kinetics and reactor characterization. *Water Res.* **35**, 1445–1452.

Iida, Y., Kozuka, T., Tuziuti, T. and Yasui, K. (2004) Sonochemically enhanced adsorption and degradation of methyl orange with activated aluminas. *Ultrasonics* **42**, 635–639.

Ince, N. H. and Tezcanli-Guyer, G. (2004) Impacts of pH and molecular structure on ultrasonic degradation of azo dyes. *Ultrasonics* **42**, 591–596.

Inoue, M., Okada, F., Sakurai, A. and Sakakibara, M. (2006) A new development of dyestuffs degradation system using ultrasound. *Ultrason. Sonochem.* **13**, 313–320.

Jiang, Y., Petrier, C. and Waite, T. D. (2006) Sonolysis of 4-chlorophenol in aqueous solution: Effects of substrate concentration, aqueous temperature and ultrasonic frequency. *Ultrason. Sonochem.* **13**, 415–422.

Jones, C. W. (1999) *Applications of Hydrogen Peroxide and Derivatives*. Science Park, Milton Road, The Royal Society of Chemistry: Thomas Graham House.

Katsumata, H., Okada, T., Kaneco, S., Suzuki, T. and Ohta, K. (2010) Degradation of fenitrothion by ultrasound/ferrioxalate/UV system. *Ultrason. Sonochem.* **17**, 200–206.

Khetan, S. K. and Collins, T. J. (2007) Human pharmaceuticals in the aquatic environment: A challenge to green chemistry. *Chem. Rev.* **107**, 2319–2364.

Kidak, R. and Ince, N. H. (2007) Catalysis of advanced oxidation reactions by ultrasound: A case study with phenol. *J. Hazard. Mater.* **146**, 630–635.

Kirpalani, D. M. and McQuinn, K. J. (2006) Experimental quantification of cavitation yield revisited: Focus on high frequency ultrasound reactors,. *Ultrason. Sonochem.* **13**, 1–5.

Klavarioti, M., Mantzavinos, D. and Kassinos, D. (2009) Removal of residual pharmaceuticals from aqueous systems by advanced oxidation processes. *Environ.*

Int. **35**, 402–417.

Kojima, Y., Fujita, T., Ona, E. P., Matsuda, H., Koda, S., Tanahashi, N. and Asakura, Y. (2005) Effects of dissolved gas species on ultrasonic degradation of (4-chloro-2-methylphenoxy) acetic acid (MCPA) in aqueous solution. *Ultrason. Sonochem.* **12**, 359–365.

Kritikos, D. E., Xekoukoulotakis, N. P., Psillakis, E. and Mantzavinos, D. (2007) Photocatalytic degradation of reactive black 5 in aqueous solutions: Effect of operating conditions and coupling with ultrasound irradiation. *Water Res.* **41**, 2236–2246.

Kuncek, I. and Sener, S. (2010) Adsorption of methylene blue onto sonicated sepiolite from aqueous solutions. *Ultrason. Sonochem.* **17**, 250–257.

Lepoint, T. and Mullie, F. (1994) What exactly is cavitation chemistry? *Ultrason. Sonochem.* **1**, S13–S22.

Li, M., Li, J.-T. and Sun, H.-W. (2008) Sonochemical decolorization of acid black 210 in the presence of exfoliated graphite. *Ultrason. Sonochem.* **15**, 37–42.

Lindermeir, A., Horst, C. and Hoffmann, U. (2003) Ultrasound assisted electrochemical oxidation of substituted toluenes. *Ultrason. Sonochem.* **10**, 223–229.

Liu, Y. and Sun, D. (2007) Development of Fe2O3-CeO2-TiO2/[gamma]-Al2O3 as catalyst for catalytic wet air oxidation of methyl orange azo dye under room condition. *Appl. Catal. B-Environ.* **72**, 205–211.

Lorimer, J. P. and Mason, T. J. (1987) Sonochemistry part 1 – the physical aspects. *Chem. Soc. Rev.* **16**, 239.

Madhavan, J., Grieser, F. and Ashokkumar, M. (2010) Degradation of orange-G by advanced oxidation processes. *Ultrason. Sonochem.* **17**, 338–343.

Mahamuni, N. N. and Adewuyi, Y. G. (2009) Advanced oxidation processes (AOPs) involving ultrasound for waste water treatment: A review with emphasis on cost estimation. *Ultrason. Sonochem.* In Press, Corrected Proof.

Margulis, M. A. (1992) Fundamental aspects of sonochemistry. *Ultrasonics* **30**, 152–155.

Mason, T. J. (2007) Sonochemistry and the environment – Providing a "green" link between chemistry, physics and engineering. *Ultrason. Sonochem.* **14**, 476–483.

Mason, T. J., Collings, A. and Sumel, A. (2004) Sonic and ultrasonic removal of chemical contaminants from soil in the laboratory and on a large scale. *Ultrason. Sonochem.* **11**, 205–210.

Matouq, M. A., Al-Anber, Z. A., Tagawa, T., Aljbour, S. and Al-Shannag, M. (2008) Degradation of dissolved diazinon pesticide in water using the high frequency of ultrasound wave. *Ultrason. Sonochem.* **15**, 869–874.

Mendez-Arriaga, F., Torres-Palma, R. A., Petrier, C., Esplugas, S., Gimenez, J. and Pulgarin, C. (2008) Ultrasonic treatment of water contaminated with ibuprofen. *Water Res.* **42**, 4243–4248.

Merouani, S., Hamdaoui, O., Saoudi, F., Chiha, M. and Petrier, C. (2010) Influence of bicarbonate and carbonate ions on sonochemical degradation of Rhodamine B in aqueous phase. *J. Hazard. Mater.* **175**, 593–599

Naddeo, V., Belgiorno, V., Kassinos, D., Mantzavinos, D. and Meric, S. (2010) Ultrasonic degradation, mineralization and detoxification of diclofenac in water: Optimization of operating parameters. *Ultrason. Sonochem.* **17**, 179–185.

Naddeo, V., Belgiorno, V., Ricco, D. and Kassinos, D. (2009) Degradation of diclofenac during sonolysis, ozonation and their simultaneous application. *Ultrason. Sonochem.* **16**, 790–794.

Okitsu, K., Iwasaki, K., Yobiko, Y., Bandow, H., Nishimura, R. and Maeda, Y. (2005) Sonochemical degradation of azo dyes in aqueous solution: A new heterogeneous kinetics model taking into account the local concentration of OH radicals and azo dyes. *Ultrason. Sonochem.* **12**, 255–262.

Petrier, C., David, B. and Laguian, S. (1996) Ultrasonic degradation at 20 kHz and 500 kHz of atrazine and pentachlorophenol in aqueous solution: Preliminary results. *Chemosphere* **32**, 1709–1718.

Petrier, C., Torres-Palma, R., Combet, E., Sarantakos, G., Baup, S. and Pulgarin, C. (2010) Enhanced sonochemical degradation of bisphenol-A by bicarbonate ions. *Ultrason. Sonochem.* **17**, 111–115.

Prabhu, A. V., Gogate, P. R. and Pandit, A. B. (2004) Optimization of multiple-frequency sonochemical reactors. *Chem. Eng. Sci.* **59**, 4991–4998.

Pradhan, A. A. and Gogate, P. R. (2010) Removal of p-nitrophenol using hydrodynamic cavitation and Fenton chemistry at pilot scale operation. *Chem. Eng. J.* **156**, 77–82.

Rokhina, E. V., Lahtinen, M., Nolte, M. C. M. and Virkutyte, J. (2009) The influence of ultrasound on the RuI3-catalyzed oxidation of phenol: Catalyst study and experimental design. *Appl. Catal. B-Environ.* **87**, 162–170.

Rokhina, E. V., Repo, E. and Virkutyte, J. (2010) Comparative kinetic analysis of silent and ultrasound-assisted catalytic wet peroxide oxidation of phenol. *Ultrason. Sonochem.* **17**, 541–546.

Sayan, E. (2006) Optimization and modeling of decolorization and COD reduction of reactive dye solutions by ultrasound-assisted adsorption. *Chem. Eng. J.* **119**, 175–181.

Sayan, E. and Esra Edecan, M. (2008) An optimization study using response surface methods on the decolorization of Reactive Blue 19 from aqueous solution by ultrasound. *Ultrason. Sonochem.* **15**, 530–538.

Schramm, J. D. and Hua, I. (2001) Ultrasonic irradiation of dichlorvos: Decomposition mechanism. *Water Res.* **35**, 665–674.

Song, Y.-L. and Li, J.-T. (2009) Degradation of C.I. Direct Black 168 from aqueous solution by fly ash/H2O2 combining ultrasound. *Ultrason. Sonochem.* **16**, 440–444.

Suri, R. P. S., Nayak, M., Devaiah, U. and Helmig, E. (2007) Ultrasound assisted destruction of estrogen hormones in aqueous solution: Effect of power density, power intensity and reactor configuration. *J. Hazard. Mater.* **146**, 472–478.

Suslick, K. S. (1990) Sonochemistry. *Science* **247**, 1439–1445.

Tezcanli-Guyer, G. and Ince, N. H. (2003) Degradation and toxicity reduction of textile dyestuff by ultrasound. *Ultrason. Sonochem.* **10**, 235–240.

Tezcanli-Guyer, G. and Ince, N. H. (2004) Individual and combined effects of ultrasound, ozone and UV irradiation: A case study with textile dyes. *Ultrasonics* **42**, 603–609.

Thangavadivel, K., Megharaj, M., Smart, R. S. C., Lesniewski, P. J. and Naidu, R. (2009) Application of high frequency ultrasound in the destruction of DDT in contaminated sand and water. *J. Hazard. Mater.* **168**, 1380–1386.

Thompson, L. H. and Doraiswamy, L. K. (1999) Sonochemistry: Science and Engineering. *Ind. Eng. Chem. Res.* **38**, 1215–1249.

Toma, S., Gaplovsky, A. and Luche, J.-L. (2001) The effect of ultrasound on photochemical reactions. *Ultrason. Sonochem.* **8**, 201–207.

Torres, R. A., Mosteo, R., Pétrier, C. and Pulgarin, C. (2009) Experimental design approach to the optimization of ultrasonic degradation of alachlor and enhancement of treated water biodegradability. *Ultrason. Sonochem.* **16**, 425–430.

Torres, R. A., Sarantakos, G., Combet, E., Ptrier, C. and Pulgarin, C. (2008) Sequential helio-photo-Fenton and sonication processes for the treatment of bisphenol A. *J. Photochem. Photobiol. A-Chem.* **199**, 197–203.

Trabelsi, F., At-Lyazidi, H., Ratsimba, B., Wilhelm, A. M., Delmas, H., Fabre, P. L. and Berlan, J. (1996) Oxidation of phenol in wastewater by sonoelectrochemistry. *Chem. Eng. Sci.* **51**, 1857–1865.

Valcarel, J. I., Walton, D. J., Fujii, H., Thiemann, T., Tanaka, Y., Mataka, S., Mason, T. J. and Lorimer, J. P. (2004) The sonoelectrooxidation of thiophene S-oxides. *Ultrason. Sonochem.* **11**, 227–232.

Velegraki, T., Poulios, I., Charalabaki, M., Kalogerakis, N., Samaras, P. and Mantzavinos, D. (2006) Photocatalytic and sonolytic oxidation of acid orange 7 in aqueous solution. *Appl. Catal. B-Environ.* **62**, 159–168.

Vinodgopal, K., Peller, J., Makogon, O. and Kamat, P. V. (1998) Ultrasonic mineralization of a reactive textile azo dye, remazol black B. *Water Res.* **32**, 3646–3650.

Wang, X., Wang, J., Guo, P., Guo, W. and Wang, C. (2009) Degradation of rhodamine B in aqueous solution by using swirling jet-induced cavitation combined with H2O2. *J. Hazard. Mater.* **169**, 486–491.

Wang, X., Yao, Z., Wang, J., Guo, W. and Li, G. (2008) Degradation of reactive brilliant red in aqueous solution by ultrasonic cavitation. *Ultrason. Sonochem.* **15**, 43–48.

Wang, X. and Zhang, Y. (2009) Degradation of alachlor in aqueous solution by using hydrodynamic cavitation. *J. Hazard. Mater.* **161**, 202–207.

Weavers, L. K. and Hoffmann, M. R. (1998) Sonolytic decomposition of ozone in aqueous solution: Mass transfer effects. *Environ. Sci. Technol.* **32**, 3941–3947.

Weavers, L. K., Ling, F. H. and Hoffmann, M. R. (1998) Aromatic compound degradation in water using a combination of sonolysis and ozonolysis. *Environ. Sci. Technol.* **32**, 2727–2733.

Weavers, L. K., Malmstadt, N. and Hoffmann, M. R. (2000) Kinetics and mechanism of pentachlorophenol degradation by sonication, ozonation, and sonolytic ozonation. *Environ. Sci. Technol.* **34**, 1280–1285.

Wu, C., Wei, D., Fan, J. and Wang, L. (2001) Photosonochemical degradation of trichloroacetic acid in aqueous solution. *Chemosphere* **44**, 1293–1297.

Wu, Z.-L., Ondruschka, B. and Cravotto, G. (2008) Degradation of phenol under combined Irradiation of microwaves and ultrasound. *Environ. Sci. Technol.* **42**, 8083–8087.

Yasman, Y., Bulatov, V., Gridin, V. V., Agur, S., Galil, N., Armon, R. and Schechter, I. (2004) A new sono-electrochemical method for enhanced detoxification of hydrophilic chloroorganic pollutants in water. *Ultrason. Sonochem.* **11**, 365–372.

Zhang, G. and Hua, I. (2000) Cavitation chemistry of polychlorinated biphenyls: Decomposition mechanisms and rates. *Environ. Sci. Technol.* **34**, 1529–1534.

Zhang, Y., Xiao, Z., Chen, F., Ge, Y., Wu, J. and Hu, X. (2010) Degradation behavior and products of malathion and chlorpyrifos spiked in apple juice by ultrasonic treatment. *Ultrason. Sonochem.* **17**, 72–77.

Zhao, G., Gao, J., Shen, S., Liu, M., Li, D., Wu, M. and Lei, Y. (2009) Ultrasound enhanced electrochemical oxidation of phenol and phthalic acid on boron-doped diamond electrode. *J. Hazard. Mater.* **172**, 1076–1081.

第10章

Aarthi, T., Narahari, P. and Madras, G. (2007) Photocatalytic degradation of Azure and Sudan dyes using nano TiO2. *J. Hazard. Mater.* **149**, 725–734.

Abbasi, M. and Asl, N. R. (2008) Sonochemical degradation of Basic Blue 41 dye assisted by nanoTiO2 and H2O2. *J. Hazard. Mater.* **153**, 942–947.

Abdullah, A. Z. and Ling, P. Y. (2009) Heat treatment effects on the characteristics and sonocatalytic performance of TiO2 in the degradation of organic dyes in aqueous solution. *J. Hazard. Mater.* **173**, 159–167.

Ai, Z., Li, J., Zhang, L. and Lee, S. (2010) Rapid decolorization of azo dyes in aqueous solution by an ultrasound-assisted electrocatalytic oxidation process. *Ultrason. Sonochem.* **17**, 370–375.

Akpan, U. G. and Hameed, B. H. (2009) Parameters affecting the photocatalytic degradation of dyes using TiO2-based photocatalysts: A review. *J. Hazard. Mater.* **170**, 520–529.

Anandan, S. and Ashokkumar, M. (2009) Sonochemical synthesis of Au-TiO2 nanoparticles for the sonophotocatalytic degradation of organic pollutants in aqueous environment. *Ultrason. Sonochem.* **16**, 316–320.

参考文献

Arabatzis, I. M., Stergiopoulos, T., Andreeva, D., Kitova, S., Neophytides, S. G. and Falaras, P. (2003) Characterization and photocatalytic activity of Au/TiO2 thin films for azo-dye degradation. *J. Catal.* **220**, 127–135.

Aravindhan, R., Fathima, N. N., Rao, J. R. and Nair, B. U. (2006) Wet oxidation of acid brown dye by hydrogen peroxide using heterogeneous catalyst Mn-salen-Y zeolite: A potential catalyst. *J. Hazard. Mater.* **138**, 152–159.

Arslan-Alaton, I. and Ferry, J. L. (2002) Application of polyoxotungstates as environmental catalysts: wet air oxidation of acid dye Orange II. *Dyes Pigment.* **54**, 25–36.

Arslan, I., Balcioglu, I. A. and Bahnemann, D. W. (2000) Advanced chemical oxidation of reactive dyes in simulated dyehouse effluents by ferrioxalate-Fenton/UV-A and TiO2/UV-A processes. *Dyes Pigment.* **47**, 207–218.

Auriol, M., Filali-Meknassi, Y., Adams, C. D., Tyagi, R. D., Noguerol, T.-N. and Pica, B. (2008) Removal of estrogenic activity of natural and synthetic hormones from a municipal wastewater: Efficiency of horseradish peroxidase and laccase from Trametes versicolor. *Chemosphere* **70**, 445–452.

Bahena, C. L., Martinez, S. S., Guzman, D. M. and del Refugio Trejo Hernandez, M. (2008) Sonophotocatalytic degradation of alazine and gesaprim commercial herbicides in TiO2 slurry. *Chemosphere* **71**, 982–989.

Bandara, J., Tennakone, K. and Jayatilaka, P. P. B. (2002) Composite Tin and Zinc oxide nanocrystalline particles for enhanced charge separation in sensitized degradation of dyes. *Chemosphere* **49**, 439–445.

Banik, S., Bandyopadhyay, S. and Ganguly, S. (2003) Bioeffects of microwave—a brief review. *Bioresource Technol.* **87**, 155–159.

Barreiro, J. C., Capelato, M. D., Martin-Neto, L. and Bruun Hansen, H. C. (2007) Oxidative decomposition of atrazine by a Fenton-like reaction in a H2O2/ferrihydrite system. *Water. Res.* **41**, 55–62.

Basto, C., Tzanov, T. and Cavaco-Paulo, A. (2007) Combined ultrasound-laccase assisted bleaching of cotton. *Ultrason. Sonochem.* **14**, 350–354.

Beckett, M. A. and Hua, I. (2003) Enhanced sonochemical decomposition of 1,4-dioxane by ferrous iron. *Water. Res.* **37**, 2372–2376.

Bejarano-Perez, N. J. and Suarez-Herrera, M. F. (2007) Sonophotocatalytic degradation of congo red and methyl orange in the presence of TiO2 as a catalyst. *Ultrason. Sonochem.* **14**, 589–595.

Bergendahl, J. A. and Thies, T. P. (2004) Fenton's oxidation of MTBE with zero-valent iron. *Water. Res.* **38**, 327–334.

Bertelli, M. and Selli, E. (2004) Kinetic analysis on the combined use of photocatalysis, H2O2 photolysis, and sonolysis in the degradation of methyl tert-butyl ether. *Appl. Catal. B-Environ.* **52**, 205–212.

Bi, X., Wang, P., Jiao, C. and Cao, H. (2009) Degradation of remazol golden yellow dye wastewater in microwave enhanced ClO2 catalytic oxidation process. *J. Hazard. Mater.* **168**, 895–900.

Bianchi, C. L., Pirola, C., Ragaini, V. and Selli, E. (2006) Mechanism and efficiency of atrazine degradation under combined oxidation processes. *Appl. Catal. B-Environ.* **64**, 131–138.

Bozic, M. and Kokol, V. (2008) Ecological alternatives to the reduction and oxidation processes in dyeing with vat and sulphur dyes. *Dyes Pigment.* **76**, 299–309.

Bray, W. C. and Gorin, M. H. (1932) Ferryl ion, a compound of tetravalent iron. *J. Am. Chem. Soc.* **54**, 2124–2125.

Bremner, D. H., Carlo, S. D., Chakinala, A. G. and Cravotto, G. (2008) Mineralisation of 2,4-dichlorophenoxyacetic acid by acoustic or hydrodynamic cavitation in conjunction with the advanced Fenton process. *Ultrason. Sonochem.* **15**, 416–419.

Brillas, E., Sires, I., Arias, C., Cabot, P. L., Centellas, F., Rodriguez, R. M. and Garrido, J. A. (2005) Mineralization of paracetamol in aqueous medium by anodic oxidation with a boron-doped diamond electrode. *Chemosphere* **58**, 399–406.

Brillas, E., Sires, I. and Oturan, M. A. (2009) Electro-Fenton Process and Related Electrochemical Technologies Based on Fenton's Reaction Chemistry. *Chem. Rev.* **109**, 6570–6631.

Burbano, A. A., Dionysiou, D. D. and Suidan, M. T. (2008) Effect of oxidant-to-substrate ratios on the degradation of MTBE with Fenton reagent. *Water. Res.* **42**, 3225–3239.

Carrier, M., Besson, M., Guillard, C. and Gonze, E. (2009) Removal of herbicide diuron and thermal degradation products under Catalytic Wet Air Oxidation conditions. *Appl. Catal. B-Environ.* **91**, 275–283.

Catalkaya, E. C. and Kargi, F. (2007) Effects of operating parameters on advanced oxidation of diuron by the Fenton's reagent: A statistical design approach. *Chemosphere* **69**, 485–492.

Chacon, J. M., Teresa Leal, M., Sanchez, M. and Bandala, E. R. (2006) Solar photocatalytic degradation of azo-dyes by photo-Fenton process. *Dyes Pigment.* **69**, 144–150.

Chakrabarti, S. and Dutta, B. K. (2004) Photocatalytic degradation of model textile dyes in wastewater using ZnO as semiconductor catalyst. *J. Hazard. Mater.* **112**, 269–278.

Chandrasekara Pillai, K., Kwon, T. O. and Moon, I. S. (2009) Degradation of wastewater from terephthalic acid manufacturing process by ozonation catalyzed with Fe2+, H2O2 and UV light: Direct versus indirect ozonation reactions. *Appl. Catal. B-Environ.* **91**, 319–328.

Chang, D.-J., Chen, I. P., Chen, M.-T. and Lin, S.-S. (2003) Wet air oxidation of a reactive dye solution using CoAlPO4-5 and CeO2 catalysts. *Chemosphere* **52**, 943–949.

Chen, J.-Q., Wang, D., Zhu, M.-X. and Gao, C.-J. (2006) Study on degradation of methyl orange using pelagite as photocatalyst. *J. Hazard. Mater.* **138**, 182–186.

Chorkendorff, I. and Niemantsverdriet, J. W. (2003) *Concepts of Modern Catalysis and Kinetics*. Weinheim, Germany, Wiley-VCH.

Delanoe, F., Acedo, B., Karpel Vel Leitner, N. and Legube, B. (2001) Relationship between the structure of Ru/CeO2 catalysts and their activity in the catalytic ozonation of succinic acid aqueous solutions. *Appl. Catal. B-Environ.* **29**, 315–325.

Devi, L. G., Rajashekhar, K. E., Raju, K. S. A. and Kumar, S. G. (2009) Kinetic modeling based on the non-linear regression analysis for the degradation of Alizarin Red S by advanced photo Fenton process using zero valent metallic iron as the catalyst. *J. Mol. Catal. A: Chem.* **314**, 88–94.

Du, W., Sun, Q., Lv, X. and Xu, Y. (2009) Enhanced activity of iron oxide dispersed on bentonite for the catalytic degradation of organic dye under visible light. *Catal. Commun.* **10**, 1854–1858.

Duarte, F., Maldonado-Hydar, F. J., Perez-Cadenas, A. F. and Madeira, L. M. (2009) Fenton-like degradation of azo-dye Orange II catalyzed by transition metals on carbon aerogels. *Appl. Catal. B-Environ.* **85**, 139–147.

Duran, N. and Esposito, E. (2000) Potential applications of oxidative enzymes and phenoloxidase-like compounds in wastewater and soil treatment: a review. *Appl. Catal. B-Environ.* **28**, 83–99.

Elmolla, E. and Chaudhuri, M. (2009) Optimization of Fenton process for treatment of amoxicillin, ampicillin and cloxacillin antibiotics in aqueous solution. *J. Hazard. Mater.* **170**, 666–672.

Elmolla, E. S. and Chaudhuri, M. (2010) Degradation of amoxicillin, ampicillin and cloxacillin antibiotics in aqueous solution by the UV/ZnO photocatalytic process. *J. Hazard. Mater.* **173**, 445–449.

Ensing, B. and Baerends, E. J. (2002) Reaction Path Sampling of the Reaction between Iron(II) and Hydrogen Peroxide in Aqueous Solution. *J. Phys. Chem. A* **106**, 7902–7910.

Ensing, B., Buda, F. and Baerends, E. J. (2003) Fenton-like Chemistry in Water:

Oxidation Catalysis by Fe(III) and H2O2. *J. Phys. Chem. A* **107**, 5722–5731.

Entezari, M. H. and Petrier, C. (2004) A combination of ultrasound and oxidative enzyme: sono-biodegradation of phenol. *Appl. Catal. B-Environ.* **53**, 257–263.

Faria, P. C. C., Orfao, J. J. M. and Pereira, M. F. R. (2009) Activated carbon and ceria catalysts applied to the catalytic ozonation of dyes and textile effluents. *Appl. Catal. B-Environ.* **88**, 341–350.

Fathima, N. N., Aravindhan, R., Rao, J. R. and Nair, B. U. (2008) Dye house wastewater treatment through advanced oxidation process using Cu-exchanged Y zeolite: A heterogeneous catalytic approach. *Chemosphere* **70**, 1146–1151.

Fu, F., Wang, Q. and Tang, B. (2010) Effective degradation of C.I. Acid Red 73 by advanced Fenton process. *J. Hazard. Mater.* **174**, 17–22.

Fu, X., Wang, X., Long, J., Ding, Z., Yan, T., Zhang, G., Zhang, Z., Lin, H. and Fu, X. (2009) Hydrothermal synthesis, characterization, and photocatalytic properties of Zn2SnO4. *J. Solid State Chem.* **182**, 517–524.

Gao, J., Zhao, G., Shi, W. and Li, D. (2009) Microwave activated electrochemical degradation of 2,4-dichlorophenoxyacetic acid at boron-doped diamond electrode. *Chemosphere* **75**, 519–525.

Gogate, P. R. (2008) Treatment of wastewater streams containing phenolic compounds using hybrid techniques based on cavitation: A review of the current status and the way forward. *Ultrason. Sonochem.* **15**, 1–15.

Gogate, P. R. and Pandit, A. B. (2004) A review of imperative technologies for wastewater treatment II: hybrid methods. *Adv. Environ. Res.* **8**, 553–597.

Gomathi Devi, L., Girish Kumar, S., Mohan Reddy, K. and Munikrishnappa, C. (2009) Photo degradation of Methyl Orange an azo dye by Advanced Fenton Process using zero valent metallic iron: Influence of various reaction parameters and its degradation mechanism. *J. Hazard. Mater.* **164**, 459–467.

Gromboni, C. F., Kamogawa, M. Y., Ferreira, A. G., Nobrega, J. A. and Nogueira, A. R. A. (2007) Microwave-assisted photo-Fenton decomposition of chlorfenvinphos and cypermethrin in residual water. *J. Photochem. Photobiol. A-Chem.* **185**, 32–37.

Hagen, J. (2006) *Industrial Catalysis*. Weinheim, Germany, Wiley-VCH.

Harir, M., Gaspar, A., Kanawati, B., Fekete, A., Frommberger, M., Martens, D., Kettrup, A., El Azzouzi, M. and Schmitt-Kopplin, P. (2008) Photocatalytic reactions of imazamox at TiO2, H2O2 and TiO2/H2O2 in water interfaces: Kinetic and photoproducts study. *Appl. Catal. B-Environ.* **84**, 524–532.

He, H., Yang, S., Yu, K., Ju, Y., Sun, C. and Wang, L. (2010) Microwave induced catalytic degradation of crystal violet in nano-nickel dioxide suspensions. *J. Hazard. Mater.* **173**, 393–400.

Horikoshi, S., Hidaka, H. and Serpone, N. (2002) Environmental remediation by an integrated microwave/UV-illumination method II. Characteristics of a novel UV-VIS-microwave integrated irradiation device in photodegradation processes. *J. Photochem. Photobiol. A-Chem.* **153**, 185–189.

Horikoshi, S., Hidaka, H. and Serpone, N. (2004a) Environmental remediation by an integrated microwave/UV illumination technique: VI. A simple modified domestic microwave oven integrating an electrodeless UV-Vis lamp to photodegrade environmental pollutants in aqueous media. *J. Photochem. Photobiol. A-Chem.* **161**, 221–225.

Horikoshi, S., Matsubara, A., Takayama, S., Sato, M., Sakai, F., Kajitani, M., Abe, M. and Serpone, N. (2009) Characterization of microwave effects on metal-oxide materials: Zinc oxide and titanium dioxide. *Appl. Catal. B-Environ.* **91**, 362–367.

Horikoshi, S., Tokunaga, A., Hidaka, H. and Serpone, N. (2004b) Environmental remediation by an integrated microwave/UV illumination method: VII. Thermal/non-thermal effects in the microwave-assisted photocatalyzed mineralization of bisphenol-A. *J. Photochem. Photobiol. A-Chem.* **162**, 33–40.

Hsueh, C. L., Huang, Y. H., Wang, C. C. and Chen, C. Y. (2005) Degradation of azo dyes using low iron concentration of Fenton and Fenton-like system. *Chemosphere* **58**, 1409–1414.

Huber, M. M., Canonica, S., Park, G.-Y. and von Gunten, U. (2003) Oxidation of Pharmaceuticals during Ozonation and Advanced Oxidation Processes. *Environ. Sci. Technol.* **37**, 1016–1024.

Inglezakis, V. J. and Poulopoulos, S. G. (2006) *Adsorption, Ion Exchange and Catalysis* New York, Elsevier Publishing Co.

Ji, P., Zhang, J., Chen, F. and Anpo, M. (2009) Study of adsorption and degradation of acid orange 7 on the surface of CeO2 under visible light irradiation. *Appl. Catal. B-Environ.* **85**, 148–154.

Karam, J. and Nicell, J. A. (1997) Potential applications of enzymes in waste treatment. *J. Chem. Tech. Biotechnol.* **69**, 141–153.

Kasprzyk-Hordern, B., Zi?lek, M. and Nawrocki, J. (2003) Catalytic ozonation and methods of enhancing molecular ozone reactions in water treatment. *Appl. Catal. B-Environ.* **46**, 639–669.

Kassinos, D., Varnava, N., Michael, C. and Piera, P. (2009) Homogeneous oxidation of aqueous solutions of atrazine and fenitrothion through dark and photo-Fenton reactions. *Chemosphere* **74**, 866–872.

Kaur, S. and Singh, V. (2007) Visible light induced sonophotocatalytic degradation of Reactive Red dye 198 using dye sensitized TiO2. *Ultrason. Sonochem.* **14**, 531–537.

Kim, J.-H., Kim, S.-J., Lee, C.-H. and Kwon, H.-H. (2009) Removal of Toxic Organic Micropollutants with FeTsPc-Immobilized Amberlite/H2O2: Effect of Physico-chemical Properties of Toxic Chemicals. *Ind. Eng. Chem. Res.* **48**, 1586–1592.

Kim, J.-H., Park, P.-K., Lee, C.-H., Kwon, H.-H. and Lee, S. (2008) A novel hybrid system for the removal of endocrine disrupting chemicals: Nanofiltration and homogeneous catalytic oxidation. *J. Membr. Sci.* **312**, 66–75.

Kim, S.-C. and Lee, D.-K. (2004) Preparation of Al-Cu pillared clay catalysts for the catalytic wet oxidation of reactive dyes. *Catal. Today* **97**, 153–158.

Kondru, A. K., Kumar, P. and Chand, S. (2009) Catalytic wet peroxide oxidation of azo dye (Congo red) using modified Y zeolite as catalyst. *J. Hazard. Mater.* **166**, 342–347.

Krutzler, T. and Bauer, R. (1999) Optimization of a photo-fenton prototype reactor. *Chemosphere* **38**, 2517–2532.

Kusic, H., Loncaric Bozic, A., Koprivanac, N. and Papic, S. (2007) Fenton type processes for minimization of organic content in coloured wastewaters. Part II: Combination with zeolites. *Dyes Pigment.* **74**, 388–395.

Lee, D.-K., Cho, I.-C., Lee, G.-S., Kim, S.-C., Kim, D.-S. and Yang, Y.-K. (2004) Catalytic wet oxidation of reactive dyes with H2/O2 mixture on Pd-Pt/Al2O3 catalysts. *Sep. Purif. Technol.* **34**, 43–50.

Lei, L., Dai, Q., Zhou, M. and Zhang, X. (2007) Decolorization of cationic red X-GRL by wet air oxidation: Performance optimization and degradation mechanism. *Chemosphere* **68**, 1135–1142.

Levec, J. and Pintar, A. (2007) Catalytic wet-air oxidation processes: A review. *Catal. Today* **124**, 172–184.

Li, R., Yang, C., Chen, H., Zeng, G., Yu, G. and Guo, J. (2009a) Removal of triazophos pesticide from wastewater with Fenton reagent. *J. Hazard. Mater.* **167**, 1028–1032.

Li, W., Zhao, S., Qi, B., Du, Y., Wang, X. and Huo, M. (2009b) Fast catalytic degradation of organic dye with air and MoO3:Ce nanofibers under room condition. *Appl. Catal. B-Environ.* **92**, 333–340.

Liu, Y. and Sun, D. (2007) Development of Fe2O3-CeO2-TiO2/[gamma]-Al2O3 as catalyst for catalytic wet air oxidation of methyl orange azo dye under room condition. *Appl. Catal. B-Environ.* **72**, 205–211.

Luck, F. (1996) A review of industrial catalytic wet air oxidation processes. *Catal. Today*

27, 195–202.

Luck, F. (1999) Wet air oxidation: past, present and future. *Catal. Today* **53**, 81–91.

Maletzky, P. and Bauer, R. (1998) The Photo-Fenton method – Degradation of nitrogen containing organic compounds. *Chemosphere* **37**, 899–909.

Marco-Urrea, E., Perez-Trujillo, M., Cruz-Morató, C., Caminal, G. and Vicent, T. (2010) White-rot fungus-mediated degradation of the analgesic ketoprofen and identification of intermediates by HPLC-DAD-MS and NMR. *Chemosphere* **78**, 474–481.

Martinez-Huitle, C. A. and Brillas, E. (2009) Decontamination of wastewaters containing synthetic organic dyes by electrochemical methods: A general review. *Appl. Catal. B-Environ.* **87**, 105–145.

Martinez, S. S. and Bahena, C. L. (2009) Chlorbromuron urea herbicide removal by electro-Fenton reaction in aqueous effluents. *Water. Res.* **43**, 33–40.

Mikulova, J., Rossignol, S., Barbier Jr, J., Mesnard, D., Kappenstein, C. and Duprez, D. (2007) Ruthenium and platinum catalysts supported on Ce, Zr, Pr-O mixed oxides prepared by soft chemistry for acetic acid wet air oxidation. *Appl. Catal. B-Environ.* **72**, 1–10.

Milone, C., Fazio, M., Pistone, A. and Galvagno, S. (2006) Catalytic wet air oxidation of p-coumaric acid on CeO2, platinum and gold supported on CeO2 catalysts. *Appl. Catal. B-Environ.* **68**, 28–37.

Minero, C., Pellizzari, P., Maurino, V., Pelizzetti, E. and Vione, D. (2008) Enhancement of dye sonochemical degradation by some inorganic anions present in natural waters. *Appl. Catal. B-Environ.* **77**, 308–316.

Mrowetz, M., Pirola, C. and Selli, E. (2003) Degradation of organic water pollutants through sonophotocatalysis in the presence of TiO2. *Ultrason. Sonochem.* **10**, 247–254.

Muller, P., Klan, P. and Cirkva, V. (2003) The electrodeless discharge lamp: a prospective tool for photochemistry: Part 4. Temperature- and envelope material-dependent emission characteristics. *J. Photochem. Photobiol. A-Chem.* **158**, 1–5.

Mutyala, S., Fairbridge, C., Pare, J. R. J., Belanger, J. M. R., Ng, S. and Hawkins, R. (2010) Microwave applications to oil sands and petroleum: A review. *Fuel Process. Technol.* **91**, 127–135.

Oliveira, L. C. A., Ramalho, T. C., Souza, E. F., Gonzalves, M., Oliveira, D. Q. L., Pereira, M. C. and Fabris, J. D. (2008) Catalytic properties of goethite prepared in the presence of Nb on oxidation reactions in water: Computational and experimental studies. *Appl. Catal. B-Environ.* **83**, 169–176.

Oliviero, L., Barbier, J., Duprez, D., Guerrero-Ruiz, A., Bachiller-Baeza, B. and Rodriguez-Ramos, I. (2000) Catalytic wet air oxidation of phenol and acrylic acid over Ru/C and Ru-CeO2/C catalysts. *Appl. Catal. B-Environ.* **25**, 267–275.

Pandit, A. B., Gogate, P. R. and Mujumdar, S. (2001) Ultrasonic degradation of 2:4:6 trichlorophenol in presence of TiO2 catalyst. *Ultrason. Sonochem.* **8**, 227–231.

Panizza, M. and Cerisola, G. (2007) Electrocatalytic materials for the electrochemical oxidation of synthetic dyes. *Appl. Catal. B-Environ.* **75**, 95–101.

Papic, S., Vujevic, D., Koprivanac, N. and Sinko, D. (2009) Decolourization and mineralization of commercial reactive dyes by using homogeneous and heterogeneous Fenton and UV/Fenton processes. *J. Hazard. Mater.* **164**, 1137–1145.

Parra, S., Elena Stanca, S., Guasaquillo, I. and Ravindranathan Thampi, K. (2004) Photocatalytic degradation of atrazine using suspended and supported TiO2. *Appl. Catal. B-Environ.* **51**, 107–116.

Poerschmann, J., Trommler, U., Gorecki, T. and Kopinke, F.-D. (2009) Formation of chlorinated biphenyls, diphenyl ethers and benzofurans as a result of Fenton-driven oxidation of 2-chlorophenol. *Chemosphere* **75**, 772–780.

Pradeep, T. and Anshup (2009) Noble metal nanoparticles for water purification: A critical review. *Thin Solid Films* **517**, 6441–6478.

Quan, X., Zhang, Y., Chen, S., Zhao, Y. and Yang, F. (2007) Generation of hydroxyl radical in aqueous solution by microwave energy using activated carbon as catalyst and its potential in removal of persistent organic substances. *J. Mol. Catal. A: Chem.* **263**, 216–222.

Quintanilla, A., Casas, J. A. and Rodriguez, J. J. (2007) Catalytic wet air oxidation of phenol with modified activated carbons and Fe/activated carbon catalysts. *Appl. Catal. B-Environ.* **76**, 135–145.

Rafqah, S., Chung, P. W.-W., Forano, C. and Sarakha, M. (2008) Photocatalytic degradation of metsulfuron methyl in aqueous solution by decatungstate anions. *J. Photochem. Photobiol. A-Chem.* **199**, 297–302.

Rafqah, S., Wong-Wah-Chung, P., Nelieu, S., Einhorn, J. and Sarakha, M. (2006) Phototransformation of triclosan in the presence of TiO2 in aqueous suspension: Mechanistic approach. *Appl. Catal. B-Environ.* **66**, 119–125.

Ramirez, J. H., Maldonado-Hydar, F. J., Perez-Cadenas, A. F., Moreno-Castilla, C., Costa, C. A. and Madeira, L. M. (2007) Azo-dye Orange II degradation by heterogeneous Fenton-like reaction using carbon-Fe catalysts. *Appl. Catal. B-Environ.* **75**, 312–323.

Rauf, M. A. and Ashraf, S. S. (2009) Fundamental principles and application of heterogeneous photocatalytic degradation of dyes in solution. *Chem. Eng. J.* **151**, 10–18.

Rehman, S., Ullah, R., Butt, A. M. and Gohar, N. D. (2009) Strategies of making TiO2 and ZnO visible light active. *J. Hazard. Mater.* **170**, 560–569.

Rehorek, A., Tauber, M. and Gubitz, G. (2004) Application of power ultrasound for azo dye degradation. *Ultrason. Sonochem.* **11**, 177–182.

Rivas, F. J., Carbajo, M., Beltran, F., Gimeno, O. and Frades, J. (2008) Comparison of different advanced oxidation processes (AOPs) in the presence of perovskites. *J. Hazard. Mater.* **155**, 407–414.

Rodriguez-Rodriguez, C. E., Marco-Urrea, E. and Caminal, G. (2010) Degradation of naproxen and carbamazepine in spiked sludge by slurry and solid-phase Trametes versicolor systems. *Bioresource Technol.* **101**, 2259–2266.

Rodriguez, A., Ovejero, G., Romero, M. D., Diaz, C., Barreiro, M. and Garcia, J. (2008) Catalytic wet air oxidation of textile industrial wastewater using metal supported on carbon nanofibers. *J. Supercrit. Fluids* **46**, 163–172.

Rokhina, E. V., Lens, P. and Virkutyte, J. (2009) Low-frequency ultrasound in biotechnology: state of the art. *Trends Biotechnol.* **27**, 298–306.

Rosal, R., Gonzalo, M. S., Rodriguez, A. and Garcia-Calvo, E. (2009) Ozonation of clofibric acid catalyzed by titanium dioxide. *J. Hazard. Mater.* **169**, 411–418.

Rosal, R., Rodriguez, A., Gonzalo, M. S. and Garcia-Calvo, E. (2008) Catalytic ozonation of naproxen and carbamazepine on titanium dioxide. *Appl. Catal. B-Environ.* **84**, 48–57.

Safarzadeh-Amiri, A., Bolton, J. R. and Cater, S. R. (1996) Ferrioxalate-mediated solar degradation of organic contaminants in water. *Sol. Energy* **56**, 439–443.

Sires, I., Arias, C., Cabot, P. L., Centellas, F., Garrido, J. A., Rodriguez, R. M. and Brillas, E. (2007) Degradation of clofibric acid in acidic aqueous medium by electro-Fenton and photoelectro-Fenton. *Chemosphere* **66**, 1660–1669.

Sires, I., Guivarch, E., Oturan, N. and Oturan, M. A. (2008) Efficient removal of triphenylmethane dyes from aqueous medium by *in situ* electrogenerated Fenton's reagent at carbon-felt cathode. *Chemosphere* **72**, 592–600.

Skoumal, M., Cabot, P.-L., Centellas, F., Arias, C., Rodriguez, R. M., Garrido, J. A. and Brillas, E. (2006) Mineralization of paracetamol by ozonation catalyzed with Fe2+, Cu2+ and UVA light. *Appl. Catal. B-Environ.* **66**, 228–240.

Song, L., Qiu, R., Mo, Y., Zhang, D., Wei, H. and Xiong, Y. (2007) Photodegradation of phenol in a polymer-modified TiO2 semiconductor particulate system under the irradiation of visible light. *Catal. Commun.* **8**, 429–433.

Song, L., Zhang, S. and Chen, B. (2009) A novel visible-light-sensitive strontium carbonate photocatalyst with high photocatalytic activity. *Catal. Commun.* **10**,

1565–1568.
Sorokin, A. and Meunier, B. (1994) Efficient H2O2 oxidation of chlorinated phenols catalysed by supported iron phthalocyanines. *J. Chem. Soc., Chem. Com.*, 1799–1800.
Sorokin, A., Meunier, B. and Séris, J.-L. (1995) Efficient oxidative dechlorination and aromatic ring cleavage of chlorinated phenols catalyzed by iron sulfophthalocyanine *Science*, 1163–1166
Sorokin, A. B., Mangematin, S. and Pergrale, C. (2002) Selective oxidation of aromatic compounds with dioxygen and peroxides catalyzed by phthalocyanine supported catalysts. *J. Mol. Catal. A: Chem.* **182–183**, 267–281.
Suslick, K. S. (1990) Sonochemistry. *Science* **247**, 1439–1445.
Tamagawa, Y., Yamaki, R., Hirai, H., Kawai, S. and Nishida, T. (2006) Removal of estrogenic activity of natural steroidal hormone estrone by ligninolytic enzymes from white rot fungi. *Chemosphere* **65**, 97–101.
Tauber, M. M., Gubitz, G. M. and Rehorek, A. (2008) Degradation of azo dyes by oxidative processes – Laccase and ultrasound treatment. *Bioresource Technol.* **99**, 4213–4220.
Tong, S.-P., Liu, W.-P., Leng, W.-H. and Zhang, Q.-Q. (2003) Characteristics of MnO2 catalytic ozonation of sulfosalicylic acid and propionic acid in water. *Chemosphere* **50**, 1359–1364.
Torres, R. A., Nieto, J. I., Combet, E., Petrier, C. and Pulgarin, C. (2008a) Influence of TiO2 concentration on the synergistic effect between photocatalysis and high-frequency ultrasound for organic pollutant mineralization in water. *Appl. Catal. B-Environ.* **80**, 168–175.
Torres, R. A., Petrier, C., Combet, E., Moulet, F. and Pulgarin, C. (2006) Bisphenol A Mineralization by Integrated Ultrasound-UV-Iron (II) Treatment. *Environ. Sci. Technol.* **41**, 297–302.
Torres, R. A., Sarantakos, G., Combet, E., Petrier, C. and Pulgarin, C. (2008b) Sequential helio-photo-Fenton and sonication processes for the treatment of bisphenol A. *J. Photochem. Photobiol. A-Chem.* **199**, 197–203.
Vilaplana, M., Marco-Urrea, E., Gabarrell, X., Sarra, M. and Caminal, G. (2008) Required equilibrium studies for designing a three-phase bioreactor to degrade trichloroethylene (TCE) and tetrachloroethylene (PCE) by Trametes versicolor. *Chem. Eng. J.* **144**, 21–27.
von Gunten, U. (2003) Ozonation of drinking water: Part I. Oxidation kinetics and product formation. *Water. Res.* **37**, 1443–1467.
Wang, J., Pan, Z., Zhang, Z., Zhang, X., Wen, F., Ma, T., Jiang, Y., Wang, L., Xu, L. and Kang, P. (2006) Sonocatalytic degradation of methyl parathion in the presence of nanometer and ordinary anatase titanium dioxide catalysts and comparison of their sonocatalytic abilities. *Ultrason. Sonochem.* **13**, 493–500.
Wang, J., Zhu, W., He, X. and Yang, S. (2008) Catalytic wet air oxidation of acetic acid over different ruthenium catalysts. *Catal. Commun.* **9**, 2163–2167.
Wang, N., Zhu, L., Wang, M., Wang, D. and Tang, H. (2010) Sono-enhanced degradation of dye pollutants with the use of H2O2 activated by Fe3O4 magnetic nanoparticles as peroxidase mimetic. *Ultrason. Sonochem.* **17**, 78–83.
Wu, L., Li, A., Gao, G., Fei, Z., Xu, S. and Zhang, Q. (2007) Efficient photodegradation of 2,4-dichlorophenol in aqueous solution catalyzed by polydivinylbenzene-supported zinc phthalocyanine. *J. Mol. Catal. A: Chem.* **269**, 183–189.
Xia, F., Ou, E., Wang, L. and Wang, J. (2008) Photocatalytic degradation of dyes over cobalt doped mesoporous SBA-15 under sunlight. *Dyes Pigment.* **76**, 76–81.
Yang, M., Xu, A., Du, H., Sun, C. and Li, C. (2007) Removal of salicylic acid on perovskite-type oxide LaFeO3 catalyst in catalytic wet air oxidation process. *J. Hazard. Mater.* **139**, 86–92.
Yang, Y., Wang, P., Shi, S. and Liu, Y. (2009) Microwave enhanced Fenton-like process

for the treatment of high concentration pharmaceutical wastewater. *J. Hazard. Mater.* **168**, 238–245.

Yasman, Y., Bulatov, V., Gridin, V. V., Agur, S., Galil, N., Armon, R. and Schechter, I. (2004) A new sono-electrochemical method for enhanced detoxification of hydrophilic chloroorganic pollutants in water. *Ultrason. Sonochem.* **11**, 365–372.

Yunrui, Z., Wanpeng, Z., Fudong, L., Jianbing, W. and Shaoxia, Y. (2007) Catalytic activity of Ru/Al2O3 for ozonation of dimethyl phthalate in aqueous solution. *Chemosphere* **66**, 145–150.

Zapata, A., Velegraki, T., Sanchez-Perez, J. A., Mantzavinos, D., Maldonado, M. I. and Malato, S. (2009) Solar photo-Fenton treatment of pesticides in water: Effect of iron concentration on degradation and assessment of ecotoxicity and biodegradability. *Appl. Catal. B-Environ.* **88**, 448–454.

Zhang, H., Zhang, J., Zhang, C., Liu, F. and Zhang, D. (2009a) Degradation of C.I. Acid Orange 7 by the advanced Fenton process in combination with ultrasonic irradiation. *Ultrason. Sonochem.* **16**, 325–330.

Zhang, W., Quan, X., Wang, J., Zhang, Z. and Chen, S. (2006) Rapid and complete dechlorination of PCP in aqueous solution using Ni-Fe nanoparticles under assistance of ultrasound. *Chemosphere* **65**, 58–64.

Zhang, X., Li, G. and Wang, Y. (2007) Microwave assisted photocatalytic degradation of high concentration azo dye Reactive Brilliant Red X-3B with microwave electrodeless lamp as light source. *Dyes Pigment.* **74**, 536–544.

Zhang, Y., Li, D., Chen, Y., Wang, X. and Wang, S. (2009b) Catalytic wet air oxidation of dye pollutants by polyoxomolybdate nanotubes under room condition. *Appl. Catal. B-Environ.* **86**, 182–189.

Zhanqi, G., Shaogui, Y., Na, T. and Cheng, S. (2007) Microwave assisted rapid and complete degradation of atrazine using TiO2 nanotube photocatalyst suspensions. *J. Hazard. Mater.* **145**, 424–430.

Zhao, G., Gao, J., Shi, W., Liu, M. and Li, D. (2009) Electrochemical incineration of high concentration azo dye wastewater on the *in situ* activated platinum electrode with sustained microwave radiation. *Chemosphere* **77**, 188–193.

Zhou, T., Lim, T.-T., Li, Y., Lu, X. and Wong, F.-S. (2010) The role and fate of EDTA in ultrasound-enhanced zero-valent iron/air system. *Chemosphere* **78**, 576–582

Zimbron, J. A. and Reardon, K. F. (2009) Fenton's oxidation of pentachlorophenol. *Water. Res.* **43**, 1831–1840.

第11章

Abegglen, C., Joss, A., McArdell, C., Fink, G., Schusener, M. P., Ternes, T. A. and Hansruedi, S. (2009) The fate of selected micropollutants in a single-house MBR. *Water Res.* **43**, 2036–2046.

Ahmed, A. L., Tan, L. S. and Shukor, S. R. A. (2008) The role of pH in nanofiltration of atrazine and dimethoate from aqueous solution. *J. Hazard. Mater.* **154**, 633–638.

Anon (2003) The state of Queensland and Commonwealth of Australia. Reef Water quality protection plan for catchments adjacent to the Great Barrier Reef world heritage area. Queensland Department of Premier and Cabinet, Brisbane, http://www.the premier.qld.gov.au/library/pdf/rwqpp.pdf

Areerachakul, N., Vigneswaran, S., Ngo, H. H. and Kandasamy, J. (2007) Granular activated carbon (GAC) adsorption-photocatalysis hybrid system in the removal of herbicide from water. *Sep. Pur. Technol.* **55**, 206–211.

Bell, A. M. and Duke, N. C. (2005) Effects of photosystem II inhibiting herbicides on mangroves – preliminary toxicology trials. *Mar. Pollut. Bull.* **51**, 297–307.

Bernhard, M., Müller, J. and Knepper, T. P. (2006) Biodegradation of persistent polar pollutants in wastewater: comparison of an optimised lab-scale membrane bioreactor and activated sludge treatment. *Water Res.* **40**, 3419–3428.

Bonné, P. A. C., Beerendonk, E. F., van der Hoek, J. P. and Hofman, J. A. M. H. (2000) Retention of herbicides and pesticides in relation to aging of RO membranes. *Desalination* **132**, 189–193.

Bouju, H., Buttiglieri, G. and Malpei, F. (2008) Perspectives of persistent organic pollutants (POPS) removal in an MBR pilot plant. *Desalination* **224**, 1–6.

Boussahel, R., Bouland, S., Moussaoui, K. M. and Montiel, A. (2000) Removal of pesticide residues in water using the nanofiltration process. *Desalination* **132**, 205–2009.

Boussahel, R., Montiel, A. and Baudu, M. (2002) Effects of organic and inorganic matter on pesticide rejection by nanofiltration, *Desalination* **145**, 109–114.

Brodie, J., Christine, C., Devlin, M., Morris, S., Ramsay, M., Waterhouse, J. and Yorkston, H. (2001) Catchment management and the Great Barrier Reef. *Water Sci. Technol.* **43**, 203–211.

Buenrostro-Zagal, J. F., Ramirez-Oliva, A., Caffarel-Mendez, S., Schettino-Bermudez, B. and Poggi-Varaldo, H. M. (2000) Treatment of 2,4-dichloroacetic acid (2,4-D) contaminated wastewater in a membrane bioreactor. *Water Sci. Technol.* **42**(5–6), 185–192.

Canadian Arctic Resources Committee (2000) Persistent Organic Pollutants: Are we close to a solution? *Northern Perspectives*, Fall/Winter **26**,(1).

Calabro, V., Curcio, S., De Paola, M. G. and Iorio, G. (2009) Optimization of membrane bioreactor performances during enzymatic oxidation of waste bio-polyphenols. *Desalination* **236**, 30–38.

Cantin, N. E., Negri, A. P., and Willis, B. L. (2007) Photoinhibitation from chronic herbicide exposure reduces reproductive output of reef-building corals. *Marine Ecol. Progress Series* **344**, 81–93.

Causserand, C., Aimar, P., Carvedi, J. P. and Singlande, E. (2005) Dichloroaniline retention by nanofiltration membranes.*Water Res.* **39**, 1594–1600.

Cavanagh, J. E., Burns, K. A., Brunskill, G. J. and Coventry, R. J. (1999) Organochlorine Pesticide Residues in soils and sediments of the Herbert and Burdekin river regions, North Queensland – implication for contamination of the Great Barrier Reef. *Marine Poll. Bull.* **39**, 367–375, 1999.

Chang, C., Chang, J., Vigneswaran, S. and Kandasamy, J. (2008) Pharmaceutical wastewater treatment by membrane bioreactor process – a case study in southern Taiwan. *Desalination* **234**, 393–401.

Cicek, N. (2003) A review of membrane bioreactors and their potential application in the treatment of agricultural wastewater. *Canadian Biosystems Engineering* **45**.

Cirja, M., Zuehlke, S., Ivashechkin, P., Hollender, J., Schaffer, A. and Corvini, P. F. X. (2007) Behaviour of two differently radiolabelled 17α-ethinylestradiols continuously applied to a laboratory-scale membrane bioreactor with adapted industrial activated sludge. *Water Res.* **41**, 4403–4412.

Davis, A., Lewis, S., Bainbridge, Z. and Brodie, J. (2009) Pesticide residues in waterways of the lower Burdekin region: Challenges in ecotoxicological interpretation of monitoring data (submitted to *Australasian Journal of Ecotoxicology*).

De Wever, H., Weiss, S., Reemtsma, T., Wereecken, J., Müller, J., Knepper, T., Rörden, O., Gonzales, S., Barcelo, D. and Hernando, M. D. (2007) Comparison of sulfonated and other micropollutants removal in membrane bioreactor and conventional wastewater treatment. *Water Res.* **41**, 935–945.

Devlin, M. J. and Brodie, J. (2005) Terrestrial discharge in to the Great Barrier Reef lagoon: nutrient behaviour in coastal waters. *Marine Poll. Bull.* **51**, 9–22.

Duke, N. C., Bell, A. M., Pederson, D. K., Roelfsema, C. M. and Nash, S. B. (2005) Herbicides implicated as the cause of sever mangrove dieback in the Mackay region, NE Australia: consequences for marine plant habitats of the GBR World Heritage Area. *Marine Poll. Bull.* **51**, 308–324.

Fontecha-Cámara, M. A., López-Ramón, M. V., Pastrana-Martínes, L. M. and Moreno-Castilla, C. (2008) Kinetics of diuron and amitrole adsorption from aqueous solution on activated carbons. *J. Haz. Mater.* **156**, 472–477.

Frietas dos Santos, L. M. and Lo Biundo, G. (1999) Treatment of pharmecuitical industry process wastewater using the extractive membrane bioreactor. *Environ. Prog.* **18**, 34–39.

Gerecke, A. C., Schärer, M., Singer, H. P., Müller, S. R., Schwarzenbach, R. P., Sägesser, M., Ochsenbein, U. and Popow, G. (2002) Sources of pesticides in surface waters in Switzerland: pesticide load through waste water treatment plants-current situation and reduction potential. *Chemosphere* **48**, 307–315.

Ghosh, P. K. and Philip, L. (2004) Atrazine degradation in anaerobic environment by a mixed microbial consortium, *Water Res.* **38**, 2277–2284.

Giacomazzi, M. and Cochet, N. (2004) Environmental impact of diuron transformation: a review. *Chemosphere* **56**, 1021–1032.

Grimberg, S. J., Rury, M. J., Jimenez, K. M. and Zander, A. K. (2000) Trinitrophenol treatment in a hollow fibre membrane biofilm reactor. *Water Sci. Technol.* **41**, 235–238.

Gisi, D., Stucki, G. and Hanselmann, K. W. (1997) Biodegradation of the pesticide 4,6-dinitro-ortho-cresol by microorganisms in batch cultures and in fixed-bed column reactors. *Appl. Microbial Biotechnol.* **48**, 441–448.

Gonzáles, S., Müller, J., Petrovic, M., Barceló, D. and Knepper, T. P. (2006) Biodegradations studies of selected priority acidic pesticides and diclofenac in different bioreactors. *Environ. Poll.* **144**, 926–932.

Graymore, M., Stagnitti, F. and Allinson, G. (2001) Impacts of atrazine in aquatic ecosystems. *Environ. Int.* **26**, 4823–495.

Ham, G. (2007) Water quality of the inflows/ outflows of the Barratta Creek system. *Proc. Aust. Soc. Sugar Cane Technol.* **29**, 149–166.

Hayes, T, Collins, A, Lee., M, Mendoza, M., Noriega, N. and Stuart A. A. (2002) Hermaphroditic, demasculinized frogs after exposure to the herbicide atrazine at low ecologically relevant doses. *Proc Natl Acad Sci.* **99**:5476–5480.

Haynes, D., Müller, J. and Carter, S. (2000a) Pesticide and herbicide residues in sediments and seagrasses from the great barrier reef world heritage area and Queensland coast. *Marine Poll. Bull.* **41**, 279–287.

Haynes, D., Ralph, P., Prang, J. and Dennison, B. (2000b) The Impact of the herbicide diuron on photosynthesis in three species of tropical seagrass. *Marine Poll. Bull.* **41**, 288–293.

Hays, T., Haston, K., Ysui, M., Hoang, A., Haeffele, C. and Vonk, A. (2003) Atrazine-Induced Hermaphroditism at 0.1 ppb in American Leopard Frogs (Rana pipiens): Laboratory and Field Evidence. *Environ. Health Persp.* **111**, 4.

Heather B. R., Jenkins, J. J., Moore, J. A., Bottomley, P. J. and Wilson, B. D. (2003) Treatment of atrazine in nursery irrigation runoff by a constructed wetland. *Water Res.* **37**, 539–550.

Hutchings, P., Haynes, D., Goudkamp, K. and McCook, L. (2005) Catchment to Reef: Water quality issues in the Great Barrier Reef Region – An overview of papers. *Marine Poll. Bull.* **51**, 3–8.

Johnson, A. K. L. and Ebert, S. P. (2000) Quantifying inputs of pesticides to the Great Barrier Reef marine park – A case study in the Herbert River Catchment of North-East Queensland. *Marine Poll. Bull.* **41**, 302–309.

Jones, K. C. and Stewart, A. P. (1997) Dioxins and Furans in sewage Sludges: A review of their occurrences and sources in sludge and their environmental fate, behaviour. and significance in sludge-amended agricultural systems. *Crit. Rev. Environ. Sci. Technol.* **27**, 1–85.

Jones, L. R., Owen, S. A., Horrell, P. and Burns, R. G. (1998) Bacterial inoculation of Granular Activated Carbon Filters for the removal of Atrazine from surface water. *Water Res.* **32**, 2542–2549.

Jones, R. (2005). The ecotoxicological effects of Photosystem II herbicides on corals. *Marine Poll. Bull.* **51**, 495–506.

Jones, R. J. and Kerswell, A. P. (2003) Photo-toxicity of photosystem II (PSII) herbicides to coral. *Mar. Ecological Progress Series* **261**, 149–159.

Jones, R. J., Muller, J., Haynes, D. and Schreiber, U. (2003) Effects of herbicides diuron and atrazine on corals on the Great Barrier Reef, Australia. *Mar. Ecol. Prog. Series* **251**, 153–167.

Kim, K., Ahmed, Z., Ahn, K. and Paeng, K. (2009) Biodegradation of two model estrogenic compounds in a pre-anoxic/anaerobic nutrient removing membrane bioreactor. *Desalination* **243**, 265–272.

Kim, S. D., Cho, J., Kim, I. S., Vanderford, B. J. and Snyder, S. A. (2007) Occurrence and removal of pharmaceuticals and endocrine disruptors in South Korean surface, drinking, and waste waters. *Water Res.* **41**, 1013–1021.

Kimura, K., Hara, H. and Watanabe, Y., Removal of pharmaceutical compounds by submerged membrane bioreactors (MBRs) *Desalination* **178**, 135–140.

Kristen, A. L., Wheeler, K. A. and Robinson, J. B. (2002) Atrazine mineralization potential in two wetlands, *Water Res.* **36**.

Lewis, S. E., Brodie, J. E., Bainbridge, Z. T., Rohde, K. W., Davis, A. M., Masters, B. L., Maughan, M., Devlin, M. J., Muller, J. F. and Schaffelke, B. (2009) Herbicides: A new threat to the Great Barrier Reef. *Environ. Poll.* 1–15.

Liu, C., Huang, X. and Wang, H. (2008) Start-up a membrane bioreactor bio-augmented with genetically engineered microorganism for enhanced treatment of atrazine containing wastewater. *Desalination* **231**, 12–19.

Livingston A. G. (1994) Extractive membrane bioreactors: A new process technology for detoxifying chemical industry wastewater. *J. Chem. Technol. Biotechnol.* **60**, 117–124.

Mack, C., Burgess, J. E. and Duncan, J. R. (2004) Membrane bioreactors for metal recovery from wastewater: A review. *Water SA* **30**.

Magnusson, M., Keimann, K. and Negri, A. (2008) Comparative effects of herbicides on photosynthesis and growth of tropical estuarine microalgae. *Marine Poll. Bull.* **56**, 545–1552.

Majewska-Nowak, K., Kabsch-Korbutowicz, M. and Dodz, M. (2002) Effects of natural organic matter on atrazine rejection by pressure driven membrane processes. *Desalination* **145**, 281–286.

Manem, J. and Sanderson, R. (eds.) (1996) Membrane bioreactors in water treatment processes, Ch17 AWWARF/Lyonnaise des Eaux/ WRC. McGraw Hill.

Mangat, S. S. and Elefsiniotis, P. (1999) Biodegradation of the herbicide 2,4-dichlorophenosyacetic acid (2,4-D) in sequencing batch reactors. *Water Res.* **33**, 861–867.

Matamoros, V., Puigagut, J., Garcia, J. and Bayona. (2007) Behaviour of selected priority organic pollutants in horizontal subsurface flow constructed wetlands: A preliminary screening. *Chemosphere* **69**, 1374–1380.

Mckinlay, R. G. and Kasperek, K. (1999) Observations on decontamination of herbicide polluted water by marsh plant systems. *Water Res.* **33**, 505–511.

McMahon, K., Nash, S. B., Raglesham, G., Müller, J. F., Duke, N. C. and Winderlich, S. (2005) Herbicide contamination and the potential impact to seagrass meadows in Hervey Bay, Queensland, Australia. *Marine Poll. Bull.* **51**, 325–334.

Miltner, R. J., Baker, D. B., Speth, T. F. and Fronk, C. A. (1989) Removal of Alachlor from drinking water. Proc. National conference on Environmental Engineering. ASCE. Orlando, FL (July 1987).

Miltner, R. J., Fronk, C. A. and Speth, T. F. (1987) Treatment of seasonal Pesticides in Surface Waters. *Journal AWWA*. **81**: 43–52.

Mitchell, C., Brodie, J. and White, I. (2005) Sediments, nutrients and pesticide residues in event flow conditions in streams of the Mackay Whitsunday Region, Australia. *Marine Poll. Bull.* **51**, 23–36.

Moore, M. T., Rodgers Jr, J. H., Cooper, C. M. and Smith, Jr, S. (2000) Constructed wetlands for mitigation of atrazine-associated agricultural runoff. *Environ. Poll.* **110**, 393–399.

Moss, A., Bordie, J., Furnas, M. (2005) Water quality guidance for the Great Barrier Reef World Heritage Area: a basis for development and preliminary values. *Marine Poll. Bull.* **51**, 76–88.

Namasivayam, C. and Kavitha, D. (2003) Adsorptive removal of 2-chlorophenol by low-cost coir pith carbon. *J. Haz. Mater.* **B98**, 257–274.

Negri, A. P., Mortimer, M., Carter, S. and Müller, J. F. (2009) Persistent organochlorines and metals in estuarine mud crabs of the Great Barrier Reef, Baseline. *Marine Poll. Bull.* **58**, 765–786.

Nghiem, L. D., Tadkaew, N. and Sivakumar, M. (2009) Removal of trace organic contaminants by submerged membrane bioreactors. *Desalination* **236**, 127–134.

Owen, R., Knap, A., Ostrander, N. and Carbery, K. (2003) Comparative acute toxicity of herbicides to photosynthesis of coral zooxanthellae. *Bull. Environ. Contam. Toxicol.* **70**, 541–548.

Peter-Varnamets, M., Zurbrügg, C., Swartz, C. and Pronk, W. (2009) Decentralized systems for potable water and the potential of membrane technology. *Water Res.* **43**, 245–265.

Petrović, M., Gonzales, S. and Barceló, D. (2003) Analysis and removal of emerging contaminants in wastewater and drinking water. *Trends in Anal. Chem.* **22**.

Petrović, M., Radjenović, J. and Barceló, D. (2007) Elimination of emerging contaminants by membrane bioreactor (MBR).

Phattaranawik, J., Fane, A., Pasquier, A. C. S. and Bing, W. (2008) A novel membrane bioreactor based on membrane distillation. *Desalination* **223**, 386–395.

Plakas, K. V., Karabelas, A. J., Wintgens, T. and Melin, T. (2006) A study of selected herbicides retention by nanofiltration membranes – the role of organic fouling. *J. Mem. Sci.* **284**, 291–300.

Quintana, J. B., Weiss, S. and Reemtsma, T. (2005) Pathways and metabolites of microbial degradation of selected acidic pharmaceutical and their occurrence in municipal wastewater treated by a membrane bioreactor. *Water Res.* **39**, 2654–2664.

Radjenovic, J., Matosic, M., Mijatovic, I., Petrovic, M. and Barcelo, D. (2008) Membrane Bioreactor (MBR) as an Advanced Wastewater Treatment Technology. *Hdb. Env. Chem.* **5**, 37–101.

Radjenovic, J., Petrovic, M., M. and Barceló (2006) Analysis of pharmaceuticals in waste water and removals using a membrane bioreactor..

Ratola, N., Botelho, C. and Alves, A. (2003) The use of pine bark as a natural adsorbent for persistent organic pollutants – study of lindane and heptachlor adsorption. *J. Chem. Technol. Biotechnol.* **78**, 347–351.

Sannino, F., Iorio, M., De Martino, A., Pucci, M., Brown, C. D. and Capasso, R. (2008) Remediation of waters contaminated with ionic herbicides by sorption on polymerin. *Water Res.* **42**, 643–652.

Sarkar, B., Venkateshwarlu, N., Rao, R. N., Bhattacharjee, C. and Kale, V. (2007a) Potable water production from pesticide contaminated surface water – A membrane based approach. *Desalination* **204**, 368–373.

Sarkar, B., Venkateswralu, N., Rao, R. N., Bhattacharjee, C. and Kale, V. (2007b) Treatment of pesticide contaminated surface water for production of potable water by a coagulation-adsorption-nanofiltration approach. *Desalination* **212**, 29–140.

Seery, C. R., Gunthorpe, L. and Ralph, P. J. (2006) Herbicide impact on Hormosira banksii gametes measured by fluorescence and germination bioassays. *Environ. Poll.* **140**, 43–51.

Shaw, M. and Müller, J. F. (2005) Preliminary evaluation of the occurrence of herbicides and PAHs in the wet tropics regions of the Great Barrier Reef, Australia, using passive samplers. *Marine Poll. Bull.* **51**, 876–881.

Spring, A. J., Bagley, D. M., Andrews, R. C., Lemanik, S. and Yang, P. (2007) Removal of endocrine disrupting compounds using a membrane bioreactor and disinfection. *J. Environ. Eng. Sci.* 131–137.

Stasinakis, A. S., Kotsifa, S., Gatidou, G. and Mamais, D. (2009) Diuron biodegradation in activated sludge batch reactors under aerobic and anoxic conditions. *Water Res.* **43**, 1471–1479.

Stearman, G. K., George, D. B., Carlson, K. and Lansford, S. (2003) Pesticide removal from container nursery runoff in constructed wetland cells. *J. Environ. Qual.* **32**, 1548–1556.

Stork, P. R., Bennett, F. R. and Bell, M. J. (2008) The environmental fate of diuron under a conventional production regime in a sugarcane farm during the plant cane phase. *Pest Manag. Sci.* **64**, 954–963.

Tang, H. L., Regan, J. M. and Eix, Y. F. (2007) DBP precursors removal by membrane bioreactors http://www.hbg.psu.edu/etc/spwstac/research/hxt154/paper.pdf.

Tomaszewska, M., Mozia, S. and Morawski, A. W. (2004) Removal of organic matter by coagulation enhanced with adsorption on PAC. *Desalination* **161**, 79–87.

United States Environmental Protection Agency (October 2001) The Incorporation of Water treatment effects on Pesticide Removal and transformations in food Quality Protection Act (FQPA) Drinking Water Assessments.

Van der Bruggen, B., Schaep, J., Maes, W., Wilms, D. and Vandecasteele, C. (1998) Nanofiltration as a treatment method for the removal of pesticides from ground waters. *Desalination* **117**, 139–147.

Visvanathan, C., Thu, L.N., Jagatheesan, V. and Anotai, J. (2005) Biodegradation of pentachlorophenol in a membrane bioreactor. *Desalination* **183**, 455–464.

Weiss, S. and Reemtsma, T. (2008) Membrane bioreactors for municipal wastewater treatment – A viable option to reduce the amount of polar pollutants discharged into surface waters. *Water Res.* **42**, 3837–3847.

White, I., Brodie, J. and Mitchell, C. (2002) Pioneer river catchments event based water quality sampling. Healthy waterways programme, Mackay Whitsunday Regional Strategy Group, Mackay.

Williams, M. D. and Pirbazari. M. (2007) Membrane bioreactor process for removing biodegradable organic matter from water. *Water Res.* **41**, 3880–3893.

World Health Organization and International Programme on Chemical Safety -WHO/IPCS (2002) Global Assessment of the State-of-the-Science of Endocrine Disruptors. (eds). Damstra, T. Barlow, S. Bergman, A, Kavlock, R. Van Der Kraak, G. WHO/PCS/EDC/02.2 World Health Organization, Geneva, Switzerland. http://ehp.niehs.-nih.gov/who/

Wintgens, T., Gallenkemper, M. and Melin, T. (2002) Endocrine disrupter removal from wastewater using membrane bioreactor and nanofiltration technology. *Desalination* **146**, 387–391.

Yiping, X., Yiqi, Z., Donghong, W., Shaohua, C., Junxin, L. and Zijian, W. (2008) Occurrence and removal of organic micropollutants in the treatment of landfill leachate by combined anaerobic-membrane bioreactor technology. *J. Environ. Sci.* **20**, 1281–1287.

Yuzir, A. and Sallis, P. J. (2007) Performance of anaerobic membrane bioreactor (AMBr) in the treatment of a synthetic (RS)-MCPP wastewater, IWA 8th National UK Young Water Professionals Conference, University of Surrey April 1997.

Znad, H., Kasahara, N. and Kawase, Y. (2006) Biological decomposition of herbicides (EPTC) by activated sludge in a slurry bioreactor. *Process Biochem.* **41**, 1124–1128.